曾军梅 / 编著

从 新 手 到 高 手

After Effects CC 2018 从新手到高手

清华大学出版社
北京

内 容 简 介

本书是一本详细讲解After Effects CC 2018软件的完全学习手册，语言通俗易懂，内容循序渐进，以全面细致的知识结构和经典实用的实战案例，深入讲解After Effects CC 2018软件的基本操作应用和影视后期特效的制作技巧。

本书内容丰富，结构清晰，技术参考性强，讲解由浅入深且循序渐进，涵盖面广又不失细节，非常适合作为喜爱影视特效制作的初中级读者的自学参考书，也可以作为影视后期处理人员、影视动画制作者的辅助工具书，还可以作为从事教育行业的老师及培训机构的教材，是一本实用的影视后期特效制作教程。

图书在版编目（CIP）数据

After Effects CC 2018从新手到高手/ 曾军梅编著. -- 北京：清华大学出版社, 2019（2024.1 重印）
（从新手到高手）
ISBN 978-7-302-51304-9

Ⅰ.①A… Ⅱ.①曾… Ⅲ.①图像处理软件 Ⅳ.①TP391.413

中国版本图书馆CIP数据核字(2018)第223813号

责任编辑：陈绿春
封面设计：潘国文
责任校对：胡伟民
责任印制：从怀宇

出版发行：清华大学出版社
网址：https://www.tup.com.cn, https://www.wqxuetang.com
地址：北京清华大学学研大厦A座 **邮编：**100084
社总机：010-83470000 **邮购：**010-62786544
投稿与读者服务：010-62776969, c-service@tup.tsinghua.edu.cn
质量反馈：010-62772015, zhiliang@tup.tsinghua.edu.cn
课件下载：https://www.tup.com.cn, 010-83470236

印装者：三河市龙大印装有限公司
经　销：全国新华书店
开　本：188mm×260mm **印　张：**20 **字　数：**650千字
版　次：2019年1月第1版 **印　次：**2024年1月第8次印刷
定　价：88.00元

产品编号：073487-01

前言 FOREWORD

软件介绍

After Effects 简称 AE，是 Adobe 公司推出的一款图形视频处理软件，也是目前主流的影视后期合成软件之一。它主要应用于影视后期特效行业、影视动画、企业宣传片、产品宣传、电视栏目及频道包装、建筑动画与城市宣传片等领域，能够与多种 2D 和 3D 软件进行兼容与互通，在众多的影视后期制作软件中，After Effects 以其丰富的特效、强大的影视后期处理功能和良好的兼容性占据着影视后期软件的主力地位。

本书内容安排

本书是一本详解 After Effects CC 2018 软件的完全学习手册，语言通俗易懂，内容循序渐进，以全面细致的知识结构和经典实用的实战案例，帮助读者轻松掌握软件的使用技巧和具体应用方法，带领读者由浅入深、由理论到实战、一步一步地领略 After Effects CC 2018 软件的强大功能。

本书讲解了 After Effects CC 2018 的各项功能，全书共分为 14 章，第 1 章阐述影视后期特效的基本概念和应用领域、After Effects CC 2018 软件的运行环境和新增特性；第 2 章介绍 After Effects CC 2018 图层的创建与编辑技巧；第 3 章主要讲解 After Effects CC 2018 文字特效技术；第 4 章主要讲解 After Effects CC 2018 蒙版动画技术；第 5 章和第 6 章分别讲解 After Effects CC 2018 中的调色技法和抠像特效应用；第 7 章讲解 After Effects CC 2018 内置特殊效果的编辑及应用；第 8 章和第 9 章讲解 After Effects CC 2018 中三维空间效果和声音特效的应用；第 10 章主要讲解第三方插件的应用；第 11 章～第 14 章详细讲解 MG 动画、动态 UI 设计、自媒体视频开场片头和影视例子特效四个实战案例的制作流程。

本书编写特色

总的来说，本书具有以下特色：

实用性强 针对面广	本书采用“理论知识讲解”+“实例应用讲解”的形式进行教学，内容有基础型和实战型，有浅有深，方便不同阶段的读者进行选择性的学习，不论是初学者还是中级读者，都有可以学习的内容
知识全面 融会贯通	本书从软件操作基础、视频特效制作、音频编辑添加到影片渲染输出，全面地讲解了视频特效制作的全部过程。通过对应章节知识点的多个具体应用实例和四个商业实战案例让读者事半功倍地学习，并掌握 After Effects CC 2018 的应用方法和项目制作思路
由易到难 由浅入深	本书在内容安排上采用循序渐进的方式，由易到难、由浅入深，所有实例的操作步骤清晰、简明、通俗易懂，非常适合初、中级读者使用
视频教学 轻松学习	本书实例步骤清晰，层次分明。配套素材中提供了长达 10 小时的高清语音视频教学，可以在家享受专家课堂式的讲解，成倍提高学习兴趣和效率
在线解疑 互动交流	本书提供免费在线 QQ 答疑群，读者在学习中碰到的任何问题随时可以在群里提问，以得到最及时、最准确的解答，并可以与同行进行亲密的交流，以了解更多的相关影视后期处理知识，学习毫无后顾之忧

配套资源下载

本书的相关素材和视频教学文件可以通过扫描各章首页的二维码在文泉云盘进行下载，也可以通过扫描下面的二维码进行下载。

配套素材

视频教学

如果在相关素材下载过程中碰到问题，请联系陈老师，联系邮箱：chenlch@tup.tsinghua.edu.cn。

本书创作团队

本书由西安工程大学曾军梅老师编写，参加编写的还有钟霜妙、甘蓉晖、洪唯佳、陈志民、江凡、薛成森、张洁、马梅桂、李杏林、李红萍、戴京京、胡丹、申玉秀、李红艺、李红术、陈云香、陈文香、陈军云、彭斌全、林小群、刘清平、钟睦、刘里峰、朱海涛、廖博、易盛、陈晶、黄华、杨少波、刘有良、刘珊、毛琼健、江涛、张范、田燕。

由于作者水平有限，书中错误、疏漏之处在所难免。在感谢您选择本书的同时，也希望您能够把对本书的意见和建议告诉我们。

作者邮箱：lushanbook@qq.com

读者群：327209040

编者

2018 年 10 月

目录 CONTENTS

第 1 章　走进影视特效的世界

第 2 章　图层的创建及编辑

第 7 章 效果的编辑及应用

第 8 章 声音特效的应用

第 9 章 三维空间效果

第 10 章 第三方插件应用

第 11 章 综合实例——MG 风格游轮动画制作

第 12 章 综合实例——天气展示动态 UI 界面

第 13 章 综合实例——自媒体视频片头

第 14 章 综合实例——机械手臂粒子特效

第1章

走进影视特效的世界

影视特效是一门艺术，也是一门学科。随着影视业的迅速发展，影视特效不仅在电影中被广泛应用，在电视广告中也越来越多地出现。现在，影视特效已经融入人们生活中的各个角落，无论是在公交车、超市、商场、广场，还是在电影院，只要有显示屏的地方都能看到影视特效的应用，这无形之中给人们带来了丰富的视觉享受，提高了人们的生活质量。

1.1 影视后期特效行业简介

影视后期制作经历了线性编辑向非线性编辑的跨越之后，数字技术全面应用于影视后期制作的全过程，并且广泛应用于影视片头制作、影视特技制作和影视包装制作领域。

1.1.1 什么是影视后期特效

影视后期特效简称“影视特技”，指针对现实生活中不可能实现或难以完成的拍摄任务，用计算机或图形工作站对其进行数字化处理，从而达到预想的视觉效果。

影视后期特效的应用领域主要包括以下几个方面。

电影特效

所谓的“电影特效”是指在电影拍摄及后期处理中，为了实现难以实拍的画面，而采用的特殊处理手段。目前，电影特效在计算机的帮助下有了很大的发展。采用计算机强大的制作能力，实现了许多天马行空，曾经不敢想象的影视画面，从《星球大战》到《阿凡达》，再到“漫威宇宙”系列电影等，特效的应用极为广泛，如图 1-1 和图 1-2 所示。

图 1-1

图 1-2

影视动画

影视后期特效在影视动画领域中的应用也比较普遍，目前的一些三维动画或二维动画在制作出来后，都需要加入一些后期特效，这些特效的加入可以起到渲染动画场景或气氛，增强动画的表现力度，提高动画品质的作用。图 1-3 和图 1-4 所示是动画市场上运用特效比较成功的两部三维动画片的剧照。

图 1-3

图 1-4

企业宣传片

企业宣传片作为树立企业良好形象，同时兼顾传递商品信息、促进商品销售的重要手段，已经广泛地应用于商业活动中。企业宣传片也是在前期拍摄好的视频上加入一定的影视后期特效，使企业宣传片看起来更精彩，更能吸引客户眼球。影视后期特效在企业宣传片中的应用案例如图 1-5 和图 1-6 所示。

图 1-5

图 1-6

产品宣传片

产品宣传片是企业自主投资制作，主观介绍自有企业主营产品的专题片。很多产品宣传片都需要大量的影视特效进行包装，以使产品绚丽夺目，提高消费者的购买欲望，如图 1-7 和图 1-8 所示。

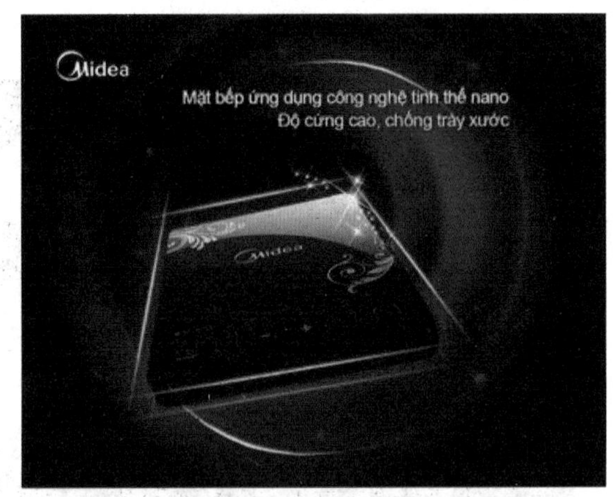

图 1-7

图 1-8

栏目包装

“栏目包装”目前已成为电视台和各电视节目公司、广告公司最常用的技术手段之一。包装是电视媒体自身发展的需要，是电视节目、栏目、频道成熟、稳定的一个标志，影视特效在电视栏目及频道包装中起到至关重要的作用，影视特效运用得越精彩，节目或频道越有可视性，收视率就越高。影视特效在电视栏目及频道包装中的应用效果如图 1-9 和图 1-10 所示。

图 1-9

图 1-10

建筑动画与城市宣传片

建筑动画与城市宣传片可以用来宣传楼盘和城市建筑，同时向大众展示城市魅力，提高城市知名度。它们一般以三维动画的形式展示给观众，通过 3D 建模、材质、灯光、动画和渲染等一系列的三维制作技术，然后再输出为影视后期特效素材进行后期合成，影视后期特效已经成为建筑动画与城市宣传片制作中不可或缺的一部分，对于提升建筑或城市形象，增强动画宣传力度起到至关重要的作用，如图 1-11 和图 1-12 所示。

图 1-11

图 1-12

1.1.2　影视后期特效合成的常用软件

影视后期制作常用的特效软件大致包括三类：剪辑软件、合成软件和三维软件。

✦ 剪辑软件：Adobe Premiere Pro、Final Cut Pro、EDIUS、Sony Vegas、Autodesk®、Smoke®、会声会影等，目前比较主流的软件是 Adobe Premiere Pro 、Final Cut Pro、EDIUS。

✦ 合成软件：After Effects、Combustion、DFsion、Shake 等，其中 After Effects 和 Combustion 两款软件是目前最受欢迎的合成软件。

✦ 三 维 软 件：3ds Max、Maya、Softimage 和 ZBrush 等。

本书所要讲解的软件就是 After Effects CC 2018 这款合成软件。

1.1.3　影视后期制作的一般流程

作为专业的影视制作公司，在影视制作的过程中都有一套完整并固化的制作流程。一般由创意部、制作部和客户部共同完成。本节将简要阐述影视制作的一般流程，以素材的获取为界限，影视制作一般可以分为两个阶段：前期制作和后期包装。因此，将获取素材的过程称为“前期制作”，而剪辑和特效同属于后期包装范畴。

前期制作

前期制作是指影片素材片段的拍摄和素材的制作两个阶段，这里重点阐述素材的制作。前期除了用拍摄的手法得到素材外，还可以通过 Photoshop、3ds Max 和 Maya 等软件制作出需要的素材和元素，这也是后期包装所必需的重要过程。

后期制作

影视的后期制作一般包括剪辑和包装。其中后期包装这一块尤为重要，它是指根据影片创意的要求为影片确定艺术风格的过程，包括片头制作、影片风格确立和特效制作等。后期制作的一般步骤包括如下几点。

① 确定所要服务的目标。

② 确定包装的整体风格、色彩节奏等。

③ 设计分镜头脚本，并绘制分镜头。

④ 进行音乐与视频设计的沟通，从而得出解决方案。

⑤ 将制作方案与客户沟通，以确定最终的制作方案。

⑥ 执行设计好的制作过程，涉及 3D 制作、实际拍摄和音乐制作等。

⑦ 最终合成成片并输出播放。

1.2 After Effects CC 2018 基础

1.2.1 初识 After Effects CC 2018

After Effects CC 2018 是 Adobe 公司推出的一款图形视频处理软件，它强大的影视后期特效制作能力，使其在整个行业内得到了广泛的应用。经过不断更新与升级，Adobe 公司在 CC 版本的基础上，已将 After Effects 升级到 CC 2018 版本，如图 1-13 所示。

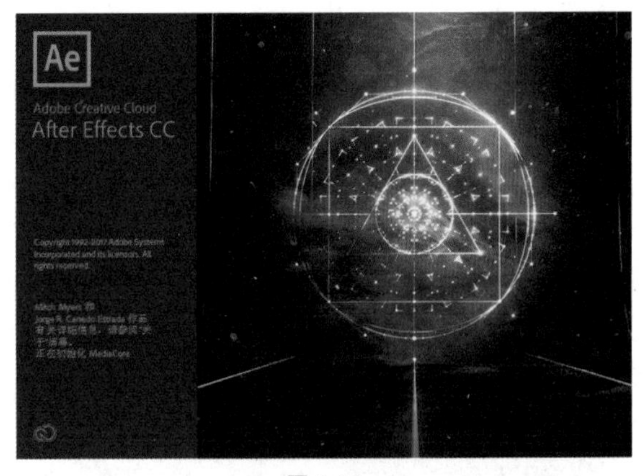

图 1-13

After Effects CC 2018 因其功能强大，处理性能优秀，因此安装该软件对计算机硬件也有比较高的要求，具体列举以下几点。

✦ 支持 64 位的多核 Intel 处理器。

✦ Microsoft Windows 7 Service Pack 1（64 位）、Windows 8.1（64 位）或 Windows 10（64 位）。

✦ 8GB RAM（建议分配 16GB）。

✦ 5GB 可用硬盘空间，安装过程中需要额外可用空间（无法安装在可移动闪存设备上）。

✦ 用于磁盘缓存的额外磁盘空间（建议分配 10GB）。

✦ 1280×1080 或更高分辨率的显示器。

✦ 用于从 DVD 介质安装的 DVD-ROM 驱动器。

✦ QuickTime 功能需要的 QuickTime 7.6.6 软件。

✦ 可选 Adobe 认证的 GPU 显卡，用于 GPU 加速的光线追踪 3D 渲染器。

✦ 支持 64 位多核 Intel 处理器。

1.2.2 After Effects CC 2018 软件的新增特性

After Effects CC 2018 相较之前的版本有了很大的提升，不仅优化了界面，还新增了许多优化视觉效果的新功能。该版本主要新增的功能及特性如下。

✦ 数据驱动的动画：使用导入的数据制作动态图形（例如图表和图片）动画。借助自定义架构，第三方合作伙伴可以编写其他人使用的用于生成动态图形的数据。

✦ 沉浸式效果：为用户的 360°/VR 视频添加虚拟现实效果，并确保杆状物不会出现失真，且后接缝线周围不会出现伪影。效果包括高斯模糊、颜色渐变、色差、降噪、数字电子脉冲、发光、分形噪波和锐化。

✦ 沉浸式视频字幕和图形：即时设置图形、文本、图像或其他视频剪辑的格式，使其能够在 360° 视频中正确显示。

✦ VR 构图编辑器：通过使用视图窗口处理（而非直接处理）360° /VR 素材，当使用 VR 眼镜或智能手机播放视频时，用户可以从看到的相同透视图中进行编辑。

✦ 提取立方图：将 360° 素材转换为 3D 立方图格式，从而轻松地执行运动跟踪、删除对象、添加动态图形和视觉效果等命令。

✦ 创建 VR 环境：自动创建必要的构图和相机关系，从而为信息图、动画序列、抽象内容等创建 360° /VR 创作环境。

✦ VR 转换器：在各种编辑格式之间轻松切换，并导出为各种格式，包括：Fisheye、Cube-Map Facebook 3:2、Cube-Map Pano 2VR 3:2、Cube-Map GearVR 6:1、Equirectangular 16:9、Cube-Map 4:3、Sphere Map 和 Equirectangular 2:1。

✦ VR 旋转球体：轻松调整和旋转 360° 素材，从而校准水平线、对齐视角等。

✦ VR 球体到平面：在基于透视的视图中查看素材，产生像佩戴 VR 眼镜一样的视觉效果。

✦ 通过表达式访问蒙版和形状点：将图形制作成动画，无须逐帧制作动画，即可使用表达式将蒙版和形状点链接到其他蒙版、形状或图层。使用一个或多个点和控制柄，并应用多种由数据驱动的新增功能。

✦ 具备增强型 3D 通道：使用 Cinema 4D Lite R19，直接在 After Effects 中以 3D 形式开展工作。获取包含经过增强的 OpenGL 和经过更新的 Cinema 4D Take System 的视区改进、对 Parallax Shader、Vertex Color 和 BodyPaint Open GL 的支持，以及导入 FBX2017 和 Alembic 1.6 的功能。

✦ 性能增强：在 GPU 上渲染图层转换和运动模糊。

✦ 键盘快捷键映射：使用视觉映射快速查找和自定义键盘快捷键。

✦ 有帮助的开始屏幕：借助直观的新开始屏幕，快速完成项目设置并进入编辑环节，通过该屏幕，用户可以轻松访问软件的学习教程。

✦ 新字体菜单：借助筛选和搜索选项，获取字体预览并选择任意字体。

✦ 其他：在 Mac 上通过 Adobe Media Encoder 导出 GIF 动画，并且改进了 MENA 和 Indic 文本。

1.2.3　用户界面详解

首次启动 After Effects CC 2018，显示的是标准工作界面，该界面包括菜单栏及集成的窗口和面板，如图 1-14 所示。

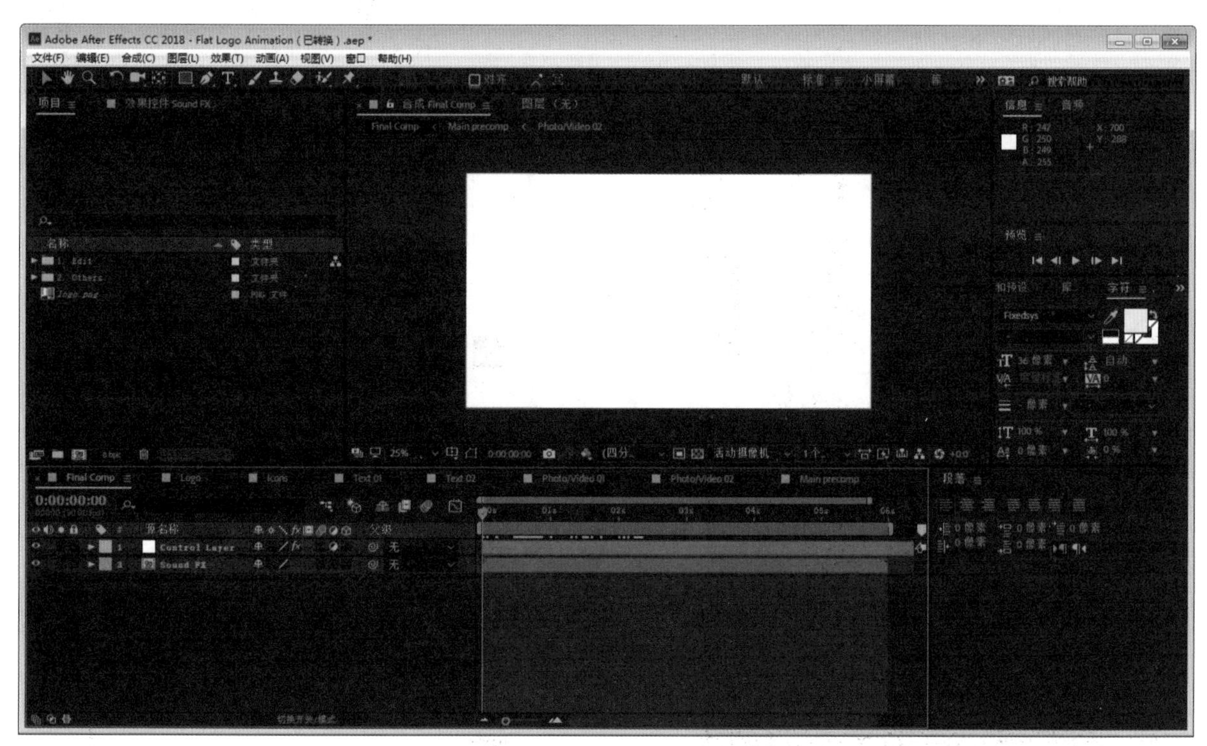

图 1-14

“项目”窗口

“项目”窗口主要用来管理素材与合成，在“项目”窗口中可以查看到每个合成或素材的尺寸、持续时间和帧速率等信息。单击“项目”窗口右上角的“菜单”按钮，可以看到菜单中罗列的各项命令，如图 1-15 所示。

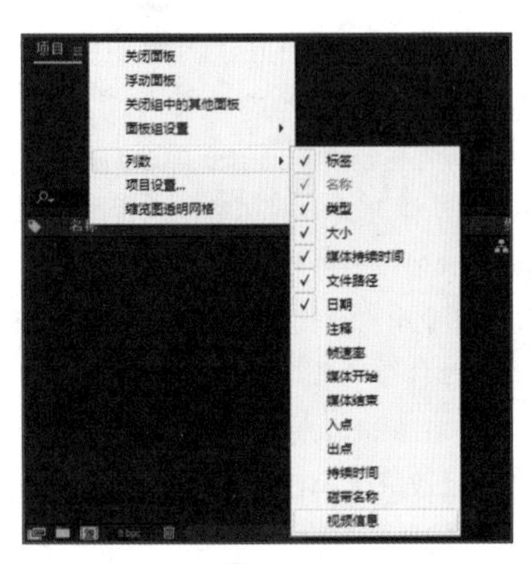

图 1-15

下面对“项目”窗口的主要菜单命令进行详细介绍。

✦ 关闭面板：将当前的面板关闭。

✦ 浮动面板：将面板的一体状态解除，使其变成浮动面板。

✦ 列数：在“项目”窗口中显示素材信息栏队列的内容，其子菜单中选中的内容也被显示在“项目”窗口中。

✦ 项目设置：打开“项目设置”窗口，在其中进行相关的项目设置。

✦ 缩览图透明网格：当素材具有透明背景时，选中此选项能以透明网格的方式显示缩略图的透明背景部分。

“合成”窗口

“合成”窗口是用来预览当前效果或最终效果的窗口，可以调节画面的显示质量，同时合成效果还可以分通道显示各种标尺、栅格线和辅助线，如图 1-16 所示。

图 1-16

在该窗口中单击“合成”选项后的蓝色文字，可以在弹出的快捷菜单中选择要显示的合成，如图 1-17 所示。单击右上角的按钮，会弹出如图 1-18 所示的菜单。

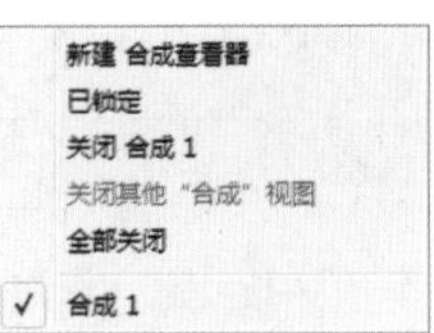
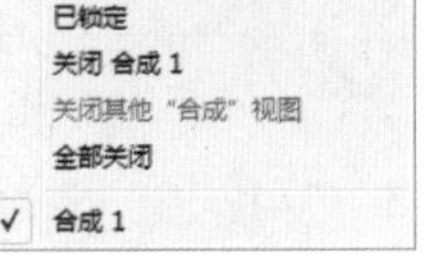

图 1-17　　图 1-18

下面对菜单中的部分命令进行详细介绍。

✦ 合成设置：进行当前合成的设置，与执行“合成”|“合成设置”命令所打开的对话框相同。

✦ 启用帧混合：开启合成中视频的帧混合功能。

✦ 启用运动模糊：开启合成中动画的运动模糊功能。

✦ 草图 3D：以草稿的形式显示 3D 图层，这样可以忽略灯光和阴影，从而加快合成预览时的渲染和显示速度。

✦ 显示 3D 视图标签：显示 3D 视图标签。

✦ 透明网格：以透明网格的方式显示背景，用于查看有透明背景的图像。

下面对“合成”窗口下方的工具按钮进行详细介绍。

✦ 始终预览此视图：在多视图情况下预览内存时，无论当前窗口中激活的是哪个视图，总是以激活的视图作为默认内存的动画预览视图。

✦ 主查看器：使用此查看器进行音频和外部视频预览。

✦ 25% 放大率弹出式菜单：设置显示区域的缩放比例，如果选择其中的“适合”选项，无论怎么调整窗口大小，窗口内的视图都将自动适配画面的大小。

✦ 选择网格和参考线选项：设置是否在“合成”窗口显示安全框和标尺等。

✦ 切换蒙版和形状路径可见性：控制是否显示蒙版和形状路径的边缘，在编辑蒙版时必须激活该按钮。

✦ 0:00:00:00 预览时间：设置当前预览视频所处的时间位置。

✦ 拍摄快照：单击该按钮可以拍摄当前画面，并且将拍摄好的画面转存到内存中。

✦ 显示快照：单击该按钮显示最后拍摄的快照。

✦ 显示通道及色彩管理设置：选择相应的颜色，可以分别查看红、绿、蓝和 Alpha 通道。

✦ 完整 分辨率 / 向下采样系数弹出式菜单：设置预览分辨率，用户可以通过自定义命令来设置预览分辨率。

✦ 目标区域：仅渲染选定的部分区域。

✦ 切换透明网格：使用这种方式可以很方便地查看具有 Alpha 通道的图像边缘。

✦ 活动摄像机 3D 视图弹出式菜单：切换摄像机角度视图，主要是针对三维视图。

✦ 1个... 选择视图布局：选择视图的布局方式。

✦ 切换像素长宽比校正：启用该功能，将自动调节像素的宽高比。

✦ 快速预览：可以设置多种不同的渲染引擎。

✦ 时间轴：以当前的“合成”窗口激活对应的“时间线”窗口。

✦ 合成流程图：切换到相应的流程图窗口。

✦ 重置曝光度：重新设置曝光。

✦ +0.0 调整曝光度：调节曝光度。

“时间线”窗口

“时间线”窗口是进行后期特效处理和制作动画的主要窗口，窗口中的素材是以图层的形式进行排列的，如图 1-19 所示。

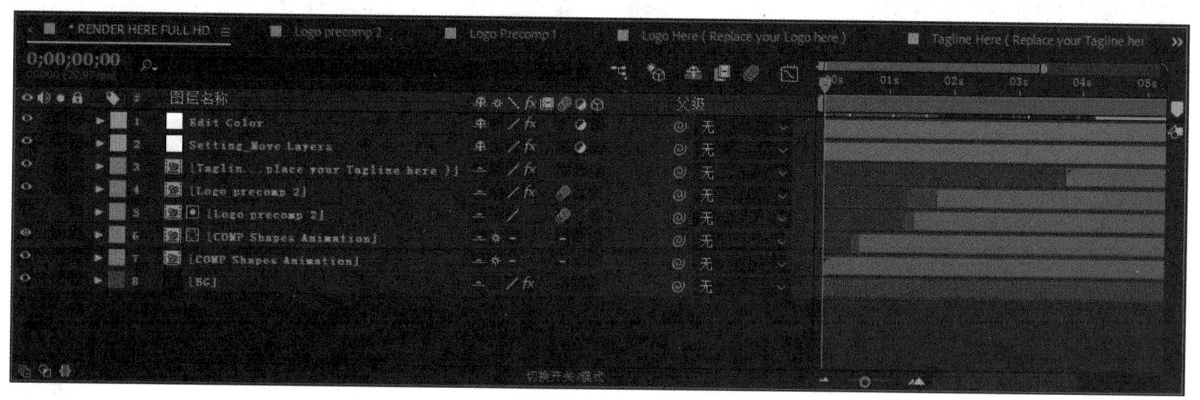

图 1-19

在该窗口中单击“合成”右上角的按钮，将弹出窗口快捷菜单。下面对该菜单的主要命令进行详细介绍。

✦ 关闭面板：将当前的一个面板关闭。

✦ 浮动面板：解除面板的一体状态，变成浮动面板。

✦ 关闭其他时间轴面板：将当前的一组面板关闭。

✦ 合成设置：打开“合成设置”对话框。

✦ 列数：其中包括 A/V 功能、标签、#（图层序号）、源名称、注释、开关、模式、父级、键、入、出、持续时间、伸缩。

下面对“时间线”窗口中的主要按钮进行详细介绍。

✦ 0;00;00;00 当前时间：显示时间指示器当前所在的时间。

✦ 合成微型流程图：合成微型流程图开关。

✦ 草图 3D：显示草图 3D 场景画面。

✦ 隐藏为其设置了“消隐”开关的所有图层：使用这个开关，可以暂时隐藏设置为“消隐”的图层。

✦ 为设置了“帧混合”开关的所有图层启用帧混合：用帧混合设置开关打开或关闭全部对应图层中的帧混合。

✦ 为设置了“运动模糊”开关的所有图层启用运动模糊：用运动模糊开关打开或关闭全部对应图层中的运

动模糊。

✦ 图表编辑器：可以打开或关闭对关键帧进行图表编辑的窗口。

"素材"窗口

"素材"窗口与"合成"窗口比较类似，通过它可以设置素材图层的出入点，同时也可以查看图层的蒙版、路径等信息。在界面左侧的"项目"窗口双击素材文件，可进入"素材"窗口，如图 1-20 所示。

图 1-20

在该窗口中单击"素材"后的☰按钮，会弹出选项菜单。下面对"素材"窗口中的主要功能选项进行详细介绍。

✦ 关闭面板：将当前的一个面板关闭。

✦ 浮动面板：解除面板的一体状态，变成浮动面板。

✦ 透明网格：当素材具有透明背景时，选中此选项能以透明网格的方式显示透明背景部分。

✦ 像素长宽比校正：选中此选项可以还原实际素材的真正像素比。

如果查看的是视音频素材，"素材"窗口会相应出现标记按钮和时间点等，主要按钮参数介绍如下。

✦ { 0:00:00:00 将入点设置为当前时间设置：设置当前素材的入点。

✦ } 0:02:30:29 将出点设置为当前时间设置：设置当前素材的出点。

✦ 波纹插入编辑：以波纹式插入编辑方式，将素材插入"时间线"窗口中。

✦ 叠加编辑：以叠加编辑方式，将素材插入"时间线"窗口中。

"图层"面板

Adobe After Effects CC 2018 的"图层"面板与"合成"窗口相似，"合成"窗口是当前合成中所有图层素材的最终效果，而"图层"面板只是合成中单独一个图层的原始效果，如图 1-21 所示。"图层"面板如图 1-22 所示。

图 1-21

图 1-22

"效果控件"面板

"效果控件"面板主要用来显示图层应用的效果，可以在"效果控件"面板中调节各个效果的参数，也可以结合"时间线"窗口为效果参数制作关键帧动画。Adobe After Effects CC 2018 的"效果控件"面板如图 1-23 所示。单击右上方的☰按钮可以弹出对应的菜单，如图 1-24 所示。

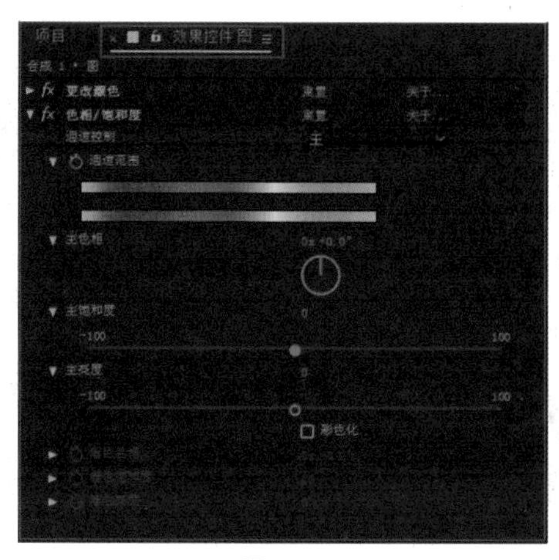

图 1-23

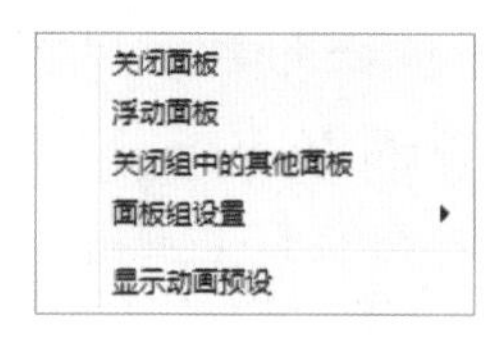

图 1-24

“渲染队列”窗口

创建合成后进行渲染输出时，就需要使用“渲染队列”窗口，选择菜单栏中的“合成”|“添加到渲染队列”命令，或者按快捷键 Ctrl+M 即可进入“渲染队列”窗口，如图 1-25 所示。

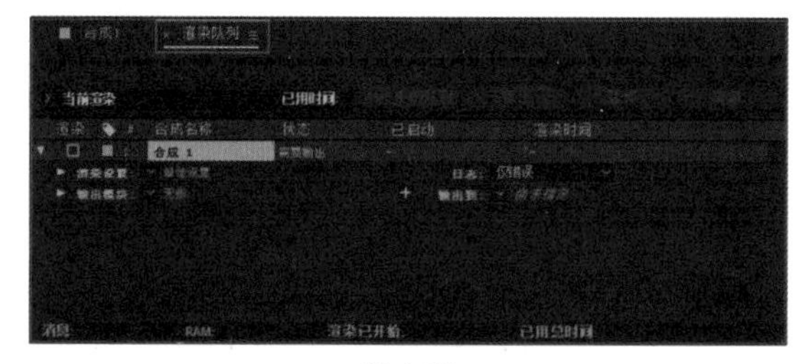

图 1-25

下面对“渲染队列”窗口中的主要参数进行详细介绍。

✦ 当前渲染：显示渲染的进度。

✦ 已用时间：已经使用的时间。

✦ 渲染：单击该按钮开始渲染影片。

✦ 合成名称：当前渲染合成的名称。

✦ 状态：查看是否已加入队列。

✦ 已启动：开始的时间。

✦ 渲染时间：渲染的时间。

✦ 渲染设置：单击该按钮弹出“渲染设置”对话框，可以设置渲染的模板等参数。

✦ 输出模块：单击该按钮弹出“输出”对话框，可以设置输出的格式等参数。

✦ 日志：渲染时生成的文本记录文件，记录渲染中的错误和其他信息。在“渲染信息”窗口中可以看到文件保存的路径。

✦ 输出到：设置输出文件的名称及路径。

✦ 消息：在渲染时所处的状态。

✦ RAM（RAM 渲染）：渲染的存储进度。

✦ 渲染已开始：渲染开始的时间。

✦ 已用总时间：渲染所用的时间。

✦ 最近错误：最近渲染时出现的错误。

单击“输出模块”后面的蓝色文字，弹出“输出模块设置”对话框，其中包括“主要选项”选项卡，如图 1-26 所示，以及“色彩管理”选项卡，如图 1-27 所示。

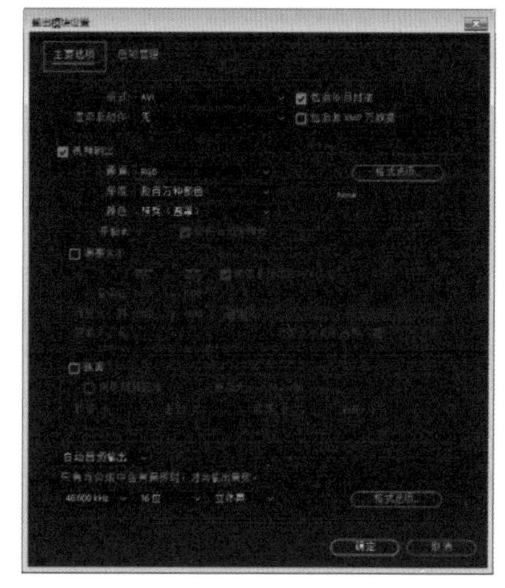

图 1-26

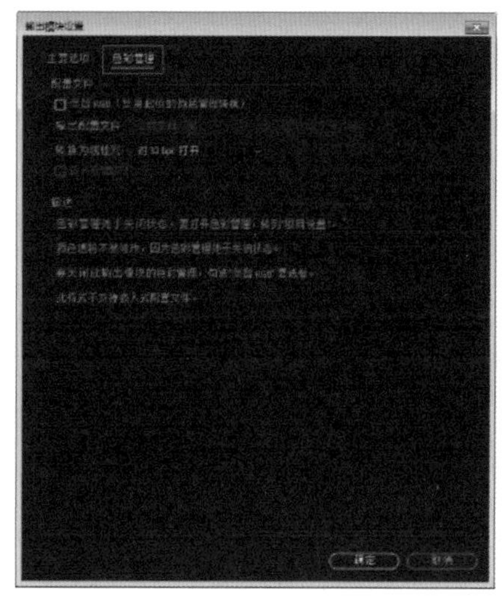

图 1-27

该对话框的主要参数介绍如下。

✦ 格式：设置输出文件的格式。

✦ 包括项目链接：选中该选项包含的项目链接。

✦ 渲染后动作：设置渲染后的动作，包括“无”“导入”“导入和替换用法”“设置代理”4个选项。

✦ 包括源XMP元数据：设置是否包含素材源XMP元数据。

✦ 视频输出：设置输出视频的通道和开始帧等。

✦ 通道：设置输出视频的通道，包括RGB、Alpha、RGB+Alpha三种通道模式。

✦ 深度：默认为数百万种颜色。

✦ 颜色：默认为预乘（遮罩）。

✦ 开始：在渲染序列文件时会激活，可以设置开始帧。

✦ 格式选项：单击该按钮设置视频编解码器和视频品质等参数。

✦ 调整大小：选中该选项可以重新设置输出的视频或图片尺寸。

✦ 裁剪：对输出区域进行裁剪。

✦ 自动音频输出：可以打开或关闭音频输出，默认为自动音频输出。

1.3 After Effects 基本操作

本节主要介绍After Effects CC 2018的基本操作流程。遵循After Effects CC 2018的操作流程有助于我们提高工作效率，也能避免在工作中出现不必要的错误和麻烦。

1.3.1 新建项目

一般在启动After Effects CC 2018时，软件本身会自动建立一个空的项目，我们可以对这个空项目进行设置。执行“文件”|“项目设置”命令，或者单击“项目”窗口右上角的菜单按钮，可以打开“项目设置”对话框，如图1-28所示。在“项目设置”对话框中可以根据实际需要分别对“视频渲染和效果”“时间显示样式”“颜色设置”和“音频设置”进行设置。

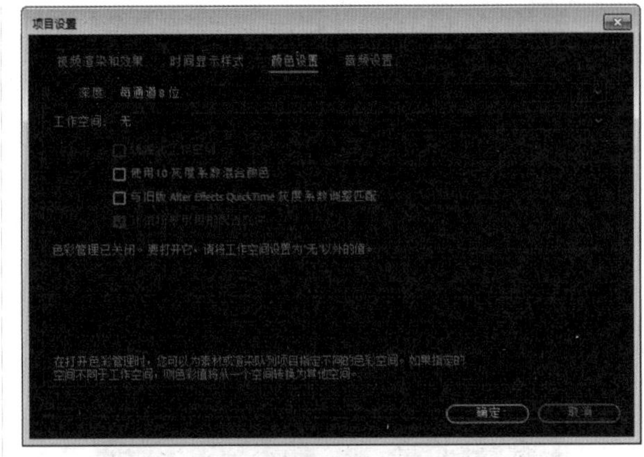

图 1-28

1.3.2 保存项目

对项目进行设置后，可以执行“文件”|“保存”命令，或按快捷键Ctrl+S。在弹出的“另存为”对话框中设置存储路径和文件名称，最后单击“保存”按钮，即可将该项目保存到指定的路径中，如图1-29所示。

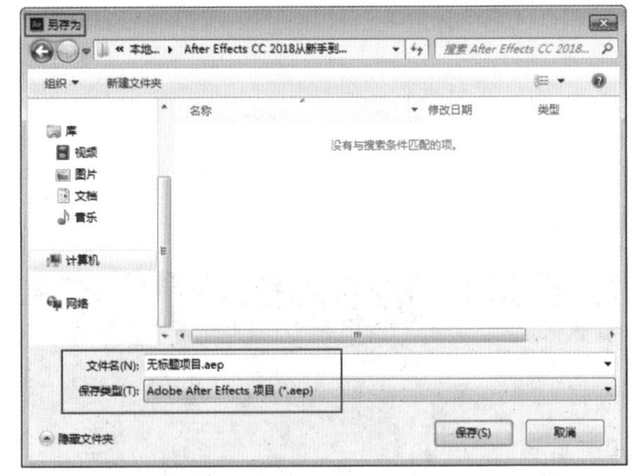

图 1-29

1.3.3 新建合成

在After Effects CC 2018中一个工程项目可以创建多个合成，并且每个合成都能作为一段素材应用到其他合成中，下面将详细讲解几种创建合成的基本方法。

✦ 在“项目”窗口中的空白处右击，然后在弹出的快捷菜单中选择“新建合成”命令，如图1-30所示。

✦ 执行“合成”|“新建合成”命令，如图1-31所示。

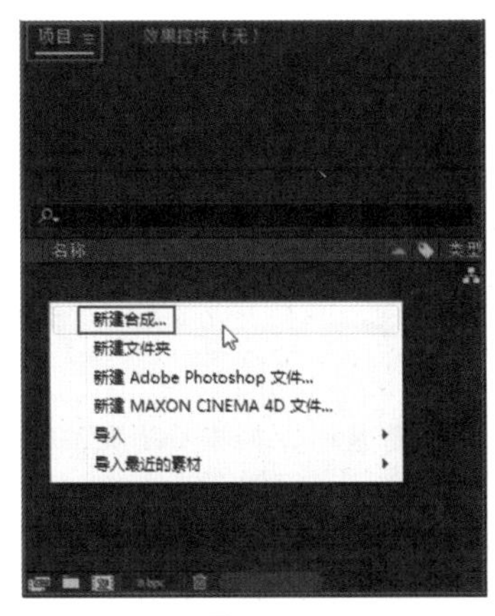

图 1-30

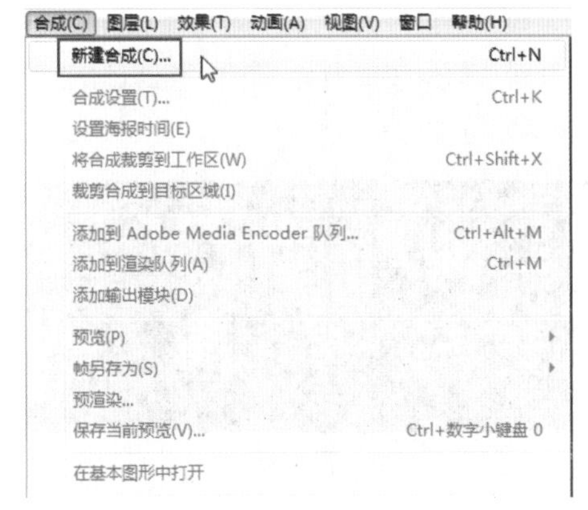

图 1-31

✦ 单击“项目”窗口底部的“新建合成”按钮，可以直接弹出“合成设置”对话框并创建合成，如图 1-32 所示。

图 1-32

✦ 进入 After Effects CC 2018 操作界面后，在“合成”窗口中单击“新建合成”按钮，如图 1-33 所示。

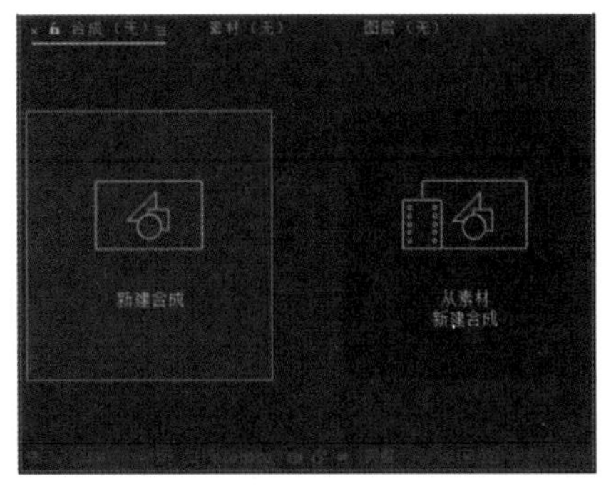

图 1-33

1.3.4　导入素材

导入素材的方法有很多，可以一次性导入全部素材，也可以选择多次导入单个素材。下面具体介绍几种常用的导入素材的方法。

✦ 通过菜单导入。执行“文件”|“导入”|“文件”命令，或按快捷键 Ctrl+I，可以打开“导入文件”对话框，如图 1-34 所示。

图 1-34

✦ 在“项目”窗口的空白处右击，然后在弹出的快捷菜单中选择“导入”|“文件”命令，也可以打开“导入文件”对话框，如图 1-35 所示。

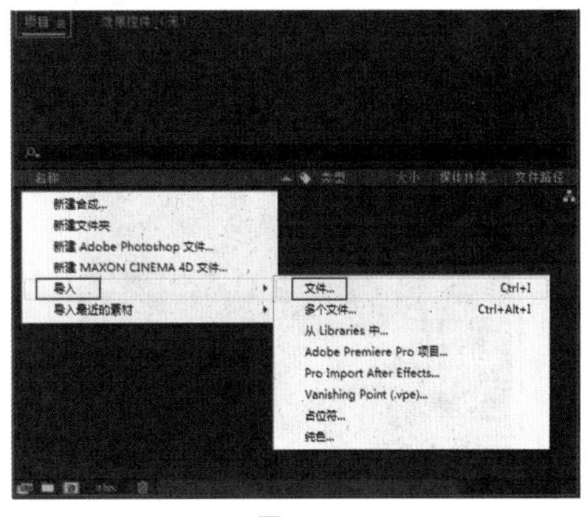

图 1-35

✦ 在“项目”窗口的空白处双击，直接打开“导入文件”对话框。如果要导入最近导入的素材，可执行“文件”|“导入最近的素材”命令，然后从最近导入过的素材中选择素材并进行导入。

✦ 如果需要导入序列素材，可以在“导入文件”对话框中选中“Targa 序列”选项，如图 1-36 所示。单击“导入”按钮即可将序列素材导入“项目”窗口。

图 1-36

✦ 在导入含有图层的素材文件时，如 PSD 文件，可以在“导入文件”对话框中设置“导入为”为“合成”，如图 1-37 所示。在弹出的素材对应的对话框中设置“图层选项”为“可编辑的图层样式”，单击“确定”按钮即可将 PSD 素材导入“项目”窗口，如图 1-38 所示。

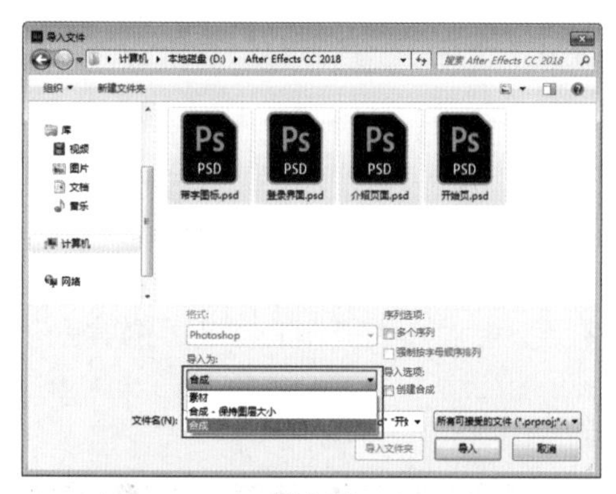

图 1-37

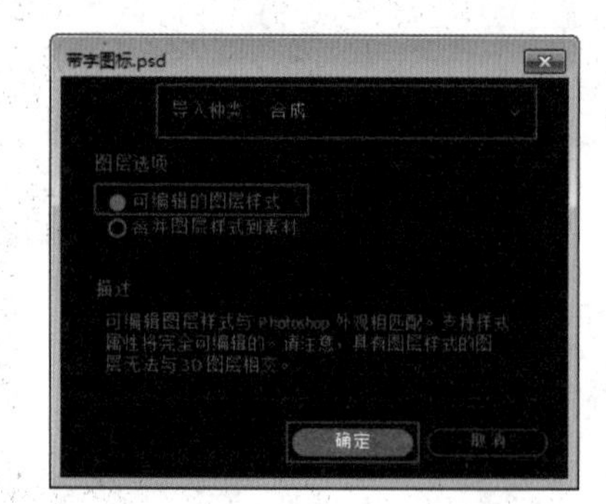

图 1-38

1.3.5 渲染输出

渲染是制作影片的最后一个步骤，渲染方式直接影响着影片的最终呈现效果，在 After Effects CC 2018 中可以将合成项目渲染输出为视频文件、音频文件或者序列图片等。而且 Mac 版和 Windows 版均支持网络联机渲染。

在渲染输出影片时，如果只需要渲染其中的一部分，这就需要设置渲染工作区。工作区在“时间线”窗口中，由“工作区域开头”和“工作区域结尾”共同控制渲染区域。将鼠标指针放在“工作区域开头”或“工作区域结尾”的位置时，光标会变成方向箭头，此时向左或向右单击拖动，即可修改工作区的位置。“工作区域开头”的快捷键为 B，“工作区域结尾”的快捷键为 N，如图 1-39 所示。

图 1-39

根据每个合成的帧的大小、质量、复杂程度和输出的压缩方法，输出影片可能会花费几分钟甚至数小时的时间。当把一个合成添加到渲染队列中时，它作为一个渲染项目在渲染队列中等待渲染。当 After Effects 开始渲染这些项目时，用户不能进行任何其他的操作。下面将对渲染合成的具体步骤进行详细讲解。

为工程文件执行“渲染”命令

After Effects 将合成项目渲染输出为视频、音频或序列文件的方法主要有以下 3 种。

✦ 通过执行“文件”|“导出”|“添加到渲染队列”命令输出所选中的单个合成项目。

✦ 通过执行“合成”|“添加到渲染队列”命令将一个或多个合成添加到渲染队列中进行批量输出。

✦ 在打开“渲染队列”窗口的前提下，将“项目”窗口中需要进行渲染输出的合成直接拖入渲染队列。

渲染设置

在“渲染队列”窗口中，单击“渲染设置”选项后的“最佳设置”蓝色文字 最佳设置，将弹出“渲染设置”

对话框，如图 1-40 所示，在该对话框中可以设置渲染的相关参数。单击“渲染设置”选项后的按钮，可以在弹出的下拉列表中选择不同的设置方案，如“DV 设置”“多机设置”等，如图 1-41 所示。如果选择“自定义”，则会弹出“渲染设置”对话框。

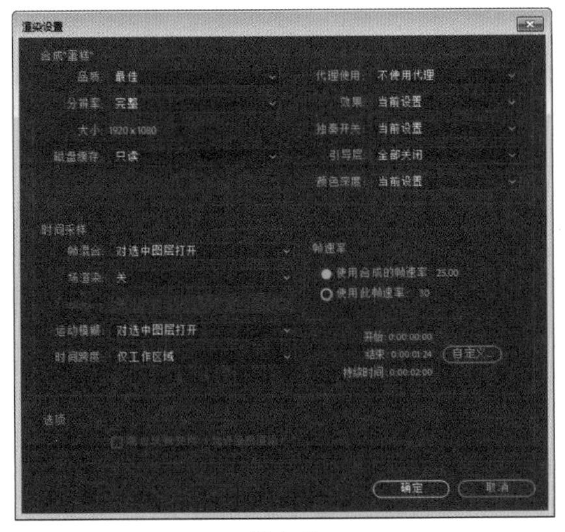

图 1-40

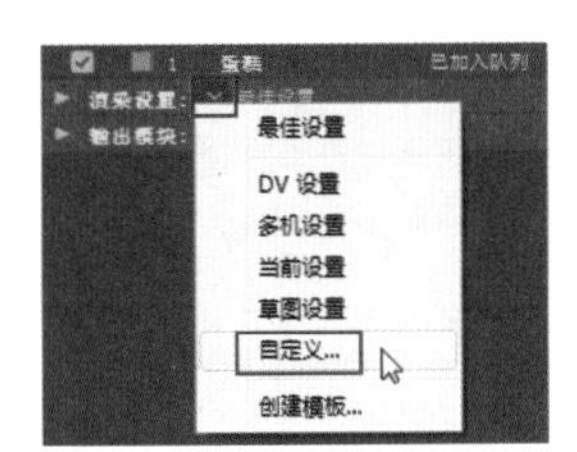

图 1-41

选择日志类型

在“日志”下拉列表中可以选择一种日志类型，如图 1-42 所示。

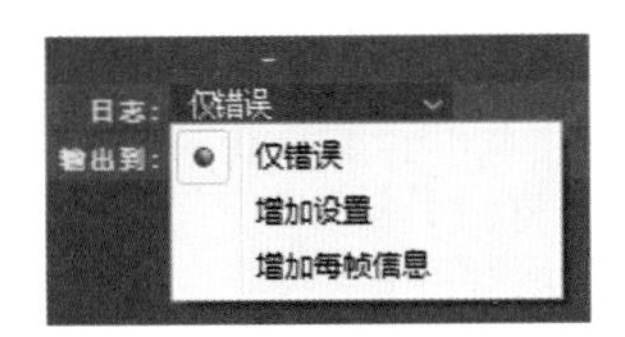

图 1-42

✦ 仅错误：日志中仅显示项目的出错信息。

✦ 增加设置：日志中不仅显示项目的出错信息，还会显示设置更改的信息。

✦ 增加每帧信息：除了出错与设置更改信息外，每帧的变动也会被记录在日志上。

设置输出模块参数

在“渲染队列”窗口中，单击“输出模块”选项后的“无损”蓝色文字无损，将弹出“输出模块设置”对话框，在该对话框中可以设置输出模块的相关参数，如图 1-43 所示。单击“渲染设置”选项后的按钮，可以在弹出的下拉列表中选择不同的设置方案，如“多机序列”“Photoshop”等，如图 1-44 所示。如果选择“自定义”，则会弹出“输出模块设置”对话框。

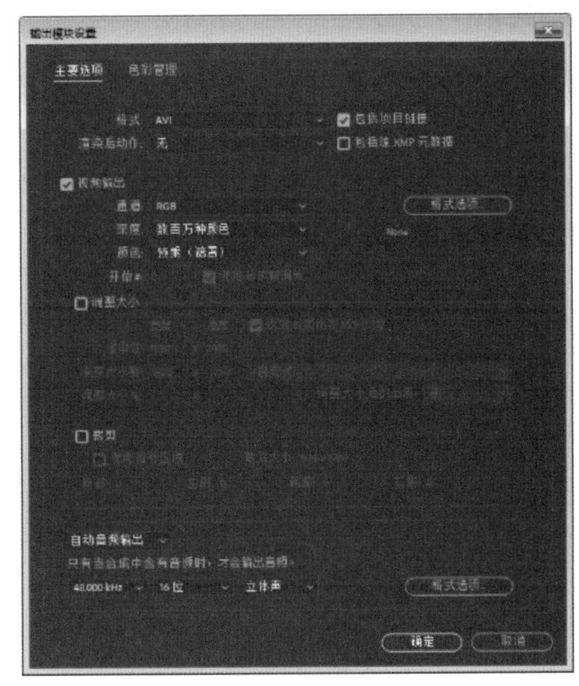

图 1-43

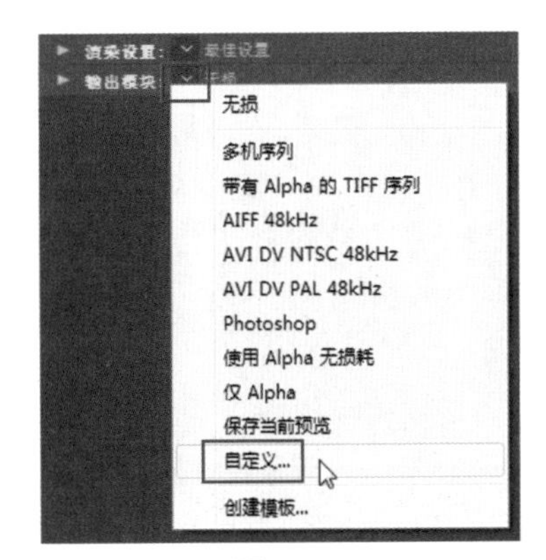

图 1-44

设置输出路径和文件名

在“渲染队列”窗口中，单击“输出到”选项后的蓝色文件名，在弹出的“将影片输出到”对话框中可以设置影片的输出路径及文件名，如图 1-45 所示。

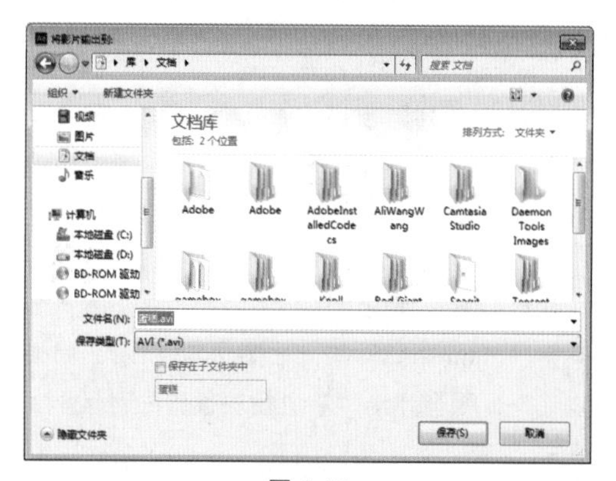

图 1-45

开启渲染

上述的所有设置完成后，在“渲染队列”窗口中单击渲染按钮即可开始渲染，如图 1-46 所示。

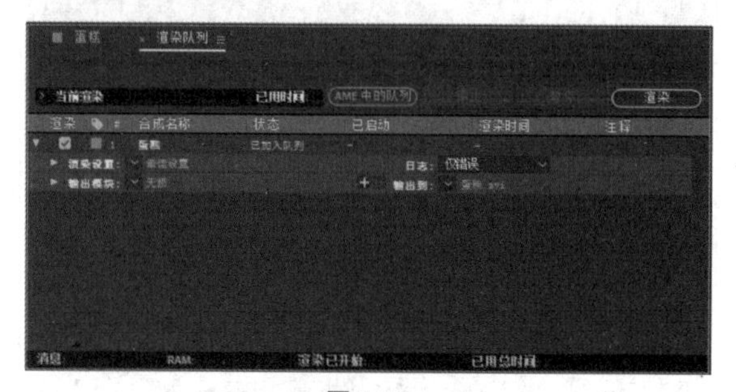

图 1-46

1.4 本章小结

通过对本章的学习，可以深入了解 After Effects CC 2018 的应用领域、运行环境和部分新增功能，对全书的学习起到了引导的作用。

另一方面，本章主要学习了 After Effects CC 2018 的工作界面、素材形式以及操作流程。熟悉 After Effects CC 2018 的工作界面有助于我们日后更方便地使用该软件，这在以后实际项目的制作有着不可忽视的作用。

影视特效制作中主要用到的素材形式包括：图片、视频和音频，读者还需多加了解 After Effects CC 2018 所支持的各类素材形式，以便导入素材时更加得心应手。

“图层”的原理就像在一张张透明的玻璃纸上作画，透过上面的玻璃纸可以看见下面纸上的内容，无论在上一层上如何涂画都不会影响下面玻璃纸的内容，但是上面一层会遮挡住下面一层的图像。最后将玻璃纸叠加起来，通过移动各层玻璃纸的相对位置或者添加更多的玻璃纸并绘画，即可改变最后的合成效果，如图 2-1 所示。

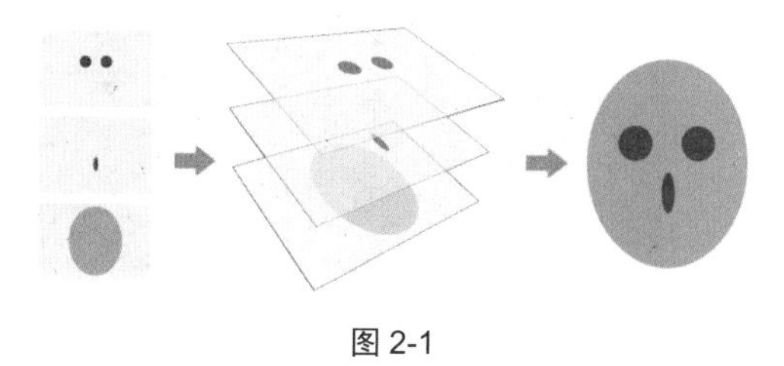

图 2-1

2.1 创建图层

能够应用在 After Effects CC 2018 中的合成元素非常多，这些合成元素集中体现为 After Effects 中所创建的各种不同类型的图层。下面介绍几种不同类型图层的创建方法。

2.1.1 素材图层和合成图层

素材图层和合成图层是在 After Effects 软件中最常见的图层类型，要创建素材图层和合成图层，只需要将“项目”窗口中的素材或合成拖入“图层”面板或“时间线”窗口即可，如图 2-2 所示。

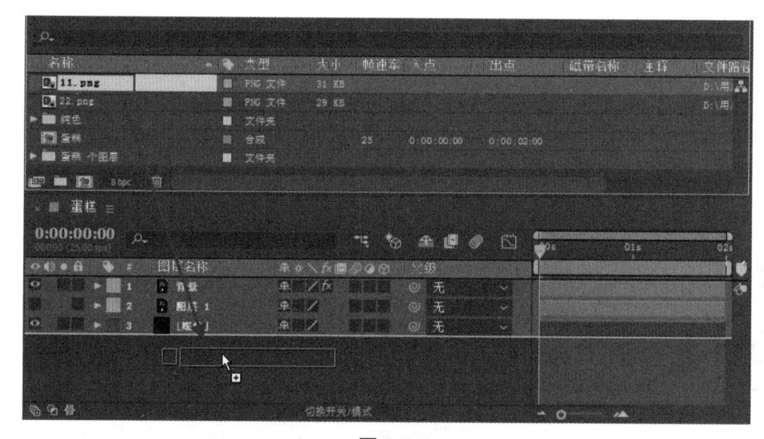

图 2-2

2.1.2 纯色层（固态层）

在 After Effects CC 2018 软件中所创建的纯色层，也可以称为“固态层”。在 After Effects 中，可以创建任何颜色和尺寸的纯色层，纯色层和其他素材图层一样可以为自身创建蒙版、修改图层的变换属性，还可以应用各种特效及滤镜。创建纯色层（固态层）主要有以下两种方法。

✦ 执行“文件”|“文件”|“纯色”命令，通过此方法创建的纯色层

图层的创建及编辑

After Effects CC 2018 与 Photoshop、Flash 等软件类似，都有图层，After Effects 软件中的图层是后续动画制作的平台，一切的特效、动画都是在图层的基础上完成和实现的。

本章将重点为大家讲解，在 After Effects CC 2018 中如何创建、编辑和使用图层。

第 2 章素材文件

第 2 章视频文件

只会显示在“项目”窗口中作为素材使用。

✦ 执行“图层”|“新建”|“纯色”命令，或按快捷键Ctrl+Y。通过此方法创建的纯色层除了显示在“项目”窗口的“纯色”文件夹中以外，还会自动放置在当前“图层”面板中的首层位置。

技巧与提示：

通过以上两种方法创建纯色层时，系统会自动弹出“纯色设置”对话框，如图2-3所示。在该对话框中可以设置纯色层的大小、像素长宽比、名称及颜色等。

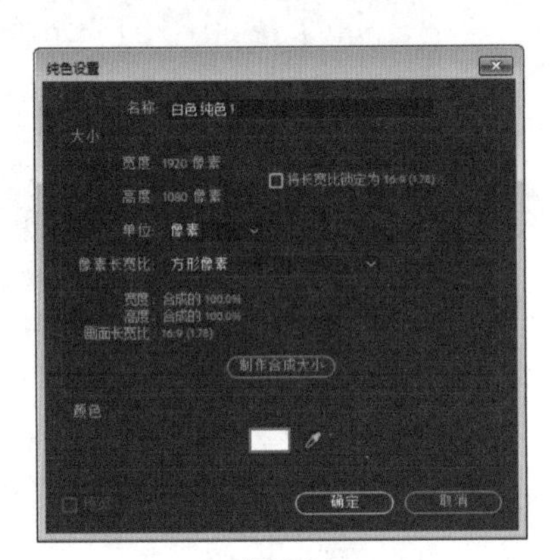

图 2-3

2.1.3 灯光、摄像机和调整图层等

灯光、摄像机和调整图层的创建方法与纯色层的创建方法类似，可以通过执行“图层”|“新建”子菜单中的命令来完成。在创建这类图层时，系统也会自动弹出相应的对话框，图2-4和图2-5分别为“灯光设置”和“摄像机设置”对话框。

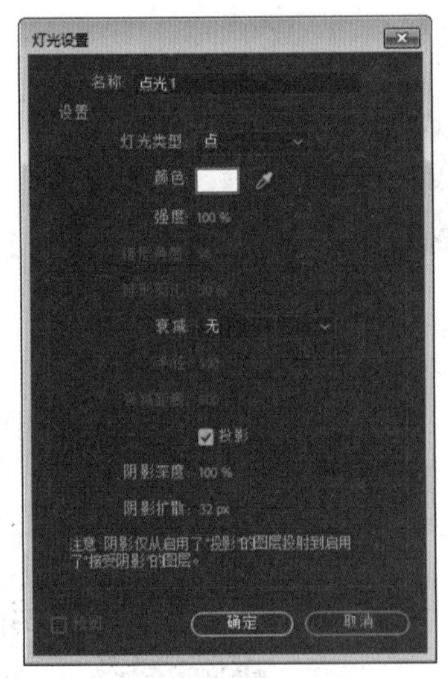

图 2-4

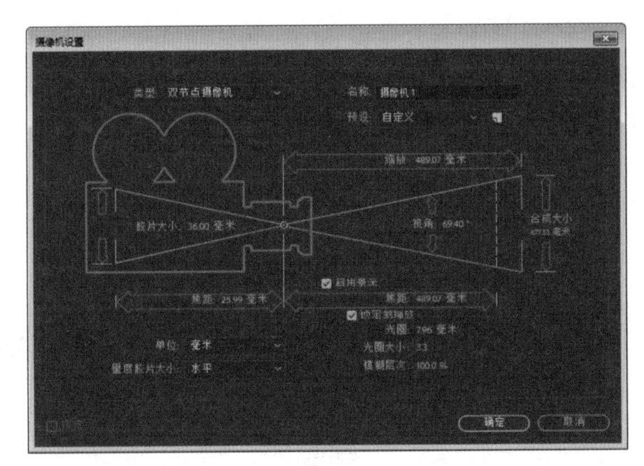

图 2-5

2.1.4 Photoshop 图层

执行“图层”|“新建”|“Adobe Photoshop 文件”命令，可以创建一个与当前合成尺寸一致的Photoshop图层，该图层会自动放置在当前“图层”面板的顶层，并且系统会自动打开该Photoshop文件。

2.2 选择图层

在影视后期制作中，经常需要选择一个或者多个图层来进行编辑处理，因此如何选择图层是必须掌握的基本操作技能，下面将具体讲解选择图层的方法。

2.2.1 选择单个图层

选择单个图层只需要在“时间线”窗口中单击所要选择的图层，如图2-6所示。

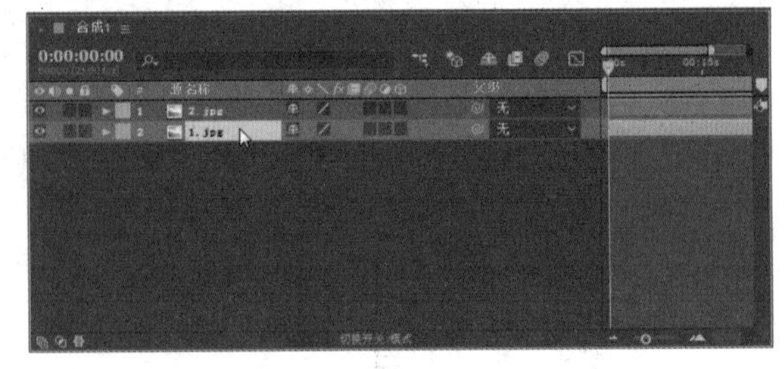

图 2-6

或者在“合成”窗口中单击目标图层，即可将“时间线”窗口中相对应的图层选中，如图2-7所示。

图 2-7

2.2.2　选择多个图层

在“时间线”窗口左侧的“图层”面板区域，不仅可以选择单个图层，还可以按住鼠标左键框选多个图层，如图 2-8 所示。

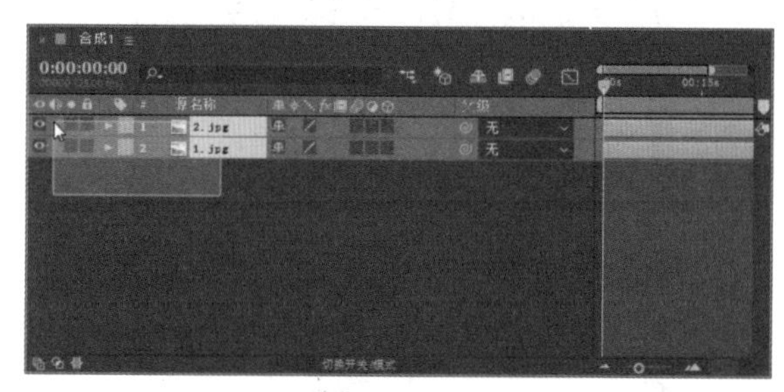

图 2-8

要选择多个连续的图层，除了上述的在“时间线”窗口左侧的“图层”面板中进行框选外，还可以先在“图层”面板中单击起始图层，然后按住 Shift 键单击结束图层，这样在开始图层和结束图层之间的所有图层即可全部选中，如图 2-9 所示。

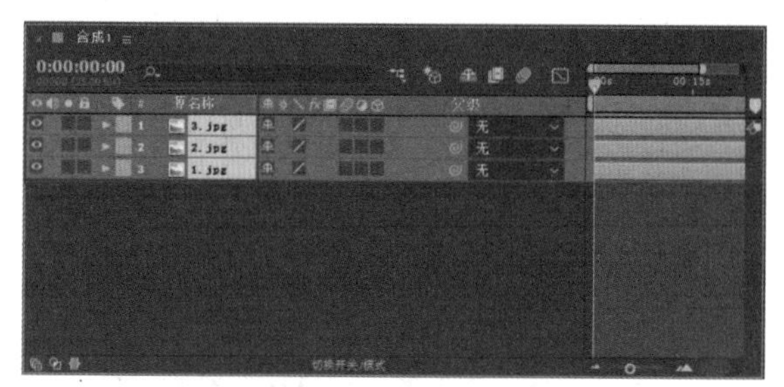

图 2-9

如果用户需要特定地选择“图层”面板中的某几个图层，但这些图层并不相邻，此时上述的两种方法就不适用了。用户可以按住 Ctrl 键，同时逐一单击面板中所需要的素材，则可以跳过不需要的素材进行自行选择，如图 2-10 所示。

此外，在菜单栏中执行“编辑”|“全选”命令，或按快捷键 Ctrl+A，可以选择“图层”面板区域中的所有图层；执行“编辑”|“全部取消选择”命令，或按快捷键 Ctrl+Shift+A，可以将选中的图层全部取消，如图 2-11 所示。

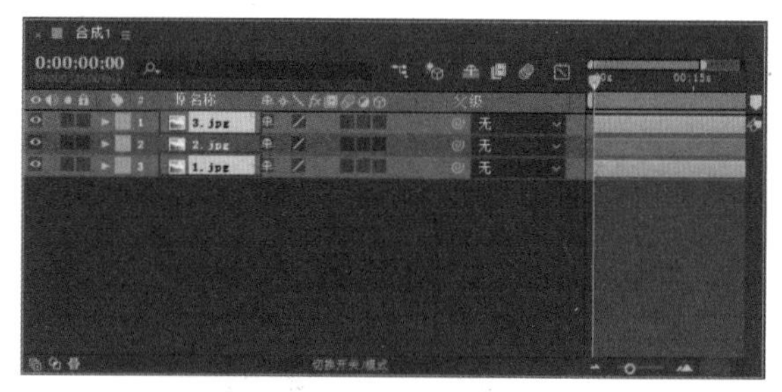

图 2-10

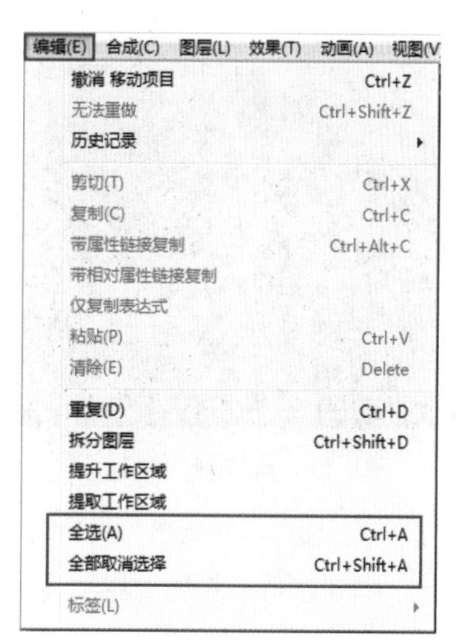

图 2-11

还可以利用图层名称 1 5.jpg 前的标签颜色选择具有相同标签颜色的图层，在其中一个目标图层的标签颜色块上单击，在弹出的快捷菜单中选择“选择标签组”选项，即可选中具有相同标签颜色的所有图层，如图 2-12 和图 2-13 所示。

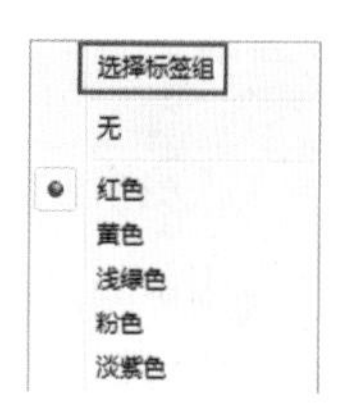

图 2-12

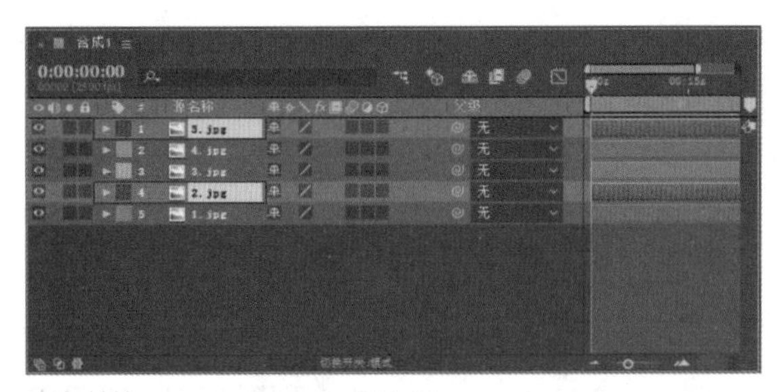

图 2-13

2.2.3 课堂练习——图层选择综合练习

用户可以在“图层”面板或“时间线”窗口中单击选中所需要的图层，并对图层进行相应的操作，图层选择的具体操作如下。

视频文件：　视频 \ 第 2 章 \2.2.3 课堂练习——图层选择综合练习 .mp4

源 文 件：　源文件 \ 第 2 章 \2.2.3

01 启动 After Effects CC 2018 软件，在开始界面中单击“打开项目”按钮，如图 2-14 所示。

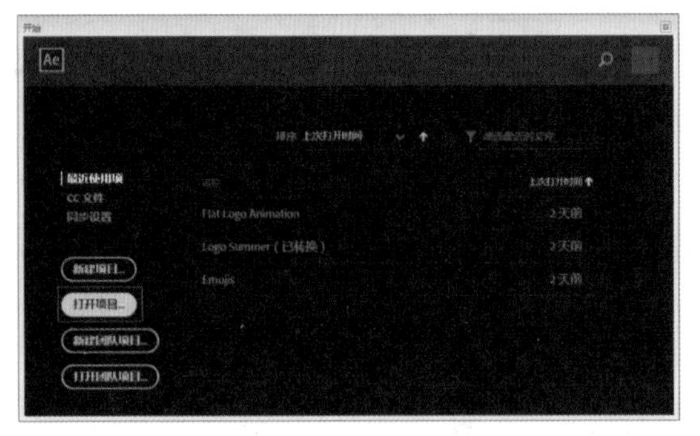

图 2-14

02 弹出“打开”对话框，找到项目文件所在位置，选中如图 2-15 所示项目文件，单击“打开”按钮。

图 2-15

03 打开项目文件后，观察“时间线”窗口，可以看到窗口左侧的“图层”面板中包含 5 个图层，都处于未选中状态，如图 2-16 所示。

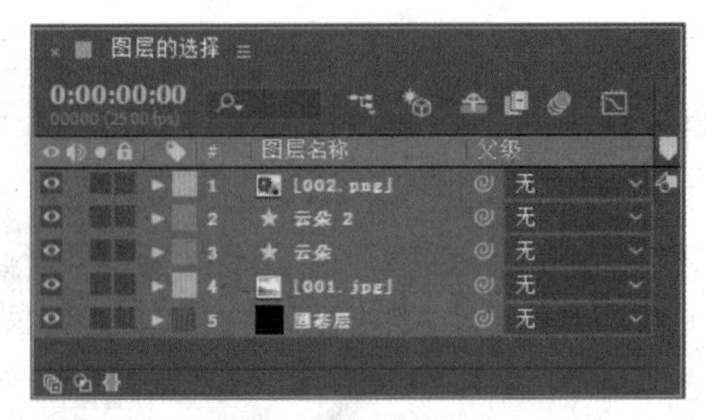

图 2-16

04 在“图层”面板中单击图层名为“云朵”的图层，如图 2-17 所示。选中该图层后，在“合成”窗口预览效果，如图 2-18 所示。

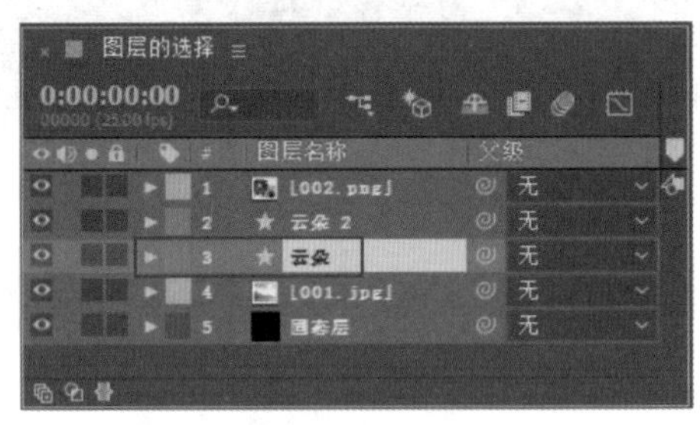

图 2-17

图 2-18

05 按住 Ctrl 键，同时在“图层”面板中单击 002.png 图层，如图 2-19 所示。此时把“云朵”和 002.png 这两个图层同时选中了，操作后在“合成”窗口的预览效果如图 2-20 所示。

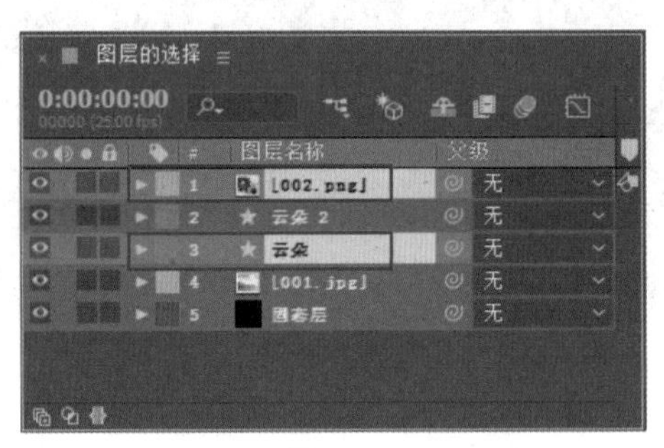

图 2-19

图 2-20

06 按住 Shift 键，同时单击“图层”面板底部的“固态层”图层，即可将“图层”面板中的所有图层全部选中，如图 2-21 所示。在“合成”窗口对应的预览效果如图 2-22 所示。

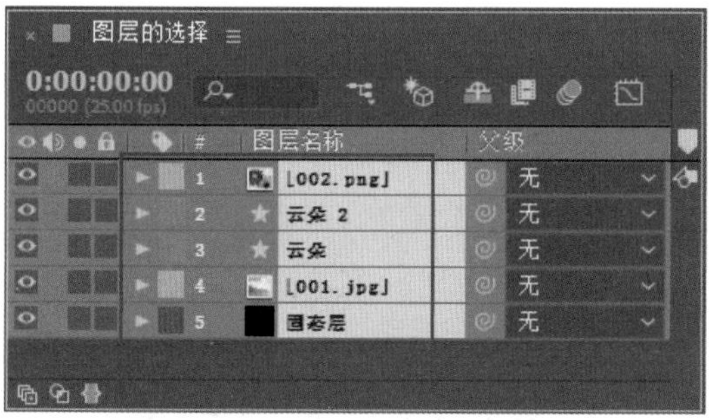

图 2-21

图 2-22

07 单击图层名为 002.png 的图层前的标签色块，弹出如图 2-23 所示的快捷菜单，在该菜单中选中“选择标签组”选项，可以将“图层”面板中具备相同颜色标签的图层同时选中，如图 2-24 所示。

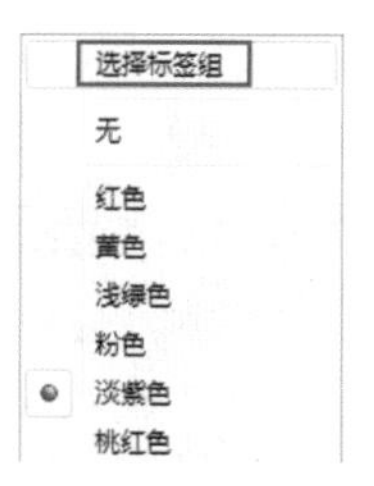

图 2-23

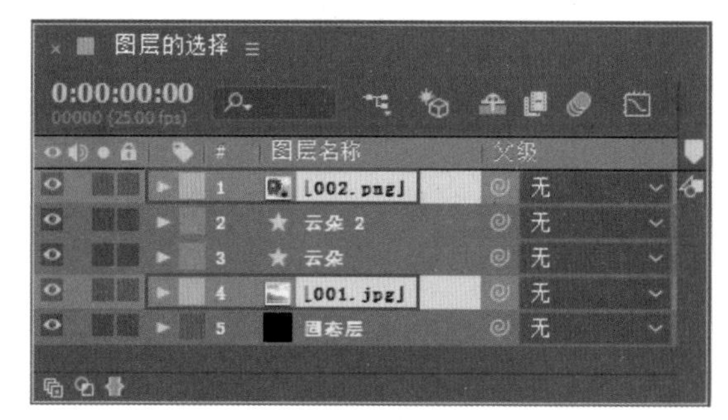

图 2-24

2.3 编辑图层

编辑图层是指根据项目制作的需要，对图层进行复制、粘贴、合并、分割和删除等操作。熟练掌握编辑图层的各种技巧，有助于提高工作效率。

2.3.1 复制与粘贴图层

✦ 方法 1：在“时间线”窗口中选择需要进行复制和粘贴操作的图层，对其执行“编辑”|“重复”命令，如图 2-25 所示。另一种方法是，选中图层后，按快捷键 Ctrl+D，即可在当前合成的位置复制一个图层。

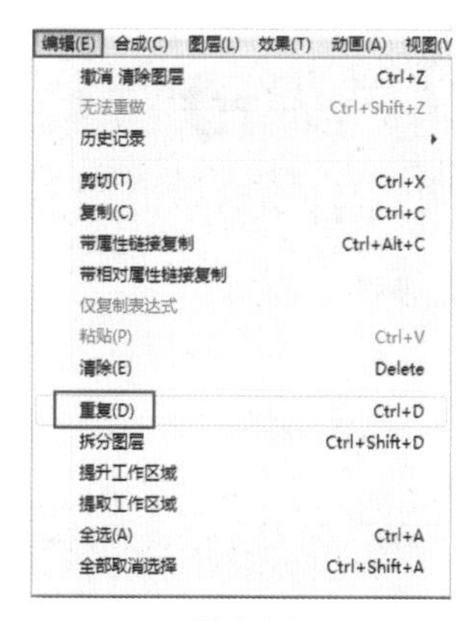

图 2-25

✦ 方法 2：在指定位置粘贴图层：在“时间线”窗口中选择需要复制和粘贴的图层，执行“编辑”|“复制”命令，或者按快捷键 Ctrl+C（复制），如图 2-26 所示。

然后选择要粘贴图层的位置，执行“编辑”|“粘贴”命令，或者按快捷键 Ctrl+V（粘贴），如图 2-27 所示。

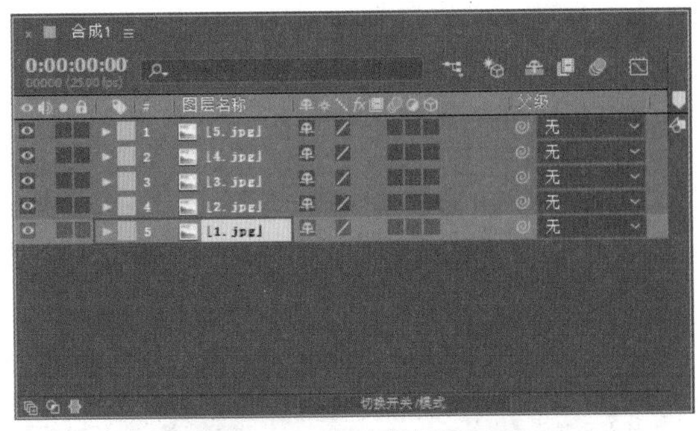

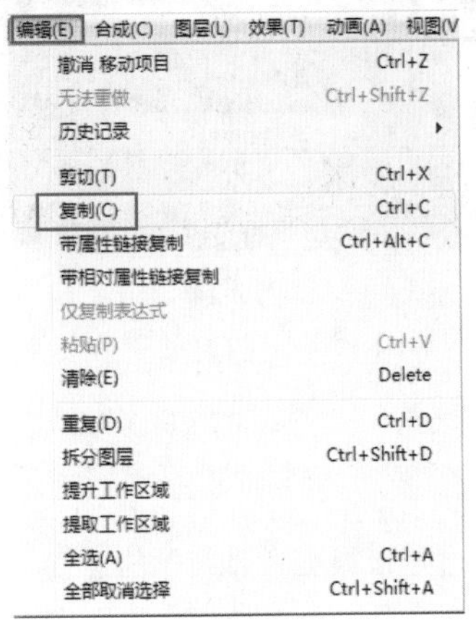

图 2-26

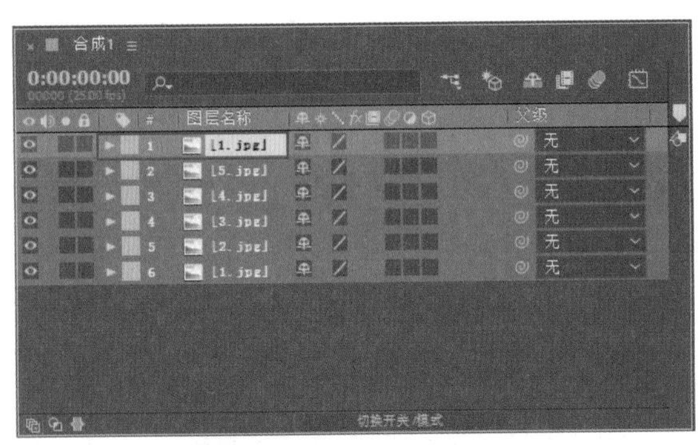

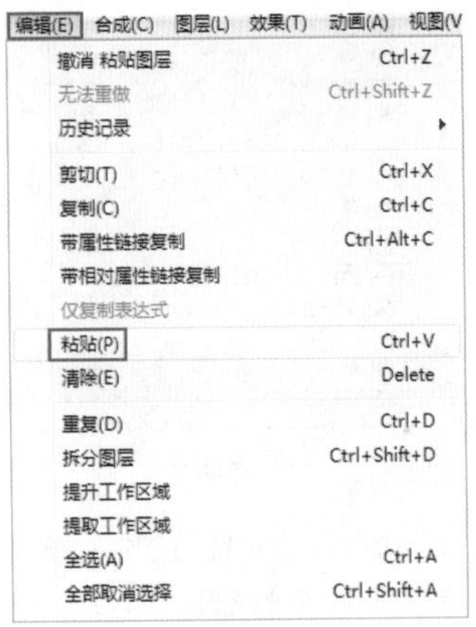

图 2-27

2.3.2 合并多个图层

为了方便制作动画和特效，有时候需要将几个图层合并在一起。合并图层的具体操作方法为：在“时间线”窗口选择需要合并的图层，然后在图层上右击，在弹出的快捷菜单中选择“预合成”命令，如图 2-28 所示。在弹出的“预合成”对话框中设置预合成的名称，单击“确定”按钮，如图 2-29 所示。

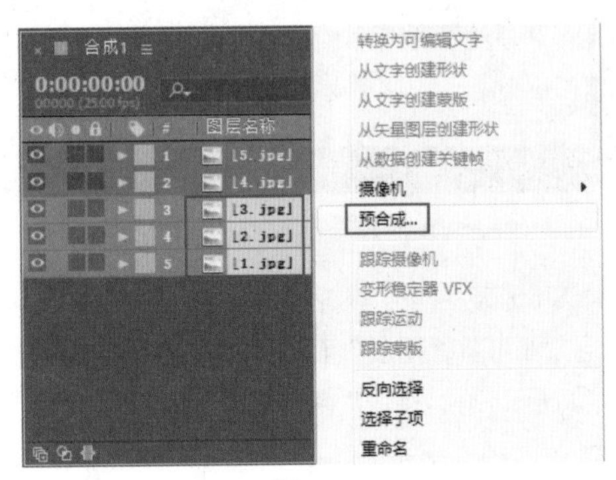

图 2-28

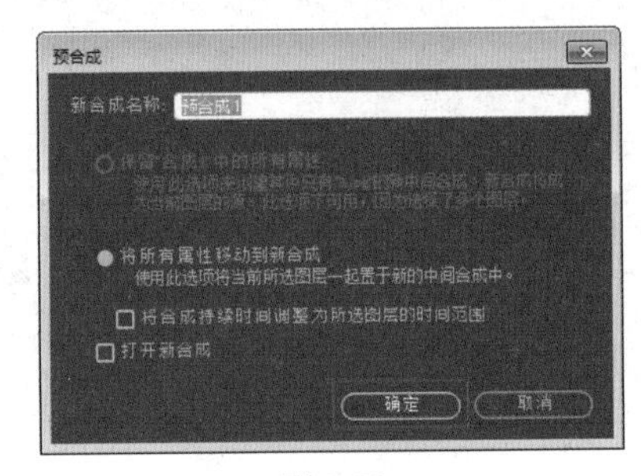

图 2-29

技巧与提示：

要执行“预合成”命令还可以采用按快捷键 Ctrl+Shift+C 的方法。

经过上述操作之后，选中执行“预合成”命令的几个图层被合并到一个新的合成中，合并后的效果如图 2-30 所示。

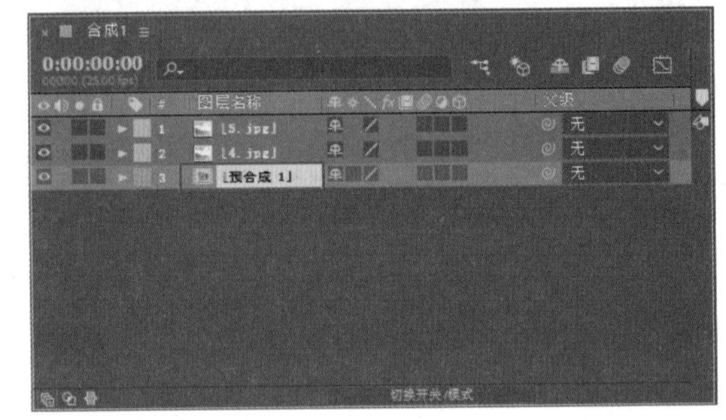

图 2-30

2.3.3　图层的拆分与删除

在 After Effects CC 2018 中可以对“时间线”窗口中的图层进行拆分（即在图层上任何一个时间点切分），具体的操作方法如下。

拆分图层

选择要进行拆分的图层，将时间线拖至需要拆分的位置，执行“编辑”|“拆分图层”命令，或按快捷键 Ctrl+Shift+D，即可将选中的图层拆分为两个，如图 2-31 所示。

编辑(E)　合成(C)　图层(L)　效果(T)　动画(A)　视图(V
撤消 清除图层　Ctrl+Z
重做 预合成　Ctrl+Shift+Z
历史记录
剪切(T)　Ctrl+X
复制(C)　Ctrl+C
带属性链接复制　Ctrl+Alt+C
带相对属性链接复制
仅复制表达式
粘贴(P)　Ctrl+V
清除(E)　Delete
重复(D)　Ctrl+D
拆分图层　Ctrl+Shift+D
提升工作区域
提取工作区域
全选(A)　Ctrl+A
全部取消选择　Ctrl+Shift+A

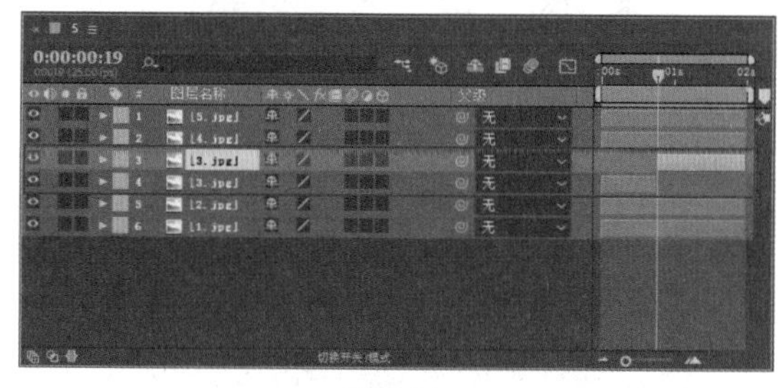

图 2-31

删除图层

在“时间线”窗口选中要删除的一个或多个图层，执行“编辑”|“清除”命令，或按 Delete 键（删除），即可将选中的图层删除。

2.3.4　课堂练习——编辑图层

在“图层”面板中展开所选图层的变换属性，可以对多项参数进行设置，以达到相应的效果。编辑图层的具体方法如下。

视频文件：　视频 \ 第 2 章 \2.3.4 课堂练习——编辑图层 .mp4
源 文 件：　源文件 \ 第 2 章 \2.3.4

01 启动 After Effects CC 2018 软件，在开始界面单击“打开项目”按钮，弹出“打开”对话框，找到项目文件所在位置，选择如图 2-32 所示的项目文件，单击“打开”按钮。

图 2-32

02 进入项目后，在“项目”窗口中选择“背景 .jpg”图层，将其拖入“图层”面板中，如图 2-33 所示。

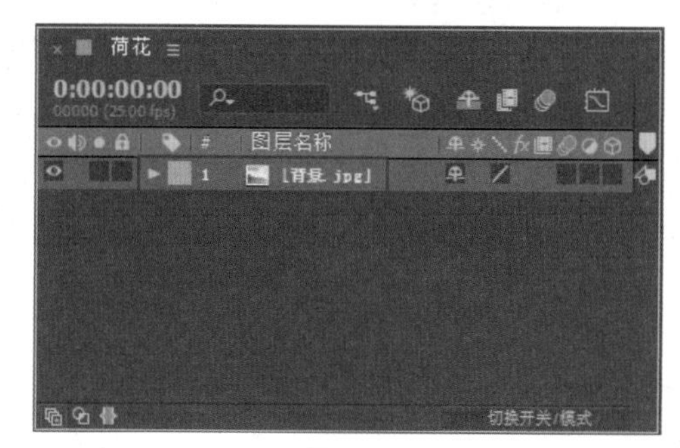

图 2-33

03 单击“背景 .jpg”图层前的▶按钮，展开其“变换”属性，然后设置该图层的“缩放”参数为 126，如图 2-34 所示。

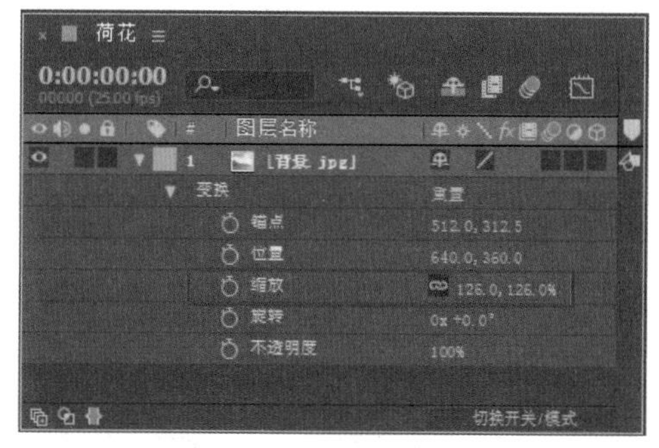

图 2-34

04 在“项目”窗口中选择“荷花 1.png”素材，将其拖入“图层”面板中，放置于“背景 .jpg”图层上方，接着展开其“变换”属性，设置“位置”参数为 596、371，“缩放”参数为 78，如图 2-35 所示。设置参数后在“合成”窗口的预览效果如图 2-36 所示。

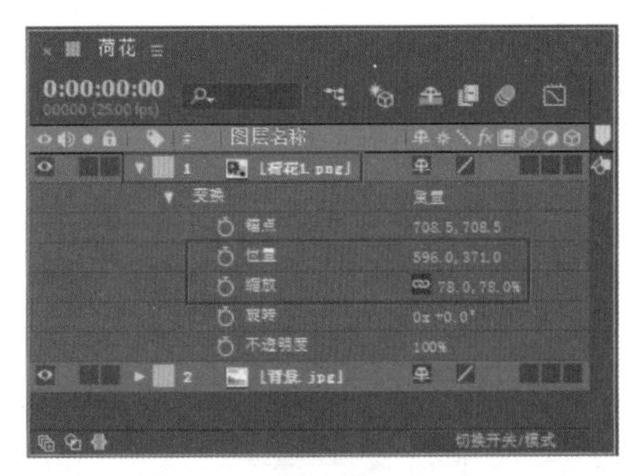

图 2-35

图 2-36

技巧与提示：

修改设置参数前单击点亮“图层”面板左下方的3个按钮，以完全展开参数窗口，方便设置。若没有数值，也可以在属性上右击，在弹出的快捷菜单中选择“编辑值”命令，进行单独设置。

05 在“项目”窗口中选择“荷花2.png”素材，将其拖入“图层”面板中，放置于“荷花1.png”图层上方，接着展开其“变换”属性，设置“位置”参数为1113、597，“缩放”参数为41，如图2-37所示。设置参数后在“合成”窗口的对应预览效果如图2-38所示。

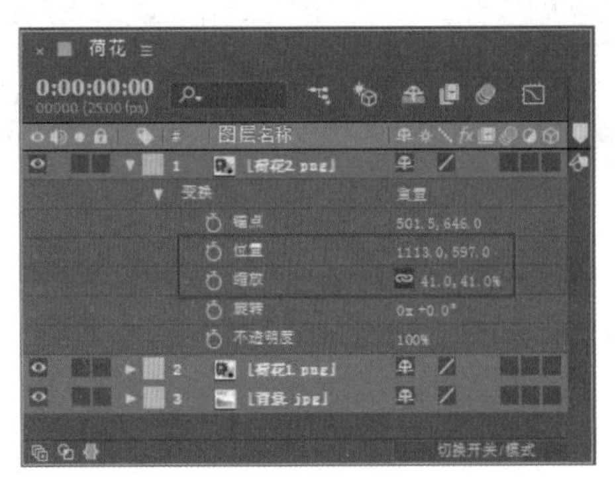

图 2-37

图 2-38

06 在“项目”窗口中选择“荷花3.png”素材，将其拖入“图层”面板中，置于“荷花2.png”图层上方，接着展开其“变换”属性，设置“位置”参数为196、504，“缩放”参数为44，如图2-39所示。设置参数后在“合成”窗口的对应预览效果如图2-40所示。

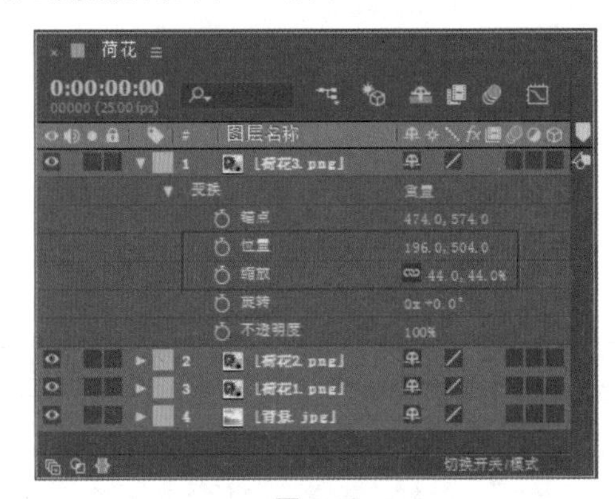

图 2-39

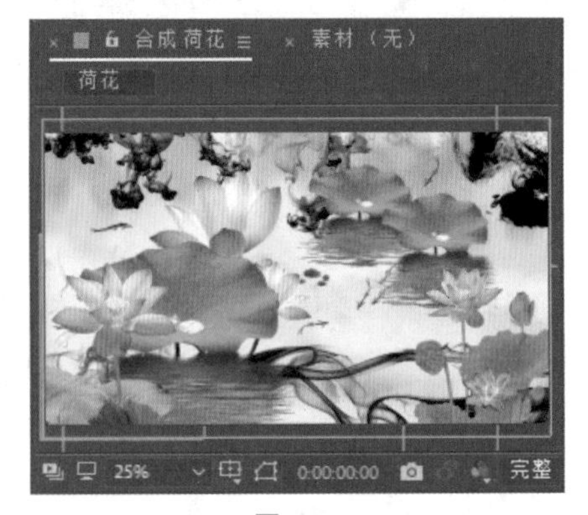

图 2-40

07 在“荷花3.png”图层被选中的状态下，按住Shift键，同时在“图层”面板中单击“荷花1.png”图层，使如图2-41所示的3个图层同时选中。在图层上右击，在弹出的快捷菜单中选择“预合成”命令（快捷键为Ctrl+Shift+C），如图2-42所示。

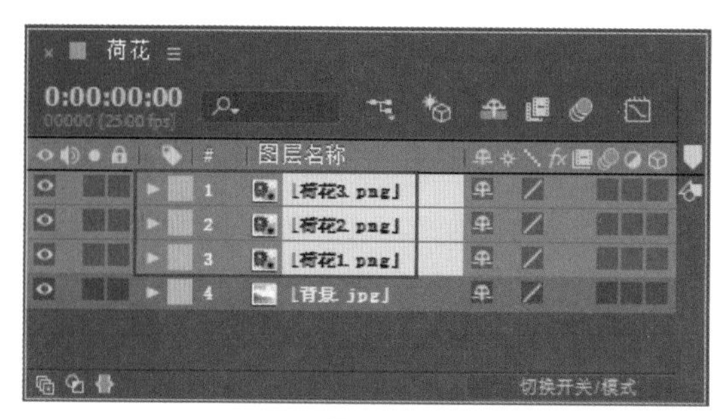

图 2-41

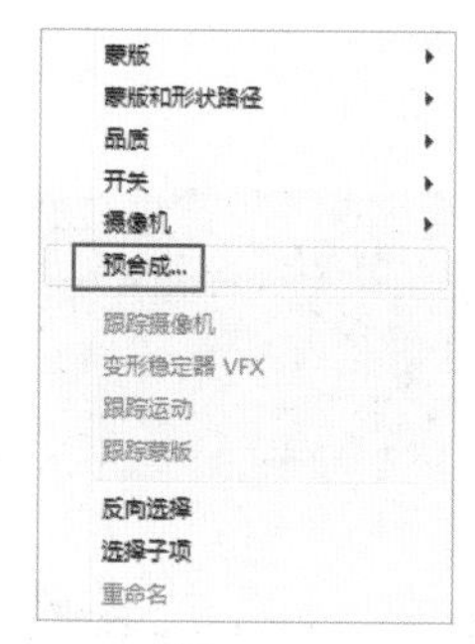

图 2-42

08 弹出“预合成”对话框，在其中设置预合成名称为“荷花嵌套”，单击“确定”按钮，如图 2-43 所示。执行该命令后，在“图层”面板中被选中的 3 个图层被组合成了“荷花嵌套”合成，如图 2-44 所示。

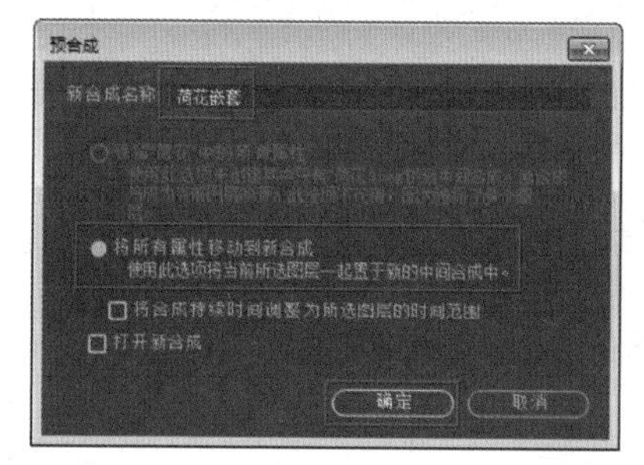

图 2-43

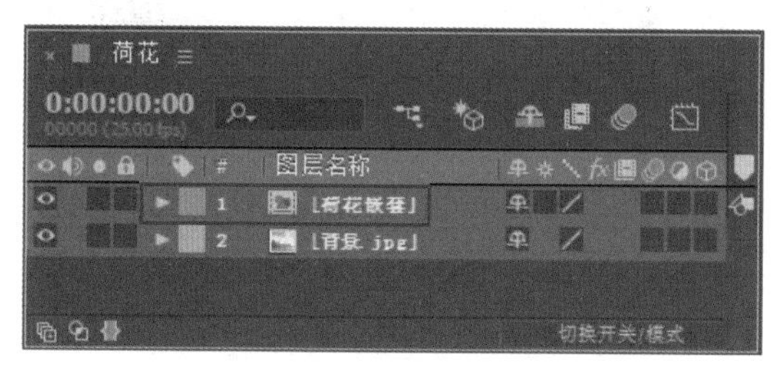

图 2-44

09 在“项目”窗口中选择“金鱼 1.png”素材，将其拖入“图层”面板中，置于“荷花嵌套”图层上方，接着展开其“变换”属性，设置“位置”参数为 904、381，“缩放”参数为 41，如图 2-45 所示。设置参数后在“合成”窗口的对应预览效果如图 2-46 所示。

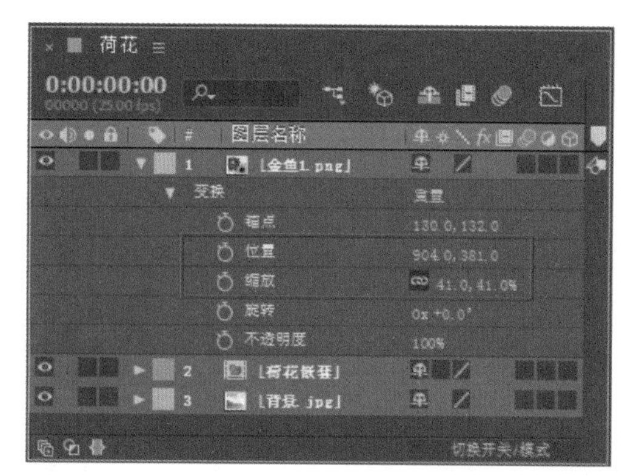

图 2-45

图 2-46

10 在“项目”窗口中选择“金鱼 2.png”素材，将其拖入“图层”面板中，置于“金鱼 1.png”图层上方，接着展开其“变换”属性，设置“位置”参数为 395、617，“缩放”参数为 53，如图 2-47 所示。设置参数后在“合成”窗口的对应预览效果如图 2-48 所示。

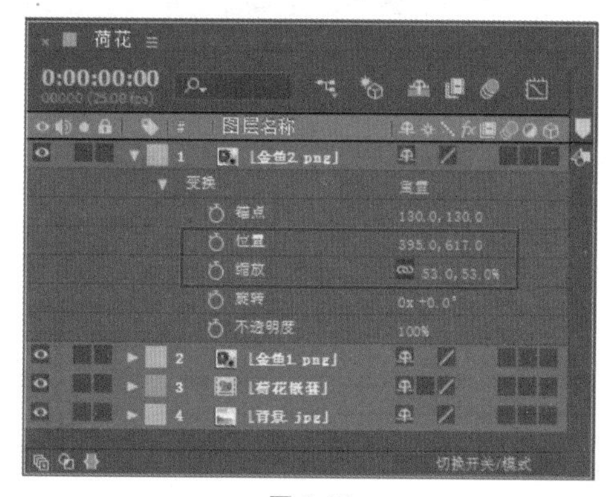

图 2-47

11 在“图层”面板中选择“金鱼 1.png”图层，执行“编辑”|“复制”命令，或者按快捷键 Ctrl+C，接着执行“编辑”|“粘贴”命令，或者按快捷键 Ctrl+V，把图层

粘贴到上一层，并展开其“变换”属性，设置“位置”参数为 787、340，“缩放”参数为 35，“旋转”参数为 0×+283°，如图 2-49 所示。

图 2-48

图 2-49

12 至此，本实例制作完毕，最终效果如图 2-50 所示。

图 2-50

2.4 图层变换属性

在 After Effects 中，图层属性是设置关键帧的基础，除了单独的音频图层以外，其余的图层都具有 5 个基本的变换属性，它们分别是锚点、位置、缩放、旋转和不透明，本节将详细介绍这几个属性。

2.4.1 锚点属性

锚点指的是图层的轴心点，图层的位置、旋转和缩放都是基于锚点来进行操作的，展开锚点属性的快捷键为 A。不同位置的锚点将对图层的位移、缩放和旋转产生不同的视觉效果。设置素材为不同锚点参数的对比效果，如图 2-51 所示。

图 2-51

2.4.2 位置属性

位置属性可以控制素材在画面中的位置，主要用来制作图层的位移动画，展开位置属性的快捷键为 P。设置素材为不同位置参数的对比效果，如图 2-52 所示。

图 2-52

2.4.3　缩放属性

缩放属性主要用于控制图层的大小，展开缩放属性的快捷键为 S。在进行图层缩放时，软件默认的是等比例缩放，用户也可以选择非等比例缩放，单击“约束比例”按钮将其解除锁定，即可对图层的宽度和高度分别进行调节。当设置的缩放属性为负值时，图层会发生翻转。设置素材为不同缩放参数的对比效果，如图 2-53 所示。

图 2-53

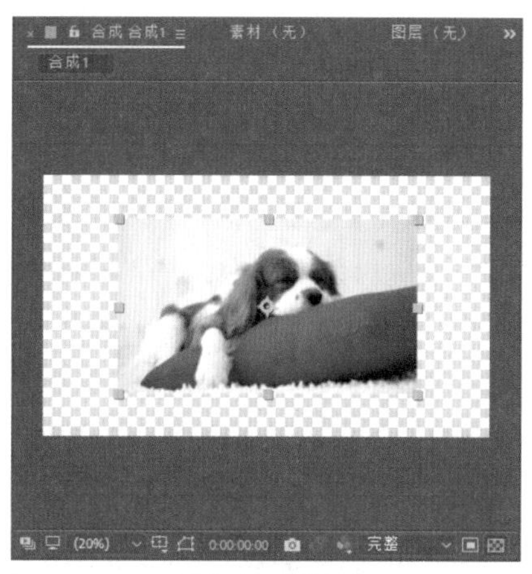

图 2-53（续）

2.4.4　旋转属性

旋转属性主要用于控制图层在合成画面中的旋转角度，展开旋转属性的快捷键为 R，旋转属性参数由“圈数”和“度数”两部分组成，如 1×+30°就表示旋转了一圈又 30°，设置素材为不同旋转参数的对比效果如图 2-54 所示。

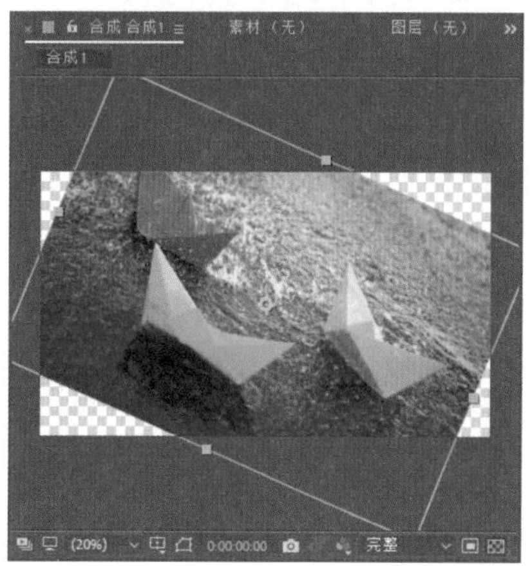

图 2-54

2.4.5 不透明属性

不透明度属性主要用于设置素材图像的透明效果，展开不透明度属性的快捷键为 T。不透明度属性的参数是以百分比的形式来计算的，当数值为 100% 时，表示图像完全不透明；当数值为 0% 时，表示图像完全透明。设置素材为不同不透明度参数的对比效果如图 2-55 所示。

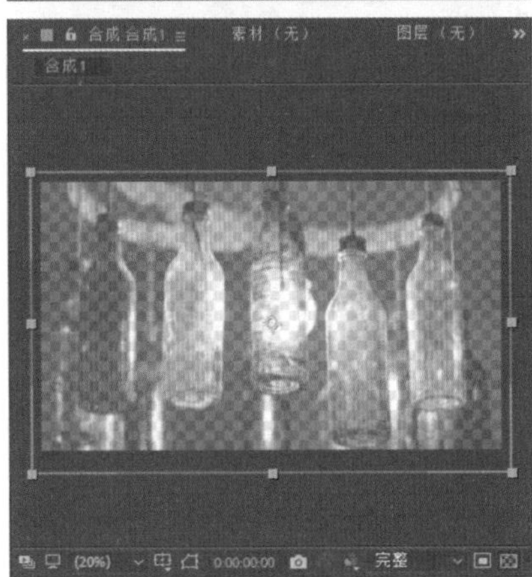

图 2-55

> **技巧与提示：**
>
> 一般情况下，每按一次图层属性快捷键，只能显示一种属性。如果需要同时显示多种属性，可以按住 Shift 键，同时加按其他图层属性的快捷键，即可显示出多个图层属性。

2.4.6 课堂练习——图层变换属性

在 After Effects 中，任何拖入合成的图层都具备变换属性，包括“位置”“旋转”“缩放”等选项，用户可以对这些属性进行关键帧动画的设置。下面，将具体讲解如何运用这些变换属性，创建关键帧动画。

视频文件：　视频 \ 第 2 章 \2.4.6 课堂练习——图层变换属性 .mp4

源 文 件：　源文件 \ 第 2 章 \2.4.6

01 启动 After Effects CC 2018 软件，进入操作界面，执行“合成”|“新建合成”命令，如图 2-56 所示。

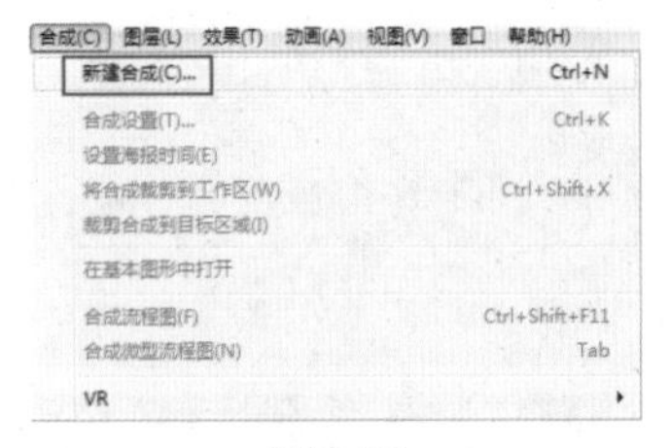

图 2-56

02 弹出“合成设置”对话框，创建一个预置为 PAL D1/DV 的合成，设置“持续时间”为 3 秒 10 帧，并将其命名为“奇幻之旅”，然后单击“确定”按钮，如图 2-57 所示。

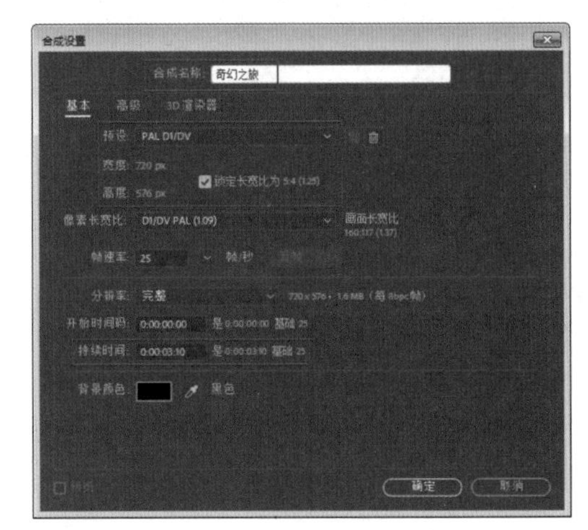

图 2-57

03 执行“文件”|“导入”|“文件”命令，或按快捷键 Ctrl+I，弹出“导入文件”对话框，选择如图 2-58 所示的两个文件，单击“确定”按钮将素材导入。

图 2-58

04 在“项目”窗口中，选择上述导入的素材，先后拖至“时间线”窗口中，摆放的顺序如图 2-59 所示。

图 2-59

05 在“时间线”窗口单击“车.psd”图层前的按钮，展开其“变换”属性，设置“位置”参数为 452、404，“缩放”参数为 8，具体参数及在“合成”窗口中的对应效果如图 2-60 所示。

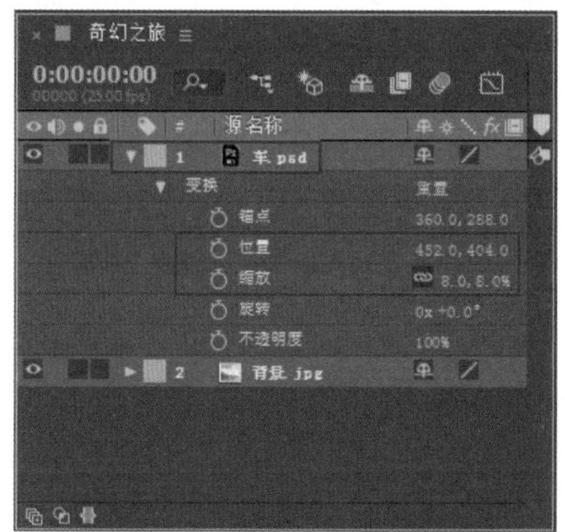

图 2-60

06 选择“车.psd”图层，在“图层”面板左上角修改时间点为 0:00:00:00，单击“位置”和“缩放”属性前的“时间变化秒表”按钮，为“位置”和“缩放”参数分别设置一个关键帧，如图 2-61 所示。

07 再次修改时间点为 0:00:01:09，在该时间点设置“位置”参数为 −55、664，“缩放”参数为 21，如图 2-62 所示。

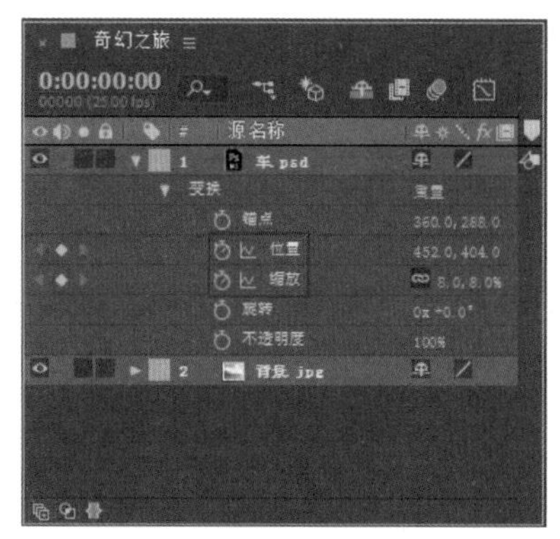

图 2-61

图 2-62

技巧与提示：

时间变化秒表：切换属性随时间更改的能力，按住 Alt 键并单击该按钮，可以添加或移除表达式。

08 执行“文件”|“导入”|“文件”命令（快捷键 Ctrl+I），弹出“导入文件”对话框，选择如图 2-63 所示的文件夹中的 10001~10125.png 素材（快捷键 Ctrl+A 全选素材），并选中“PNG 序列”复选框。单击“导入”按钮，将序列素材导入项目文件，如图 2-63 所示。

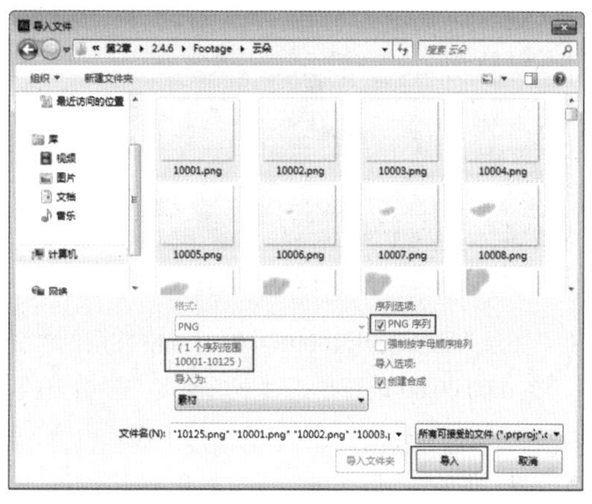

图 2-63

图 2-64

09 将“项目”窗口中的 10001–10125.png 素材拖至“奇幻之旅”图层面板，如图 2-65 所示。在“合成”窗口中的对应效果如图 2-66 所示。

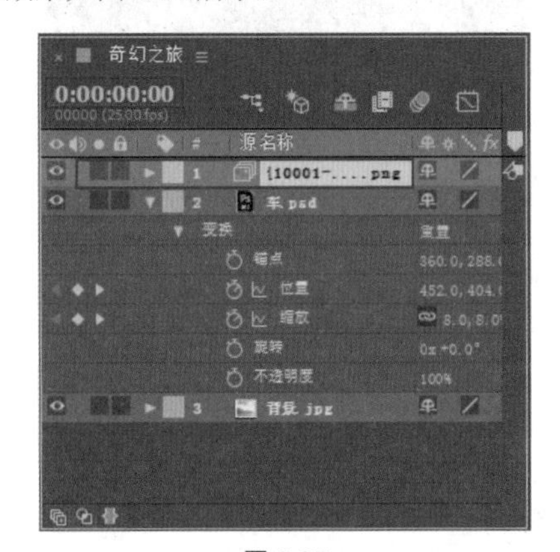

图 2-65

图 2-66

10 在“图层”面板展开 10001–10125.png 图层的“变换”属性，在 0:00:00:00 位置单击“不透明度”参数前的“时间变化秒表”按钮，为“不透明度”属性设置一个关键帧，然后修改“不透明度”参数为 0，如图 2-67 所示。在“合成”窗口中的对应效果如图 2-68 所示。

图 2-67

图 2-68

11 继续选择 10001–10125.png 图层，在时间点为 0:00:00:05 的位置设置“不透明度”参数为 100，如图 2-69 所示。在“合成”窗口中的对应效果如图 2-70 所示。

图 2-69

图 2-70

12 在“图层”面板的空白处右击，在弹出的快捷菜单中执行“新建”|“文本”命令，如图 2-71 所示。

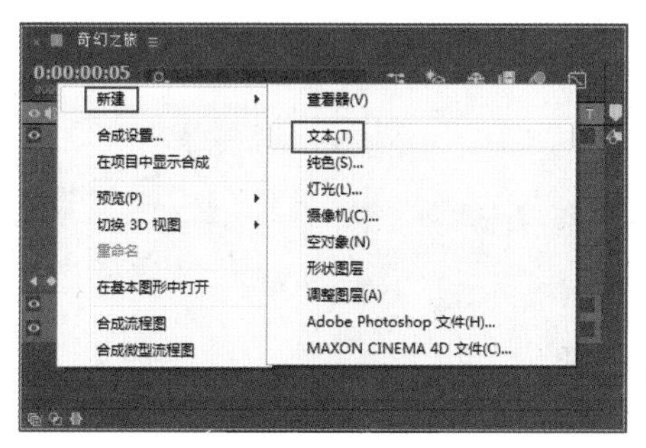

图 2-71

13 在“合成”窗口输入文字“奇幻之旅”，并设置“字体”为幼圆，设置“文字大小”为 68，设置“填充颜色”为白色（颜色 RGB 参数为 255、255、255），如图 2-72 所示。在“合成”窗口中的对应效果如图 2-73 所示。

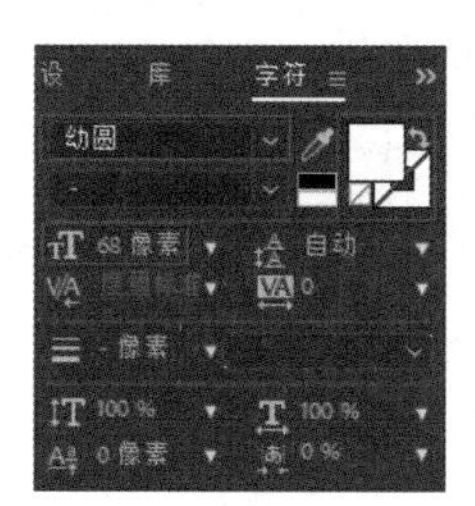

图 2-72

14 将时间线移至 0:00:00:00 位置，设置“奇妙之旅”文字图层的“锚点”参数为 151.6、−25.5，“位置”参数为 −40、−20，“旋转”参数为 −17×−210°，然后分别单击“位置”和“旋转”参数前的“时间变化秒表”按钮，为它们分别设置一个关键帧，如图 2-74 所示。在“合成”窗口中的对应效果如图 2-75 所示。

图 2-73

图 2-74

图 2-75

15 在“图层”面板左上角修改时间点为 0:00:00:14，修改“位置”参数为 374、271，“旋转”参数为 −1×0°，如图 2-76 所示。在“合成”窗口中的对应效果如图 2-77 所示。

图 2-76

图 2-77

16 在“图层”面板中选择“奇幻之旅”文字图层，执行“效果”|“模糊与锐化”|“径向模糊”命令，如图 2-78 所示。

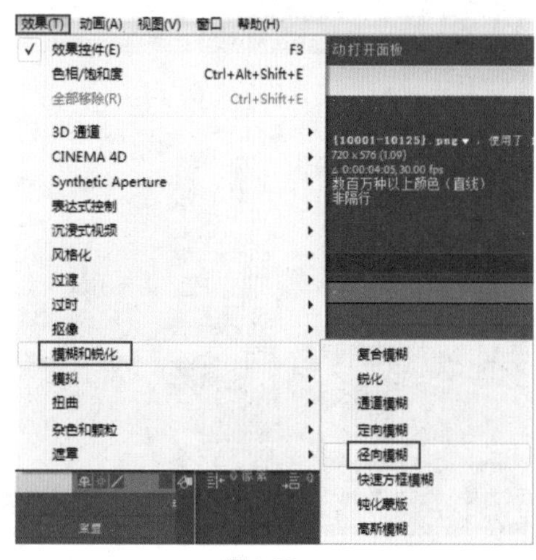

图 2-78

17 在当前时间点 0:00:00:14 的位置展开“径向模糊”属性，单击“数量”参数前的“时间变化秒表”按钮，为其设置一个关键帧，并修改“数量”参数为 0，如图 2-79 所示。在“合成”窗口中的对应效果如图 2-80 所示。

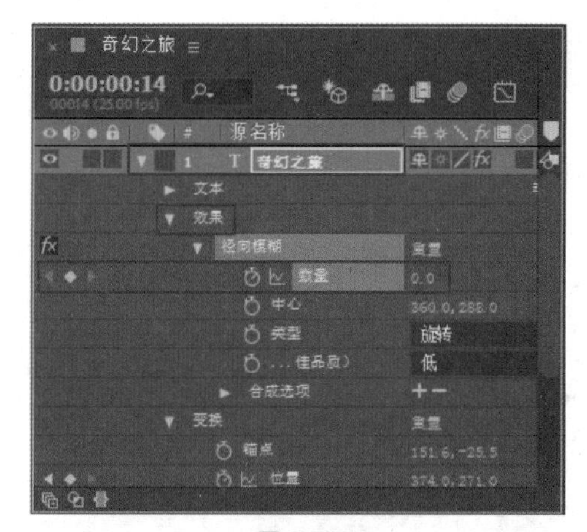

图 2-79

图 2-80

18 修改时间点为 0:00:00:00，在该位置设置“数量”参数为 40，如图 2-81 所示。在“合成”窗口中的对应效果如图 2-82 所示。

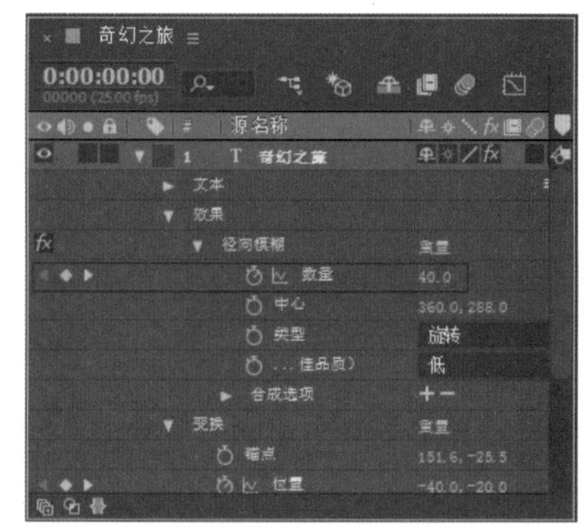

图 2-81

19 至此，本实例制作完毕，按空格键可以播放动画预览，最终效果如图 2-83 所示。

图 2-82

图 2-83

2.5　图层叠加模式

“图层叠加”是指将一个图层与其下面的图层相互混合、叠加，以便共同作用于画面效果。After Effects CC 2018 提供了多种图层叠加模式，不同的叠加模式可以产生不同的混合效果，并且不会对原始图像造成影响。

在“时间线”窗口中的图层上右击，在弹出的菜单中选择“混合模式”命令，并选择相应的模式。也可以直接单击图层后面的“模式”下拉列表按钮，在弹出的“模式”下拉列表中选择相应的模式，如图 2-84 所示。

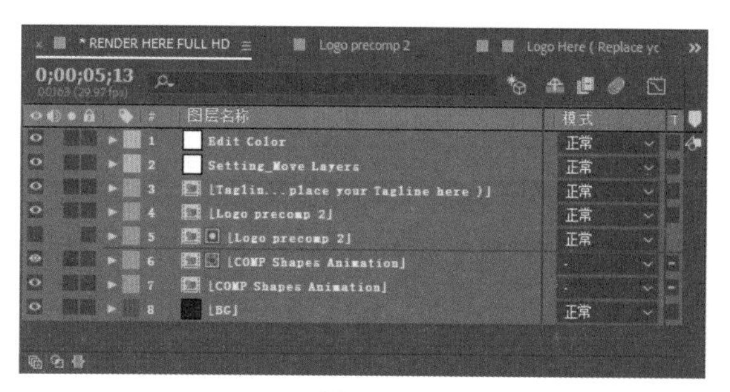

图 2-84

接下来将用两张素材图像相互叠加，详细讲解 After Effects CC 2018 的不同图层模式的混合效果，其中一张作为底图素材图层，如图 2-85 所示，而另外一张则作为叠加图层的源素材，如图 2-86 所示。

图 2-85

图 2-86

2.5.1 普通模式

普通模式包括正常、溶解、动态抖动溶解 3 种叠加模式。普通模式的叠加效果随底图素材图层和源素材图层的不透明度变化而产生相应效果，当两个素材图层的不透明度均为 100% 时，不产生叠加效果。

正常

当图层的不透明度为 100% 时，合成将根据 Alpha 通道正常显示当前图层，并且图层的显示不受其他图层的影响，如图 2-87 所示；当图层的不透明度小于 100% 时，当前图层的每个像素的颜色都将受到其他图层的影响，如图 2-88 所示。

图 2-87

图 2-88

溶解

溶解模式将控制图层与图层之间的融合显示，因此该模式对于有羽化边缘的层有较大的影响。如果当前图层没有遮罩羽化边界或该图层设定为完全不透明，则该模式几乎不起作用。所以该模式最终效果受到当前图层的 Alpha 通道的羽化程度和不透明度的影响。当前图层不透明度越低，溶解效果越明显。当前图层（源素材图层）的不透明度为 60% 时，溶解模式的效果如图 2-89 所示。

图 2-89

动态抖动溶解

动态抖动溶解模式和溶解模式的原理相似，只不过动态抖动溶解模式可以随时更新随机值，它对融合区域进行了随机动画，而溶解（Dissolve）模式的颗粒随机值是不变的。

2.5.2 变暗模式

变暗模式包括变暗、相乘、颜色加深、经典颜色加深、线性加深、较深的颜色 6 种叠加模式，这种类型的叠加模式主要用于加深图像的整体颜色。

变暗

变暗模式是混合两个图层像素的颜色时，对这二者的 RGB 值（即 RGB 通道中的颜色亮度值）分别进行比较，取二者中低的值再组合成为混合后的颜色，所以总的颜色灰度级降低，造成变暗的效果。考察每一个通道的颜色信息以及相混合的像素颜色，选择较暗的作为混合的结果，颜色较亮的像素会被颜色较暗的像素替换，而较暗的像素不会发生变化。变暗模式的效果如图 2-90 所示。

相乘

相乘模式是一种减色模式，将基色与叠加色相乘。素材图层相互叠加可以使图像暗部更暗，任何颜色与黑色相乘都将产生黑色，与白色相乘将保持不变，而与中间亮度的颜色相乘，可以得到一种更暗的效果。相乘模式效果如图 2-91 所示。

图 2-90

图 2-91

颜色加深

颜色加深模式是通过增加对比度来使颜色变暗以反映叠加色，素材图层相互叠加可以使图像暗部更暗，当叠加色为白色时不发生变化。颜色加深模式效果如图 2-92 所示。

图 2-92

经典颜色加深

经典颜色加深模式通过增加素材图像的对比度，使颜色变暗以反映叠加色，其应用效果要优于颜色加深模式。

线性加深

线性加深模式用于查看每个通道中的颜色信息，并通过减小亮度，使颜色变暗或变亮，以反映叠加色，素材图层相互叠加可以使图像暗部更暗，与黑色混合则不发生变化。与相乘模式相比，线性加深模式可以产生一种更暗的效果，如图 2-93 所示。

较深的颜色

较深的颜色模式与变暗模式效果相似，不同的是变暗模式考察每一个通道的颜色信息以及相混合的像素颜色，并对每个颜色通道产生作用，而较深的颜色模式不对单独的颜色通道起作用，较深的颜色模式效果如图 2-94 所示。

图 2-93

图 2-94

2.5.3　变亮模式

变亮模式包括相加、变亮、屏幕、颜色减淡、经典颜色减淡、线性减淡、较浅的颜色 7 种叠加模式。这种类型的叠加模式主要用于提亮图像的整体颜色。

相加

相加模式是将基色与混合色相加，通过相应的加法运算得到更为明亮的颜色。素材相互叠加时，能够使亮部更亮。混合色为纯黑色或纯白色时不发生变化，有时可以将黑色背景素材通过相加模式与背景叠加，这样可以去掉黑色背景。相加模式效果如图 2-95 所示。

变亮

变亮模式与变暗模式相反，它主要用于查看每个通道中的颜色信息，并选择基色和叠加色中较为明亮的颜色作为结果色（比叠加色暗的像素将被替换掉，而比叠加色亮的像素将保持不变）。变亮模式效果如图 2-96 所示。

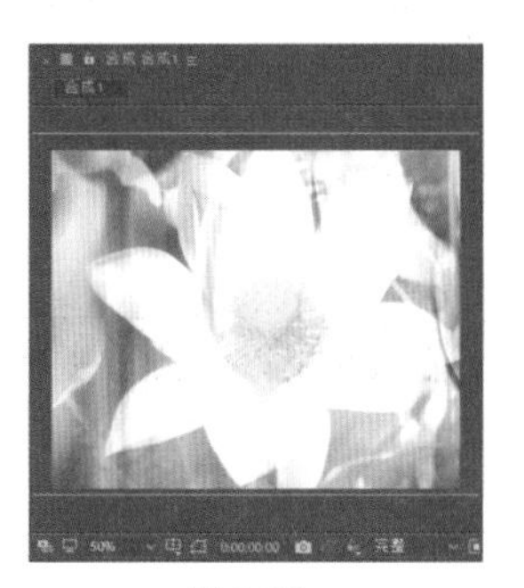

图 2-95

图 2-96

屏幕

屏幕模式是一种加色叠加模式，将叠加色和基色相乘，呈现出一种较亮的效果。素材进行相互叠加后，也能使图像亮部更亮。屏幕模式的效果如图 2-97 所示。

颜色减淡

颜色减淡模式主要通过减小对比度来使颜色变亮，以反映叠加色。当叠加色为黑色时不产生变化。颜色减淡模式的效果如图 2-98 所示。

图 2-97

图 2-98

经典颜色减淡

经典颜色减淡模式主要通过减小对比度来使颜色变亮，以反映叠加色，其叠加效果要优于颜色减淡模式。经典颜色减淡模式的效果如图 2-99 所示。

线性减淡

线性减淡模式主要用于查看每个通道的颜色信息，并通过增加亮度来使基色变亮，以反映叠加色。与黑色叠加不发生任何变化。线性减淡模式的效果如图 2-100 所示。

图 2-99

图 2-100

较浅的颜色

较浅的颜色模式可以对图像层次较少的暗部进行着色，但它不对单独的颜色通道起作用。增加亮度可使图像变亮，颜色较浅，亮度相似。较浅的颜色模式的效果如图 2-101 所示。

图 2-101

2.5.4 叠加模式

叠加模式包括叠加、柔光、强光、线性光、亮光、点光和纯色混合 7 种模式。在应用这类叠加模式时，需要对源图层和底层的颜色亮度进行比较，查看是否低于 50% 的灰度，然后再选择合适的叠加模式。

叠加

叠加模式可以根据底图的颜色，将源素材图层的像素相乘或覆盖。不替换颜色，但是基色与叠加色相混，以反映原色的亮度或暗度。该模式对中间色调影响较明显，对于高亮度区域和暗调区域影响不大。叠加模式的效果如图 2-102 所示。

柔光

柔光模式可以使颜色变亮或变暗，具体取决于叠加色。类似于发散的聚光灯照在图像上的效果，若混合色比 50% 灰色亮则图像就变亮；若混合色比 50% 灰色暗则图像变暗。用纯黑色或纯白色绘画时产生明显的较暗或较亮的区域，但不会产生纯黑或纯白色。柔光模式的效果如图 2-103 所示。

图 2-102

图 2-103

强光

强光模式的作用效果如同打上一层色调强烈的光所以称为“强光”，如果两图层中颜色的灰阶是偏向低灰阶的，作用与相乘模式类似，而偏向高灰阶时，则与屏幕模式类似，中间阶调作用不明显。相乘或者屏幕混合底层颜色，取决于上层颜色，产生的效果类似于图像照射强烈的聚光灯一样。如果上层颜色（光源）亮度高于 50% 灰，图像就会被照亮，这时混合方式类似于屏幕模式；反之，如果亮度低于 50% 灰，图像就会变暗，这时混合方式就类似相乘模式，该模式能为图像添加阴影。如果用纯黑色或者纯白色进行混合，得到的也将是纯黑色或者纯白色。强光模式的效果如图 2-104 所示。

线性光

线性光模式主要通过减小或增加亮度来加深或减淡颜色，这具体取决于叠加色。如果上层颜色（光源）亮度高于中性灰（50% 灰），则用增加亮度的方法来使画面变亮，反之用降低亮度的方法来使画面变暗。线性光模式的效果如图 2-105 所示。

图 2-104

图 2-105

亮光

亮光模式可以通过调整对比度加深或减淡颜色，这取决于上层图像的颜色分布。如果上层图像颜色（光源）亮度高于 50% 灰，图像将被降低对比度并且变亮；如果上层图像颜色（光源）亮度低于 50% 灰，图像会被提高对比度并且变暗。亮光模式的效果如图 2-106 所示。

点光

点光模式可以按照上层颜色分布信息来替换图片的颜色。如果上层图像颜色（光源）亮度高于 50% 灰，比上层图像颜色暗的像素将被取代，而较之亮的像素则不发生变化。如果上层图像颜色（光源）亮度低于 50% 灰，比上层图像颜色亮的像素会被取代，而较之暗的像素则不发生变化。点光模式的效果如图 2-107 所示。

图 2-106

图 2-107

纯色混合

纯色混合模式产生一种强烈的混合效果，在使用该模式时，如果当前图层中的像素比 50% 灰色亮，会使底层图像变亮；如果当前图层中的像素比 50% 灰色暗，则会使底层图像变暗。所以该模式通常会使亮部区域变得更亮，暗部区域变得更暗。纯色混合模式的效果如图 2-108 所示。

图 2-108

2.5.5 差值模式

差值模式包括差值、经典差值、排除、相减、相除 5 张叠加模式。这种类型的叠加模式主要根据源图层和底层的颜色值来产生差异效果。

差值

差值模式可以从基色中减去叠加色或从叠加色中减去基色，具体情况要取决于哪个颜色的亮度值更高。与白色混合将翻转基色值，与黑色混合则不产生变化。差值模式的效果如图 2-109 所示。

经典差值

经典差值模式与差值模式相同，都可以从基色中减去叠加色或从叠加色中减去基色，但经典差值模式的效果要优于差值模式。

排除

排除模式是与差值模式非常类似的叠加模式，只是排除模式的结果色对比度没有差值模式强。与白色混合将翻转基色值，与黑色混合则不产生变化。排除模式的效果如图 2-110 所示。

图 2-109

图 2-110

相减

相减模式是将底图素材图像与源素材图像相对应的像素提取出来并将它们相减，其叠加效果如图 2-111 所示。

相除

相除模式与相乘模式相反，可以将基色与叠加色相除，得到一种很亮的效果，任何颜色与黑色相除都产生黑色，与白色相除都产生白色，其叠加效果如图 2-112 所示。

图 2-111

图 2-112

2.5.6 色彩模式

色彩模式包括色相、饱和度、颜色、发光度 4 种叠加模式。这种类型的叠加模式可以通过改变底层颜色的色相、饱和度和明度值产生不同的叠加效果。

色相

色相模式通过基色的亮度和饱和度以及叠加色的色相创建结果色，可以改变底层图像的色相，但不会影响其亮度和饱和度。色相模式的效果如图 2-113 所示。

饱和度

饱和度模式通过基色的亮度和色相以及叠加色的饱和度创建结果色。可以改变底层图像的饱和度，但不会影响其亮度和色相。饱和度模式的效果如图 2-114 所示。

图 2-113

图 2-114

颜色

颜色模式是用当前图层的色相值与饱和度替换下层图像的色相和饱和度，而亮度保持不变。决定生成颜色的参数包括：底层颜色的明度、上层颜色的色调与饱和度。这种模式能保留原有图像的灰度细节，能用来为黑白或者不饱和的图像上色。颜色模式的效果如图 2-115 所示。

发光度

发光度模式通过基色的色相和饱和度以及叠加色的亮度创建结果色，效果与颜色模式相反，应用该模式可以完全消除纹理背景的干扰。发光度模式的效果如图 2-116 所示。

图 2-115

图 2-116

2.5.7　蒙版模式

蒙版模式包括模板 Alpha、蒙版亮度、轮廓 Alpha、轮廓亮度 4 种叠加模式。应用此类叠加模式可以将源图层作为底层的遮罩使用。

蒙版 Alpha

蒙版 Alpha 模式可以穿过蒙版图层的 Alpha 通道显示多个层，其效果如图 2-117 所示。

蒙版亮度

蒙版亮度模式可以穿过蒙版层的像素显示多个层。当使用此模式时，显示图层中较暗的像素。蒙版亮度模式的效果如图 2-118 所示。

图 2-117

图 2-118

轮廓 Alpha

轮廓 Alpha 模式可以通过源图层的 Alpha 通道来影响底层图像，并把受到影响的区域裁剪掉。源图层的不透明度为60%时，轮廓 Alpha 模式的效果如图 2-119 所示。

轮廓亮度

轮廓亮度模式主要通过源图层上的像素亮度来影响底层图像，并把受到影响的像素部分裁剪或全部裁剪掉，模式效果如图 2-120 所示。

图 2-119

图 2-120

2.5.8　共享模式

共享模式包括 Alpha 添加和冷光预乘两种叠加模式，它们都可以通过 Alpha 通道或透明区域像素来影响叠加效果。

Alpha 添加

Alpha 添加模式可以在合成图层添加色彩互补的 Alpha 通道，从而创建无缝的透明区域。用于从两个相互反转的 Alpha 通道或从两个接触的动画图层的 Alpha 通道边缘删除可见边缘，该模式的效果如图 2-121 所示。

冷光预乘

冷光预乘模式通过将超过 Alpha 通道值的颜色值添加到合成中，防止修剪这些颜色值，可以用于使用预乘 Alpha 通道，以素材合成渲染镜头或光照效果，该模式的效果如图 2-122 所示。

图 2-121

图 2-122

2.5.9　课堂练习——图层叠加模式的应用

在“图层”面板中，图层后方设有对应的“模式”下拉列表，在该列表中可以根据需要选择各种叠加模式，不同的模式可使图层呈现不同的画面效果。下面，将通过案例来讲解图层叠加模式的具体应用方法。

视频文件：　视频 \ 第 2 章 \2.5.9 课堂练习——图层叠加模式的应用方法 .mp4
源 文 件：　源文件 \ 第 2 章 \2.5.9

01 启动 After Effects CC 2018 软件，进入其操作界面。执行“合成”|“新建合成”命令，创建一个预置为 HDV/HDTV 720 25 的合成，设置“持续时间”为 5 秒，并设置名称，单击“确定”按钮，如图 2-123 所示。

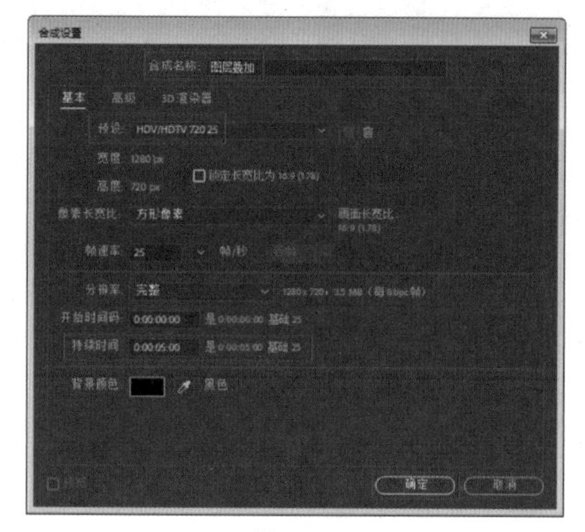

图 2-123

02 执行“文件”|“导入”|“文件”命令，弹出“导入文件”对话框，选择如图 2-124 所示的两个文件，单击“导入”按钮，将素材导入项目。

图 2-124

03 在“项目”窗口中选择“背景 .jpg”和“前景 .jpg”素材，分别拖入“时间线”窗口（“图层”面板），图层摆放顺序参照图 2-125 所示。

图 2-125

04 在“图层”面板中，选择“背景 .jpg”图层，按 S 键展开其“缩放”属性，并设置“缩放”参数为 90。接着选择“前景 .jpg”图层，展开其变换属性，设置“位置”参数为 640、395，“缩放”参数为 264，如图 2-126 所示。设置参数后，在“合成”窗口的对应预览效果如图 2-127 所示。

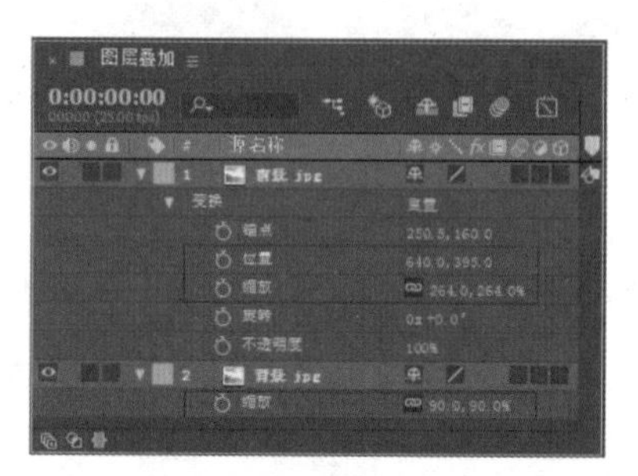

图 2-126

图 2-127

05 接着在“图层”面板中设置“前景 .jpg”图层的叠加模式为“相乘”，如图 2-128 所示。设置完成后在“合成”窗口的对应预览效果如图 2-129 所示。

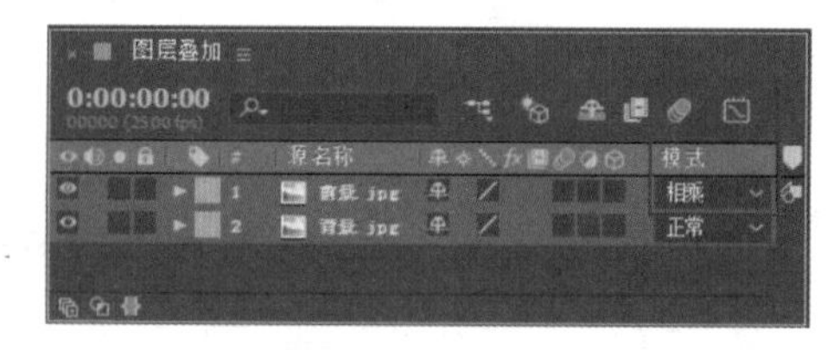

图 2-128

图 2-129

06 右击“图层”面板的空白处，在弹出的快捷菜单中选择“新建”|“文本”命令，如图 2-130 所示。

07 在“合成”窗口输入文字 Romance in Paris，并在界面右侧的“字符”面板中设置“字体”为微软雅黑，“文字大小”为 74，“填充颜色”为白色（RGB 参数为 255、255、255），如图 2-131 所示。

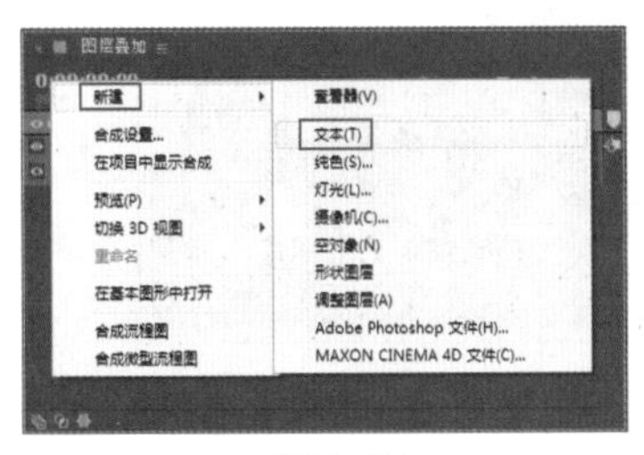

图 2-130

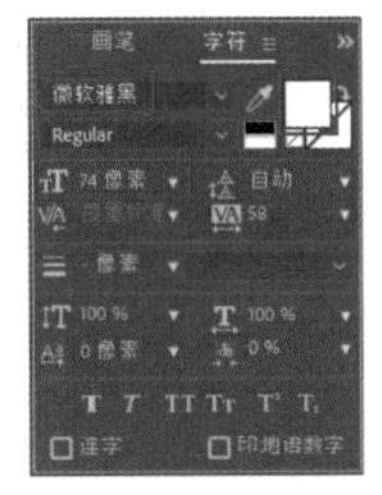

图 2-131

08 在“图层”面板设置文字图层的“位置”参数为 532、222，并设置其叠加模式为“叠加”，如图 2-132 所示。

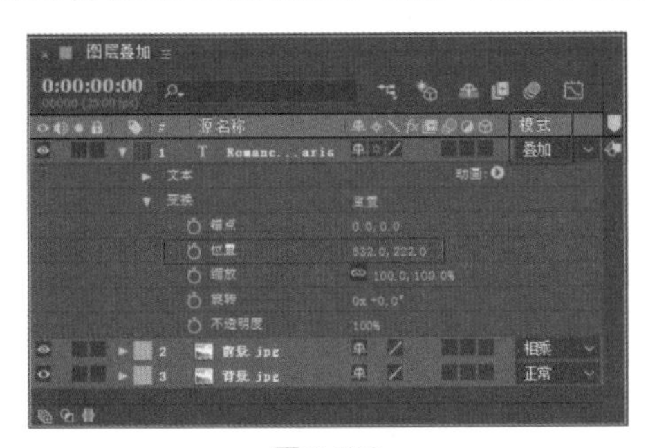

图 2-132

09 至此，本实例制作完毕，最终效果如图 2-133 所示。

图 2-133

2.6　图层的类型

After Effects CC 2018 中的可合成元素非常多，这些合成元素体现为各种图层。在 After Effects CC 2018 中可以导入图片、序列、音频、视频等素材来作为素材层，也可以直接创建其他不同类型的图层，例如，文本层、纯色层、灯光层、摄像机层、空对象层、形状图层、调整图层。下面将详细讲解各种不同类型的图层。

2.6.1　素材层

素材层是将图片、音频、视频等素材从外部导入 After Effects 中，然后在“项目”窗口将其拖至“时间线”窗口形成的层。除音频素材层以外，其他素材图层都具有 5 种基本的变换属性，可以在“时间线”窗口中对其位置、缩放、旋转、不透明度等属性进行设置，如图 2-134 所示。

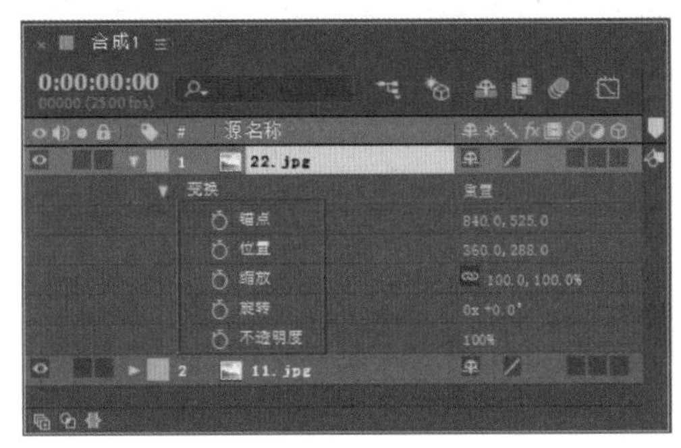

图 2-134

技巧与提示：

在创建素材图层时，可以进行单个创建，也可以一次性创建多个素材图层。在“项目”窗口中按住 Ctrl 键的同时，连续选择多个素材，然后将其拖至“时间线”窗口中，该窗口中的图层将按照之前选择素材的顺序进行排列。此外，也可以按住 Shift 键选择多个连续的素材，并拖入“时间线”窗口。

2.6.2　文本层

在 After Effects CC 2018 中可以通过新建文本的方式为场景添加文字元素。在“时间线”窗口的空白处右击，然后在弹出的快捷菜单中执行“图层”|“新建”|“文本”命令，如图 2-135 所示。

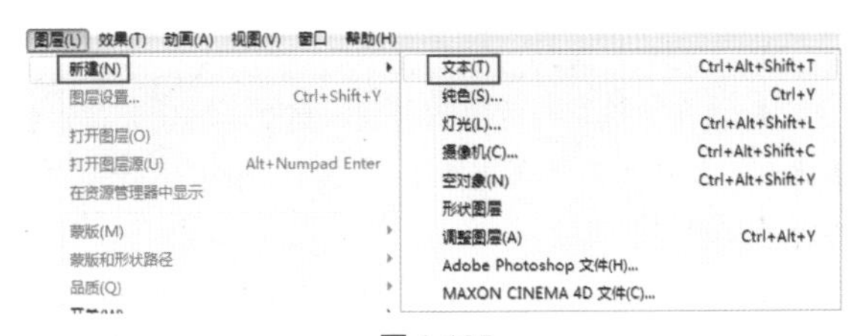

图 2-135

执行上述命令之后，会在“图层”面板自动新建一个文本图层，并以输入的文字内容为名称。展开文本图层的属性如图 2-136 所示，在这里可以为文本图层设置位置、缩放、旋转、不透明度等属性动画，也可以为文本图层添加发光、投影、梯度渐变等效果。

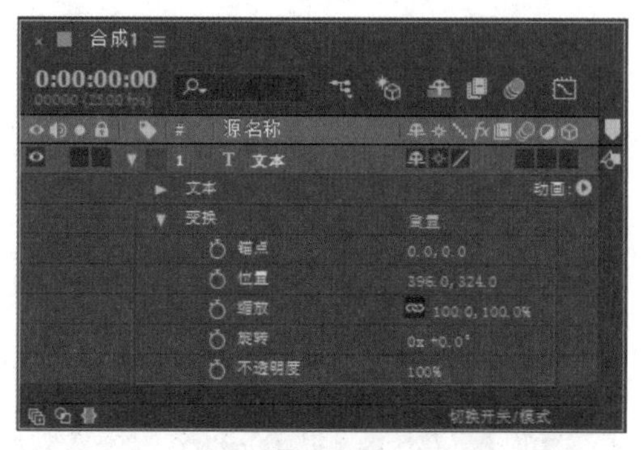

图 2-136

2.6.3 纯色层

在 After Effects CC 2018 中，可以创建任何颜色和尺寸的纯色层。纯色层和其他素材图层一样，可以用来制作蒙版遮罩，也可以修改图层的变换属性，还可以对其应用各种效果。创建纯色层的方法主要有以下 3 种。

✦ 执行“文件”|“导入”|“纯色”命令，在弹出的“纯色设置”对话框中设置纯色层的名称、大小及颜色，单击“确定”按钮，操作后即可在“项目”窗口中看到创建好的纯色层。

✦ 执行“图层”|“新建”|“纯色”命令或按快捷键 Ctrl+Y，在弹出的“纯色设置”对话框中设置纯色层的各项属性，单击“确定”按钮。创建好的纯色层不仅显示在“项目”窗口的“固态层”文件夹中，还会自动放置在当前“时间线”窗口中的顶层位置。

✦ 右击“时间线”窗口的空白处，在弹出的快捷菜单中执行“新建”|“纯色”命令。

在使用上述 3 种方法创建纯色层时，系统都会弹出“纯色设置”对话框，在该对话框中可以设置纯色层的名称、大小、颜色等属性，如图 2-137 所示。

✦ 名称：设置纯色层的名称。

✦ 大小：设置纯色层的宽度、高度、单位和像素长宽比等。单击“制作合成大小”按钮，则按照合成的大小设置纯色层的尺寸。

✦ 颜色：单击颜色块，可以为纯色层设置任意一种颜色。

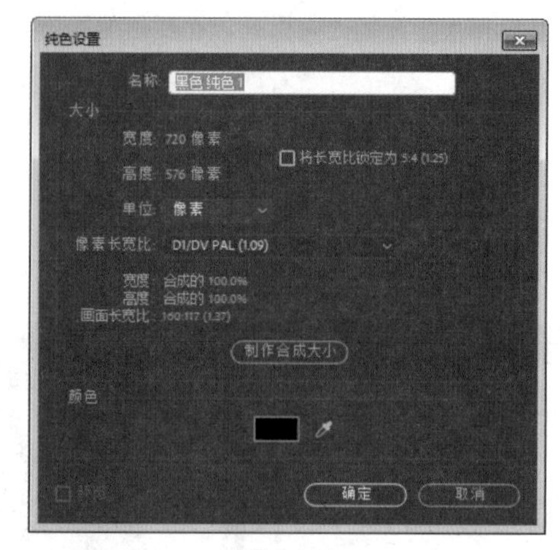

图 2-137

2.6.4 灯光层

灯光层可以模拟出不同种类的真实光源，同时模拟出相对应的阴影效果，因此看起来会比较真实。灯光层的创建可以通过“图层”|“新建”|“灯光”命令来实现，也可以右击“时间线”窗口的空白处，在弹出的快捷菜单中选择“新建”|“灯光”命令。

在创建灯光层时，系统会弹出“灯光设置”对话框，在该对话框中可以设置名称、灯光类型、颜色、强度等参数，如图 2-138 所示。灯光层的效果需在“图层”面板单击激活“3D 图层”按钮，才会起到作用，在“时间线”窗口的灯光层中可以设置其各项属性，如图 2-139 所示。

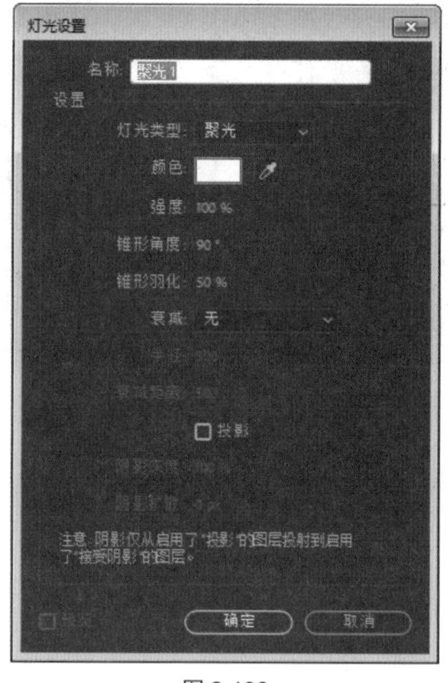

图 2-138

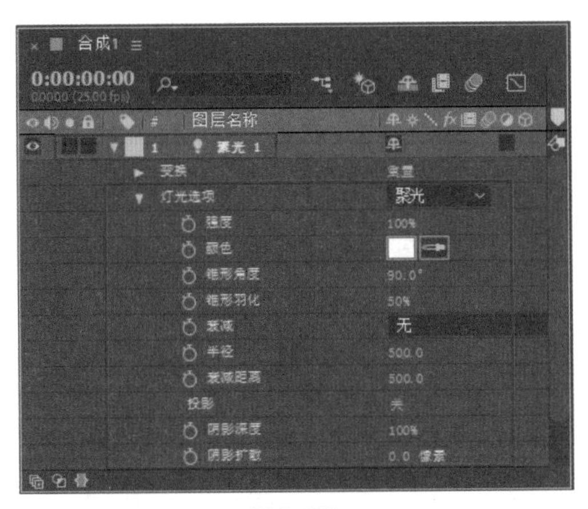

图 2-139

2.6.5　摄像机层

摄像机层可以起到固定拍摄角度的作用，并且可以制作摄像机动画，在 After Effects 中，我们经常需要运用一台或多台摄像机来创造空间场景、观看合成空间。创建摄像机层的方法与创建灯光层的方法类似，可以通过执行“图层”|“新建”|“摄像机”命令，也可以右击“时间线”窗口的空白处，并在弹出的快捷菜单中选择“新建”|“摄像机”命令。

在创建摄像机层时，系统会自动弹出“摄像机设置”对话框，在其中可以设置其名称、预设、视角范围、单位等参数，如图 2-140 所示。摄像机的效果同样需要激活“3D 图层”按钮才会起到作用，在“图层”面板的摄像机层中可以设置其各项属性，如图 2-141 所示。

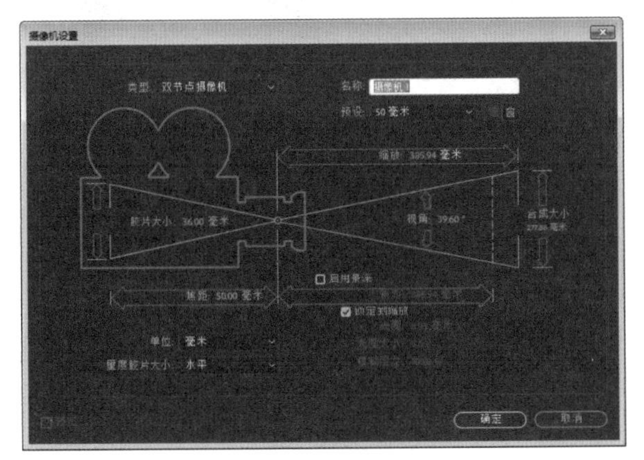

图 2-140

2.6.6　空对象层

空对象层可以在素材上进行效果和动画设置，具有辅助动画制作的功能。创建空对象层的方法有两种，可以通过执行“图层”|“新建”|“空对象”命令，也可以在“图层”面板的空白处右击，在弹出的快捷菜单中选择“新建”|“空对象”命令。

图 2-141

空对象层一般是通过父子链接的方式，使之与其他图层相关联，并控制其他图层的位置、缩放、旋转等属性，从而实现辅助动画制作的功能。单击图层后面的“父级”链接图标，选择“空 1”，将多个图层链接到空对象层上。在空对象层中进行操作时，其所链接的图层也会进行同样的操作，如图 2-142 所示。

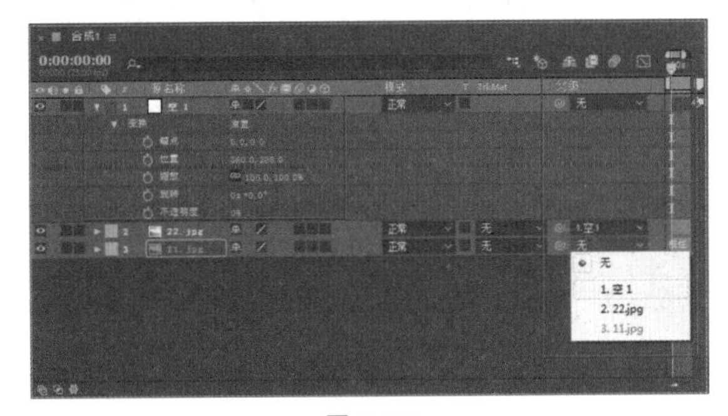

图 2-142

2.6.7　形状图层

形状图层常用于创建各种图形，其创建方式有两种，可以通过执行“图层”|“新建”|“形状图层”命令，也可以在“图层”面板的空白处右击，在弹出的快捷菜单中选择“新建”|“形状图层”命令。

使用“钢笔”工具在“合成”窗口中勾画图像的形状，也可以使用“矩形”工具、“椭圆”工具、“多边形”工具等形状工具在“合成”窗口中绘制相应的图像形状，如图 2-143 所示。绘制完成后在“时间线”窗口中自动生成形状图层，还可以对刚创建的形状图层进行位置、缩放、旋转、不透明度等参数的设置，形状图层的属性窗口如图 2-144 所示。

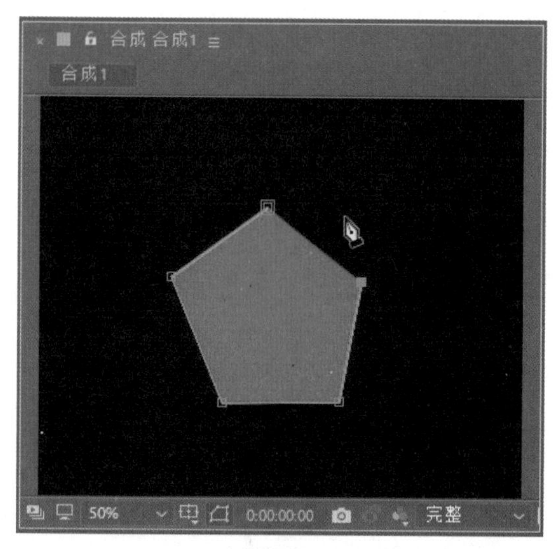

图 2-143

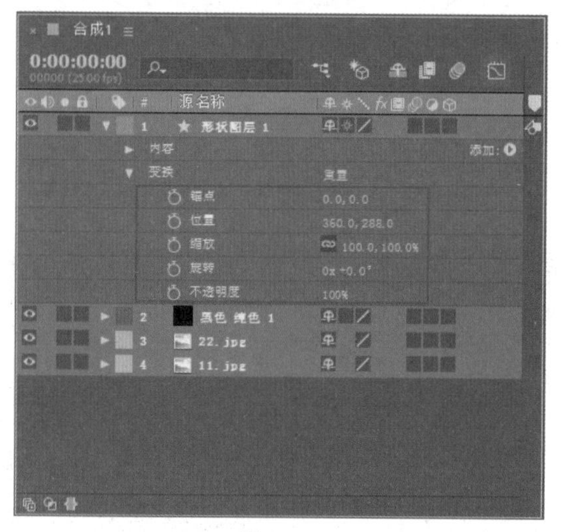

图 2-144

2.6.8 调整图层

调整图层的创建方法与纯色层的创建方法类似，可以执行“图层”|“新建”|“调整图层”命令，也可以在“图层”面板的空白处右击，在弹出的快捷菜单中选择“新建”|“调整图层”命令。

调整图层和空对象层有相似之处，那就是调整图层在一般情况下都是不可见的，调整图层的主要作用是给位于其下面的图层附加调整图层上相同的效果（只作用于它以下的图层）。在调整图层上添加效果等，可以辅助场景影片进行色彩和效果调节。调整图层应用前后的效果对比如图 2-145 所示。

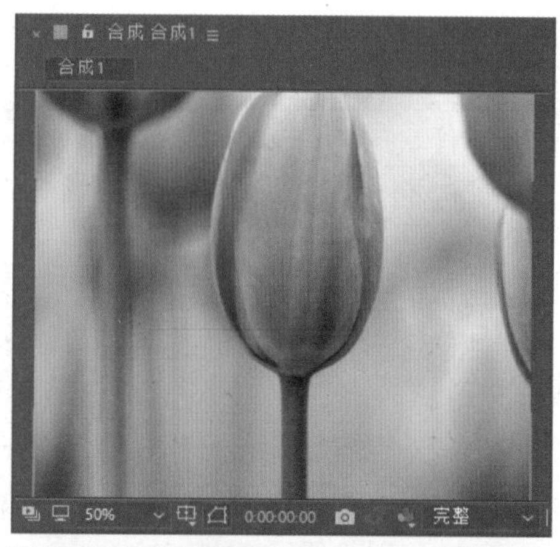

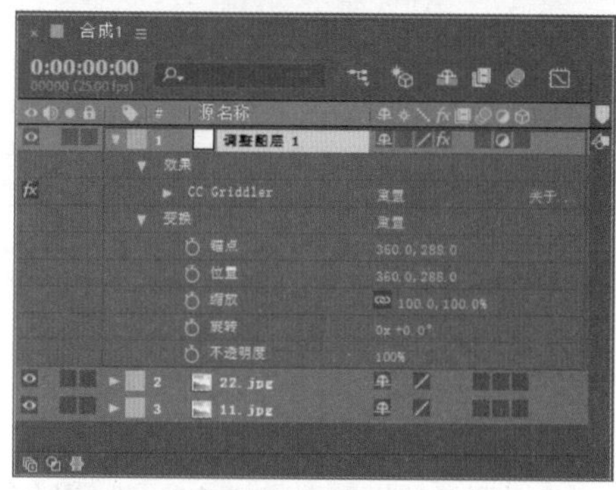

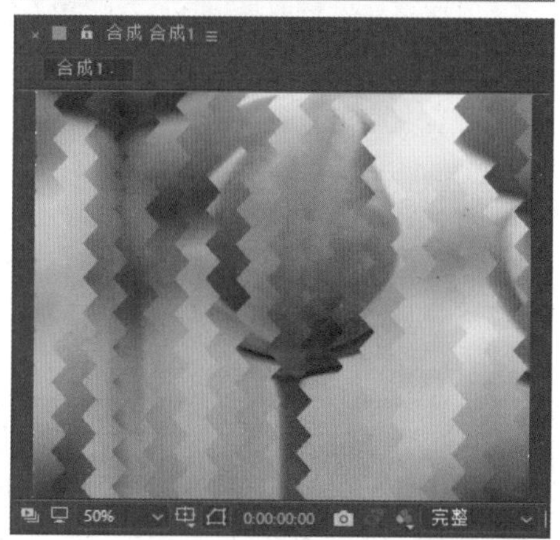

图 2-145

2.6.9 课堂练习——图层交叠动画

除了对图层变换属性中的参数设置简单的关键帧动画外，After Effects 中的其他功能及辅助工具也可以快速帮助用户创建动画效果。

视频文件：视频 \ 第 2 章 \2.6.9 课堂练习——图层交叠动画 .mp4

源 文 件：源文件 \ 第 2 章 \2.6.9

01 启动 After Effects CC 2018 软件，进入其操作界面。执行“合成”|“新建合成”命令，创建一个预置为 PAL D1/DV 的合成，设置“持续时间”为 5 秒，并设置好名称，单击“确定”按钮，如图 2-146 所示。

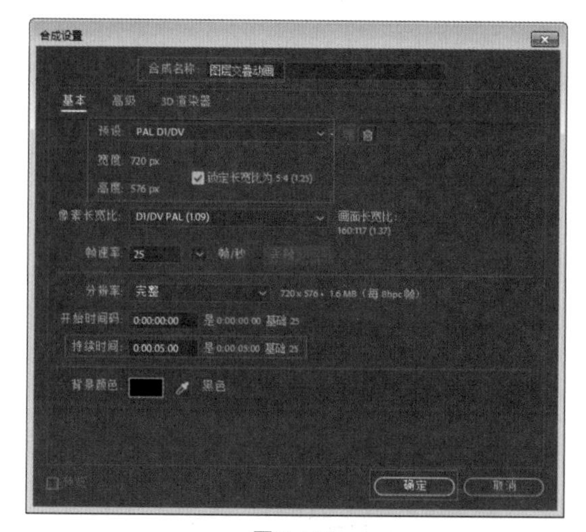

图 2-146

02 执行“文件”|“导入”|“文件”命令，弹出“导入文件”对话框，选择如图 2-147 所示的文件，单击“导入”按钮，将素材导入项目。

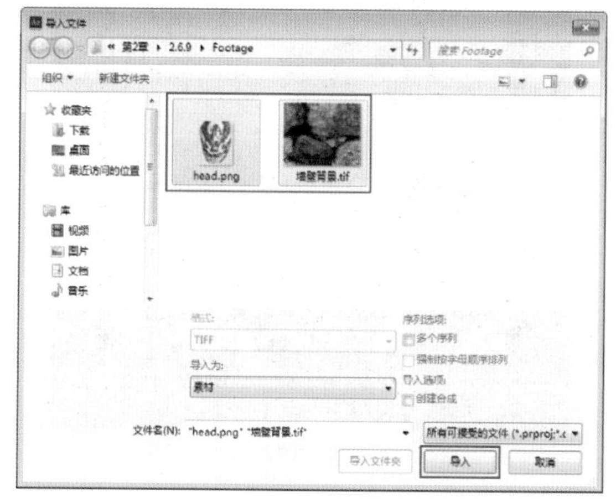

图 2-147

技巧与提示：

上述步骤导入 TIFF 文件时会弹出“解释素材”对话框，选择“预乘 - 有彩色遮罩”选项即可。

03 在“项目”窗口中选择 head.png 和“墙壁背景.tif”素材，分别拖入“图层”面板，具体摆放顺序参照图 2-148 所示。

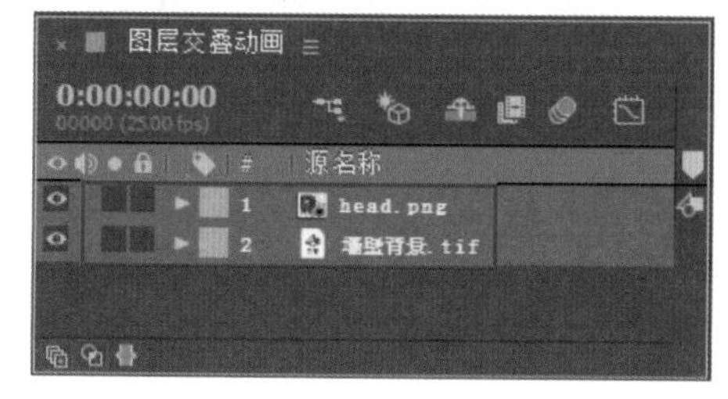

图 2-148

04 在“图层”面板中选择 head.png 图层，展开其“变换”属性，设置“缩放”参数为 200、200，单击“位置”参数前的“时间变化秒表”按钮，设置一个位置关键帧。然后在 0:00:00:00 位置设置“位置”参数为 125、193.3，如图 2-149 所示。

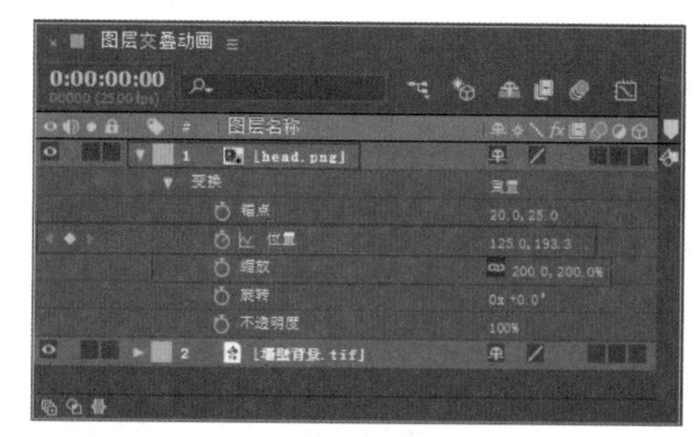

图 2-149

05 在“图层”面板左上角修改时间点为 0:00:01:00，修改 head.png 图层的“位置”参数为 289.1、322.8，软件会自动在该时间点设置一个关键帧，如图 2-150 所示。

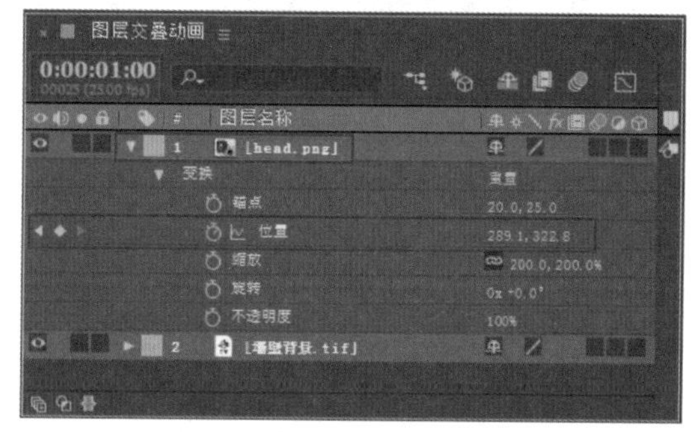

图 2-150

06 在“图层”面板左上角修改时间点为 0:00:02:00，修改 head.png 图层的“位置”参数为 488.3、424，如图 2-151 所示。

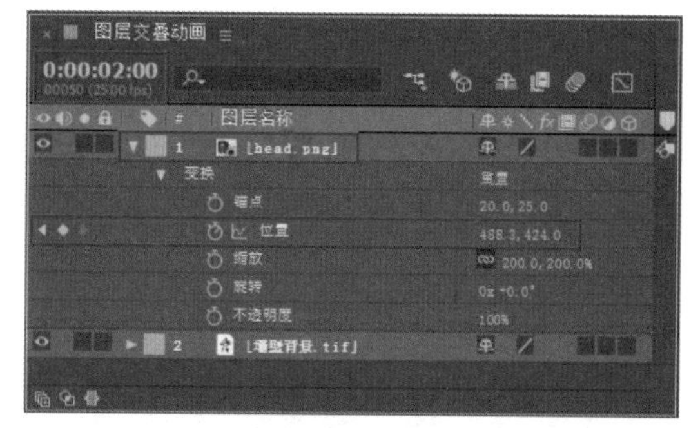

图 2-151

07 在“图层”面板左上角修改时间点为 0:00:03:00，修改 head.png 图层的“位置”参数为 619.6、341.7，如图 2-152 所示。

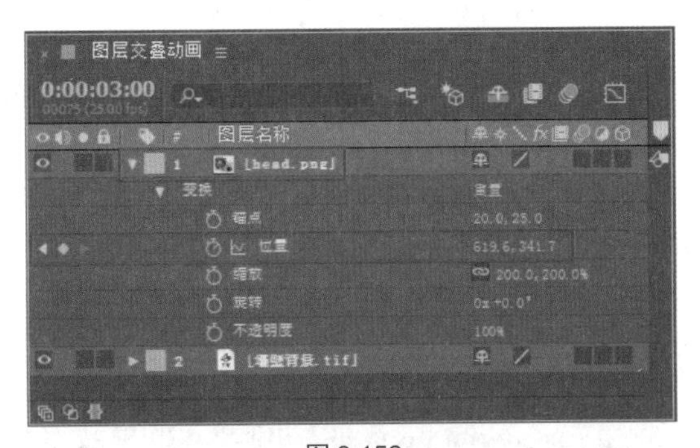

图 2-152

08 在“图层”面板左上角修改时间点为0:00:04:00，修改head.png图层的“位置”参数为777.4、317.5，如图2-153所示。

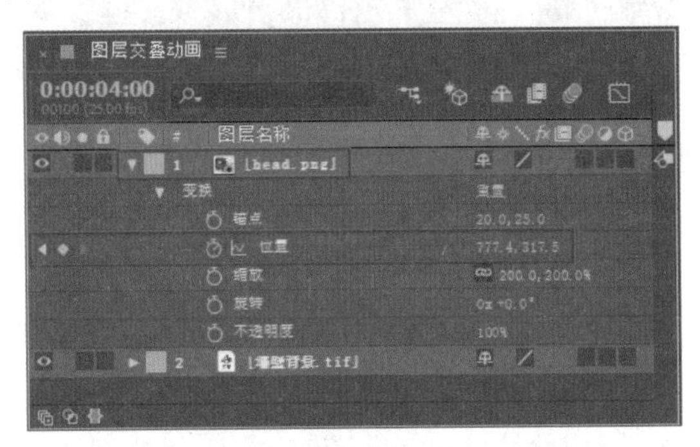

图 2-153

09 选择head.png图层，执行“图层”|“变换”|“自动定向”命令，弹出“自动方向”对话框，选中“沿路径定向”选项，单击“确定”按钮，如图2-154所示。

图 2-154

10 展开head.png图层的“变换”属性，设置“旋转”参数为0×−90°，如图2-155所示。

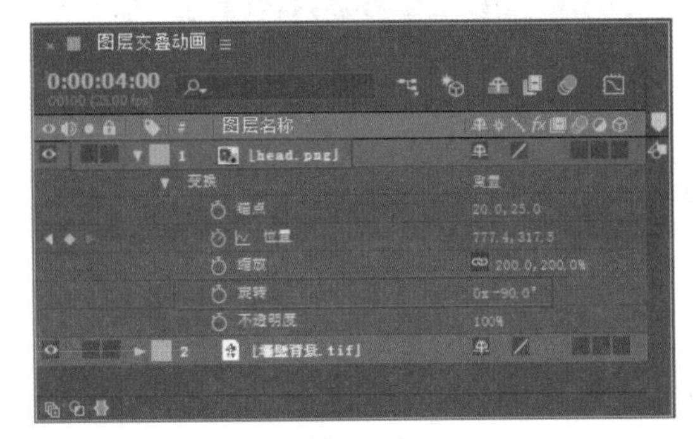

图 2-155

11 选择head.png图层，连续按41次快捷键Ctrl+D复制出41个副本图层，然后按住Shift键，同时选择第1个到第42个head.png图层，执行“动画”|“关键帧辅助”|“序列图层”命令，在弹出的“序列图层”对话框中选中“重叠”复选框，接着设置“持续时间”为0:00:04:22，设置“过渡”方式为“关”，如图2-156所示。在“合成”窗口对应的效果如图2-157所示。

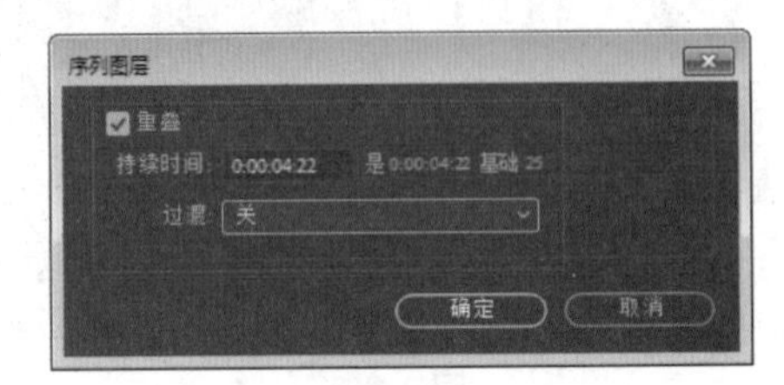

图 2-156

图 2-157

12 在“图层”面板中选择第1到第42个head.png图层，按快捷键Ctrl+Shift+C将动画进行预合成，在弹出的“预合成”对话框中设置新合成的名称为“爬行动画”，并选中“将所有属性移至新合成”选项，如图2-158所示。

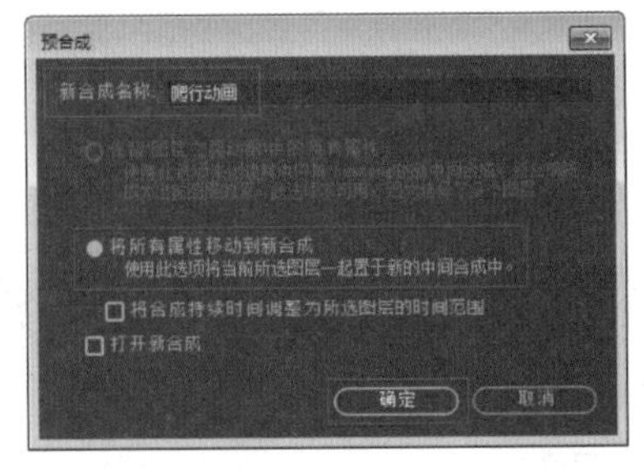

图 2-158

13 使用“钢笔”工具，在“合成”窗口的洞口位置为“爬行动画”图层绘制一个蒙版（遮罩），如图2-159所示。在“图层”面板设置该蒙版为“反转”方式，接着设置“蒙版羽化”为 40，如图 2-160 所示。

图 2-159

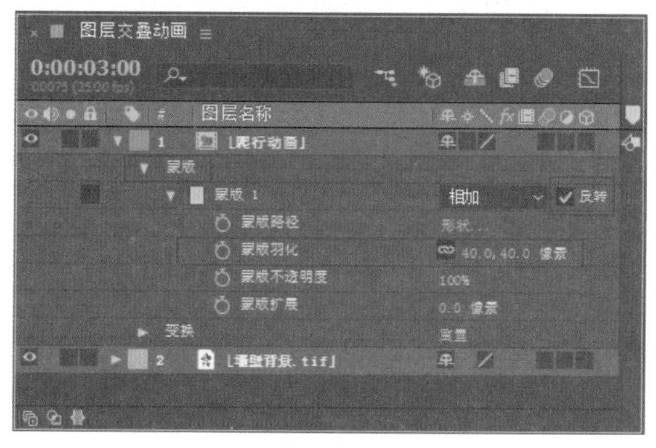

图 2-160

14 在“图层”面板展开“墙壁背景 .tif”素材的“变换”属性，设置“缩放”参数为 110，如图 2-161 所示。

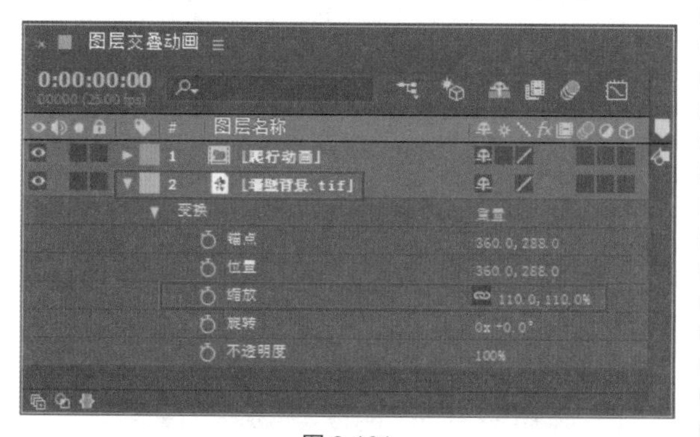

图 2-161

15 为了使爬行动画更有立体感，可以在“效果和预设”面板中找到“投影”滤镜，将其添加到“爬行动画”图层，并设置其“距离”参数为 32，“柔和度”参数为 12，如图 2-162 所示。

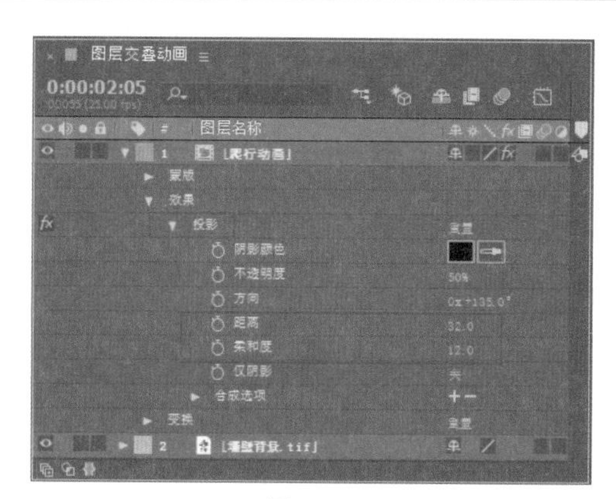

图 2-162

16 至此，本实例制作完毕，按空格键可以播放动画预览，最终效果如图 2-163 所示。

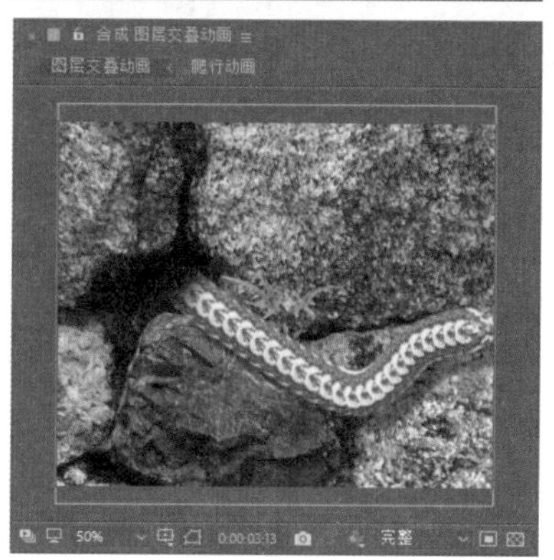

图 2-163

2.7 实战——制作三维 Logo

接下来将通过一个实例来讲解如何在 After Effects 中创建一个三维 Logo。将提前处理好的 Logo 及背景文件导入 After Effects，并创建文字图层。利用内置的特殊效果，在不同时间点创建关键帧，可以通过 3D 图层来增加文字整体的厚度感和立体感。

视频文件： 视频 \ 第 2 章 \2.7 实战——三维 Logo 制作 .mp4

源 文 件： 源文件 \ 第 2 章 \2.7

01 启动 After Effects CC 2018 软件，进入其操作界面。执行“合成”|“新建合成”命令，创建一个预置为 PAL D1/DV 的合成，设置“持续时间”为 3 秒，并设置好名称，单击“确定”按钮，如图 2-164 所示。

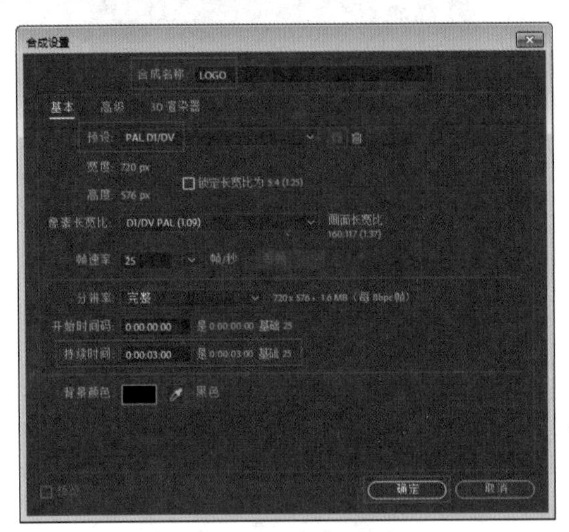

图 2-164

02 执行“文件”|“导入”|“文件”命令，弹出“导入文件”对话框，选择如图 2-165 所示的文件，单击“导入”按钮，将素材导入项目。

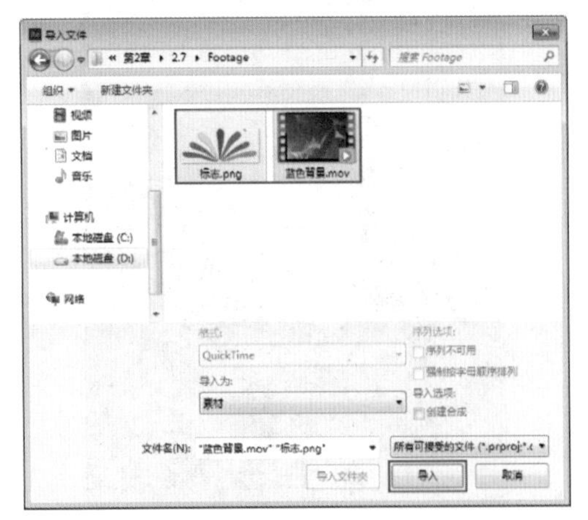

图 2-165

03 将“项目”窗口中的“标志 .png”素材拖入“图层”面板，然后选中该图层，按 S 键展开其“缩放”属性，并设置其参数为 8，如图 2-166 所示。

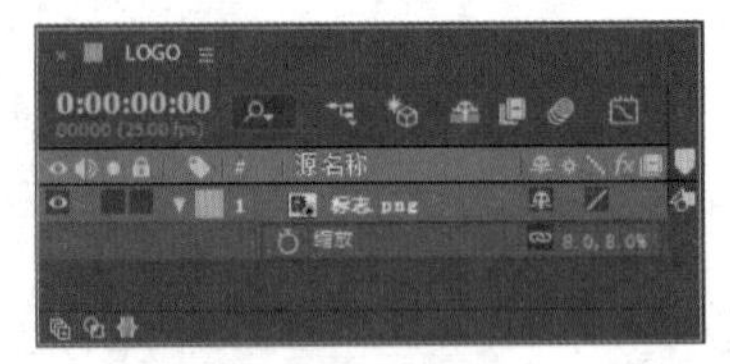

图 2-166

04 选择“标志 .png”图层，执行“图层”|“预合成”命令，在弹出的“预合成”对话框中选中“将所有属性移至新合成”选项，并设置名称为 Logo，单击“确定”按钮，如图 2-167 所示。

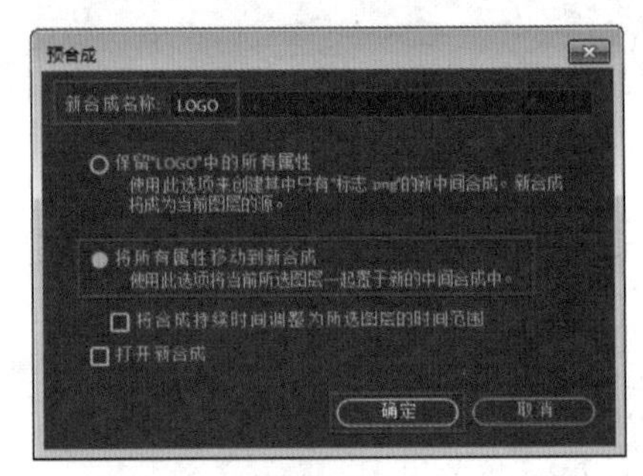

图 2-167

05 在“图层”面板中选择 Logo 图层，执行“图层”|“图层样式”|“斜面和浮雕”命令，在“图层”面板中展开 Logo 图层中的“斜面和浮雕”属性，设置“大小”参数为 2.5，“角度”参数为 0×+200°，最后设置“高光不透明度”参数为 100，如图 2-168 所示。

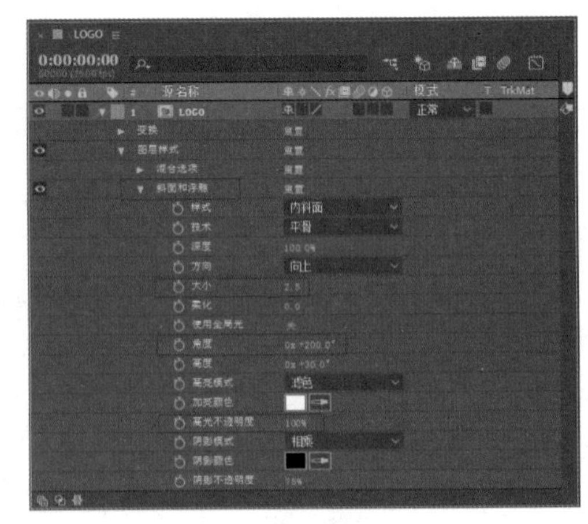

图 2-168

06 继续在“图层”面板中选择 Logo 图层，执行“图层”|“图层样式”|“投影”命令，在“图层”面板中展开“投影”属性，设置“不透明度”参数为 15，“大小”参数为 6，如图 2-169 所示。

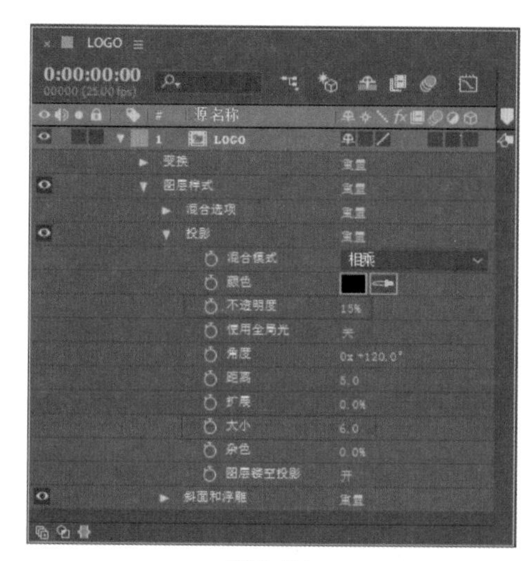

图 2-169

07 按快捷键 Ctrl+N 创建一个新的预置为 PAL D1/DV 的合成，设置“持续时间”为 3 秒，并设置好名称，单击“确定”按钮，如图 2-170 所示。

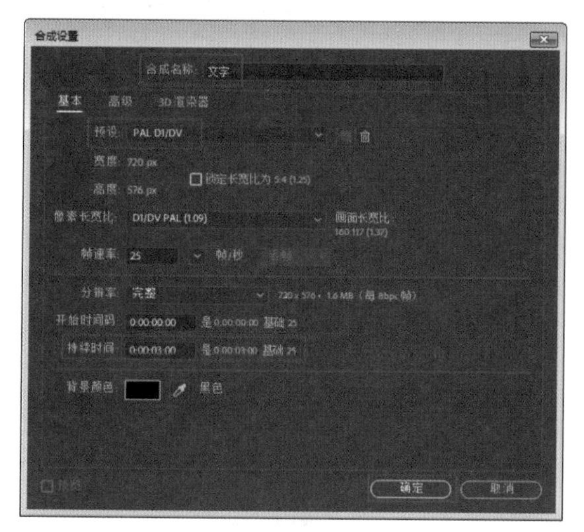

图 2-170

08 在“工具”面板中选择“文字”工具T并创建一个文字图层，在“合成”窗口中单击输入文字，接着在“字符”面板中设置字体为黑体，设置文字大小为 70 像素，并激活“加粗”按钮，如图 2-171 所示。

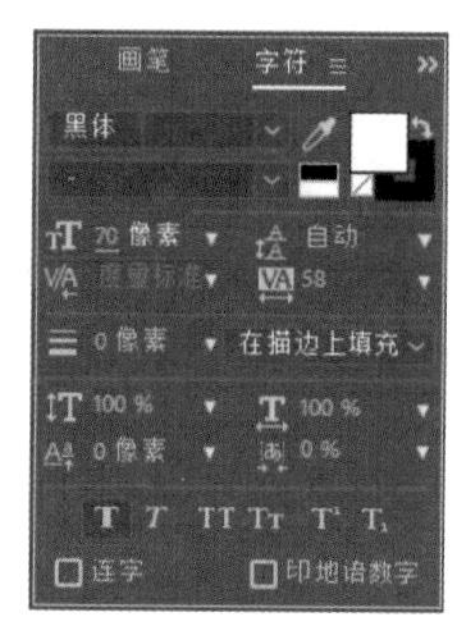

图 2-171

09 在“图层”面板中选择文字图层，执行“图层”|“图层样式”|“渐变叠加”命令，在“图层”面板展开“渐变叠加”属性，设置“角度”为 0×+100°，并单击“颜色”属性后的“编辑渐变”文字，在弹出的“渐变编辑器”对话框中进行颜色设置，具体操作如图 2-172 所示。

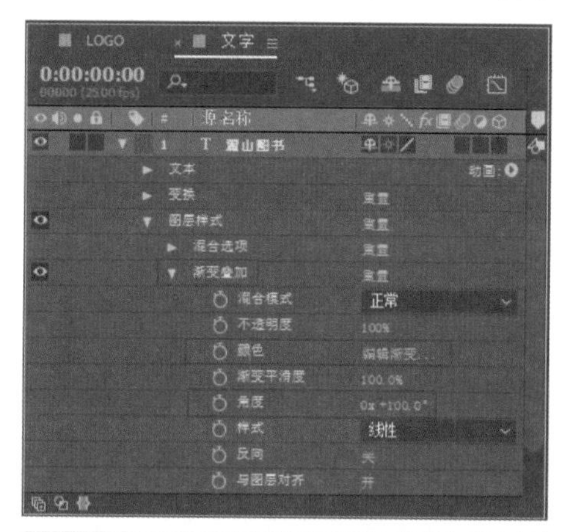

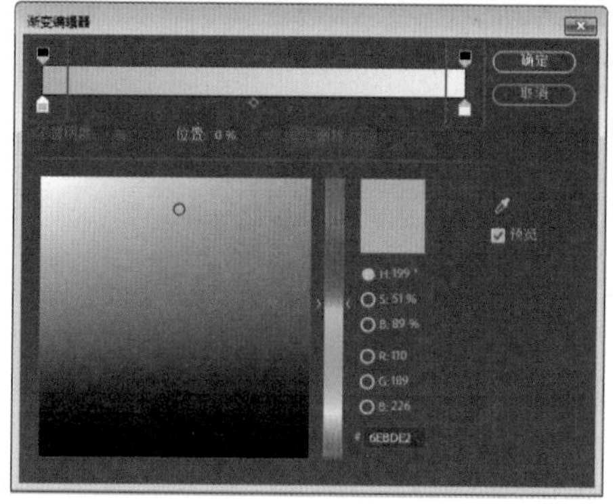

图 2-172

10 继续选择文字图层，执行“图层”|“图层样式”|“斜面和浮雕”命令，在“图层”面板中展开“斜面和浮雕”属性，设置“大小”参数为 2，“角度”为 0×+90°，如图 2-173 所示。

图 2-173

11 再次选择文字图层，执行“图层”|“图层样式”|“投影”命令，接着在“图层”面板中展开“投影”属性，设置“不透明度”参数为5，“角度”参数为0×+60°，“距离”参数为2，“大小”参数为1，如图2-174所示。

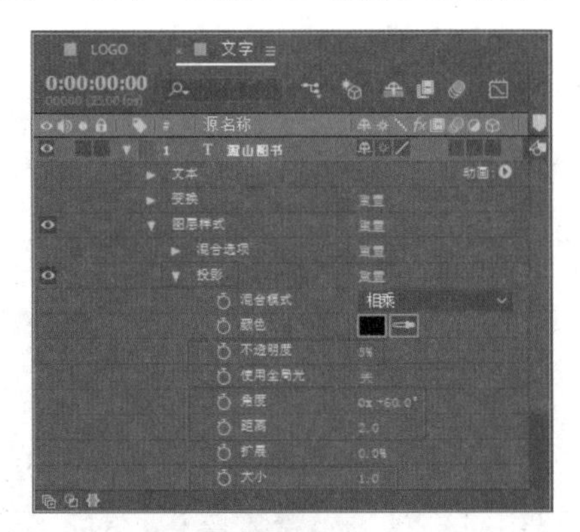

图2-174

12 在“图层”面板中选择文字图层，按快捷键Ctrl+D复制图层，并将复制出来的文字图层置于顶层，修改其名称为“英文”，如图2-175所示。

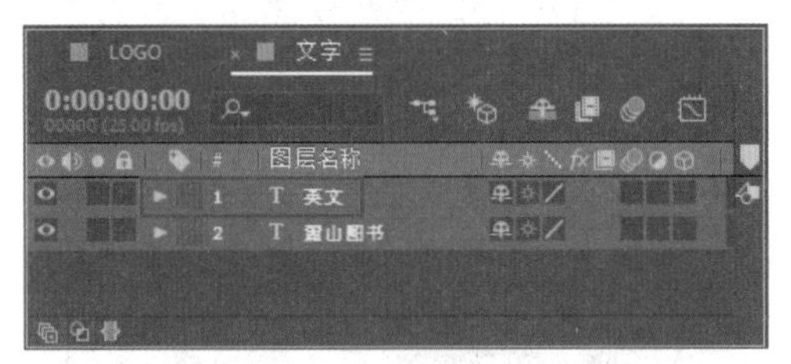

图2-175

13 选择“英文”图层，修改文字为LUSHAN BOOK，修改其文字大小为46像素，并摆放到合适位置，效果如图2-176所示。

图2-176

14 在“图层”面板中同时选择两个文字图层，按快捷键Ctrl+Shift+C进行“预合成”操作，在弹出的“预合成”对话框中选中“将所有属性移至新合成”选项，并设置名称为“文字”，单击“确定”按钮，如图2-177所示。

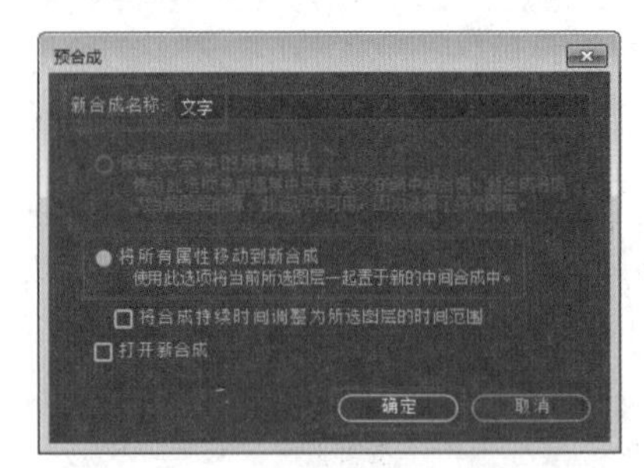

图2-177

15 上述操作之后，在“图层”面板中单击“文字”图层后的“3D图层”按钮，激活三维图层属性，并按快捷键Ctrl+D复制出两个新的“文字”图层，如图2-178所示。

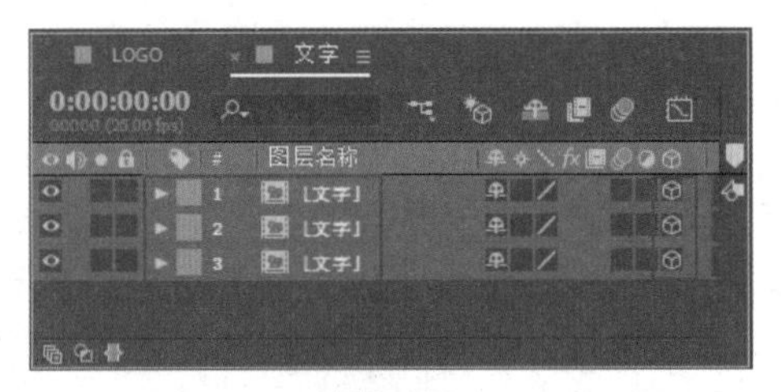

图2-178

16 在“图层”面板中同时选中3个文字图层，按P键展开图层的“位置”属性，按照图2-179所示分别调整图层的Z轴参数，从而增加文字整体的厚度感和立体感。操作完成后在“合成”窗口的对应预览效果如图2-180所示。

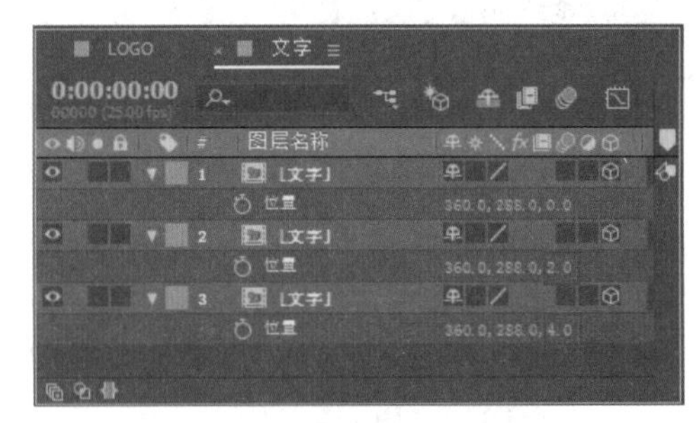

图2-179

17 按快捷键Ctrl+N创建一个新的预置为PAL D1/DV的合成，设置“持续时间”为3秒，并设置好名称，单击“确定”按钮，如图2-181所示。

18 在“项目”窗口中选择Logo和“文字”合成，分别添加至“标版”“图层”面板中，并分别按快捷键Ctrl+Y两次，分别创建一个名为“黑色”的黑色固态图层，和一个名为“灰色”的固态图层，如图2-182所示。

图 2-180

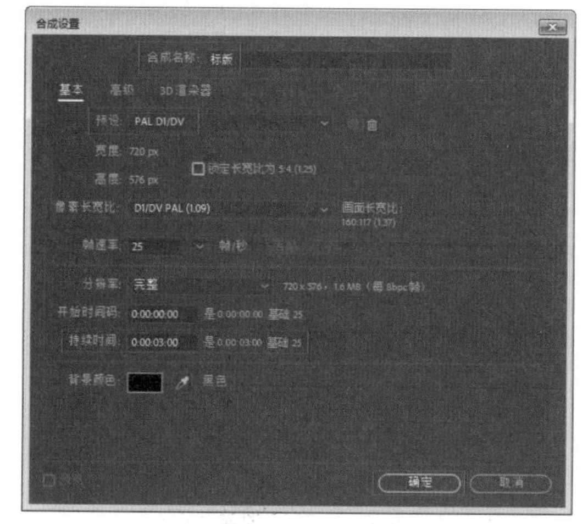

图 2-181

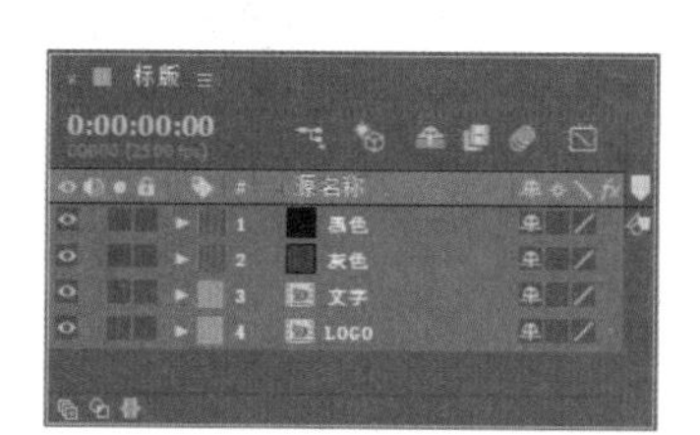

图 2-182

19 在“图层”面板中同时选中“黑色”和“灰色”固态图层，按 P 键展开“位置”属性，再次按快捷键 Shift+S 展开“缩放”属性，按照图 2-183 所示进行“位置”和“缩放”参数的调节，操作完成后在“合成”窗口的对应预览效果如图 2-184 所示。

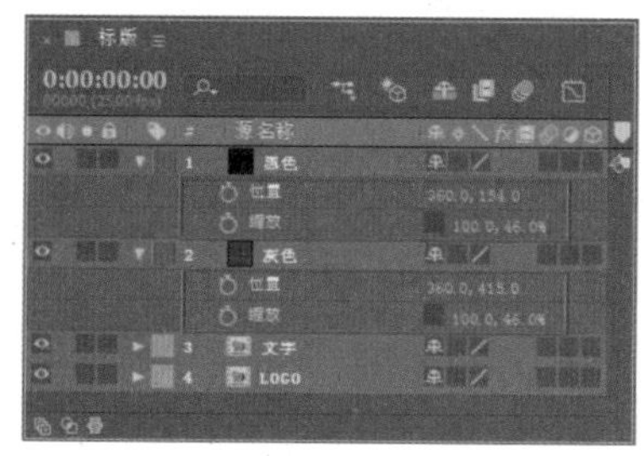

图 2-183

图 2-184

技巧与提示：

要显示合成网格可以单击“合成”窗口下方的“切换透明网格”按钮进行切换。

20 在“图层”面板中调整“黑色”和“灰色”图层的摆放顺序，暂时隐藏“黑色”和“灰色”固态图层，然后同时选择“文字”和 Logo 图层，按 P 键展开它们的“位置”属性，将位置适当调整，具体效果如图 2-185 所示。

图 2-185

21 恢复“黑色”和“灰色”固态图层的显示状态，接着将“文字”图层的 TrkMat 属性设置为“Alpha 反转遮罩‘黑色’”，将 Logo 图层的 TrkMat 属性设置为“Alpha 反转遮罩‘灰色’”，如图 2-186 所示。

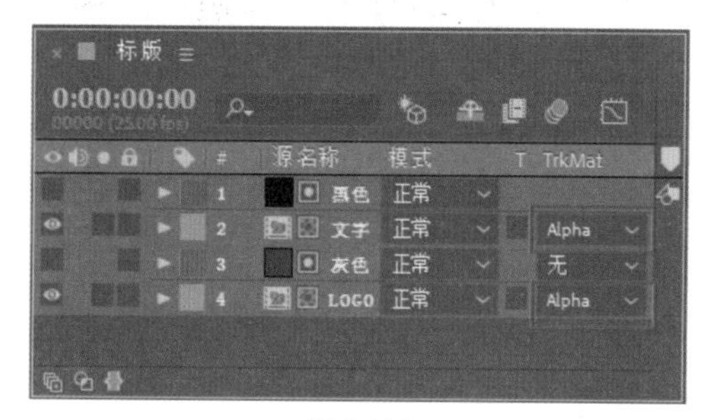

图 2-186

技巧与提示：

上述操作中的 Logo 和“文字”图层摆放位置需要根据实际情况进行调节摆放，要使图层对应的固态层能完全遮盖住它们。

22 在“图层”面板中同时选中“文字”和 Logo 图层，按 P 键展开图层的“位置”属性，在 0:00:00:00 时间点位置单击图层前的“时间变化秒表”按钮，设置关键帧。在当前时间点设置“文字”图层的“位置”参数为 360、159，设置“Logo”图层的“位置”参数为 360、355，如图 2-187 所示。

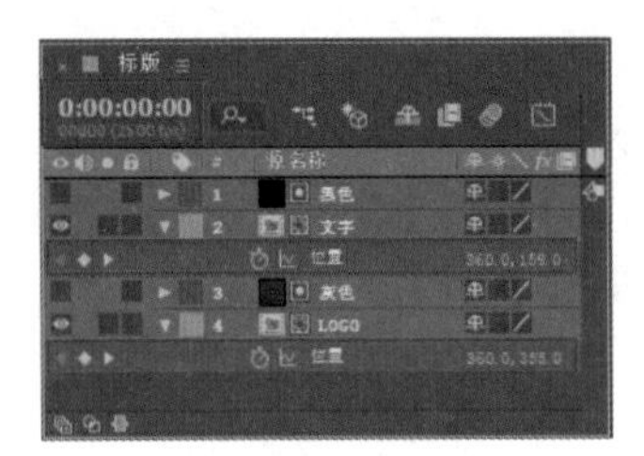

图 2-187

23 在“图层”面板左上角修改时间点为 0:00:01:15，然后在该时间点修改“文字”图层的“位置”参数为 360、301，设置 Logo 图层的“位置”参数为 360、288，如图 2-188 所示。

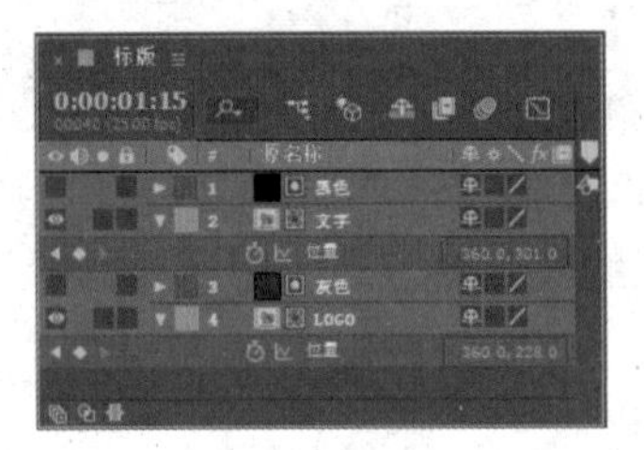

图 2-188

24 按快捷键 Ctrl+N 创建一个新的预置为 PAL D1/DV 的合成，设置“持续时间”为 3 秒，并设置好名称，单击“确定”按钮，如图 2-189 所示。

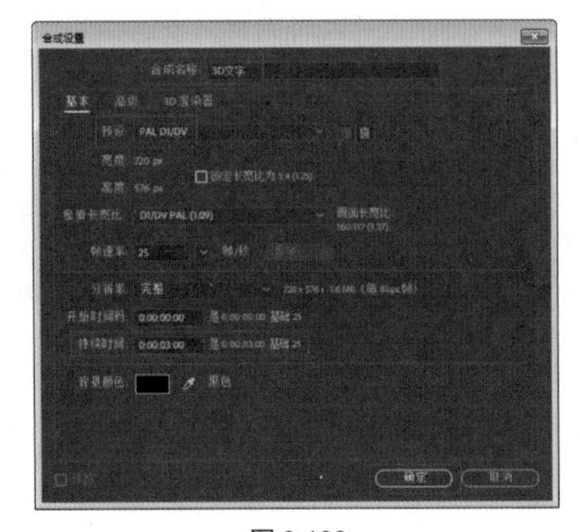

图 2-189

25 将“项目”窗口中的“标版”和“蓝色背景 .mov”素材分别拖入“3D 文字”“图层”面板中，然后选择“蓝色背景 .mov”图层，按 S 键展开其“缩放”属性，并设置其参数为 55，如图 2-190 所示。

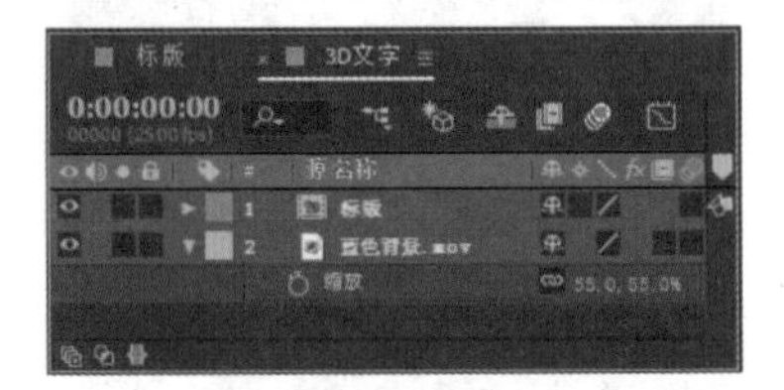

图 2-190

26 按快捷键 Ctrl+Y 创建一个与合成大小一致的黑色固态层，并命名为“光”，如图 2-191 所示。

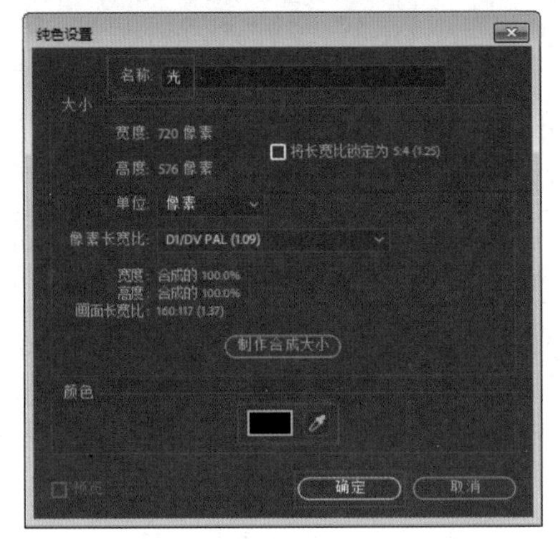

图 2-191

27 在“图层”面板中选择“光”图层，执行“效果”|“生成”|“镜头光晕”命令，然后在“图层”面板中展开“光”图层中的“镜头光晕”属性，在 0:00:00:00 时间点位置单击“光晕中心”和“光晕亮度”这两个属性前的“时间变化秒表”按钮，设置关键帧，然后在该时间点设置“光晕中心”参数为 185、–170，“光晕亮度”参数为 0，如图 2-192 所示。

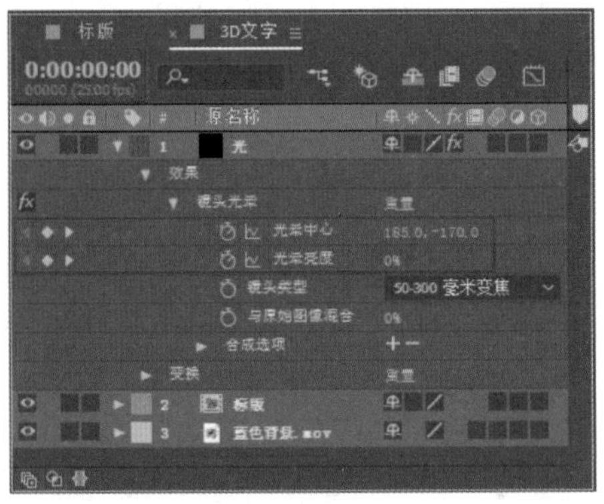

图 2-192

28 在“图层”面板左上角修改时间点为 0:00:01:00，并在该时间点修改“光晕亮度”参数为 171，如图 2-193 所示。

图 2-193

29 接着修改时间点为 0:00:03:00，在该时间点修改“光晕中心”参数为 –172、–170，并修改该图层的叠加模式为“相加”，如图 2-194 所示。

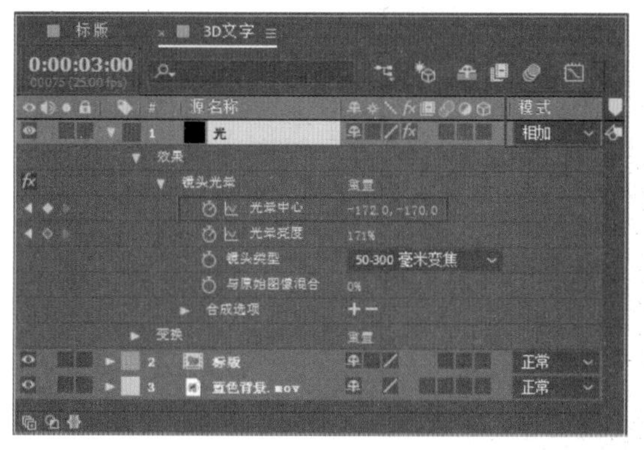

图 2-194

30 至此，本实例制作完毕，按空格键可以播放动画预览，最终效果如图 2-195 所示。

图 2-195

图 2-195（续）

2.8　本章小结

通过对本章的学习，我们对图层的相关知识有了深刻的理解，不同的图层类型可以制作出不同的视觉效果，在项目制作中要学会灵活运用各种不同的图层效果，使特效更丰富、绚丽。按住 Shift 键或 Ctrl 键，然后选择图层，可以选择连续的图层和分别多选图层。在选中的多个图层基础上按快捷键 Ctrl+Shift+C，可将所选的几个图层合并。

本章学习了图层的 5 个基本变换属性，它们分别是锚点属性、位置属性、缩放属性、旋转属性和不透明度属性，这些属性是制作动画时经常用到的，所以要熟练掌握对这些属性设置关键帧动画的方法。

另外，我们还学习了图层的叠加模式，不同的图层叠加模式也会产生不同的视觉效果，本章主要将这些叠加模式归为以下几类：普通模式、变暗模式、变亮模式、叠加模式、差值模式、色彩模式、蒙版模式、共享模式。利用图层的叠加模式可以制作各种特殊的混合效果，且不会损坏原始图像。叠加模式不会影响到单独图层中的色相、明度和饱和度，而只是将叠加后的效果展示在预览“合成”窗口中。我们可以在“时间线”窗口中的图层上右击，然后在弹出的快捷菜单中选择“混合模式”命令，在模式列表中选择相应的模式，或者单击“时间线”窗口中图层后面的模式下拉列表按钮，在该下拉列表中选择相应的模式。利用快捷键 Shift++ 或者 Shift+–，可以快速切换不同的叠加模式。

第3章 文字特效动画的创建及应用

文字在影视后期合成中不仅担负着补充画面信息和媒介交流的角色，也是设计师们常用来作为视觉设计的辅助元素。文字有多种制作途径，如Photoshop、Flash、3ds Max和Maya等软件均可制作出绚丽的文字效果，然后可以将制作好的文字导入After Effects软件中进行场景合成。

After Effects CC 2018本身提供了很强大的文字特效制作工具和技术，使用户可以直接在After Effects中制作出绚丽多彩的文字特效。本章主要讲解在After Effects CC 2018中创建文字、编辑文字，以及制作文字特效的方法。

第3章素材文件

第3章视频文件

3.1 文字动画基础

本节主要讲解在After Effects中如何创建文字、为文字图层设置关键帧、对文字图层添加遮罩和路径、创建发光文字，以及为文字添加投影的方法。

3.1.1 创建文字

在After Effects CC 2018中，可以通过以下几种方法来创建文字。

使用“文字”工具创建文字

在“工具”面板中单击“文字”工具T按钮，即可创建文字。

在该按钮上长按鼠标左键，将弹出一个扩展“工具”面板，其中包含了两种不同的“文字”工具，分别为“横排文字”工具和“直排文字”工具，如图3-1所示。选择相应的“文字”工具后，在“合成”窗口单击即可自由输入文字内容，如图3-2所示。

图3-1

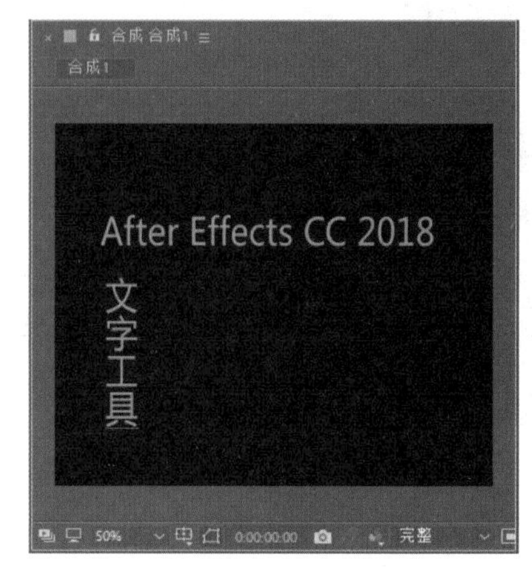

图3-2

当输入好文字后，可以按小键盘上的Enter（回车）键完成文字的输入，此时系统会自动在“图层”面板中新建以文字内容为名称的图层，如图3-3所示。

有时候为了满足需要，可以在画面中固定的某个矩形范围内输入一段文字。按住鼠标左键使用“文字”工具，在“合成”窗口中拖曳出一个文本框，然后在该文本框中输入文字，输入完成后按小键盘上的Enter键即可，如图3-4所示。

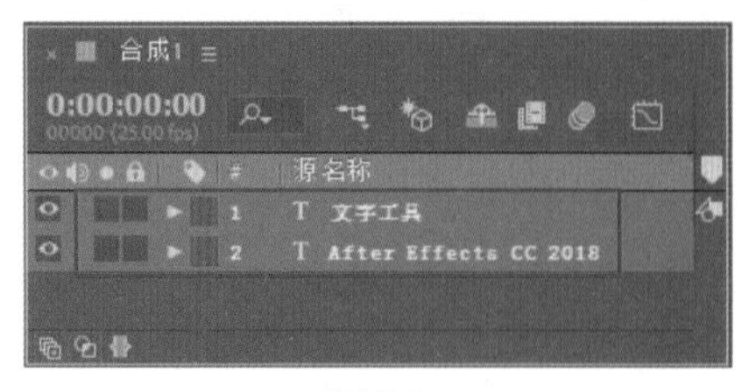

图3-3

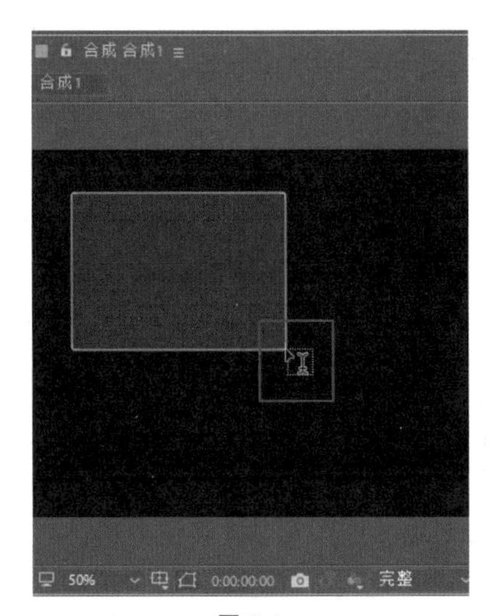

图 3-4

拖曳“合成”窗口中的文本框可以调整文本框的大小，同时文字的排列状态也会随之发生变化，如图 3-5 所示。

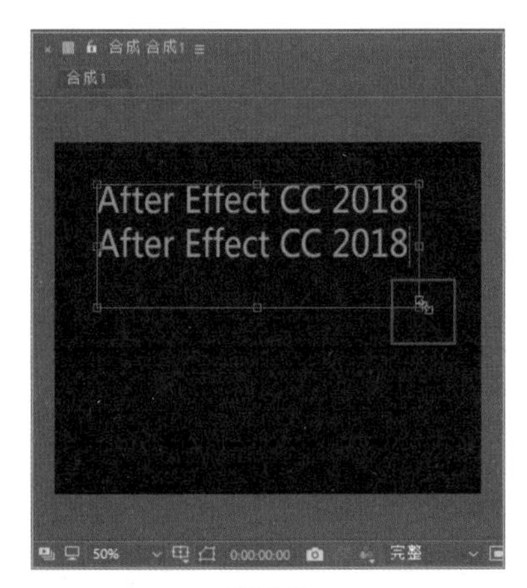

图 3-5

创建好的文字可以再进行二次编辑，只需要打开“合成”窗口右侧的“字符”面板，即可对文字的字体、颜色、大小等进行精细调整，如图 3-6 所示。

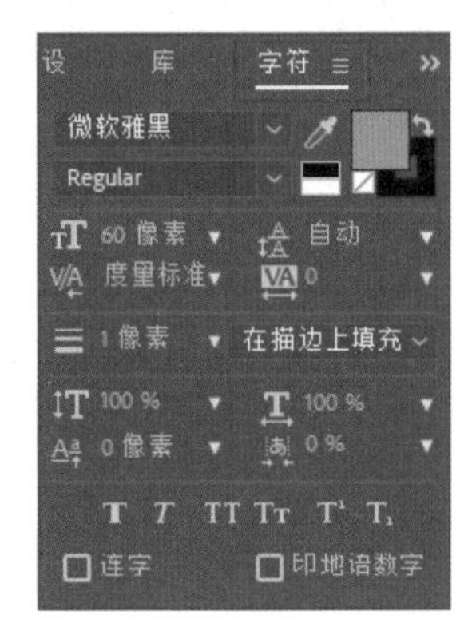

图 3-6

下面将介绍“字符”面板的各项参数。

- ✦ 微软雅黑 设置字体：设置文字的字体（字体必须是用户计算机中已安装的字体）。
- ✦ Regular 设置字体样式：可以在下拉列表中自行选择字体的样式。
- ✦ 吸管：通过“吸管”工具可以吸取当前计算机界面上的颜色，吸取的颜色将作为文字颜色或描边颜色。
- ✦ 设置为黑色 / 白色：单击相应的色块，可以快速将文字或描边颜色设置为纯黑色或纯白色。
- ✦ 没有填充颜色：单击该图标可以不对文字或描边填充颜色。
- ✦ 交换填充和描边：快速切换填充颜色和描边颜色。
- ✦ 填充颜色：设置文字的填充颜色。
- ✦ 描边颜色：设置文字的描边颜色。
- ✦ 60 像素 设置文字大小：可以左右拖动或在下拉列表中设置对应文字的大小，也可以直接输入数值。
- ✦ 自动 设置行距：设置上下文本行之间的行间距。
- ✦ 度量标准 字偶间距：增大或缩小当前字符之间的距离。
- ✦ 0 字符间距：设置当前选择文本之间的距离。
- ✦ 1 像素 设置描边宽度：设置文字描边的粗细。
- ✦ 在描边上填充 描边方式：设置文字描边的方式，在下拉列表中包含“在描边上填充”“在填充上描边”“全部填充在全部描边上”和“全部描边在全部填充上”4 种描边方式。
- ✦ 100 % 垂直缩放：设置文字的高度缩放比例。
- ✦ 100 % 水平缩放：设置文字的宽度缩放比例。
- ✦ 0 像素 基线偏移：设置文字的基线。
- ✦ 0 % 比例间距：设置中文或日文字符之间的比例间距。
- ✦ T 仿粗体：设置文本为粗体。
- ✦ T 仿斜体：设置文本为斜体。
- ✦ TT 全部大写字母：将所有的字母变成大写。
- ✦ Tт 小型大写字母：无论输入的文本是否有大小写区分都强制将所有的文本转化成大写，但是对小写字符采取较小的尺寸进行显示。
- ✦ T¹ T₁ 上 / 下标：设置文字的上、下标，适合制作一些数字单位。

使用命令创建文本

在操作界面执行“图层”|“新建”|“文本”命令，如图 3-7 所示，或按快捷键 Ctrl+Alt+Shift+T 新建一个文字图层，接着在“合成”窗口自行输入文字内容即可。

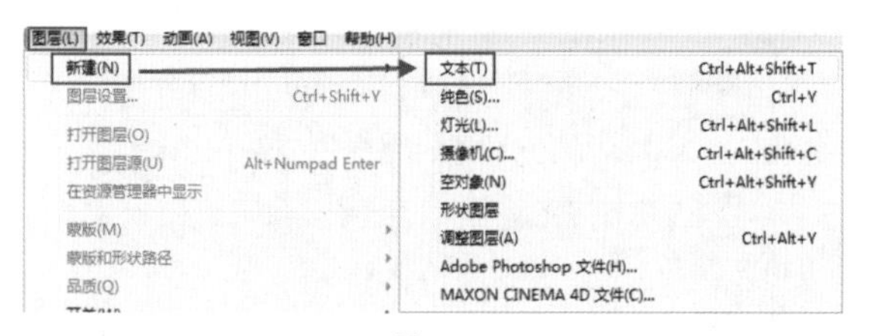

图 3-7

右键快捷菜单创建文本

在“图层”面板的空白处右击，在弹出的快捷菜单中选择“新建”|“文本”命令新建一个文字图层，如图 3-8 所示，接着在“合成”窗口中自行输入文字内容即可。

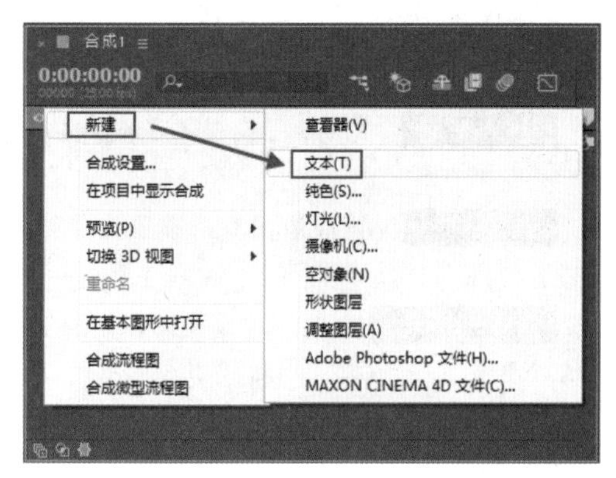

图 3-8

3.1.2 设置关键帧

在影视制作中一般文字都是以相关动画的形式出现的，所以在创建好文字后需要为文字制作动画，本节将着重讲解下如何对文字设置关键帧动画。

在“图层”面板中，单击已创建好的文字图层前的▶按钮，展开文字图层的属性栏，可以看到在文字图层中有“文本”及“变换”两种属性，如图 3-9 所示。

展开“文本”属性，如图 3-10 所示。“源文本”即原始文字，单击可以直接编辑文字内容，以及字体、大小、颜色等属性，也可以选择在“字符”面板中进行调节。

图 3-9

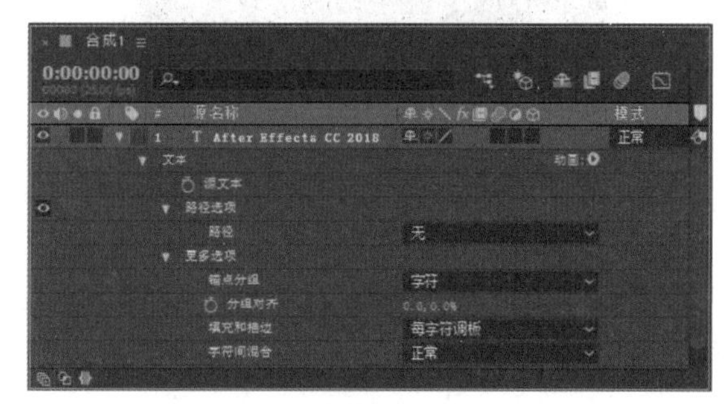

图 3-10

返回到文字层属性面板，“路径选项”可以用来设置文字以指定的路径进行排列，默认为“无”，可以使用“钢笔”工具在文字层上绘制路径。“更多选项”中包含锚点分组、填充和描边及字符间混合等选项。

与一般图层相同，文字图层也有 5 个基本的变换属性——锚点、位置、缩放、旋转和不透明度，这些属性都是制作动画时常用的属性，如图 3-11 所示。

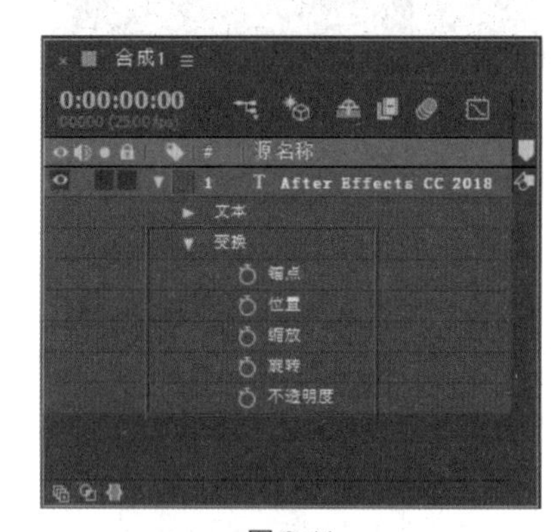

图 3-11

下面对文字图层的基本变换属性进行详细介绍。

✦ 锚点：文字的轴心点，可以使文字图层基于该点进行位移、缩放、旋转。

✦ 位置：主要用来调节文字在合成中的位置，制作文字的位移动画。

✦ 缩放：可以使文字放大、缩小，制作文字的缩放动画。

✦ 旋转：可以调节文字的角度，制作文字的旋转动画。

✦ 不透明度：主要调节文字的不透明程度，用于制作文字的透明度动画。

3.1.3　课堂练习——文字关键帧动画

在 After Effects 中，用户可以对上述内容中讲解的任何一种属性设置关键帧动画，具体操作方法如下。

视频文件：　视频 \ 第 3 章 \3.1.3 课堂练习——文字关键帧动画 .mp4
源 文 件：　源文件 \ 第 3 章 \3.1.3

01 启动 After Effects CC 2018 软件，进入其操作界面。执行“文件”|“打开项目”命令，在弹出的“打开”对话框中选择本节文件夹中的素材文件，单击“打开”按钮，如图 3-12 所示。

图 3-12

02 进入工作界面后，选择“图层”面板中已经创建好的文字图层，展开其变换属性，在需要插入关键帧的任意一个开始时间点，单击需要设置关键帧的属性的“时间变化秒表”按钮，然后在属性名称后面的文本区域输入合适的数值，如图 3-13 所示。

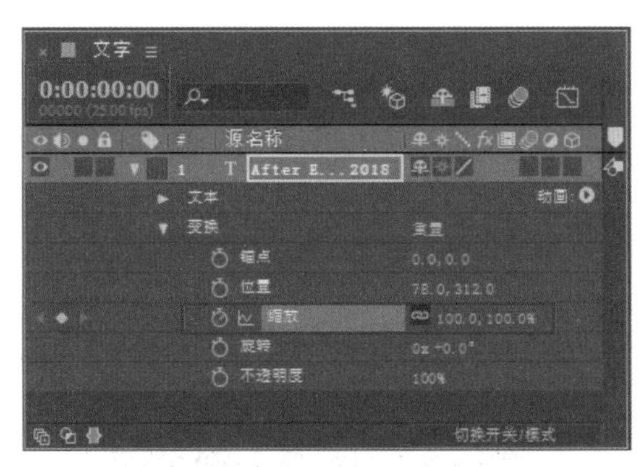

图 3-13

03 在“图层”面板左上角修改时间点（结束时间），或拖动时间轴到另一时间点，然后在属性名称后面的文本区域输入合适的数值，自动设置一个关键帧，如图 3-14 所示。

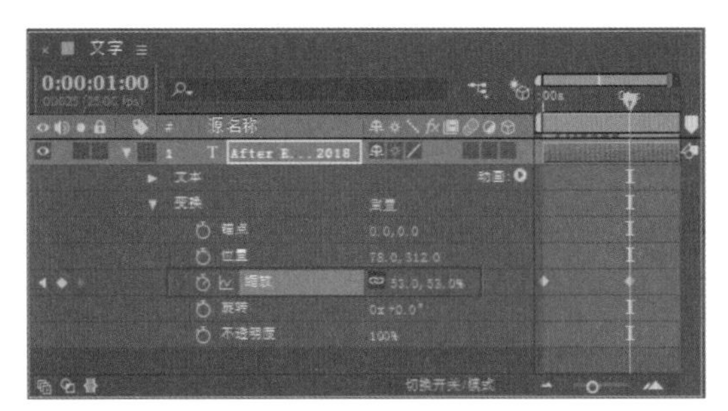

图 3-14

04 上述操作后，文字图层的一组缩放动画就制作完成了，这里设置的是文字随时间的推移逐渐变小的动画，效果如图 3-15 所示。

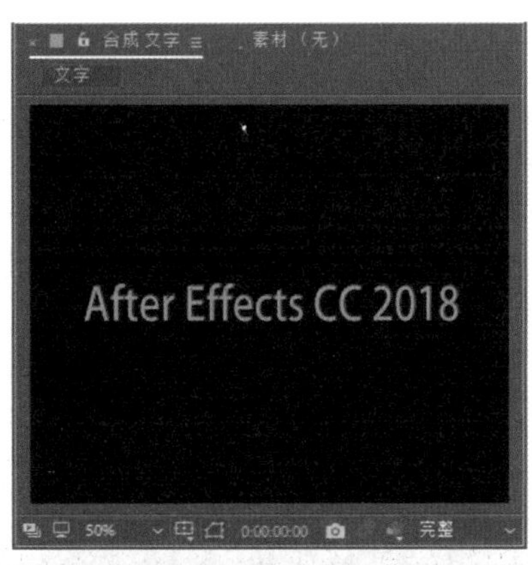

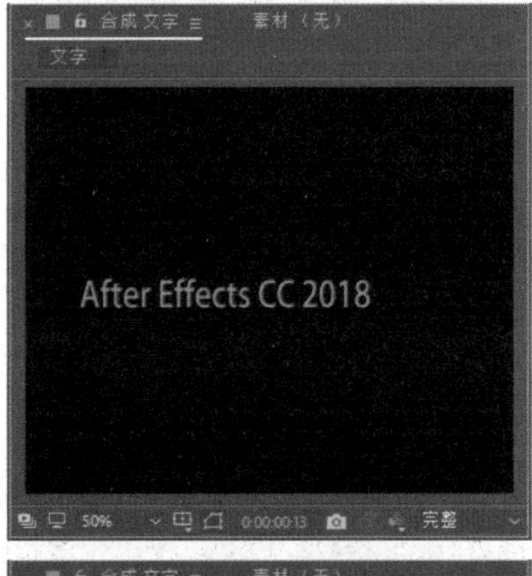

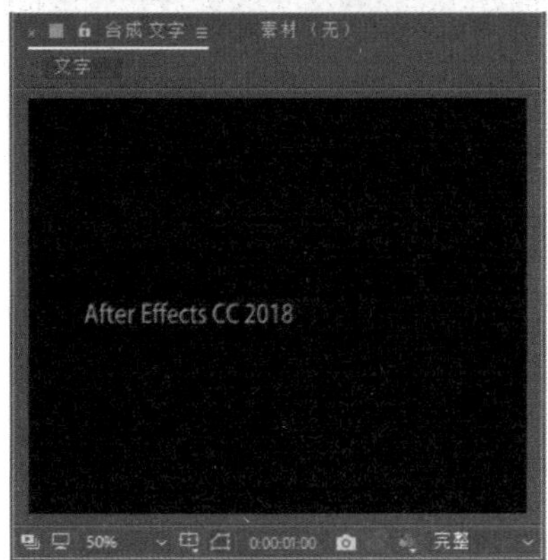

图 3-15

3.1.4 添加遮罩

在“工具”面板中选择“矩形”工具或者展开其下拉列表，选择其中的“圆角矩形”工具、“椭圆”工具、“多边形”工具、“星形”工具皆可以为文字图层添加遮罩。

添加遮罩的具体方法是在“图层”面板中选择文字图层，单击“工具”面板中的“矩形”工具（或其下拉列表中的其他形状工具），然后在“合成”窗口的文字上拖曳出一个矩形，这时可以看到位于矩形范围内的文字依旧显示在“合成”窗口中，而位于矩形范围之外的文字没有显示在合成画面中，前后的对比效果如图 3-16 所示。

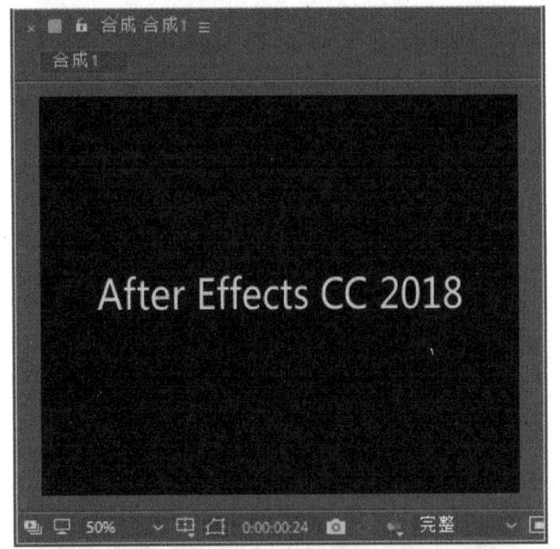

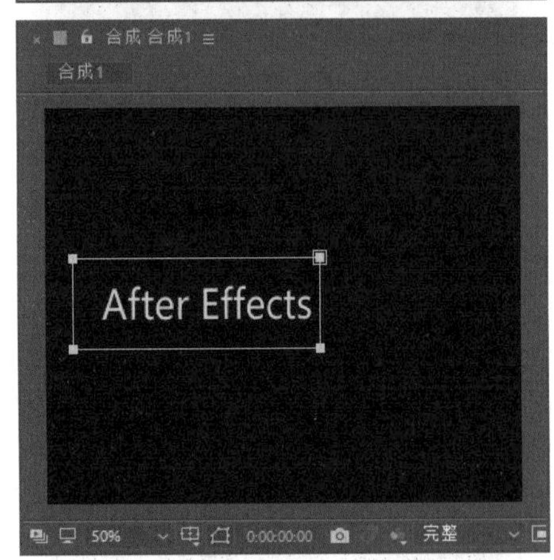

图 3-16

为文字图层添加遮罩还可以使用“工具”面板中的“钢笔”工具，可以为其绘制特定的遮罩形状。其使用方法是：首先在“图层”面板中选择文字图层，如图 3-17 所示，然后使用“钢笔”工具，移动光标到“合成”窗口中绘制遮罩图形，如图 3-18 所示。

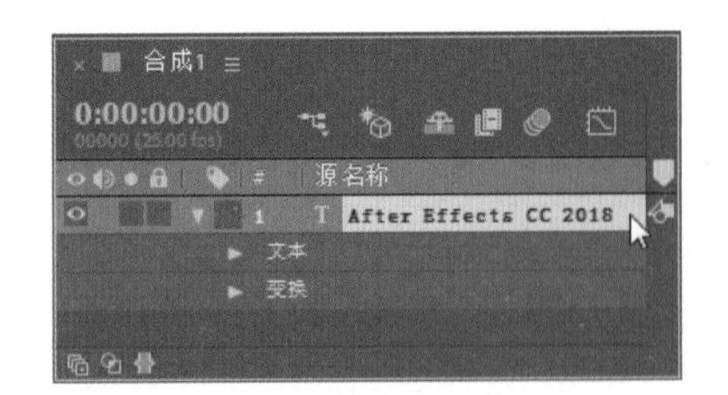

图 3-17

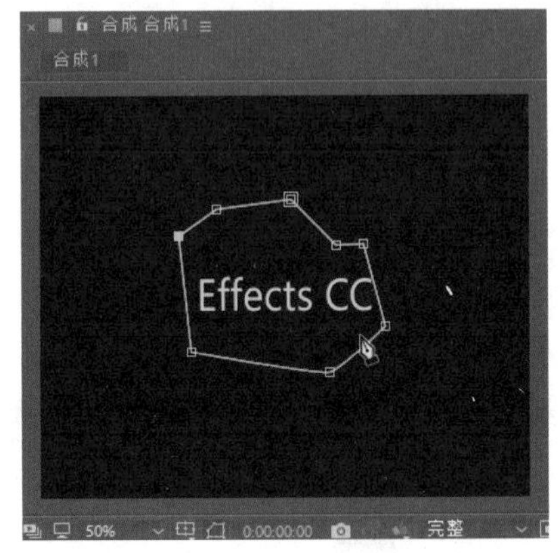

图 3-18

3.1.5 路径动画文字

如果在文字图层中创建了一个遮罩，即可利用这个遮罩作为该文字图层的路径来制作动画。作为路径的遮罩可以是封闭的，也可以是开放的，在使用封闭的遮罩作为路径时，需要把遮罩的模式设置为“无”。

用“钢笔”工具在 After Effects CC 2018 文字图层上绘制一条路径，如图 3-19 所示，然后展开文字图层属性下面的“路径选项”参数，将“路径”后面的“无”改为“蒙版 1”，如图 3-20 所示。可以看到“合成”窗口中的文字已经按照刚才绘制的路径排列了，如图 3-21 所示。如果路径的形状发生改变，文字排列的形状也会相应发生变化。

图 3-19

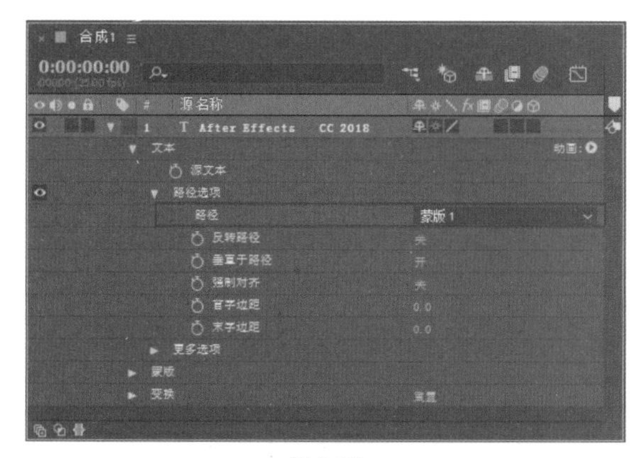

图 3-20

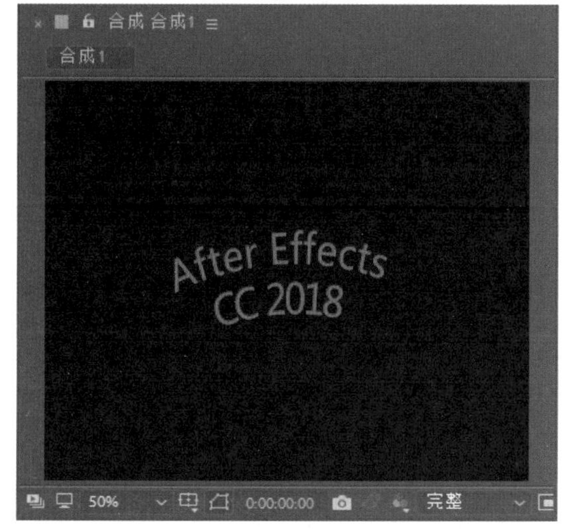

图 3-21

下面对“路径选项”的主要属性参数进行详细介绍。

✦ 路径：指定文字图层的排列路径，在后面的下拉列表中可以选择作为路径的遮罩。

✦ 反转路径：设置是否将路径反转。

✦ 垂直于路径：设置是否让文字与路径垂直。

✦ 强制对齐：将第一个文字和路径的起点强制对齐，同时让最后一个文字和路径的终点对齐。

✦ 首字边距：设置第一个文字相对于路径起点处的位置，单位为“像素”。

✦ 末字边距：设置最后一个文字相对于路径终点处的位置，单位为“像素”。

3.1.6　创建发光文字

在制作文字特效的时候，发光文字特效是经常用到的，下面就来着重讲解一种文字特效——发光效果的操作方法。发光效果运用之前和运用之后的文字效果如图 3-22 所示。

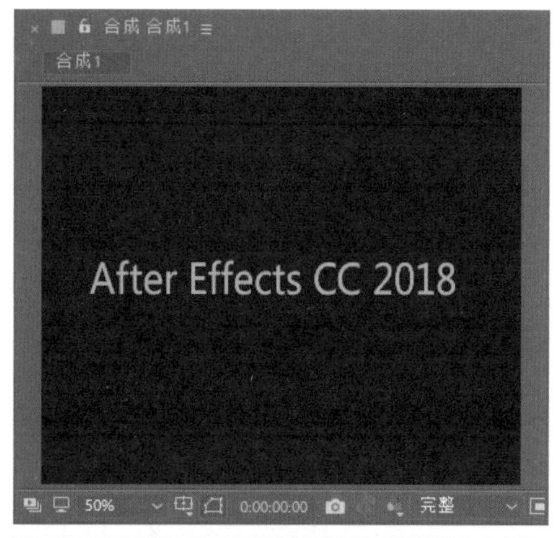

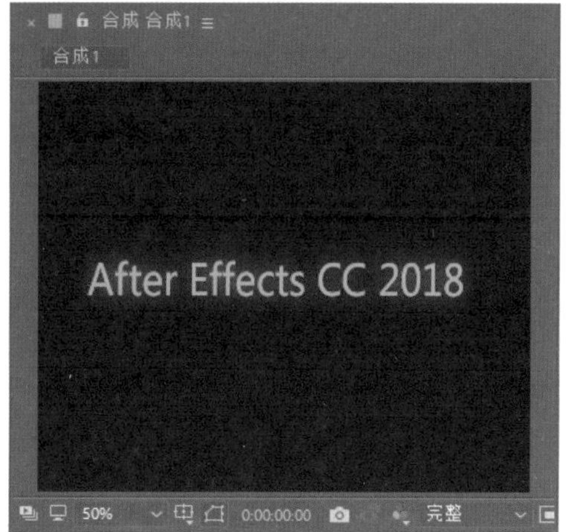

图 3-22

制作文字发光效果的具体方法是：首先在“图层”面板中选择需要添加效果的文字图层，执行“效果”|“风格化”|“发光”命令，然后在“图层”面板中展开“效果”属性，如图 3-23 所示，或选择在“效果控件”面板进行参数设置，如图 3-24 所示。

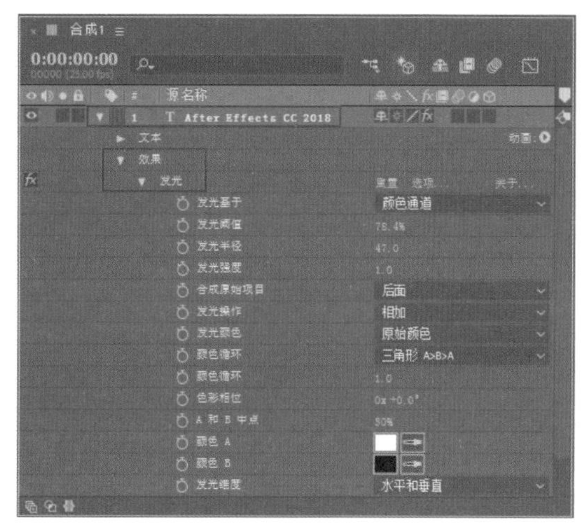

图 3-23

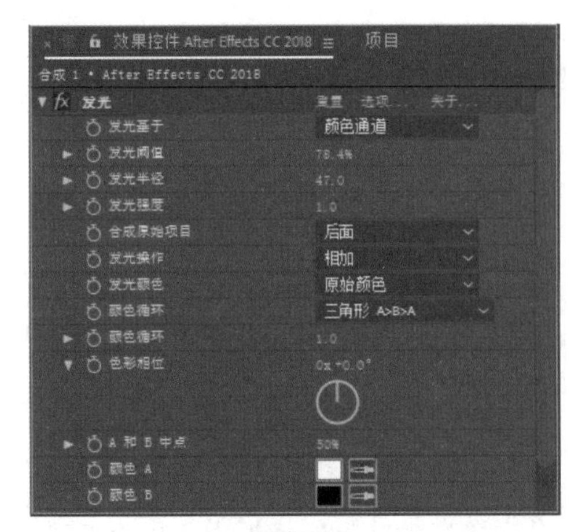

图 3-24

下面对“发光”效果的各项属性进行详细讲解。

✦ 发光基于：指定发光的作用通道，可以从右侧的下拉列表中选择“颜色通道”和“Alpha 通道”选项。

✦ 发光阈值：设置发光的程度，主要影响发光的覆盖面。

✦ 发光半径：设置发光的半径。

✦ 发光强度：设置发光的强度。

✦ 合成原始项目：与原图像混合，可以选择“顶端”“后面”和“无”选项。

✦ 发光操作：设置与原始素材的混合模式。

✦ 发光颜色：设置发光的颜色类型。

✦ 颜色循环：设置色彩循环的数值。

✦ 色彩相位：设置光的颜色相位。

✦ A 和 B 中点：设置发光颜色 A 和 B 的中点位置。

✦ 颜色 A：选择颜色 A。

✦ 颜色 B：选择颜色 B。

✦ 发光维度：指定发光效果的作用方向，包括“水平和垂直”“水平”和“垂直”选项。

3.1.7 为文字添加投影

在创建好的文字上不仅可以添加光效，还可以为其添加投影，使其变得更真实、更具立体感。下面将具体讲解如何运用“投影”命令为创建好的文字制作投影效果。投影效果运用前后的文字效果如图 3-25 所示。

制作文字投影效果的具体方法是：首先在“图层”面板中选择需要添加效果的文字图层，执行“效果”|“透视”|“投影”命令，然后在“图层”面板中展开“效果”属性，如图 3-26 所示，或选择在“效果控件”面板进行参数设置，如图 3-27 所示。

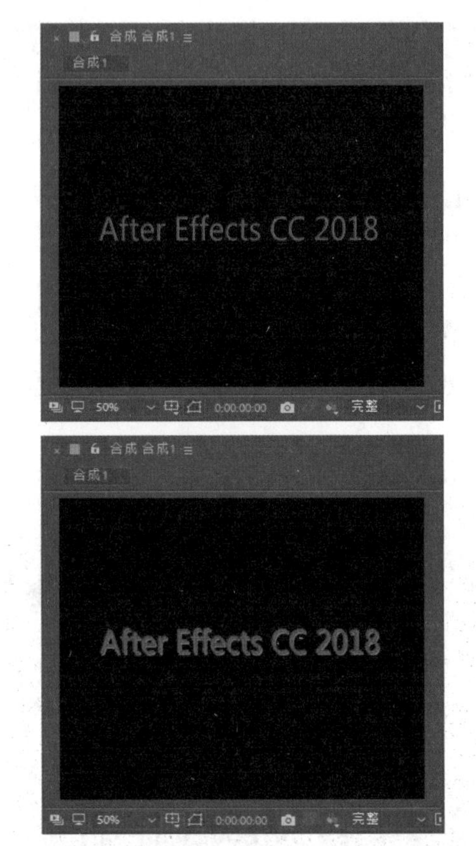

图 3-25

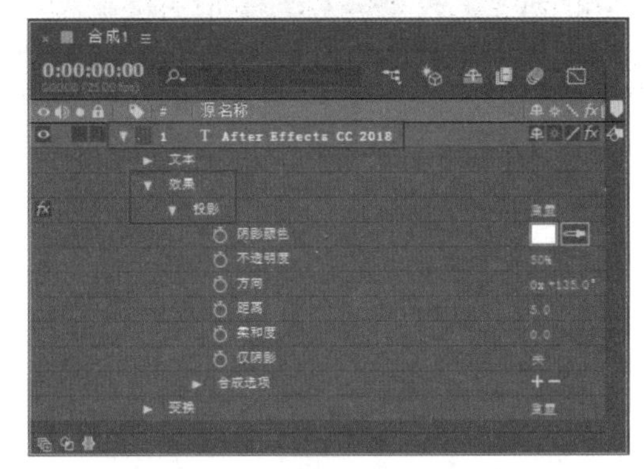

图 3-26

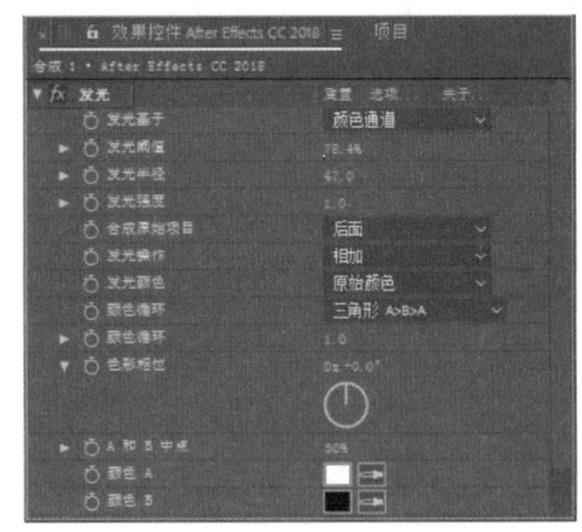

图 3-27

下面对“投影”效果的主要属性参数进行详细讲解。

✦ 阴影颜色：设置阴影显示的颜色。

✦ 不透明度：设置阴影的不透明度数值。

✦ 方向：调节阴影的投射角度。

✦ 距离：调节阴影的距离。

✦ 柔和度：设置阴影的柔化程度。

✦ 仅阴影：选中该选项，在画面中只显示阴影，原始素材图像将被隐藏。

3.1.8　课堂练习——汇聚文字特效

通过为文字图层变换属性中的“旋转”参数设置不同的关键帧，并使拆分的文字从不同的角度移至同一中心点，可以打造出具有汇聚感的文字效果。

视频文件：　视频\第 3 章\3.1.8 课堂练习——汇聚文字特效 .mp4

源 文 件：　源文件\第 3 章\3.1.8

01 启动 After Effects CC 2018 软件，进入其操作界面。执行“合成”|“新建合成”命令，创建一个预置为 PAL D1/DV 的合成，设置“持续时间”为 3 秒，并设置好名称，单击“确定”按钮，如图 3-28 所示。

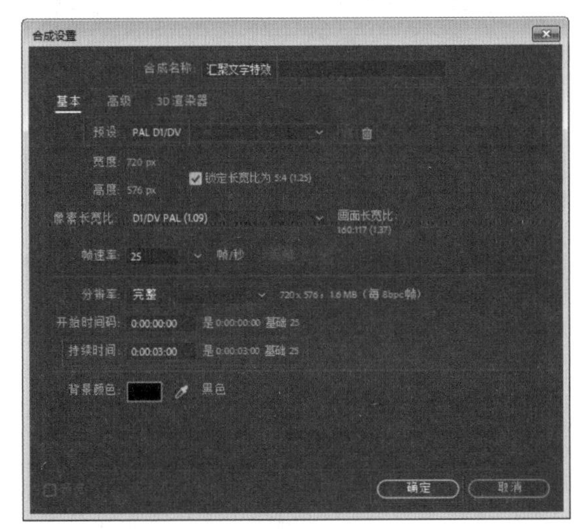

图 3-28

02 执行“文件”|“导入”|“文件”命令，弹出“导入文件”对话框，选择如图 3-29 所示的文件，单击“导入”按钮，将素材导入项目。

03 右击“图层”面板的空白位置，在弹出的快捷菜单中选择“新建”|“文本”命令，如图 3-30 所示。

04 在“合成”窗口中输入文字 A，并调整文字在合成中的位置，设置“填充颜色”为白色，“字体”为微软雅黑，“文字大小”为 60，如图 3-31 所示。在“合成”窗口的对应效果如图 3-32 所示。

图 3-29

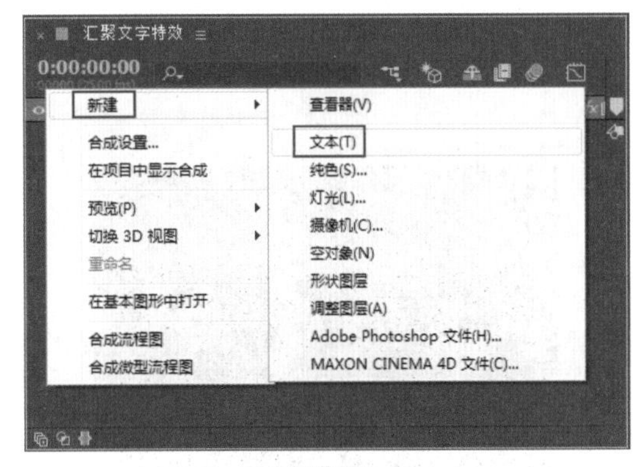

图 3-30

图 3-31

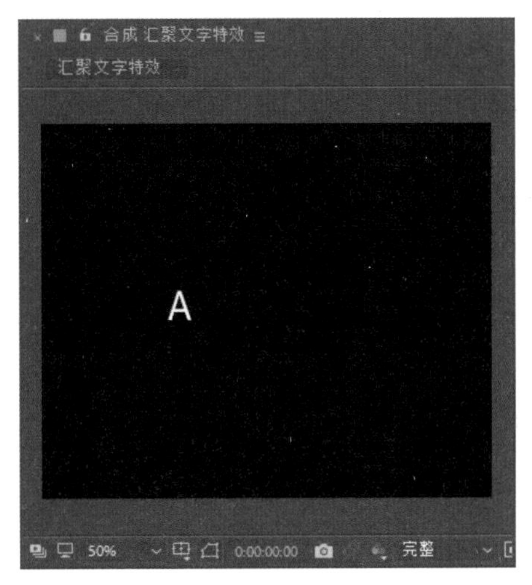

图 3-32

05 使用“文字”工具，然后分别创建f、t、e、r、E、f、f、e、c、t和s文字图层，如图3-33所示。创建完成后在“合成”窗口对应地排列，显示效果如图3-34所示。

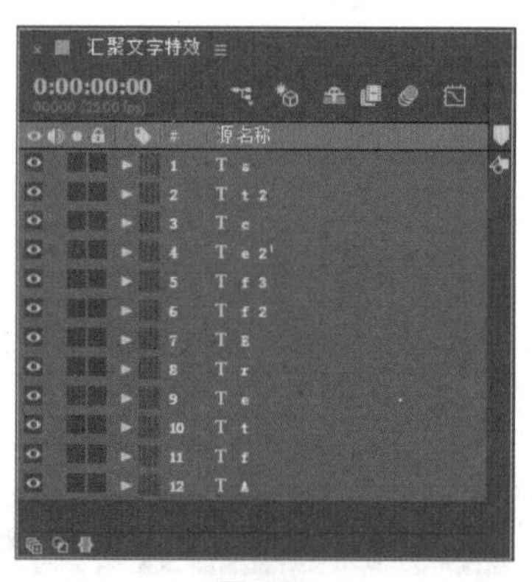

图 3-33

图 3-34

06 在“图层”面板同时选中所有文字图层，如图3-35所示。修改时间点到0:00:00:24位置，按P键，展开这些图层的“位置”属性，再按住Shift+R键，展开所有文字图层的“旋转”属性，在当前时间点为它们统一设置一个关键帧，如图3-36所示。

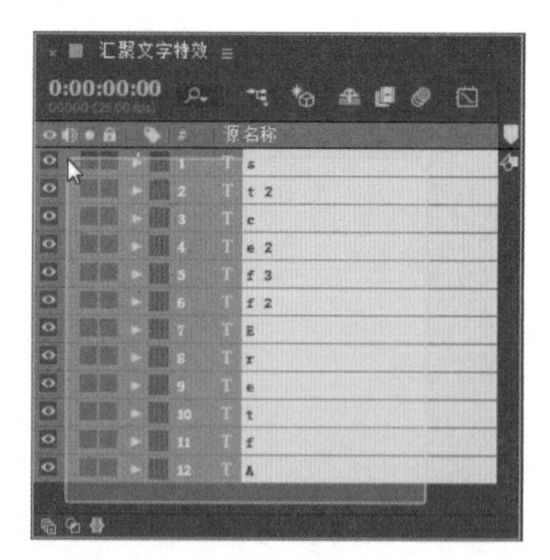

图 3-35

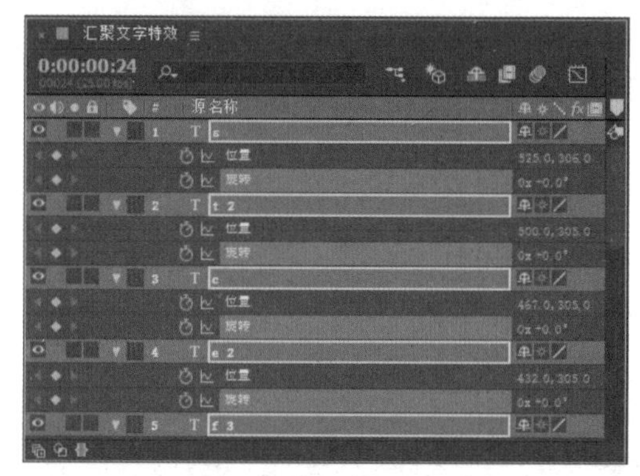

图 3-36

技巧与提示：

在图层全选状态下，只需要单击其中一个图层的“时间变化秒表”按钮，即可为其他图层同时添加该关键帧。

07 修改时间点到0:00:00:00位置，在该时间点从上至下分别按照表格3-1所示为After Effects拆分字母设置对应图层的“位置”和“旋转”参数。

表 3-1

文字图层名称	位置参数	旋转参数
s	–163.3，287.2	1×+0°
t	–75.3，617.2	1×+0°
c	106.7，653.2	1×+0°
e	357.7，686.2	1×+0°
f	602.7，677.2	1×+0°
f	778.7，638.2	1×+0°
E	857.7，311.2	1×+0°
r	755.7，–18.8	1×+0°
e	581.7，–54.8	1×+0°
t	357.7，–63.8	1×+0°
f	106.7，–47.8	1×+0°
A	–79.3，–2.8	1×+0°

技巧与提示：

这里的 After Effects 拆分字母是从下至上排序的，即 1 号图层为末尾的 s 字母，12 号图层为首端的 A 字母。

08 在“图层”面板开启所有文字图层的“运动模糊”效果，如图 3-37 所示，在“合成”窗口的对应显示效果如图 3-38 所示。

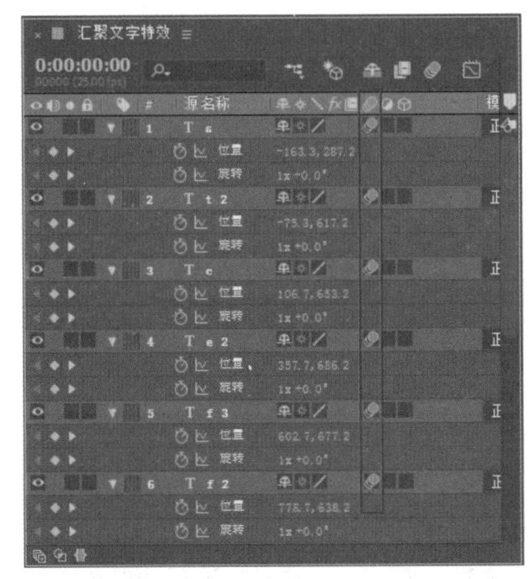

图 3-37

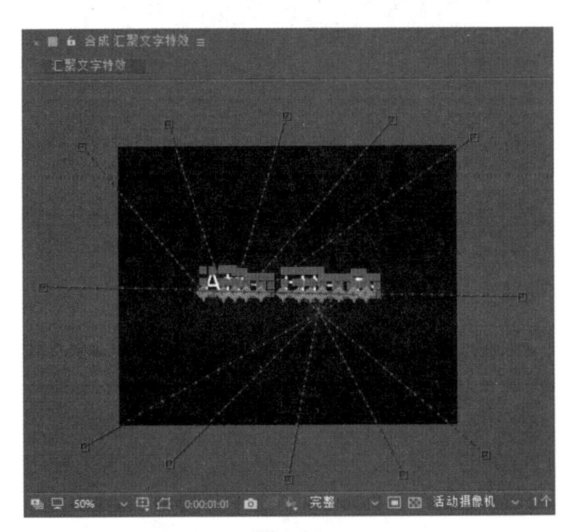

图 3-38

09 在“图层”面板中选择首个大写字母 A 文字图层，然后修改时间点为 0:00:00:24，为该图层执行“效果”|“风格化”|“发光”命令，并在“效果控件”面板设置“发光阈值”参数为 45.1，“发光半径”为 21，“发光强度”为 2.1，“发光颜色”为“A 和 B 颜色”“颜色循环”为“锯齿 B > A”，“颜色 A”的 RGB 参数为 252、12、12，如图 3-39 所示，在“合成”窗口的效果如图 3-40 所示。

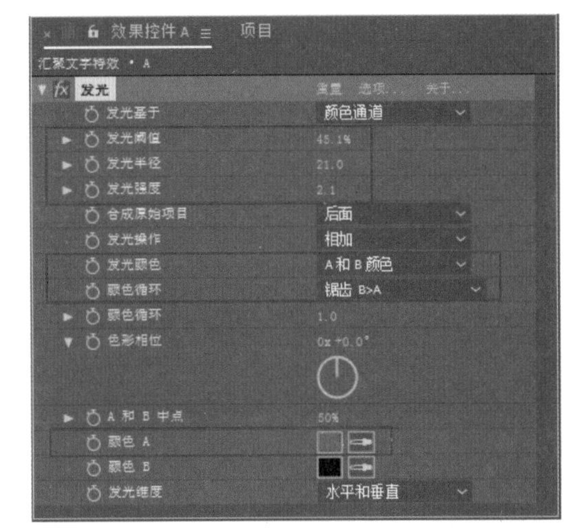

图 3-39

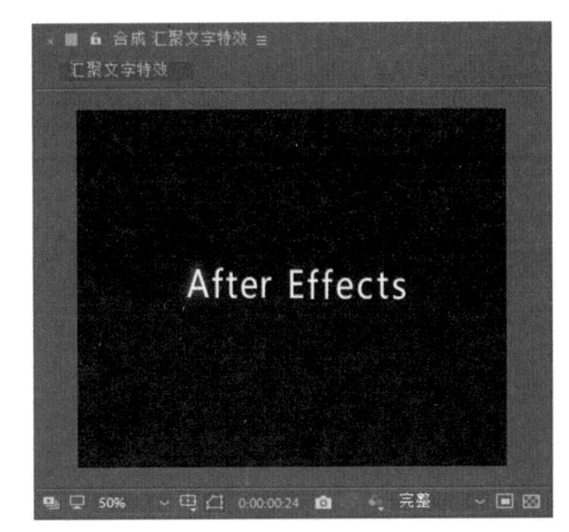

图 3-40

10 选择首个大写字母 A 文字图层，在“效果控件”面板单击“发光效果”按钮 fx 发光，按快捷键 Ctrl+C 复制该效果，然后全选其他的 11 个文字图层，在图层上按快捷键 Ctrl+V 粘贴效果，如图 3-41 所示。完成操作后在“合成”窗口的对应显示效果如图 3-42 所示。

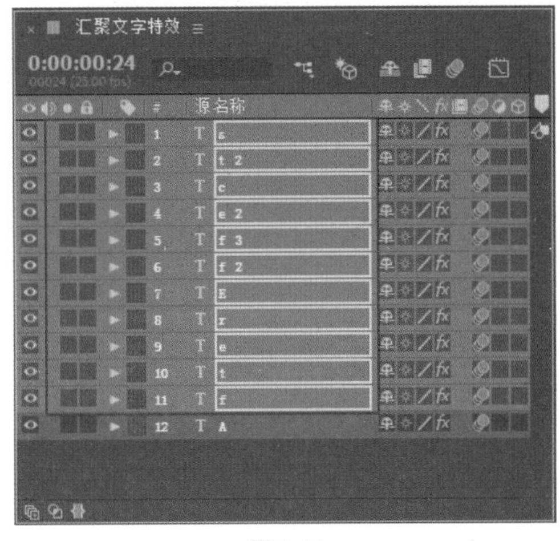

图 3-41

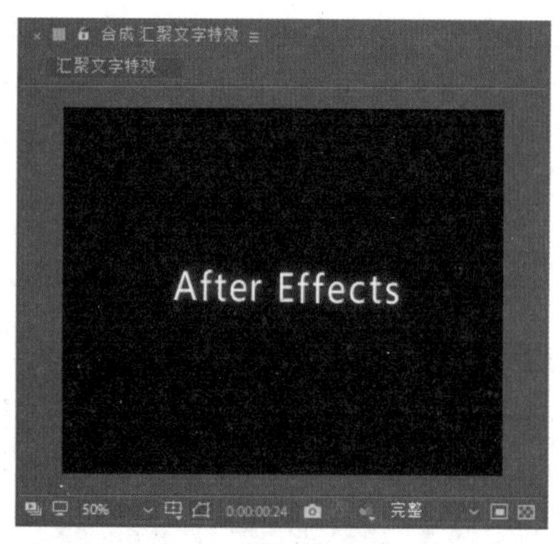

图 3-42

11 继续选择首个大写字母A文字图层，执行“效果”|“透视”|“投影”命令，并在“效果控件”面板中设置“投影颜色”的RGB参数为241、203、50，“不透明度”参数为100，“方向”参数为0×+254.0°，如图3-43所示。设置完成后在“合成”窗口的对应显示效果如图3-44所示。

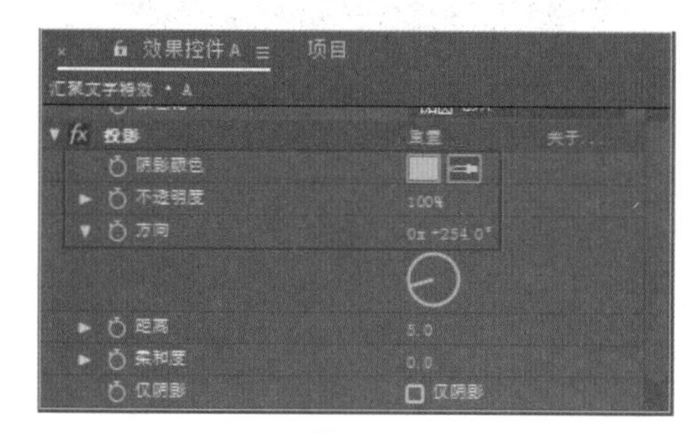

图 3-43

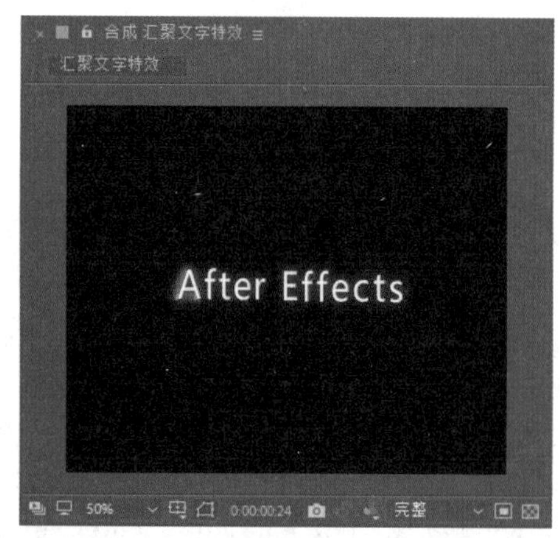

图 3-44

12 用同样的方法，选择首个大写字母A文字图层，在“效果控件”面板单击“投影效果”按钮 fx 投影，按快捷键Ctrl+C复制该效果，然后全选其他的11个文字图层，在图层上按快捷键Ctrl+V粘贴效果，如图3-45所示，完成操作后在“合成”窗口的对应显示效果如图3-46所示。

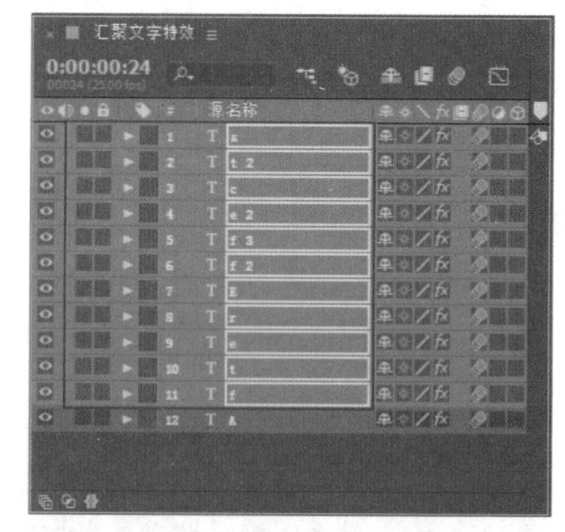

图 3-45

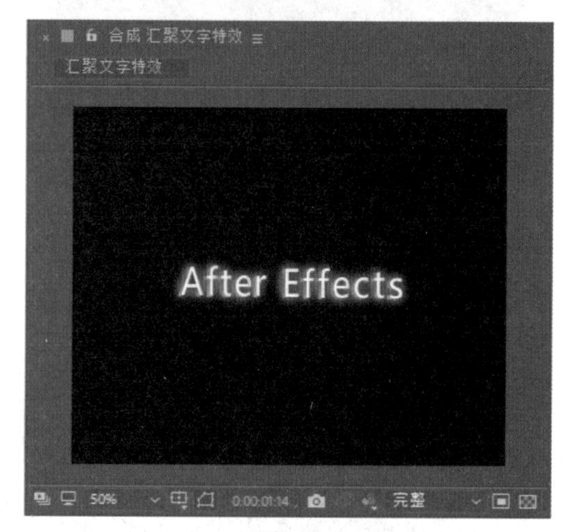

图 3-46

13 将“项目”窗口中的“背景.mov”视频素材拖入“图层”面板中，并放置于顶层。然后设置其图层叠加模式为“饱和度”，设置其“缩放”参数为150，如图3-47所示。完成操作后在“合成”窗口的对应显示效果如图3-48所示。

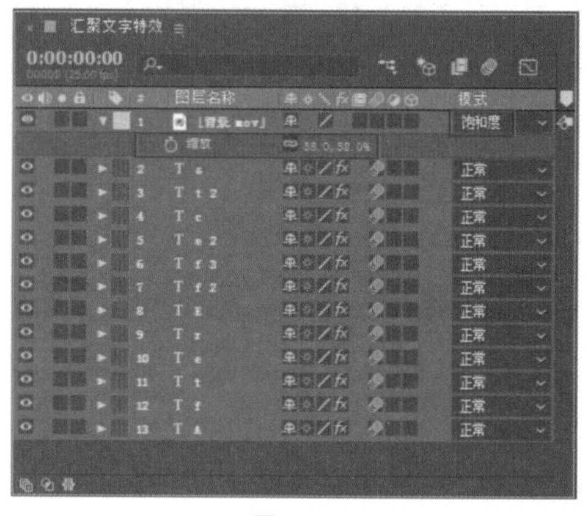

图 3-47

图 3-48

14 将时间轴移至 0:00:00:00 位置，在“背景 .mov”图层上按 T 键展开“不透明度”属性，设置“不透明度”参数为 0，并单击该属性名称前的“时间变化秒表”按钮，设置一个关键帧，如图 3-49 所示。

图 3-49

15 修改时间点为 0:00:00:15，设置“背景 .mov”图层的“不透明度”参数为 80，如图 3-50 所示。

图 3-50

16 至此，本实例制作完毕，按空格键可以播放动画预览，最终效果如图 3-51 所示。

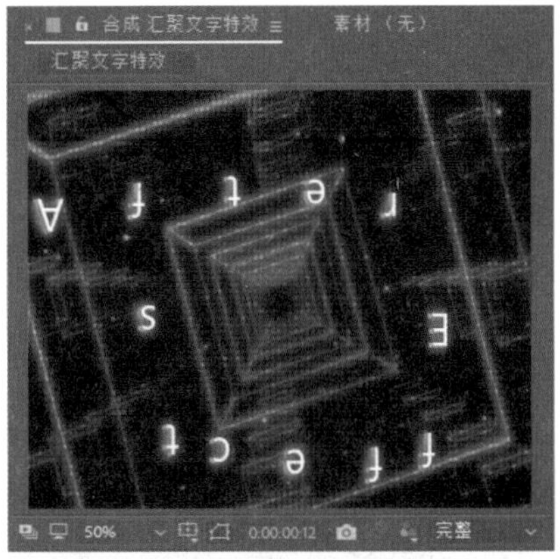

图 3-51

3.2 制作文字高级动画

本节主要讲解几种文字高级动画的制作方法，其中包括：打字动画、文字过光特效、波浪文字动画、破碎文字特效。

3.2.1 文字处理器

有时候由于项目制作需要，画面中的文字要一个一个地出来，就像是用手敲键盘打出来的感觉，这时就需要一种文字特效——文字处理器（Word Processor）。

在“图层”面板中的空白处右击，然后在弹出的快捷菜单中选择“新建”|“文本”命令，如图3-52所示。在新创建的文字图层输入文字后，在After Effects CC 2018界面右侧的“效果和预设”面板中搜索“文字处理器”特效，将该特效拖至“图层”面板中的文字图层上，即完成了效果的添加，如图3-53所示。

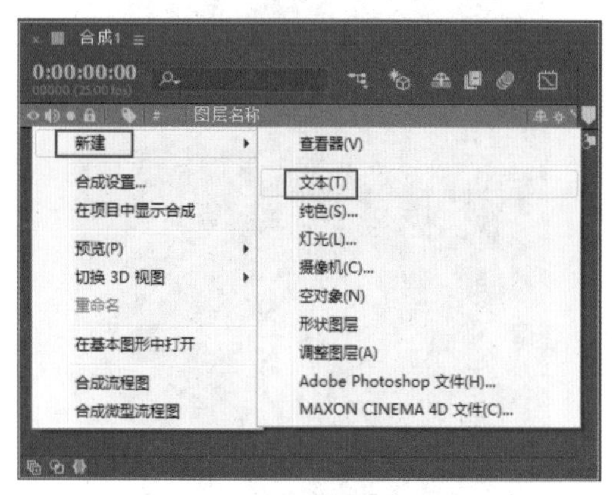

图 3-52

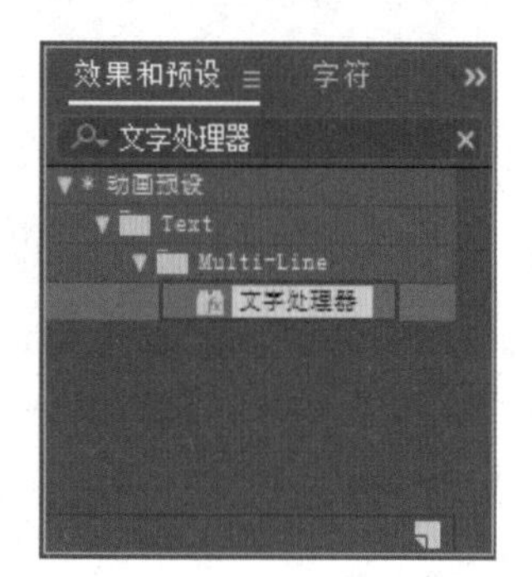

图 3-53

为文字添加“文字处理器”特效后，文字就被设置好动画了，打字动画效果如图3-54所示。

图 3-54

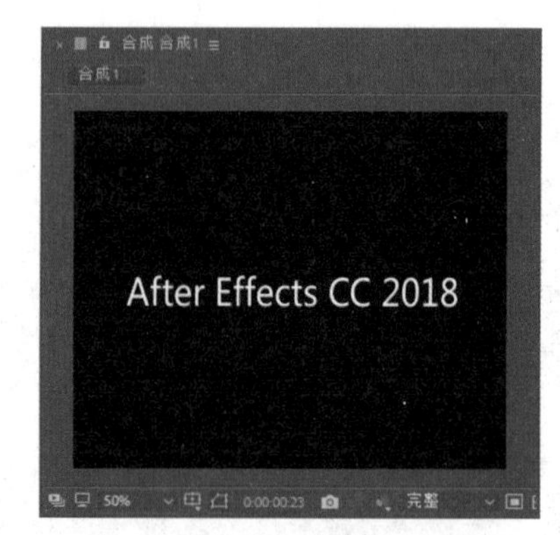

图 3-54（续）

技巧与提示：

如果需要查看添加特效后时间线上的关键帧分布，可以选择需要查看的图层，按U键即可快速展开已设置的关键帧属性。移动关键帧在时间线上的位置，可以改变动画的起始位置和速度。

3.2.2 文字过光特效

文字过光特效是在制作片头字幕动画中比较常用的表现方式，它的运用能大幅增强画面的亮点，提升画面的视觉效果。

下面就来讲解一种比较简单的过光特效——CC Light Sweep（CC扫光），先来看看CC Light Sweep特效运用之前和运用之后的效果对比，如图3-55所示。

文字过光特效的创建方法为：选中需要创建该效果的文字图层，执行“效果”|“生成”|CC Light Sweep命令，或在“效果和预设”面板中直接搜索该效果进行拖动添加，如图3-56所示。文字在被赋予CC Light Sweep特效之后，会在当前图层的“效果控件”面板中出现CC Light Sweep的效果属性，如图3-57所示。

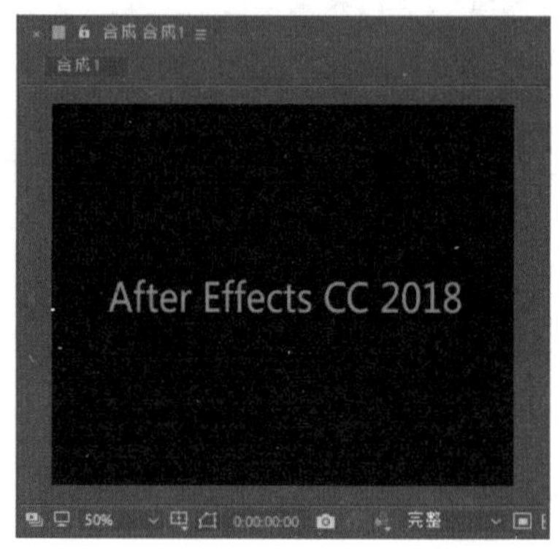

图 3-55

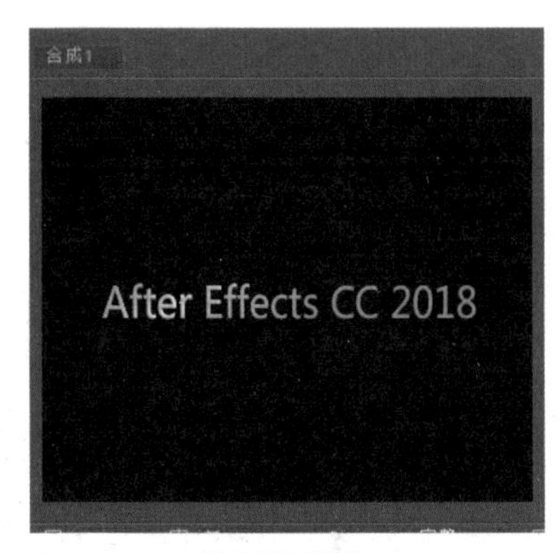

图 3-55（续）

图 3-56

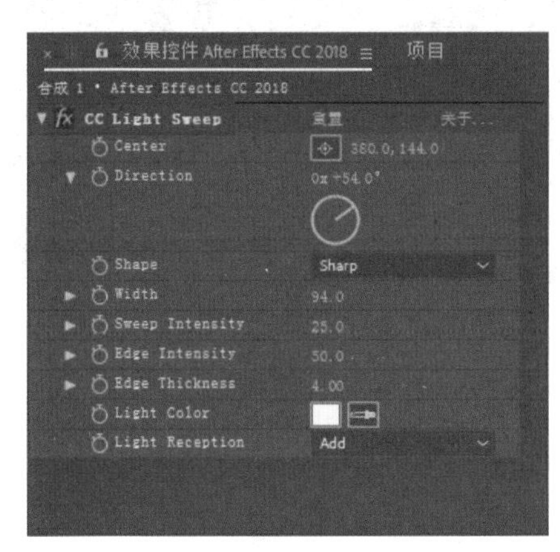

图 3-57

下面对 CC Light Sweep（CC 扫光）效果的各项属性进行详细介绍。

✦ Center（中心）：调整光效中心的参数，同其他特效中心位置调整的方法相同，可以通过参数调整，也可以单击 Center 后面的按钮，然后在“合成”窗口中进行调整。

✦ Direction（方向）：可以用来调整扫光光线的角度。

✦ Shape（形状）：调整扫光形状和类型，包括 Sharp、Smooth 和 Liner 3 个选项。

✦ Width（宽度）：调整扫光光柱的宽度。

✦ Sweep Intensity（扫光强度）：控制扫光的强度。

✦ Edge Intensity（边缘强度）：调整扫光光柱边缘的强度。

✦ Edge Thickness（边缘厚度）：调整扫光光柱边缘的厚度。

✦ Light Color（光线颜色）：调整扫光光柱的颜色。

✦ Light Reception（光线融合）：设置光柱与背景之间的叠加方式，其后的下拉列表中包含“Add（叠加）”“Composite（合成）”和“Cutout（切除）”3 个选项，在不同情况下需要扫光与背景有不同的叠加方式。

3.2.3　波浪文字动画

波浪文字动画就是使文字动起来，产生类似水波荡漾的效果。在 After Effects CC 2018 中常用于制作波浪文字特效的命令是“波形变形”。下面先来看“波形变形”特效运用前后的效果对比，如图 3-58 所示。

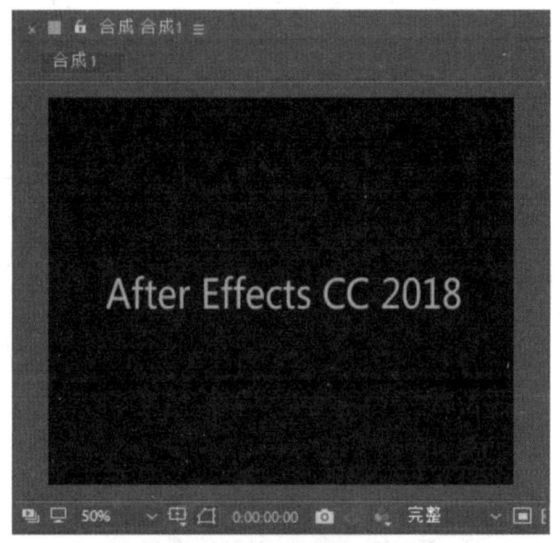

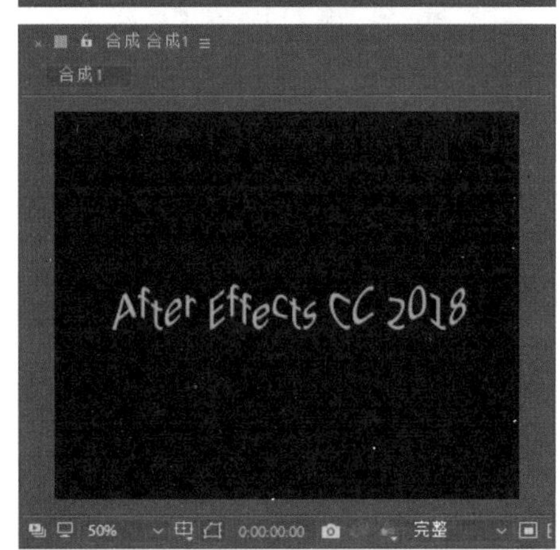

图 3-58

波浪文字的创建方法为：在“图层”面板中选择需要创建该效果的文字图层，执行“效果”|“扭曲”|“波形变形”命令，或在“效果和预设”面板中直接搜索该效果并进行添加，如图 3-59 所示。文字在被赋予“波

形变形”特效之后，会在当前图层的“效果控件”面板中出现“波形变形”的效果属性，如图 3-60 所示。

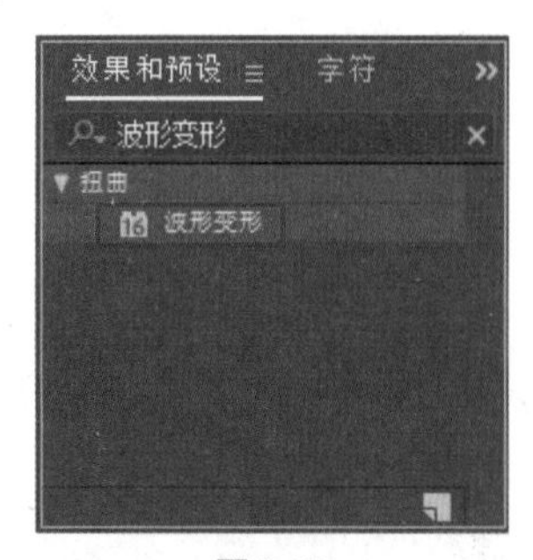

图 3-59

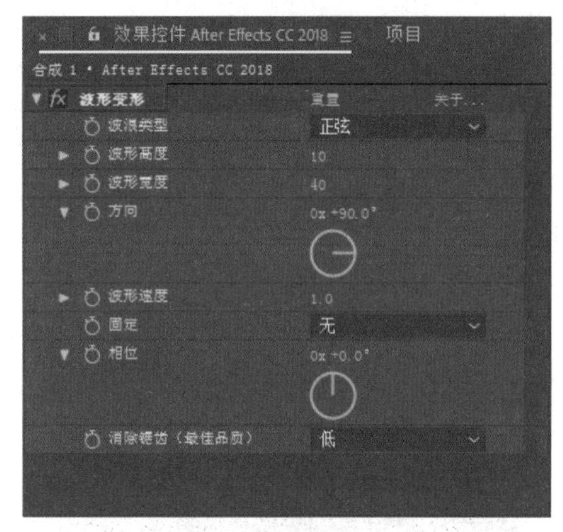

图 3-60

下面对“波形变形”效果的各项属性进行详细介绍。

✦ 波浪类型：可以设置不同形状的波形类型。

✦ 波形高度：设置波形的高度。

✦ 波形宽度：设置波形的宽度。

✦ 方向：调整波动的角度。

✦ 波形速度：设置波动速度，可以按该速度自动波动。

✦ 固定：设置图像边缘的各种类型，可以分别控制某个边缘，从而带来很大的灵活性。

✦ 相位：设置波动相位。

✦ 消除锯齿：选择消除锯齿的强度。

3.2.4 破碎文字特效

破碎文字特效是指把一个整体的文本变成无数的文字碎片，此特效的运用能增强画面的冲击力，给人一种震撼的视觉效果。下面来讲解一种制作破碎文字特效的方法——“碎片”特效。“碎片”特效应用到文字前后的对比效果如图 3-61 所示。

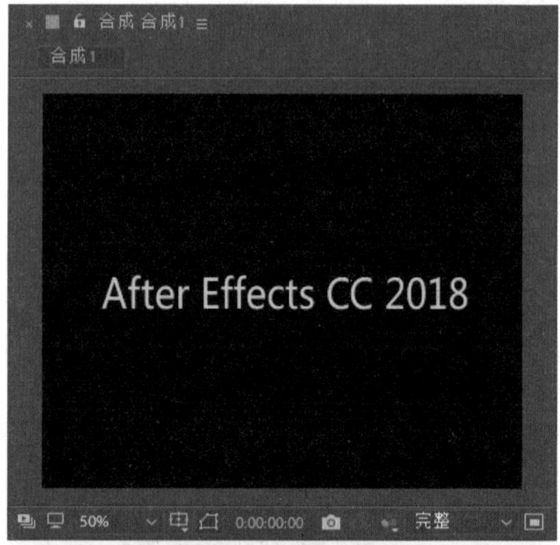

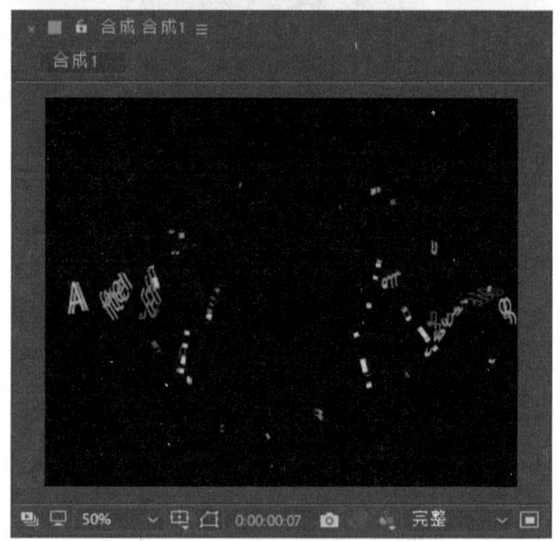

图 3-61

破碎文字的创建方法为：在“图层”面板中选择需要创建该效果的文字图层，执行“效果”|“模拟”|“碎片”命令，或在“效果和预设”面板中直接搜索该效果并进行添加，如图 3-62 所示。文字在被赋予“破碎”特效之后，会在当前图层的“效果控件”面板中出现“碎片”的效果属性，如图 3-63 所示。

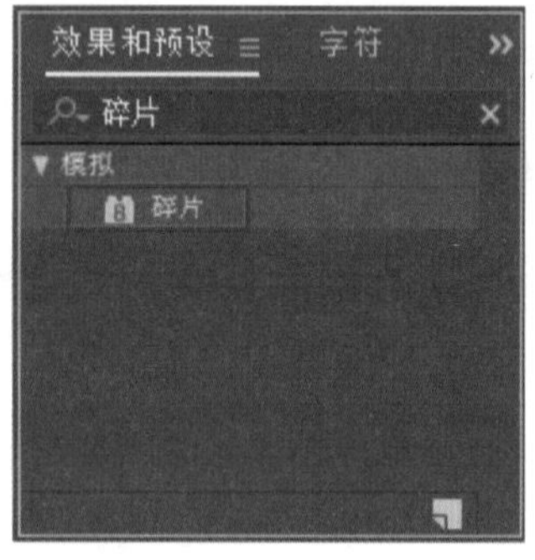

图 3-62

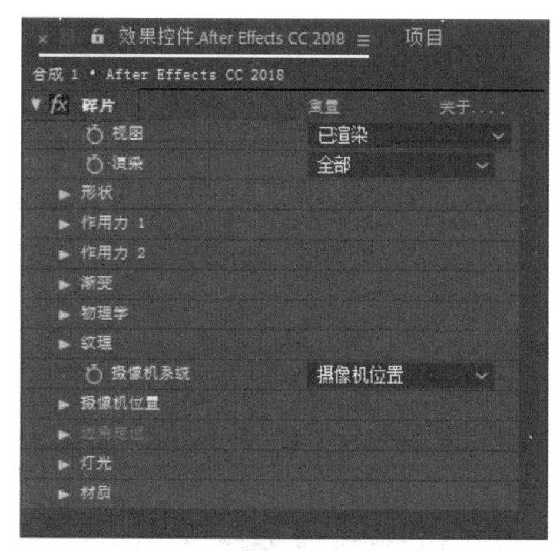

图 3-63

下面对“碎片”效果的各项属性进行详细介绍。

✦ 视图：该下拉列表中包含各种质量的预览效果，其中“已渲染”效果为质量最好的预览效果，可以实现参数操作的实时预览。此外，还有各种形式的线框预览方式，选择不同的预览方式不影响视频特效的渲染结果，可以根据计算机硬件配置选择合适的预览方式。

✦ 渲染：设置渲染类型，包括“全部”“图层”和“块”3 种类型。

✦ 形状：控制和调整爆炸后碎片的形状。其中包括各种形状的选项，可以根据效果选择合适的爆炸后的碎片形状。此外，还可以调整爆炸碎片的重复、方向、源点、突出深度等参数。

✦ 作用力 1/ 作用力 2：调整爆炸碎片脱离后的受力情况，包括“位置”“深度”“半径”和“强度”等参数。

✦ 渐变：控制爆炸的时间。

✦ 物理学：包括控制碎片的“旋转速度”“倾覆轴”“随机性”和“重力”等参数，这也是调整爆炸碎片效果的一项很重要的属性。

✦ 纹理：控制碎片的纹理材质。

除此之外，“碎片”属性面板中还包括“摄像机位置”“灯光”和“材质”等高级调整参数。

3.2.5　路径动画文字

如果在文字图层中创建一个遮罩（又称蒙版），就可以利用这个遮罩作为一个文字的路径来制作动画。

作为路径的遮罩可以是封闭的，也可以是开放的，但需要注意的是，如果使用封闭的遮罩作为路径，必须设置遮罩的模式为“无”。

在文字图层中展开文字属性下面的“路径选项”参数，如图 3-64 所示。

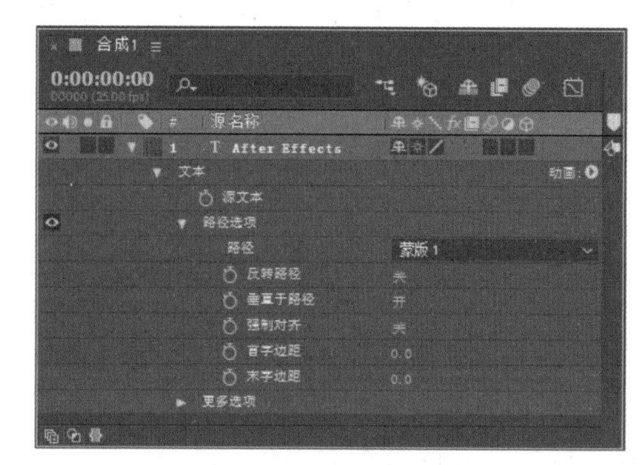

图 3-64

下面对“路径选项”中的各项参数进行详细介绍。

✦ 路径：在该下拉列表中可以选择作为路径的遮罩层。

✦ 反转路径：控制是否反转路径。

✦ 垂直于路径：控制是否让文字垂直于路径。

✦ 强制对齐：将第一个文字和路径的起点强制对齐，或与设置的“首字边距”对齐，同时让最后一个文字和路径的结尾点对齐，或与设置的“末字边距”对齐。

✦ 首字边距：设置第一个文字相对于路径起点处的位置，单位为“像素”。

✦ 末字边距：设置最后一个文字相对于路径结尾处的位置，单位为“像素”。

3.2.6　课堂练习——制作路径动画文字

使用“钢笔”工具在“合成”窗口中可以绘制任意形状，并将绘制的形状转化为路径应用于图形或文字。接下来，将通过实例讲解制作路径动画文字的具体方法。

视频文件：　视频 \ 第 3 章 \3.2.6 课堂练习——制作路径动画文字 .mp4

源 文 件：　源文件 \ 第 3 章 \3.2.6

01 启动 After Effects CC 2018 软件，进入其操作界面。执行“合成” | “新建合成”命令，创建一个预置为 PAL D1/DV 的合成，设置“持续时间”为 5 秒，并设置好名称，单击“确定”按钮，如图 3-65 所示。

02 右击“图层”面板的空白位置，在弹出的快捷菜单中选择“新建” | “文本”命令，如图 3-66 所示。

03 在“合成”窗口输入文字 After Effects CC 2018，然后在“字符”面板设置“字体”为微软雅黑，“文字大小”为 50，“填充颜色”为白色，如图 3-67 所示。并使用“选择”工具将文字摆放至画面的中心位置，最终效果如图 3-68 所示。

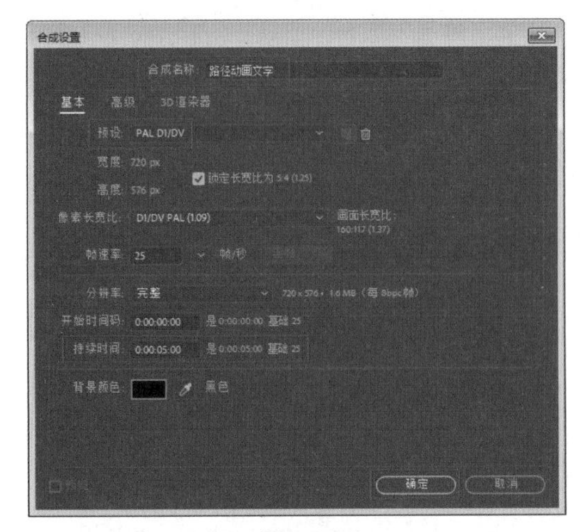

图 3-65

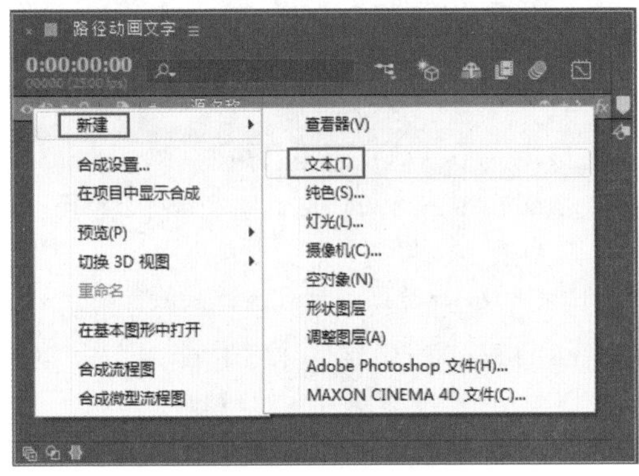

图 3-66

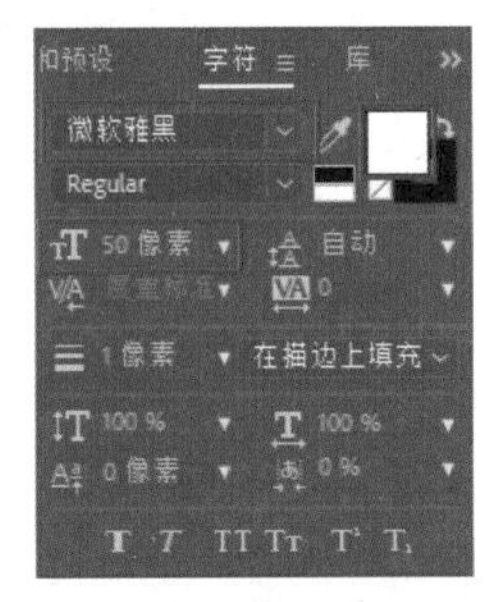

图 3-67

图 3-68

04 选择文字图层，然后使用“钢笔”工具在“合成”窗口绘制一条曲线，如图 3-69 所示。

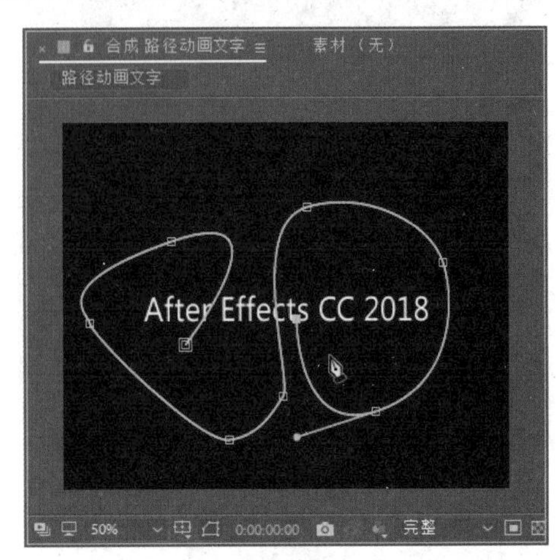

图 3-69

05 在“图层”面板中展开文字图层“文本”属性下的“路径选项”属性，并在“路径”下拉列表中选择“蒙版 1”，如图 3-70 所示。

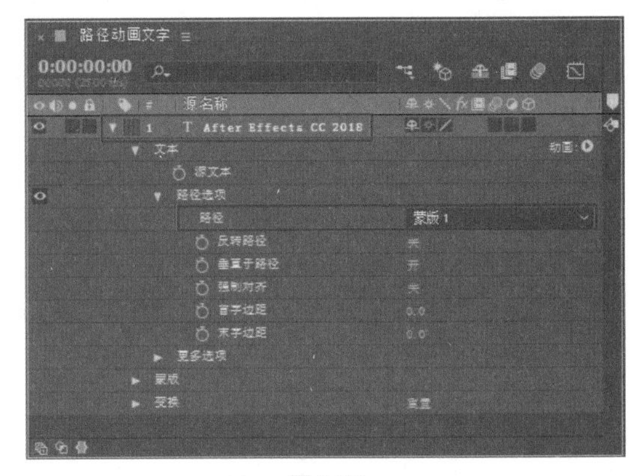

图 3-70

06 此时可以发现“合成”窗口中的文字按照一定的顺序排列在路径上，如图 3-71 所示。

图 3-71

07 在 0:00:00:00 时间点位置单击“首字边距”参数前的“时间变化秒表”按钮，为该参数设置一个关键帧，并修改其参数为 0，如图 3-72 所示。

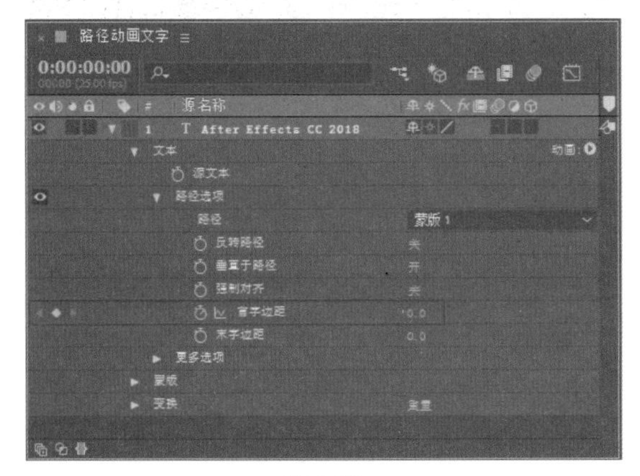

图 3-72

08 修改时间点为 0:00:04:24，设置“首字边距”参数为 1600，如图 3-73 所示。

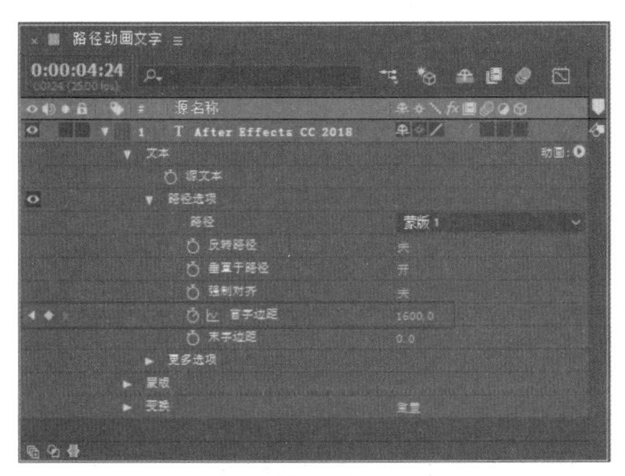

图 3-73

09 至此，本实例制作完毕，按空格键可以播放动画预览，会发现创建的文字在绘制的路径上运动起来，最终效果如图 3-74 所示。

图 3-74

图 3-74（续）

3.2.7　课堂练习——浴火金属文字

除了通过为变换属性设置关键帧来实现文字动画效果外，还可以利用 After Effects 内置的各种特效来制作文字动画。下面，将详细讲解如何在 After Effects CC 2018 中创建带有金属效果的文字动画。

视频文件：　视频 \ 第 3 章 \3.2.7 课堂练习——浴火金属文字 .mp4

源 文 件：　源文件 \ 第 3 章 \3.2.7

01 启动 After Effects CC 2018 软件，进入其操作界面。执行“合成” | “新建合成”命令，创建一个自定义大小为 960×540 的 D1/DV PAL（1.09）合成，设置“持续时间”为 5 秒，并设置好名称，单击“确定”按钮，如图 3-75 所示。

02 执行“文件” | “导入” | “文件”命令，弹出“导入文件”对话框，选择如图 3-76 所示的文件，单击“导入”按钮，将素材导入项目。

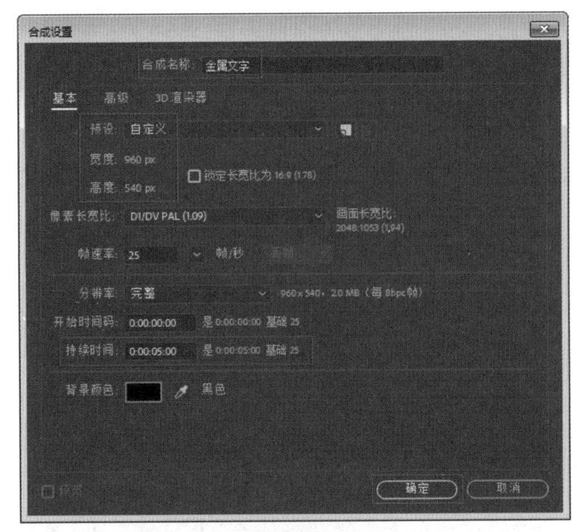

图 3-75

图 3-76

03 将“项目”窗口中的“背景.mov”素材拖入“图层”面板，并选中该图层，执行“图层”|“变换”|“适合复合”命令，将视频调整到合成的尺寸，调整前后的对比效果如图 3-77 所示。

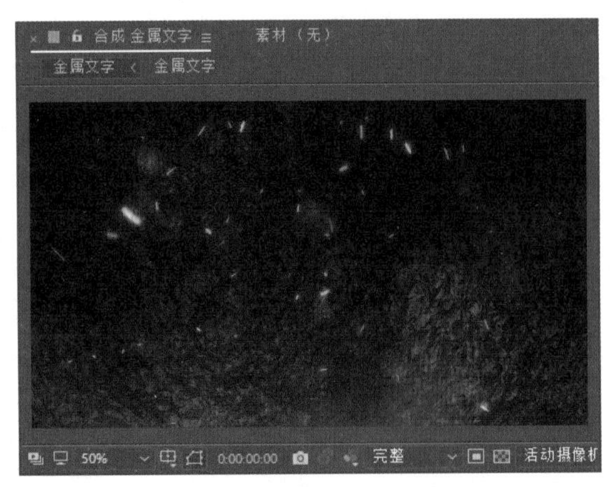

图 3-77

图 3-77（续）

04 在“工具”面板中选择“文字”工具T，移动光标至“合成”窗口单击输入文字，然后在“字符”面板设置“字体”为黑体，“文字大小”为 100，“填充颜色”为白色，如图 3-78 所示。使用“选择”工具将文字摆放至画面的中心位置（“位置”参数为 294、306），最终效果参照图 3-79 所示。

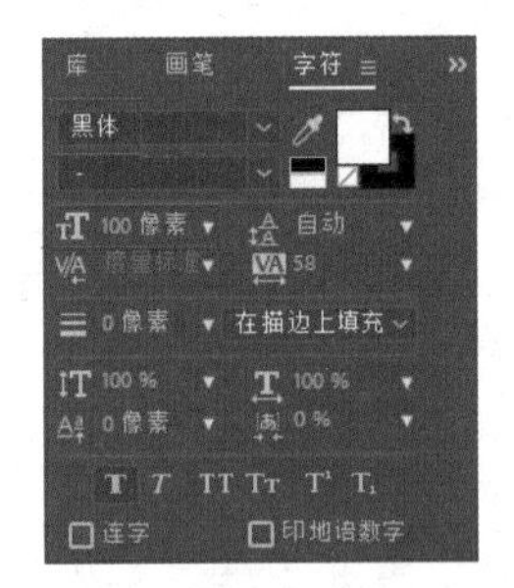

图 3-78

图 3-79

05 在“图层”面板选中文字图层，执行“效果”|“生成”|“梯度渐变”命令，然后在“效果控件”面板设置特效的“渐变起点”参数为 504、218，“渐变终点”参数为 502、294，如图 3-80 所示。操作完成后在“合成”窗口对应的显示效果如图 3-81 所示。

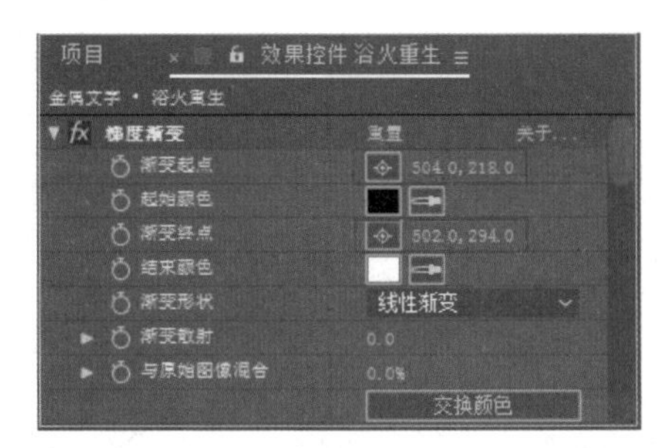

图 3-80

图 3-81

06 在“图层”面板选中文字图层，执行“效果”|“透视”|“斜面 Alpha”命令，然后在“效果控件”面板设置特效的“边缘厚度”参数为 0.9，如图 3-82 所示。操作完成后在“合成”窗口对应的显示效果如图 3-83 所示。

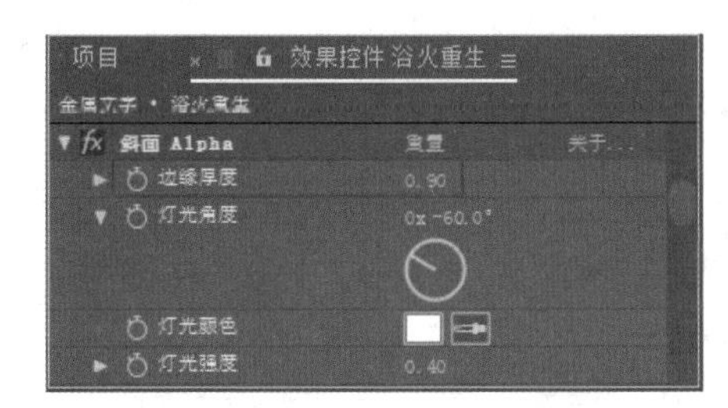

图 3-82

图 3-83

07 在“图层”面板选中文字图层，执行“效果”|“颜色校正”|“曲线”命令，然后在“效果控件”面板中将曲线的形状调节至如图 3-84 所示的状态。操作完成后在“合成”窗口对应的显示效果如图 3-85 所示。

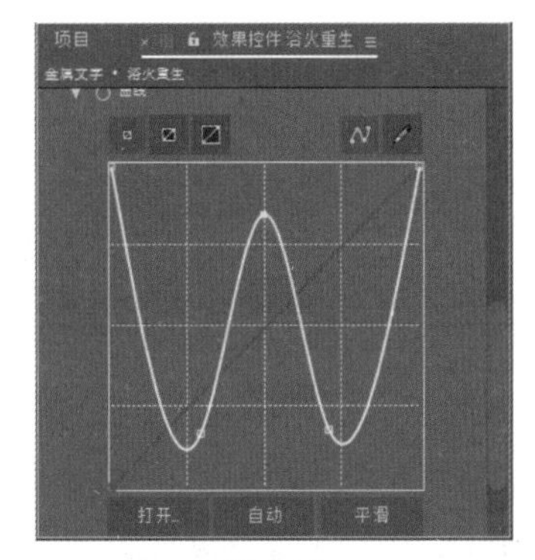

图 3-84

图 3-85

技巧与提示：

调节曲线时，在曲线上单击可以添加节点，也可以拖动节点改变曲线形状。

08 在“图层”面板中选择“金属文字特效”文字图层，执行“图层”|“预合成”命令（快捷键为 Ctrl+Shift+C），打开“预合成”对话框，设置新合成的名称为“金属文字”，然后单击“确定”按钮完成嵌套，如图 3-86 所示。

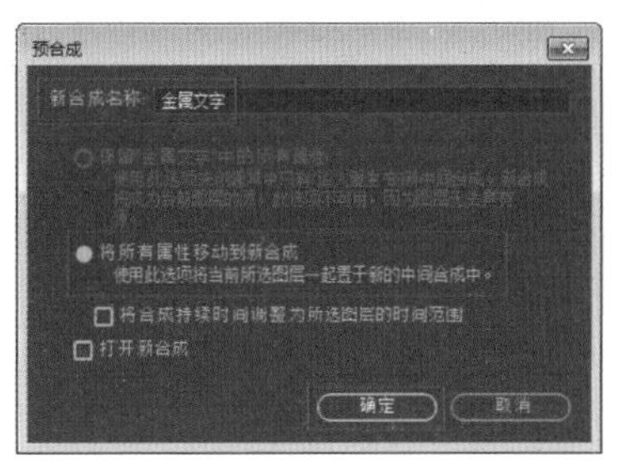

图 3-86

09 选择嵌套后的文字图层，执行“颜色”|“颜色校正”|“色调”命令，然后在“效果控件”面板设置“将黑色映射到”的RGB参数为0、0、0，设置“将白色映射到”的RGB参数为255、252、79，如图3-87所示。操作完成后在“合成”窗口对应的显示效果如图3-88所示。

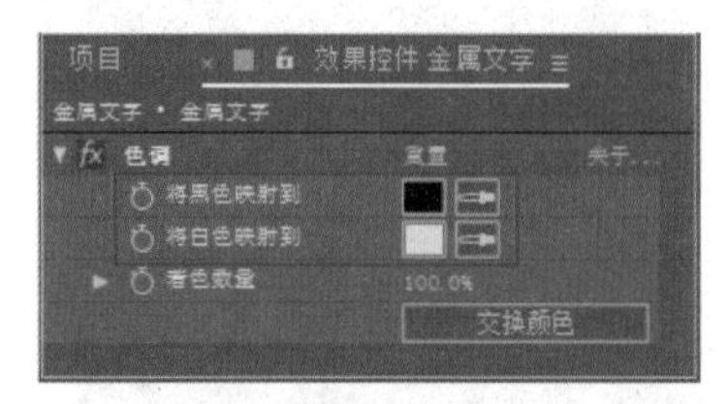

图 3-87

图 3-88

10 选择嵌套后的文字图层，执行“效果”|“颜色校正”|“曲线”命令，然后在“效果控件”面板中将曲线的形状调节至如图3-89所示的状态。操作完成后在“合成”窗口对应的显示效果如图3-90所示。

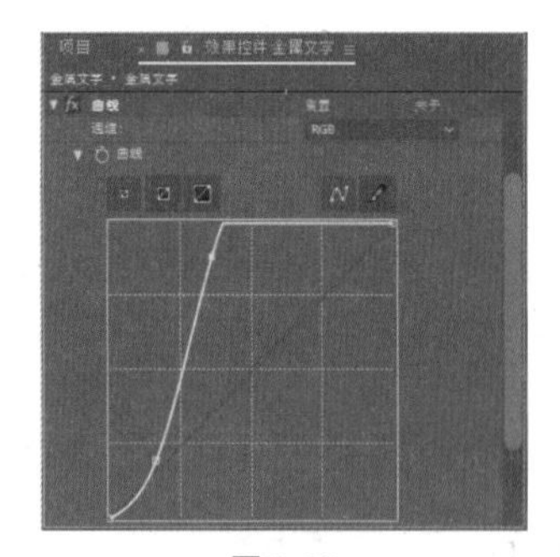

图 3-89

11 选择嵌套后的文字图层，执行“效果”|“透视”|“投影”命令，然后在“效果控件”面板设置“阴影颜色”为黑色，“不透明度”参数为60，“方向”为0×+140°，“距离”参数为16，如图3-91所示。操作完成后在“合成”窗口对应的显示效果如图3-92所示。

图 3-90

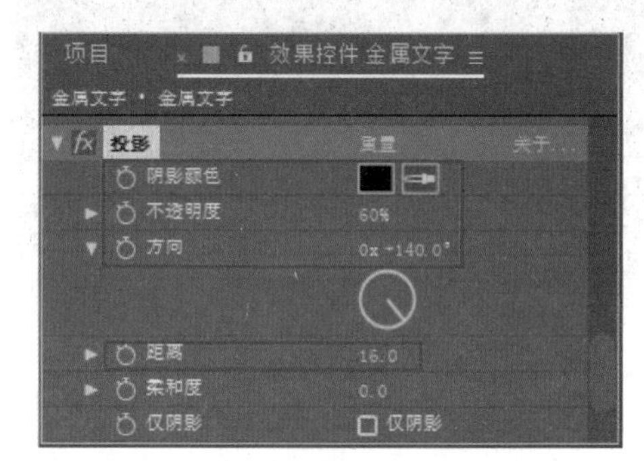

图 3-91

图 3-92

12 在“图层”面板中选择嵌套后的文字图层，展开其“变换”属性，在0:00:00:00时间点位置分别单击“位置”“缩放”和“不透明度”参数前的“时间变化秒表”按钮，为它们设置关键帧。然后设置“位置”参数为413、270，“缩放”参数为281，“不透明度”参数为0，如图3-93所示。操作完成后在“合成”窗口对应的显示效果如图3-94所示。

13 修改时间点到0:00:00:05位置，设置“不透明度”参数为100，如图3-95所示。

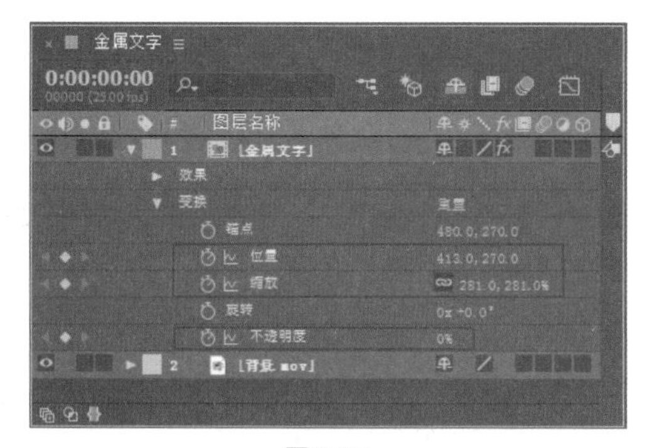

图 3-93

图 3-94

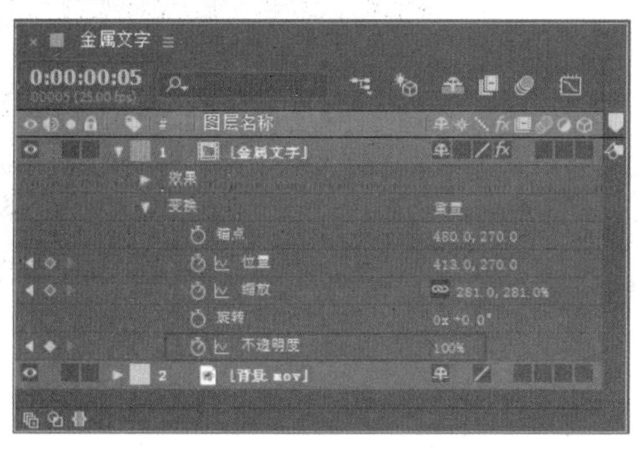

图 3-95

14 修改时间点到 0:00:00:15 的位置，设置“位置”参数为 480、270，“缩放”参数为 100，如图 3-96 所示。

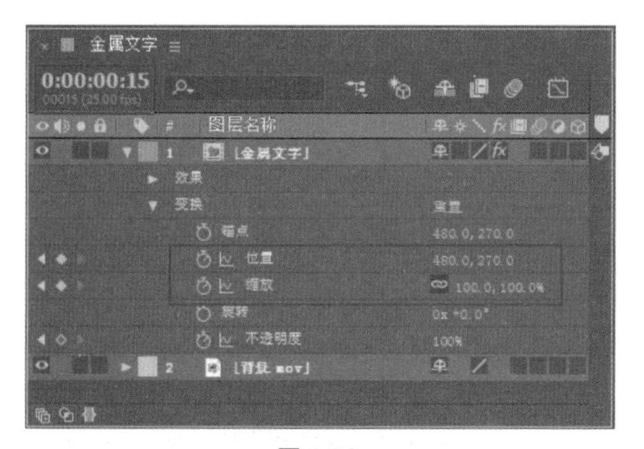

图 3-96

15 在“图层”面板中选择嵌套后的文字图层，执行“效果”|“生成”|CC Light Sweep 命令，调整到 0:00:01:05 时间点位置，在“效果控件”面板设置 Center（中心）参数为 182、181，并单击该参数前的“时间变化秒表”按钮，设置一个关键帧。设置“Sweep Intensity（扫光强度）”参数为 100，如图 3-97 所示。

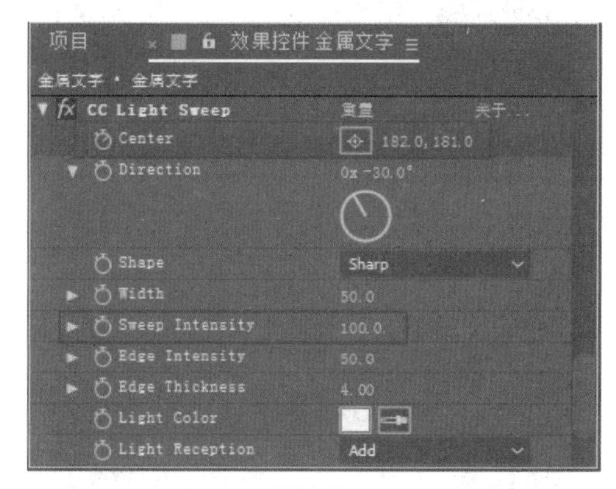

图 3-97

16 修改时间点到 0:00:02:10 位置，设置 Center（中心）参数为 895、181，如图 3-98 所示。

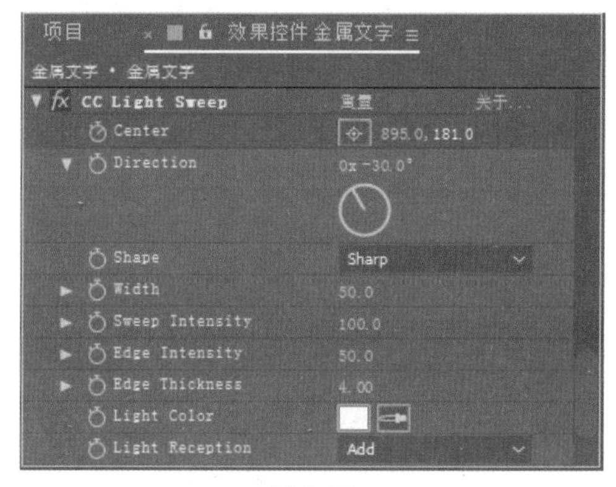

图 3-98

17 至此，本实例制作完毕，按空格键可以播放动画预览，最终效果如图 3-99 所示。

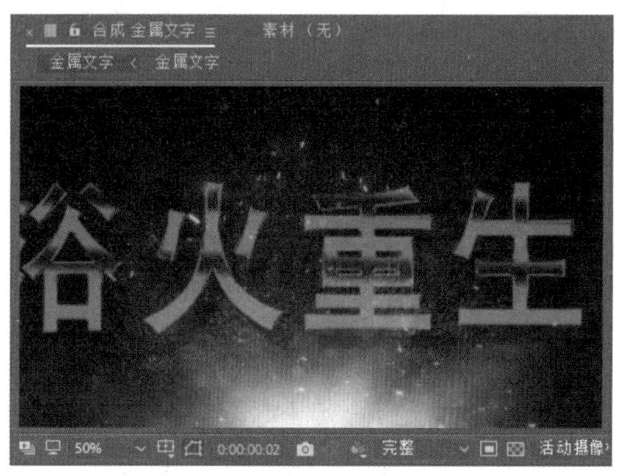

图 3-99

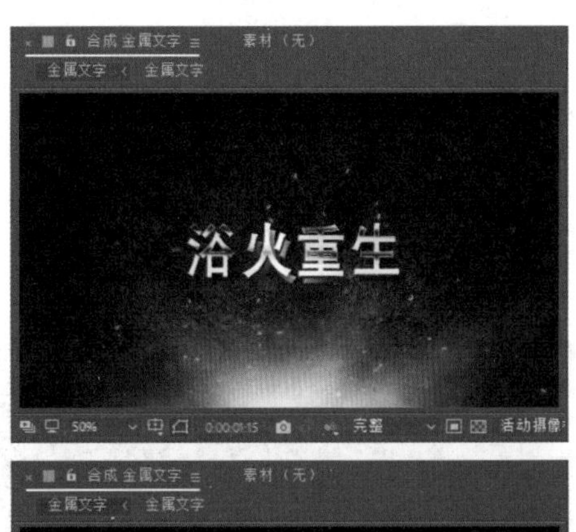

图 3-99（续）

3.3 实战——爆破文字

After Effects CC 2018 软件内置了上百种特效，将这些特效运用到文本图层上，可以创建出各种新奇且视觉效果强烈的文字动画。下面将通过实例讲解如何打造具有爆破效果的文字特效。

视频文件：　视频\第 3 章\3.3 实战——爆破文字 .mp4

源 文 件：　源文件\第 3 章\3.3

01 启动 After Effects CC 2018 软件，进入其操作界面。执行“合成”|“新建合成”命令，创建一个预置为 PAL D1/DV 的合成，设置“持续时间”为 5 秒，并设置好名称，单击“确定”按钮，如图 3-100 所示。

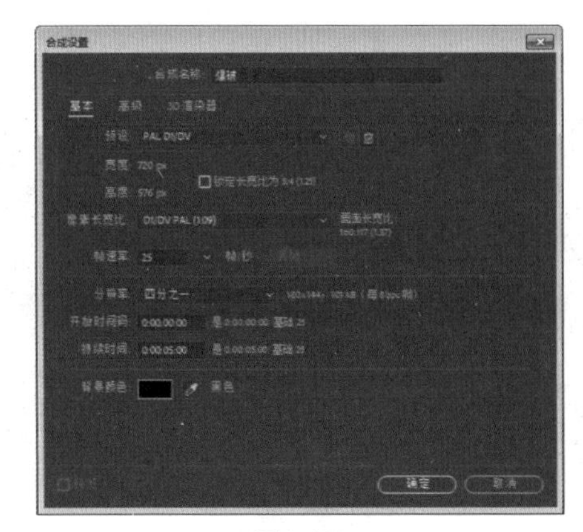

图 3-100

02 右击“图层”面板的空白位置，在弹出的快捷菜单中选择“新建”|“文本”命令，创建一个文本图层，如图 3-101 所示。

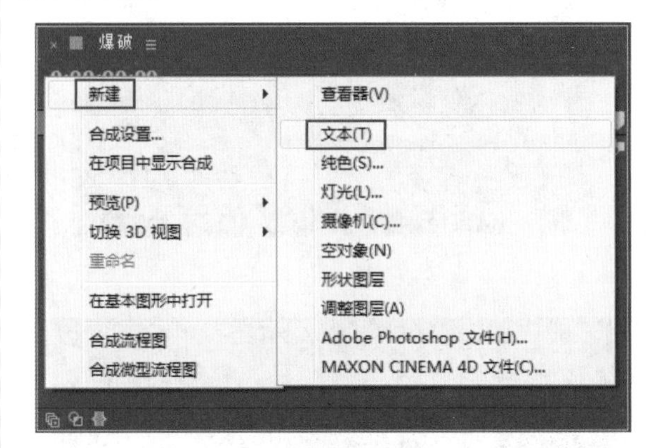

图 3-101

03 在“合成”窗口输入文字，然后在“字符”面板设置“字体”为黑体，“文字大小”为 100 像素，“填充颜色”为白色，并加粗文字。使用“选择”工具将文字摆放至画面的中心位置，最终效果如图 3-102 所示。

图 3-102

04 在“图层”面板中选择文字图层，按快捷键 Ctrl+D 复制出 3 个新图层，如图 3-103 所示。接着在“图层”面板左上角修改时间点为 0:00:00:12，在该时间点设置“麓山图书”图层在第 12 帧处结束，设置其他 3 个图层在第 12 帧处开始，如图 3-104 所示。

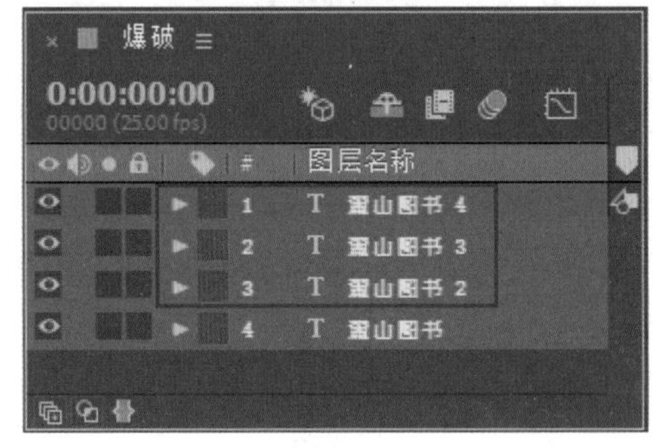

图 3-103

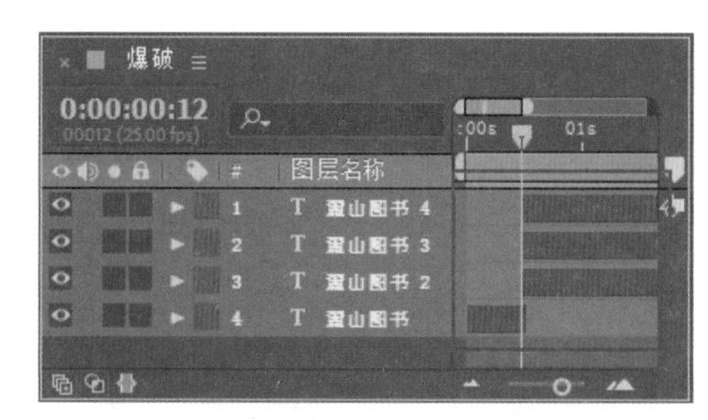

图 3-104

技巧与提示：

如果需要在时间线位置截断图层，可以按快捷键 Alt+[或 Alt+] 进行截取操作，这两个快捷键分别对应的是截取时间线左侧部分和截取时间线右侧部分。

05 在“图层”面板中选择“麓山图书 4”图层，执行“效果”|“风格化”|“散布”命令和“效果”|“模拟”|“CC Pixel Polly（CC 像素多边形）”命令，接着在“效果控件”面板中设置“Gravity（重力）”参数为 0.5，“Grid Spacing（网格空间）”参数为 1，如图 3-105 所示。操作完成后在“合成”窗口对应的预览效果如图 3-106 所示。

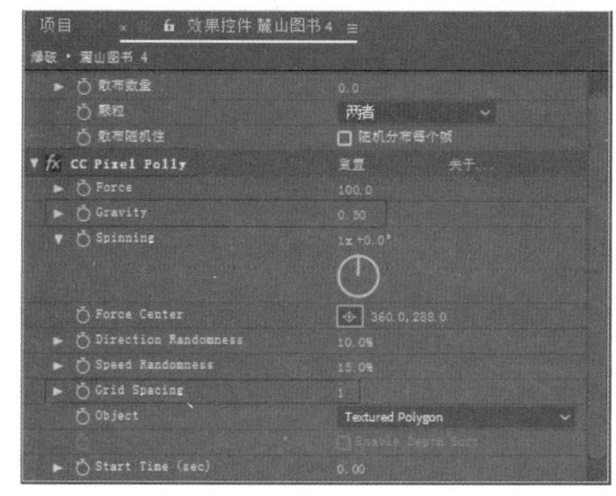

图 3-105

图 3-106

06 继续在“图层”面板中选择“麓山图书 4”图层，按 S 键展开其“缩放”属性，接着在 0:00:00:11 时间点位置单击该属性前的“时间变化秒表”按钮，设置关键帧动画，如图 3-107 所示。

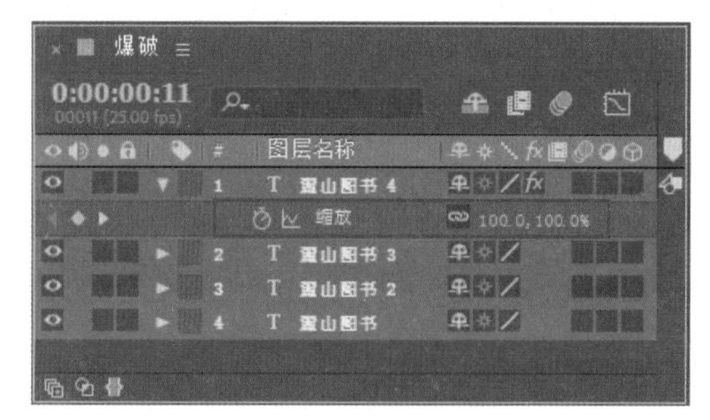

图 3-107

07 在“图层”面板左上角修改时间点为 0:00:03:00，在该时间点设置“缩放”参数为 0，如图 3-108 所示。

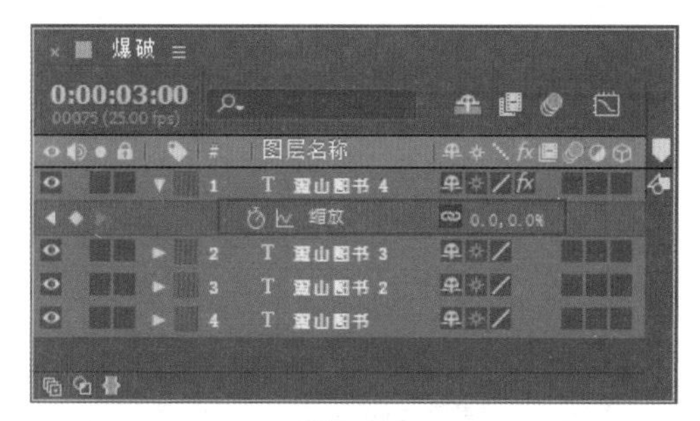

图 3-108

08 展开“麓山图书 4”图层的“散布”效果属性，在 0:00:00:11 时间点设置“散布数量”参数为 0，并单击该属性前的“时间变化秒表”按钮，设置关键帧动画，如图 3-109 所示。

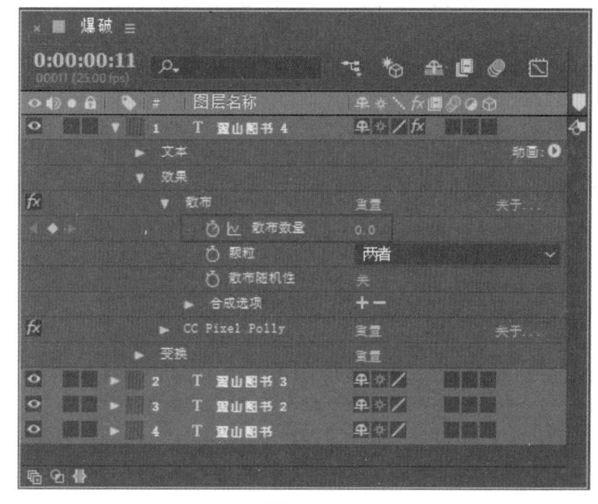

图 3-109

09 修改时间点为 0:00:03:00，在该时间点设置“散布数量”参数为 1000，如图 3-110 所示。

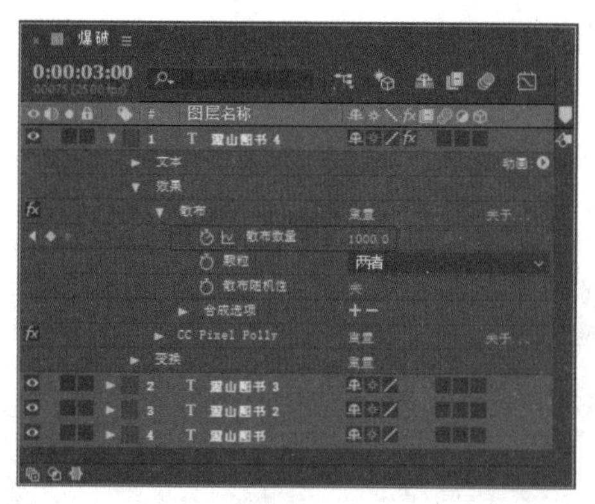

图 3-110

10 选择“麓山图书 3”图层，执行“效果”|“模拟”|“碎片”命令，然后在“效果控件”面板中设置“视图”为已渲染，展开“形状”属性，设置“图案”为“玻璃”，如图 3-111 所示。操作完成后在“合成”窗口对应的预览效果如图 3-112 所示。

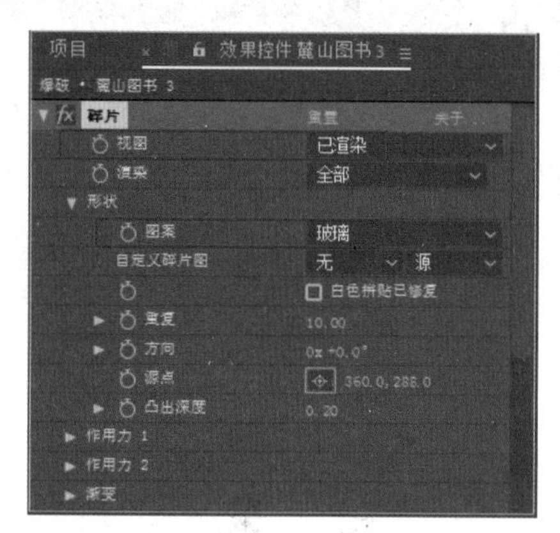

图 3-111

图 3-112

11 选择“麓山图书 2”图层，执行“效果”|“模拟”|“CC Pixel Polly（CC 像素多边形）”命令，并在“效果控件”面板中设置“Gravity（重力）”参数为 0.5，如图 3-113 所示。

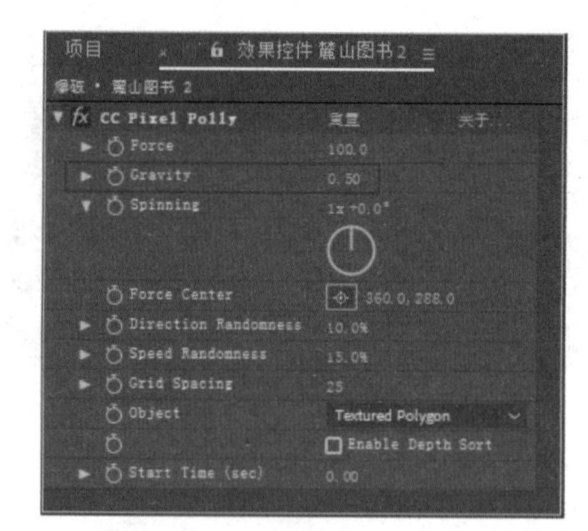

图 3-113

12 执行“图层”|“新建”|“调整图层”命令（快捷键为 Ctrl+Alt+Y），创建一个调整图层。接着为该调整图层执行“效果”|“时间”|“CC Force Motion Blur（CC 强制动态模糊）”命令，并在“效果控件”面板中设置“Motion Blur Samples（运动模糊采样）”参数为 15，设置“Shutter Angle（快门角度）”参数为 500，如图 3-114 所示。

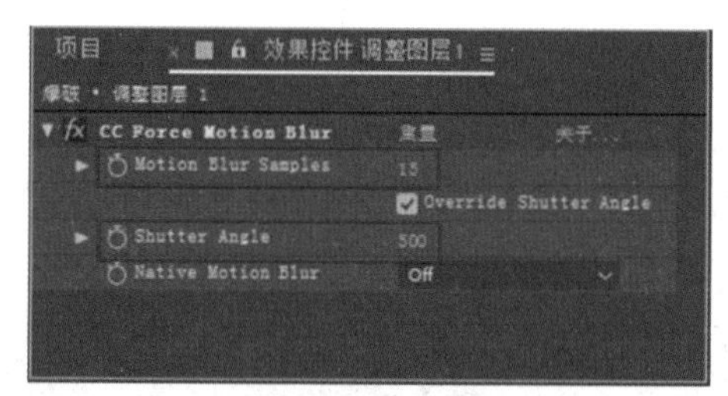

图 3-114

13 执行“文件”|“导入”|“文件”命令，弹出“导入文件”对话框，选择如图 3-115 所示的文件，单击“导入”按钮，将素材导入项目。

14 将“项目”窗口中的“背景 .mov”素材拖入“图层”面板，并置于底层，然后展开该图层的“缩放”属性，设置其“缩放”参数为 54，如图 3-116 所示。

图 3-115

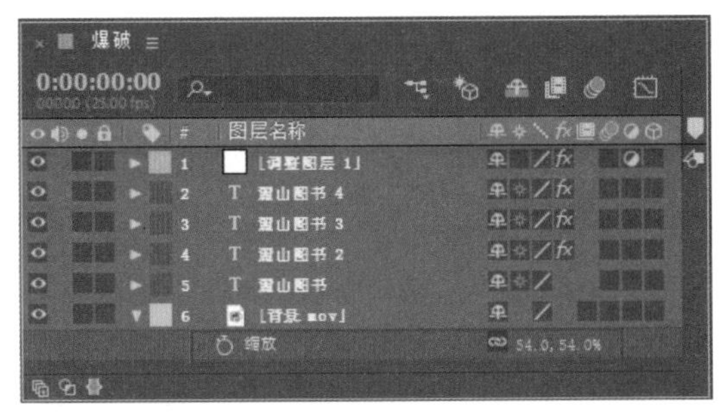

图 3-116

15 至此，本实例制作完毕，按空格键可以播放动画预览，最终效果如图 3-117 所示。

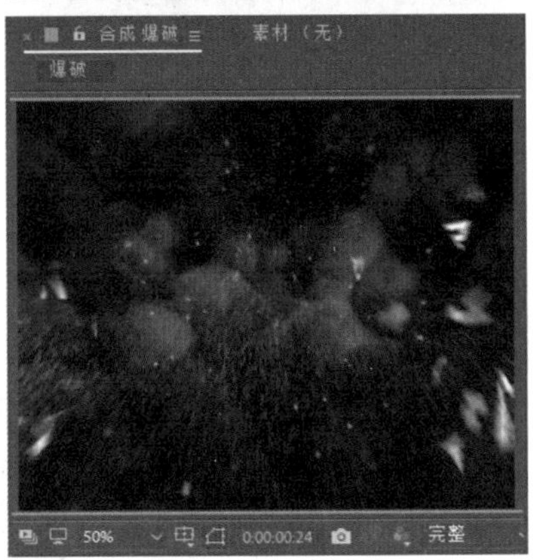

图 3-117

3.4　本章小结

通过对本章的学习，了解创建文字、编辑文字、对文字图层进行关键帧设置、为文字添加遮罩蒙版和路径，以及如何创建发光文字、如何对文字添加投影等方法，可以制作出多种风格的文字效果和绚丽多彩的文字动画。

创建文字的方法有多种，在“时间线”窗口中的空白处右击，然后在弹出的快捷菜单中选择“新建”|“文本”命令，快捷键为Ctrl+Shift+Alt+T，即可创建文本层。或者使用“文字”工具直接在“合成”窗口中输入文字。

在“合成”窗口中选择需要重新编辑的文字，也可以双击文字图层来全选文字，然后在“字符”面板中修改文字的字体、大小、颜色等属性，还可以为文字图层中的基本属性添加关键帧，制作出多种动画效果。

本章还列举了几个基础文字动画实例：打字动画、文字过光特效、波浪文字动画、破碎文字特效以及路径动画文字。这些基础文字动画有助于大家在学习了前面的基础知识的基础上，学会实际运用和操作文字特效，培养对文字动画制作的兴趣。

通过最后的实战演练，希望大家在学习文字基础动画的前提下得到能力的提升，使文字特效的运用更娴熟，也能更好地增强文字特效的视觉效果。

第 4 章

蒙版动画技术

在影视后期合成中，某些素材本身不具备 Alpha 通道，所以不能通过常规的方法将这些素材合成到一个场景中，此时“蒙版”就能解决这一问题。由于“蒙版”可以遮盖住部分图像，使部分图像变为透明区域，所以“蒙版”在视频合成中被广泛应用，例如，可以用来“抠”出图像中的一部分，使最终的图像仅显示“抠”出的部分。

本章将为各位读者详细讲解在 After Effects CC 2018 中如何应用蒙版动画技术。

第 4 章素材文件

第 4 章视频文件

4.1　初识蒙版

蒙版实际上是用路径工具绘制的一条路径或者轮廓图，用于修改图层的 Alpha 通道。它位于图层之上，对于运用了蒙版的图层，将只有蒙版内的部分图像显示在合成图像中，如图 4-1 所示。

图 4-1

After Effects 中的蒙版可以是封闭的路径轮廓，如图 4-2 所示；也可以是不闭合的曲线。当蒙版是不闭合曲线时，则只能作为路径使用，例如经常使用的描边效果就是利用蒙版功能来制作的，如图 4-3 所示。

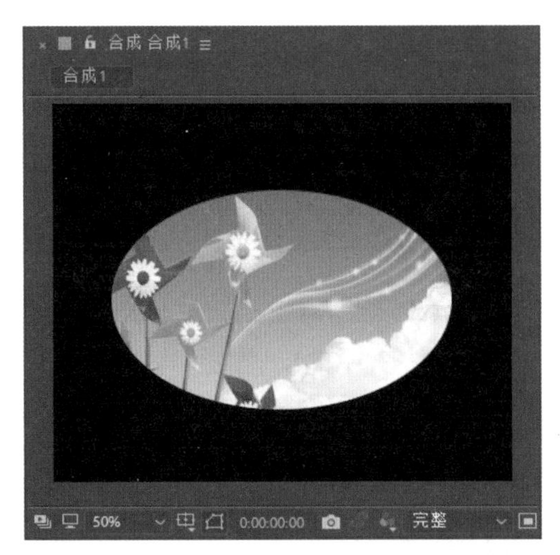

图 4-2

图 4-3

4.2　创建蒙版的工具

在制作蒙版动画之前，首先要知道如何创建蒙版。蒙版的创建方法很简单，下面将具体介绍几种基础蒙版的创建工具，及其使用方法。

4.2.1　“矩形”工具

利用“矩形”工具可绘制任意大小的矩形蒙版，具体效果如图 4-4 所示。

图 4-4

“矩形”工具的具体使用方法如下。

在“工具”面板中选择“矩形”工具，鼠标指针变成十字形。选择要创建蒙版的图层，移动光标至“合成”窗口中单击并拖曳，释放鼠标即可得到矩形蒙版。

4.2.2　“圆角矩形”工具

利用“圆角矩形”工具可绘制任意大小的圆角矩形蒙版，具体效果如图 4-5 所示。

图 4-5

图 4-5（续）

“圆角矩形”工具的具体使用方法如下。

在“工具”面板中选择“圆角矩形”工具，鼠标指针变成十字形。选择要创建蒙版的图层，移动光标至“合成”窗口中单击并拖曳，释放鼠标即可得到圆角矩形蒙版。

4.2.3 “椭圆”工具

利用“椭圆”工具可绘制任意大小的圆形或椭圆形蒙版，具体效果如图 4-6 所示。

图 4-6

“椭圆”工具的具体使用方法如下。

在“工具”面板中选择“椭圆”工具，鼠标指针变成十字形。选择要创建蒙版的图层，移动光标至“合成”窗口中单击并拖曳，释放鼠标即可得到椭圆形蒙版。

4.2.4 “多边形”工具

利用“多边形”工具可绘制任意大小的多边形蒙版，具体效果如图 4-7 所示。

图 4-7

“多边形”工具的具体使用方法如下。

在“工具”面板中选择“多边形”工具，鼠标指针变成十字形。选择要创建蒙版的图层，移动光标至“合成”窗口中单击并拖曳，释放鼠标即可得到多边形蒙版。

4.2.5 “星形”工具

利用“星形”工具可绘制任意大小的星形蒙版，

具体效果如图 4-8 所示。

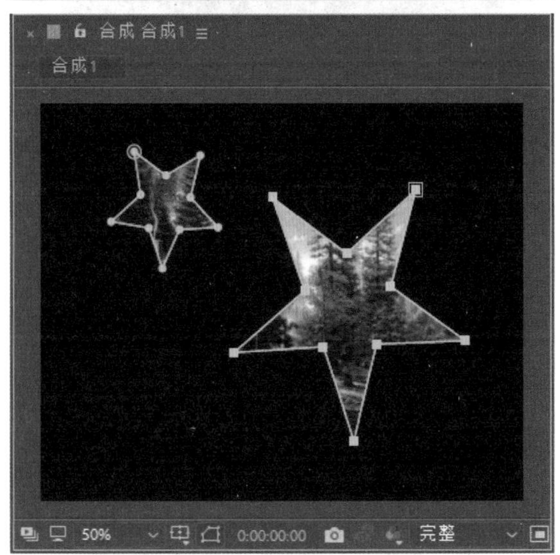

图 4-8

“星形”工具的具体使用方法如下。

在“工具”面板中选择“星形”工具，鼠标指针变成十字形。选择要创建蒙版的图层，移动光标至“合成”窗口中单击并拖曳，释放鼠标即可得到星形蒙版。

4.2.6　“钢笔”工具

“钢笔”工具主要用于绘制不规则的蒙版和不闭合的路径，快捷键为 G，在此工具按钮上长按鼠标可显示出“添加顶点”工具、“删除顶点”工具、“转换锚点”工具和“蒙版羽化”工具。利用这些工具可以很方便地对蒙版进行修改，“钢笔”工具使用前后的效果如图 4-9 所示。

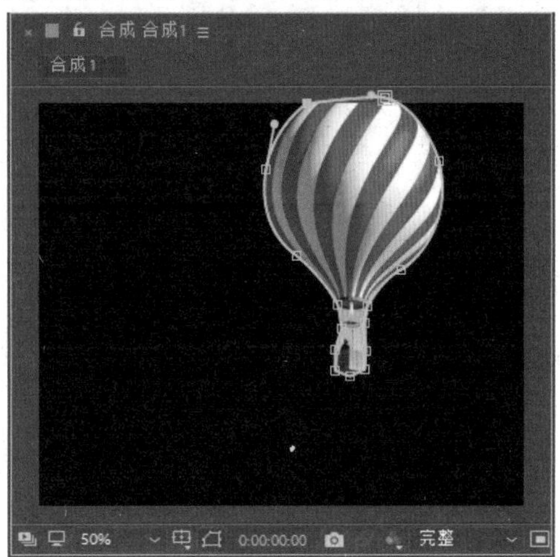

图 4-9

“钢笔”工具的具体使用方法如下。

✦ 在“工具”面板中选择“钢笔”工具，移动光标至“合成”窗口，单击可创建锚点。

✦ 将鼠标移至另一个目标位置并单击，此时在先后创建的两个锚点之间形成一条直线。

✦ 如果要创建闭合的蒙版图形，可将鼠标放在第一个锚点处，此时鼠标指针的右下角将出现一个小圆圈，单击即可闭合蒙版路径。

使用蒙版工具需要注意以下几个点。

✦ 在选择好的蒙版工具上双击，可以在当前图层中自动创建一个最大尺寸的蒙版。

✦ 在“合成”窗口中，按住 Shift 键的同时，使用蒙版工具可以创建出等比例的蒙版形状。例如，使用“矩形”工具配合 Shift 键可以创建出正方形蒙版；使用“椭圆”工具配合 Shift 键可以创建出正圆形蒙版。

✦ 使用“钢笔”工具时，按住 Shift 键在锚点上单击并拖曳鼠标，可以沿 45° 角移动方向线。

4.2.7 课堂练习——璀璨星空

本实例将详细讲解如何为所选图层创建蒙版，然后通过对蒙版各项属性的调整，以及关键帧动画的创建，打造璀璨星空效果。

视频文件： 视频\第 4 章\4.2.7 课堂练习——璀璨星空 .mp4
源 文 件： 源文件\第 4 章\4.2.7

01 启动 After Effects CC 2018 软件，进入其操作界面。执行“合成”|“新建合成”命令，创建一个预置为 PAL D1/DV 的合成，设置“持续时间”为 5 秒，并设置好名称，单击“确定”按钮，如图 4-10 所示。

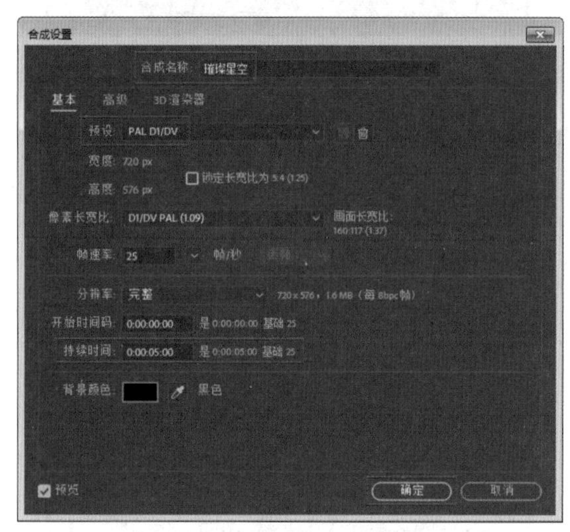

图 4-10

02 执行“文件”|“导入”|“文件”命令，弹出“导入文件”对话框，选择如图 4-11 所示的文件，单击“导入”按钮，将素材导入项目。

图 4-11

03 将“项目”窗口中的“绚烂背景 .mov”素材拖入“时间线”窗口，按 S 键展开其“缩放”属性，设置该图层的“缩放”参数为 55，如图 4-12 所示。操作完成后在“合成”窗口对应的显示效果如图 4-13 所示。

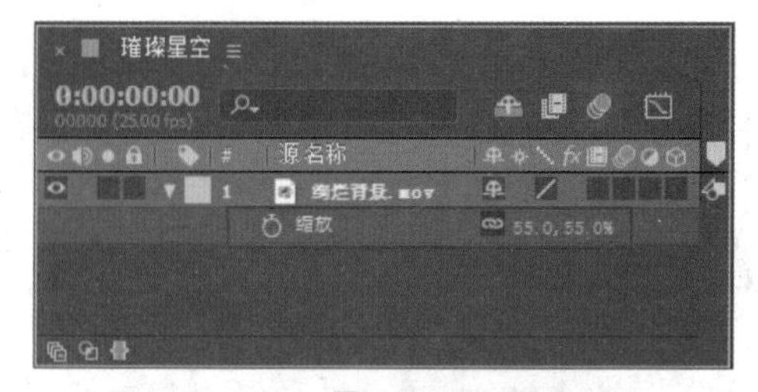

图 4-12

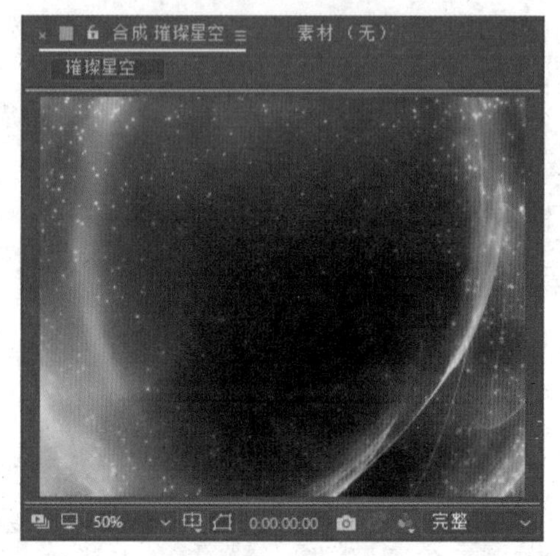

图 4-13

04 执行“图层”|“新建”|“纯色”命令，创建一个与合成大小一致的固态层，在弹出的“纯色设置”对话框中设置“名称”为“固态层 1”，设置“颜色”属性的 RGB 参数为 48、39、117，如图 4-14 所示。

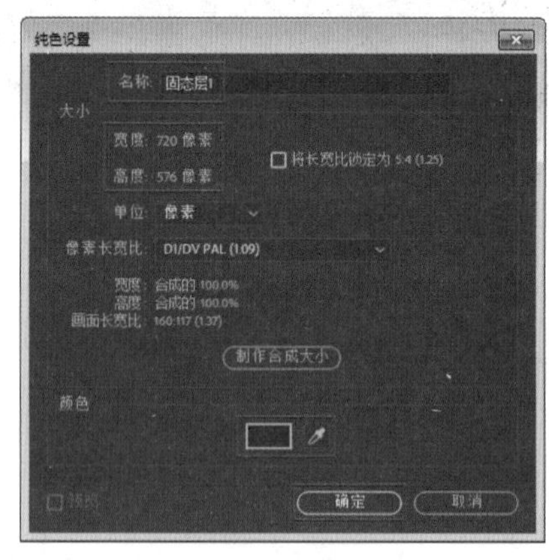

图 4-14

05 在“图层”面板中选中“固态层 1”图层，使用“椭圆”工具，在“合成”窗口绘制一个椭圆形蒙版，如图 4-15 所示。

06 在“图层”面板展开蒙版属性和图层变换属性，设置“固态层 1”图层的“蒙版羽化”参数为 218，设置“不透明度”参数为 70，如图 4-16 所示。

图 4-15

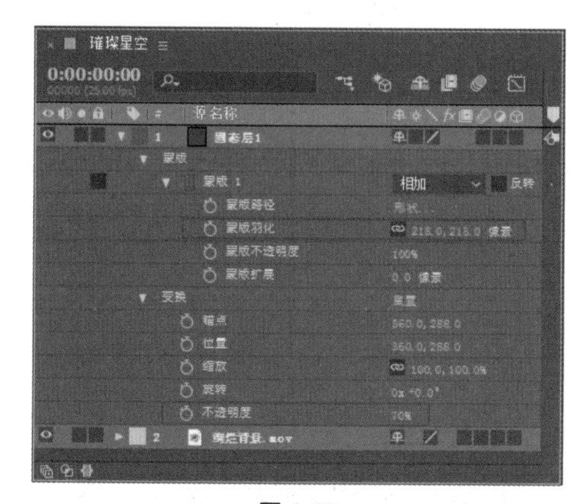

图 4-16

07 在“图层”面板的空白处右击，在弹出的快捷菜单中选择“新建”|“文本”命令，如图 4-17 所示。

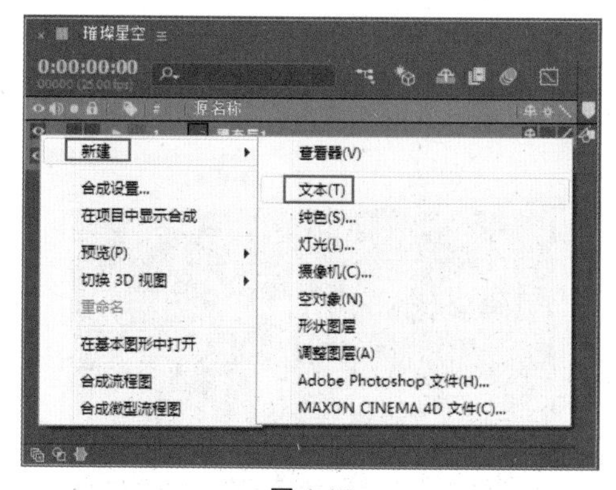

图 4-17

08 在“合成”窗口中输入文字，并在“字符”面板中设置“字体”为微软雅黑，“文字大小”为 90，“填充颜色”为白色，并加粗文字，如图 4-18 所示。切换“选择”工具将文字摆放至画面中心，操作完成后在“合成”窗口中对应的显示效果如图 4-19 所示。

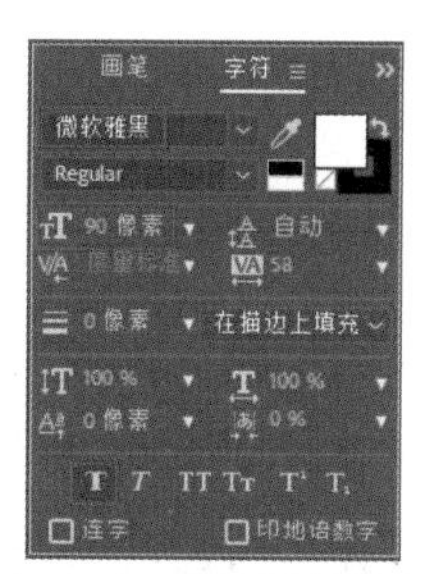

图 4-18

图 4-19

09 选择文字图层，执行“效果”|“透视”|“投影”命令，然后在“效果控件”面板中设置“距离”参数为 8，如图 4-20 所示。操作完成后在“合成”窗口中对应的显示效果如图 4-21 所示。

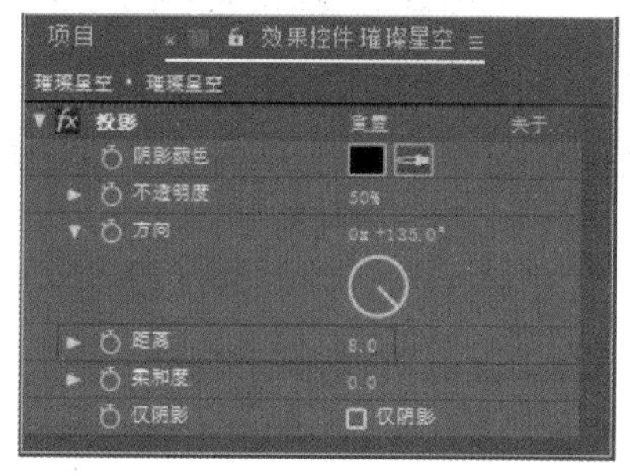

图 4-20

图 4-21

10 在“图层”面板中选择文字图层，按快捷键 Ctrl+D 复制图层，接着选择复制出来的文字图层，在“字符”面板中修改字体为 Eras Bold ITC，文字大小为 42 像素，字间距为 527，文字颜色的 RGB 参数为 70、101、204，如图 4-22 所示。更改文字为Color Star，操作完成后在“合成”窗口中对应的预览效果如图 4-23 所示。

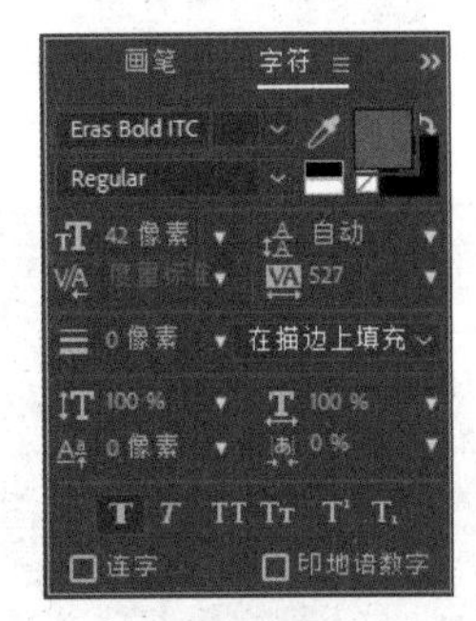

图 4-22

图 4-23

11 执行“图层”|“新建”|“纯色”命令，创建一个与合成大小一致的固态层，在弹出的“纯色设置”对话框中设置“名称”为“固态层 2”，设置其颜色为白色，如图 4-24 所示。

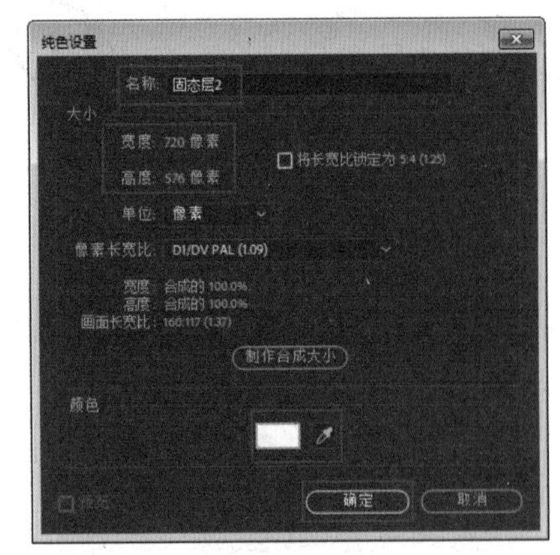

图 4-24

12 在“图层”面板中选中“固态层 2”图层，使用“星形”工具，在“合成”窗口绘制一个星形蒙版并放置在文字的右上方，如图 4-25 所示。

图 4-25

13 选择“固态层 2”图层，执行“效果”|“风格化”|“发光”命令，并在“效果控件”面板中设置“发光半径”参数为 20，如图 4-26 所示。

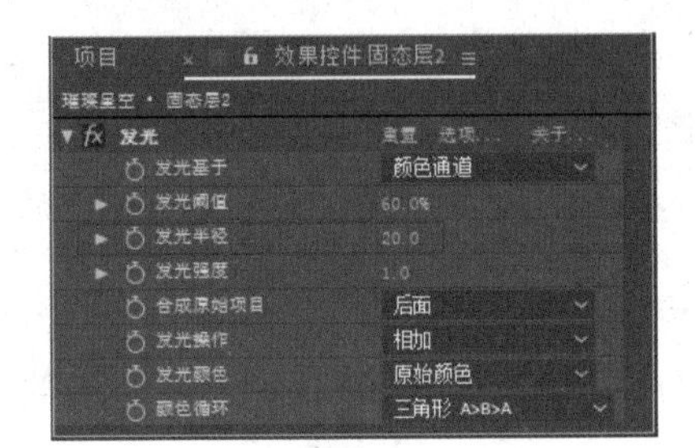

图 4-26

14 继续选择“固态层 2”图层，按快捷键 Ctrl+D 复制一个新图层，并在新复制出来的图层上按快捷键 Ctrl+Shift+Y，在弹出的“纯色设置”对话框中，设置“名称”为“固态层 3”，“颜色”属性的 RGB 参数为 42、125、152，如图 4-27 所示。

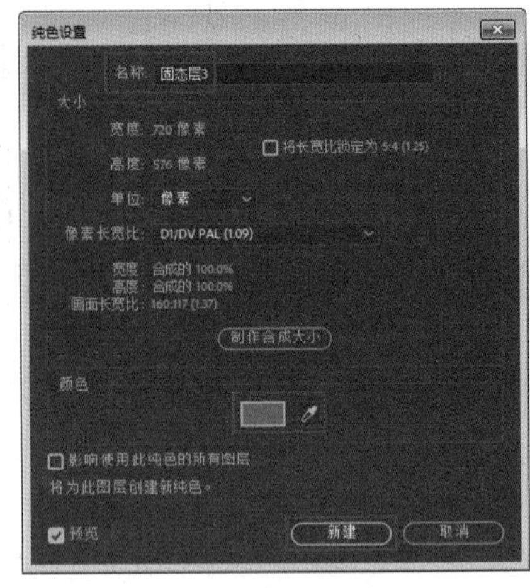

图 4-27

15 在“图层”面板中选择“固态层 3”图层，用键盘上的方向键移动该蒙版的位置，将对应的星形蒙版移至文字的左上角，效果如图 4-28 所示。

图 4-28

16 选择“固态层 3”图层，按快捷键 Ctrl+D 复制一个新图层，并在新复制出来的图层上按快捷键 Ctrl+Shift+Y，在弹出的“纯色设置”对话框中，设置“名称”为“固态层 4”，设置“颜色”属性的 RGB 参数为 253、197、152，如图 4-29 所示。

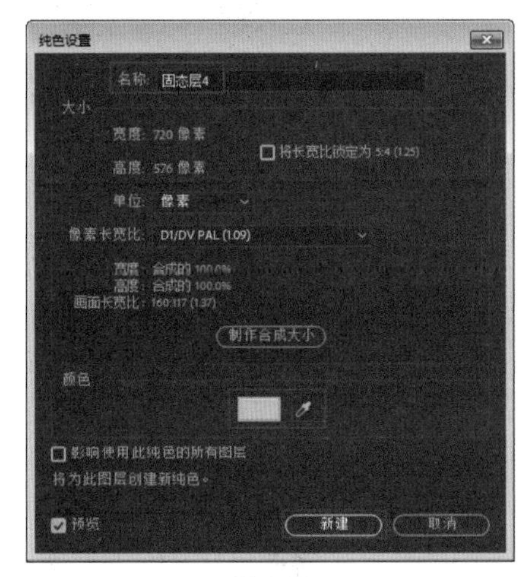

图 4-29

17 在“图层”面板中选择“固态层 4”图层，用键盘上的方向键移动该蒙版的位置，将对应的星形蒙版移至文字的左下角，效果如图 4-30 所示。

18 在“图层”面板中同时选中这 3 个固态层，按 T 键展开它们的“不透明度”属性，在 0:00:00:00 时间点单击属性前的“时间变化秒表”按钮，设置关键帧动画，并设置“不透明度”参数为 30，如图 4-31 所示。

19 在“图层”面板左上角修改时间点为 0:00:00:21，在该时间点统一设置 3 个固态层的“不透明度”参数为 100，如图 4-32 所示。

图 4-30

图 4-31

图 4-32

20 采用上述同样的方法，在 0:00:01:12 时间点统一设置 3 个固态层的“不透明度”参数为 0，再在 0:00:02:06 时间点设置 3 个固态层的“不透明度”参数为 100，使星形蒙版产生闪烁效果，如图 4-33 所示。

图 4-33

21 执行“图层”|“新建”|“纯色”命令，创建一个与合成大小一致的黑色固态层，修改其叠加模式为“相加”，然后执行“效果”|“生成”|“镜头光晕”命令。接着在0:00:00:00时间点设置“光晕中心”参数为88、230.4，“光晕亮度”参数为72，并单击这两个属性前的“时间变化秒表”按钮，设置关键帧动画，如图4-34所示。

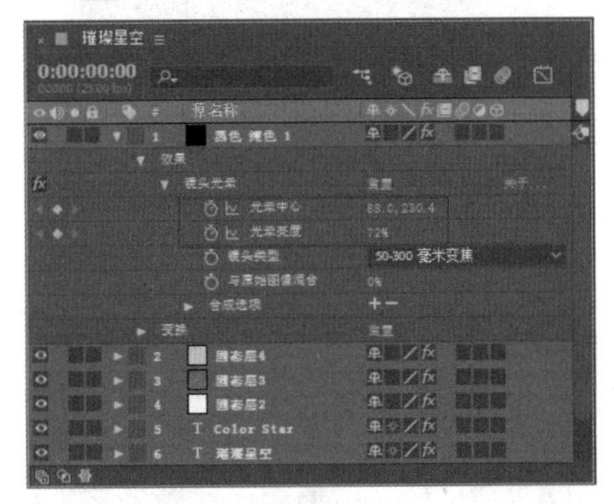

图4-34

22 在“图层”面板左上角修改时间点为0:00:05:00，在该时间点设置“光晕中心”参数为556、157.4，“光晕亮度”参数为100，如图4-35所示。

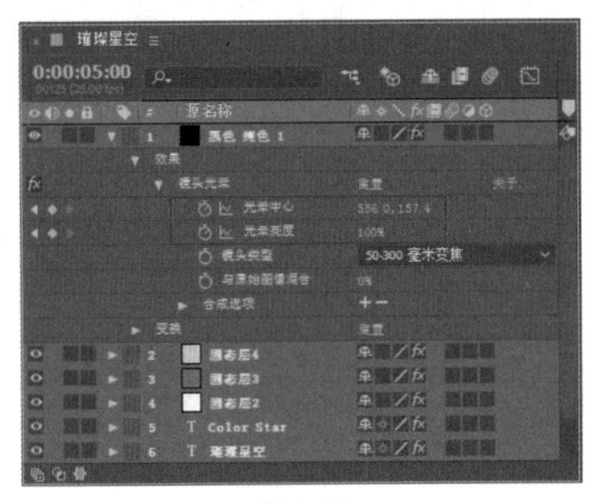

图4-35

23 至此，本实例制作完毕，按空格键可以播放动画预览，最终效果如图4-36所示。

图4-36

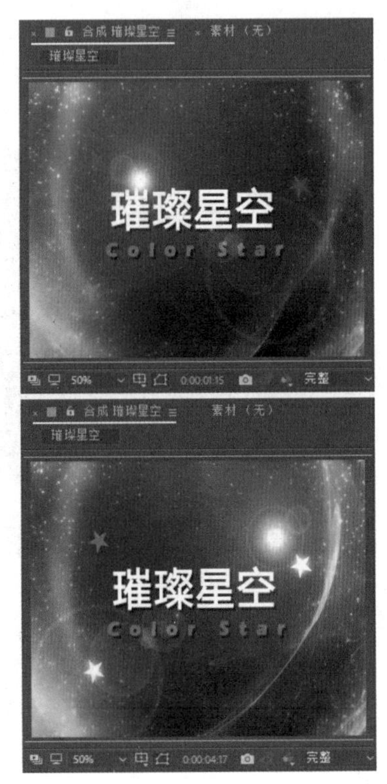

图4-36（续）

4.3 修改蒙版

使用任何一种蒙版工具创建蒙版后，都可以再次对创建好的蒙版进行修改，下面将介绍几种常用的修改方法。

4.3.1 调节蒙版的形状

蒙版形状主要取决于锚点的分布，所以要调节蒙版的形状主要就是调节各个锚点的位置。在“工具”面板中单击“选择”工具按钮，移动光标至“合成”窗口，单击需要进行调节的锚点，被选中的锚点会呈现实心正方形状态，如图4-37所示。单击拖动锚点，改变锚点的位置，如图4-38所示。

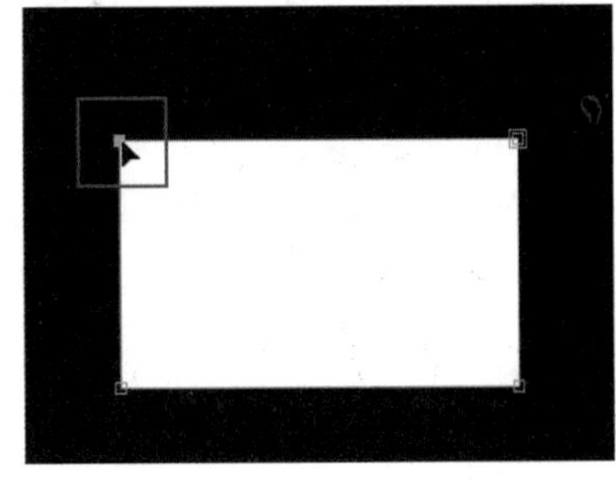

图4-37

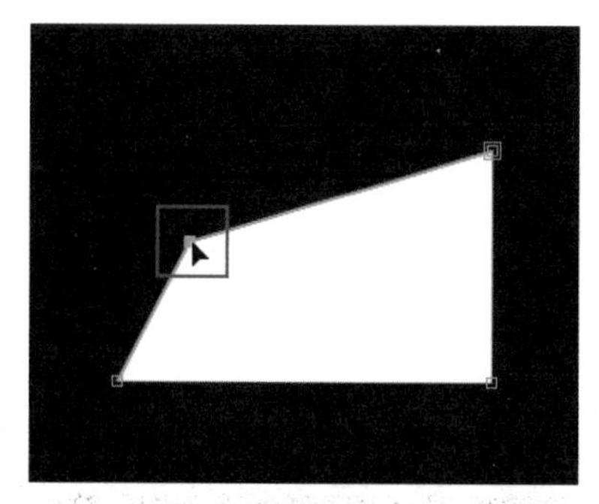

图 4-38

如果需要同时选中多个锚点，可以按住 Shift 键，再单击要选择的锚点，如图 4-39 所示。然后再对选中的多个锚点进行移动，如图 4-40 所示。

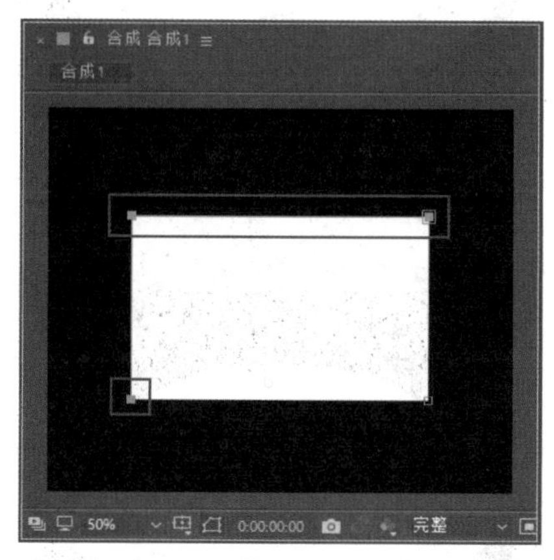

图 4-39

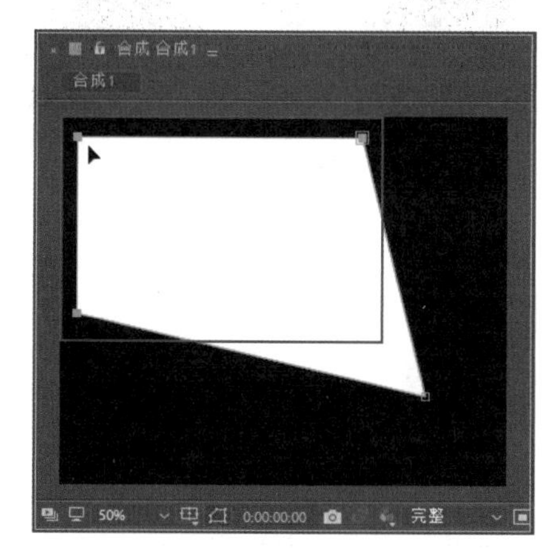

图 4-40

技巧与提示：

Shift 键的作用是加选或减选锚点，既可以按住 Shift 键单击所要加选的锚点，也可以按住 Shift 键单击已经选中的锚点，将其取消选择。在使用“选择”工具选取锚点时，也可以直接按住鼠标左键在“合成”窗口中框选一个或多个锚点。

4.3.2　添加删除锚点

在已经创建好的蒙版形状中，可以对锚点进行添加或删除操作。

添加锚点：在“工具”面板中的“钢笔”工具图标上长按鼠标左键，弹出其选项下拉列表，选择“添加锚点”工具，将鼠标移至需要添加锚点的位置，单击即可添加一个锚点，前后效果如图 4-41 所示。

图 4-41

删除锚点：在“工具”面板中的“钢笔”工具图标上长按鼠标左键，在弹出的下拉列表中选择“删除锚点”工具，将鼠标移至需要删除的锚点上，单击即可删除该锚点，如图 4-42 所示。

图 4-42

图 4-42（续）

4.3.3 切换角点和曲线点

蒙版上的锚点主要分为两种——角点和曲线点。角点和曲线点之间是可以相互转化的，下面将详细讲解如何进行角点和曲线点的切换。

✦ 角点转化为曲线点：在“工具”面板中“钢笔”工具图标上长按鼠标左键，弹出其选项下拉列表，在其中选择“转换锚点”工具，按住鼠标左键不放，拖曳要转化为曲线点的角点，即可把该角点转化为曲线点。或者在“钢笔”工具状态下按住 Alt 键，然后拖曳所要转化为曲线点的角点，也可以把该角点转化为曲线点，如图 4-43 所示。

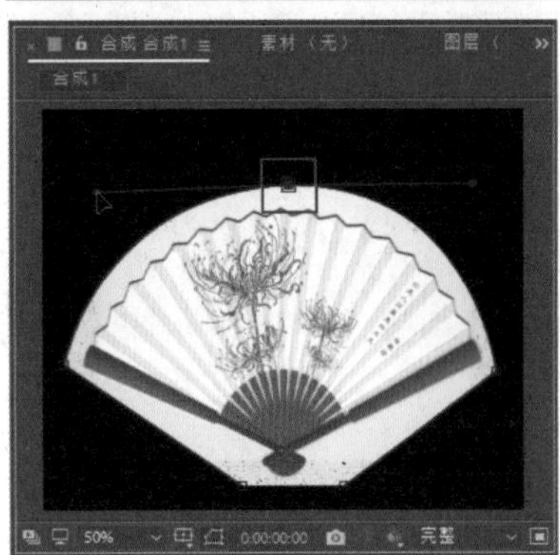

图 4-43

✦ 曲线点转化为角点：在“工具”面板中“钢笔”工具图标上长按鼠标左键，同样在弹出的下拉列表中选择“转换锚点”工具，单击需要转化为角点的曲线点，即可把该曲线点转化为角点。或者在“钢笔”工具状态下按住 Alt 键，然后单击需要转化为角点的曲线点，也可以把该曲线点转化为角点，如图 4-44 所示。

图 4-44

4.3.4 缩放与旋转蒙版

当我们创建好一个蒙版后，如果感觉蒙版太小，或者角度不合适，可对蒙版的大小或角度进行缩放和旋转。

在“图层”面板选中蒙版图层，使用“选择”工具双击蒙版的轮廓线，或者按快捷键 Ctrl+T 对蒙版进行自由变换。在自由变换线框的锚点上单击并拖曳锚点即可放大或缩小蒙版，如图 4-45 所示。

在自由变换线框外单击并拖曳鼠标即可旋转蒙版，如图 4-46 所示。在进行自由变换时，按住 Shift 键可以对蒙版形状进行等比例缩放或以 45° 为单位进行旋转，也可以使用键盘上的方向键移动蒙版，对蒙版进行缩放旋转，操作完成后按 Esc 键退出自由变换状态。

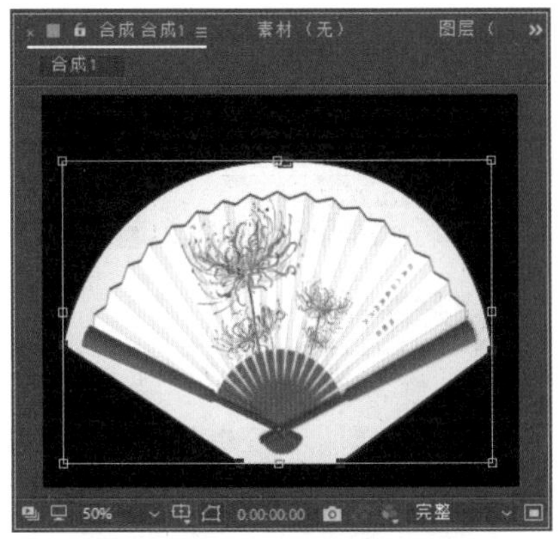

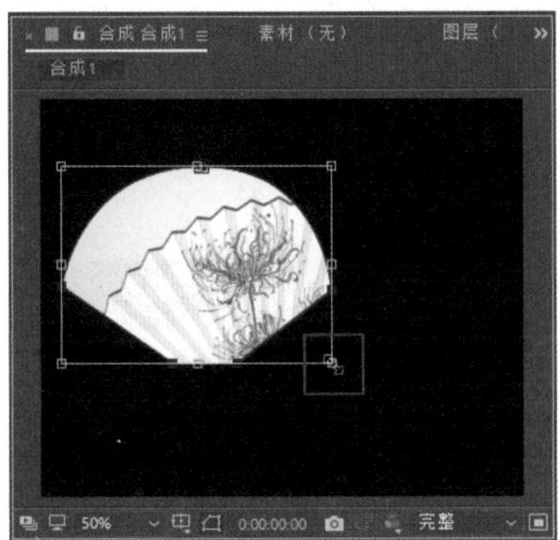

图 4-45

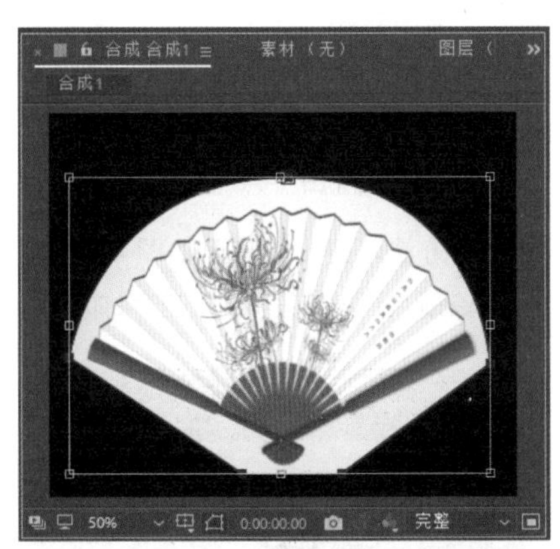

图 4-46

4.3.5 课堂练习——修改蒙版

本实例已为读者提前创建好了一个 After Effects 工程文件，通过下面的详细步骤讲解，希望读者能掌握对图层蒙版进行多方位调整的具体方法。

视频文件：　视频 \ 第 4 章 \4.3.5 课堂练习——修改蒙版 .mp4

源 文 件：　源文件 \ 第 4 章 \4.3.5

01 启动 After Effects CC 2018，执行“文件”|“打开项目”命令，在弹出的“打开”对话框中选择如图 4-47 所示的项目文件，单击“打开”按钮。

图 4-47

02 打开项目文件后，在“图层”面板中选择“蝴蝶 .png”图层，可以看到预先在图层上创建的蒙版，如图 4-48 所示。

图 4-48

03 单击“背景 .jpg”图层名称前的按钮，先将“背景 .jpg”图层隐藏，方便后续对“蝴蝶 .png”图层蒙版进行修改，如图 4-49 所示。

04 在“图层”面板中选择“蝴蝶 .png”图层，然后在“工具”面板中的“钢笔”工具图标上长按鼠标左键，弹出其下拉列表，在其中选择“添加锚点”工具，将光标移动至蝴蝶左侧的翅膀处，如图 4-50 所示，单击在该处添加一个锚点。

图 4-49

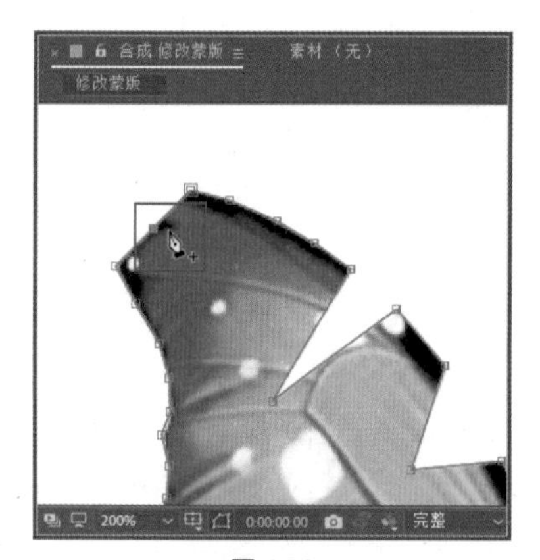

图 4-50

技巧与提示：

在“合成”窗口中滚动鼠标滚轮可以对素材进行局部缩放，按住空格键可以任意拖动素材。

05 单击拖曳上述操作中添加的锚点，调节至如图 4-51 所示的位置，在按住 Alt 键后单击并拖曳该锚点，将该锚点转化为曲线点，如图 4-52 所示。

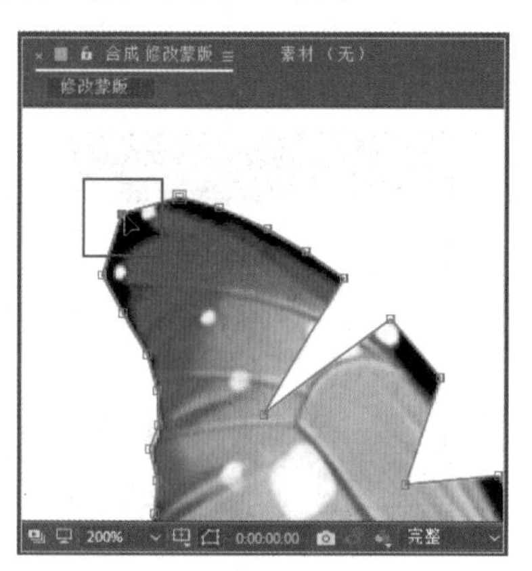

图 4-51

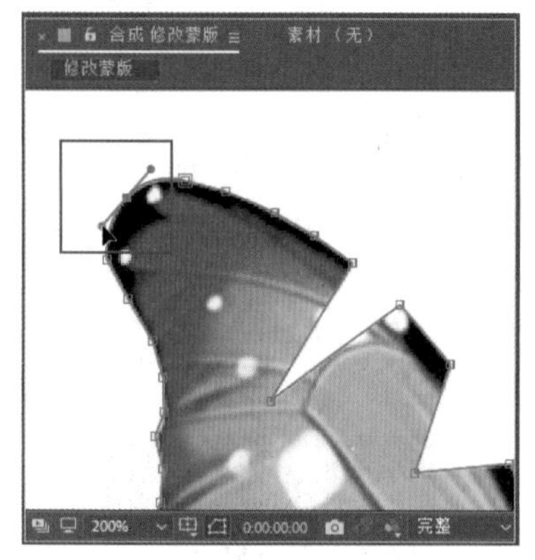

图 4-52

06 在“工具”面板中“钢笔”工具图标上长按鼠标左键，弹出下拉列表，在其中选择“删除锚点”工具，将鼠标移至如图 4-53 所示的锚点上，单击删除该锚点，操作完成后的效果如图 4-54 所示。

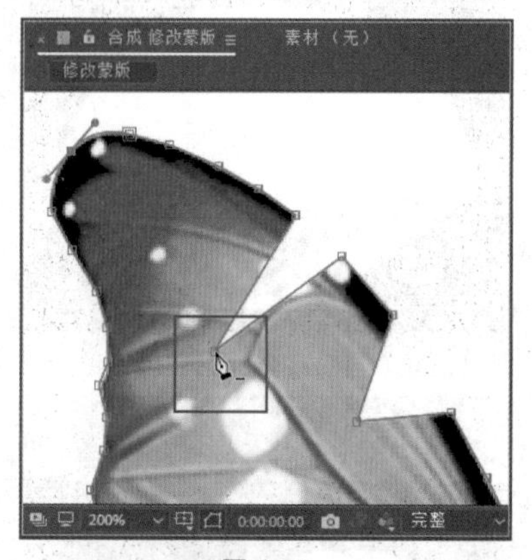

图 4-53

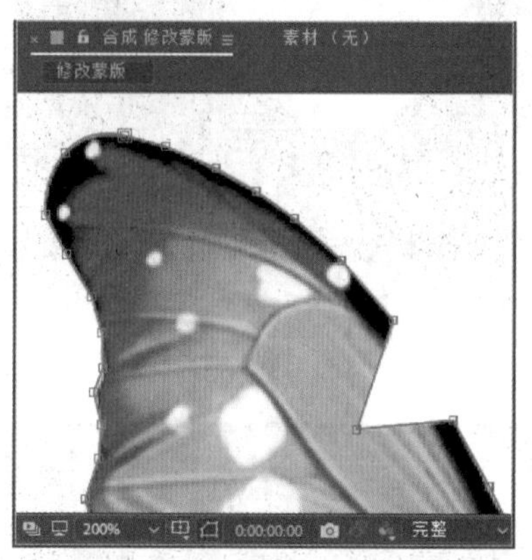

图 4-54

07 采用同样的方法，把光标移至如图 4-55 所示的锚点上，单击删除该锚点，操作完成后的效果如图 4-56 所示。

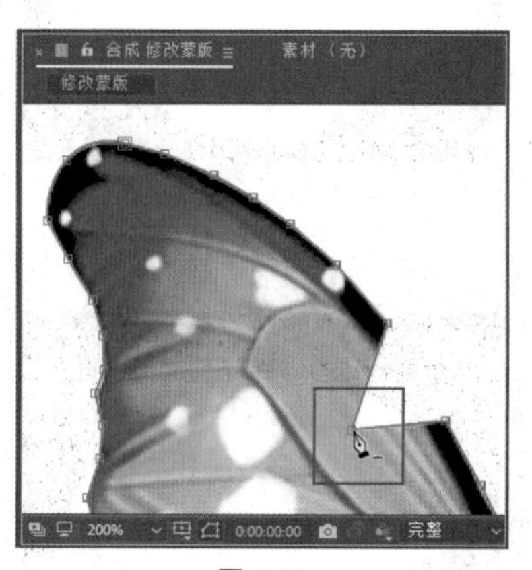

图 4-55

08 在“工具”面板中的“钢笔”工具图标上长按鼠标左键，弹出其下拉列表，在其中选择“转换锚点”工具，单击拖曳蝴蝶翅膀右上角如图 4-57 所示的角点，将该角点转化为曲线点，并拖曳曲线点使翅膀变得圆滑，如图 4-58 所示。

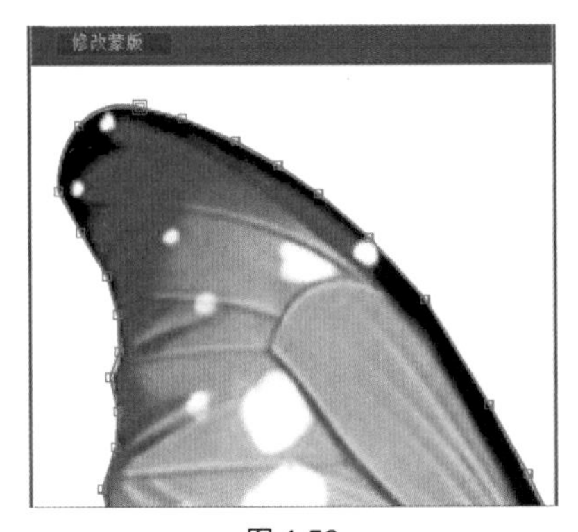

图 4-56

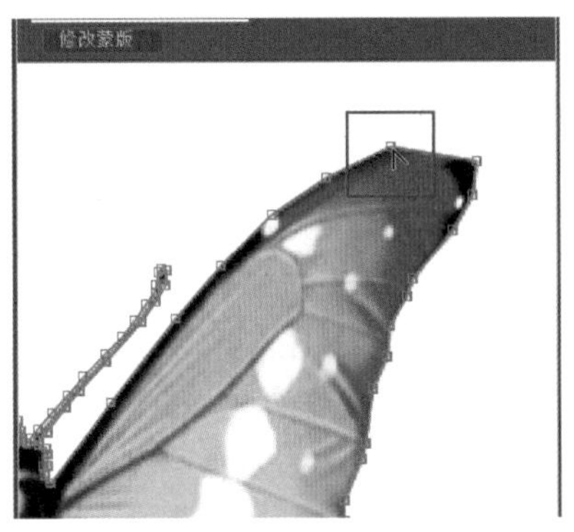

图 4-57

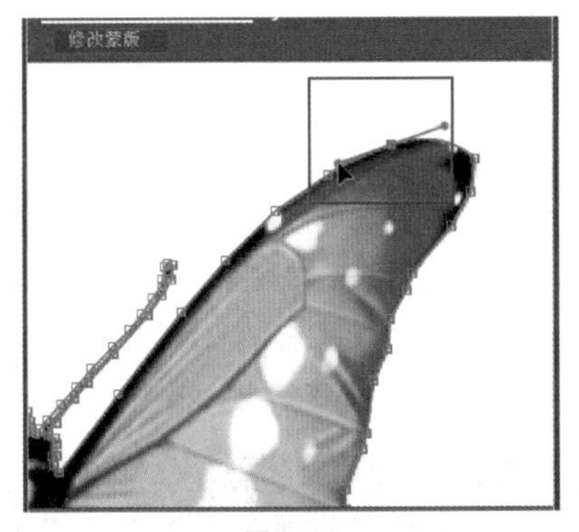

图 4-58

09 单击“背景.jpg”图层名称前的 按钮，如图 4-59 所示。使“背景.jpg”图层显示在“合成”窗口中，如图 4-60 所示。

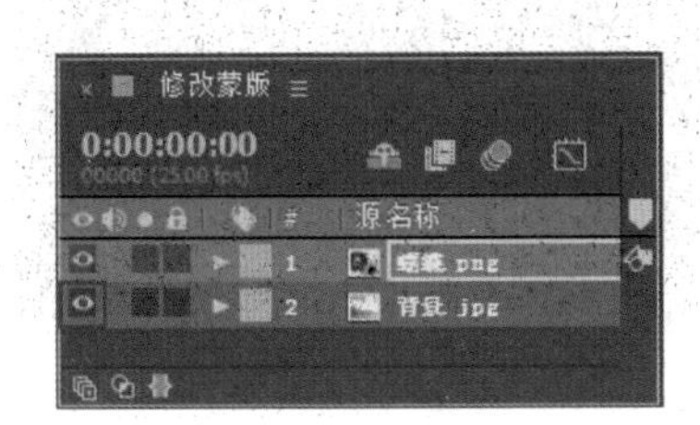

图 4-59

图 4-60

10 在“图层”面板中展开“蝴蝶.png”图层的变换属性，设置其“位置”参数为 587、312，“缩放”参数为 5，“旋转”参数为 0×+17°，如图 4-61 所示。

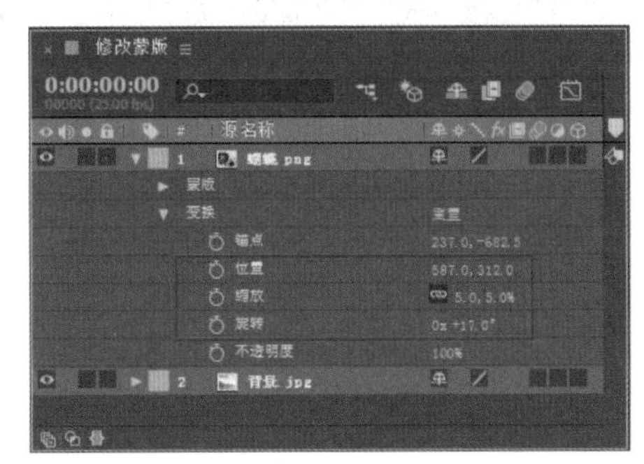

图 4-61

11 至此，本实例制作完毕，在“合成”窗口中可预览最终的效果，如图 4-62 所示。

图 4-62

4.4　蒙版属性及叠加模式

蒙版与图层一样，也有其固有的属性和叠加模式，这些属性经常会在制作蒙版动画时用到，下面将详细讲解蒙版的各个属性及叠加模式。

4.4.1 蒙版的属性

我们可以单击蒙版名称前的小三角按钮▶展开蒙版属性，也可以在“图层”面板中连续按两次 M 键来展开蒙版的所有属性，蒙版的属性面板如图 4-63 所示。

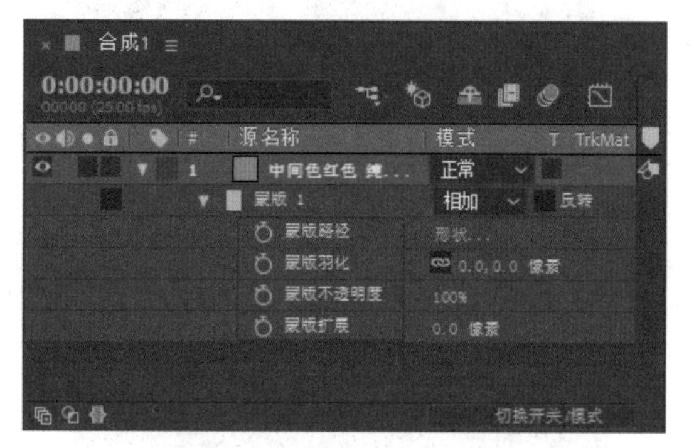

图 4-63

下面对蒙版的主要属性参数进行详细介绍。

✦ 蒙版路径：设置蒙版的路径范围和形状，也可以为蒙版锚点制作关键帧动画。

✦ 蒙版羽化：设置蒙版边缘的羽化效果，这样可以使蒙版边缘触于底层图像。

✦ 蒙版不透明度：设置蒙版的不透明程度。

✦ 蒙版扩展：调整蒙版向内或向外的扩展程度。

4.4.2 叠加模式

蒙版的叠加模式主要是针对一个图层中有多个蒙版时，通过蒙版的叠加模式可以使多个蒙版之间产生叠加效果，如图 4-64 所示。

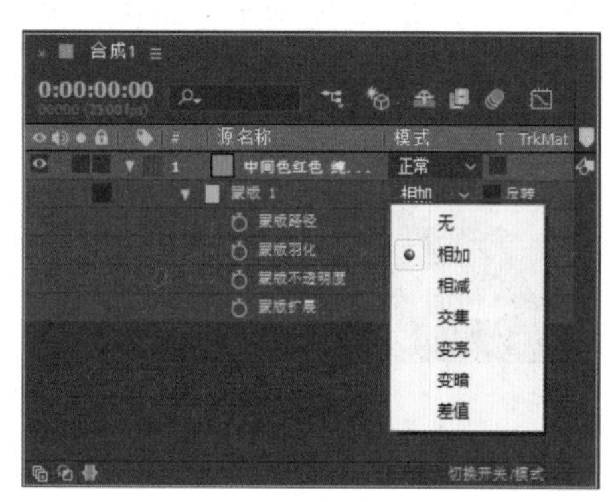

图 4-64

下面对蒙版叠加模式的主要属性参数进行详细介绍。

✦ 无：选择“无”模式时，路径将不作为蒙版使用，仅作为路径使用。

✦ 相加：将当前蒙版区域与其上面的蒙版区域进行相加处理。

✦ 相减：将当前蒙版区域与其上面的蒙版区域进行相减处理。

✦ 交集：只显示当前蒙版区域与其上面蒙版区域相交的部分。

✦ 变亮：对于可视范围区域来讲，此模式与“相加”模式相同，但是对于重叠之处的不透明，则采用不透明度较高的那个值。

✦ 变暗：对于可视范围区域来讲，此模式同“交集”模式相同，但是对于重叠之处的不透明则采用不透明度较低的那个值。

✦ 差值：此模式对于可视区域，采取的是并集减交集的方式，先将当前蒙版区域与其上面蒙版区域进行并集运算，然后对当前蒙版区域与其上面蒙版区域的相交部分进行减去操作。

4.4.3 蒙版动画

所谓“蒙版动画”就是对蒙版的基本属性设置关键帧动画，在实际工作中经常用来突出某个重点部分内容和表现画面中的某些元素等。

蒙版路径属性动画的设置方法

单击“蒙版路径”属性名称前的“时间变化秒表”按钮⏱，为当前蒙版的路径设置一个关键帧，再将时间轴移至不同的时间点，同时改变蒙版路径，此时在时间线上会自动记录所改变的蒙版路径，并生成两条路径之间的动画，如图 4-65 所示。

图 4-65

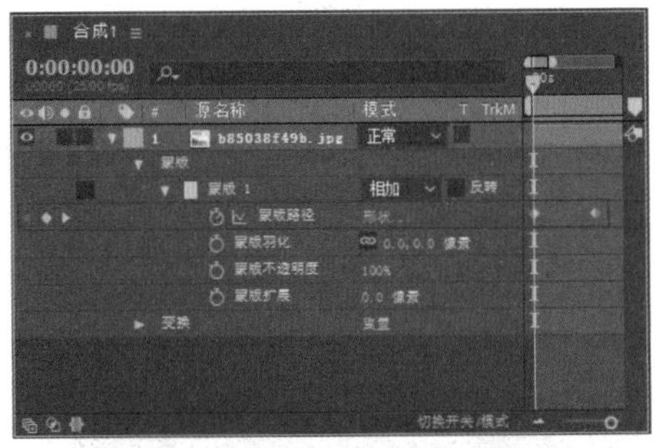

图 4-65（续）

蒙版羽化属性动画的设置方法

单击“蒙版羽化”属性名称前面的“时间变化秒表”按钮，为当前蒙版的羽化属性设置一个关键帧，再将时间轴移至不同的时间点，改变蒙版羽化的数值，此时在时间线上会自动记录所改变的蒙版羽化值，并生成两个蒙版羽化值之间的动画，如图 4-66 所示。

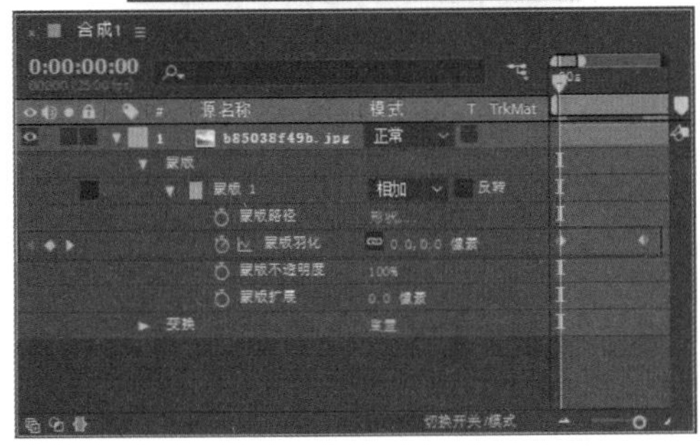

图 4-66

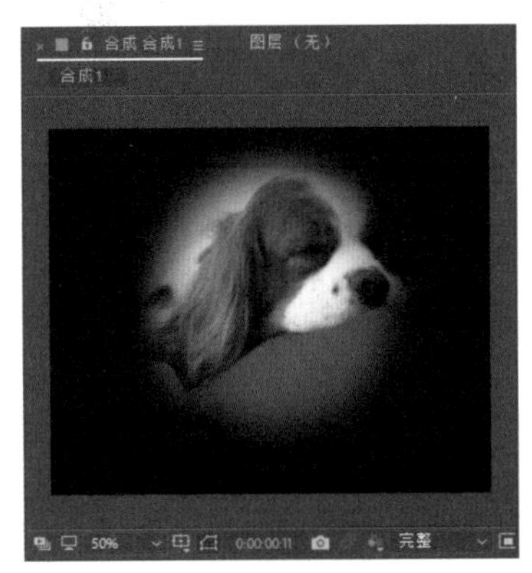

图 4-66

蒙版不透明度属性动画的设置方法

单击“蒙版不透明度”属性名称前的“时间变化秒表”按钮，为当前蒙版的不透明度属性设置一个关键帧，再将时间轴移至不同的时间点，改变蒙版的不透明度，此时在时间线上会自动记录所改变的蒙版不透明度数值，并生成两个蒙版不透明度之间的动画，如图 4-67 所示。

蒙版扩展属性动画的设置方法

单击“蒙版扩展”属性名称前的“时间变化秒表”按钮，为当前蒙版的扩展属性设置一个关键帧，再将时间轴移至不同的时间点，改变蒙版扩展数值，此时在时间线上会自动记录所改变的蒙版扩展数值，并生成两个蒙版扩展数值之间的动画，如图 4-68 所示。

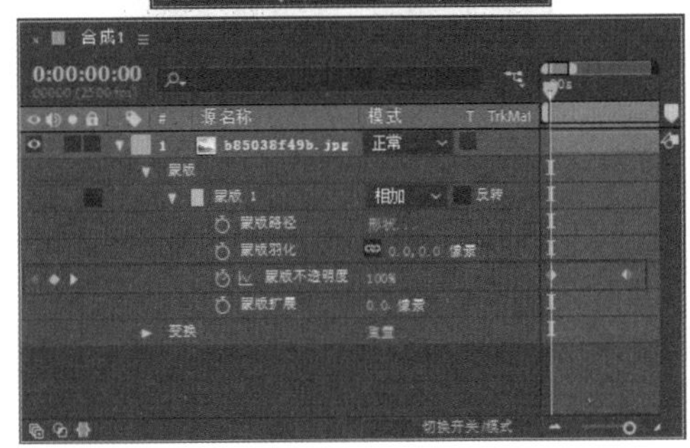

图 4-67

图 4-67（续）

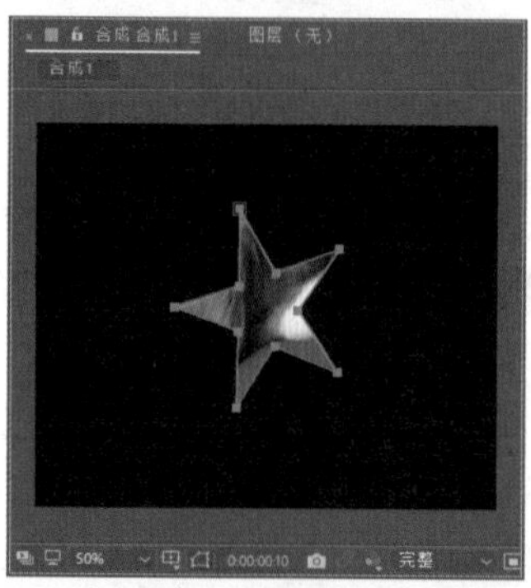

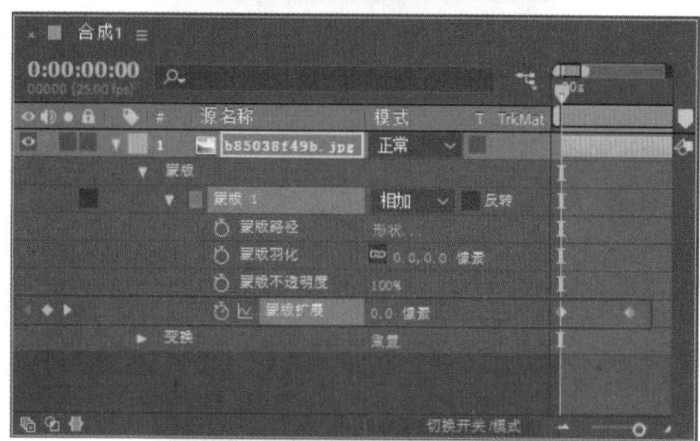

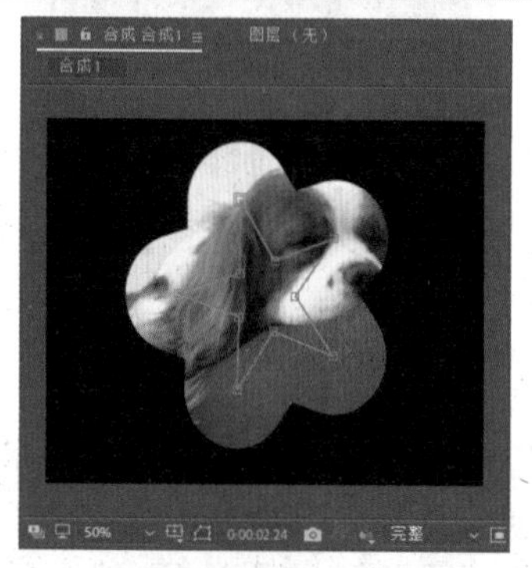

图 4-68

4.4.4 课堂练习——光环放射动画

接下来，将通过实例讲解“毛边”及 Shine 特效在图层蒙版中的具体应用方法。通过对本实例的学习，读者可以掌握“释放光波”特效的制作方法。

视频文件：　视频 \ 第 4 章 \4.4.4 课堂练习——光环放射动画 .mp4

源 文 件：　源文件 \ 第 4 章 \4.4.4

01 启动 After Effects CC 2018 软件，进入其操作界面。执行“合成”|“新建合成”命令，创建一个预置为 PAL D1/DV 的合成，设置“持续时间”为 5 秒，并设置好名称，单击“确定”按钮，如图 4-69 所示。

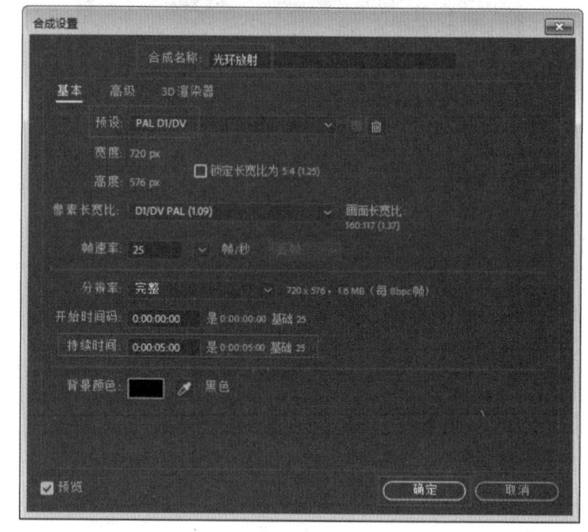

图 4-69

02 执行“文件”|“导入”|“文件”命令，弹出“导入文件”对话框，选择如图 4-70 所示的文件，单击“导入”按钮，将素材导入项目。

图 4-70

03 按快捷键 Ctrl+Y 创建一个与合成大小一致的白色固态层，并设置其名称为“白色”，如图 4-71 所示。

04 选择上一步创建的“白色”图层，并在“工具”面板中选择“椭圆”工具，在“合成”窗口绘制一个如图 4-72 所示的圆形蒙版。

05 按快捷键 Ctrl+Y 创建一个与合成大小一致的黑色固态层，并设置其名称为“黑色”，如图 4-73 所示。

图 4-71

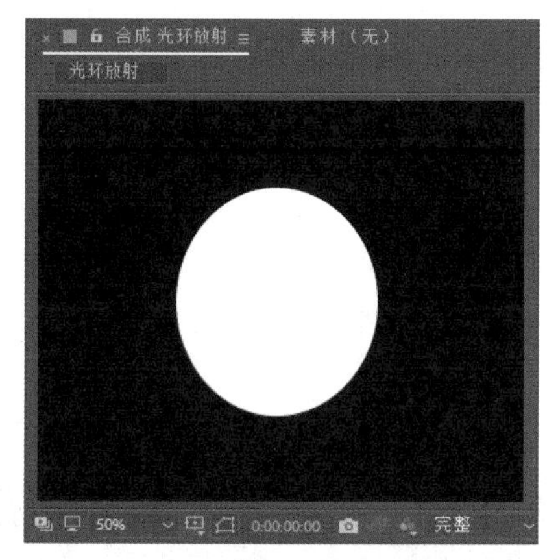

图 4-72

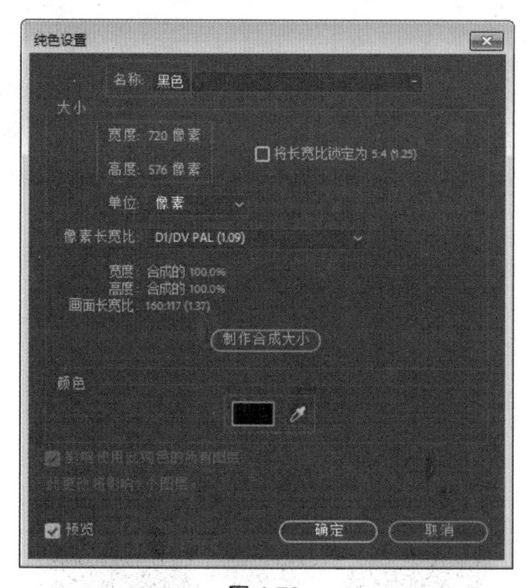

图 4-73

06 选择上一步创建的“黑色”图层，用“椭圆”工具在“合成”窗口中绘制一个圆形蒙版并置于白色蒙版的上方，如图 4-74 所示。

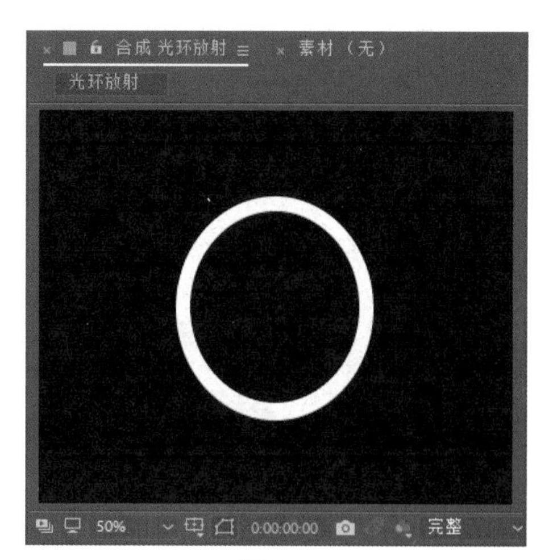

图 4-74

07 在“图层”面板中选择“黑色”图层，执行“效果”|“风格化”|“毛边”命令，并在“效果控件”面板中设置“边界”参数为 150，“边缘锐度”参数为 5，“比例”参数为 10，如图 4-75 所示。操作完成后在“合成”窗口中对应的预览效果如图 4-76 所示。

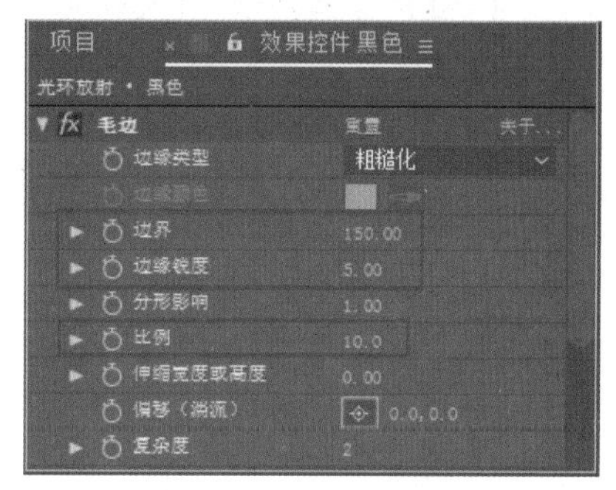

图 4-75

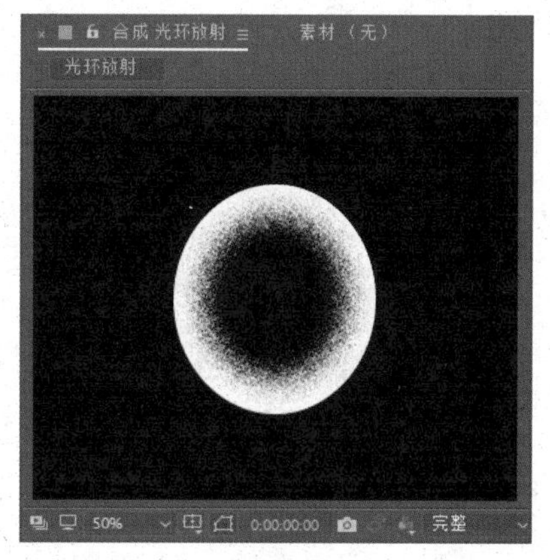

图 4-76

08 在“图层”面板中展开“黑色”图层的“毛边”效果属性栏，在 0:00:00:00 时间点位置单击“演化”属性前的“时间变化秒表”按钮，设置关键帧动画，并设置“演化”参数为 0×+0°，如图 4-77 所示。

图 4-77

09 在“图层”面板左上角修改时间为 0:00:04:24，在该时间点设置“演化”为 5×+0°，如图 4-78 所示。

图 4-78

10 按快捷键 Ctrl+N 创建一个预置为 PAL D1/DV 的合成，设置“持续时间”为 5 秒，并将其命名为“总合成”，如图 4-79 所示。

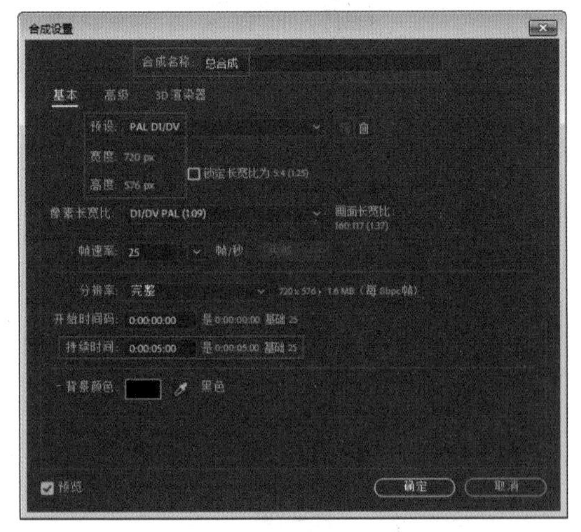

图 4-79

11 将“项目”窗口中的“光环放射”合成拖入“总合成”的“图层”面板，然后选择“光环放射”图层，执行“效果”|Trapcode|Shine 命令，并在“效果控件”面板中设置 Ray Length（光芒长度）参数为 0.5，Boost Light（提升亮度）参数为 0.5，Colorize（颜色模式）为 Fire，如图 4-80 所示。

图 4-80

> **技巧与提示：**
>
> 这里用到的 Shine 特效非 After Effects 自带效果，需要用户自行安装，之后的章节将详细讲解。

12 将“项目”窗口中的“背景 .mov”素材拖入“图层”面板，并置于底层，然后选择该图层，按 S 键展开其“缩放”属性，设置其“缩放”参数为 55，如图 4-81 所示。操作完成后“合成”窗口对应的预览效果如图 4-82 所示。

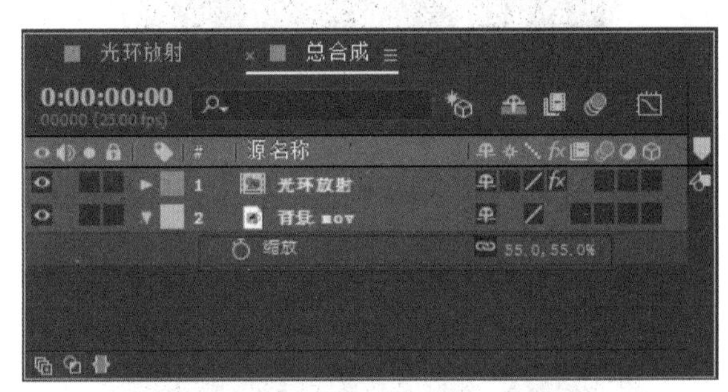

图 4-81

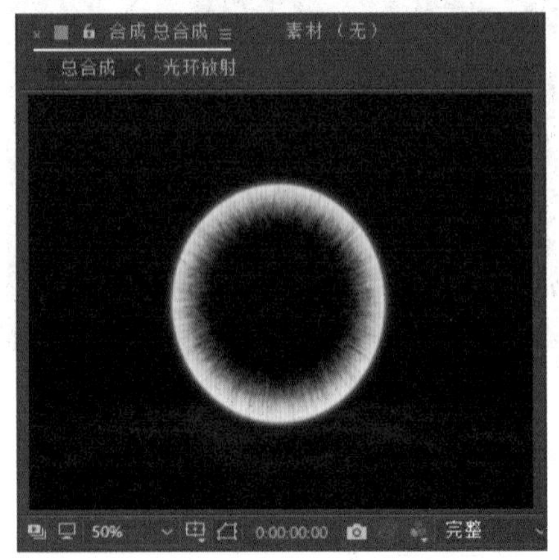

图 4-82

13 在“图层”面板中选择“光环放射”图层，展开其“缩放”和“不透明度”属性，在 0:00:00:00 时间点位置单击“缩放”属性前的“时间变化秒表”按钮，设置关键帧动画，并设置“缩放”参数为 0。接着在 0:00:03:10 时间点位置单击“不透明度”属性前的“时间变化秒表”按钮，并设置“不透明度”参数为 100，如图 4-83 所示。

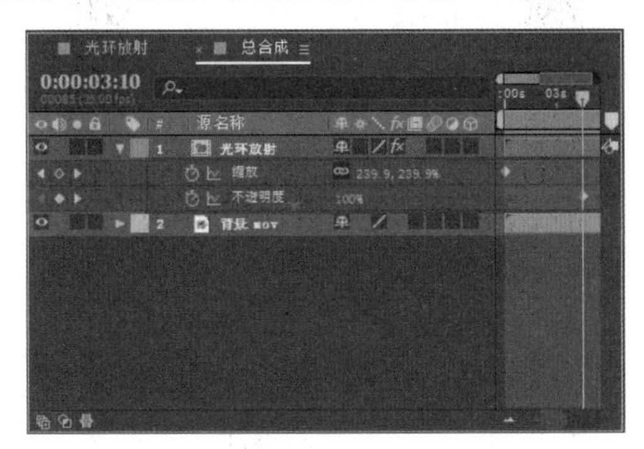

图 4-83

14 在“图层”面板左上角修改时间点为 0:00:04:24，然后在该时间点设置“缩放”参数为 350，“不透明度”参数为 0，如图 4-84 所示。

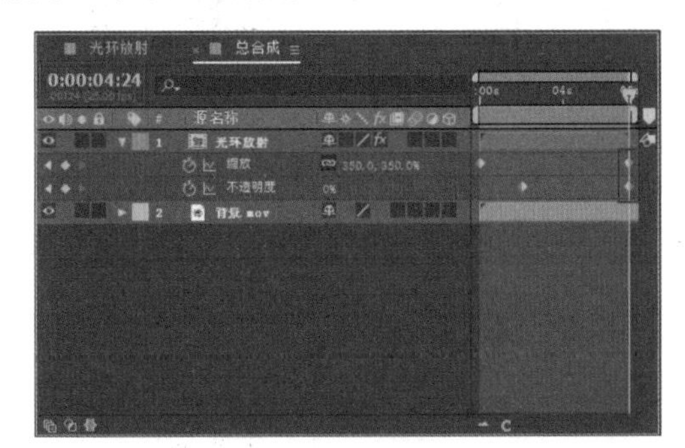

图 4-84

15 至此，本实例制作完毕，按空格键可以播放动画预览，最终效果如图 4-85 所示。

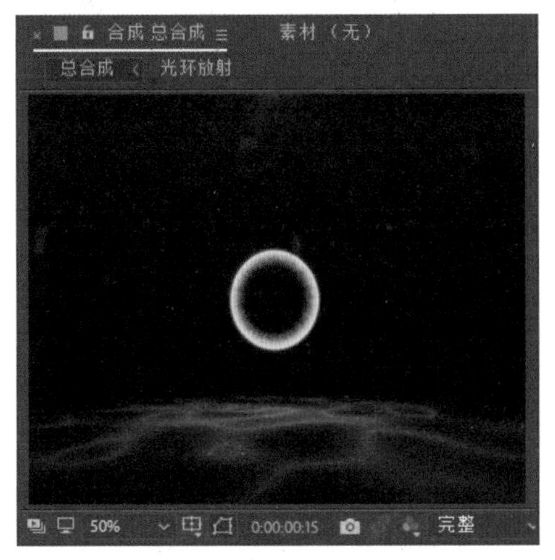

图 4-85

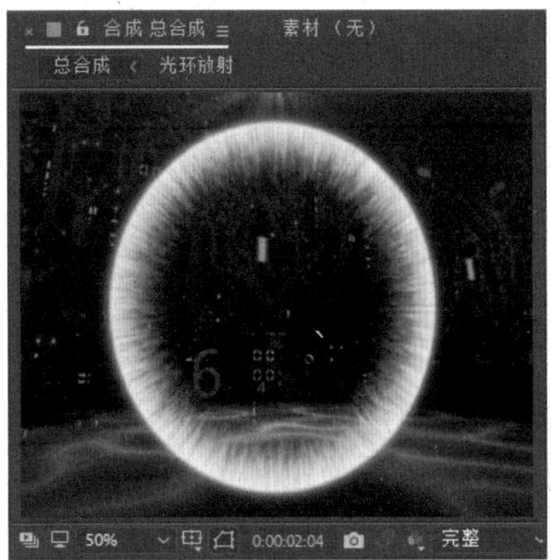

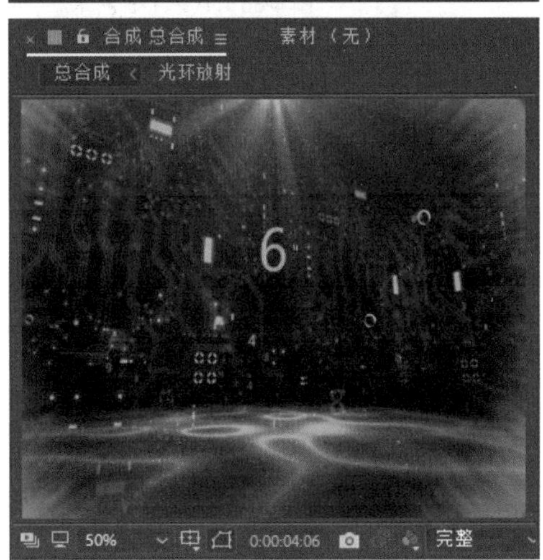

图 4-85（续）

4.5　实战——蒙版动画技术延伸

通过本章的学习，相信大家已经了解了蒙版的创建方法及一些基本应用技巧。接下来，将通过实例讲解，帮助大家掌握创建光感蒙版动画的方法，并通过蒙版来显示画面中的重点内容。

视频文件：　视频 \ 第 4 章 \4.5 课堂练习——蒙版动画技术延伸 .mp4

源 文 件：　源文件 \ 第 4 章 \4.5

01 启动 After Effects CC 2018 软件，进入其操作界面。执行“合成”|“新建合成”命令，创建一个预置为 PAL D1/DV 的合成，设置“持续时间”为 3 秒，并设置好名称，单击“确定”按钮，如图 4-86 所示。

02 执行“文件”|“导入”|“文件”命令，弹出“导入文件”对话框，选择如图 4-87 所示的文件，单击“导入”按钮，将素材导入项目。

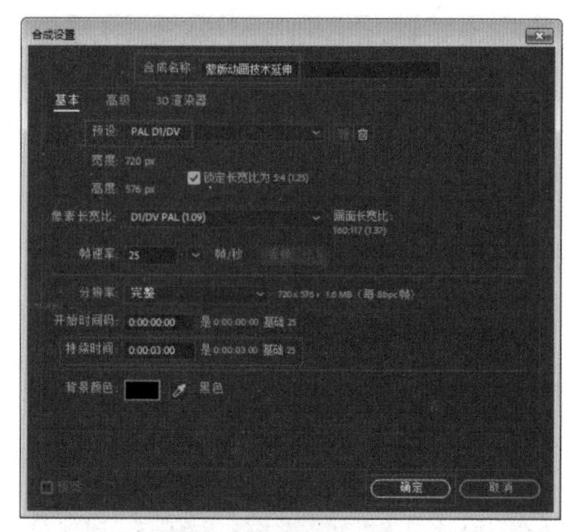

图 4-86

图 4-87

03 将“项目”窗口中的“古书.jpg”素材拖入“图层”面板，然后展开其变换属性，设置“缩放”参数为110，如图4-88所示。操作完成后在“合成”窗口的显示效果如图4-89所示。

图 4-88

04 在“图层”面板的空白处右击，在弹出的快捷菜单中选择“新建”|“调整图层”命令，创建一个调整图层，如图4-90所示。

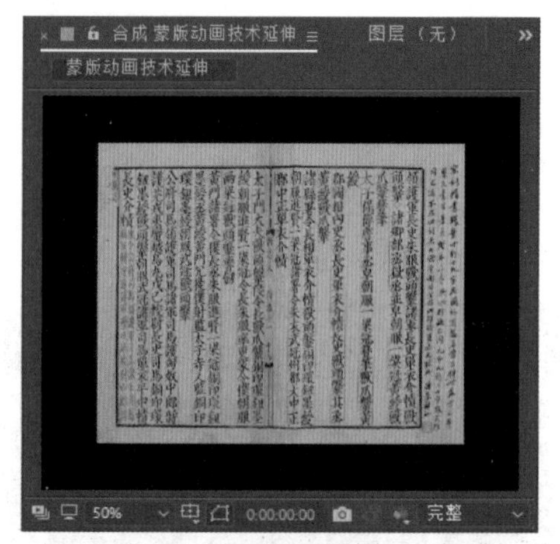

图 4-89

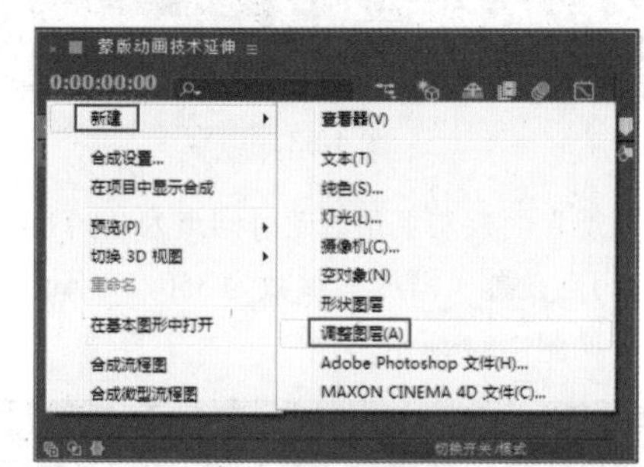

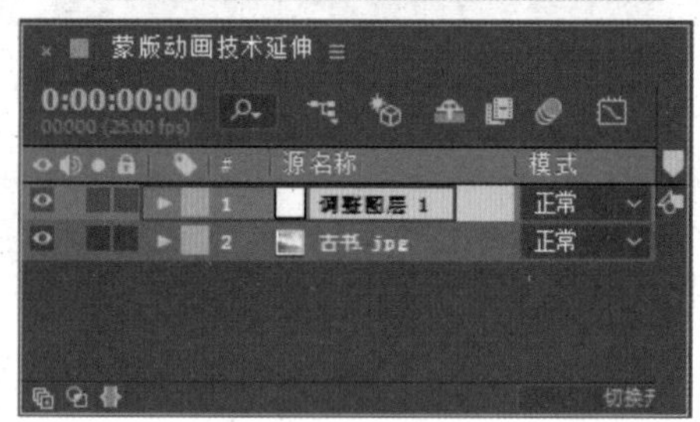

图 4-90

05 选中“调整图层1”，执行“效果”|“颜色校正”|“曝光度”命令，并在“效果控件”面板中设置“曝光度”参数为–4.5，如图4-91所示。操作完成后在“合成”窗口的预览效果如图4-92所示。

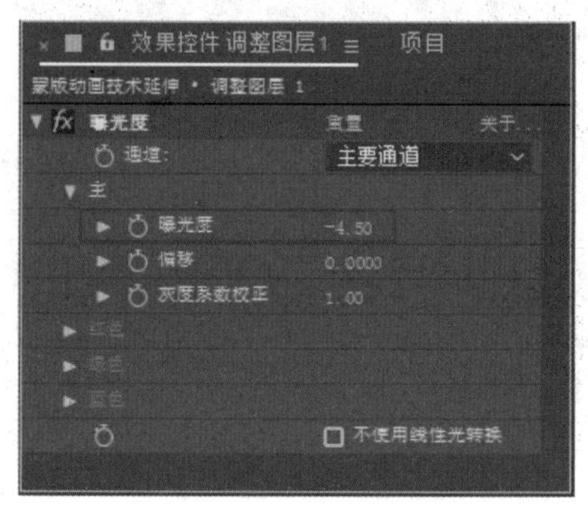

图 4-91

图 4-92

06 选择“调整图层 1”，在“工具”面板单击“矩形”工具按钮，移动光标至“合成”窗口中并绘制一个如图 4-93 所示的形状蒙版，展开其蒙版属性，并设置蒙版的叠加模式为“相加”，并选中“反转”复选框，如图 4-94 所示。

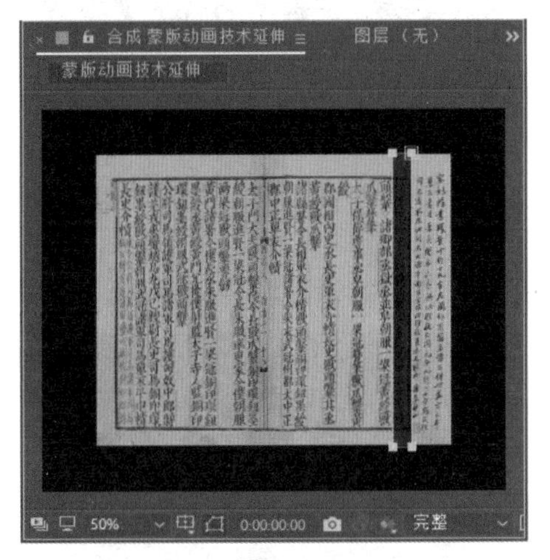

图 4-93

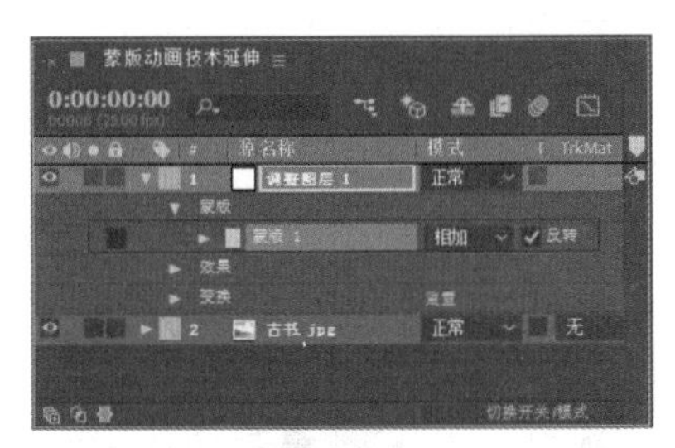

图 4-94

07 展开“调整图层 1”的蒙版属性，在 0:00:00:00 时间点单击“蒙版路径”属性前的“时间变化秒表”按钮，设置一个关键帧。然后设置“蒙版羽化”参数为 14，如图 4-95 所示。操作完成后在“合成”窗口的预览效果如图 4-96 所示。

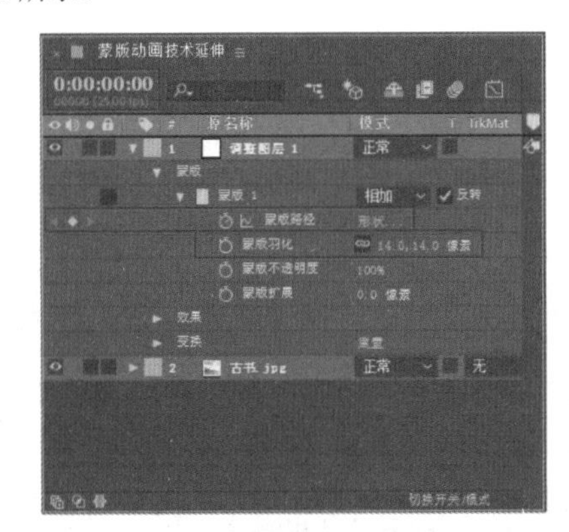

图 4-95

图 4-96

08 在“图层”面板修改时间点为 0:00:02:24，选择“蒙版路径”属性，然后按快捷键 Ctrl+D 调出控制框，在按住 Shift 键的同时，向左拖动控制框，平移到如图 4-97 所示的位置。

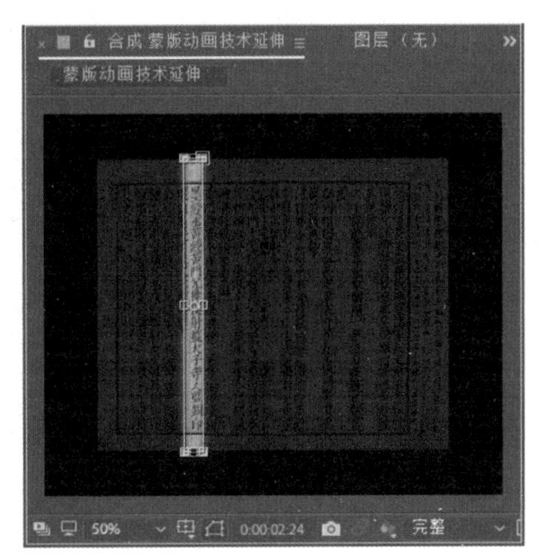

图 4-97

09 执行“合成”|“新建合成”命令，再创建一个预设

为 PAL D1/DV 的合成，设置持续时间为 3 秒，并将其命名为“最终动画”，然后单击“确定”按钮，如图 4-98 所示。

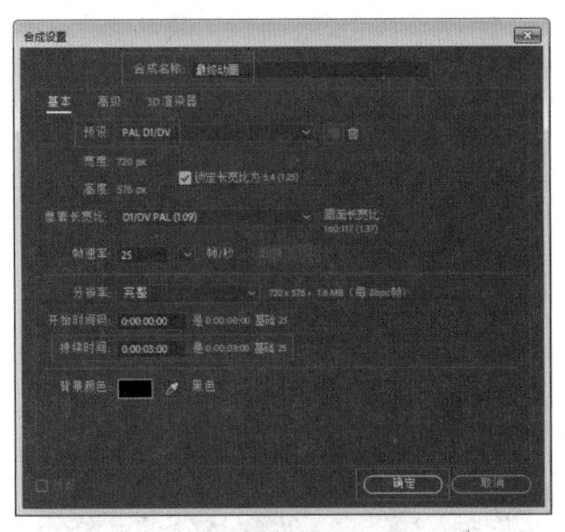

图 4-98

10 将“项目”窗口中的“蒙版动画技术延伸”合成拖入上述创建的“最终动画”合成中，如图 4-99 所示。

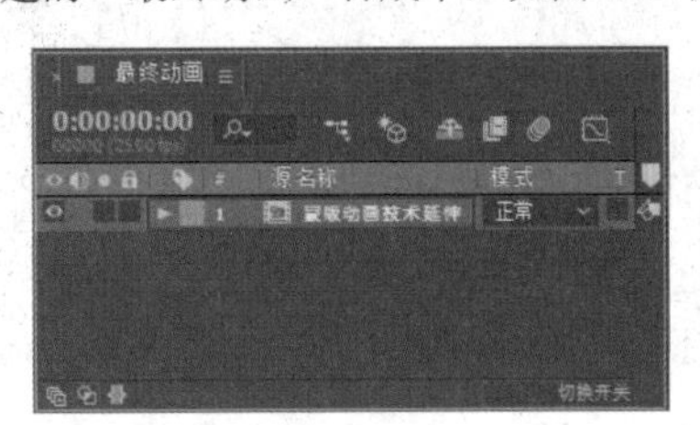

图 4-99

11 选择“蒙版动画技术延伸”图层，执行“效果”|“扭曲”|“贝赛尔曲线变形”命令，然后在“效果控件”面板参照如图 4-100 所示设置参数。

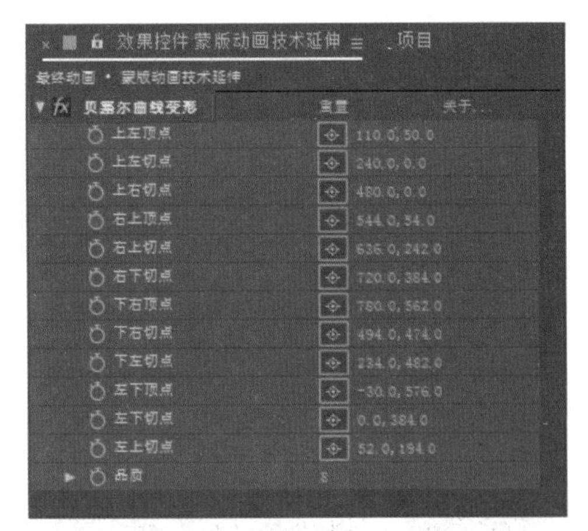

图 4-100

12 将“项目”窗口中的“背景 .jpg”素材拖入“最终动画”“图层”面板中，然后展开其变换属性，设置“缩放”参数为 180，“不透明度”参数为 25，如图 4-101 所示。

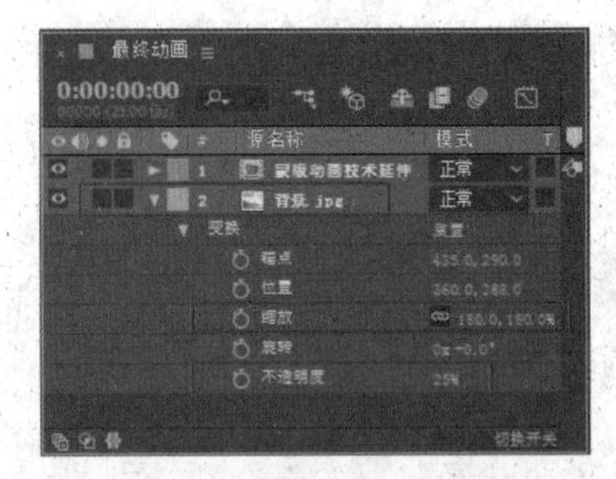

图 4-101

操作完成后在“合成”窗口中的对应预览效果如图 4-102 所示。

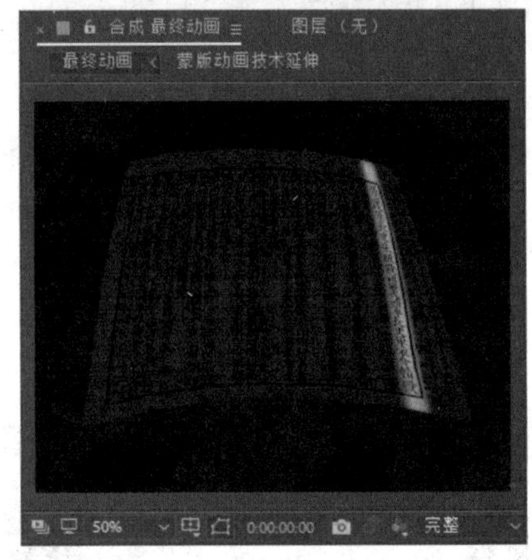

图 4-102

13 在“图层”面板中选择“蒙版动画技术延伸”图层，将其叠加模式设置为“发光度”，如图 4-103 所示。

图 4-103

14 为上述图层继续执行“效果”|“透视”|“投影”命令，并在其“效果控件”面板中设置“方向”为 0×+128°，“距离”参数为 17，“柔和度”为 25，如图 4-104 所示。

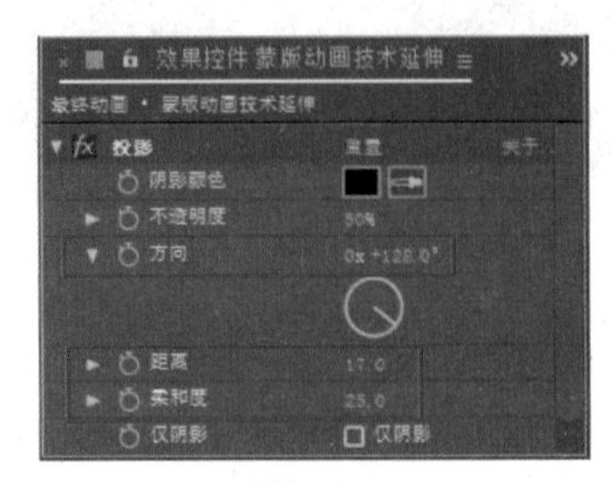

图 4-104

15 至此，本实例制作完毕，按空格键可以播放动画预览，最终效果如图 4-105 所示。

图 4-105

4.6　本章小结

通过对本章的学习，可以了解蒙版的概念、创建图层蒙版的方法，如何修改蒙版的形状和属性，以及制作蒙版动画。由于影视后期制作中经常会用到蒙版动画来表现某些特定的效果，蒙版动画的应用越来越广泛，所以熟悉蒙版动画的使用方法，对以后制作项目有很大帮助。

使用“矩形”工具、“椭圆”工具、“圆角矩形”工具、“多边形”工具、“星形”工具以及“钢笔”工具等，可以在“合成”窗口中绘制各种形状的蒙版。

“钢笔”工具主要用于绘制不规则的蒙版和不闭合的路径，快捷键为 G，在此工具按钮上长按鼠标可显示出“添加锚点”工具、“删除锚点”工具和“转换锚点”工具，利用这些工具可以很方便地对蒙版进行修改。

在“时间线”窗口选择蒙版图层，使用“选择”工具双击蒙版的轮廓线，或者按快捷键 Ctrl+T 对蒙版进行自由变换，在自由变换线框的控制点上单击拖曳，即可缩放蒙版。

展开图层下的蒙版属性，然后设置蒙版羽化等参数，即可修改当前蒙版的属性，还可以为蒙版各个属性添加关键帧。

5.1 颜色校正调色的主要效果

在 After Effects CC 2018 中的颜色校正效果组，主要用于处理画面的颜色，其中提供了更改颜色、亮度、对比度、颜色平衡等多种颜色校正效果，同时也可以对色彩正常的画面进行色调调节。

颜色校正有 3 个最主要的效果，分别是“色阶”“曲线”和“色相 / 饱和度”，下面将围绕这 3 个主要效果进行详细讲解。

5.1.1 色阶效果

色阶效果主要是通过重新分布输入颜色的级别来获取一个新的颜色输出范围，以达到修改图像亮度和对比度的目的。

此外，使用色阶可以扩大图像的动态范围，即相机能记录的图像亮度范围，还具有查看和修正曝光，以及提高对比度等作用。

选择图层，执行“效果”|“颜色校正”|“色阶”命令，然后在“效果控件”面板中展开“色阶”效果的参数，如图 5-1 所示。

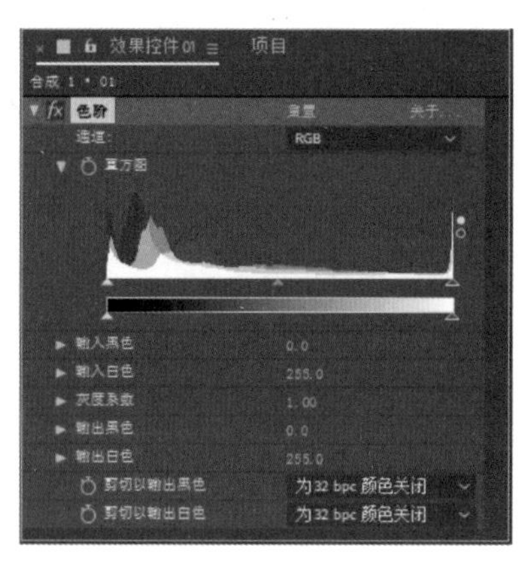

图 5-1

下面对色阶效果的主要属性参数进行详细讲解。

✦ 通道：选择要修改的通道，可以分别对 RGB 通道、红色通道、绿色通道、蓝色通道和 Alpha 通道的色阶进行单独调整。

✦ 直方图：通过直方图可以观察到各个影调的像素在图像中的分布情况。

✦ 输入黑色：可以控制输入图像中的黑色阈值。

✦ 输入白色：可以控制输入图像中的白色阈值。

✦ 灰度系数：调节图像影调的阴影和高光的相对值。

✦ 输出黑色：控制输出图像中的黑色阈值。

✦ 输出白色：控制输出图像中的白色阈值。

5.1.2 曲线效果

曲线效果可以对画面整体或单独颜色通道的色调范围进行精确控制。

调色技法详解

影片在前期拍摄时，因为受到自然环境、拍摄器材以及摄影师等客观因素的影响，拍摄出来的画面与真实效果难免会存在一定的差距。此时需要对画面进行调色处理，从而最大限度地还原画面色彩。

影片的调色技术是 After Effects CC 2018 中操作较为简单的一个模块，用户可以使用单个或多个调色特效，制作出各种漂亮的颜色效果。这些效果广泛应用于影视和广告中，起到渲染、烘托气氛的作用。本章将详细讲解在 After Effects CC 2018 中如何进行影片调色处理的方法。

第 5 章素材文件

第 5 章视频文件

选择图层，执行“效果”|“颜色校正”|“曲线”命令，然后在“效果控件”面板中展开“曲线”效果的参数，如图 5-2 所示。

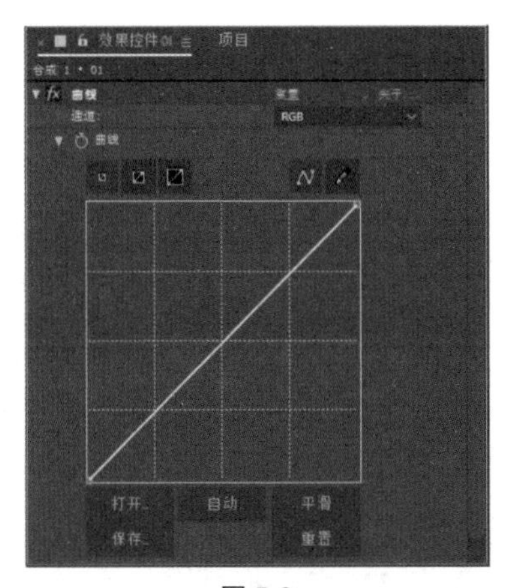

图 5-2

下面对曲线效果的主要属性参数进行详细讲解。

✦ 通道：选择要调整的通道，包括 RGB 通道、红色通道、绿色通道、蓝色通道和 Alpha 通道。

✦ 曲线：手动调节曲线上的控制点，X 轴方向表示输入原像素的亮度，Y 轴方向表示输出像素的亮度。

✦ 曲线工具：使用该工具可以在曲线上添加节点，并且可以任意拖动节点，如需删除节点，只要将选择的节点拖曳出曲线图之外即可。

✦ 铅笔工具：使用该工具可以在坐标图上任意绘制曲线。

✦ 打开：打开保存好的曲线，也可以打开 Photoshop 中的曲线文件。

✦ 保存：保存当前曲线，以便重复利用。

✦ 平滑：将曲折的曲线变平滑。

✦ 重置：将曲线恢复默认的直线状态。

5.1.3　色相 / 饱和度效果

色相 / 饱和度效果可以调整某个通道颜色的色相、饱和度及亮度，即对图像的某个色域局部进行调节。

选择图层，执行“效果”|“颜色校正”|“色相 / 饱和度”命令，然后在“效果控件”面板中展开“色相 / 饱和度”效果的参数，如图 5-3 所示。

下面对色相 / 饱和度效果的主要属性参数进行详细讲解。

✦ 通道控制：可以指定所要调节的颜色通道，如果选择“主”选项表示对所有颜色应用效果，还可以单独选择红色、黄色、绿色、青色和洋红等颜色。

✦ 通道范围：显示通道受效果影响的范围。上面的颜色条表示调色前的颜色，下面的颜色条表示在全饱和度下调整后的颜色。

✦ 主色相：调整主色调，可以通过相位调整轮来调整。

✦ 主饱和度：控制所调节颜色通道的饱和度。

✦ 主亮度：控制所调节颜色通道的亮度。

✦ 彩色化：调整图像为彩色图像。

✦ 着色色相：调整图像彩色化后的色相。

✦ 着色饱和度：调整图像彩色化后的饱和度。

✦ 着色亮度：调整图像彩色化后的亮度。

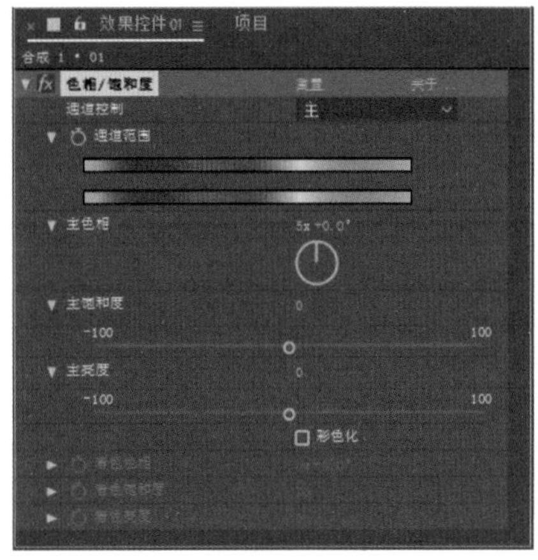

图 5-3

5.1.4　课堂练习——江南水乡校色

本实例将结合前面所讲的知识点，具体讲解“色阶”“色相 / 饱和度”和“曲线”这 3 种校色效果的使用方法。

视频文件：　视频 \ 第 5 章 \5.1.4 课堂练习——江南水乡校色 .mp4
源 文 件：　源文件 \ 第 5 章 \5.1.4

01 启动 After Effects CC 2018 软件，进入其操作界面。执行“合成”|“新建合成”命令，创建一个预置为 PAL D1/DV 的合成，设置“持续时间”为 3 秒，并设置好名称，单击“确定”按钮，如图 5-4 所示。

02 执行“文件”|“导入”|“文件”命令，弹出“导入文件”对话框，选择如图 5-5 所示的文件，单击“导入”按钮，将素材导入项目。

03 将“项目”窗口中的“江南 .jpg”素材拖入“图层”面板，然后单击该图层，按 S 键展开其“缩放”属性，设置“缩放”参数为 84，如图 5-6 所示。设置完成后在“合成”窗口的预览效果如图 5-7 所示。

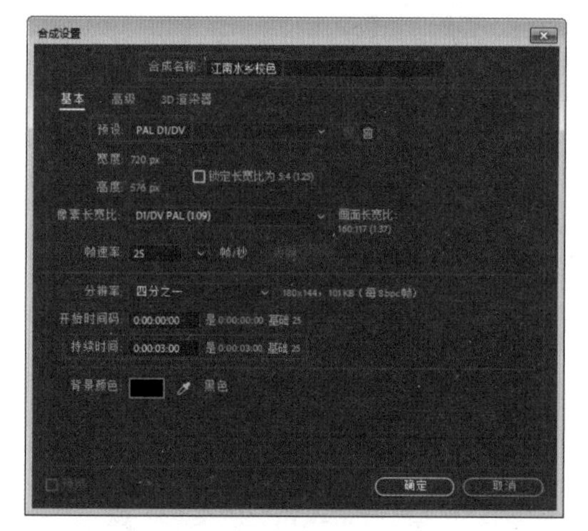

图 5-4

图 5-5

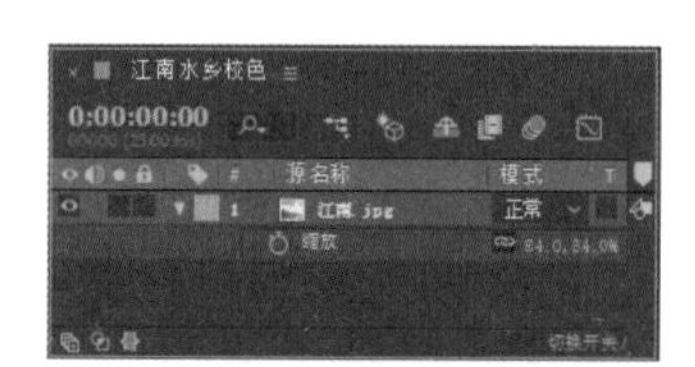

图 5-6

图 5-7

04 选择“江南.jpg”图层，执行“效果”|“颜色校正”|“色阶”命令，然后在“效果控件”面板中设置“输入黑色”参数为 10，“输入白色”参数为 230，“灰度系数”参数为 0.8，如图 5-8 所示。操作完成后在“合成”窗口对应的预览效果如图 5-9 所示。

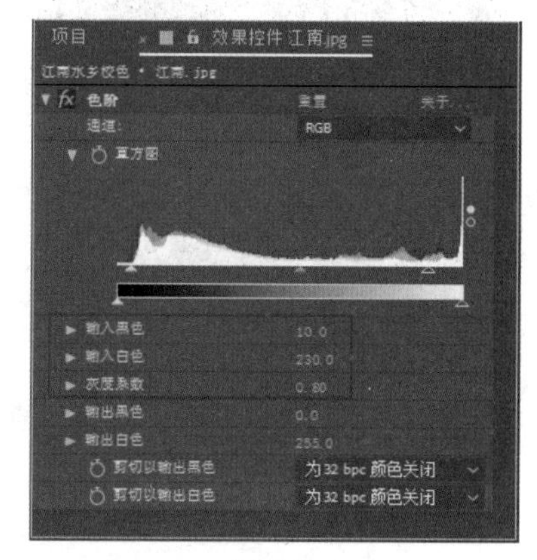

图 5-8

图 5-9

05 选择“江南.jpg”图层，执行“效果”|“颜色校正”|“色相/饱和度”命令，然后在“效果控件”面板中设置“主色相”参数为 0×−5°，“主饱和度”参数为 33，“主亮度”为 10，如图 5-10 所示。操作完成后在“合成”窗口对应的预览效果如图 5-11 所示。

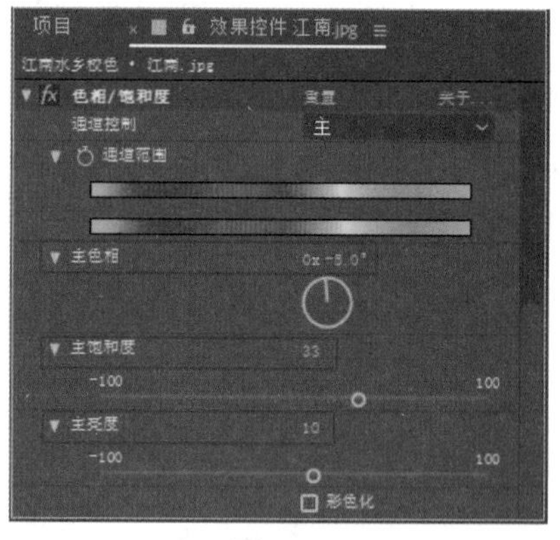

图 5-10

图 5-11

06 再次选择“江南 .jpg”图层，执行“效果”|“颜色校正”|“曲线”命令，然后在“效果控件”面板中将曲线形状调节至如图 5-12 所示的状态。操作完成后在“合成”窗口对应的预览效果如图 5-13 所示。

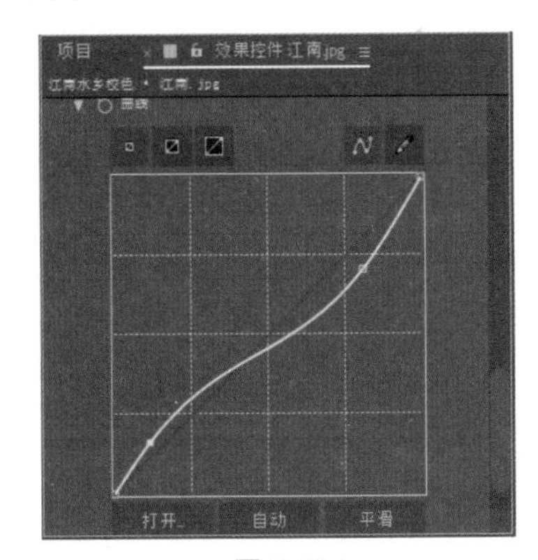

图 5-12

图 5-13

技巧与提示：

调节曲线时，在曲线上单击可以添加节点，拖动节点可以任意改变曲线的形状。

07 将“项目”窗口中的“天空 .jpg”素材拖入“图层”面板并置于底层，设置其“位置”参数为 394、-76，“缩放”参数为 94.4，如图 5-14 所示。

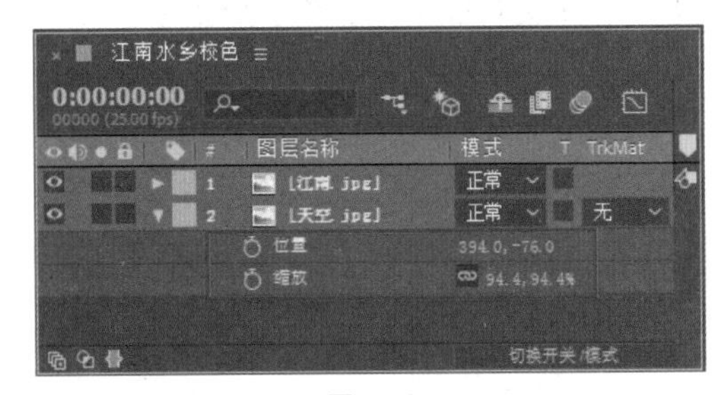

图 5-14

08 选择“天空 .jpg”图层，在“工具”面板中选择“钢笔”工具，将图像中的天空空白部分抠出来，如图 5-15 所示。

图 5-15

09 在“图层”面板中将“天空 .jpg”图层放置到顶层，并设置图层叠加模式为“相乘”，接着展开其蒙版属性，设置“蒙版羽化”参数为 80，如图 5-16 所示。

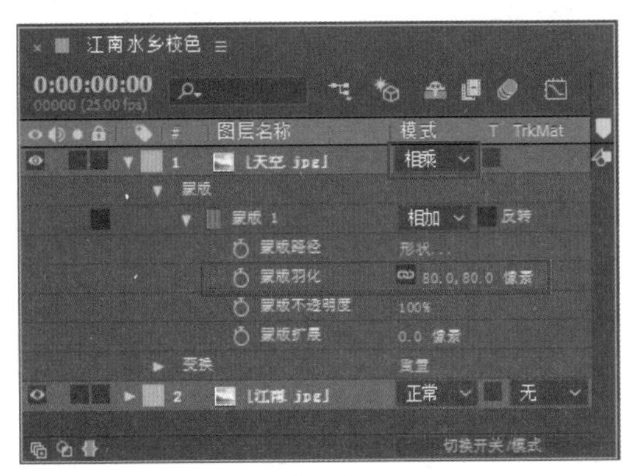

图 5-16

10 在“图层”面板中选择“天空 .jpg”图层，执行“效果”|“颜色校正”|“曲线”命令，并在“效果控件”面板中将曲线形状调节至如图 5-17 所示的状态。

11 至此，本实例制作完毕，颜色校正调色前后的效果如图 5-18 所示。

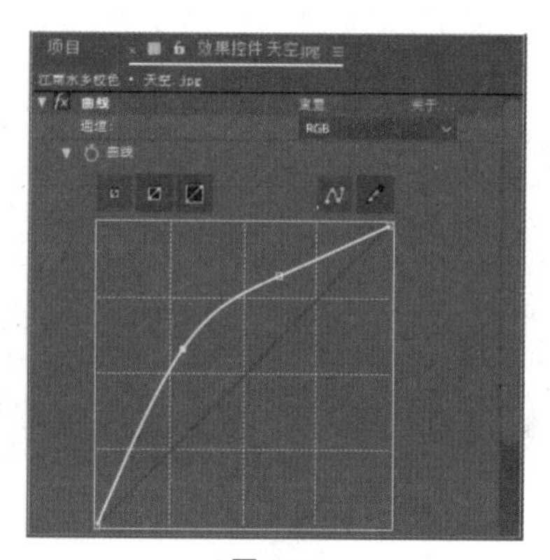

图 5-17

图 5-18

5.2 颜色校正常用效果

本节将详细讲解颜色校正的 9 种常用效果，分别是色调效果、三色调效果、照片滤镜效果、颜色平衡效果、颜色平衡（HLS）效果、曝光度效果、通道混合器效果、阴影 / 高光效果以及广播颜色效果。

5.2.1 色调效果

色调效果用于调整图像中包含的颜色信息，在最亮和最暗之间确定融合度，可以将画面中的黑色部分及白色部分替换成自定义的颜色。

选择图层，执行“效果”|“颜色校正”|“色调”命令，然后在“效果控件”面板中展开“色调”效果的参数，如图 5-19 所示。

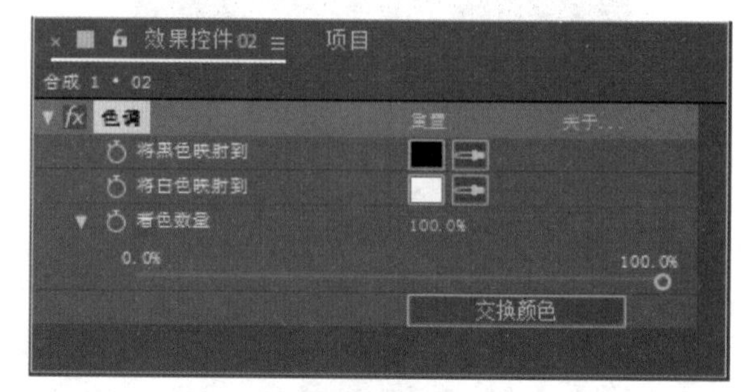

图 5-19

下面对色调效果的主要属性参数进行详细讲解。

✦ 将黑色映射到：映射黑色到某种颜色。

✦ 将白色映射到：映射白色到某种颜色。

✦ 着色数量：设置染色的作用程度，0% 表示完全不起作用，100% 表示完全作用于画面。

5.2.2 三色调效果

三色调效果与色调效果的用法相似，只是多了一个中间颜色，可以将画面中的阴影、中间调和高光进行颜色映射，从而更换画面的色调。

选择图层，执行“效果”|“颜色校正”|“三色调”命令，然后在“效果控件”面板中展开“三色调”效果的参数，如图 5-20 所示。

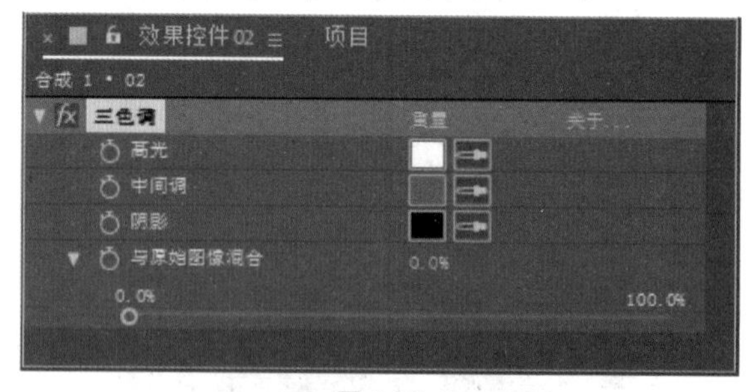

图 5-20

下面对三色调效果的主要属性参数进行详细讲解。

✦ 高光：调整高光的颜色。

✦ 中间调：调整中间调的颜色。

✦ 阴影：调整阴影的颜色。

✦ 与原始图像混合：设置效果层与来源层的融合程度。

5.2.3　照片滤镜效果

照片滤镜效果就像为素材加入一个滤色镜，以便和其他颜色统一起来。

选择图层，执行“效果”|“颜色校正”|“照片滤镜”命令，然后在“效果控件”面板中展开“照片滤镜”效果的参数，如图 5-21 所示。

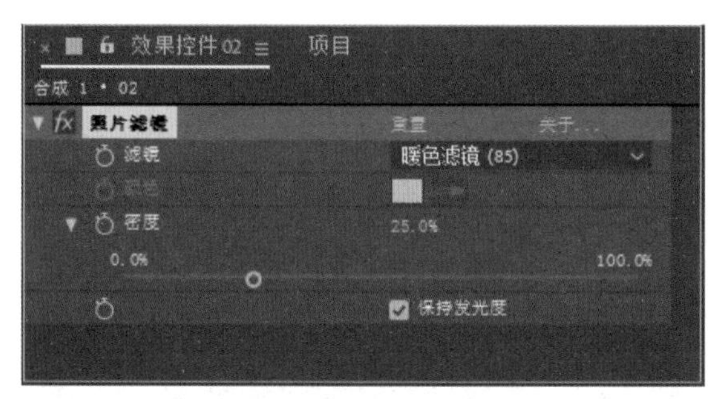

图 5-21

下面对照片滤镜的主要属性参数进行详细讲解。

✦ 滤镜：可以从右侧的下拉列表中选择各种常用的有色光镜头滤镜。

✦ 颜色：当“滤镜”属性使用“自定义”选项时，可以指定滤镜的颜色。

✦ 密度：设置重新着色的强度，值越大，效果越明显。

✦ 保持发光度：选中该选项时，可以在过滤颜色的同时，保持原始图像的明暗分布层次。

5.2.4　颜色平衡效果

颜色平衡效果可以对图像的暗部、中间调和高光部分的红、绿、蓝通道分别进行调整。

选择图层，执行“效果”|“颜色校正”|“颜色平衡”命令，在“效果控件”面板中展开“颜色平衡”效果的参数，如图 5-22 所示。

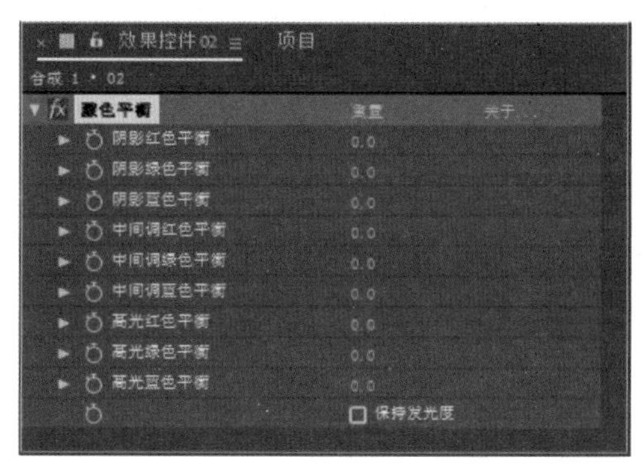

图 5-22

下面对颜色平衡效果的主要属性参数进行详细介绍。

✦ 阴影红色 / 绿色 / 蓝色平衡：在阴影通道中调整颜色的范围。

✦ 中间调红色 / 绿色 / 蓝色平衡：调整 RGB 色彩的中间亮度范围的平衡。

✦ 高光红色 / 绿色 / 蓝色平衡：在高光通道中调整 RGB 色彩的高光范围平衡。

✦ 保持发光度：保持图像颜色的平均亮度。

5.2.5　颜色平衡（HLS）效果

颜色平衡（HLS）效果通过调整色相、饱和度和亮度参数对素材图像的颜色进行调节，以控制图像色彩平衡。

选择图层，执行“效果”|“颜色校正”|“颜色平衡（HLS）”命令，在“效果控件”面板中展开“颜色平衡（HLS）”效果的参数，如图 5-23 所示。

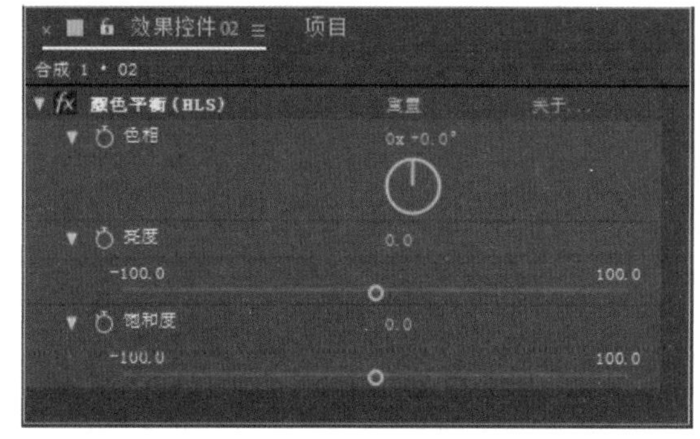

图 5-23

下面对颜色平衡（HLS）效果的主要属性参数进行详细介绍。

✦ 色相：调整图像的色相。

✦ 亮度：调整图像的亮度，值越大，图像越亮。

✦ 饱和度：调整图像的饱和度，值越大，饱和度越高，图像颜色越鲜艳。

5.2.6　曝光度效果

曝光度效果主要是用来调节画面的曝光程度，可以对 RGB 通道分别进行曝光。

选择图层，执行“效果”|“颜色校正”|“曝光度”命令，然后在“效果控件”面板中展开“曝光度”效果的参数，如图 5-24 所示。

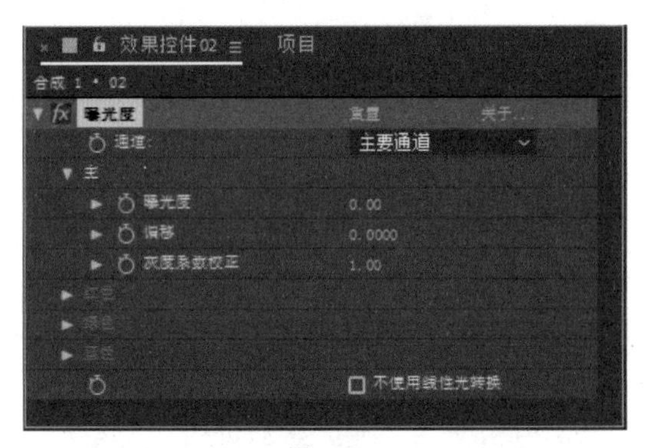

图 5-24

下面对曝光度效果的主要属性参数进行详细介绍。

✦ 通道：选择需要调整曝光的通道，包括“主要通道”和“单个通道”两种类型。

✦ 曝光度：设置图像的整体曝光程度。

✦ 偏移：设置图像整体色彩的偏移程度。

✦ 灰度系数校正：设置图像伽马准度。

✦ 红色 / 绿色 / 蓝色：分别用来调整 RGB 通道的曝光度、偏移和灰度系数校正数值，只有在设置通道为“单个通道”的情况下，这些属性才被激活。

5.2.7 通道混合器效果

通道混合器效果可以使当前图层的亮度为蒙版，调整另一个通道的亮度，并作用于当前图层的各个色彩通道。使用该效果可以制作出普通校色滤镜不容易制作出的效果。

选择图层，执行“效果”|“颜色校正”|“通道混合器”命令，然后在“效果控件”面板中展开“通道混合器”效果的参数，如图 5-25 所示。

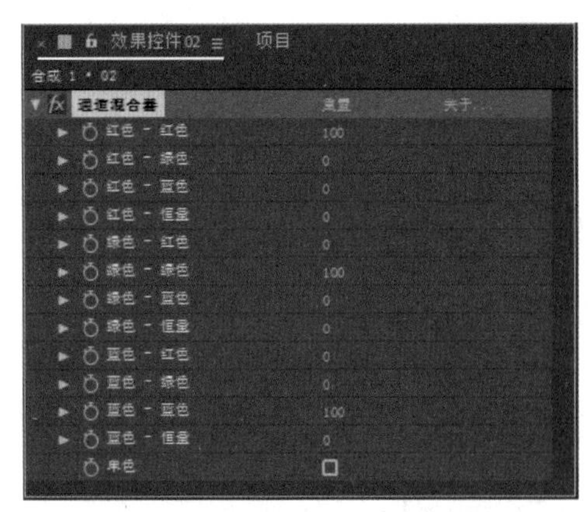

图 5-25

下面对通道混合器效果的主要属性参数进行详细介绍。

✦ 红色 / 绿色 / 蓝色 - 红色 / 绿色 / 蓝色 / 恒量：代表不同的颜色调整通道，表现增强或减弱通道的效果。恒量用来调整通道的对比度。

✦ 单色：选中该选项后，将把彩色图像转换为灰度图。

5.2.8 阴影 / 高光效果

阴影 / 高光效果可以单独处理图像的阴影和高光区域，是一种高级调色效果。

选择图层，执行“效果”|“颜色校正”|“阴影 / 高光效果”命令，然后在“效果控件”面板中展开“阴影 / 高光”效果的参数，如图 5-26 所示。

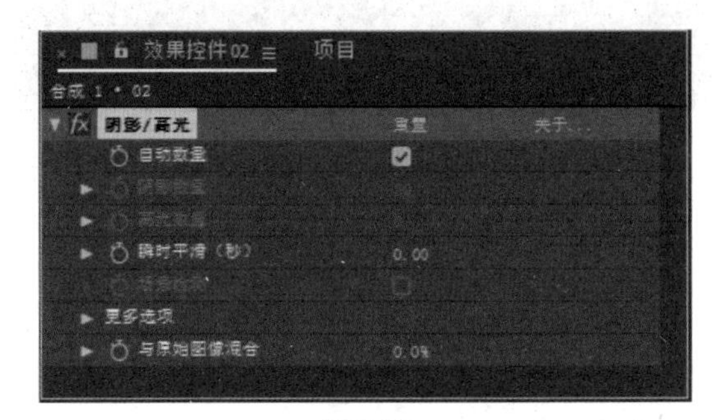

图 5-26

下面对阴影 / 高光效果的主要属性参数进行详细介绍。

✦ 自动数量：自动取值，分析当前画面颜色，从而调整画面的明暗关系。

✦ 阴影数量：暗部取值，只针对画面的暗部进行调整。

✦ 高光数量：亮部取值，只针对图像的亮部进行调整。

✦ 瞬时平滑：设置阴影和高光的瞬时平滑度，只在自动数量被激活的状态，该选项才有效。

✦ 场景检测：侦测场景画面的变化。

✦ 更多选项：对画面的暗部和亮部进行更多的设置。

✦ 与原始图像混合：设置效果层与来源层的融合程度。

5.2.9 广播颜色效果

广播颜色效果用来校正广播级的颜色和亮度，使视频素材图像在电视上能够正确地显示出来，以达到电视台的播放技术标准。

选择图层，执行“效果”|“颜色校正”|“广播颜色”命令，然后在“效果控件”面板中展开“广播颜色”效果的参数，如图 5-27 所示。

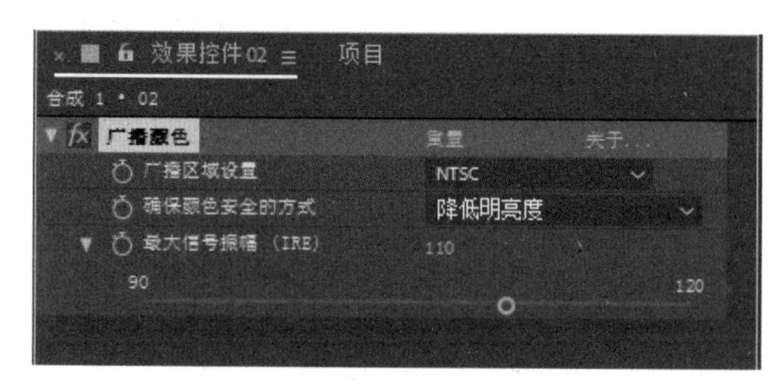

图 5-27

下面对广播颜色效果的主要属性参数进行详细介绍。

✦ 广播区域设置：选择电视制式，包括“PAL 制式”和“NTSC 制式”两种。

✦ 确保颜色安全的方式：实现安全色彩的方法，包括“降低明亮度”“降低饱和度”“抠出不安全区域”和“抠出安全区域”。

✦ 最大信号振幅：制定用于播放视频素材的最大信号幅度。

5.2.10　课堂练习——微电影风格校色

本实例将结合本节所讲的知识点，讲解如何使用“色调”和“颜色平衡”这两种校色效果，使视频呈现微电影色调的方法。

视频文件：　视频\第 5 章\5.2.10 课堂练习——微电影风格校色 .mp4

源 文 件：　源文件\第 5 章\5.2.10

01 启动 After Effects CC 2018 软件，进入其操作界面。执行“文件”|“导入文件”命令，弹出“导入文件”对话框，选择如图 5-28 所示的文件，单击“导入”按钮，将素材导入项目。

图 5-28

02 将“项目”窗口中的“源素材 .mp4”素材拖入“图层”面板，将自动生成一个名为“源素材”的合成，如图 5-29 所示。

图 5-29

03 在“图层”面板中选择“源素材 .mp4”图层，执行“效果”|“颜色校正”|“色调”命令，并在“效果控件”面板中设置 “着色数量”参数为 36，如图 5-30 所示。操作完成后在“合成”窗口对应的预览效果如图 5-31 所示。

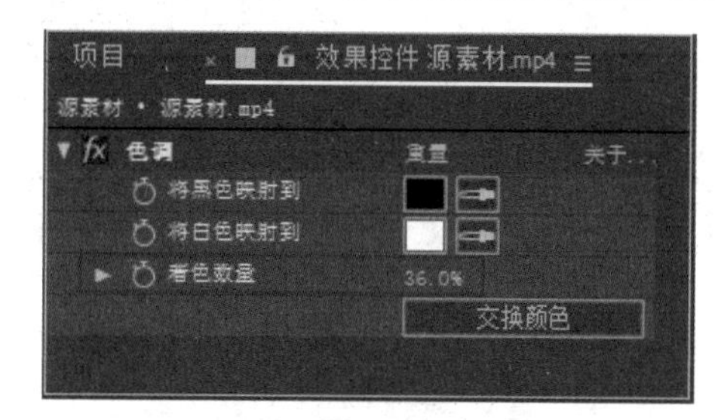

图 5-30

图 5-31

04 在“图层”面板中选择“源素材 .mp4”图层，执行“效果”|“颜色校正”|“颜色平衡”命令，并参照图 5-32 所示设置效果的阴影、中间调和高光等参数。操作完成后在“合成”窗口对应的预览效果如图 5-33 所示。

05 执行“图层”|“新建”|“调整图层”命令，创建一个调整图层置于“图层”面板的顶层，并将其命名为“视觉中心”，如图 5-34 所示。

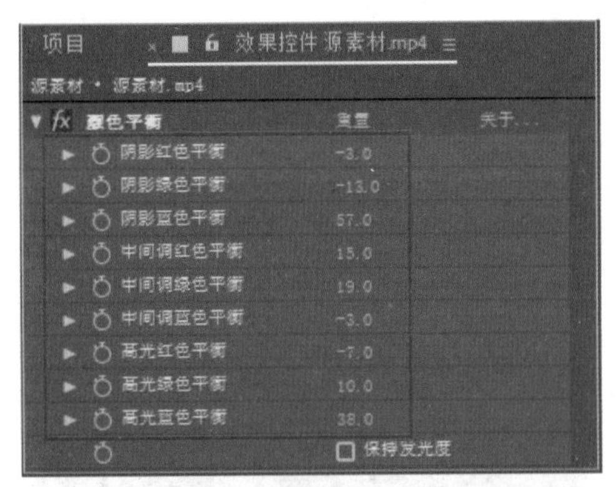

图 5-32

图 5-33

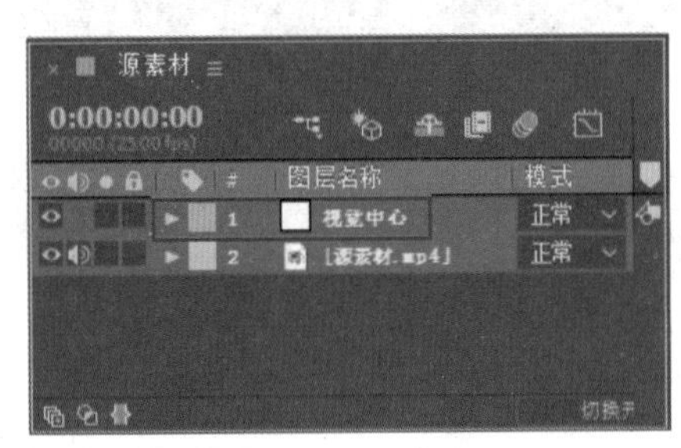

图 5-34

06 选择“视觉中心”图层，接着在“工具”面板中选择“钢笔”工具，然后移动光标至“合成”窗口绘制一个如图 5-35 所示的遮罩。

图 5-35

07 在“图层”面板中选择“视觉中心”图层，展开其蒙版属性，设置“蒙版羽化”参数为 100，并选中“反转”复选框，如图 5-36 所示。

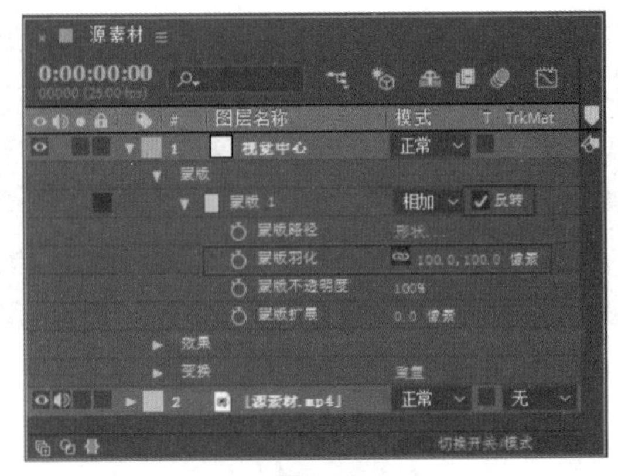

图 5-36

08 选择“视觉中心”图层，执行“效果”|“模糊和锐化”|“摄像机镜头模糊”命令，然后在“效果控件”面板中设置“模糊半径”参数为 12，并选中“重复边缘像素”复选框，如图 5-37 所示。

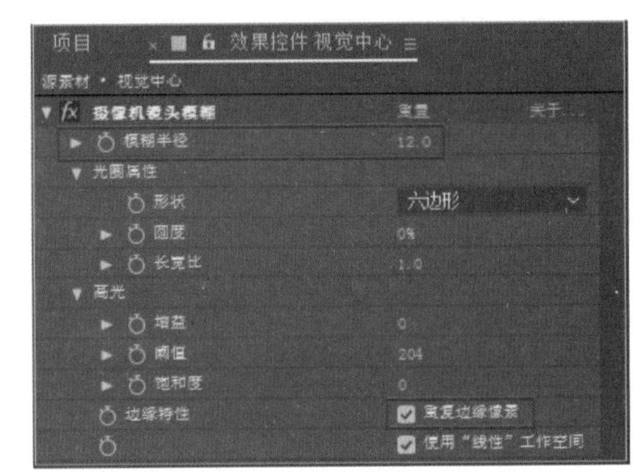

图 5-37

09 执行“图层”|“新建”|“纯色”命令，创建一个黑色固态层并置于顶层，在“合成”窗口中调整其大小，摆放到画面顶部，如图 5-38 所示。

图 5-38

10 在“图层”面板中选择黑色固态层，按快捷键 Ctrl+D 复制图层，然后在“合成”窗口中将复制层移至画面底部，如图 5-39 所示。

图 5-39

11 至此，本实例制作完毕，颜色校正调色的对比效果如图 5-40 所示。

图 5-40

5.3 颜色校正调色的其他效果

前面讲到颜色校正调色的主要效果和常用效果，本节将继续讲解颜色校正调色的一些其他效果，这些效果包括亮度和对比度效果、保留颜色效果、灰度系数 / 基值 / 增益效果、色调均化效果、颜色链接效果、更改颜色效果、更改为颜色效果、PS 任意映射效果、颜色稳定器效果、自动颜色效果、自动色阶效果、自动对比度效果。

5.3.1 亮度和对比度效果

亮度和对比度效果用于调整画面的亮度和对比度，可以同时调整所有像素的亮部、暗部和中间色，但不能对单一通道进行调节。

选择图层，执行“效果” | “颜色校正” | “亮度和对比度”命令，然后在“效果控件”面板中展开“亮度和对比度”效果的参数，如图 5-41 所示。

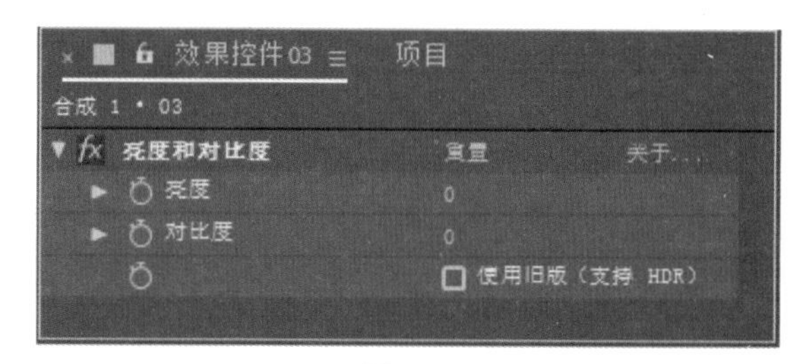

图 5-41

下面对亮度和对比度效果的主要属性参数进行详细介绍。

✦ 亮度：调节图像的亮度值，数值越大图像越亮。

✦ 对比度：调节图像的对比度值，数值越大对比越强烈。

5.3.2 保留颜色效果

保留颜色效果可以去除素材图像中指定颜色外的其他颜色。

选择图层，执行“效果” | “颜色校正” | “保留颜色”命令，然后在“效果控件”面板中展开“保留颜色”效果的参数，如图 5-42 所示。

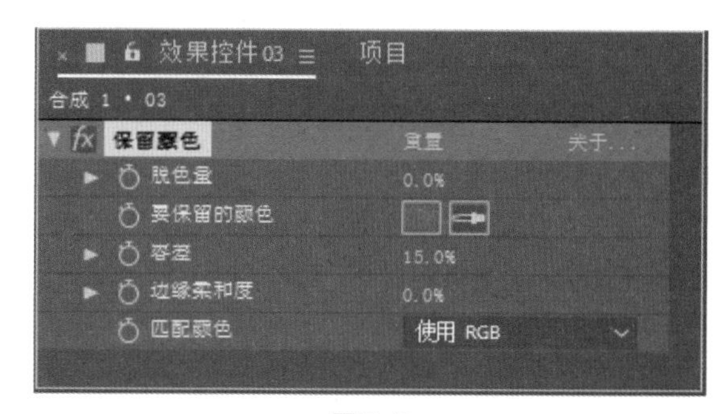

图 5-42

下面对保留颜色效果的主要属性参数进行详细介绍。

✦ 脱色量：设置脱色程度，当值为 100% 时，图像完全脱色，显示为灰色。

✦ 要保留的颜色：选择需要保留的颜色。

✦ 容差：设置颜色的相似度。

✦ 边缘柔和度：消除颜色与保留颜色之间的边缘柔化程度。

✦ 匹配颜色：选择颜色匹配的方式，可以使用RGB和色相两种方式。

5.3.3 灰度系数 / 基值 / 增益效果

灰度系数 / 基值 / 增益效果可以调整每个 RGB 独立通道的还原曲线值，从而分别对某种颜色进行输出曲线控制。

选择图层，执行“效果”|“颜色校正”|“灰度系数 / 基值 / 增益”命令，然后在“效果控件”面板中展开“灰度系数 / 基值 / 增益”效果的参数，如图 5-43 所示。

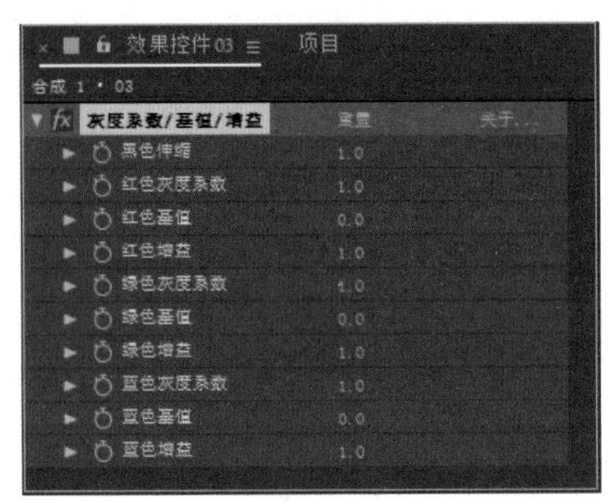

图 5-43

下面对灰度系数 / 基值 / 增益效果的主要属性参数进行详细介绍。

✦ 黑色伸缩：重新设置黑色的强度，取值范围为1~4。

✦ 红色 / 绿色 / 蓝色灰度系数：分别调整红色 / 绿色 / 蓝色通道的灰度系数值。

✦ 红色 / 绿色 / 蓝色基值：分别调整红色 / 绿色 / 蓝色通道的最小输出值。

✦ 红色 / 绿色 / 蓝色增益：分别调整红色 / 绿色 / 蓝色通道的最大输出值。

5.3.4 色调均化效果

色调均化效果可以使图像变化平均化，自动以白色取代图像中最亮的像素，以黑色取代图像中最暗的像素，然后取得一个最亮与最暗之间的阶调像素。

选择图层，执行“效果”|“颜色校正”|“色调均化”命令，然后在“效果控件”面板中展开“色调均化”效果的参数，如图 5-44 所示。

图 5-44

下面对色调均化效果的主要属性参数进行详细介绍。

✦ 色调均化：指定平均化的方式，可以选择 RGB、“亮度”和“Photoshop 样式”3 种方式。

✦ 色调均化量：设置重新分布亮度值的百分比。

5.3.5 颜色链接效果

颜色链接效果可以根据周围的环境改变素材的颜色，对两个层的素材色调进行统一。

选择图层，执行“效果”|“颜色校正”|“颜色链接”命令，然后在“效果控件”面板中展开“颜色链接”效果的参数，如图 5-45 所示。

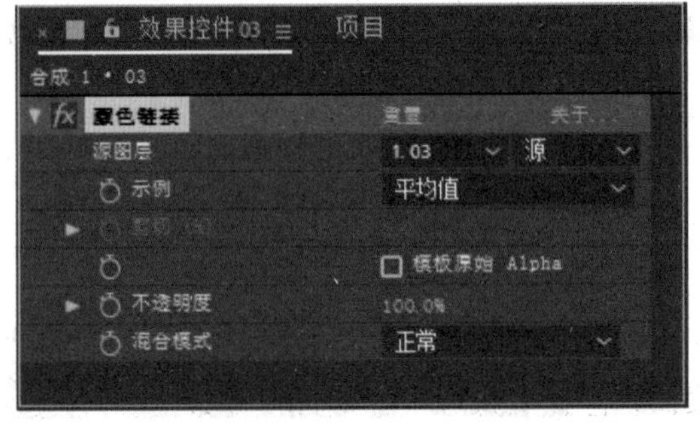

图 5-45

下面对颜色链接效果的主要属性参数进行详细介绍。

✦ 源图层：选择需要与颜色匹配的图层。

✦ 示例：选取颜色取样点的调整方式。

✦ 剪切：设置被指定采样百分比的最高值和最低值，该参数对清除图像的杂点非常有效。

✦ 模板原始 Alpha：选取原稿的透明模板，如果原稿中没有 Alpha 通道，通过抠像也可以产生类似的透明区域。

✦ 不透明度：调整统一色调后的不透明度。

✦ 混合模式：从右侧的下拉列表中选择所选颜色图层的混合模式。

5.3.6　更改颜色效果

更改颜色效果可以替换图像中的某种颜色，并调整该颜色的饱和度和亮度。

选择图层，执行“效果”|“颜色校正”|“更改颜色”命令，然后在“效果控件”面板中展开“更改颜色”效果的参数，如图 5-46 所示。

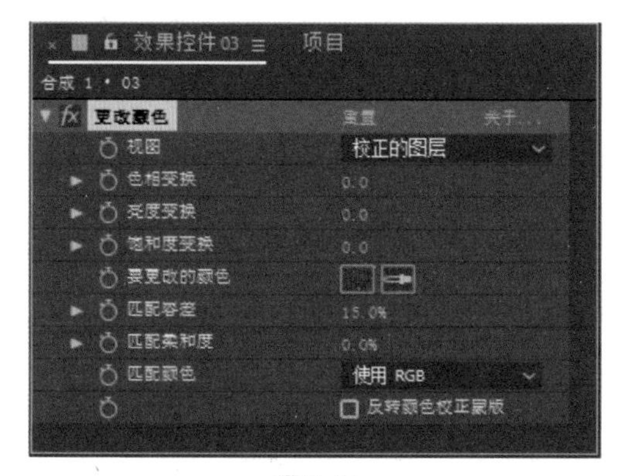

图 5-46

下面对更改颜色效果的主要属性参数进行详细介绍。

✦ 视图：设置图像在“合成”窗口中的显示方式。

✦ 色相变换：调整所选颜色的色相。

✦ 亮度变换：调整所选颜色的亮度。

✦ 饱和度变换：调整所选颜色的饱和度。

✦ 要更改的颜色：选择图像中要改变颜色的区域。

✦ 匹配容差：调整颜色匹配的相似程度。

✦ 匹配柔和度：设置颜色的柔化程度。

✦ 匹配颜色：设置相匹配的颜色，包括“使用 RGB”“使用色相”和“使用色度”3 个选项。

✦ 反转颜色校正蒙版：选中该选项，可以对所选颜色进行反向处理。

5.3.7　更改为颜色效果

更改为颜色效果可以用指定的颜色替换图像中某种颜色的色调、明度和饱和度的值，在进行颜色转换的同时也添加一种新的颜色。

选择图层，执行“效果”|“颜色校正”|“更改为颜色”命令，然后在“效果控件”面板中展开“更改为颜色”效果的参数，如图 5-47 所示。

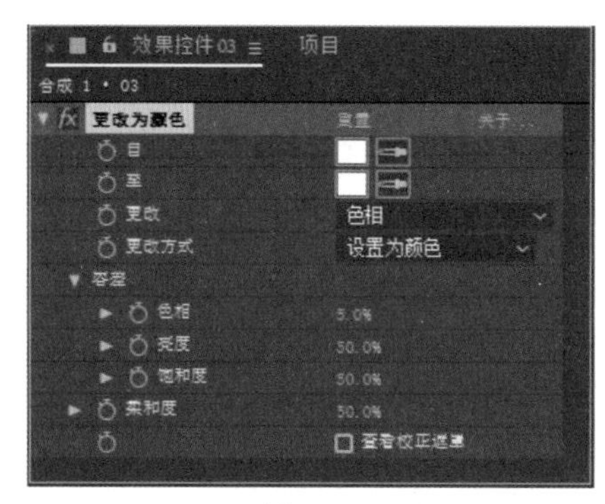

图 5-47

下面对更改为颜色效果的主要属性参数进行详细介绍。

✦ 自：指定要转换的颜色。

✦ 至：指定转换成何种颜色。

✦ 更改：指定影响 HLS 颜色模式的通道。

✦ 更改方式：指定颜色转换以哪一种方式执行，包括“设置为颜色”和“变换为颜色”两种。

✦ 容差：指定色相、亮度和饱和度的值。

✦ 柔和度：通过百分比数值控制柔和度。

✦ 查看校正遮罩：选中该选项，可以显示图层上哪个部分改变过。

5.3.8　PS 任意映射效果

PS 任意映射效果用于调整图像的色调的亮度级别。通过调用 Photoshop 的图像文件（.amp）来调节层的亮度值，或重新映射一个专门的亮度区域来调节明暗及色调。

选择图层，执行“效果”|“颜色校正”|“PS 任意映射”命令，然后在“效果控件”面板中展开“PS 任意映射”效果的参数，如图 5-48 所示。

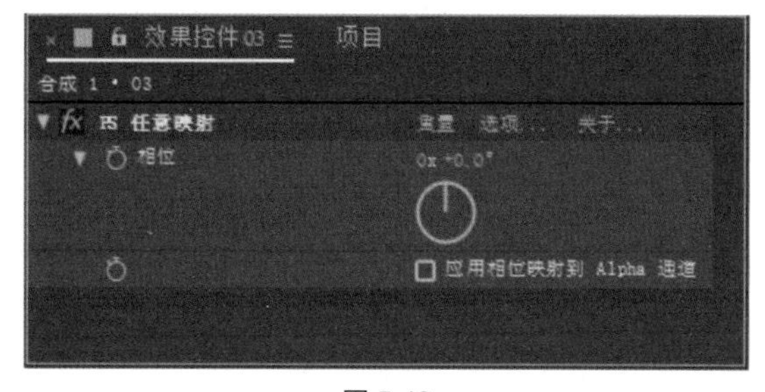

图 5-48

下面对 PS 任意映射效果的主要属性参数进行详细介绍。

✦ 相位：循环属性映射，向右拖动增加映射程度，向左拖动减少映射程度。

✦ 应用相位映射到 Alpha 通道：将外部的相位图应用到该层的 Alpha 通道，系统将对 Alpha 通道使用默认设置。

5.3.9 颜色稳定器效果

颜色稳定器效果可以在素材的某一帧上采集暗部、中间调和亮调色彩，其他帧的色彩保持采集帧色彩的数值。

选择图层，执行“效果”|“颜色校正”|“颜色稳定器”命令，然后在“效果控件”面板中展开“颜色稳定器”效果的参数，如图 5-49 所示。

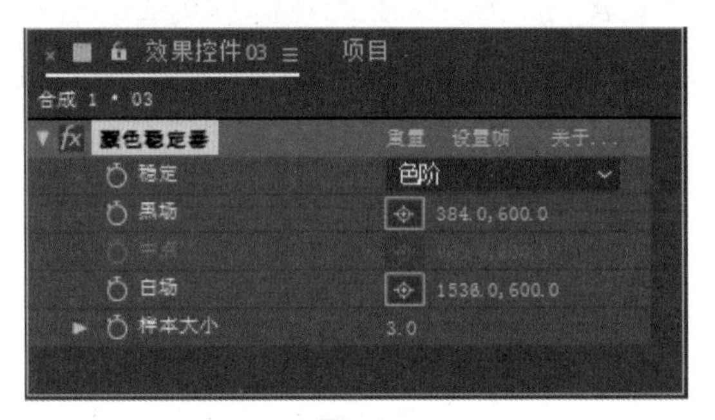

图 5-49

下面对颜色稳定器效果的主要属性参数进行详细介绍。

✦ 稳定：选择颜色稳定的形式，包括“亮度”“色阶”和“曲线”3 种形式。

✦ 黑场：指定稳定所需的最暗点。

✦ 中点：指定稳定所需的中间颜色。

✦ 白场：指定稳定所需的最亮点。

✦ 样本大小：调节样本区域的范围大小。

5.3.10 自动颜色效果

自动颜色效果根据图像的高光、中间色和阴影色的值，调整原图像的对比度和色彩。在默认情况下，自动颜色效果使用 RGB 为 128 的灰度值作为目标色来压制中间色的色彩范围，并降低 5% 阴影和高光的像素值。

选择图层，执行“效果”|“颜色校正”|“自动颜色”命令，然后在“效果控件”面板中展开“自动颜色”效果的参数，如图 5-50 所示。

下面对自动颜色效果的主要属性参数进行详细介绍。

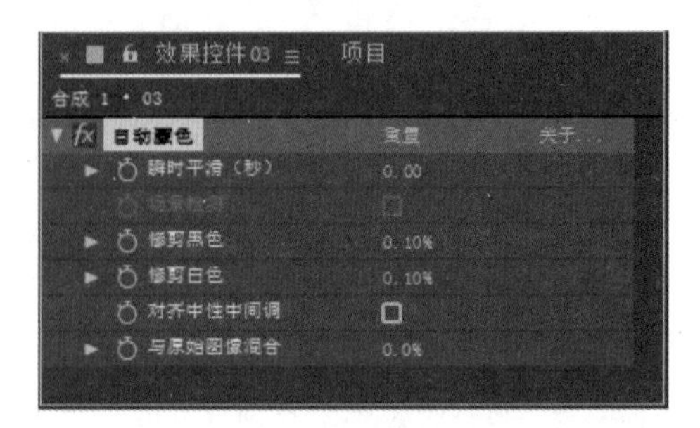

图 5-50

✦ 瞬时平滑：指定围绕当前帧的持续时间，再根据设置的时间确定对与周围帧有联系的当前帧的矫正操作。例如将值设置为 2，那么系统将对当前帧的前一帧和后一帧各用 1 秒时间来分析，然后确定一个适当的色阶来调节当前帧。

✦ 场景检测：设置瞬时平滑，忽略不同场景中的帧。

✦ 修剪黑色：缩减阴影部分的图像，可以加深阴影。

✦ 修剪白色：缩减高光部分的图像，可以提高高光部分的亮度。

✦ 对齐中性中间调：确定一个接近中性色彩的平均值，然后分析亮度值使图像整体色彩适中。

✦ 与原始图像混合：设置效果与原始图像的混合程度。

5.3.11 自动色阶效果

自动色阶效果用于自动设置高光和阴影，通过在每个存储白色和黑色的色彩通道中定义最亮和最暗的像素，然后按比例分布中间像素值。

选择图层，执行“效果”|“颜色校正”|“自动色阶”命令，然后在“效果控件”面板中展开“自动色阶”效果的参数，如图 5-51 所示。

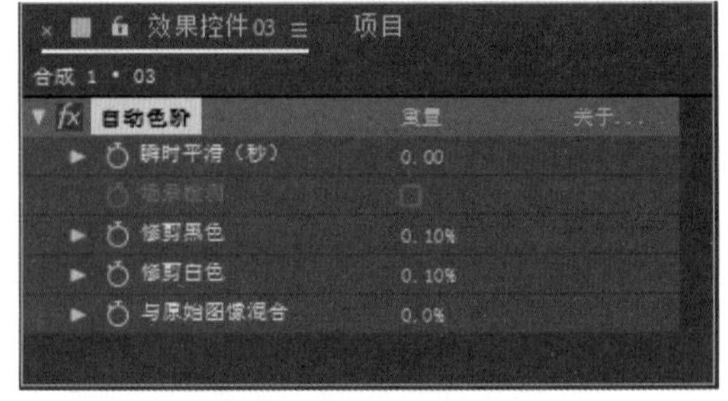

图 5-51

下面对自动色阶效果的主要属性参数进行详细介绍。

✦ 瞬时平滑：指定围绕当前帧的持续时间，再根据设置的时间确定对与周围帧有联系的当前帧的矫正操作。

✦ 场景检测：设置瞬时平滑忽略不同场景中的帧。

✦ 修剪黑色：缩减阴影部分的图像，可以加深阴影。

✦ 修剪白色：缩减高光部分的图像，可以提高高光部分的亮度。

✦ 与原始图像混合：设置效果与原始图像的混合程度。

5.3.12 自动对比度效果

自动对比度效果能够自动分析层中所有对比度和混合的颜色，将最亮和最暗的像素映射到图像的白色和黑色中，使高光部分更亮，阴影部分更暗。

选择图层，执行“效果”|“颜色校正”|“自动对比度”命令，然后在“效果控件”面板中展开“自动对比度”效果的参数，如图 5-52 所示。

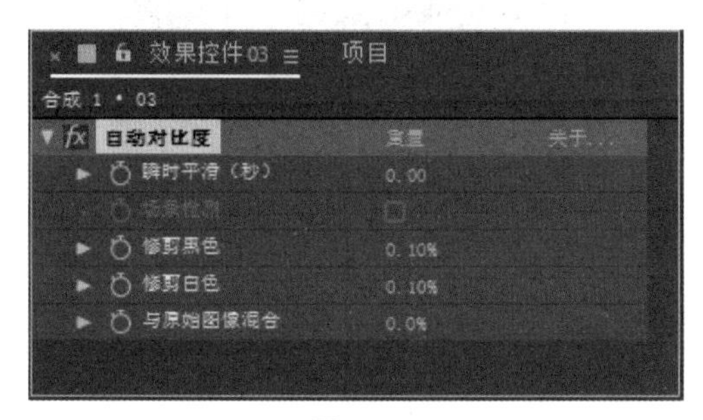

图 5-52

下面对自动对比度效果的主要属性参数进行详细介绍。

✦ 瞬时平滑：指定围绕当前帧的持续时间，再根据设置的时间确定对与周围帧有联系的当前帧的矫正操作。

✦ 场景检测：设置瞬时平滑忽略不同场景中的帧。

✦ 修剪黑色：缩减阴影部分的图像，可以加深阴影。

✦ 修剪白色：缩减高光部分的图像，可以提高高光部分的亮度。

✦ 与原始图像混合：设置效果与原始图像的混合程度。

5.3.13 课堂练习——旧色调效果

结合所学内容，通过下面的实例操作来讲解如何使用“保留颜色”和“自动颜色”效果来制作旧色调效果。

视频文件：　视频 \ 第 5 章 \5.3.13 课堂练习——旧色调效果 .mp4

源 文 件：　源文件 \ 第 5 章 \5.3.13

01 启动 After Effects CC 2018 软件，进入其操作界面。

02 执行“合成”|“新建合成”命令，创建一个预置为 PAL D1/DV 的合成，设置“持续时间”为 3 秒，并设置好名称，单击“确定”按钮，如图 5-53 所示。

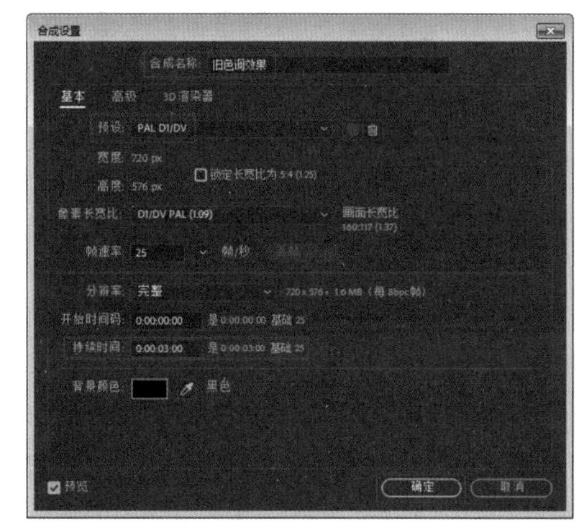

图 5-53

03 执行“文件”|“导入”|“文件”命令，弹出“导入文件”对话框，选择如图 5-54 所示的文件，单击“导入”按钮，将素材导入项目。

图 5-54

04 将“项目”窗口中的“樱桃.jpg”素材拖入“图层”面板，然后选中该图层按 S 键展开其“缩放”属性，并设置“缩放”参数为 42，如图 5-55 所示。操作完成后在“合成”窗口对应的预览效果如图 5-56 所示。

图 5-55

图 5-56

05 在“图层”面板中选择“樱桃.jpg”图层，执行“效果”|“颜色校正”|“保留颜色”命令，然后在“效果控件”面板中单击“吸管”工具按钮，并移动光标至“合成”窗口单击背景颜色，吸取颜色的 RGB 参数为 246、209、188，接着设置“脱色量”参数为 60，“容差”参数为 0，如图 5-57 所示。操作完成后在“合成”窗口对应的预览效果如图 5-58 所示。

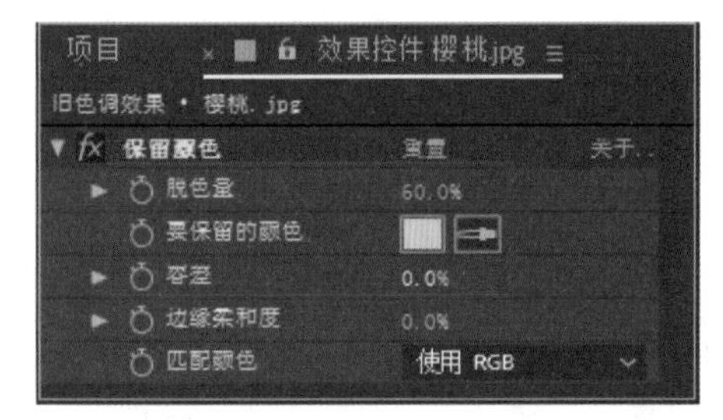

图 5-57

图 5-58

06 选择“樱桃.jpg”图层，执行“效果”|“颜色校正”|“自动颜色”命令，然后在“效果控件”面板中设置“瞬时平滑”参数为 1.5，“修剪黑色”参数为 2，“修剪白色”参数为 6，并选中“对齐中性中间调”选项，如图 5-59 所示。操作完成后在“合成”窗口对应的预览效果如图 5-60 所示。

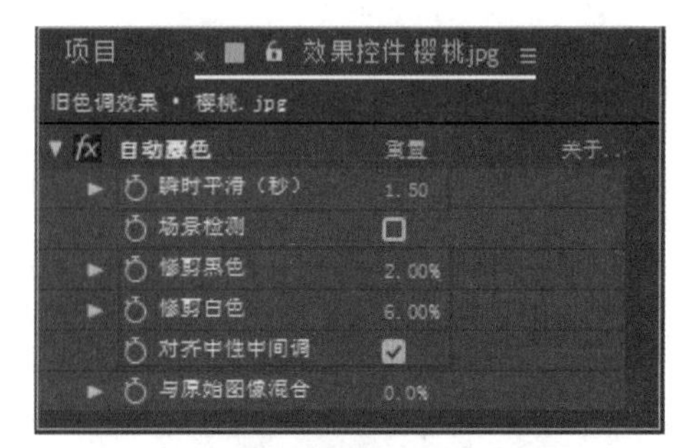

图 5-59

图 5-60

07 至此，本实例制作完毕，颜色校正调色前后的效果如图 5-61 所示。

图 5-61

5.4　通道效果调色

通道效果在实际应用中非常有效，通常与其他效果相互配合来控制、抽取、插入和转换一个图像的通道。本节将讲解以下几种通道效果的调色方法：CC Composite（CC 混合模式处理）效果、反转效果、复合运算效果、固态层合成效果、混合效果、计算效果、设置通道效果、设置遮罩效果、算术效果、通道合成器效果、移除颜色遮罩效果、转换通道效果、最小 / 最大效果。

5.4.1　CC Composite（CC 混合模式处理）效果

CC Composite（CC 混合模式处理）效果主要用于对自身的通道进行混合。

选择图层，执行“效果”|“通道”|CC Composite 命令，然后在“效果控件”面板中展开 CC Composite 效果的参数，如图 5-62 所示。

图 5-62

下面对 CC Composite 效果的主要属性参数进行详细介绍。

✦ Opacity（不透明度）：调节图像混合模式的不透明度。

✦ Composite Original（原始合成）：可以从右侧的下拉列表中选择任何一种混合模式，对图像本身进行混合处理。

✦ RGB Only（仅 RGB）：选中该选项，只对 RGB 色彩进行处理。

5.4.2　反转效果

反转效果用于转化图像的颜色信息，用于反转颜色通常有很好的颜色效果。

选择图层，执行“效果”|“通道”|“反转”命令，然后在“效果控件”面板中展开“反转”效果的参数，如图 5-63 所示。

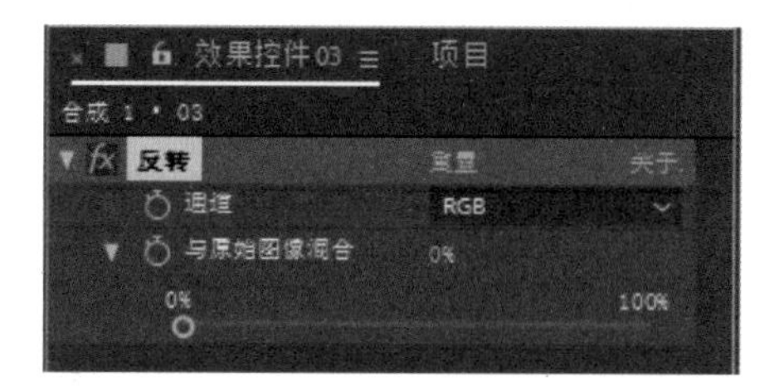

图 5-63

下面对反转效果的主要属性参数进行详细介绍。

✦ 通道：从右侧的下拉列表中选择应用反转效果的通道。

✦ 与原始图像混合：调整与原图像的混合程度。

5.4.3　复合运算效果

复合运算效果可以将两个图层通过运算的方式混合，实际上与层模式相同，而且比应用层模式更有效、更方便。这个效果主要为了兼容以前版本的 After Effects 效果。

选择图层，执行“效果”|“通道”|“复合运算”命令，然后在“效果控件”面板中展开“复合运算”效果的参数，如图 5-64 所示。

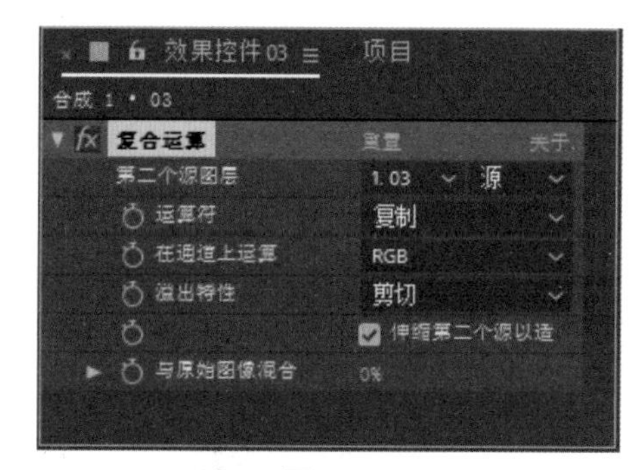

图 5-64

下面对复合运算效果的主要属性参数进行详细介绍。

✦ 第二个源图层：选择混合的第二个图像层。

✦ 运算符：从右侧的下拉列表中选择一种运算方式，其效果与层模式相同。

✦ 在通道上运算：可以选择 RGB、ARGB 和 Alpha 通道。

✦ 溢出特性：选择对超出允许范围的像素值的处理方法，可以选择“剪切”“回绕”和“缩放”三种。

✦ 伸缩第二个源以适合：如果两个层的尺寸不同，进行伸缩以适应。

✦ 与原始图像混合：设置与源图像的融合程度。

5.4.4 固态层合成效果

固态层合成效果，提供一种非常快捷的方式在原始素材层的后面，将一种色彩填充与原始图像进行合成，得到一种固态色合成的融合效果。用户可以控制原始素材层的不透明度以及填充合成图像的不透明度，还可以选择应用不同的混合模式。

选择图层，执行“效果”|“通道”|“固态层合成”命令，然后在“效果控件”面板中展开“固态层合成”效果的参数，如图 5-65 所示。

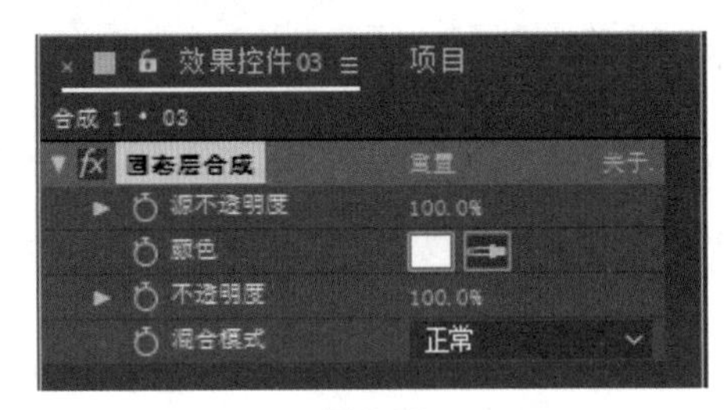

图 5-65

下面对固态层合成效果的主要属性参数进行详细介绍。

✦ 源不透明度：调整原素材层的不透明度。

✦ 颜色：指定新填充图像的颜色，当指定一种颜色后，通过设置不透明度可以对源层进行填充。

✦ 不透明度：控制新填充图像的不透明度。

✦ 混合模式：选择原素材层与新填充图像的混合模式。

5.4.5 混合效果

混合效果可以通过 5 种方式将两个层融合。与使用层模式类似，但是使用层模式不能设置动画，而混合效果最大的好处是可以设置动画。

选择图层，执行“效果”|“通道”|“混合”命令，然后在“效果控件”面板中展开“混合”效果的参数，如图 5-66 所示。

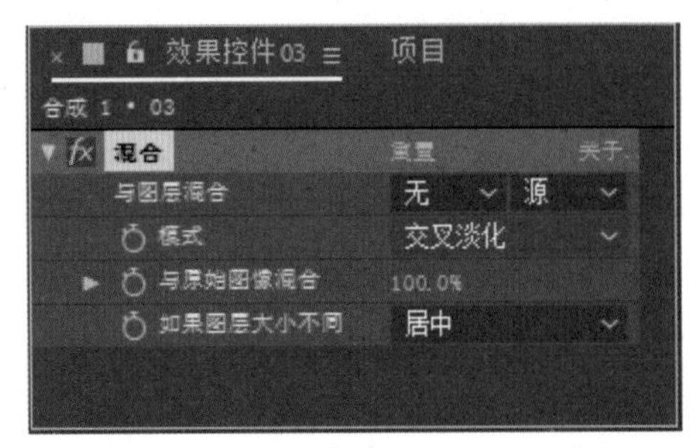

图 5-66

下面对混合效果的主要属性参数进行详细介绍。

✦ 与图层混合：指定对本层应用混合的层。

✦ 模式：选择混合方式，其中包括“交叉淡化”“仅颜色”“仅色调”“仅变暗”“仅变亮”5 种方式。

✦ 与原始图像混合：设置与原始图像的混合程度。

✦ 如果图层大小不同：当两个层尺寸不一致时，可以选择“居中”（进行居中对齐）和“伸缩以适合”两种方式。

5.4.6 计算效果

计算效果是通过混合两个图形的通道信息来获得新的图像效果。

选择图层，执行“效果”|“通道”|“计算”命令，然后在“效果控件”面板中展开“计算”效果的参数，如图 5-67 所示。

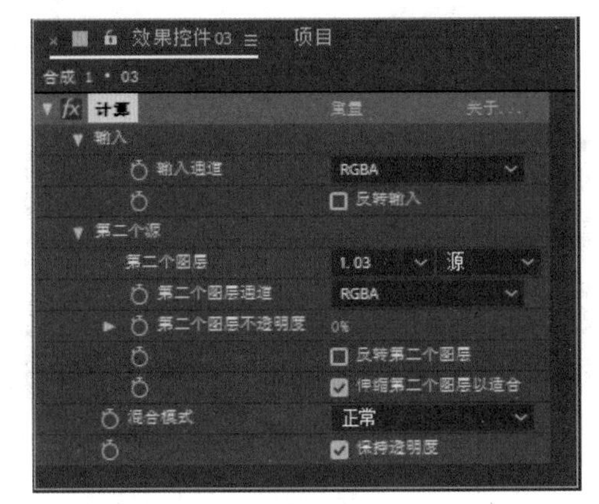

图 5-67

下面对计算效果的主要属性参数进行详细介绍。

✦ 输入通道：选择原始图像中用来获得颜色信息的通道，共有 6 个通道，其中 RGBA 通道显示图像所有的色彩信息；灰色通道只显示原始图像的灰度值；红色、绿色、蓝色和 Alpha 通道是将所有通道信息转换成指定的通道值进行输出，如设置为绿色则只显示绿色通道的信息。

✦ 反转输入：将获得的通道信息进行反向处理后再输出。

✦ 第二个源：选择用哪一个层的图像来混合原始层的图像，以及控制混合的通道和混合的不透明度。

✦ 第二个图层：选择一个层作为混合层。

✦ 第二个图层通道：选择混合层图像的输出通道，与输入通道属性相同，选择的通道输出数值将与输入通道的输出值混合。

✦ 第二个图层不透明度：调整混合层的不透明度。

✦ 反转第二个图层：反转混合层。

✦ 伸缩第二个图层以适合：拉伸或缩小混合层至合适的尺寸。

✦ 混合模式：从右侧的下拉列表中选择两层之间的混合模式。

✦ 保持透明度：保护原始图像的 Alpha 通道不被修改。

5.4.7　设置通道效果

设置通道效果用于复制其他层的通道到当前颜色通道和 Alpha 通道中。

选择图层，执行“效果”|“通道”|“设置通道”命令，然后在“效果控件”面板中展开“设置通道”效果的参数，如图 5-68 所示。

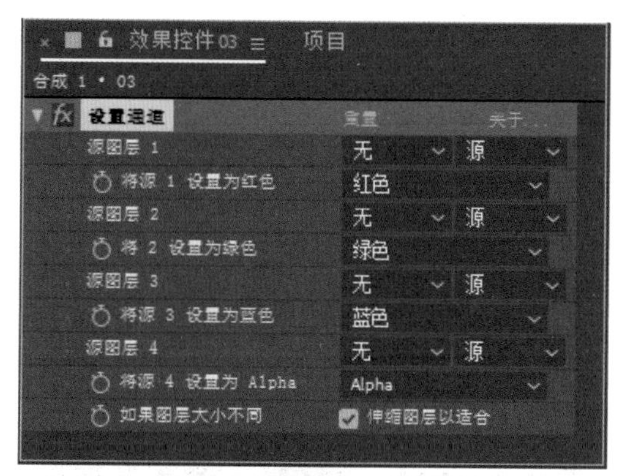

图 5-68

下面对设置通道效果的主要属性参数进行详细介绍。

✦ 源图层 1 / 2 / 3 / 4：可以分别将本层的 RGBA 四个通道改为其他层。

✦ 将源 1 / 2 / 3 / 4 设置为红色 / 绿色 / 蓝色 / Alpha：选择本层要被替换的 RGBA 通道。

✦ 伸缩图层以适合：选中该选项，可以选择伸缩自适应来匹配两层为同样尺寸。

5.4.8　设置遮罩效果

设置遮罩效果用于将其他图层的通道设置为本层的遮罩，通常用来创建运动遮罩效果。

选择图层，执行“效果”|“通道”|“设置遮罩”命令，然后在“效果控件”面板中展开“设置遮罩”效果的参数，如图 5-69 所示。

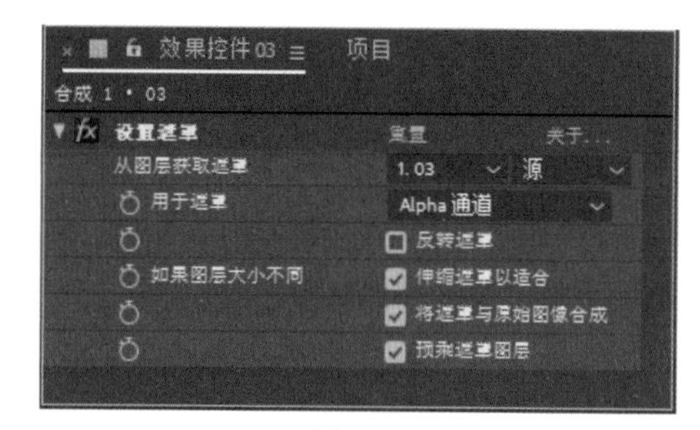

图 5-69

下面对设置遮罩效果的主要属性参数进行详细介绍。

✦ 从图层获取遮罩：指定要应用遮罩的层。

✦ 用于遮罩：选择哪一个通道作为本层的遮罩。

✦ 反转遮罩：对所选择的遮罩进行反向。

✦ 伸缩遮罩以适合：伸缩遮罩层来匹配两层为同样尺寸。

✦ 将遮罩与原始图像合成：将遮罩和原图像进行透明度混合。

✦ 预乘遮罩图层：选择和背景合成的遮罩层。

5.4.9　算术效果

算术效果称为“通道运算”，对图像中的红、绿、蓝通道进行简单的运算，通过调节不同色彩通道的信息，可以制作出各种曝光效果。

选择图层，执行“效果”|“通道”|“算术”命令，然后在“效果控件”面板中展开“算术”效果的参数，如图 5-70 所示。

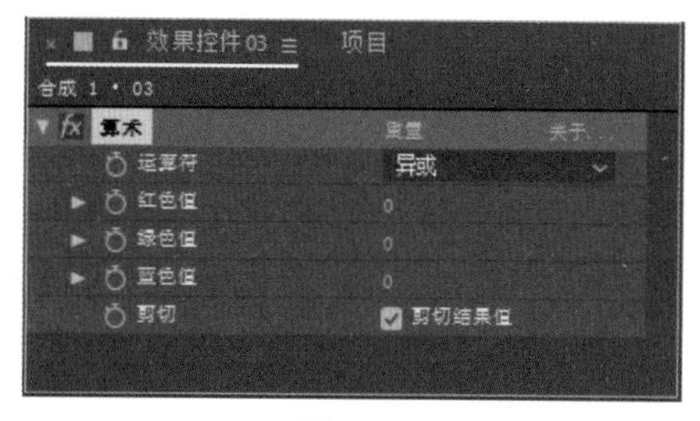

图 5-70

下面对算术效果的主要属性参数进行详细介绍。

✦ 运算符：控制图像像素的值与用户设定的值之间的数值运算。

✦ 红色值：应用计算中的红色通道数值。

✦ 绿色值：应用计算中的绿色通道数值。

✦ 蓝色值：应用计算中的蓝色通道数值。

✦ 剪切：选中“剪切结果值”选项用来防止设置的

颜色值超出所有功能函数项的限定范围。

5.4.10 通道合成器效果

通道合成器效果可以提取、显示以及调整图像中不同的色彩通道，可以模拟出各种光影效果。

选择图层，执行“效果”|“通道”|“通道合成器”命令，然后在“效果控件”面板中展开“通道合成器”效果的参数，如图 5-71 所示。

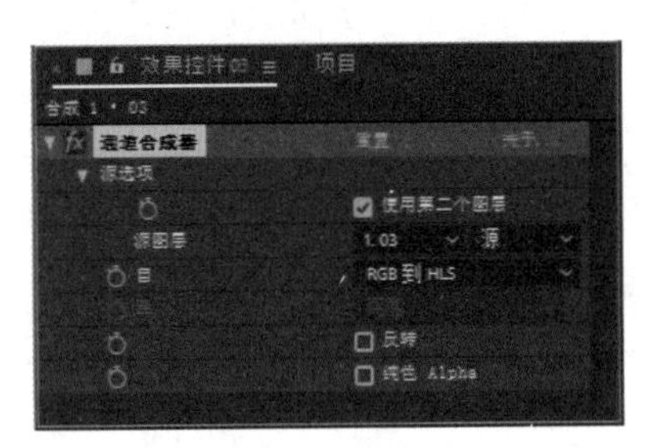

图 5-71

下面对通道合成器效果的主要属性参数进行详细介绍。

✦ 源选项：选择是否混合另一个图层。当选中“使用第二个图层”复选框后，可以在源图层下拉到表中选择从另外一个图层获取图像的色彩信息，而且此图像必须在同一个合成中。

✦ 源图层：作为合成信息的来源，当选中“使用第二个图层”复选框时，可以从中提取一个图层的通道信息，并将其混合到当前图层，并且来源层的图像不会显示在最终画面中。

✦ 自：指定第二层中图像通道信息混合的类型，系统自带多种混合类型。

✦ 收件人：指定第二层中图像通道信息的应用方式。

✦ 反转：反转应用效果。

✦ 纯色 Alpha：该选项决定是否创建一个不透明的 Alpha 通道，用于替换原始的 Alpha 通道。

5.4.11 移除颜色遮罩效果

移除颜色遮罩效果用来消除或改变遮罩的颜色，该效果也经常用于使用其他文件的 Alpha 通道或填充。如果输入的素材是包含背景的 Alpha（Premultiplied Alpha），或者图像中的 Alpha 通道是由 After Effects 创建的，可能需要去除图像中的光晕，而光晕通常是和背景及图像有很大反差的。我们可以通过移除颜色遮罩效果来消除或改变光晕。

选择图层，执行“效果”|“通道”|“移除颜色遮罩”命令，然后在“效果控件”面板中展开“移除颜色遮罩”效果的参数，如图 5-72 所示。

图 5-72

下面对移除颜色遮罩效果的主要属性参数进行详细介绍。

✦ 背景颜色：选择需要移除的背景色。

✦ 剪切：选中“剪切 HDR 结果”选项，可以缩减图像。

5.4.12 转换通道效果

转换通道效果用于在本层的 RGBA 通道之间转换，主要对图像的色彩和亮暗产生影响，也可以消除某种颜色。

选择图层，执行“效果”|“通道”|“转换通道”命令，然后在“效果控件”面板中展开“转换通道”效果的参数，如图 5-73 所示。

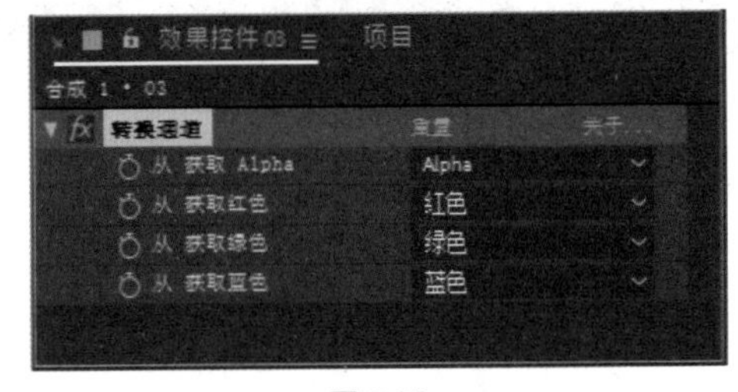

图 5-73

下面对转换通道效果的主要属性参数进行详细介绍。

✦ 从 获取 Alpha / 红色 / 绿色 / 蓝色：分别从旁边的下拉列表中选择本层的其他通道，并应用到 Alpha、红色、绿色和蓝色通道。

5.4.13 最小 / 最大效果

最小 / 最大效果用于对指定的通道进行最小值或最大值的填充。“最大”以该范围内最亮的像素填充；“最小”以该范围内最暗的像素填充，而且可以设置方向为水平或垂直，可以选择的应用通道十分灵活，效果出众。

选择图层，执行“效果”|“通道”|“最小 / 最大”命令，然后在“效果控件”面板中展开“最小 / 最大”效果的参数，如图 5-74 所示。

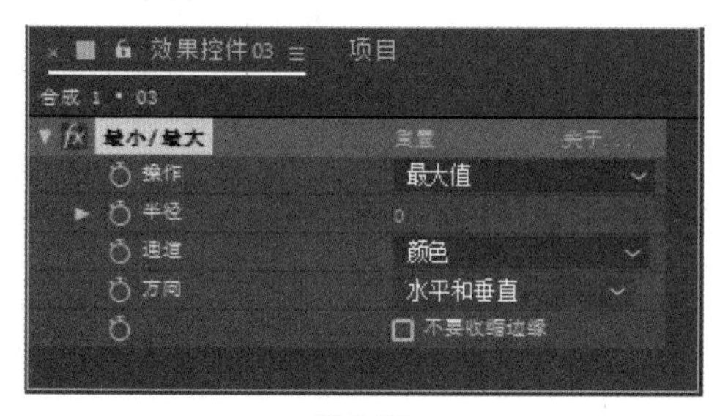

图 5-74

下面对最小 / 最大效果的主要属性参数进行详细介绍。

✦ 操作：选择作用方式，可以选择“最大值”“最小值”“先最小值再最大值”和“先最大值再最小值”4 种方式。

✦ 半径：设置作用半径，也就是效果的程度。

✦ 通道：选择应用的通道，可以对 R、G、B 和 Alpha 通道单独作用，这样不会影响画面的其他元素。

✦ 方向：可以选择 3 种不同的方向（水平和垂直、仅水平和仅垂直方向）。

✦ 不要收缩边缘：选中该选项可以不收缩图像的边缘。

5.4.14　课堂练习——黄昏效果校色

本实例将详细讲解如何利用“算术”和“固态层合成”等校色效果来调出黄昏色调效果。

视频文件：　视频 \ 第 5 章 \5.4.14 课堂练习——黄昏效果校色 .mp4

源 文 件：　源文件 \ 第 5 章 \5.4.14

01 启动 After Effects CC 2018 软件，进入其操作界面。执行“合成”|“新建合成”命令，创建一个预置为 PAL D1/DV 的合成，设置“持续时间”为 3 秒，并设置好名称，单击“确定”按钮，如图 5-75 所示。

02 执行“文件”|“导入”|“文件”命令，弹出“导入文件”对话框，选择如图 5-76 所示的文件，单击“导入”按钮，将素材导入项目。

03 将“项目”窗口中的“沙滩 .jpg”素材拖入“图层”面板，接着选择该图层，按 S 键展开其“缩放”参数，并设置其“缩放”参数为 58，调整效果如图 5-77 所示。

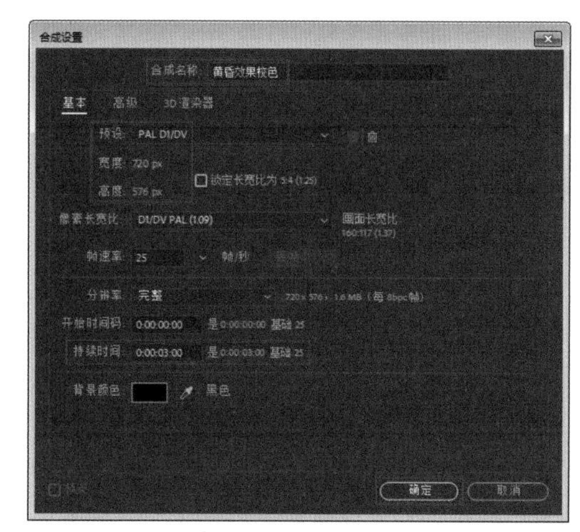

图 5-75

图 5-76

图 5-77

04 在“图层”面板中选择“沙滩.jpg”图层，执行“效果”|“通道”|“算术”命令，并在“效果控件”面板中设置“运算符”为“相加”，“红色值”为30，如图5-78所示。操作完成后在“合成”窗口对应的预览效果如图5-79所示。

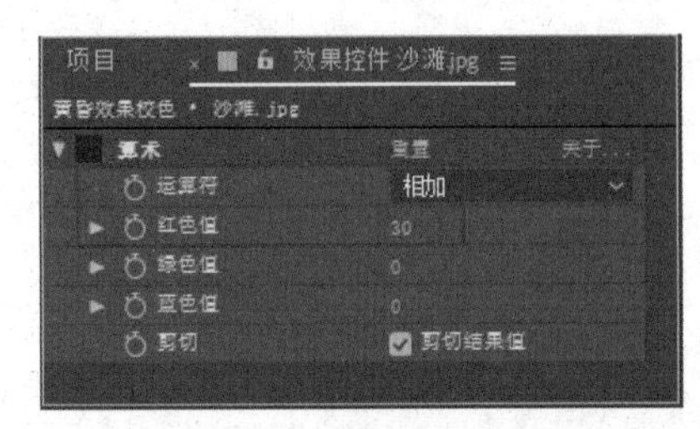

图 5-78

图 5-79

05 选择“沙滩.jpg”图层，执行“效果”|“通道”|“固态层合成”命令，并在“效果控件”面板中设置“源不透明度”参数为87，“颜色”的RGB参数为246、150、87，“不透明度”参数为60，如图5-80所示。操作完成后在“合成”窗口对应的预览效果如图5-81所示。

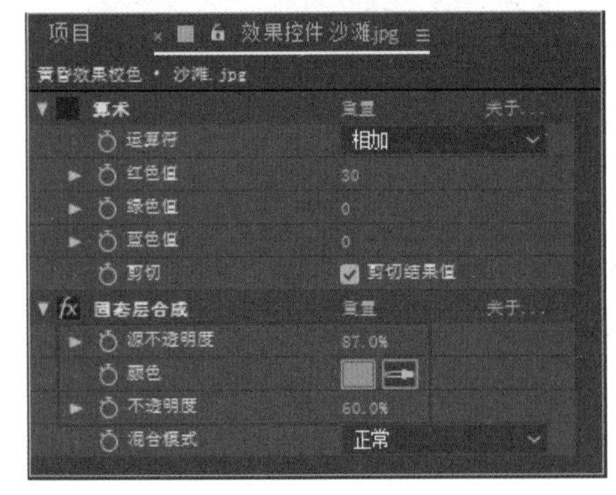

图 5-80

图 5-81

06 选择“沙滩.jpg”图层，执行“效果”|“颜色校正”|“色相/饱和度”命令，并在“效果控件”面板中设置“主色相”参数为0×−5°，“主饱和度”参数为20，“主亮度”参数为−6，如图5-82所示。操作完成后在“合成”窗口对应的预览效果如图5-83所示。

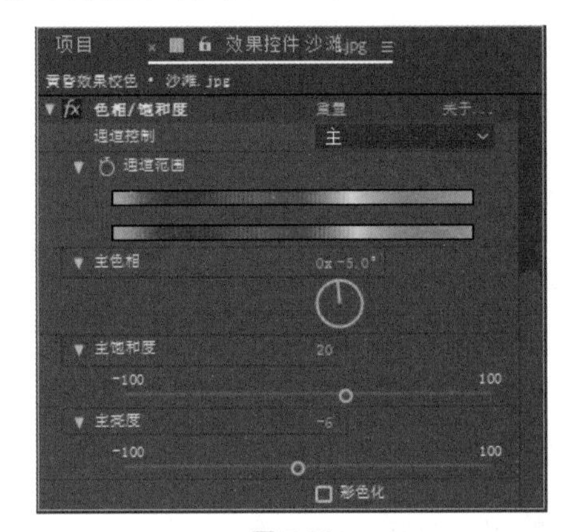

图 5-82

图 5-83

07 选择“沙滩.jpg”图层，执行“效果”|“颜色校正”|“色阶”命令，并在“效果控件”面板中设置“输入黑色”参数为 20，“输入白色”参数为 300，如图 5-84 所示。操作完成后在“合成”窗口对应的预览效果如图 5-85 所示。

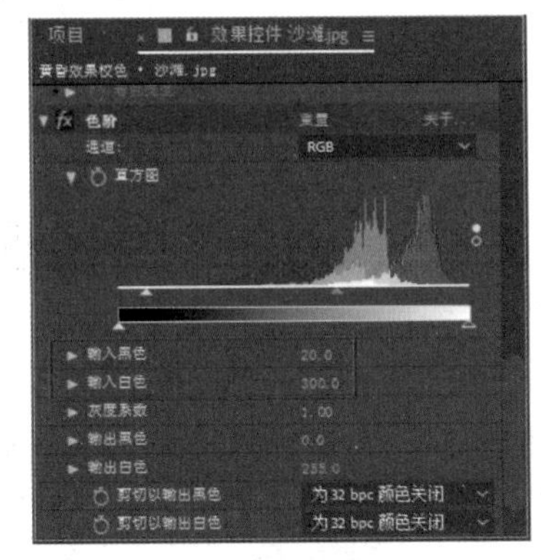

图 5-84

图 5-85

08 至此，本实例制作完毕，颜色校正调色前后的效果如图 5-86 所示。

图 5-86

5.5　实战——水墨画风格校色

结合本章所学内容，本实例主要介绍了如何利用 After Effects 内置校色效果，将一个普通的风景素材调节成水墨画效果。通过对本实例的学习，读者可以掌握水墨画风格的校色技术。

视频文件：　视频\第 5 章\5.5 实战——水墨画风格校色.mp4
源 文 件：　源文件\第 5 章\5.5

01 启动 After Effects CC 2018 软件，进入其操作界面。执行“合成”|“新建合成”命令，创建一个预置为 PAL D1/DV 的合成，设置“持续时间”为 5 秒，并设置好名称，单击“确定”按钮，如图 5-87 所示。

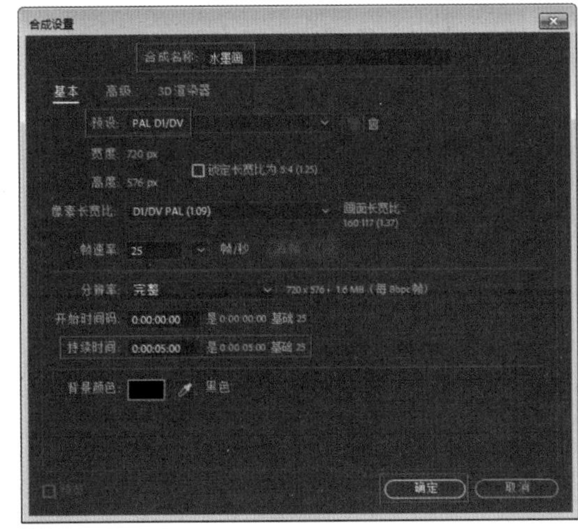

图 5-87

02 执行“文件”|“导入”|“文件”命令，弹出“导入文件”对话框，选择如图 5-88 所示的文件，单击“导入”按钮，将素材导入项目。

图 5-88

03 将“项目”窗口中的“风景.jpg”素材拖入“图层”面板，然后展开该图层的“变换”属性，设置其“位置”参数为 413、288，“缩放”参数为 56，如图 5-89 所示。操作完成后在“合成”窗口的对应预览效果如图 5-90 所示。

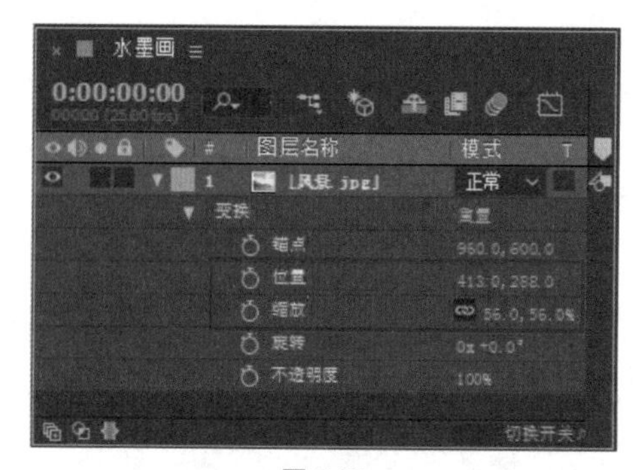

图 5-89

图 5-90

04 在“图层”面板中选择“风景.jpg”图层，执行“效果”|“颜色校正”|“色相/饱和度”命令，并在“效果控件”面板中设置“主饱和度”参数为 –100，如图 5-91 所示。操作完成后在“合成”窗口的对应预览效果如图 5-92 所示。

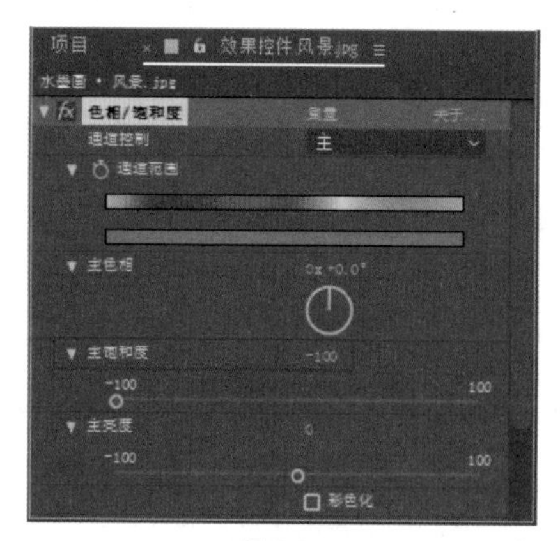

图 5-91

05 选择“风景.jpg”图层，执行“效果”|“风格化”|“查找边缘”命令，并在“效果控件”面板中设置“与原始图像混合”参数为 80，如图 5-93 所示。操作完成后在“合成”窗口的对应预览效果如图 5-94 所示。

图 5-92

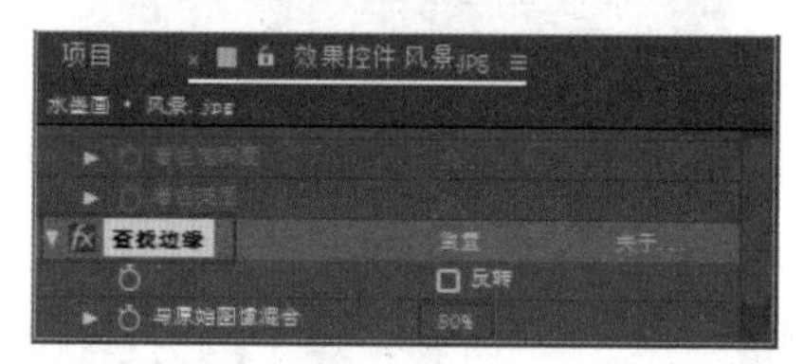

图 5-93

图 5-94

06 在“图层”面板中选择“风景.jpg”图层，执行“效果”|“风格化”|“发光”命令，并在“效果控件”面板中设置“发光阈值”参数为 82，“发光半径”参数为 15，“发光强度”参数为 0.5，如图 5-95 所示。操作完成后在“合成”窗口的对应预览效果如图 5-96 所示。

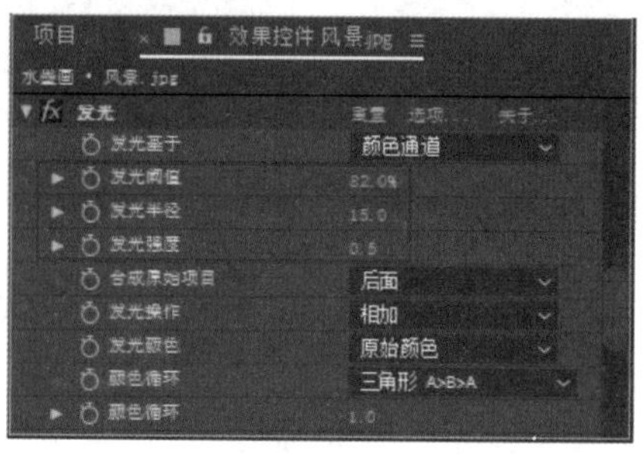

图 5-95

图 5-96

07 选择“风景.jpg”图层，按快捷键 Ctrl+D 复制图层，然后将复制出来的图层命名为“风景 2.jpg”，并放置于底层。接着单击“风景.jpg”图层前的按钮，暂时隐藏该图层，如图 5-97 所示。

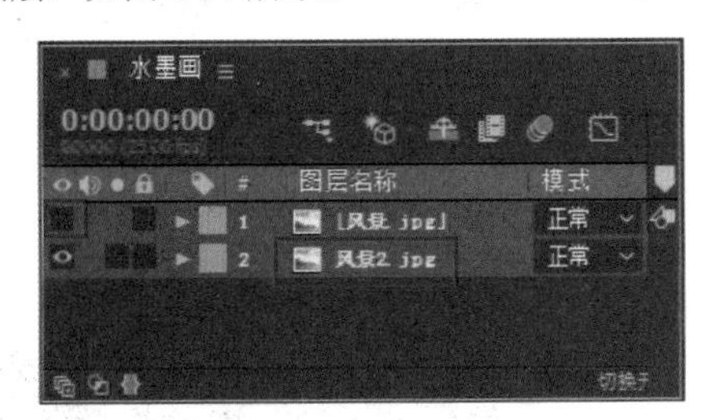

图 5-97

08 在“图层”面板中选择“风景 2.jpg”图层，执行“效果”|“颜色校正”|“色相 / 饱和度”命令，并在“效果控件”面板中设置“主饱和度”参数为 –100，如图 5-98 所示。

图 5-98

09 继续选择“风景 2.jpg”图层，执行“效果”|“杂色和颗粒”|“中间值”命令，并在“效果控件”面板中设置“半径”为 4，如图 5-99 所示。

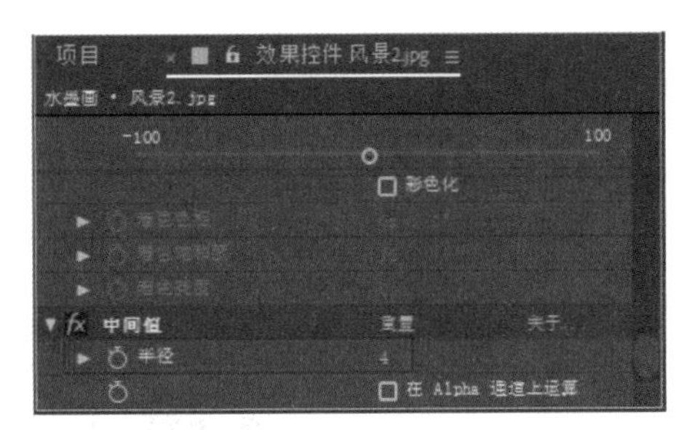

图 5-99

10 再次选择“风景 2.jpg”图层，执行“效果”|“模糊和锐化”|“高斯模糊”命令，并在“效果控件”面板中设置“模糊度”参数为 2，如图 5-100 所示。

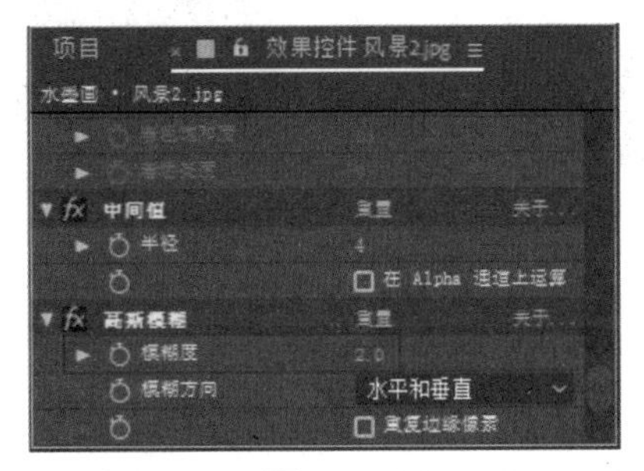

图 5-100

11 在“图层”面板中单击“风景.jpg”图层前的按钮，恢复图层显示。设置“风景.jpg”图层的“不透明度”参数为 60，叠加模式为“相乘”，如图 5-101 所示。操作完成后在“合成”窗口的对应预览效果如图 5-102 所示。

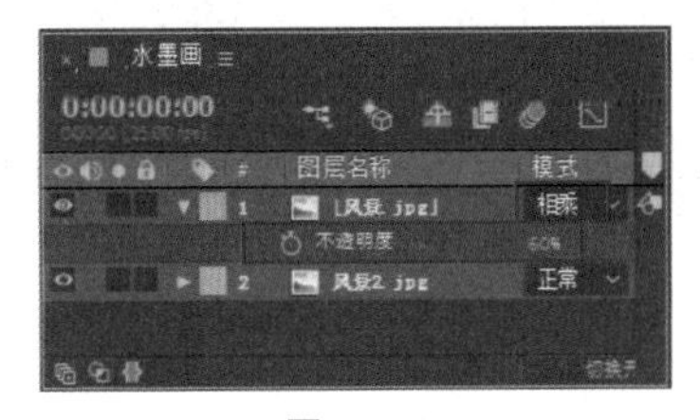

图 5-101

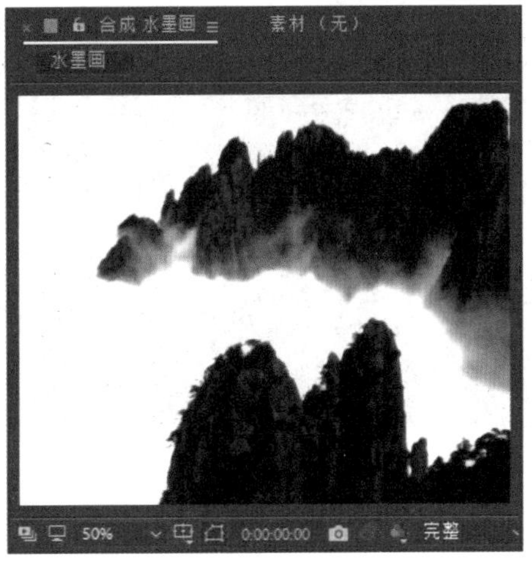

图 5-102

12 接着在“工具”面板中选择“直排文字”工具 ，在“合成”窗口分别单击输入两行文字，设置字体为“华文行楷”，文字大小为 45 像素，颜色的 RGB 参数为 37、37、37，如图 5-103 所示。

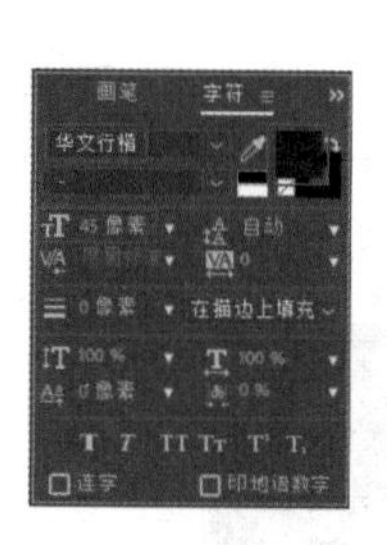

图 5-103

13 将“项目”窗口中的“飞鸟 .png”素材拖入“图层”面板，并设置其“位置”参数为 450、222，“缩放”参数为 40，如图 5-104 所示。

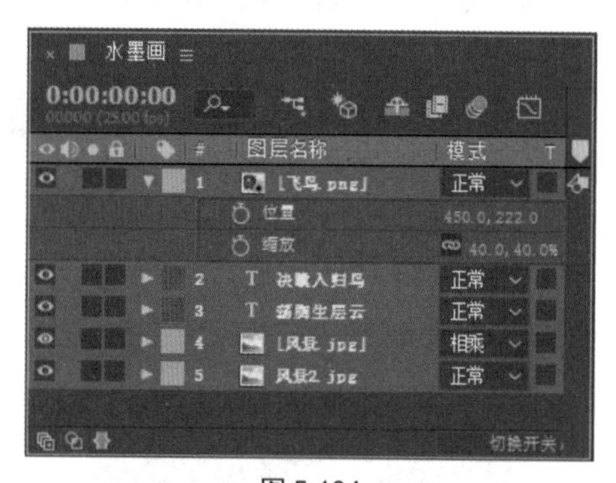

图 5-104

14 将“项目”窗口中的“名章 .png”素材拖入“图层”面板，并设置其“缩放”参数为 20，如图 5-105 所示。

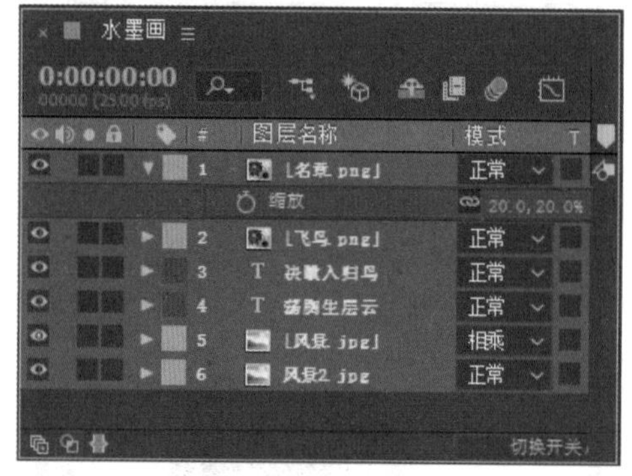

图 5-105

15 至此，本实例制作完毕，颜色校正调色前后的效果如图 5-106 所示。

图 5-106

5.6 本章小结

本章主要学习了 After Effects CC 2018 各种调色技法的运用，总结起来就是两大调色方式：颜色校正调色和通道效果调色。其中在每个主调色方式中都为大家讲解了很多相关的效果，这些效果都是调色的基本工具，所以需要熟悉掌握每个效果的基本用法与参数含义。

6.1 颜色键

有时候可以通过在画面中指定一种颜色，将画面中处于该颜色范围内的图像分离出来，使其转变为透明。下面，将详细介绍颜色键抠像效果的使用方法。

6.1.1 颜色键抠像基础

颜色键抠像效果是一种根据颜色的区别进行计算抠像的方法，在众多抠像方法中相对比较简单，其使用前后的效果如图 6-1 所示。

图 6-1

使用颜色键进行抠像的具体操作方法为：执行“效果”|“过时”|“颜色键”命令，即可添加颜色键抠像效果，然后在“效果控件”面板中可自行对该效果进行参数设置，如图 6-2 所示。

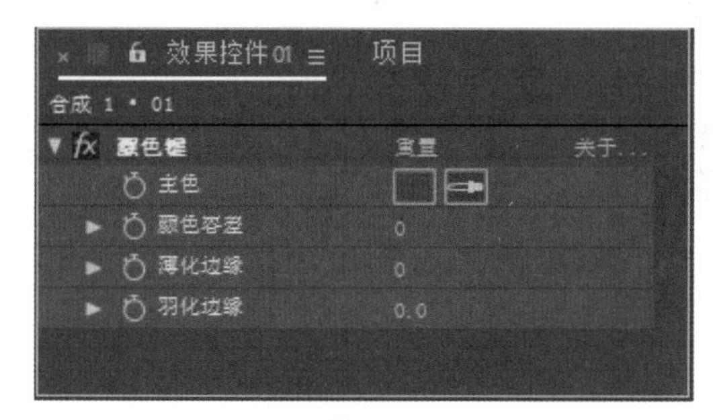

图 6-2

第 6 章

抠像特效应用

抠像通常也称为“键控技术”，是通过一定的技术将主体与背景分离开，以达到替换其他场景的目的。你看到演员在绿色或蓝色构成的背景前表演，但这些背景在最终的成片中是见不到的，这就是运用了“抠像”技术，用其他背景画面替换了蓝色或绿色背景。

After Effects CC 2018 同样具备功能强大的抠像功能，其中不但整合了 Keylight，还提供了多种用于抠像的效果，这些效果使抠像技术变得越来越方便和容易，大幅提高了影视后期的制作效率。

第 6 章素材文件

第 6 章视频文件

下面对颜色键效果的主要属性参数进行详细讲解。

✦ 主色：调整和控制图像需要抠掉的颜色。

✦ 颜色容差：设置键出颜色的容差值，容差值越高，与指定颜色越相近的颜色会变为透明。

✦ 薄化边缘：调整主体边缘的羽化程度。

✦ 羽化边缘：羽化键出的边缘，以产生细腻、稳定的键控遮罩。

技巧与提示：

使用颜色键进行抠像，只能产生透明和不透明两种效果，所以它只适合抠除背景颜色比较单一、前景完全不透明的素材。在碰到前景为半透明、背景比较复杂的素材时，就该选用其他的抠像方式了。

6.1.2 课堂练习——颜色键抠像应用

利用“颜色键”可以快速抠出背景色比较干净的图像，下面的实例将讲解使用“颜色键”对图像进行抠像的具体方法。

视频文件：　视频 \ 第 6 章 \6.1.2 课堂练习——颜色键抠像应用 .mp4

源 文 件：　源文件 \ 第 6 章 \6.1.2

01 启动 After Effects CC 2018 软件，进入其操作界面。执行“合成”|“新建合成”命令，创建一个预置为 HDV/HDTV 720 25 的合成，设置“持续时间”为 10 秒，并设置好名称，单击“确定”按钮，如图 6-3 所示。

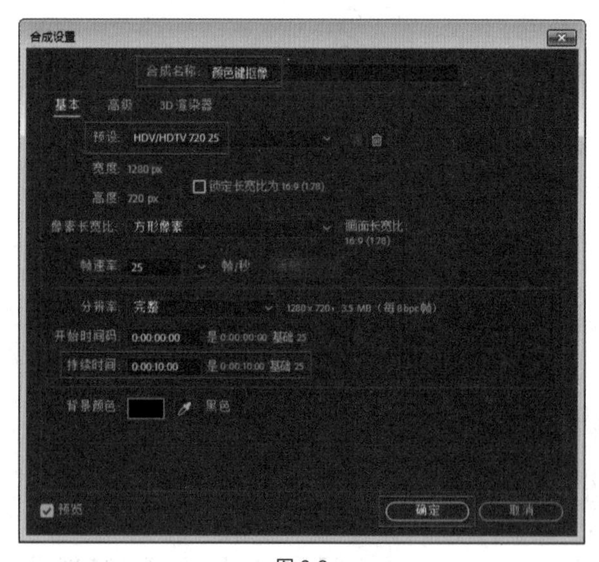

图 6-3

02 执行“文件”|“导入”|“文件”命令，弹出“导入文件”对话框，选择如图 6-4 所示的文件，单击“导入”按钮，将素材导入项目。

图 6-4

03 将“项目”窗口中的“向日葵 .mp4”和“背景 .jpg”素材先后拖入“图层”面板，并设置“向日葵 .mp4”图层的“缩放”参数为 69，“背景 .jpg”图层的“缩放”参数为 130，如图 6-5 所示。操作完成后在“合成”窗口的对应预览效果如图 6-6 所示。

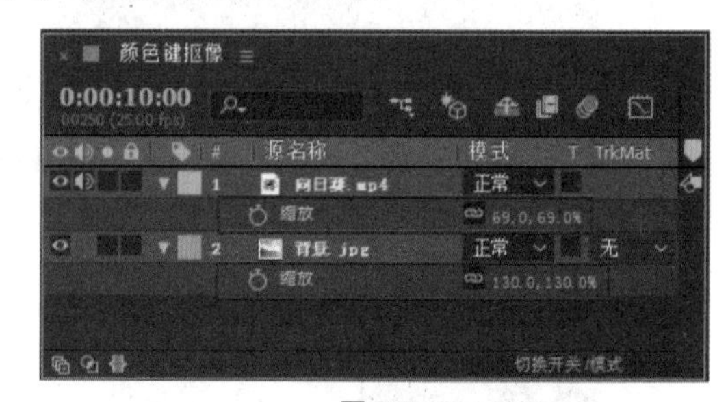

图 6-5

图 6-6

04 在“图层”面板中选择“向日葵 .mp4”图层，执行“效果”|“过时”|“颜色键”命令，并在“效果控件”面板中选择“吸管”工具，移动光标至“合成”窗口，单击“向日葵 .mp4”图像中的蓝色背景处进行取色，如图 6-7 所示。吸取到的“主色”RGB 值为 1、0、255，接着设置“颜色容差”参数为 159，“羽化边缘”参数为 0.8，如图 6-8 所示。

图 6-7

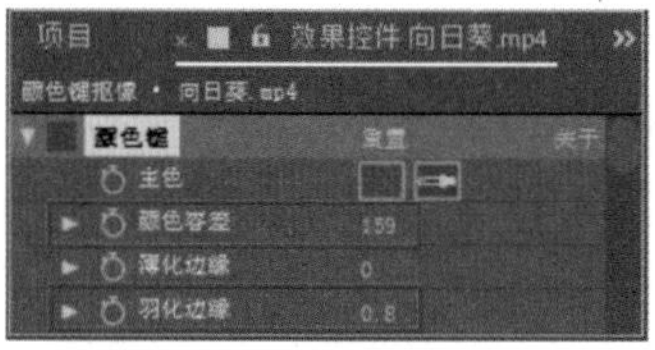

图 6-8

05 选择“向日葵.mp4”图层，执行“效果”|“颜色校正”|“色阶”命令，然后在“效果控件”面板中设置“输出黑色”参数为 10，“输出白色”参数为 220，如图 6-9 所示。操作完成后在“合成”窗口的对应预览效果如图 6-10 所示。

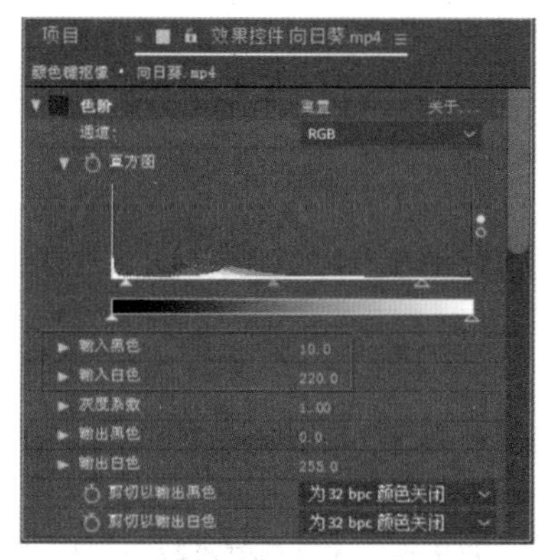

图 6-9

图 6-10

06 选择“向日葵.mp4”图层，执行“效果”|“颜色校正”|“色相/饱和度”命令，然后在“效果控件”面板中设置“主饱和度”参数为 30，“主亮度”参数为 10，如图 6-11 所示。

图 6-11

07 至此，本实例制作完毕，在“合成”窗口中可预览最终的效果，如图 6-12 所示。

图 6-12

6.2　Keylight 1.2（键控）

Keylight 1.2（键控）抠像工具在发布时曾获得了奥斯卡大奖，它可以精确地控制残留在前景对象上的蓝幕或绿幕反光，并将它们替换成新合成背景的环境光。接下来，本节将对 Keylight 1.2 抠像效果的使用方法进行详细讲解。

6.2.1　Keylight 1.2 抠像效果基础

Keylight 1.2 抠像效果是 After Effects 软件内置的一种功能和算法都十分强大的高级抠像工具，该效果能轻松抠取带有阴影、半透明或带有毛发的素材，还可以清除抠像蒙版边缘的溢出颜色，以达到前景和合成背景完美融合的效果，其使用前后的效果如图 6-13

所示。

图 6-13

使用 Keylight 1.2 进行抠像的具体操作方法为：执行“效果”|“抠像”|Keylight 1.2 命令，即可添加 Keylight 1.2 抠像效果，然后在“效果控件”面板自行对该效果进行参数设置，如图 6-14 所示。

图 6-14

下面对 Keylight 1.2 效果的主要属性参数进行详细介绍。

✦ View（查看）：可以在右侧的下拉列表中选择查看最终效果的方式。

✦ Screen Colour（屏幕颜色）：所要抠掉的颜色，用后面的“吸管”工具，吸取素材颜色即可。

✦ Screen Gain（屏幕增益）：抠像后，用于调整 Alpha 暗部区域的细节。

✦ Screen Balance（屏幕平衡）：此参数会在执行了抠像以后自动设置数值。

✦ Despill Bias（反溢出偏差）：在设置 Screen Colour（屏幕颜色）时，虽然 Keylight 效果会自动抑制前景的边缘溢出色，但在前景的边缘处往往会残留一些键出色，该选项就是用来控制残留的键出色的。

✦ Alpha Bias（透明度偏移）：可使 Alpha 通道向某一类颜色偏移。

✦ Screen PreBlur（屏幕模糊）：如果原素材有噪点，可以用此选项来模糊掉太明显的噪点，从而得到比较好的 Alpha 通道。

✦ Screen Matte（屏幕蒙版）：在设置 Clip Black（切除 Alpha 暗部）和 Clip White（切除 Alpha 亮部）时，可以将 View（查看）方式设置为 Screen Matte（屏幕蒙版），这样可以将屏幕中本来应该是完全透明的地方调整为黑色，将完全不透明的地方调整为白色，将半透明的地方调整为相应的灰色。

✦ Inside Mask（内侧遮罩）：选择内侧遮罩，可以将前景内容隔离出来，使其不参与抠像处理。

✦ Outside Mask（外侧遮罩）：选择外侧遮罩，可以指定背景像素，无论遮罩内是何种内容，一律视为背景像素来进行键出，这对于处理背景颜色不均匀的素材非常有效。

✦ Foreground Colour Correction（前景颜色校正）：校正前景颜色。

✦ Edge Colour Correction（边缘颜色校正）：校正蒙版边缘颜色。

✦ Source Crops（源裁剪）：裁切源素材的画面。

6.2.2 课堂练习——Keylight 1.2 抠像应用

针对一些比较复杂的背景图像，可以使用 Keylight 1.2 抠像效果对图像进行抠除，下面将通过实例具体讲解如何使用 Keylight1.2 效果对比较复杂的图像进行抠像。

视频文件：　视频\第 6 章\6.2.2 课堂练习——Keylight 1.2 抠像应用 .mp4
源 文 件：　源文件\第 6 章\6.2.2

01 启动 After Effects CC 2018 软件，进入其操作界面。执行“合成”|“新建合成”命令，创建一个预置为 PAL

D1/DV 的合成，设置“持续时间”为 3 秒，并设置好名称，单击“确定”按钮，如图 6-15 所示。

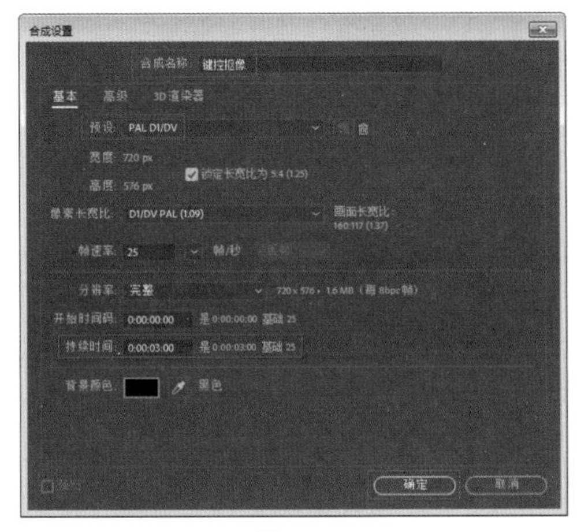

图 6-15

02 执行“文件”|“导入”|“文件”命令，弹出“导入文件”对话框，选择如图 6-16 所示的文件，单击“导入”按钮，将素材导入项目。

图 6-16

03 将“项目”窗口中的“士兵.jpg”和“场景.jpg”素材拖入“图层”面板，并设置“士兵.jpg”素材的“位置”参数为 264、359，“缩放”参数为 141，接着设置“背景.jpg”素材的“位置”参数为 392、288，“缩放”参数为 58，如图 6-17 所示。操作完成后在“合成”窗口的对应预览效果如图 6-18 所示。

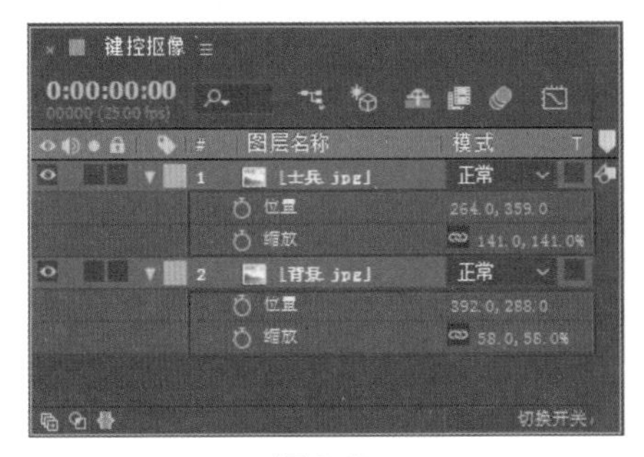

图 6-17

图 6-18

04 在“图层”面板中选择“士兵.jpg”图层，执行“效果”|“抠像”|Keylight 1.2 命令，并在“效果控件”面板中选择“吸管”工具，移动光标至“合成”窗口中吸取“士兵.jpg”图片中的绿色背景，如图 6-19 所示。吸取到 Screen Colour 的 RGB 值为 137、185、128，接着设置 Screen Gain 参数为 128，如图 6-20 所示。

图 6-19

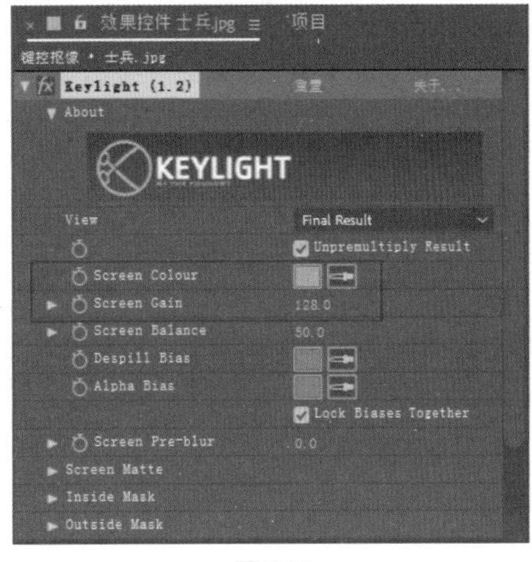

图 6-20

05 选择“士兵.jpg”图层，在“工具”面板选择“钢笔”工具在“合成”窗口绘制一个蒙版，形状如图6-21所示。展开蒙版属性，设置“蒙版羽化”参数为18，如图6-22所示。

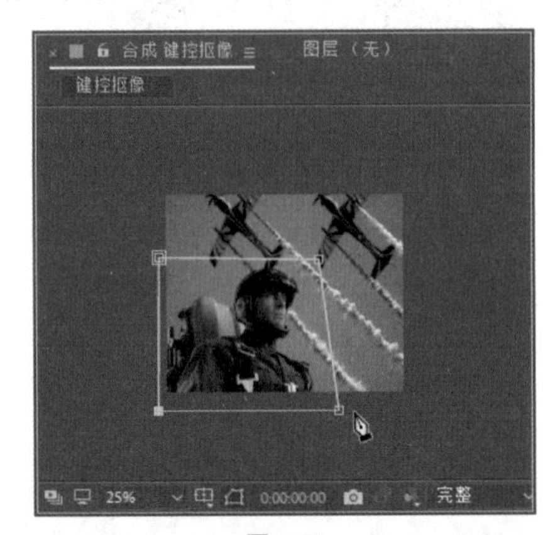

图6-21

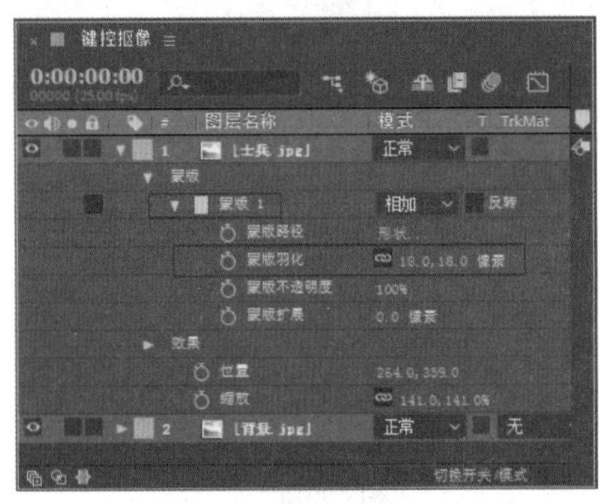

图6-22

06 选择“士兵.jpg”图层，执行“效果”|“颜色校正”|“色相/饱和度”命令，并在“效果控件”面板设置“主饱和度”参数为34，如图6-23所示。

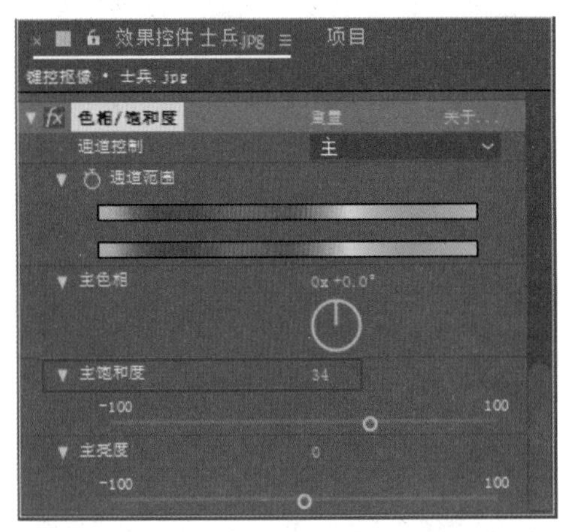

图6-23

07 至此，本实例制作完毕，在“合成”窗口中可预览最终的效果，如图6-24所示。

图6-24

6.3 颜色差值键

在影视特效制作中，有时需要从素材画面上抠取具有透明和半透明区域的图像，如烟、雾、阴影等，这时可以使用颜色差值键效果来抠像，接下来将对颜色差值键效果的使用方法进行详细讲解。

6.3.1 颜色差值键效果基础

颜色差值键效果与颜色键效果的原理相同，是一种运用颜色差值计算方法进行抠像的效果，它可以精确地抠取蓝屏或绿屏前拍摄的画面，其使用前后的效果如图6-25所示。

图6-25

使用颜色差值键进行抠像的具体操作方法为：执行“效果”|“抠像”|“颜色差值键”命令，即可添加颜色差值键抠像效果，然后在“效果控件”面板自行对该效果进行参数设置，如图 6-26 所示。

图 6-26

下面对颜色差值键效果的主要属性参数进行详细讲解。

✦ 视图：可以在右侧的下拉列表中选择查看最终效果的方式。

✦ 主色：调整和控制图像需要抠出的颜色。

✦ 颜色匹配准确度：设置色彩匹配精度，包括“更快”和“更准确”两个选项。

✦ 黑色区域的 A 部分：控制 A 通道的透明区域。

✦ 白色区域的 A 部分：控制 A 通道的不透明区域。

✦ A 部分的灰度系数：调节图像灰度数值。

✦ 黑色区域外的 A 部分：控制 A 通道的透明区域的不透明度。

✦ 白色区域外的 A 部分：控制 A 通道的不透明区域的不透明度。

✦ 黑色的部分 B：控制 B 通道的透明区域。

✦ 白色区中的 B 部分：控制 B 通道的不透明区域。

✦ B 部分的灰度系数：调节图像灰度数值。

✦ 黑色区域外的 B 部分：控制 B 通道的透明区域的不透明度。

✦ 白色区域外的 B 部分：控制 B 通道的不透明区域的不透明度。

✦ 黑色遮罩：控制 Alpha 通道的透明区域。

✦ 白色遮罩：控制 Alpha 通道的不透明区域。

✦ 遮罩灰度系数：影响图像 Alpha 通道的灰度范围。

6.3.2　课堂练习——颜色差值键效果的应用

颜色差值键效果与颜色键效果的原理相同，是一种运用颜色差值计算方法进行抠像的效果，可以精确抠取蓝屏或绿屏前拍摄的画面。接下来将通过实例具体讲解颜色差值键的使用方法。

视频文件：　视频 \ 第 6 章 \6.3.2 课堂练习——颜色差值键效果的应用 .mp4

源 文 件：　源文件 \ 第 6 章 \6.3.2

01 启动 After Effects CC 2018 软件，进入其操作界面。执行“合成”|“新建合成”命令，创建一个预置为 HDV/HDTV 720 25 的合成，设置“持续时间”为 10 秒，并设置好名称，单击“确定”按钮，如图 6-27 所示。

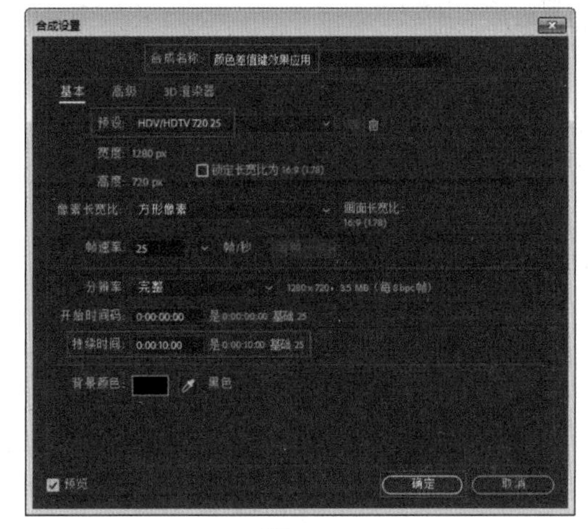

图 6-27

02 执行“文件”|“导入”|“文件”命令，弹出“导入文件”对话框，选择如图 6-28 所示的文件，单击“导入”按钮，将素材导入项目。

图 6-28

03 将“项目”窗口中的 3 个视频素材拖入“图层”面板，并按照图 6-29 所示的顺序进行摆放，然后将 shine.mp4 图层的叠加模式改为“相乘”，使其与下方的 water.mp4 图层交叠显示，两个图层相乘的效果如图 6-30 所示。

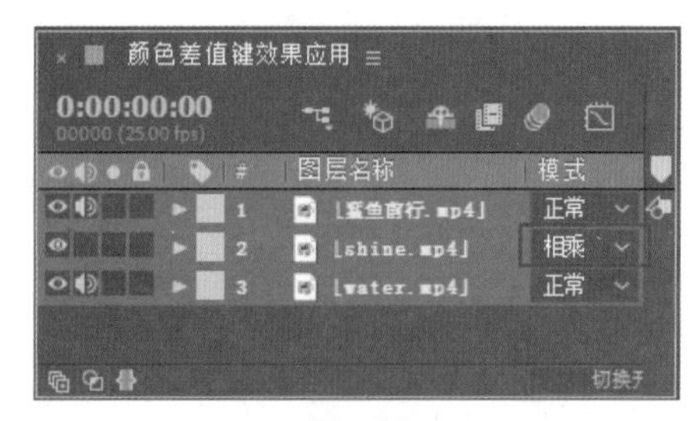

图 6-29

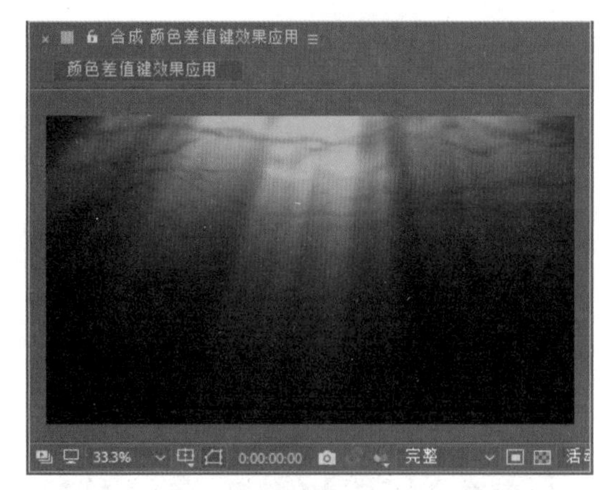

图 6-30

04 在“图层”面板中选择“鲨鱼前行.mp4”图层，执行“效果”|“抠像”|“颜色差值键”命令，并在“效果控件”面板中选择主色后的“吸管”工具，移动光标至“合成”窗口吸取“鲨鱼前行.mp4”图像中的绿色背景，吸取到“主色”的 RGB 参数为 0、216、0，接着设置“黑色区域的 A 部分”参数为 255，“B 部分的灰度系数”参数为 0.8，“黑色遮罩”参数为 4，如图 6-31 所示。操作完成后在“合成”窗口对应的预览效果如图 6-32 所示。

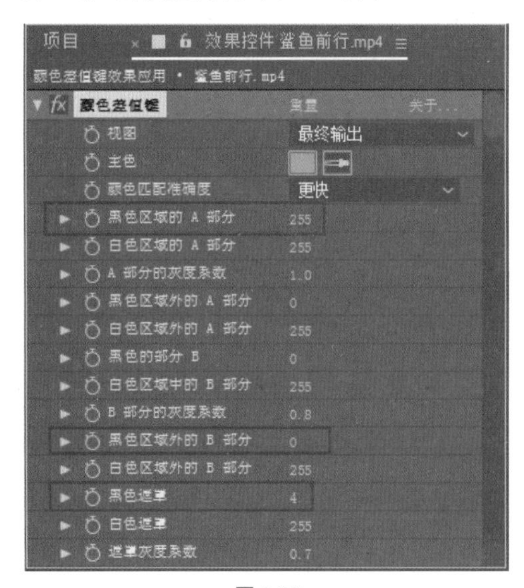

图 6-31

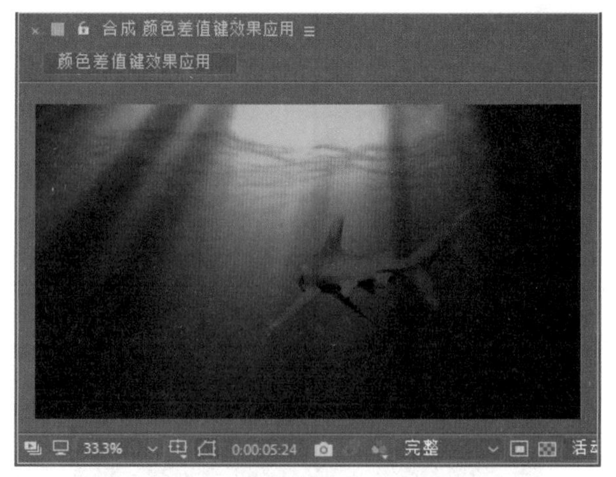

图 6-32

05 在“图层”面板中选择“鲨鱼前行.mp4”图层，执行“效果”|“颜色校正”|“色阶”命令，并在“效果控件”面板中设置“输入白色”参数为 -33，如图 6-33 所示。操作完成后在“合成”窗口对应的预览效果如图 6-34 所示。

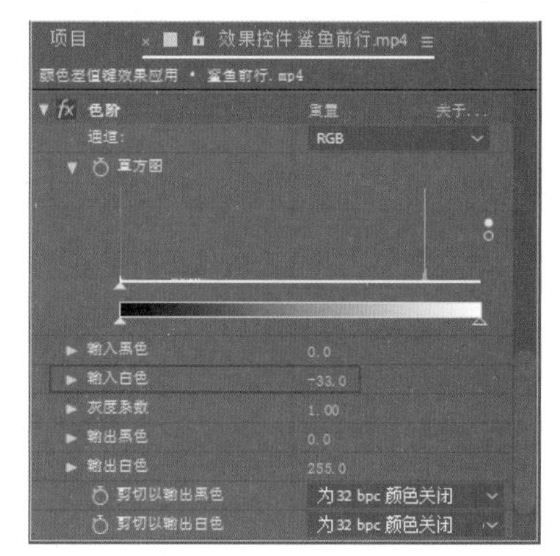

图 6-33

图 6-34

06 至此，本实例制作完毕，按空格键可以播放动画预览，最终效果如图 6-35 所示。

图 6-35

6.4　颜色范围

颜色范围抠像效果与颜色键抠像效果相同，也是 After Effects 内置的抠像效果，不同的是，颜色键抠像效果只适合抠取一些背景比较简单的图像，而颜色范围抠像效果可以抠除具有多种颜色、背景稍微复杂的蓝、绿屏图像。

6.4.1　颜色范围抠像效果基础

颜色范围抠像效果可以通过键出指定的颜色范围产生透明，可以应用的色彩空间包括 Lab、YUN 和 RGB。这种键控方式对抠除具有多种颜色构成或灯光不均匀的蓝屏或绿屏背景非常有效，其使用前后的效果如图 6-36 所示。

图 6-36

使用颜色范围效果进行抠像的具体操作方法为：执行“效果”|“抠像”|“颜色范围”命令，即可添加颜色范围抠像效果，然后在“效果控件”面板自行对该效果进行参数设置，如图 6-37 所示。

图 6-37

下面对颜色范围效果的主要属性参数进行详细讲解。

✦ 模糊：调整边缘的柔和程度。

✦ 色彩空间：可以从右侧的下拉列表中指定键出颜色的模式，包括 Lab、YUV 和 RGB 这 3 种颜色模式。

✦ 最小值 / 最大值：精确调整颜色空间的参数（L，Y，R）、（a、U、G）和（b，V，B）。

6.4.2 课堂练习——颜色范围抠像效果的应用

颜色范围键对抠除具有多种颜色或灯光不均匀的蓝屏或绿屏背景非常有效，接下来将通过实例来讲解颜色范围键的具体使用方法。

视频文件：　视频\第6章\6.4.2 课堂练习——颜色范围抠像效果的应用.mp4

源 文 件：　源文件\第6章\6.4.2

01 启动 After Effects CC 2018 软件，进入其操作界面。执行“合成”|“新建合成”命令，创建一个预置为 PAL D1/DV 的合成，设置“持续时间”为4秒，并设置好名称，单击“确定”按钮，如图6-38所示。

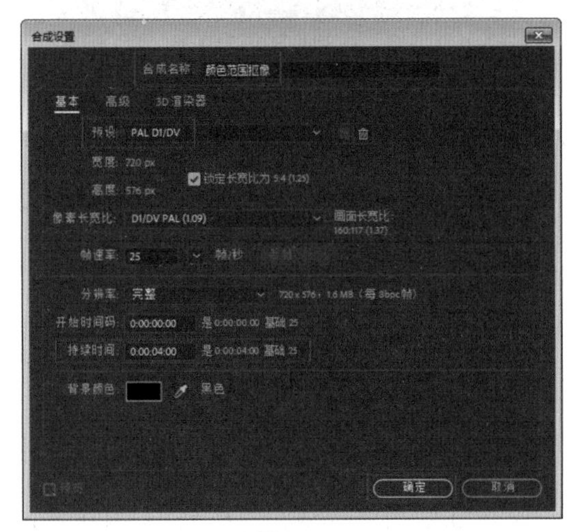

图 6-38

02 执行“文件”|“导入”|“文件”命令，弹出“导入文件”对话框，选择如图6-39所示的文件，单击“导入”按钮，将素材导入项目。

图 6-39

03 将“项目”窗口中的“战斗.wmv”和“战场.jpg”素材按先后顺序拖入“图层”面板，然后把时间轴移到最后一帧，使用“矩形”工具在“战斗.wmv”图层上绘制一个矩形蒙版，如图6-40所示。

图 6-40

04 在“图层”面板设置“战斗.wmv”图层的“位置”参数为479、405，“缩放”参数为75，然后选择“战场.jpg”图层，设置其“缩放”参数为102，如图6-41所示。

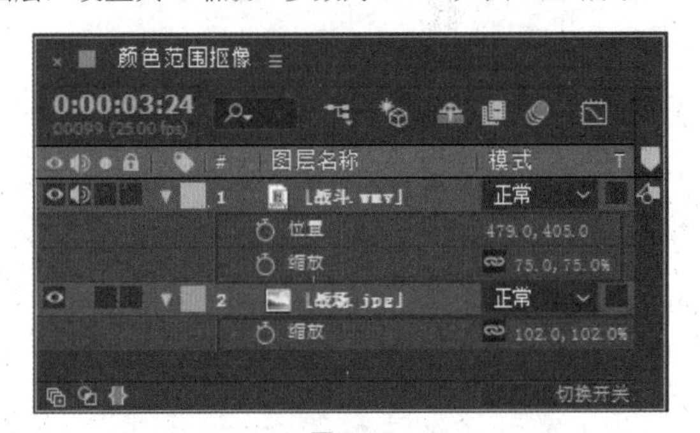

图 6-41

05 在“图层”面板中选择“战斗.wmv”图层，执行“效果”|“键控”|“颜色范围”命令，并在“效果控件”面板选择第一个“吸管”工具，移动光标至“合成”窗口吸取“战斗.wmv”图像中的绿色背景，接着在“效果控件”面板微调各项参数，直到视频中的绿色背景全部被抠除，如图6-42所示。操作完成后在“合成”窗口对应的预览效果如图6-43所示。

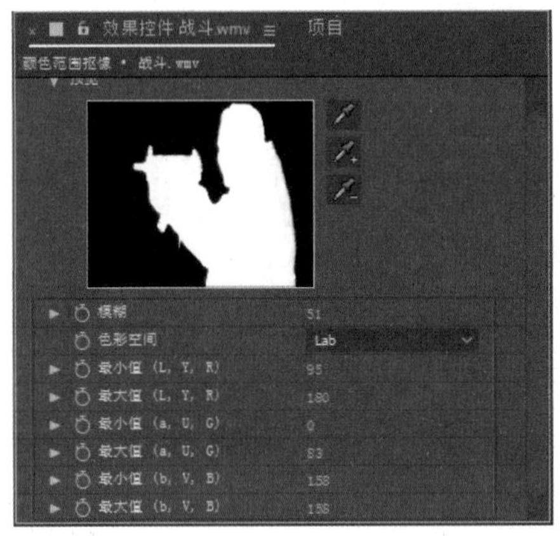

图 6-42

图 6-43

06 在“图层”面板中选择“战场.jpg”图层，在 0:00:03:24 时间点位置单击“缩放”属性前的“时间变化秒表”按钮，设置一个关键帧，如图 6-44 所示。接着修改时间点为 0:00:00:00，在该时间点设置“缩放”参数为 300，如图 6-45 所示。

图 6-44

图 6-45

07 继续在 0:00:00:00 时间点位置，单击“不透明度”属性前的“时间变化秒表”按钮，设置一个关键帧，并设置“不透明度”参数为 0，如图 6-46 所示。接着修改时间点为 0:00:00:07，在该时间点设置“不透明度”参数为 100，如图 6-47 所示。

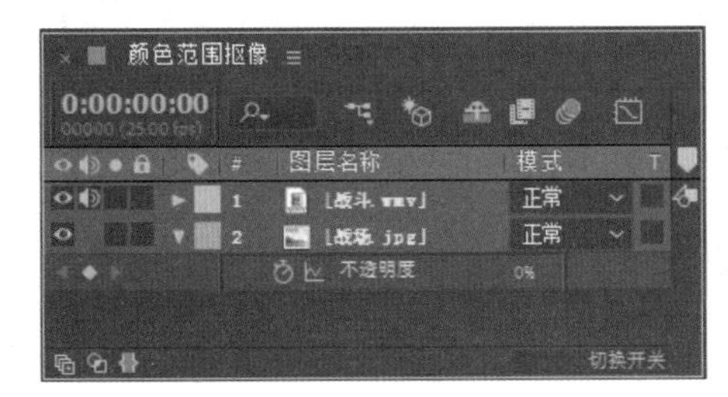

图 6-46

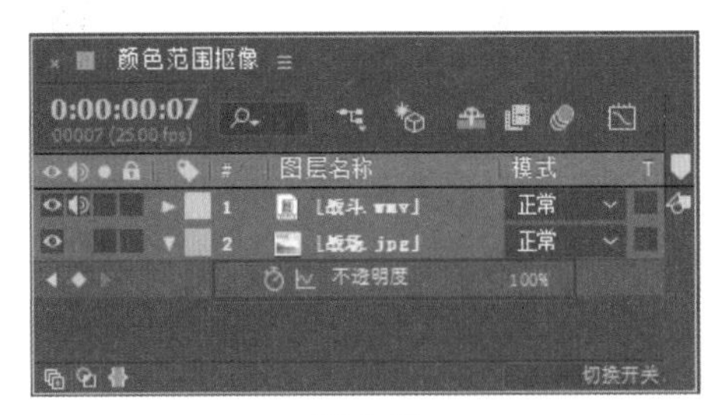

图 6-47

08 至此，本实例制作完毕，按空格键可以播放动画预览，最终效果如图 6-48 所示。

图 6-48

6.5 实战——抠像技术延伸

针对一些大型的电影、电视场景，在处理完绿幕素材后，需要将抠出的素材与环境素材结合到一起。为了使效果更逼真，处理素材时要精确抠除重叠的地方，避免穿帮，同时还需要进行色调匹配、环境撞见效果模拟等操作。接下来，本实例将详细讲解抠像技术的延伸使用方法。

视频文件：　视频\第 6 章\6.5 实战——抠像技术延伸 .mp4

源 文 件：　源文件\第 6 章\6.5

01 启动 After Effects CC 2018 软件，进入其操作界面。执行“合成”|“新建合成”命令，创建一个预置为 HDV/HDTV 720 25 的合成，设置“持续时间”为 8 秒，并设置好名称，单击“确定”按钮，如图 6-49 所示。

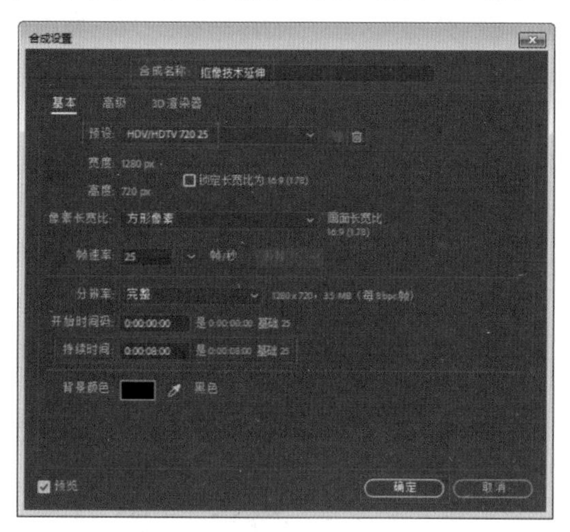

图 6-49

02 执行“文件”|“导入”|“文件”命令，弹出“导入文件”对话框，选择如图 6-50 所示的文件，单击“导入”按钮，将素材导入项目。

图 6-50

03 将“项目”窗口中的“绿屏飞机 .mp4”和“场景 .jpg”素材先后拖入“图层”面板，接着设置“绿屏飞机 .mp4”图层的“位置”参数为 721、389，如图 6-51 所示。操作完成后在“合成”窗口的对应预览效果如图 6-52 所示。

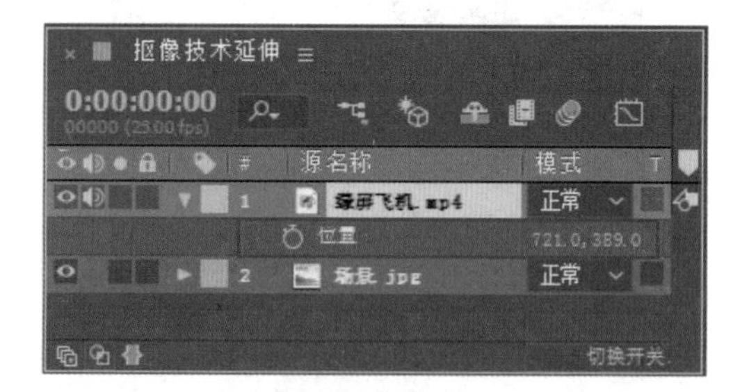

图 6-51

图 6-52

04 在“图层”面板中选择“绿屏飞机 .mp4”图层，执行“效果”|“抠像”|Keylight 1.2 命令，并在“效果控件”面板选择“吸管”工具，移动光标至“合成”窗口吸取“绿屏飞机 .mp4”图像中的绿色背景，如图 6-53 所示。吸取到 Screen Colour 的 RGB 值为 0、216、0，如图 6-54 所示。

图 6-53

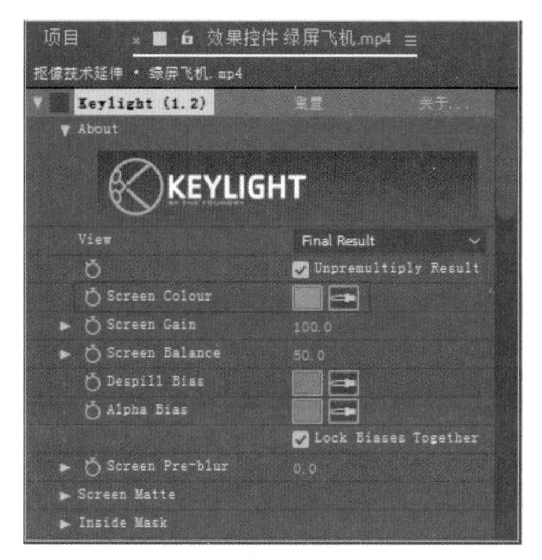

图 6-54

05 在“图层”面板中选择“绿屏飞机 .mp4”图层，执行“效果”|“颜色校正”|“色阶”命令，并在“效果控件”面板中设置“输入黑色”参数为 –40.8，“输入白色”参数为 326.4，如图 6-55 所示。操作完成后在“合成”窗口对应的预览效果如图 6-56 所示。

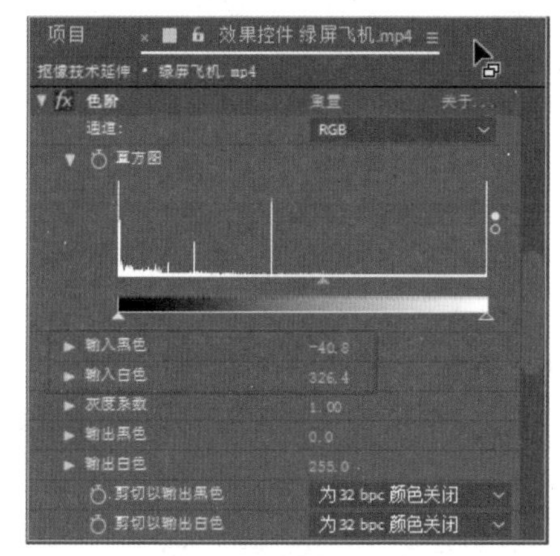

图 6-55

图 6-56

06 继续在“图层”面板中选择“绿屏飞机 .mp4”图层，执行“效果”|“颜色校正”|“色相 / 饱和度”命令，然后在“效果控件”面板中设置“主色相”参数为 0×+48°，“主亮度”参数为 –16，如图 6-57 所示。操作完成后在“合成”窗口对应的预览效果如图 6-58 所示。

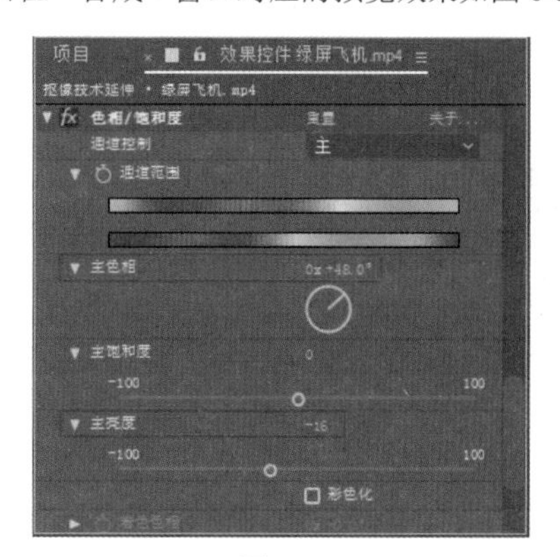

图 6-57

图 6-58

07 上述操作后，预览视频会发现在飞机起飞之前，螺旋桨与广告牌发生重叠。在“图层”面板中选择“绿屏飞机 .mp4”图层，接着使用“钢笔”工具在“合成”窗口沿着广告牌的轮廓进行抠像处理，如图 6-59 所示。

图 6-59

08 在“图层”面板中展开“绿屏飞机.mp4”图层的蒙版属性，选中蒙版属性后的“反转”复选框使飞机显现，操作完成后在“合成”窗口对应的预览效果如图6-60所示。

图6-60

09 按快捷键Ctrl+N创建一个预置为HDV/HDTV 720 25的合成，设置“持续时间”为8秒，并设置好名称，单击“确定”按钮，如图6-61所示。

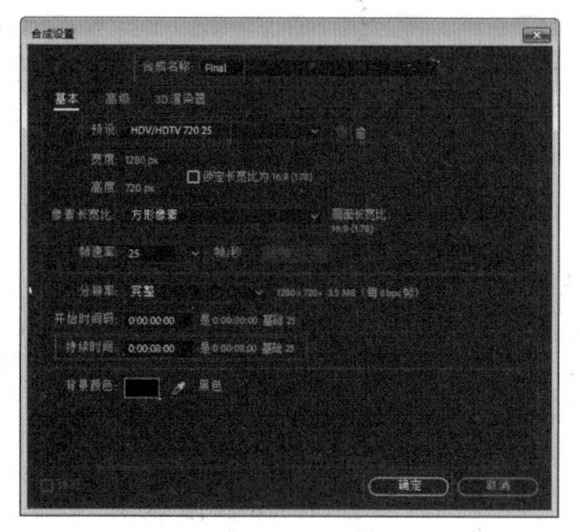

图6-61

10 将“项目”窗口中的“抠像技术延伸”合成拖入“图层”面板，并展开其变换属性，设置“缩放”参数为106，并在0:00:00:00时间点位置单击“位置”参数前的“时间变化秒表”按钮，设置位置关键帧动画，如图6-62所示。

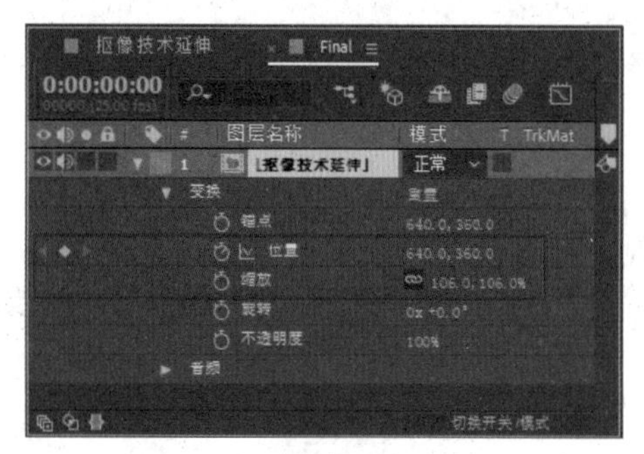

图6-62

11 在“图层”面板左上角修改时间点为0:00:00:02，在该时间点修改“位置”参数为640、365，如图6-63所示。

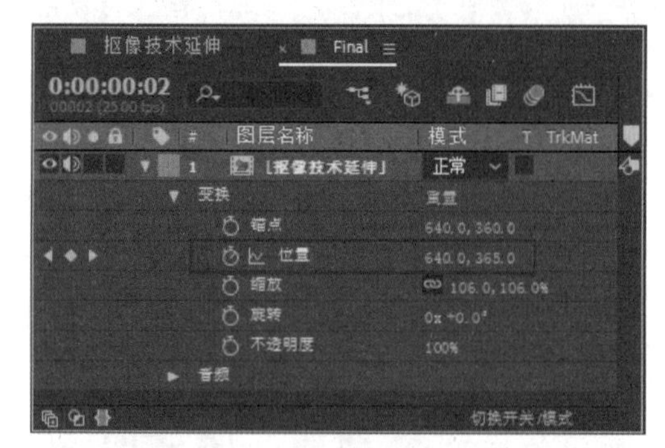

图6-63

12 在“图层”面板左上角修改时间点为0:00:00:04，在该时间点修改“位置”参数为640、360，如图6-64所示。

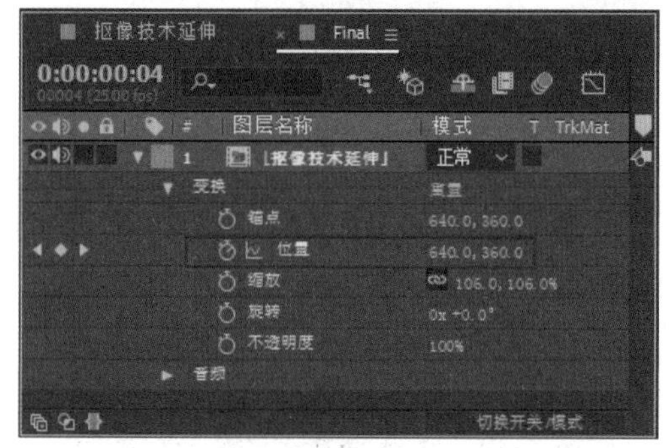

图6-64

13 用上述同样的方法，利用“位置”属性中的Y轴参数变化来制造飞机起飞前环境的抖动效果，每隔两帧交替设置位置参数为640、360和640、365，直到0:00:06:14时间点截止，如图6-65所示。

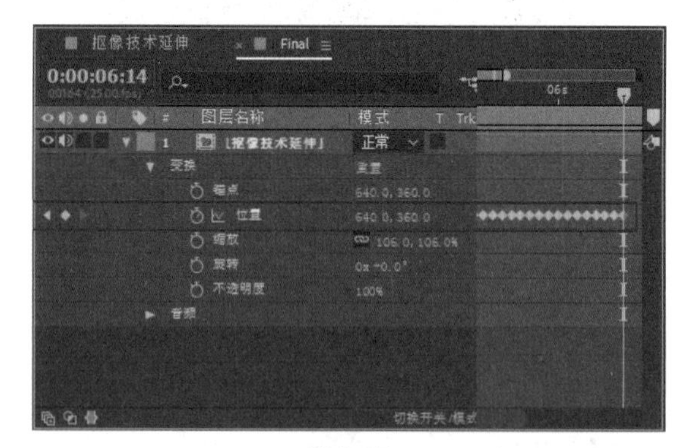

图6-65

14 接着将“项目”窗口中的“飞机音效.wma”素材，拖入“图层”面板并放置在底层，如图6-66所示。

技巧与提示：

上述操作可以选择在“时间线”窗口按Shift键同时复制多个关键帧并进行粘贴。

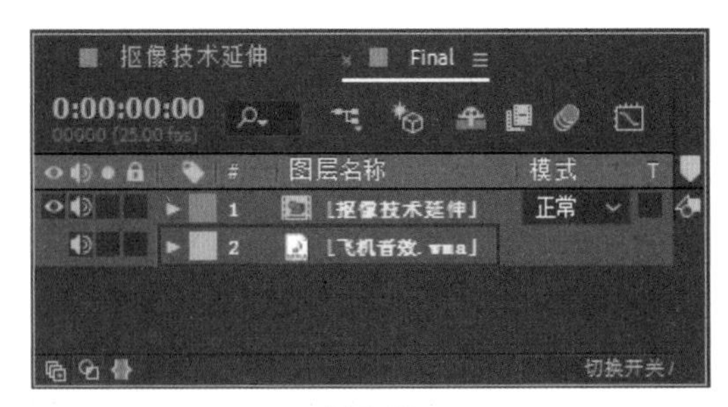

图 6-66

15 至此，本实例制作完毕，按空格键可以播放动画预览，最终效果如图 6-67 所示。

图 6-67

6.6　本章小结

本章主要学习了 After Effects CC 2018 提供的 4 种简单且实用的抠像效果及其使用技法，它们分别是颜色键抠像效果、Keylight 1.2（键控）抠像效果、颜色差值键效果和颜色范围抠像效果，这些抠像效果都是在实际影视制作领域应用比较广泛的，熟练掌握每种抠像特效的使用方法，有助于日后在项目制作中对各种不同的背景素材进行抠像处理。

7.1 初识效果

“效果”是After Effects CC 2018中最为强大的工具，包括了内置效果和外挂效果。前者是指After Effects软件自带的效果，所含特效达数百种之多，用户利用这些效果可以满足影视后期制作的多重需要。此外，After Effects CC 2018还支持外挂效果，能进一步帮助用户制作出更加丰富、强大的视频特效。

7.1.1 效果的基本用法

After Effects CC 2018中内置了数百种效果，这些效果按照特效类别被放置在“效果和预设”面板中，下面将介绍3种为图层添加效果的方法。

菜单命令

选择需要添加效果的图层，为该图层执行“效果”菜单中的命令，在“效果”菜单中可以自行选择所需的效果。

快捷菜单

选择需要添加效果的图层，右击，在弹出的快捷菜单中选择所需的效果。

“效果和预设”面板

在操作界面右侧的“效果和预设”面板中，效果按照特效类别被分成了不同的组别，用户可以直接在搜索栏输入特效名称进行快速检索，将想要添加的效果直接拖至需要添加效果的图层上，如图7-1所示。

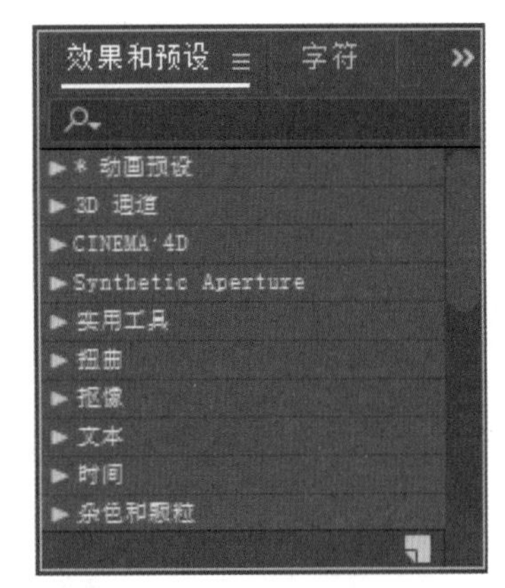

图7-1

7.1.2 课堂练习——为图层添加多个效果

在After Effects中为图层添加效果有几种方法，可以通过为图层执行效果命令，或在工作界面右侧的“效果和预设”面板中找到特效拖曳

第7章 效果的编辑及应用

After Effects作为一款专业的影视后期特效软件，内置了相当丰富的视频特效，每种特效都可以通过时间轴设置关键帧生成视频动画，或通过相互叠加搭配实现震撼的视觉特效。本章将详细讲解After Effects CC 2018内置的常用视频特效及其具体应用方法。

第7章素材文件

第7章视频文件

使用。接下来将通过实例，帮助读者掌握添加效果的几种方法。

视频文件：　视频 \ 第 7 章 \7.1.2 课堂练习——为图层添加多个效果 .mp4

源 文 件：　源文件 \ 第 7 章 \7.1.2

01 启动 After Effects CC 2018 软件，进入其操作界面。执行“合成” | “新建合成”命令，创建一个预置为 PAL D1/DV 的合成，设置“持续时间”为 3 秒，并设置好名称，单击“确定”按钮，如图 7-2 所示。

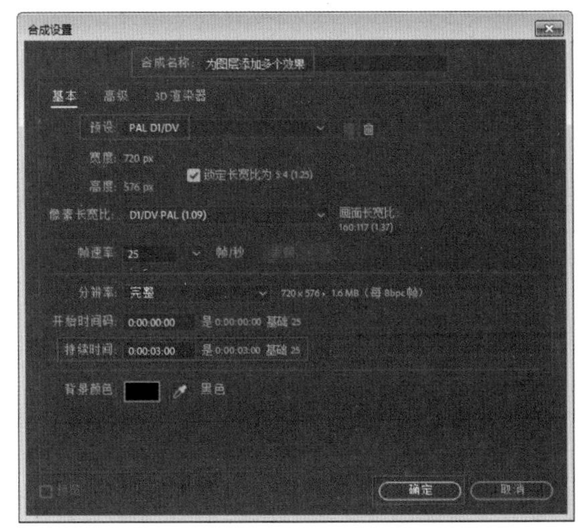

图 7-2

02 执行“文件”|“导入”|“文件”命令，弹出“导入文件”对话框，选择如图 7-3 所示的文件，单击“导入”按钮，将素材导入项目。

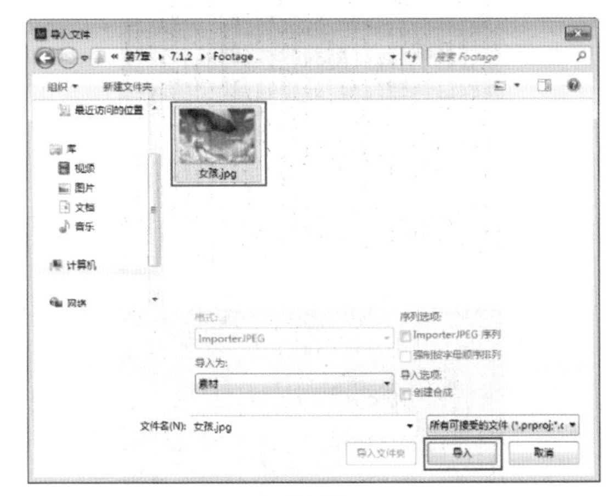

图 7-3

03 将“项目”窗口中的“女孩 .jpg”素材拖入“图层”面板，展开其变换属性，并设置“缩放”参数为 127，如图 7-4 所示。操作完成后在“合成”窗口的对应预览效果如图 7-5 所示。

图 7-4

图 7-5

04 在“图层”面板选择“女孩 .jpg”图层，执行“效果”|“颜色校正”|“色相 / 饱和度”命令，然后在“效果控件”面板中设置“主饱和度”参数为 28，“主亮度”参数为 9，如图 7-6 所示。操作完成后在“合成”窗口的对应预览效果如图 7-7 所示。

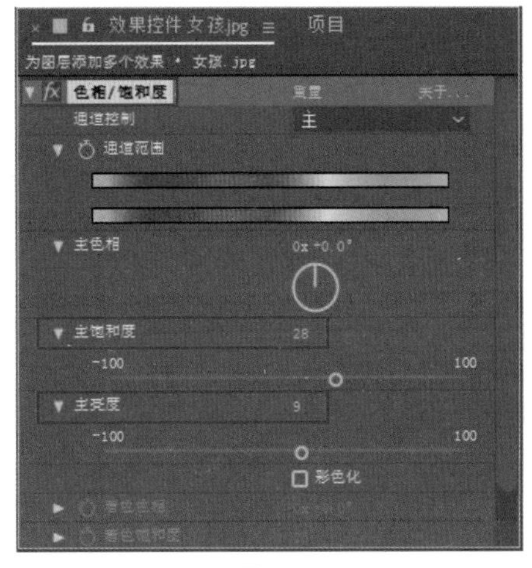

图 7-6

图 7-7

05 在界面右侧的“效果和预设”面板中展开“生成”效果组，在其中找到“镜头光晕”效果，然后将该效果拖至“图层”面板中的“女孩.jpg”图层上，如图 7-8 所示。在“效果控件”面板中设置“光晕中心”参数为 487、95，“光晕亮度”参数为 123，如图 7-9 所示。

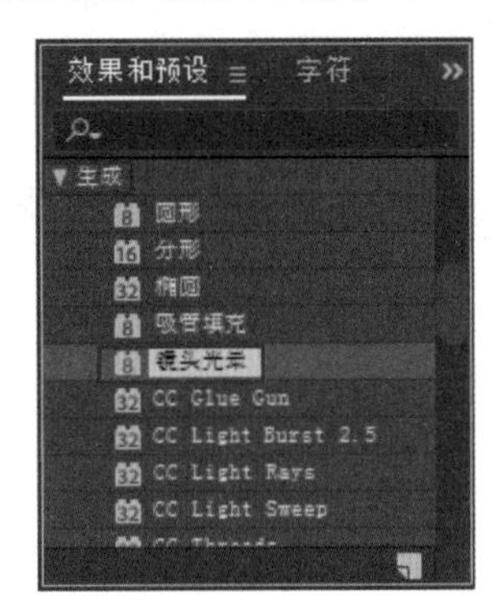

图 7-8

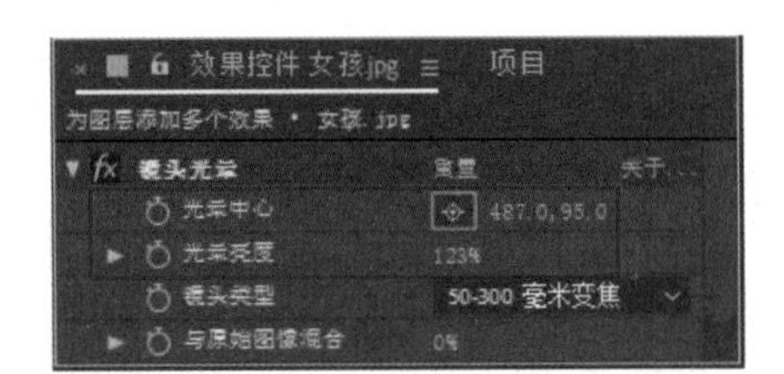

图 7-9

06 在“图层”面板中选择“女孩.jpg”图层，右击，在弹出的快捷菜单中选择“效果”|“过渡”|“百叶窗”命令，如图 7-10 所示。展开该图层的效果属性，在 0:00:00:00 时间点位置设置“过渡完成”参数为 100，并单击该属性前的“时间变化秒表”按钮，设置一个关键帧，修改时间点为 0:00:01:10，设置“过渡完成”参数为 0，如图 7-11 所示。

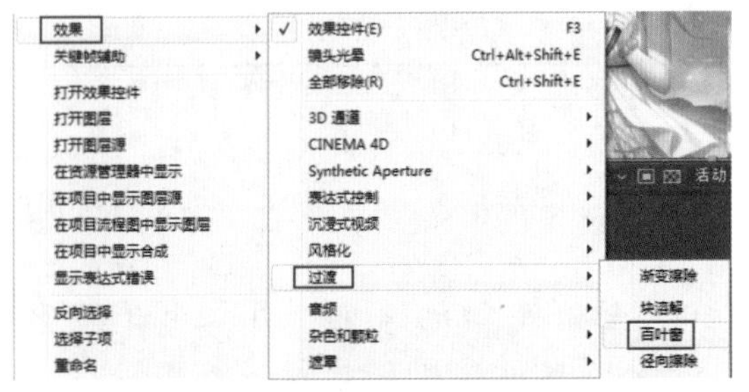

图 7-10

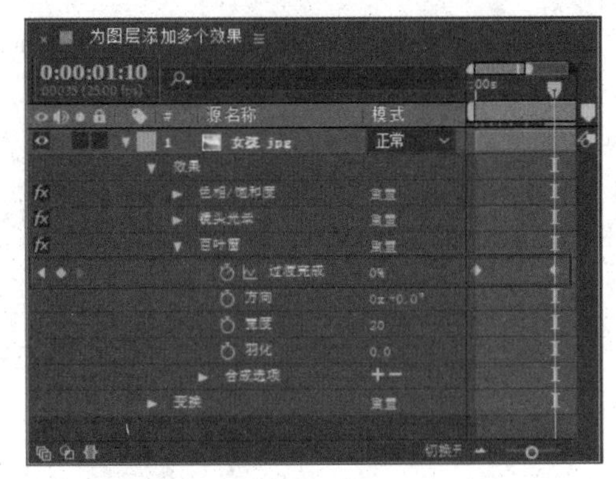

图 7-11

07 至此，本实例制作完毕，按空格键可以播放动画预览，最终效果如图 7-12 所示。

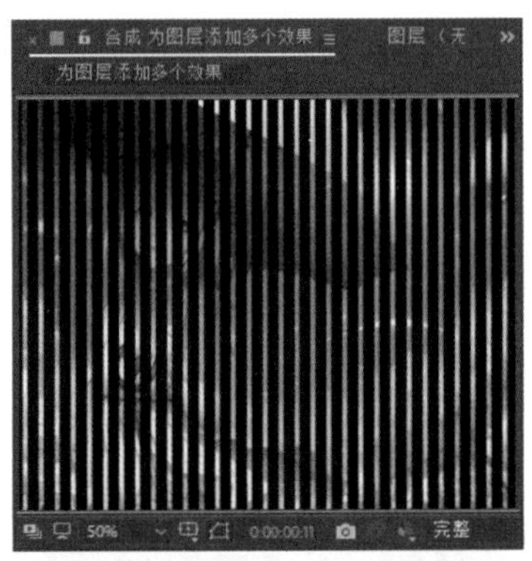

图 7-12

图 7-12（续）

7.2　3D 效果

当 3D 文件导入 After Effects CC 2018 中时，可以通过 3D 通道类效果来设置它的 3D 信息。3D 文件就是含有 Z 轴深度通道的图案文件，如 PIC、RLA、RPF、EI、EIZ 等。下面就具体介绍 3D 通道类效果的运用方法。

7.2.1　3D 通道提取

3D 通道提取效果可以以彩色图像或灰色图像来提取 Z 通道（Z 通道用黑白来分别表示物体距离摄像机的距离，在“信息”面板中可以看到 Z 通道的值）信息，通常作为其他特效的辅助特效来使用，如复合模糊，其“效果控件”面板参数如图 7-13 所示。

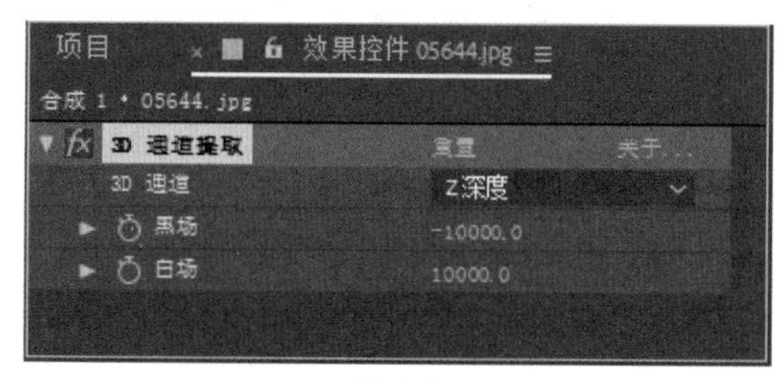

图 7-13

下面对 3D 通道提取效果的主要属性参数进行详细讲解。

✦ 3D 通道：在其右侧的下拉列表中可以选择当前图像附加的 3D 通道的信息，包括“Z 深度”“对象 ID”“纹理 UV”“曲面法线”“覆盖范围”“背景 RGB”“非固定 RGB”和“材质 ID”。

✦ 黑场：设置黑场处对应的通道信息数值。

✦ 白场：设置白场处对应的通道信息数值。

7.2.2　场深度

场深度效果用来模拟摄像机在 3D 场景中的景深效果，可以控制景深范围，其“效果控件”面板参数如图 7-14 所示。

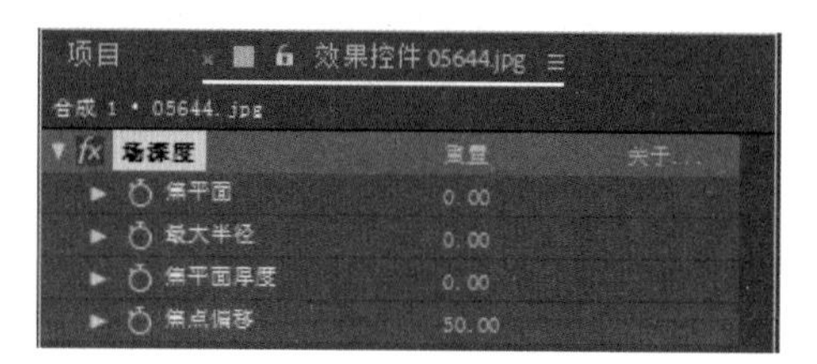

图 7-14

下面对场深度效果的主要属性参数进行详细讲解。

✦ 焦平面：控制沿 Z 轴向聚焦的 3D 场景的平面距离。

✦ 最大半径：控制聚焦平面之外部分的模糊程度，数值越小模糊效果越明显。

✦ 焦平面厚度：控制聚焦平面的厚度。

✦ 焦点偏移：设置焦点偏移的距离。

7.2.3　ExtractoR

ExtractoR（提取）效果用于在三维软件传输的图像中，根据所选区域提取画面相应的通道信息，其“效果控件”面板参数如图 7-15 所示。

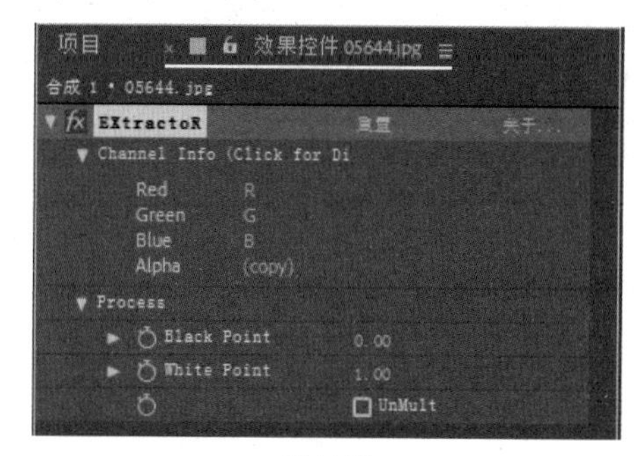

图 7-15

下面对 ExtractoR（提取）效果的主要属性参数进行详细讲解。

✦ Process（处理）：设置黑场和白场的信息数值。

✦ Black Point（黑场）：设置黑场处对应的信息数值。

✦ White Point（白场）：设置白场处对应的信息数值。

✦ UnMult（非倍增）：设置非倍增的信息数值。

7.2.4　ID 遮罩

ID 遮罩效果可以将 3D 素材中的元件，按物体的

ID 或材质的 ID 分离显示，并可以创建蒙版遮挡部分的 3D 元件，其“效果控件”面板参数如图 7-16 所示。

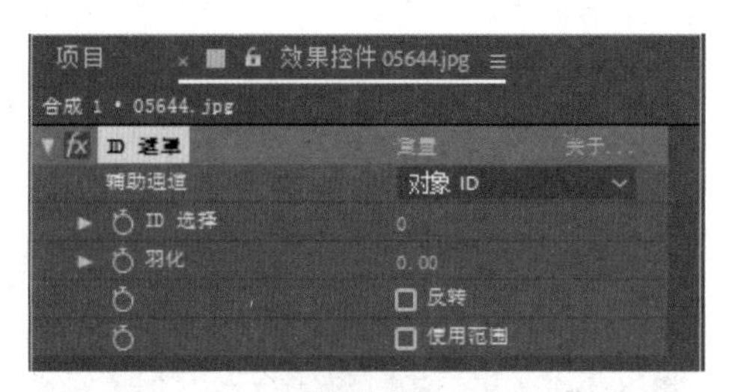

图 7-16

下面对 ID 遮罩效果的主要属性参数进行详细讲解。

✦ 辅助通道：设置 ID 的类型，在其右侧的下拉列表中可以选择 ID 的类型，包括“材质 ID”和“对象 ID”两种。

✦ 羽化：设置羽化程度。

✦ 反转：选中此选项，对 ID 遮罩进行反转。

✦ 使用范围：设置蒙版遮罩的作用范围。

7.2.5 IDentifier

IDentifier（标识符）效果主要用来提取带有通道的 3D 图像中所包含的 ID 数据，其“效果控件”面板参数如图 7-17 所示。

图 7-17

下面对 IDentifier（标识符）效果的主要属性参数进行详细讲解。

✦ Channel Info（Click for Dialog）：通道信息。

✦ Channel Object ID：通道物体 ID 数字。

✦ Display（显示）：显示通道的蒙版类型，显示类型包括“Colors（颜色）”“Luma Matte（亮度蒙版）”“Alpha Matte（Alpha 蒙版）”和“Raw（不加蒙版）”4 种。

✦ ID：设置 ID 数值。

7.2.6 深度遮罩

深度遮罩效果用来读取 3D 通道图像中的 Z 轴深度信息，并可以沿 Z 轴任意位置获取一段图像，一般用于屏蔽指定位置以后的物体，其“效果控件”面板参数如图 7-18 所示。

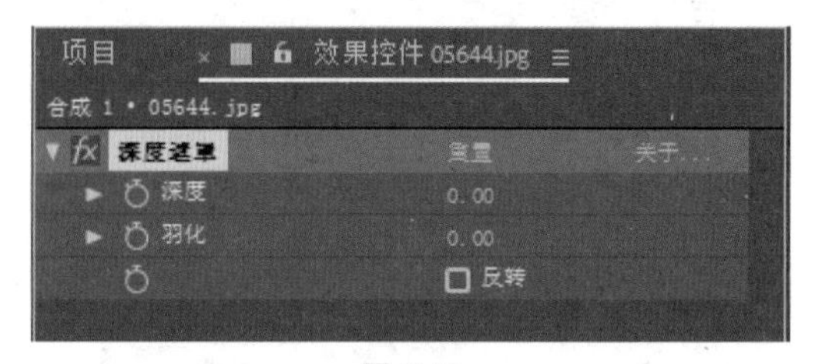

图 7-18

下面对深度遮罩效果的主要属性参数进行详细讲解。

✦ 深度：指定建立蒙版的 Z 轴向深度值。

✦ 羽化：设置蒙版的羽化程度。

✦ 反转：选中该选项，反转蒙版的内外显示。

7.2.7 雾 3D

雾 3D 效果可以沿 Z 轴方向模拟雾状的朦胧效果，使雾具有远近疏密的距离感，其“效果控件”面板参数如图 7-19 所示。

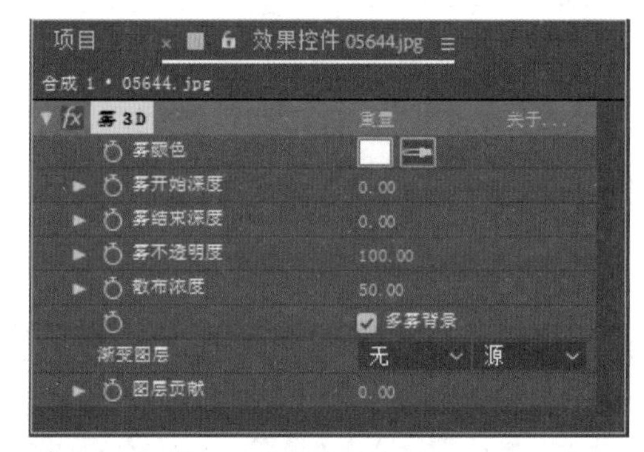

图 7-19

下面对雾 3D 效果的主要属性参数进行详细讲解。

✦ 雾颜色：设置雾的颜色。

✦ 雾开始深度：雾效果开始出现时，Z 轴的深度数值。

✦ 雾结束深度：雾效果结束时，Z 轴的深度数值。

✦ 雾不透明度：调节雾的不透明度。

✦ 散布浓度：雾散射分布的密度。

✦ 多雾背景：不选择时背景是透明的，选中该选项时为雾化背景。

✦ 渐变图层：在时间线上选择一个图层作为参考，用来增加或减少雾的密度。

✦ 图层贡献：控制渐变参考层对雾密度的影响程度。

7.3　过渡特效

使用“过渡”效果组中的效果可以完成图层之间转场效果的制作，After Effects CC 2018 中“过渡”效果组中包含了 17 种效果，利用这些效果可以制作出很多精彩的转场效果，下面就具体介绍各种过渡效果的使用方法。

7.3.1　渐变擦除

渐变擦除效果通过对比两个层的亮度值进行过渡，其中作为参考的层称为“渐变层”，其面板参数和使用前后的效果如图 7-20 所示。

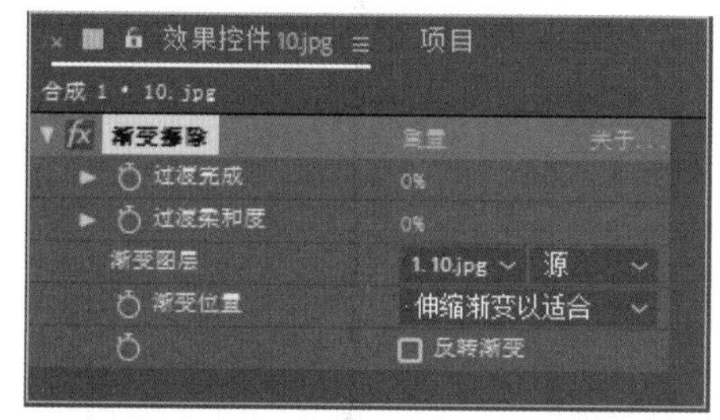

图 7-20

下面对渐变擦除效果的主要属性参数进行详细讲解。

✦ 过渡完成：调节渐变擦除过渡完成的百分比。

✦ 过渡柔和度：设置过渡边缘的柔化程度。

✦ 渐变图层：指定一个渐变层。

✦ 渐变位置：设置渐变层的放置方式，包括“拼贴渐变”“中心渐变”和“伸缩渐变以适合”3 种方式。

✦ 反转渐变：渐变层反向，使亮度参考相反。

7.3.2　卡片擦除

卡片擦除效果把图像拆分成若干小卡片来完成擦除过渡的效果，其面板参数和使用前后的效果如图 7-21 所示。

下面对卡片擦除效果的主要属性参数进行详细介绍。

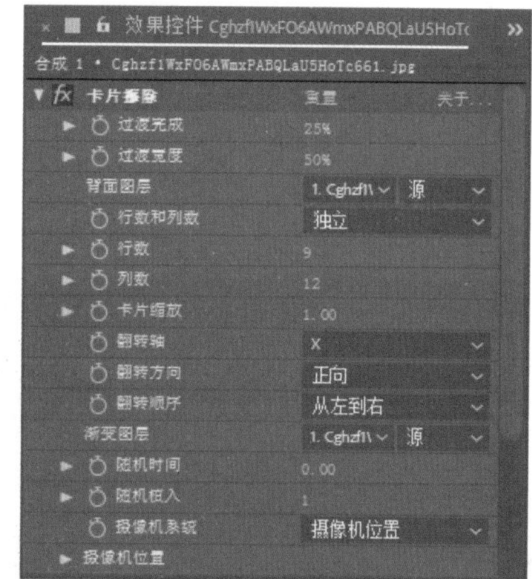

图 7-21

✦ 过渡完成：调节卡片擦除过渡完成的百分比。

✦ 过渡宽度：调节图像的切换面积。

✦ 背面图层：指定切换图像的背面显示图层。

✦ 行数和列数：可以选择“独立”和“列数受行数控制”两种模式。

✦ 行数：设置行的数量。

✦ 列数：设置列的数量。

✦ 卡片缩放：设置卡片的缩放比例。

✦ 翻转轴：设置卡片翻转的轴向，可以选择 X、Y、“随机”3 种轴线模式。

✦ 翻转方向：设置卡片翻转的方向，可以选择“正向”“反向”和“随机”。

✦ 翻转顺序：设置翻转的顺序，可以选择“从左到右”“从右到左”和“自上而下”等方式。

✦ 渐变图层：指定渐变的图层。

✦ 随机时间：设置随机时间的数值。

✦ 随机植入：设置随机种子的数值。

✦ 摄像机位置：调节摄像机的位置。

✦ 灯光：设置灯光的类型、强度、颜色等属性。

✦ 材质：调节画面的材质参数。

✦ 位置抖动：设置在卡片的原位置上发生抖动，调节 X 轴、Y 轴和 Z 轴的数量与速度。

✦ 旋转抖动：设置卡片在原角度上发生抖动，调节

X 轴、Y 轴和 Z 轴的数量与速度。

7.3.3 CC Glass Wipe

CC Glass Wipe（玻璃擦除）效果可以使图像产生类似玻璃融化过渡的效果，其面板参数和使用前后的效果如图 7-22 所示。

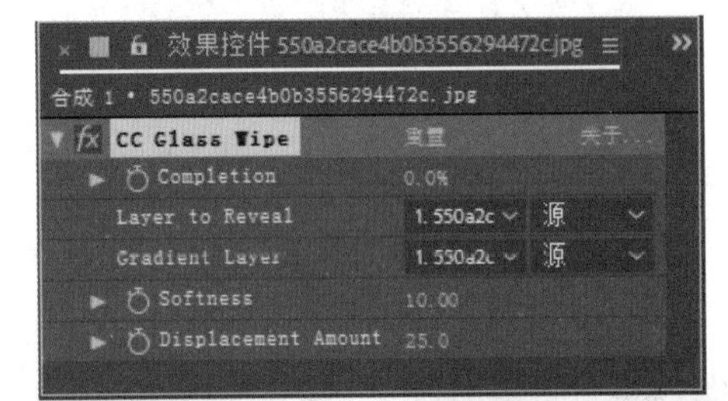

图 7-22

下面对 CC Glass Wipe（玻璃擦除）效果的主要属性参数进行详细介绍。

✦ Completion（完成）：调节图像过渡的百分比。

✦ Layer to Reveal（显示层）：设置当前显示层。

✦ Gradient Layer（渐变层）：指定一个渐变层。

✦ Softness（柔化）：设置扭曲效果的柔化程度。

✦ Displacement Amount（偏移量）：设置扭曲的偏移程度。

7.3.4 CC Grid Wipe

CC Grid Wipe（CC 网格擦除）效果可以将图像分解成很多小网格，以交错网格的形式擦除图像，其面板参数和使用前后的效果如图 7-23 所示。

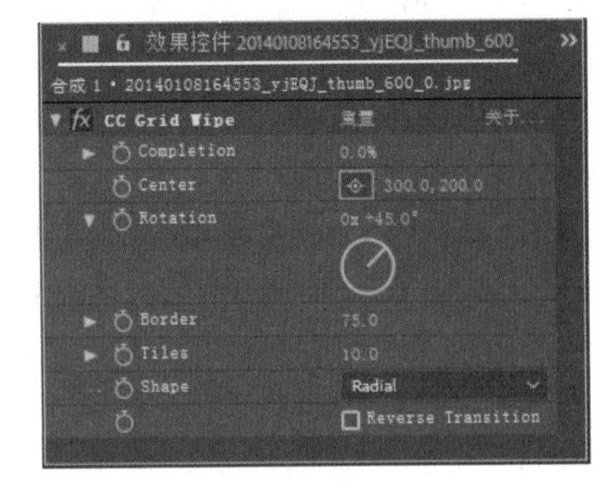

图 7-23

图 7-23（续）

下面对 CC Grid Wipe（CC 网格擦除）效果的主要属性参数进行详细介绍。

✦ Completion（完成）：调节图像过渡的百分比。

✦ Center（中心）：设置网格的中心点位置。

✦ Rotation（旋转）：设置网格的旋转角度。

✦ Border（边界）：设置网格的边界位置。

✦ Tiles（拼贴）：设置网格的大小。值越大，网格越小；值越小，网格越大。

✦ Shape（形状）：设置整体网格的擦除形状，从右侧的下拉列表中可以根据需要选择"Doors(门)""Radial（径向）"和"Rectangular（矩形）"3 种形状中的一种来进行擦除。

✦ Reverse Transition（反转变换）：选中该复选框，可以将网格与图像区域转换，使擦除的形状相反。

7.3.5 CC Image Wipe

CC Image Wipe（CC 图像擦除）效果通过特效层与指定层之间的像素差异比较，从而产生指定层的图像擦除效果，其面板参数和使用前后的效果如图 7-24 所示。

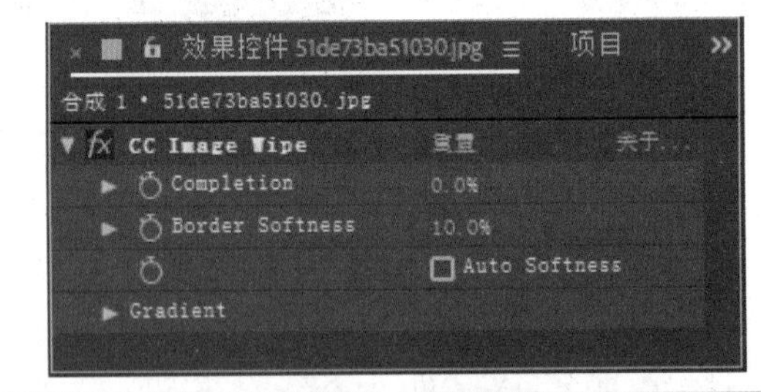

图 7-24

下面对 CC Image Wipe（CC 图像擦除）效果的主要属性参数进行详细介绍。

✦ Completion（完成）：调节图像过渡的百分比。

✦ Border Softness（边界柔化）：设置指定层图像边缘的柔化程度。

✦ Auto Softness（自动柔化）：指定层的边缘柔化程度，将在 Border Softness（边界柔化）的基础上进一步柔化。

✦ Gradient（渐变）：指定一个渐变层。

✦ Layer（层）：从右侧的下拉列表中选择一层，作为擦除时的指定层。

✦ Property（特性）：从右侧的下拉列表中可以选择一种用于运算的通道。

✦ Blur（模糊）：设置指定层图像的模糊程度。

✦ Inverse Gradient（反转渐变）：选中该复选框，可以将指定层的擦除图像按照其特性的设置进行反转。

7.3.6　CC Jaws

CC Jaws（CC 锯齿）效果可以将图像以锯齿形状分割开，从而进行图像切换，其面板参数和使用前后的效果如图 7-25 所示。

图 7-25

下面对 CC Jaws（CC 锯齿）效果的主要属性参数进行详细介绍。

✦ Completion（完成）：调节图像过渡的百分比。

✦ Center（中心）：设置锯齿的中心点位置。

✦ Direction（方向）：设置锯齿的方向。

✦ Height（高度）：设置锯齿的高度。

✦ Width（宽度）：设置锯齿的宽度。

✦ Shape（形状）：设置锯齿的形状，从右侧的下拉列表中，可以根据需要选择一种形状来进行擦除。

7.3.7　CC Light Wipe

CC Light Wipe（CC 光效擦除）效果是通过边缘发光的图形进行擦除，其面板参数和使用前后的效果如图 7-26 所示。

图 7-26

下面对 CC Light Wipe（CC 光效擦除）效果的主要属性参数进行详细介绍。

✦ Completion（完成）：调节图像过渡的百分比。

✦ Center（中心）：设置发光图形的中心点位置。

✦ Intensity（强度）：设置发光的强度数值。

✦ Shape（形状）：设置擦除的形状，可以选择“Doors（门）”“Round（圆形）”和“Square（正方形）”3 种形状。

✦ Direction（方向）：调节擦除的方向角度，只有在 Shape（形状）为“Doors（门）”或“Square（正方形）”时才能使用。

✦ Color from Source（颜色来源）：启用该选项，可以降低发光度。

✦ Color（颜色）：调节发光颜色。

✦ Reverse Transition（反转变换）：将发光擦除的黑色区域与图像区域进行转换，使擦除反转。

7.3.8　CC Line Sweep

CC Line Sweep（CC 直线擦除）效果可以使图像以直线的方式扫描擦除，其面板参数和使用前后的效果如图 7-27 所示。

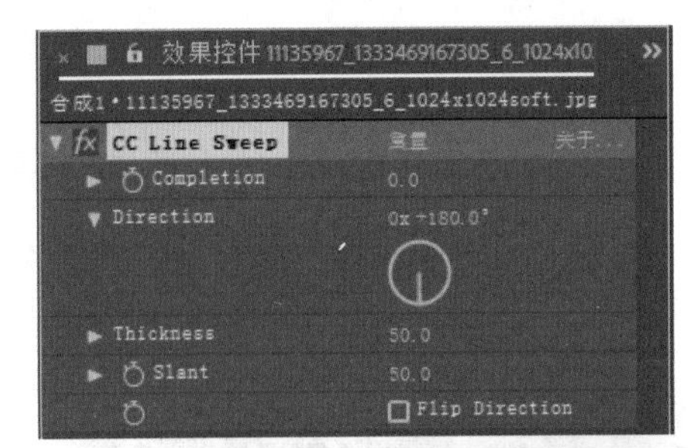

图 7-27

下面对 CC Line Sweep（CC 直线擦除）效果的主要属性参数进行详细介绍。

✦ Completion（完成）：调节画面过渡的百分比。

✦ Direction（方向）：调节画面扫描的方向。

✦ Thickness（密度）：调节扫描的密度。

✦ Slant（倾斜）：设置扫描画面的倾斜角度。

✦ Flip Direction（翻转方向）：选中该选项，可以翻转扫描的方向。

7.3.9 CC Radial SCaleWipe

CC Radial ScaleWipe（径向缩放擦除）效果可以在画面中产生一个边缘扭曲的圆孔，通过缩放圆孔的大小来切换画面，其面板参数和使用前后的效果如图 7-28 所示。

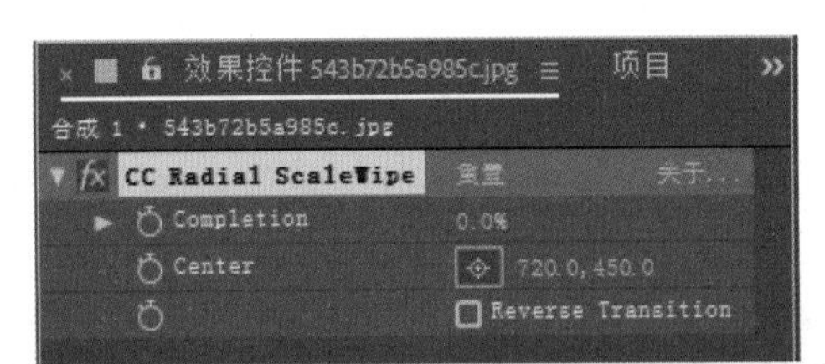

图 7-28

下面对 CC Radial ScaleWipe（径向缩放擦除）效果的主要属性参数进行详细介绍。

✦ Completion（完成）：设置图像过渡的百分比，值越大，圆孔越大。

✦ Center（中心）：设置圆孔的中心点位置。

✦ Reverse Transition（反转变换）：选中该选项，可以使擦除反转。

7.3.10 CC Scale Wipe

CC Scale Wipe（CC 拉伸式过渡）效果通过调节拉伸中心点的位置和拉伸方向来擦除图像，其面板参数和使用前后的效果如图 7-29 所示。

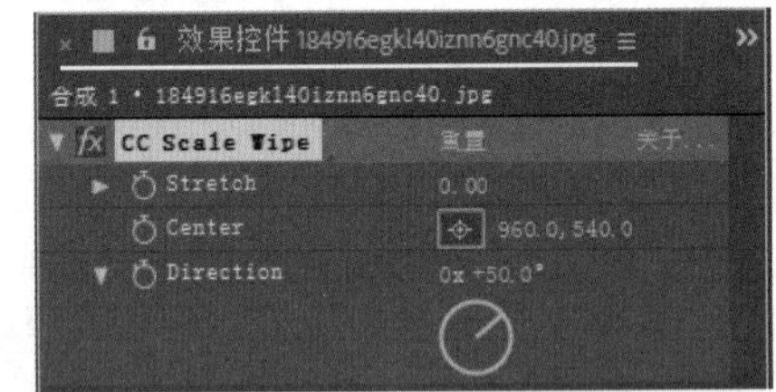

图 7-29

下面对 CC Scale Wipe（CC 拉伸式过渡）效果的主要属性参数进行详细介绍。

✦ Stretch（拉伸）：调节图像的拉伸大小，数值越大，拉伸越明显。

✦ Center（中心）：设置拉伸中心点的位置。

✦ Direction（方向）：调节拉伸的方向。

7.3.11 CC Twister

CC Twister（CC 扭转过渡）效果可以使图像产生扭转变形，从而达到擦除图像的效果，其面板参数和使用前后的效果如图 7-30 所示。

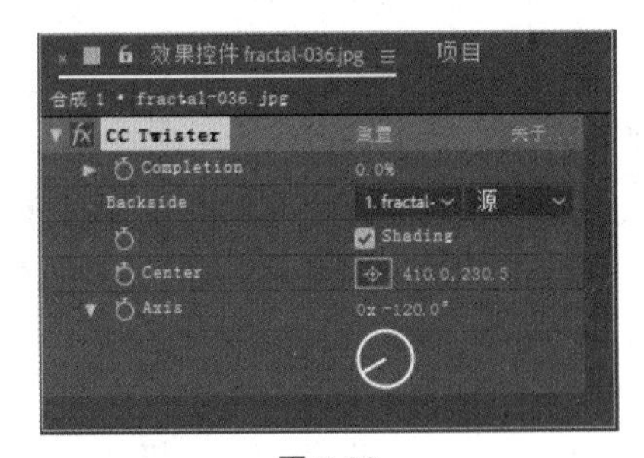

图 7-30

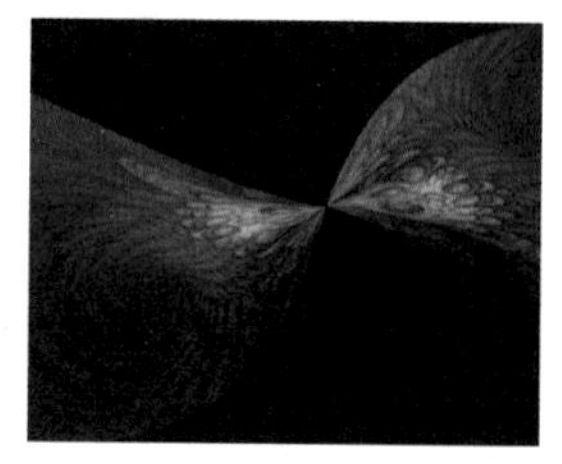

图 7-30（续）

下面对 CC Twister（CC 扭转过渡）效果的主要属性参数进行详细介绍。

✦ Completion（完成）：调节图像过渡的程度。

✦ Backside（背面）：在右侧的下拉列表中选择一个图层作为扭曲背面的图像。

✦ Shading（阴影）：选中该选项，扭曲的图像将产生阴影。

✦ Center（中心）：设置扭曲图像中心点的位置。

✦ Axis（坐标轴）：调节扭曲的角度。

7.3.12　CC WarpoMatic

CC WarpoMatic（CC 变形过渡）效果可以指定显示过渡效果的图层，并调整弯曲变形的程度，其面板参数和使用前后的效果如图 7-31 所示。

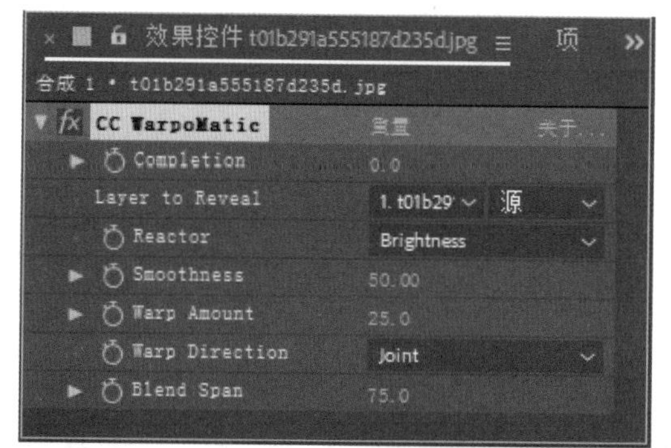

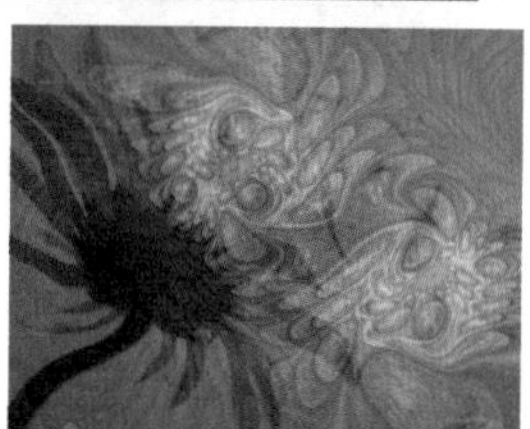

图 7-31

下面对 CC WarpoMatic（CC 变形过渡）效果的主要属性参数进行详细介绍。

✦ Completion（完成）：调节图像过渡的百分比。

✦ Layer to Reveal（层显示）：指定显示效果的图层。

✦ Reactor（反应器）：可以选择“亮度”“对比度”“亮度差”和“位置差”等模式。

✦ Smoothness（平滑）：设置画面的平滑度。

✦ Warp Amount（变形量）：设置变形的数量。

✦ Warp Direction（变形方向）：设置变形的方向。

✦ Blend Span（混合跨度）：设置混合的跨度参数。

7.3.13　光圈擦除

光圈擦除效果通过调节内外半径产生不同的形状来擦除图像，其面板参数和使用前后的效果如图 7-32 所示。

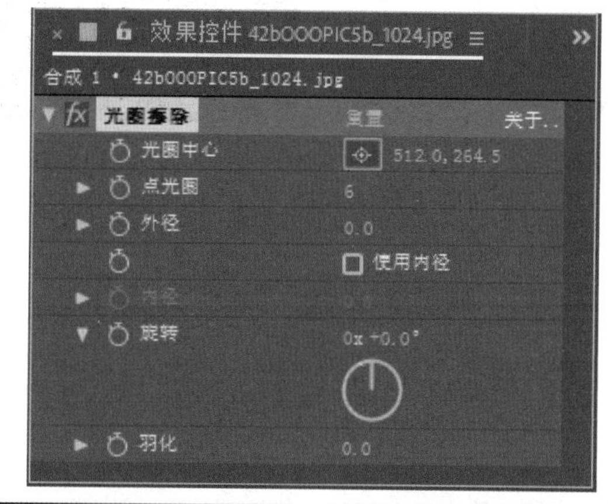

图 7-32

下面对光圈擦除效果的主要属性参数进行详细介绍。

✦ 光圈中心：设置擦除形状的中心位置。

✦ 点光圈：调节擦除的多边形形状。

✦ 外径：设置外半径数值，调节擦除图形的大小。

✦ 内径：设置内半径数值，在选中“使用内径”选项时才能使用。

✦ 旋转：设置多边形旋转的角度。

✦ 羽化：调节多边形的羽化程度。

7.3.14　块溶解

块溶解效果在画面中产生无数的板块或小点，以达到溶解图像的效果，其面板参数和使用前后的效果如图 7-33 所示。

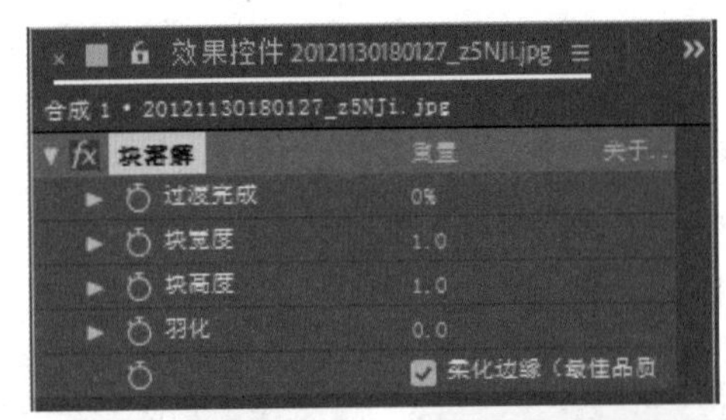

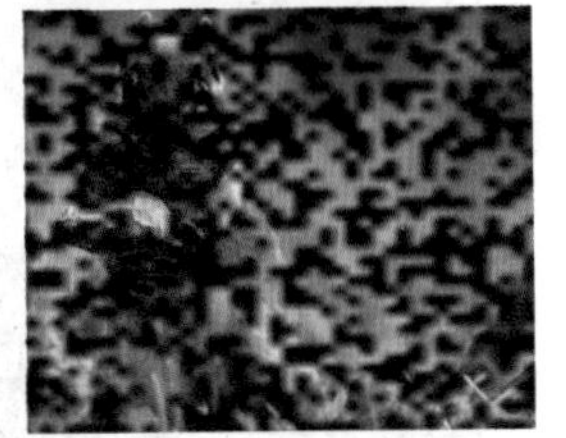

图 7-33

下面对块溶解效果的主要属性参数进行详细介绍。

✦ 过渡完成：调节块溶解过渡完成的百分比。

✦ 块宽度：设置板块的宽度。

✦ 块高度：设置板块的高度。

✦ 羽化：调节图像的羽化程度。

✦ 柔化边缘（最佳品质）：选中该选项时，板块边缘更加柔和。

7.3.15　百叶窗

百叶窗效果可以制作出类似百叶窗的条纹过渡效果，其面板参数和使用前后的效果如图 7-34 所示。

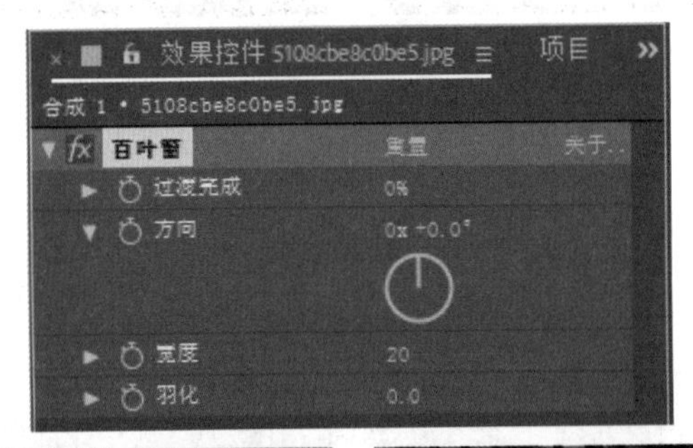

图 7-34

下面对百叶窗效果的主要属性参数进行详细介绍。

✦ 过渡完成：调节图像过渡的百分比。

✦ 方向：设置百叶窗条纹的方向。

✦ 宽度：设置百叶窗条纹宽度。

✦ 羽化：设置百叶窗条纹的羽化程度。

7.3.16　径向擦除

径向擦除效果是通过径向旋转来擦除画面，其面板参数和使用前后的效果如图 7-35 所示。

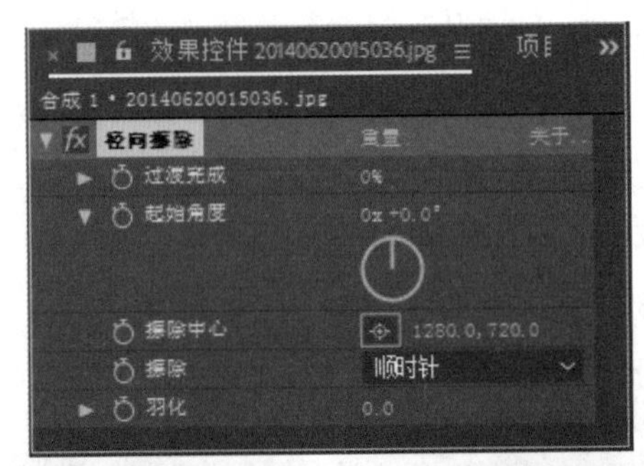

图 7-35

下面对径向擦除效果的主要属性参数进行详细介绍。

✦ 过渡完成：调节径向擦除过渡完成的百分比。

✦ 起始角度：设置径向擦除区域的角度。

✦ 擦除中心：调节径向擦除区域的中心点位置。

✦ 擦除：可以选择擦除的方式，包括“顺时针”“逆时针”和“两者兼有”3 种方式。

✦ 羽化：调节径向擦除区域的羽化程度。

7.3.17　线性擦除

线性擦除效果可以选定一个方向，然后沿着这个方向进行擦除，从而过渡画面，其面板参数和使用前后的效果如图 7-36 所示。

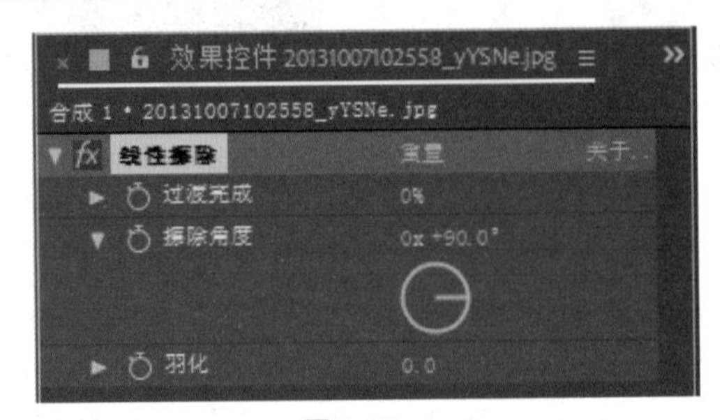

图 7-36

图 7-36（续）

下面对线性擦除效果的主要属性参数进行详细介绍。

- ✦ 过渡完成：调节线性擦除过渡完成的百分比。
- ✦ 擦除角度：设置要擦除的直线角度。
- ✦ 羽化：设置擦除边缘的羽化程度。

7.3.18　课堂练习——创建个性方格背景

本实例将通过为纯色图层添加“百叶窗”特效，制作出个性方格背景。同时结合蒙版技术，使画面周围产生暗角效果，从而突出中心文字。接下来，将详细讲解制作过程。

视频文件：　视频 \ 第 7 章 \7.3.18 课堂练习——创建个性方格背景 .mp4

源 文 件：　源文件 \ 第 7 章 \7.3.18

01 启动 After Effects CC 2018 软件，打开本节对应文件夹下的“文字 .After Effectsp”项目文件，如图 7-37 所示。

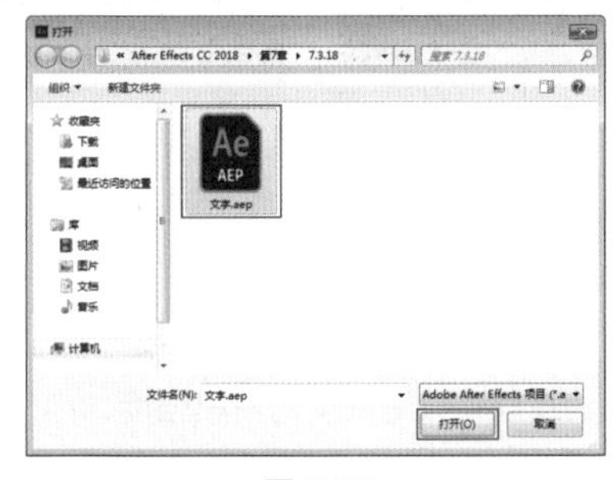

图 7-37

02 打开项目文件后，右击“图层”面板中的空白处，在弹出的快捷菜单中选择“新建”|“纯色”命令，如图 7-38 所示。

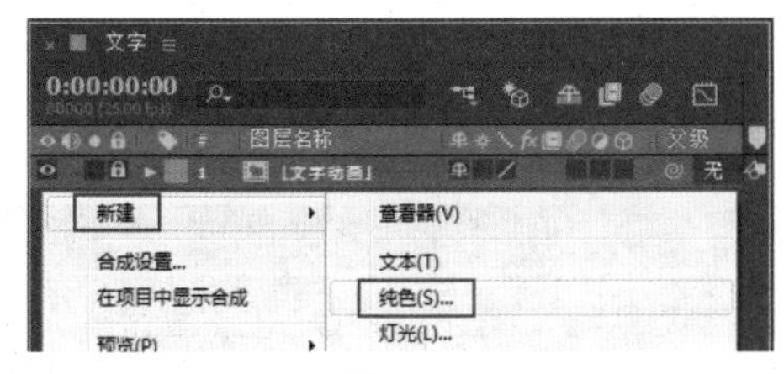

图 7-38

03 弹出“纯色设置”对话框，在该对话框中更改名称为“背景色”，并设置“颜色”属性的 RGB 参数为 3、3、65，单击“确定”按钮，如图 7-39 所示。

图 7-39

04 在“图层”面板中将“背景色”图层拖至底层，然后执行“效果”|“过渡”|“百叶窗”命令，并在“效果控件”面板中设置“完成过渡”参数为 10，然后按快捷键 Ctrl+D 复制该特效，设置“百叶窗 2”效果的“方向”参数为 90，如图 7-40 所示。

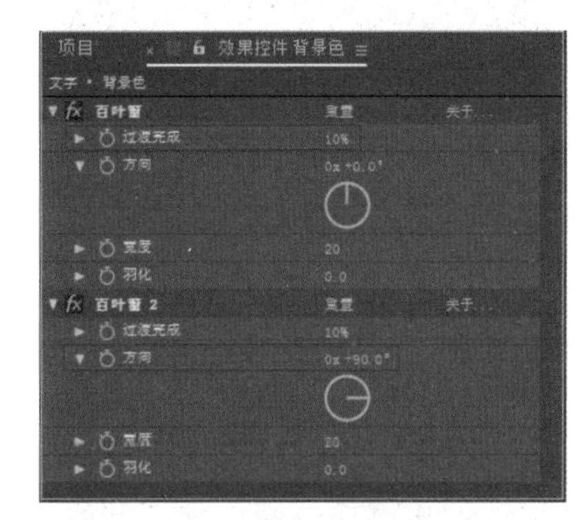

图 7-40

05 在“图层”面板中选择“背景色”图层，使用“工具”面板中的“椭圆”工具在“合成”窗口中绘制一个椭圆形遮罩，如图 7-41 所示。在“图层”面板展开蒙版属性，设置“蒙版羽化”参数为 280，如图 7-42 所示。

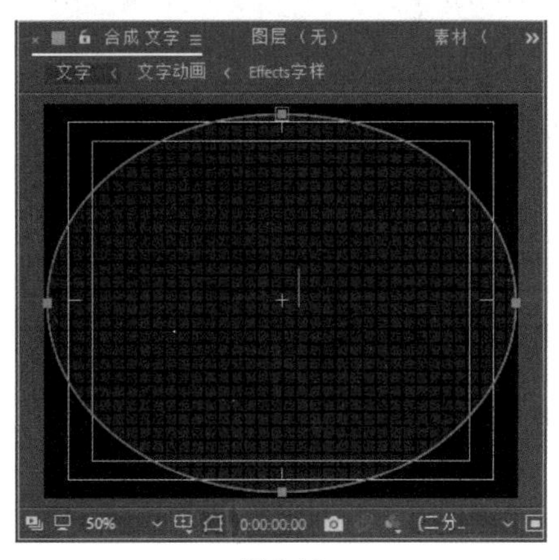

图 7-41

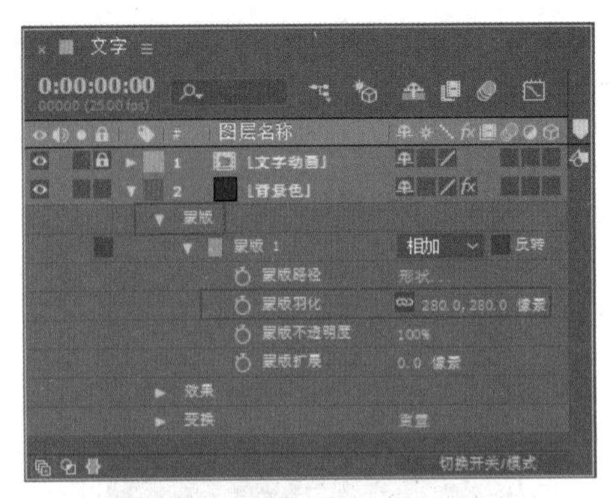

图 7-42

06 至此，本实例制作完毕，按空格键可以播放动画预览，最终效果如图 7-43 所示。

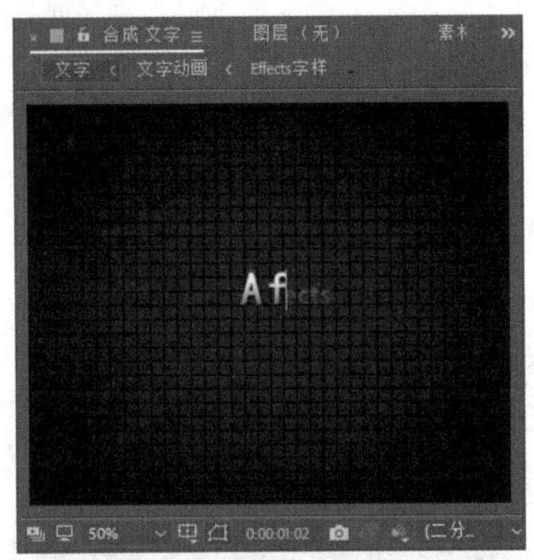

图 7-43

7.4 模糊和锐化

模糊和锐化是影视制作中最常用的效果，因为画面需要通过“虚实结合”来产生空间感和对比。After Effects CC 2018 中“模糊和锐化”效果组中包含了 16 种效果，下面将具体讲解各种模糊和锐化效果的相关属性及应用方法。

7.4.1 复合模糊

复合模糊效果依据参考层画面的亮度值对效果层的像素进行模糊处理，其面板参数和使用前后的效果如图 7-44 所示。

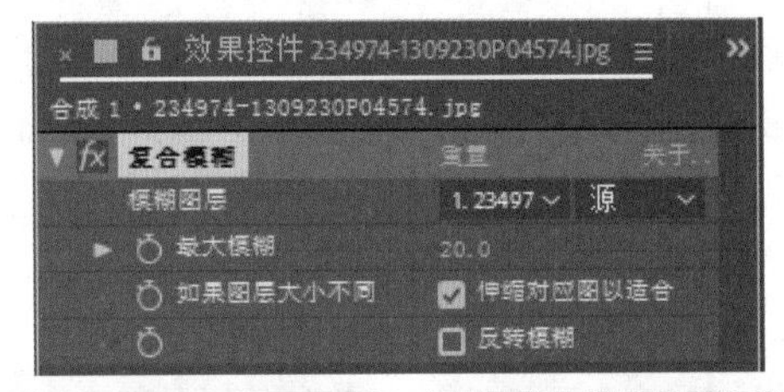

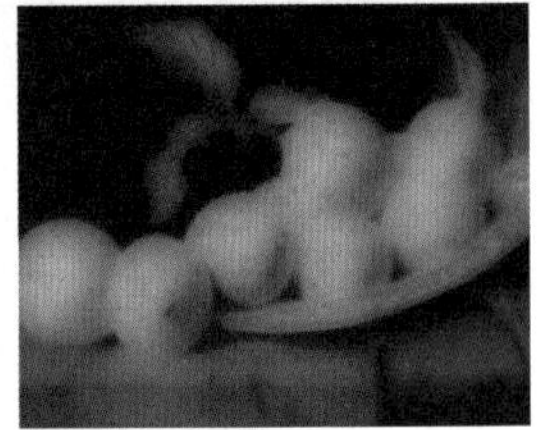

图 7-44

下面对复合模糊效果的主要属性参数进行详细介绍。

- ✦ 模糊图层：指定模糊的参考图层。
- ✦ 最大模糊：设置图层的模糊强度。
- ✦ 如果图层大小不同：设置图层的大小匹配方式。
- ✦ 反转模糊：将模糊效果反转。

7.4.2 锐化

锐化效果可以提高素材图像边缘的对比度，使画面变得更加锐化、清晰，其面板参数和使用前后的效果如图 7-45 所示。

图 7-45

图 7-45（续）

下面对锐化效果的主要属性参数进行详细介绍。

✦ 锐化量：调节锐化的程度。

7.4.3　通道模糊

通道模糊效果可以分别对图像中的红色、绿色、蓝色和 Alpha 通道进行模糊处理，其面板参数和使用前后的效果如图 7-46 所示。

效果控件 Cg-4y1ULoXCII6fEAAeQFx3fsKgA
合成 1 • Cg-4y1ULoXCII6fEAAeQFx3fsKgAAXCmAPjugYAB5Av1
fx 通道模糊　重置　关于...
红色模糊度　0.0
绿色模糊度　0.0
蓝色模糊度　0.0
Alpha 模糊度　0.0
边缘特性　重复边缘像素
模糊方向　水平和垂直

图 7-46

下面对通道模糊效果的主要属性参数进行详细介绍。

✦ 红色模糊度：设置图像中红色通道的模糊强度。

✦ 绿色模糊度：设置图像中绿色通道的模糊强度。

✦ 蓝色模糊度：设置图像中蓝色通道的模糊强度。

✦ Alpha 模糊度：设置图像中 Alpha 通道的模糊强度。

✦ 边缘特性：设置图像边缘模糊的重复值，选中“重复边缘像素”复选框可以使图像边缘变清晰。

✦ 模糊方向：设置图像的模糊方向，从右侧的下拉列表中可以选择“水平和垂直”“水平”和“垂直”3 种方式。

7.4.4　CC Cross Blur

CC Cross Blur（CC 交叉模糊）效果可以沿 X 轴或者 Y 轴方向对素材图像进行交叉模糊处理，其面板参数和使用前后的效果如图 7-47 所示。

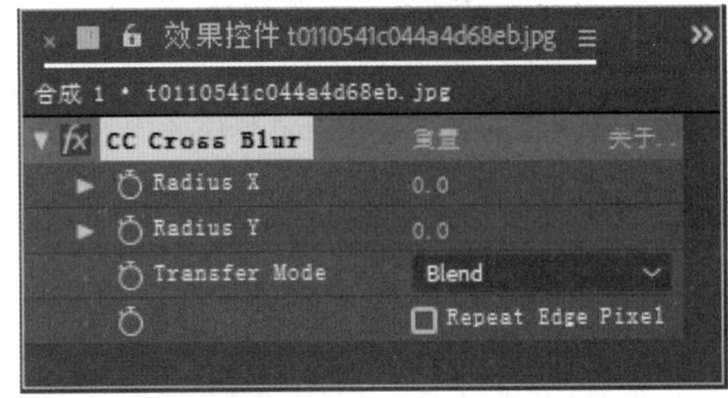

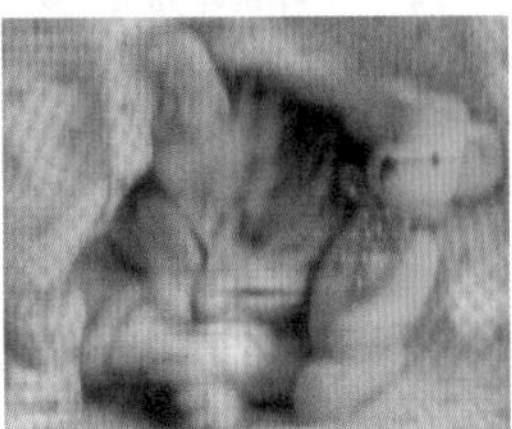

图 7-47

下面对 CC Cross Blur（CC 交叉模糊）效果的主要属性参数进行详细介绍。

✦ RadiusX（X 轴半径）：设置 X 轴的半径。

✦ RadiusY（Y 轴半径）：设置 Y 轴的半径。

✦ Transfer Mode（传输模式）：可以在右侧的下拉列表中指定传输的混合模式。

7.4.5　CC Radial Blur

CC Radial Blur（CC 螺旋模糊）效果通过在素材图像上指定一个中心点，并沿着该点产生螺旋状的模糊效果，其面板参数和使用前后的效果如图 7-48 所示。

下面对 CC Radial Blur（CC 螺旋模糊）效果的主要属性参数进行详细介绍。

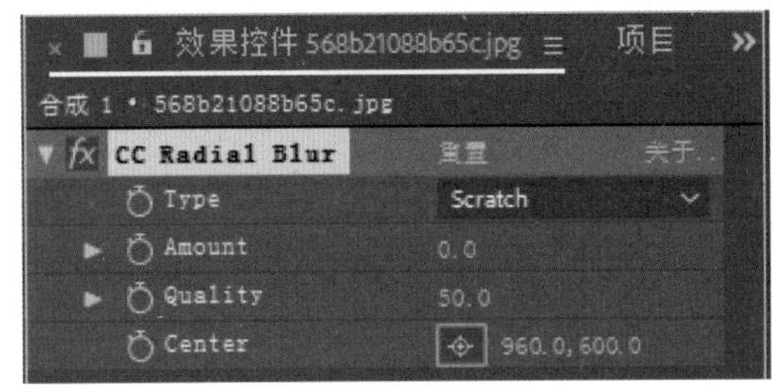

图 7-48

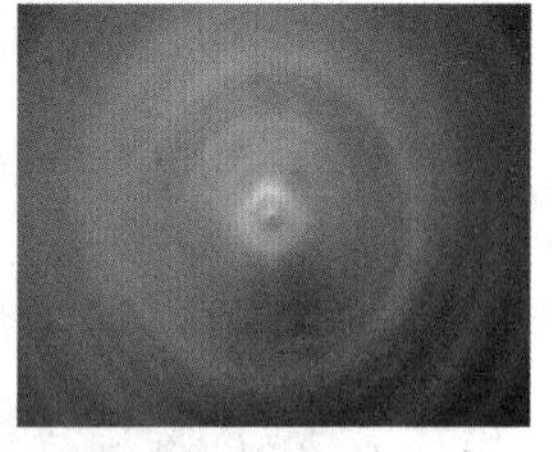

图 7-48（续）

✦ Type（模糊方式）：指定模糊的方式，在右侧的下拉列表中可以选择“StraightZoom（直线放射）”“Fading Zoom（变焦放射）”“Centered（居中）”“Rotate（旋转）”和“Scratch（刮）”。

✦ Amount（数量）：设置图像的旋转层数。

✦ Quality（质量）：设置模糊的程度，值越大，图像越模糊。

✦ Center（模糊中心）：调节模糊中心点的位置。

7.4.6 CC Radial Fast Blur

CC Radial Fast Blur（CC 快速模糊）效果可以在画面中产生快速变焦式的模糊效果，其面板参数和使用前后的效果如图 7-49 所示。

图 7-49

下面对 CC Radial Fast Blur（CC 快速模糊）效果的主要属性参数进行详细介绍。

✦ Center（模糊中心）：设置模糊的中心点位置。

✦ Amount（数量）：调节模糊程度，值越大图像越模糊。

✦ Zoom（爆炸叠加方式）：设置模糊叠加的方式，包括“Standard（标准）”“Brightest（变亮）”和“Darkest（变暗）”。

7.4.7 CC Vector Blur

CC Vector Blur（CC 向量区域模糊）效果可以在画面中产生水纹交融的模糊效果，其面板参数和使用前后的效果如图 7-50 所示。

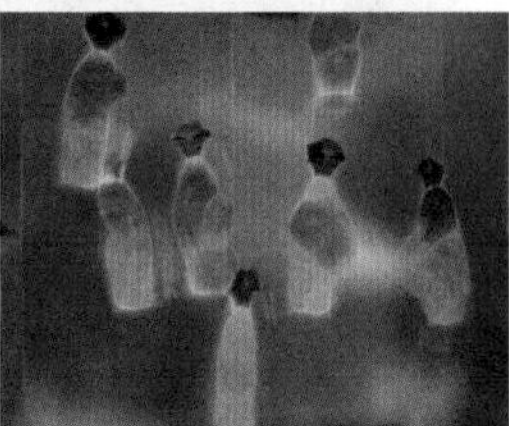

图 7-50

下面对 CC Vector Blur（CC 向量区域模糊）效果的主要属性参数进行详细介绍。

✦ Type（模糊方式）：指定模糊的方式，在右侧的下拉列表中可以选择“Natural（自然）”“Constant Length（固定长度）”“Perpendicular（垂直）”“Direction Center（方向中心）”和“Direction Fading（方向衰减）”5 种方式。

✦ Amount（数量）：调节模糊程度，值越大图像越模糊。

✦ Angle Offset（角度偏移）：设置模糊的偏移角度。

✦ Ridge Smoothness（脊线平滑）：设置模糊的平滑程度。

✦ Vector Map（矢量图）：指定模糊的图层。

✦ Property（属性）：设置通道的方式，在右侧的下拉列表中可以选择任何一种通道方式。

✦ Map Softness（柔化图像）：设置图像的柔化程度，值越大，图像越柔和。

7.4.8 摄像机镜头模糊

摄像机镜头模糊效果可以用来模拟不在摄像机聚焦平面内物体的模糊效果，其面板参数和使用前后的效果如图 7-51 所示。

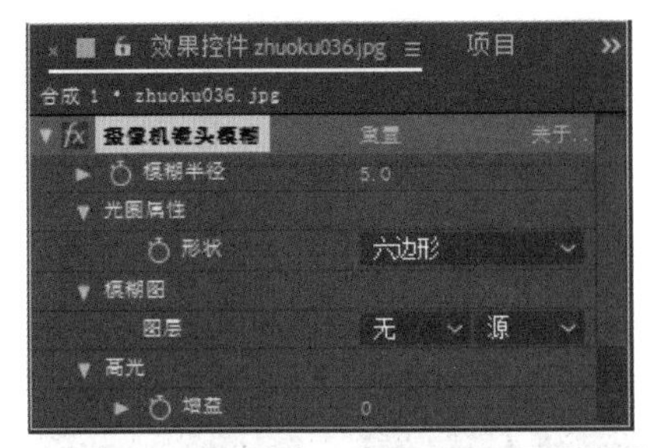

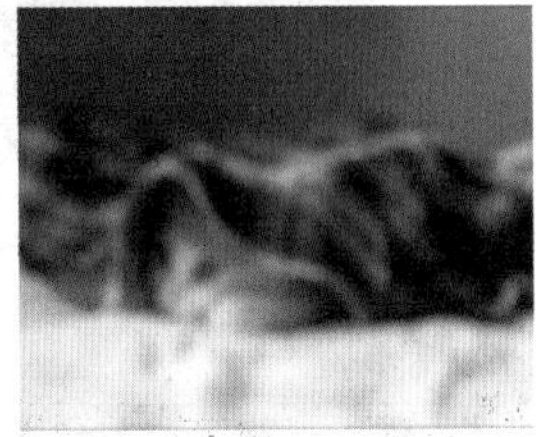

图 7-51

下面对摄像机镜头模糊效果的主要属性参数进行详细介绍。

✦ 模糊半径：设置模糊半径的数值。

✦ 光圈属性：该选项用于控制镜头光圈的属性，如“形状”“圆度”“长宽比”“旋转”等。

✦ 形状：控制摄像机镜头的形状，从右侧的下拉列表中可以选择“三角形”“正方形”“五边形”“六边形”等 8 种形状。

✦ 圆度：设置镜头的圆滑程度。

✦ 长宽比：设置镜头画面的长宽比。

✦ 旋转：控制镜头模糊的旋转角度。

✦ 衍射条纹：设置镜头模糊衍射条纹的数值。

✦ 模糊图：设置模糊贴图的属性。

✦ 图层：指定镜头模糊的参考图层。

✦ 声道：设置模糊图像的图层通道，包括“明亮度”“红色”“绿色”“蓝色”和“Alpha”5 种通道。

✦ 位置：指定模糊图像的位置，包括“居中”和“拉伸图以适合”两种位置方式。

✦ 模糊焦距：设置模糊图像焦点的距离。

✦ 反转模糊图：反转图像的焦点。

✦ 高光：控制模糊的高亮部分属性。

✦ 增益：增加图像高亮部分的亮度。

✦ 阈值：设置图像的容差值。

✦ 饱和度：设置模糊图像的饱和度。

✦ 边缘特性：设置模糊边缘的属性，选中“重复边缘像素”选项可以让图像边缘保持清晰。

✦ 使用“线性”工作空间：选中该选项时可以使用线性的工作空间。

7.4.9　智能模糊

智能模糊效果能够选择图像中的部分区域进行模糊处理，对比较强的区域保持清晰，对比较弱的区域进行模糊，其面板参数和使用前后的效果如图 7-52 所示。

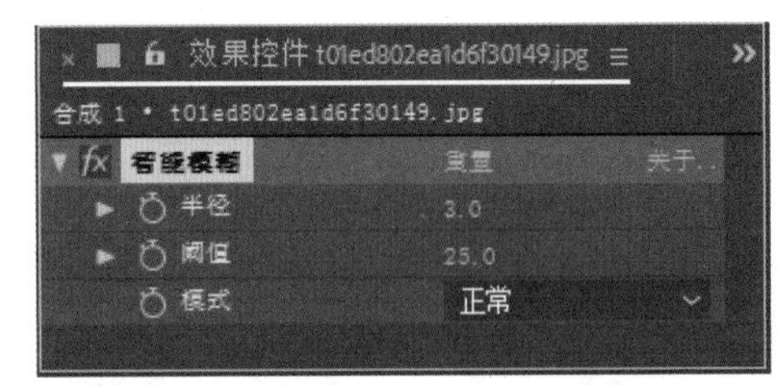

图 7-52

下面对智能模糊效果的主要属性参数进行详细介绍。

✦ 半径：设置智能模糊的半径数值。

✦ 阈值：设置模糊的容差值。

✦ 模式：设置智能模糊的模式，包括“正常”“仅限边缘”和“叠加边缘”3 种模式。

7.4.10　双向模糊

双向模糊效果可以在保留图像边缘和细节的情况下，自动把对比度较低的区域进行选择性模糊，其面板参数和使用前后的效果如图 7-53 所示。

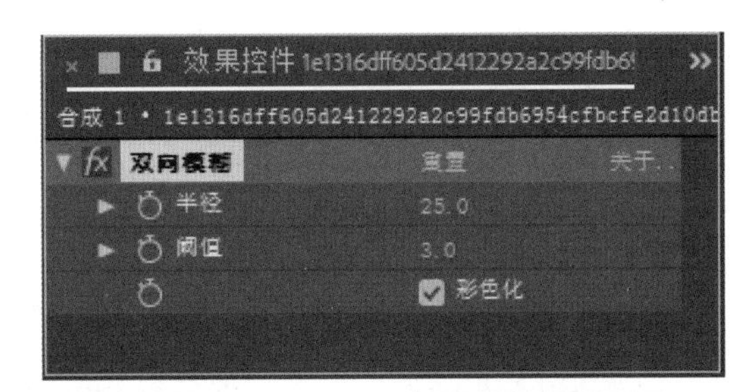

图 7-53

下面对双向模糊效果的主要属性参数进行详细介绍。

✦ 半径：调节模糊的半径数值。

✦ 阈值：设置模糊的容差值。

✦ 彩色化：设置图像的色彩化，选中该选项，图像为彩色模式；反之，图像变为黑白模式。

7.4.11 定向模糊

定向模糊效果可以使图像产生运动幻觉的效果，其面板参数和使用前后的效果如图 7-54 所示。

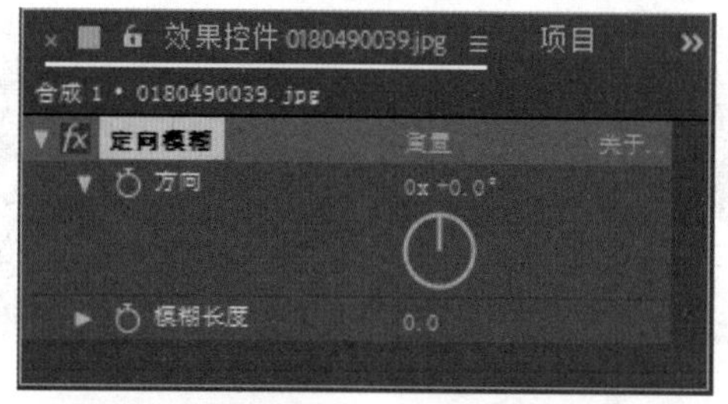

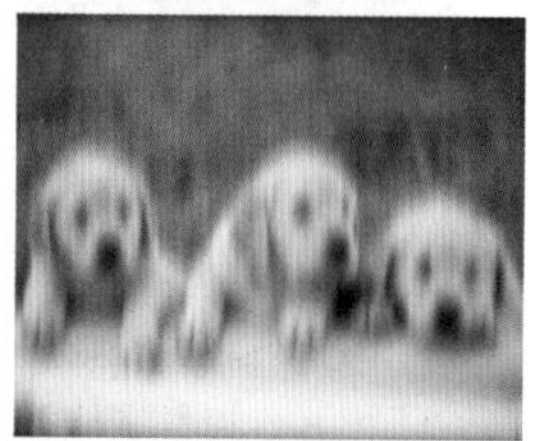

图 7-54

下面对定向模糊效果的主要属性参数进行详细介绍。

✦ 方向：设置图像的模糊方向。

✦ 模糊长度：设置图像的模糊强度，值越大图像越模糊。

7.4.12 径向模糊

径向模糊效果围绕一个中心点产生模糊的效果，可以模拟镜头的推拉和旋转效果，其面板参数和使用前后的效果如图 7-55 所示。

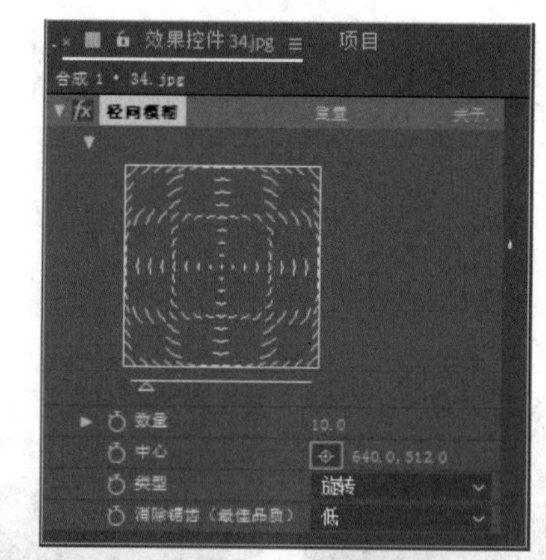

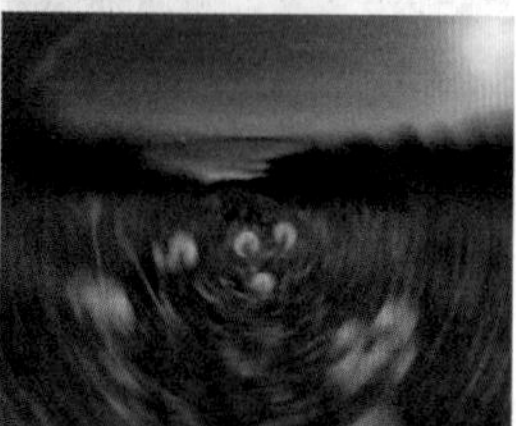

图 7-55

下面对径向模糊效果的主要属性参数进行详细介绍。

✦ 数量：调节径向模糊的强度。

✦ 中心：设置径向模糊的中心位置。

✦ 典型：设置径向模糊的样式，从右侧的下拉列表中可以选择“旋转”和“缩放”两种样式。

✦ 消除锯齿（最佳品质）：调节画面图像的质量。

7.4.13 快速方框模糊

快速方框模糊效果以临近像素颜色的平均值为基准，在模糊的图像四周形成一个方框状边缘，其面板参数和使用前后的效果如图 7-56 所示。

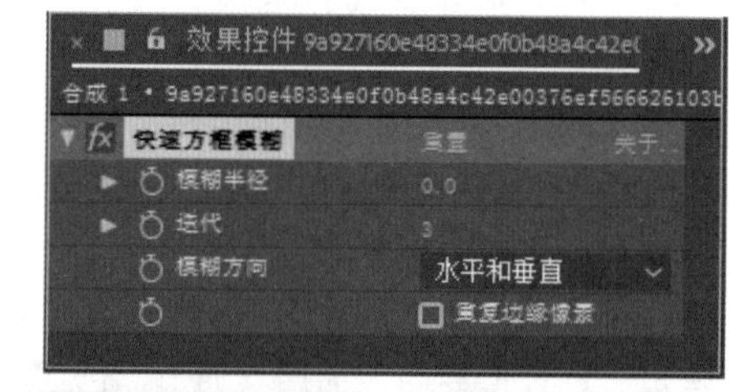

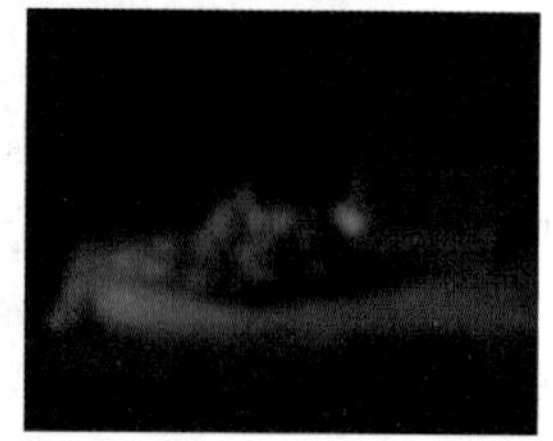

图 7-56

下面对方框模糊效果的主要属性参数进行详细介绍。

✦ 模糊半径：设置图像的模糊半径。

✦ 迭代：控制图像模糊的质量。

✦ 模糊方向：设置图像的模糊方向，从右侧的下拉列表中可以选择“水平和垂直”“水平”和“垂直”3种方式。

✦ 重复边缘像素：可以使画面的边缘清晰显示。

7.4.14　钝化蒙版

钝化蒙版效果可以通过增强色彩或亮度像素边缘对比度，提高图像整体的对比度，其面板参数和使用前后的效果如图 7-57 所示。

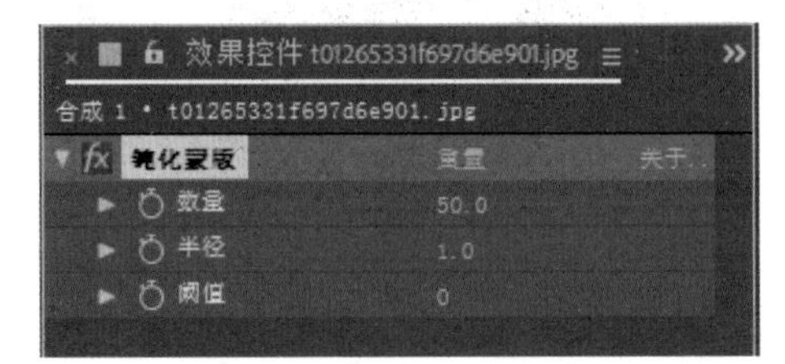

图 7-57

下面对钝化蒙版效果的主要属性参数进行详细介绍。

✦ 数量：设置图像的锐化程度。

✦ 半径：调节像素的范围。

✦ 阈值：指定边界的容差度，调整图像的对比范围，避免产生杂点。

7.4.15　高斯模糊

高斯模糊效果可以用于模糊和柔化图像，去除画面中的杂点，其面板参数和使用前后的效果如图 7-58 所示。

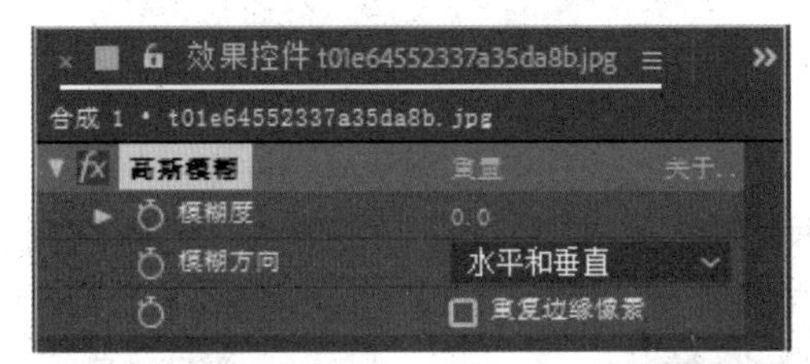

图 7-58

下面对高斯模糊效果的主要属性参数进行详细介绍。

✦ 模糊度：设置模糊的程度。

✦ 模糊方向：调节模糊的方向，包括“水平和垂直”“水平”和“垂直”3 个方向模式。

7.4.16　课堂练习——制作高速运动效果

本实例将通过为图层添加“模糊和锐化”效果组中的“定向模糊”效果，模拟车辆在高速行驶时造成的运动模糊视觉效果，具体操作方法如下。

视频文件：　视频 \ 第 7 章 \7.4.16 课堂练习——制作高速运动效果 .mp4

源 文 件：　源文件 \ 第 7 章 \7.4.16

01 启动 After Effects CC 2018 软件，进入其操作界面。执行“合成” | “新建合成”命令，创建一个预置为 PAL D1/DV 的合成，设置“持续时间”为 3 秒，并设置好名称，单击“确定”按钮，如图 7-59 所示。

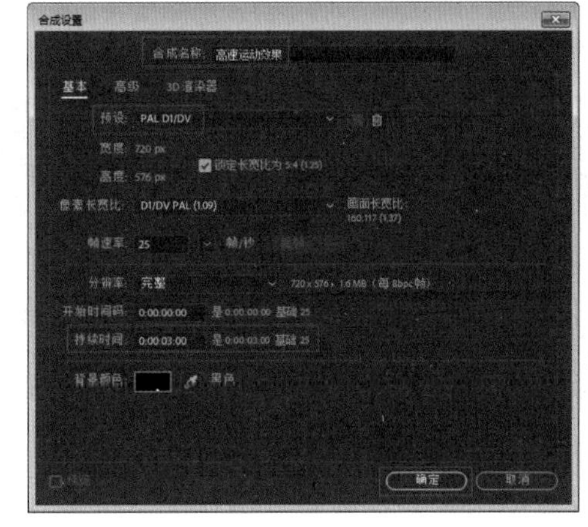

图 7-59

02 执行“文件” | “导入” | “文件”命令，弹出“导入文件”对话框，选择如图 7-60 所示的文件，单击“导入”按钮，将素材导入项目。

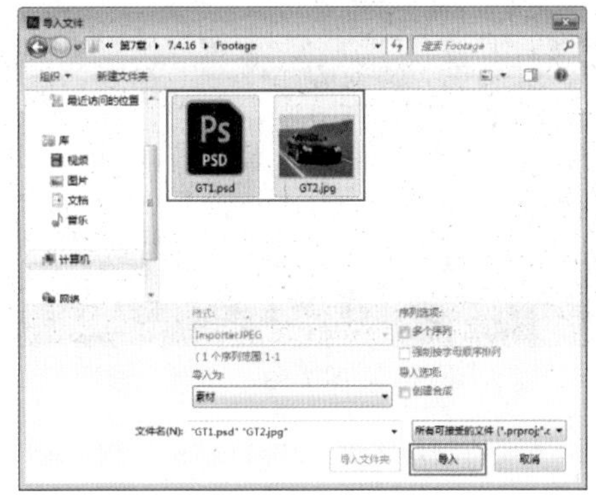

图 7-60

03 将“项目”窗口中的GT1.psd和GT2.jpg素材按先后顺序拖入“图层”面板，然后在“图层”面板中展开GT1.psd图层的变换属性，设置其“缩放”参数为113，如图7-61所示。

图7-61

04 选择GT2.jpg图层，执行“效果”|“模糊与锐化”|“定向模糊”命令，并在“效果控件”面板设置“方向”参数为0×+109°，设置“模糊长度”参数为52，如图7-62所示。

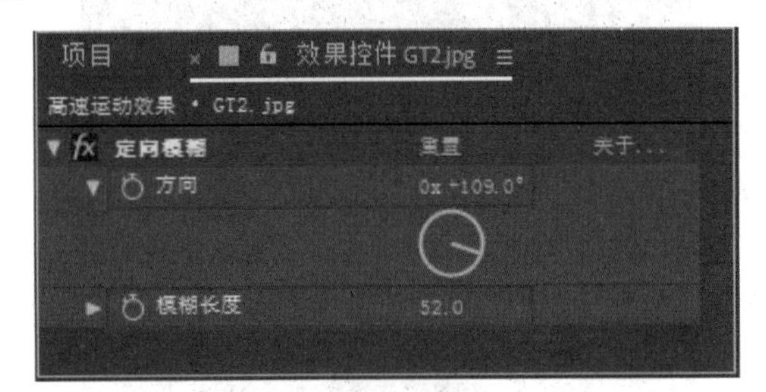

图7-62

05 在“图层”面板中展开GT2.jpg图层的变换属性，设置其“位置”参数为371、286，设置“缩放”参数为116，如图7-63所示。

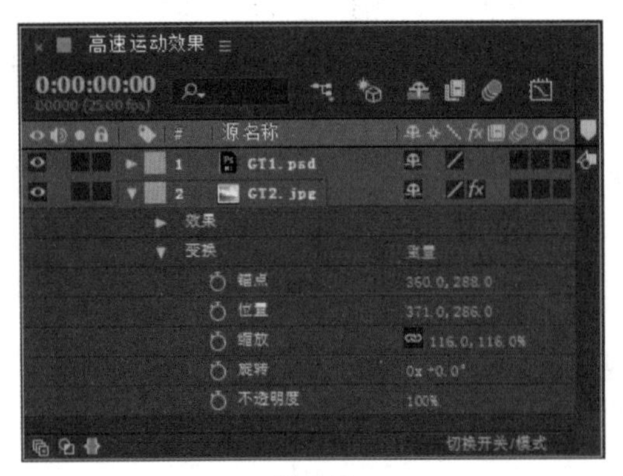

图7-63

06 至此，本实例制作完毕，在“合成”窗口预览最终效果，如图7-64所示。

图7-64

7.5 透视效果

透视效果是专门针对素材进行各种三维透视变化的一组特效，使用透视效果可以增加画面的深度。下面将具体讲解After Effects CC 2018中各类透视效果的相关属性及应用方法。

7.5.1 3D眼镜

3D眼镜效果可以把两幅图像作为空间内的两个元素，再通过指定左右视图的图层，将两种图像在新空间融合为一体，其面板参数和使用前后的效果如图7-65所示。

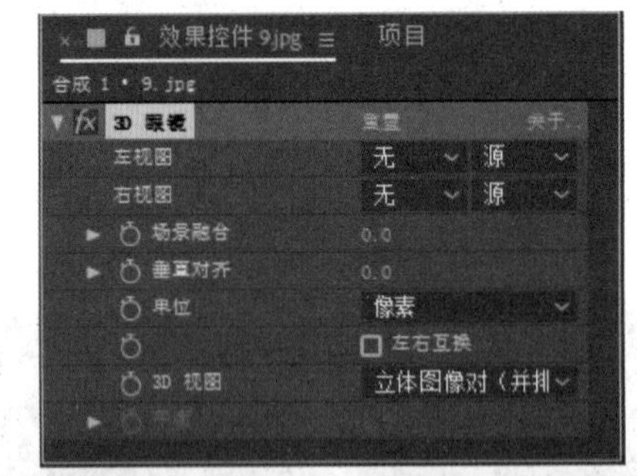

图7-65

下面对3D眼镜效果的主要属性参数进行详细介绍。

✦ 左视图：选择在左侧显示的图层。

✦ 右视图：选择在右侧显示的图层。

✦ 场景融合：设置画面的融合程度。

✦ 垂直对齐：设置左右视图相对的垂直偏移数值。

✦ 单位：设置偏移的单位。

✦ 左右互换：选中该选项，将左、右视图互换。

✦ 3D 视图：指定 3D 视图模式。

✦ 平衡：设置画面的平衡程度。

7.5.2　3D 摄像机跟踪器

3D 摄像机跟踪器效果可以对视频序列进行分析，以提取摄像机运动和 3D 场景数据，其面板参数和使用前后的效果如图 7-66 所示。

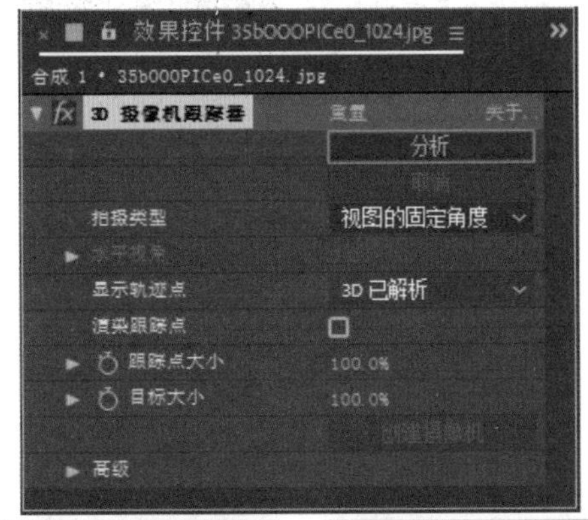

图 7-66

下面对 3D 摄像机跟踪器效果的主要属性参数进行详细介绍。

✦ 分析 / 取消：用于开始或停止素材的后台分析，在分析期间，状态显示为素材上的一个横幅画面，并且位于“取消”按钮旁。

✦ 拍摄类型：指定是以视图的固定角度、变量缩放，还是以指定视角来捕捉素材，更改此设置需要解析。

✦ 显示轨迹点：将检测到的特性显示为带透视提示的 3D 点（已解析的 3D）或由特性跟踪捕捉的 2D 点（2D 源）。

✦ 渲染跟踪点：设置是否渲染跟踪点。

✦ 跟踪点大小：设置跟踪点的显示大小。

✦ 目标大小：设置目标的大小。

✦ 高级：设置 3D 摄像机跟踪器效果的高级控件。

7.5.3　CC Cylinder

CC Cylinder（CC 圆柱体）效果可以把二维图像卷成一个圆桶，模拟三维圆柱体的效果，其面板参数和使用前后的效果如图 7-67 所示。

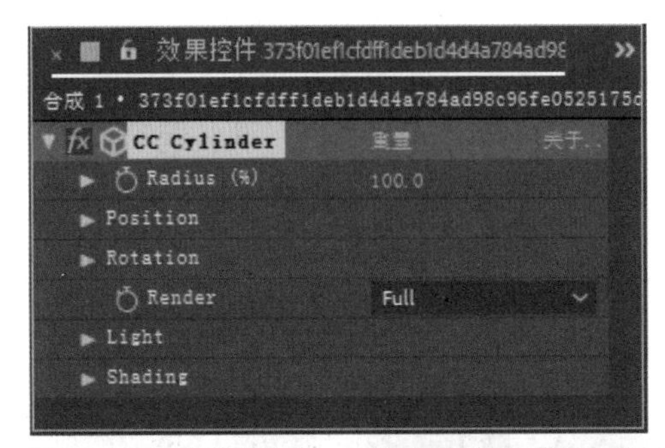

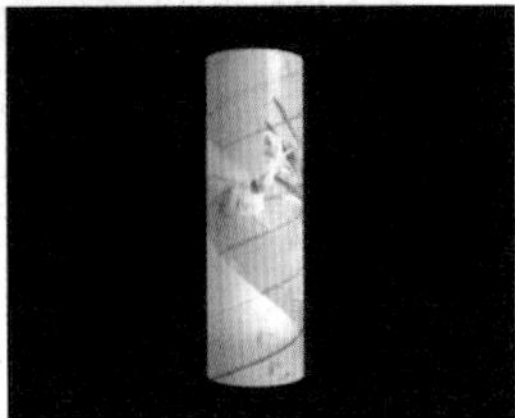

图 7-67

下面对 CC Cylinder（CC 圆柱体）效果的主要属性参数进行详细介绍。

✦ Radius（半径）：设置圆柱体的半径。

✦ Position（位置）：设置圆柱体在画面中的位置。

✦ Rotation（旋转）：设置圆柱体的旋转角度。

✦ Render（渲染）：设置圆柱体在视图中的显示方式，包括：“Full（全部）”“Outside（外面）”“Inside（里面）”3 种。

✦ Light（灯光）：设置圆柱体的灯光属性，包括灯光强度、灯光颜色、灯光高度和灯光方向。

✦ Shading（阴影）：设置阴影属性，包括漫反射、固有色、高光、粗糙程度和材质。

7.5.4　CC Environment

CC Environment（CC 环境贴图）效果可以为素材图像指定一个环境贴图图层，从而模拟环境贴图效果。

下面对 CC Environment（CC 环境贴图）效果的主要属性参数进行详细介绍。

✦ Environment（环境）：指定需要环境贴图的图层。

✦ Mapping（贴图）：设置贴图模式，包括“Spherical（球形）”“Probe（探针）”和“Vertical Cross（垂直交叉）”3种模式。

✦ Horizontal Pan（水平偏移）：设置水平移动数值。

✦ Filter Environment（过滤环境）：选中该选项，过滤环境。

7.5.5 CC Sphere

CC Sphere（CC 球体）效果可以把素材图像变为一个球体，模拟三维球体效果，其面板参数和使用前后的效果如图 7-68 所示。

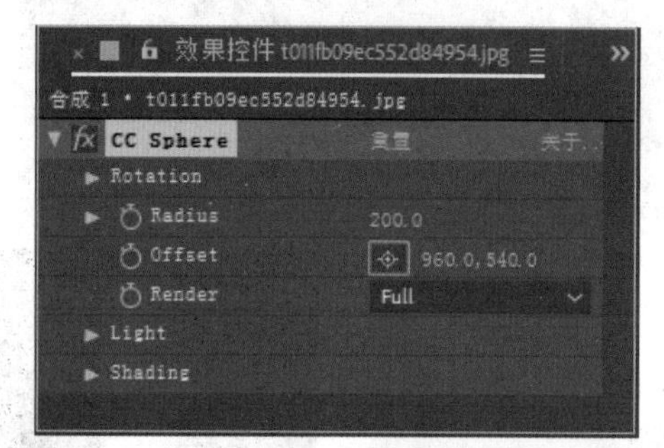

图 7-68

下面对 CC Sphere（CC 球体）效果的主要属性参数进行详细介绍。

✦ Radius（半径）：设置球体的半径。

✦ Offset（偏移）：设置球体在画面中的偏移量。

✦ Render（渲染）：设置球体在视图中的显示方式，包括“Full（全部）”“Outside（外面）”和“Inside（里面）”3 种。

✦ Light（灯光）：设置球体的灯光属性，包括灯光强度、灯光颜色、灯光高度和灯光方向。

✦ Shading（阴影）：设置阴影属性，包括漫反射、固有色、高光、粗糙程度等属性。

7.5.6 CC Spotlight

CC Spotlight（CC 聚光灯）效果可以在素材图像上产生一个光圈，模拟聚光灯照射的效果，其面板参数和使用前后的效果如图 7-69 所示。

图 7-69

下面对 CC Spotlight（CC 聚光灯）效果的主要属性参数进行详细介绍。

✦ From（从）：设置聚光灯的开始点位置。

✦ To（到）：设置聚光灯的结束点位置。

✦ Height（高度）：设置聚光灯的高度。

✦ Cons Angle（锥角）：设置聚光灯的照射范围。

✦ Edge Softness（边缘柔化）：设置灯光边缘柔化的程度。

✦ Color（颜色）：设置灯光的颜色。

✦ Intensity（强度）：设置聚光灯的强度。

✦ Render（渲染）：从右侧的下拉列表中可以指定灯光的显示方式。

✦ Gel Layer（影响层）：指定一个影响图层。

7.5.7 径向阴影

径向阴影效果可以在素材图像背后产生阴影，并可以对阴影的颜色、投射角度、投射距离等属性进行设置，其“效果控件”面板参数如图 7-70 所示。

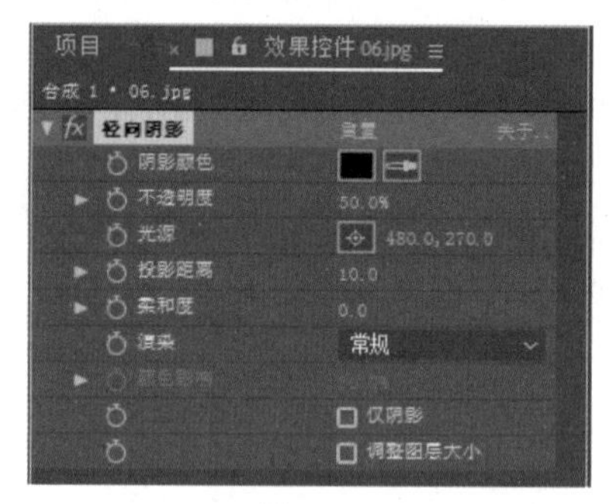

图 7-70

下面对径向阴影效果的主要属性参数进行详细介绍。

✦ 阴影颜色：设置阴影的颜色。

✦ 不透明度：设置阴影的不透明度。

✦ 光源：调节阴影的投射角度。

✦ 投影距离：调节阴影的投射距离。

✦ 柔和度：设置阴影的柔化程度。

✦ 渲染：设置阴影的显示方式，包括“常规”和“玻璃边缘”两种显示方式。

✦ 颜色影响：设置颜色对阴影的影响幅度。

✦ 仅阴影：选中该选项，在画面中只显示阴影，原始素材图像将被隐藏。

✦ 调整图层大小：调整阴影图层的尺寸。

7.5.8　投影

投影效果可添加显示在图层后面的阴影，经常用于为文字图层制作文字阴影效果，图层的 Alpha 通道将确定阴影的形状，其面板参数和使用前后的效果如图 7-71 所示。

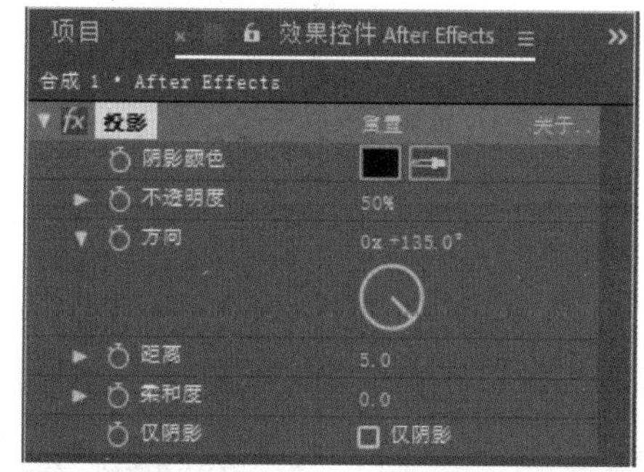

图 7-71

下面对投影效果的主要属性参数进行详细介绍。

✦ 阴影颜色：设置阴影的颜色。

✦ 不透明度：设置阴影的不透明度。

✦ 方向：调节阴影的投射角度。

✦ 距离：调节对象与阴影的距离。

✦ 柔和度：设置阴影的柔化程度。

✦ 仅阴影：选中该选项，在画面中只显示阴影，原始素材图像将被隐藏。

7.5.9　斜面 Alpha

斜面 Alpha 效果可为图像的 Alpha 边界增添凿刻、明亮的外观，通常为 2D 元素增添 3D 外观，其面板参数和使用前后的效果如图 7-72 所示。

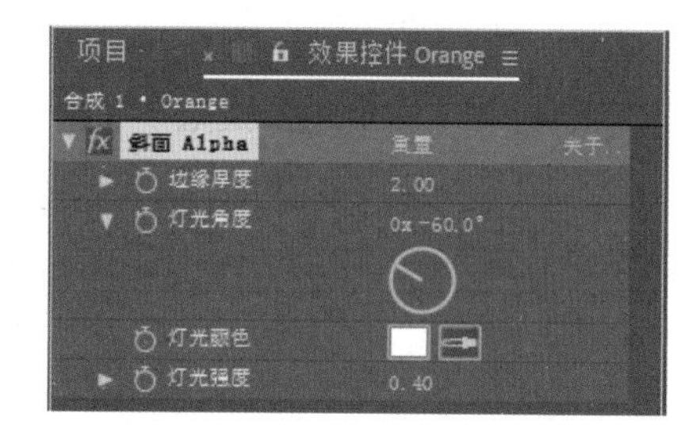

图 7-72

下面对斜面 Alpha 效果的主要属性参数进行详细介绍。

✦ 边缘厚度：设置边缘的厚度。

✦ 灯光角度：设置灯光的方向。

✦ 灯光颜色：调节灯光的颜色。

✦ 灯光强度：设置灯光的强弱程度。

7.5.10 边缘斜面

边缘斜面效果可以对素材图像的边缘产生倒角效果，一般只应用在矩形图像上，其面板参数和使用前后的效果如图 7-73 所示。

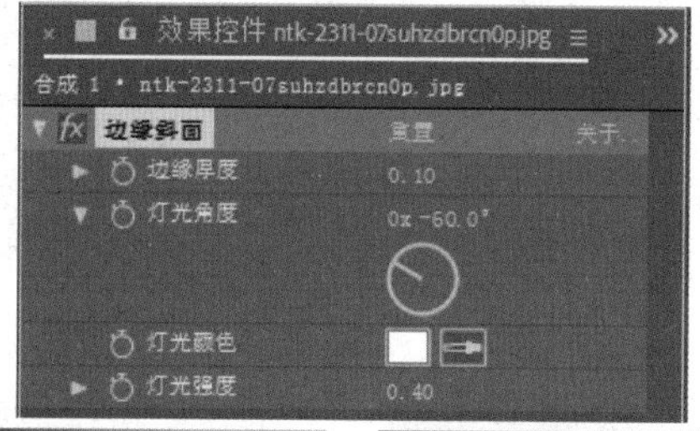

图 7-73

下面对边缘斜面效果的主要属性参数进行详细介绍。

✦ 边缘厚度：设置边缘倒角的大小。

✦ 灯光角度：设置灯光照射的角度，可以影响阴影的方向。

✦ 灯光颜色：设置灯光的颜色。

✦ 灯光强度：调节灯光的强弱。

7.5.11 课堂练习——立体图片过渡效果

本实例通过使用“卡片擦除”效果制作两张图片之间的翻转过渡效果，最后通过创建 3D 图层，并添加“投影”效果来使图片呈现立体感。立体图片过渡效果的具体制作方法如下。

视频文件：　视频 \ 第 7 章 \7.5.11 课堂练习——立体图片过渡效果 .mp4

源 文 件：　源文件 \ 第 7 章 \7.5.11

01 启动 After Effects CC 2018 软件，进入其操作界面。执行“合成”|“新建合成”命令，创建一个预置为自定义的合成，并设置大小为 640 像素 ×480 像素，设置“像素长宽比”为“方形像素”选项，最后设置“持续时间”为 3 秒，并设置好名称，单击“确定”按钮，如图 7-74 所示。

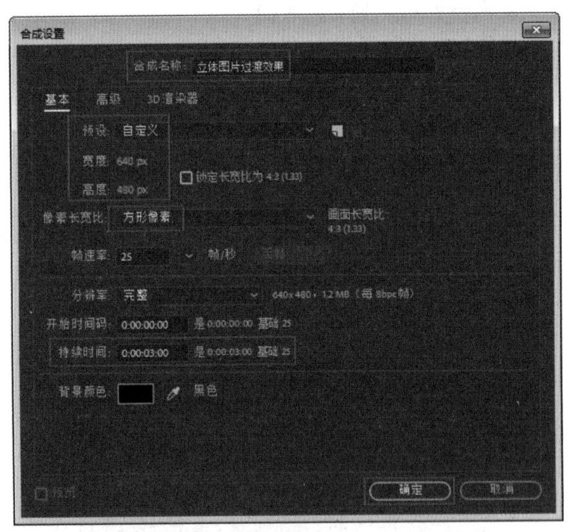

图 7-74

02 执行“文件”|“导入”|“文件”命令，弹出“导入文件”对话框，选择如图 7-75 所示的文件，单击“导入”按钮，将素材导入项目。

03 将“项目”窗口中的 01.jpg 和 02.jpg 素材按先后顺序拖入“图层”面板，然后单击 02.jpg 图层前的按钮，将该图层隐藏，并设置 01.jpg 图层的“缩放”参数为 41，如图 7-76 所示。

图 7-75

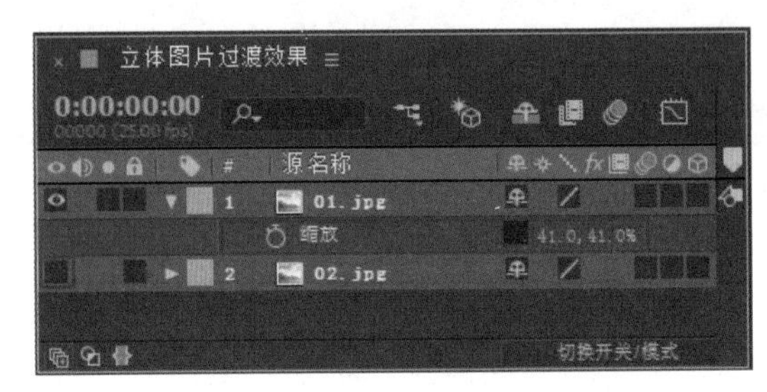

图 7-76

04 在“图层”面板中选择 01.jpg 图层，执行“效果”|“过渡”|“卡片擦除”命令，并在“效果控件”面板设置“背面图层”为 2 02.jpg，“行数”参数为 1，如图 7-77 所示。

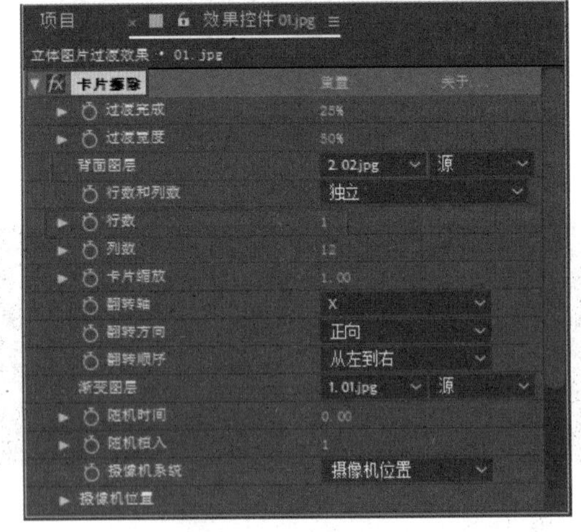

图 7-77

05 在“图层”面板展开 01.jpg 图层的“卡片擦除”效果属性，在 0:00:00:00 时间点位置单击“过渡完成”参数前的“时间变化秒表”按钮，设置一个关键帧，并修改“过渡完成”参数为 0。接着修改时间点为 0:00:02:14，在该时间点修改“过渡完成”参数为 100，如图 7-78 所示。操作完成后在“合成”窗口的对应预览效果如图 7-79 所示。

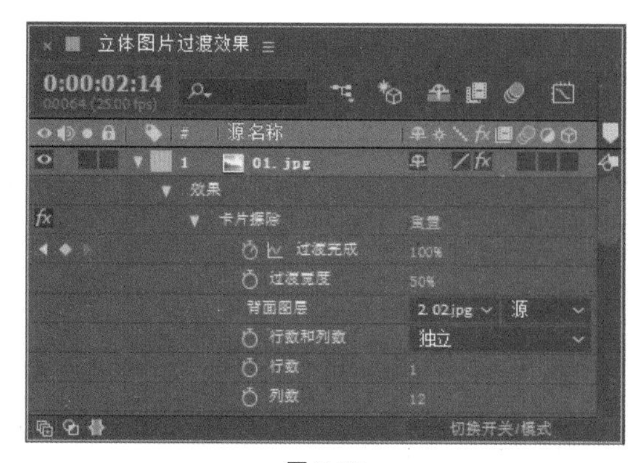

图 7-78

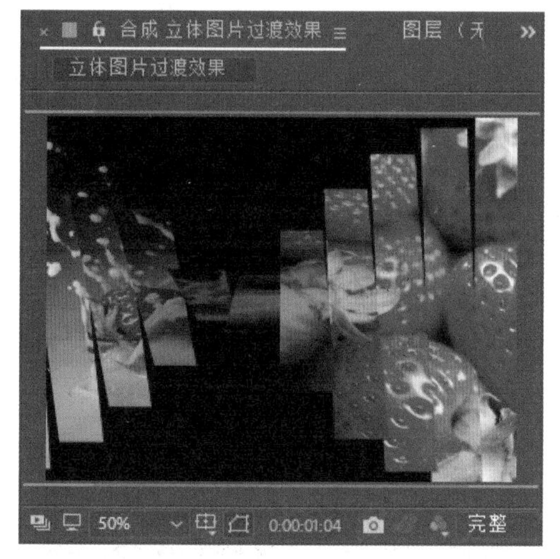

图 7-79

06 执行“图层”|“新建”|“纯色”命令，在弹出的“纯色设置”对话框中输入名称，并设置大小为 640 像素 × 480 像素，设置“颜色”的 RGB 参数为 45、45、45，完成设置后单击“确定”按钮，如图 7-80 所示。

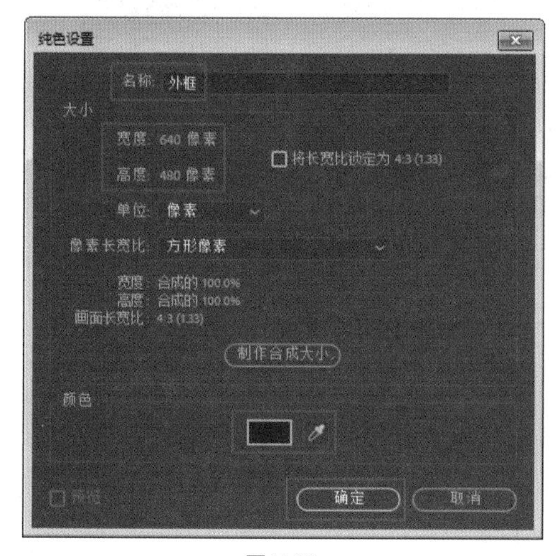

图 7-80

07 在“图层”面板中选择“外框”图层，然后使用“钢笔”工具在“合成”窗口绘制一个矩形框，如图 7-81 所示。

图 7-81

08 在“图层”面板中展开上述绘制的蒙版属性栏，选中“蒙版 1”属性后的“反转”选项，如图 7-82 所示。操作完成后在“合成”窗口的对应预览效果如图 7-83 所示。

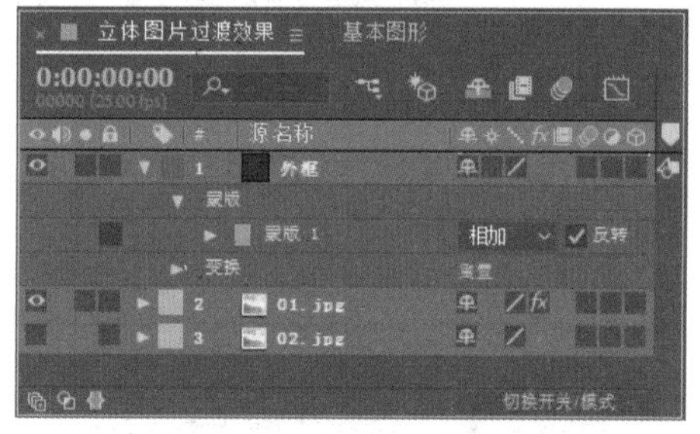

图 7-82

图 7-83

09 按快捷键 Ctrl+N，创建一个新合成。在弹出的“合成设置”对话框中输入合成名称，并设置大小为 640 像素 ×480 像素，设置“持续时间”为 3 秒，如图 7-84 所示。

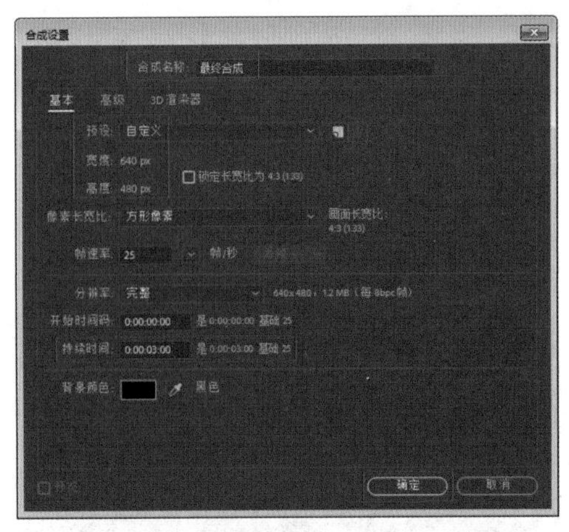

图 7-84

10 执行“图层”|“新建”|“纯色”命令，创建一个固态层作为渐变背景，在弹出的“纯色设置”对话框中输入名称为“背景”，并设置大小为640像素×480像素，设置完成后单击“确定”按钮，如图7-85所示。

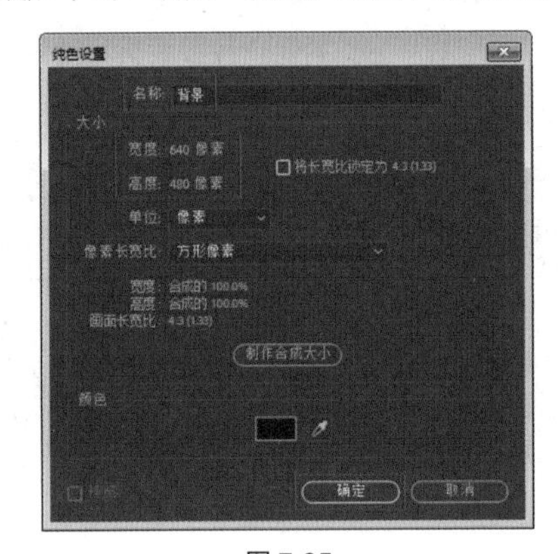

图 7-85

11 在“图层”面板中选择“背景”图层，执行“效果”|“生成”|“梯度渐变”命令，并在“效果控件”面板设置“渐变起点”参数为320、240，“起始颜色”为白色，“渐变终点”参数为320、1264，“结束颜色”为黑色，最后设置“渐变形状”为“径向渐变”，如图7-86所示。操作完成后在“合成”窗口对应的预览效果如图7-87所示。

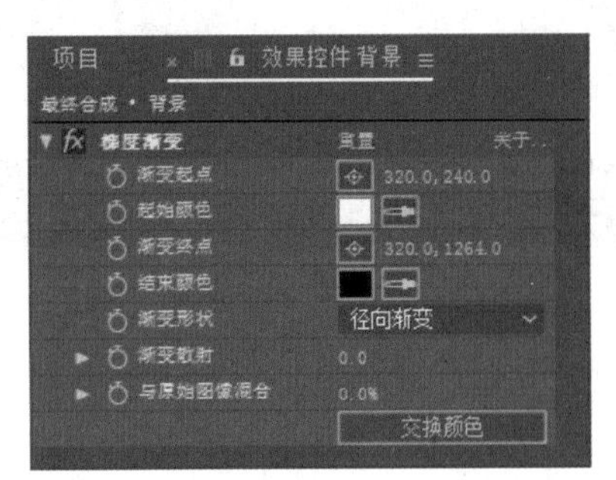

图 7-86

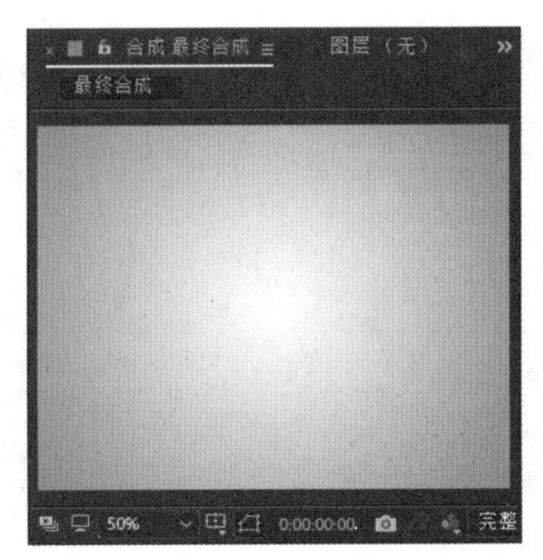

图 7-87

12 将“项目”窗口中的“立体图片过渡效果”合成拖入“最终合成”中，然后单击图层后的“3D 图层”按钮，接着展开变换属性，参照图7-88所示设置各项参数。操作完成后在“合成”窗口的对应预览效果如图7-89所示。

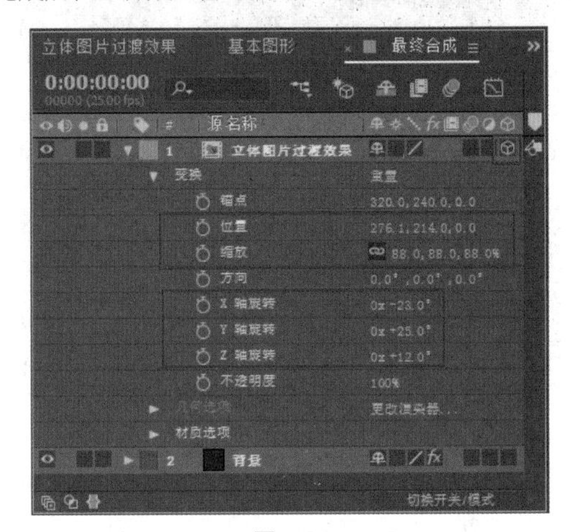

图 7-88

图 7-89

13 选择“立体图片过渡效果”图层，执行“效果”|“透视”|“投影”命令，并在“效果控件”面板设置“不透明度”参数为64，“距离”参数为23，“柔和度”参数为38，如图7-90所示。操作完成后在“合成”窗口的对应预览效果如图7-91所示。

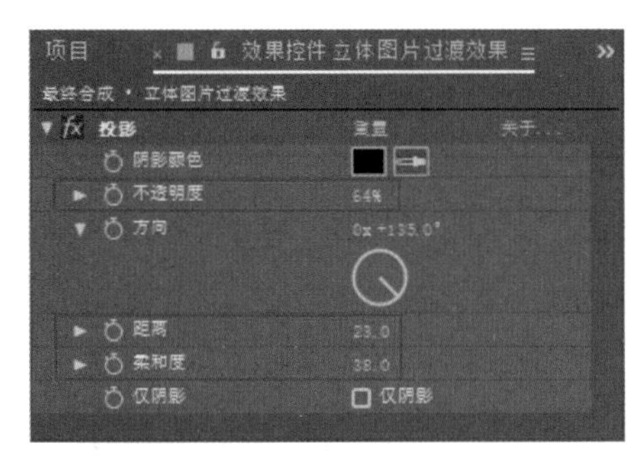

图 7-90

图 7-91

14 至此，本实例制作完毕，按空格键可以播放动画预览，最终效果如图 7-92 所示。

图 7-92

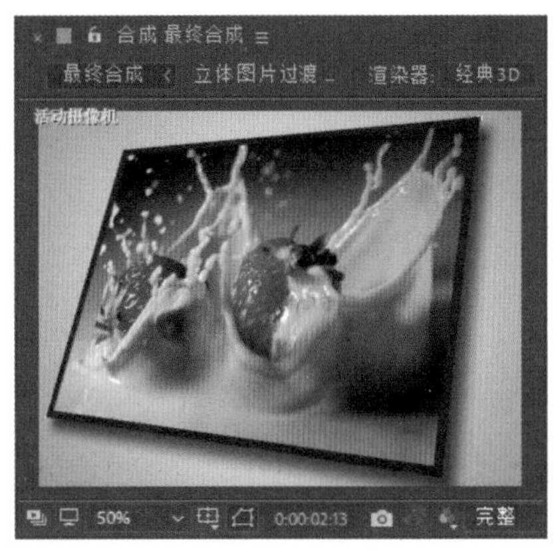

图 7-92（续）

7.6　模拟效果

模拟效果组可以模拟各种符合自然规律的粒子运动效果，如下雨、波纹、破碎、泡沫等。下面将具体讲解 After Effects CC 2018 中各类模拟效果的相关属性及应用方法。

7.6.1　焦散

焦散效果可以用于制作焦散、折射、反射等自然效果，其面板参数和使用前后的效果如图 7-93 所示。

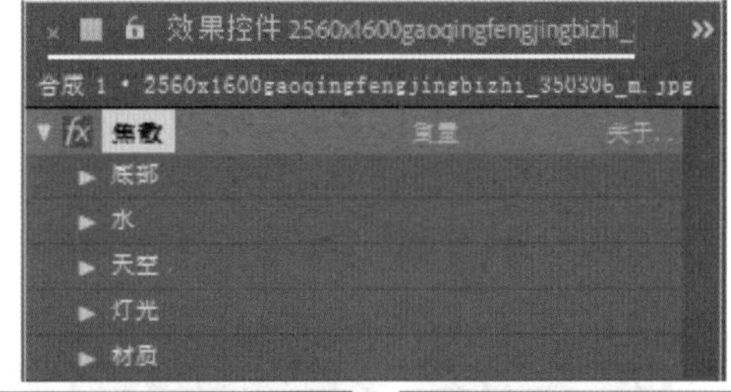

图 7-93

下面对焦散效果的主要属性参数进行详细介绍。

✦ 底部：指定焦散应用效果的底层图层。

✦ 缩放：对底层图像进行缩放。

✦ 重复模式：选择层的排列方式，从右侧的下拉列表中可以选择“一次”“平铺”或“对称”3 种模式。

✦ 如果图层大小不同：调整图像大小与当前图层的

匹配，从右侧的下拉列表中可以选择“中心”或“伸缩以适合”。

✦ 模糊：调节焦散图像的模糊程度。

✦ 水：从右侧的下拉列表中指定一个层，以该层的明度为基准产生水波纹理。

✦ 波形高度：调节波纹的高度。

✦ 平滑：设置水波纹的圆滑程度。

✦ 水深度：设置水波纹的深度。

✦ 折射率：设置水的折射率。

✦ 表面颜色：设置水面的颜色。

✦ 表面不透明度：调节水层表面的不透明度。

✦ 焦散强度：调节焦散的强度。

✦ 天空：从右侧的下拉列表中可以指定一个天空图层。

✦ 缩放：设置天空图层的图像大小。

✦ 强度：设置天空层的明暗度。

✦ 融合：调节放射的边缘，数值越高，边缘越复杂。

✦ 灯光：设置灯光的类型、强度、颜色、位置等属性。

✦ 材质：设置漫反射、镜面反射和高光锐度等属性。

7.6.2 卡片动画

卡片动画效果可以将图像分成若干小卡片，并对小卡片设置翻转动画，其“效果控件”面板参数如图 7-94 所示。

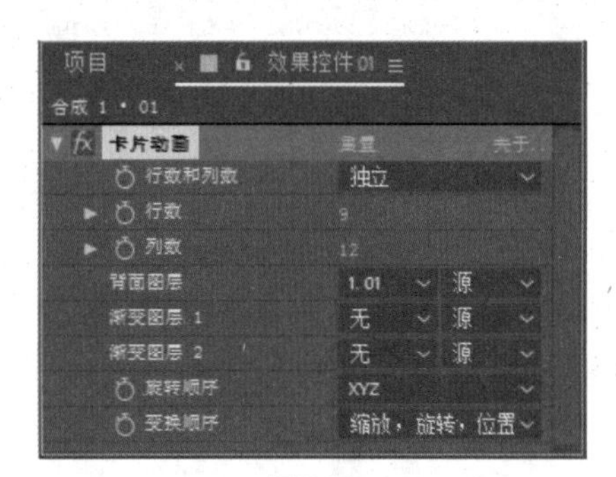

图 7-94

下面对卡片动画效果的主要属性参数进行详细介绍。

✦ 行数和列数：选择产生小卡片数的方式，从右侧的下拉列表中可以选择“独立”或者“列数受行数控制”。

✦ 行数：设置画面中小卡片的行数。

✦ 列数：设置画面中小卡片的列数。

✦ 背面图层：设置小卡片的背面图像。

✦ 渐变图层 1/2：设置小卡片的渐变图层 1/2。

✦ 旋转顺序：从右侧的下拉列表中可以指定小卡片的旋转顺序。

✦ 变换顺序：从右侧的下拉列表中可以指定小卡片的变换顺序。

✦ X/Y/Z 位置：控制小卡片在 X/Y/Z 轴上的位移属性。

✦ 源：从右侧的下拉列表中可以指定小卡片的素材源特性。

✦ 乘数：设置影响小卡片偏移或间距的程度。

✦ 偏移：设置小卡片的偏移程度。

✦ X/Y/Z 轴旋转：控制小卡片在 X/Y/Z 轴上的旋转属性。

✦ X/Y 轴缩放：控制小卡片在 X/Y 轴上的缩放属性。

✦ 摄像机系统：指定摄像机的系统属性，包括“摄像机位置”“边角定位”和“合成摄像机”。

✦ 摄像机位置：设置摄像机在三维空间中的位置属性，使用该选项需要先在摄像机系统中选择“摄像机位置”模式。

✦ 边角定位：设置摄像机在三维空间中的位置属性，使用该选项需要先在摄像机系统中选择“边角定位”模式。

✦ 灯光：设置灯光的类型、强度、颜色、位置等属性。

✦ 材质：设置漫反射、镜面反射和高光锐度等属性。

7.6.3 CC Ball Action

CC Ball Action（CC 小球运动）效果可以在画面图像中生成若干个小球，其面板参数和使用前后的效果如图 7-95 所示。

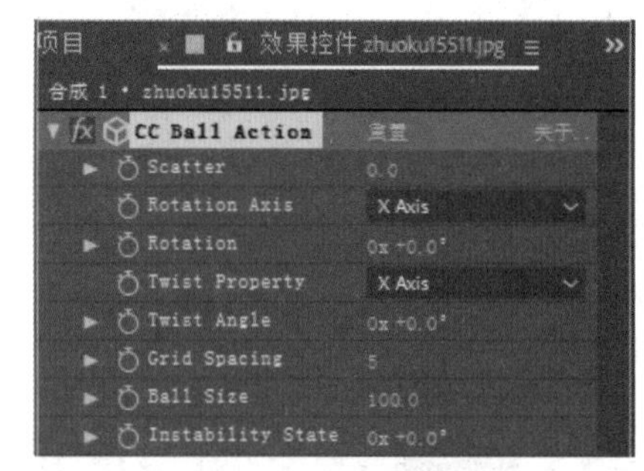

图 7-95

图 7-95（续）

下面对 CC Ball Action（CC 小球运动）效果的主要属性参数进行详细介绍。

✦ Scatter（分散）：设置小球之间的分散距离和景深效果。

✦ Rotation Axis（旋转轴向）：指定旋转的轴向。

✦ Rotation（旋转）：设置旋转的度数。

✦ Twist Property（扭曲属性）：设置扭曲的轴向属性。

✦ Twist Angle（扭曲角度）：设置图像沿扭曲轴向扭转的角度。

✦ Grid Spacing（网格间距）：设置网格的间距。

✦ Ball Size（小球大小）：设置小球的尺寸。

✦ Instability State（不稳定状态）：设置不稳定的角度。

7.6.4　CC Bubbles

CC Bubbles（CC 气泡）效果可以模拟制作飘动上升的气泡效果，其面板参数和使用前后的效果如图 7-96 所示。

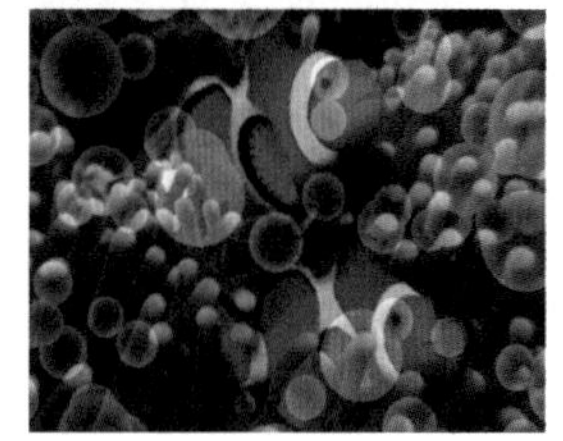

图 7-96

下面对 CC Bubbles（CC 气泡）效果的主要属性参数进行详细介绍。

✦ Bubbles Amount（气泡数量）：设置气泡的数量。

✦ Bubbles Speed（气泡速度）：设置气泡的上升速度。

✦ Wobble Amplitude（晃动振幅）：设置气泡上升时左右晃动的幅度。

✦ Wobble Frequency（晃动频率）：设置气泡的晃动频率。

✦ Bubbles Size（气泡大小）：设置气泡的大小。

✦ Reflection Type（反射类型）：可以在右侧的下拉列表中选择反射的类型。

✦ Shading Type（着色类型）：设置着色的类型。

7.6.5　CC Drizzle

CC Drizzle（CC 水面落雨）效果用于模拟雨滴降落水面时产生的波纹涟漪效果，其面板参数和使用前后的效果如图 7-97 所示。

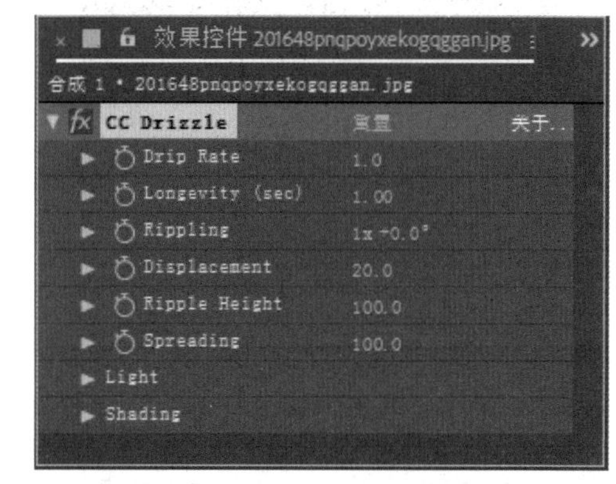

图 7-97

下面对 CC Drizzle（CC 水面落雨）效果的主要属性参数进行详细介绍。

✦ Drip Rate（滴速）：设置雨滴的下落速度。

✦ Longevity（sec）（寿命（秒））：设置雨滴的寿命。

✦ Rippling（涟漪）：设置涟漪的圈数。

✦ Displacement（排量）：设置涟漪的排量大小。

✦ Ripple Height（波纹高度）：设置波纹的高度。

✦ Spreading（传播）：设置涟漪的传播速度。

✦ Light（灯光）：设置灯光的强度、颜色、类型及角度等属性。

✦ Shading（阴影）：设置涟漪的阴影属性。

7.6.6　CC Hair

CC Hair（CC 毛发）效果可以模拟毛发质感的效果，其“效果控件”面板参数如图 7-98 所示。

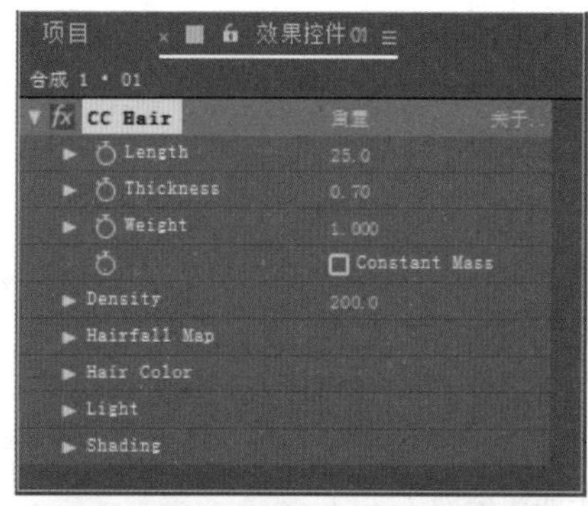

图 7-98

下面对 CC Hair（CC 毛发）效果的主要属性参数进行详细介绍。

✦ Length（长度）：设置毛发的长度。

✦ Thickness（厚度）：设置毛发的厚度。

✦ Weight（重力）：设置毛发的重力。

✦ Constant Mass（恒定量）：选中该选项开启恒定量。

✦ Density（密度）：设置毛发的疏密程度。

✦ Hairfall Map（毛发贴图）：设置毛发的贴图属性。

✦ Map Strength（映射强度）：设置贴图映射的强度。

✦ Map Layer（贴图层）：指定贴图图层。

✦ Map Property（贴图属性）：设置贴图层的属性。

✦ Map Softness（贴图柔化度）：设置贴图层的柔化程度。

✦ Add Noise（增加噪波）：设置增加噪波的百分比。

✦ Hair Color（毛发颜色）：设置毛发的颜色、不透明度等属性。

✦ Light（灯光）：设置照射毛发的灯光高度和角度属性。

✦ Shading（阴影）：设置毛发的阴影属性。

7.6.7 CC Mr Mercury

CC Mr Mercury（CC 模仿水银流动）效果可以模拟水银流动的效果，其“效果控件”面板参数如图 7-99 所示。

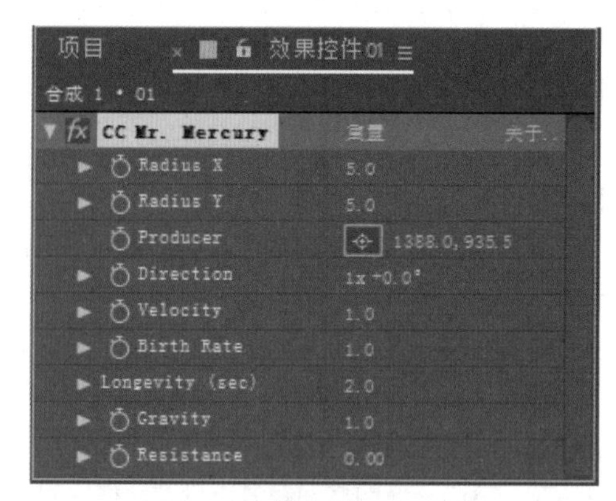

图 7-99

下面对 CC Mr Mercury（CC 模仿水银流动）效果的主要属性参数进行详细介绍。

✦ Radius X（X 轴半径）：设置 X 轴半径数值。

✦ Radius Y（Y 轴半径）：设置 Y 轴半径数值。

✦ Producer（制作）：设置水银效果生成的起始位置。

✦ Direction（方向）：设置水银流动的方向。

✦ Velocity（速度）：设置水银的流动速度。

✦ Birth Rate（出生率）：设置出生率数值。

✦ Longevity（sec）（寿命）：设置水银流动的寿命长短。

✦ Gravity（重力）：设置水银的重力大小。

✦ Resistance（阻力）：设置水银流动所受的阻力大小。

✦ Extra（附加）：设置附加的量。

✦ Animation（动画）：设置水银流动的动画类型。

✦ Blob Influence（斑点影响）：设置斑点的影响范围。

✦ Influence Map（影响映射）：设置影响的类型。

✦ Blob Birth Size（斑点出生大小）：设置斑点出生时的大小数值。

✦ Blob Death Size（斑点死亡大小）：设置斑点消亡时的大小数值。

✦ Light（灯光）：设置灯光的强度、颜色、类型、方向等属性。

✦ Shading（阴影）：设置水银流动的阴影属性。

7.6.8 CC Particle SystemsII

CC Particle SystemsII（CC 粒子系统 II）主要用于模拟二维粒子运动的效果，在制作数字星空背景、燃放的烟花、五彩缤纷的星星，以及镜头粒子效果的过程中非常简单、实用。其“效果控件”面板参数如图 7-100 所示。

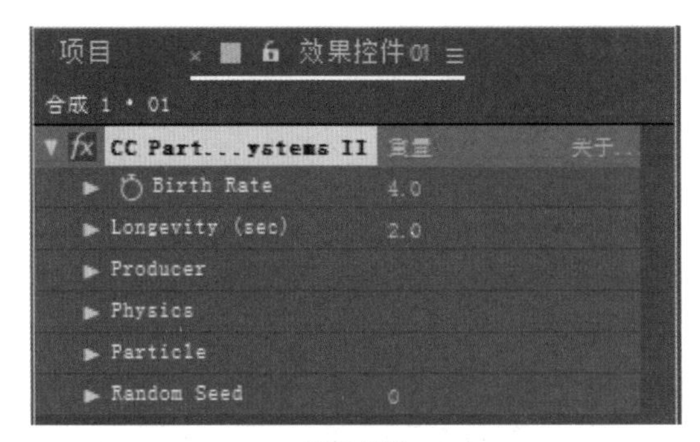

图 7-100

下面对 CC Particle SystemsII（CC 粒子系统 II）效果的主要属性参数进行详细介绍。

✦ Birth Rate（出生率）：设置粒子出生率数值。

✦ Longevity（sec）（寿命）：设置粒子的寿命。

✦ Producer（产生）：设置粒子产生时的位置和半径属性。

✦ Physics（物理）：设置粒子的物理属性。

✦ Animation（动画）：设置粒子动画的类型。

✦ Velocity（速度）：设置粒子运动时的速度。

✦ Inherit Velocity%（继承速度 %）：设置粒子的继承速度。

✦ Gravity（重力）：设置粒子所受的重力。

✦ Resistance（阻力）：设置粒子运动时所受的阻力。

✦ Direction（方向）：设置粒子的发射方向。

✦ Extra（附加）：设置附加的量。

✦ Particle（粒子）：设置粒子的类型和颜色等属性。

✦ Particle Type（粒子类型）：从右侧的下拉列表中选择粒子的类型。

✦ Birth Size（出生尺寸）：设置粒子刚产生时的大小。

✦ Death Size（消亡尺寸）：设置粒子消亡时的大小。

✦ Size Variation（大小变化）：设置粒子大小变量。

✦ Opacity Map（不透明度贴图）：从右侧的下拉列表中选择不透明度贴图类型。

✦ Max Opacity（最大透明度）：设置粒子的最大透明度。

✦ Source Alpha Inheritance（源 Alpha 继承）：设置源 Alpha 通道的继承。

✦ Color Map（颜色贴图）：设置粒子的颜色贴图类型。

✦ Birth Color（出生颜色）：设置粒子产生时的颜色。

✦ Death Color（死亡颜色）：设置粒子消亡时的颜色。

✦ Transfer Mode（传输模式）：从右侧的下拉列表中指定粒子的传输模式。

✦ Random Seed（随机种子）：设置粒子的随机种子数量。

7.6.9　CC Particle World

CC Particle World（CC 粒子世界）效果可以用于模拟三维空间中的粒子特效，例如制作火花、气泡和星光等效果，如图 7-101 所示。

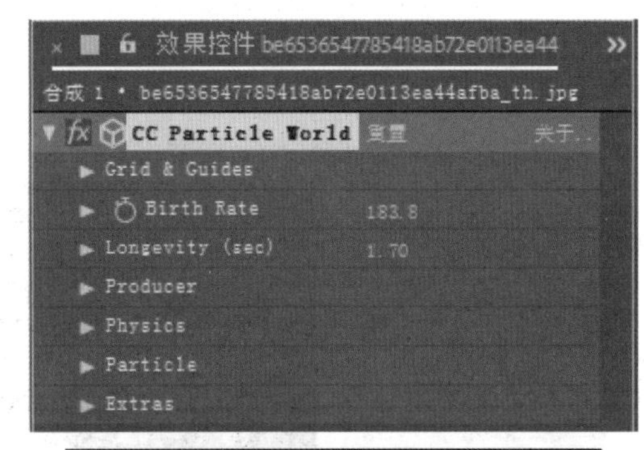

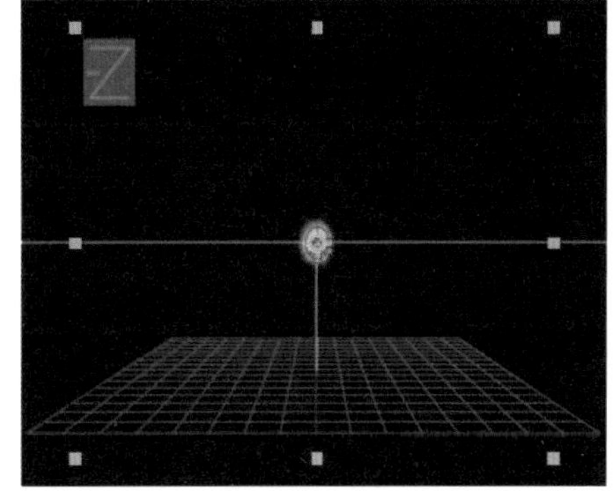
图 7-101

下面对 CC Particle World（CC 粒子世界）效果的主要属性参数进行详细介绍。

✦ Grid&Guides（网格向导）：显示或隐藏“位移参考”“粒子发射半径参考”和“路径参考”向导。

✦ Birth Rate（出生率）：设置粒子出生率数值。

✦ Longevity（sec）（寿命）：设置粒子的寿命。

✦ Producer（产生）：设置粒子产生时的位置和半径属性。

✦ Physics（物理）：设置粒子的物理属性。

✦ Particle（粒子）：设置粒子的类型和颜色等属性。

✦ Extras（附加）：设置附加的参数，如摄像机效果、立体深度、灯光照射方向和随机种子等。

7.6.10　CC Pixel Polly

CC Pixel Polly（CC 像素多边形）是制作碎块效

果的粒子特效，可以使画面图像变成很多碎块，并以不同的角度抛射移动，其面板参数和使用前后的效果如图 7-102 所示。

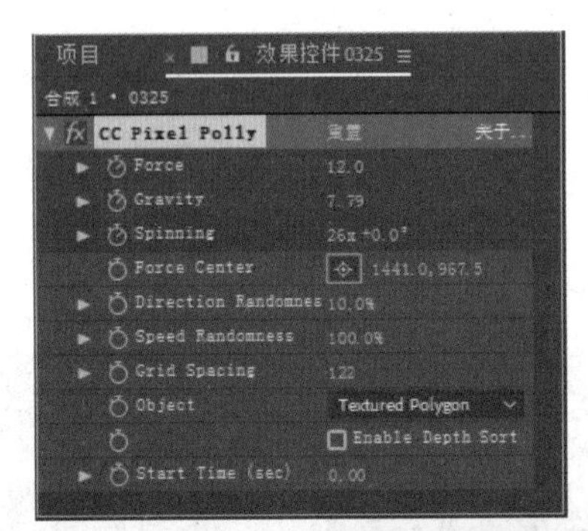

图 7-102

下面对 CC Pixel Polly（CC 像素多边形）效果的主要属性参数进行详细介绍。

✦ Force（强度）：设置碎块爆破的强度。

✦ Gravity（重力）：设置碎块的重力。

✦ Spinning（转动）：设置碎块旋转的角度。

✦ Force Center（强度中心）：设置爆破强度的中心位置。

✦ Direction Randomness（方向随机）：设置碎块方向的随机百分比。

✦ Speed Randomness（速度随机）：设置碎块移动速度的随机百分比。

✦ Grid Spacing（网格间距）：设置碎块的间距。

✦ Object（物体）：在右侧的下拉列表中可以选择碎块的物体类型。

✦ Enable Depth Sort（启用深度排序）：选中该选项启用深度排序。

✦ Start Time（sec）（开始时间）：设置爆破开始的时间，单位为秒。

7.6.11 CC Rainfall

CC Rainfall（CC 下雨）效果主要用于模拟真实的下雨效果，其面板参数和使用前后的效果如图 7-103 所示。

图 7-103

下面对 CC Rainfall（CC 下雨）效果的主要属性参数进行详细介绍。

✦ Drops（降落）：设置降落的雨滴数量。

✦ Size（尺寸）：设置雨滴的尺寸。

✦ Scene Depth（景深）：设置雨滴的景深效果。

✦ Speed（速度）：调节雨滴的降落速度。

✦ Wind（风向）：调节吹动雨的风向。

✦ Variation%（Wind）：设置风向变化的百分比。

✦ Spread（散布）：设置雨的散布程度。

✦ Color（颜色）：设置雨滴的颜色。

✦ Opacity（不透明度）：设置雨滴的不透明度。

✦ Background Reflection（背景反射）：设置背景对雨的反射属性，如背景反射的影响、散布宽度和散布高度。

✦ Transfer Mode（传输模式）：从右侧的下拉列表中可以选择传输的模式。

✦ Composite With Original（与原始图像混合）：选中该选项，显示背景图像，否则只在画面中显示雨滴。

✦ Extras（附加）：设置附加的显示、偏移、随机种子等属性。

7.6.12 CC Scatterize

CC Scatterize（CC 发散粒子化）效果可以把素材图像以粒子的形式显示，类似溶解混合模式的点状效果，还可以设置图像的扭曲程度，其面板参数和使用前后的效果如图 7-104 所示。

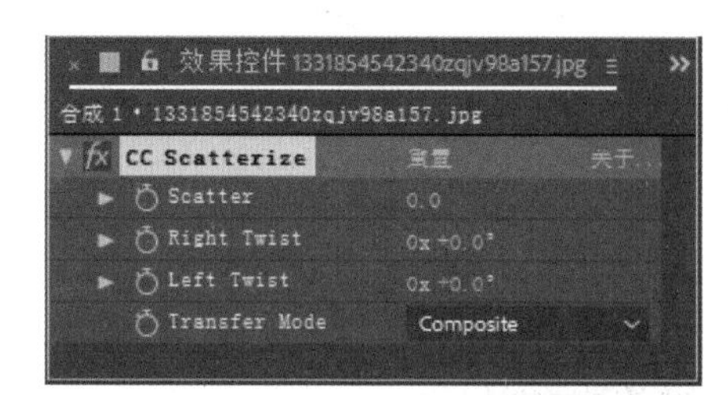

图 7-104

下面对 CC Scatterize（CC 发散粒子化）效果的主要属性参数进行详细介绍。

✦ Scatter（分散）：设置粒子的分散程度。

✦ Right Twist（右扭曲）：设置画面右侧扭曲的角度。

✦ Left Twist（左扭曲）：设置画面左侧扭曲的角度。

✦ Transfer Mode（传输模式）：从右侧的下拉列表中可以选择分散粒子的传输模式。

7.6.13　CC Snowfall

CC Snowfall（CC 下雪）效果可以在场景画面中添加雪花，模拟真实的雪花飘落的效果，其面板参数和使用前后的效果如图 7-105 所示。

效果控件 54938f1d2008c.jpg
合成 1 • 54938f1d2008c. jpg
CC Snowfall　重置　关于...
Flakes　37400
Size　15.00
Variation % (Size)　84.0
Scene Depth　7310.0
Speed　744.0
Variation % (Speed)　100.0
Wind　209.0
Variation % (Wind)　0.0

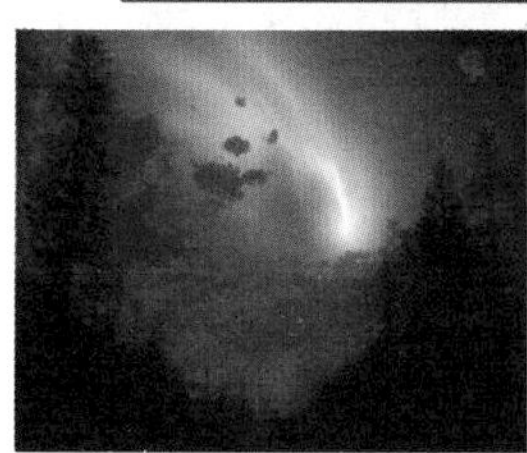

图 7-105

下面对 CC Snowfall（CC 下雪）效果的主要属性参数进行详细介绍。

✦ Flakes（片数）：设置雪花的数量。

✦ Size（尺寸）：调节雪花的大小。

✦ Variation%（Size）（变化（大小））：设置雪花的变化幅度。

✦ Scene Depth（景深）：设置雪花的景深程度。

✦ Speed（速度）：设置雪花飘落的速度。

✦ Variation%（Speed）（变化（速度））：设置速度的变化量。

✦ Wind（风）：设置风的大小。

✦ Variation%（Wind）（变化（风））：设置风的变化量。

✦ Spread（散步）：设置雪花的分散程度。

✦ Wiggle（晃动）：设置雪花的颜色及不透明度属性。

✦ Background Illumination（背景亮度）：调整雪花背景的亮度。

✦ Transfer Mode（传输模式）：从右侧的下拉列表中可以选择雪花的输出模式。

✦ Composite With Original（与原始图像混合）：选中该选项，显示背景图像，否则只在画面中显示雪花。

✦ Extras（附加）：设置附加的偏移、背景级别和随机种子等属性。

7.6.14　CC Star Burst

CC Star Burst（CC 模拟星团）效果可以将素材图像转化为无数的星点，用来模拟太空中的星团效果，其面板参数和使用前后的效果如图 7-106 所示。

图 7-106

下面对 CC Star Burst（CC 模拟星团）效果的主要属性参数进行详细介绍。

✦ Scatter（分散）：设置星点的分散程度。

✦ Speed（速度）：设置星点的运动速度。

✦ Phase（相位）：设置星点的相位。

✦ Grid Spacing（网格间距）：设置网格的间距。

✦ Size（尺寸）：调节星点的大小。

✦ Blend w Original（与原始图像混合）：调节与原始图像的混合百分比。

7.6.15 泡沫

泡沫效果可以模拟出气泡、水珠等真实流体效果，还可以控制泡沫粒子的形态和流动，其“效果控件”面板参数如图 7-107 所示。

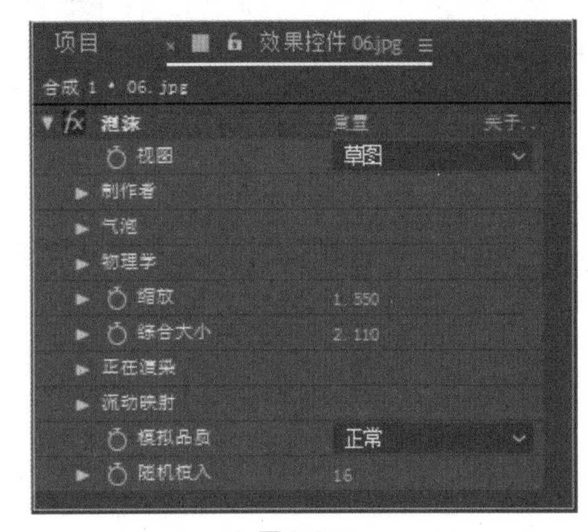

图 7-107

下面对泡沫效果的主要属性参数进行详细介绍。

✦ 视图：从右侧的下拉列表中可以选择一种气泡效果的显示方式。

✦ 制作者：设置气泡粒子发射器的属性。

✦ 气泡：对气泡粒子的尺寸、寿命及气泡增长速度进行设置。

✦ 物理学：设置影响粒子运动因素的数值。

✦ 初始速度：设置气泡粒子的初始速度。

✦ 初始方向：设置气泡粒子的初始方向。

✦ 风速：设置影响气泡粒子的风速。

✦ 风向：设置风吹动气泡粒子的方向。

✦ 湍流：设置气泡粒子的混乱程度，数值越大粒子发散越混乱，数值越小，粒子发散越有序。

✦ 摇摆量：设置气泡粒子的摇摆幅度。

✦ 排斥力：控制气泡粒子之间的排斥力。

✦ 弹跳速度：设置气泡粒子的总速率。

✦ 粘度：设置影响气泡粒子间的黏度，数值越小，粒子堆积越紧密。

✦ 缩放：设置气泡粒子的缩放数值。

✦ 综合大小：设置气泡粒子的综合尺寸。

✦ 正在渲染：设置气泡粒子的渲染属性，包括“混合模式”“气泡纹理”“气泡方向”和“环境映射”等。

✦ 流动映射：选择一个图层来影响气泡粒子的效果。

✦ 模拟品质：控制气泡粒子的仿真程度，从右侧的下拉列表中可以选择“正常”“高”或“强烈”3 种品质。

✦ 随机植入：指定随机速度影响气泡粒子。

7.6.16 波形环境

波形环境效果可以用于模拟波纹的效果，也可以结合一些置换贴图用来制作水下效果，如图 7-108 所示。

图 7-108

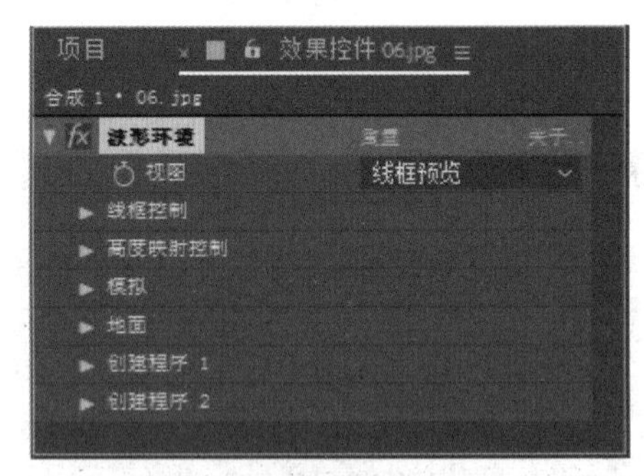

图 7-108（续）

下面对波形环境效果的主要属性参数进行详细介绍。

✦ 视图：选择波形环境的视图显示方式，从右侧的下拉列表中可以选择“高度地图”和“线框预览”两种显示方式。

✦ 线框控制：设置线框的水平旋转、垂直旋转和垂直缩放参数。

✦ 高度映射控制：设置映射的亮度、对比度及灰度位移等数值。

✦ 模拟：设置效果的模拟属性，如网格分辨率、波形速度、阻尼等。

✦ 地面：指定地面贴图，设置地面的陡度、高度和波形强度。

✦ 创建程序 1/2：设置创建程序的类型、位置、宽度、高度及角度等属性。

7.6.17　碎片

碎片效果主要用于对图像进行粉碎和爆炸处理，并可以控制爆炸的位置、强度、半径等属性，如图 7-109 所示。

下面对碎片效果的主要属性参数进行详细介绍。

✦ 视图：指定爆炸效果的显示方式，包括“已渲染”“线框正视图”“线框”“线框正视图+作用力”和“线框+作用力”5 种显示方式。

✦ 渲染：设置渲染的类型，包括“全部”“图层”或“块”3 种类型。

✦ 形状：可以对爆炸产生的碎片形状进行设置。

✦ 作用力 1/2：指定两个不同的爆炸力场。

✦ 渐变：可以指定一个图层来影响爆炸效果。

✦ 物理学：设置爆炸的物理属性。

✦ 纹理：设置碎片粒子的颜色和纹理等属性。

✦ 摄像机系统：从右侧的下拉列表中可以选择摄像机系统的模式。

✦ 摄像机的位置：在摄像机系统模式为“摄像机位置”时可以激活该选项，并对其属性参数进行设置。

✦ 边角定位：在摄像机系统模式为“边角定位”时可以激活该选项，并对其属性参数进行设置。

✦ 灯光：设置灯光类型、强度、颜色和位置等属性。

✦ 材质：设置材质属性，包括漫反射、镜面反射和高光锐度。

图 7-109

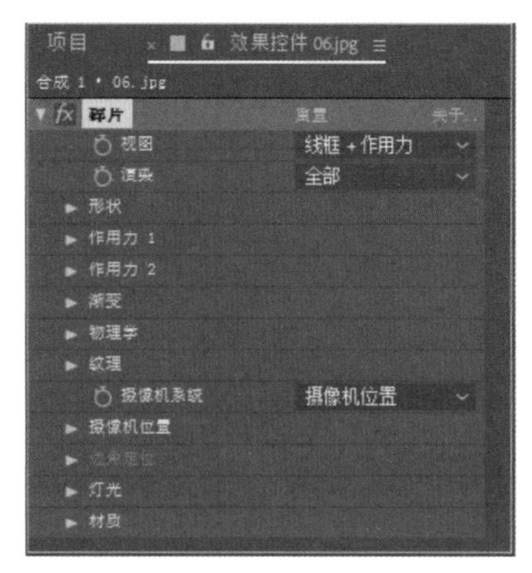

图 7-109（续）

7.6.18　粒子运动场

粒子运动场效果可以从物理和数学上对各类自然效果进行描述，从而模拟各种符合自然规律的粒子运动效果，如雨、雪、火等，这是常用的粒子动画效果，如图 7-110 所示。

图 7-110

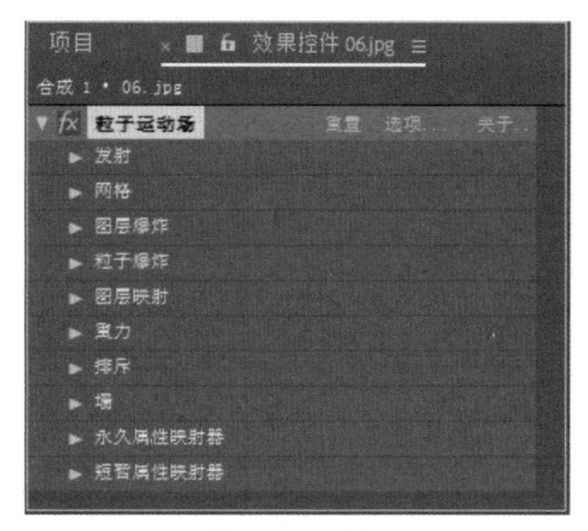

图 7-110（续）

下面对粒子运动场效果的主要属性参数进行详细介绍。

✦ 发射：设置粒子的发射属性。

✦ 位置：设置粒子发射点的位置。

✦ 圆筒半径：控制粒子活动的半径。

✦ 每秒粒子数：设置每秒粒子发射的数量。

✦ 方向：设置粒子发射的角度。

✦ 随机扩散方向：指定粒子发射方向的随机偏移角度。

✦ 速率：调节粒子发射的速度。

✦ 随机扩散速率：设置粒子发射速度的随机变化量。

✦ 颜色：设置粒子的颜色。

✦ 粒子半径：控制粒子的大小。

✦ 网格：设置网格粒子发射器网格的中心位置、网格边框尺寸、指定圆点或文本字符颜色等属性，网格粒子发射器从一组网格交叉点产生一个连续的粒子面。

✦ 图层爆炸：可以将对象层分裂为粒子，模拟爆炸效果。

✦ 粒子爆炸：可以分裂一个粒子成为许多新的粒子，用于设置新粒子的半径和分散速度等属性。

✦ 图层映射：指定映射图层，并设置映射图层的时间偏移属性。

✦ 重力：该属性用于设置重力场，可以模拟现实世界中的重力现象。

✦ 排斥：设置粒子之间的排斥力，以控制粒子相互排斥或吸引的强度。

✦ 墙：为粒子设置“墙”属性，墙是使用遮罩工具创建出来的一个封闭区域，约束粒子在这个指定的区域中活动。

✦ 永久属性映射器：改变粒子的属性，保留最近设置的值为剩余寿命的粒子层地图，直到该粒子被排斥力、重力或墙壁等其他属性修改。

✦ 短暂属性映射器：在每一帧后恢复粒子属性为原始值，其参数设置方式与“永久属性映射器”相同。

7.6.19 课堂练习——制作花瓣飘落效果

本实例通过为图层添加“碎片”特效，模拟花瓣飘落的动态效果。通过本实例的学习，读者可以快速掌握“碎片”特效的具体使用方法。

视频文件：　视频\第 7 章\7.6.19 课堂练习——制作花瓣飘落效果 .mp4

源 文 件：　源文件\第 7 章\7.6.19

01 启动 After Effects CC 2018 软件，进入其操作界面。执行“合成”|“新建合成”命令，创建一个预置为 PAL D1/DV 的合成，设置“持续时间”为 5 秒，并设置好名称，单击“确定”按钮，如图 7-111 所示。

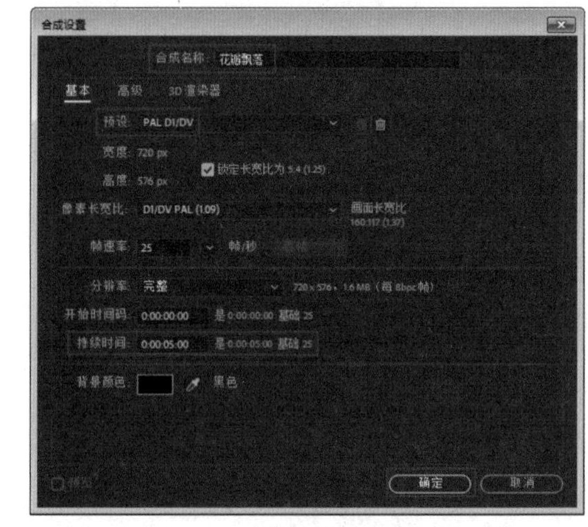

图 7-111

02 执行“文件”|“导入”|“文件”命令，弹出“导入文件”对话框，选择如图 7-112 所示的文件，单击“导入”按钮，将素材导入项目。

图 7-112

03 将“项目”窗口中的“花瓣 .jpg”和“遮罩 .jpg”素材按先后顺序拖入“图层”面板，然后单击“遮罩 .jpg”图层前的眼睛按钮，将该图层隐藏，如图 7-113 所示。

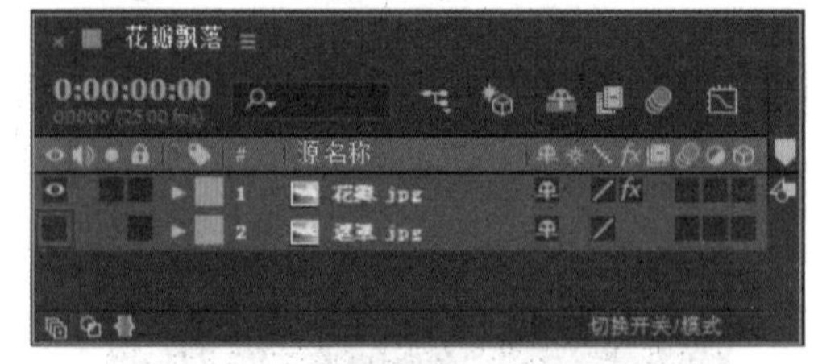

图 7-113

04 选择“花瓣 .jpg”图层，执行“效果”|“模拟”|“碎片”命令，并在“效果控件”面板中设置“视图”属性为“已渲染”，设置“渲染”属性为“块”，如图 7-114 所示。

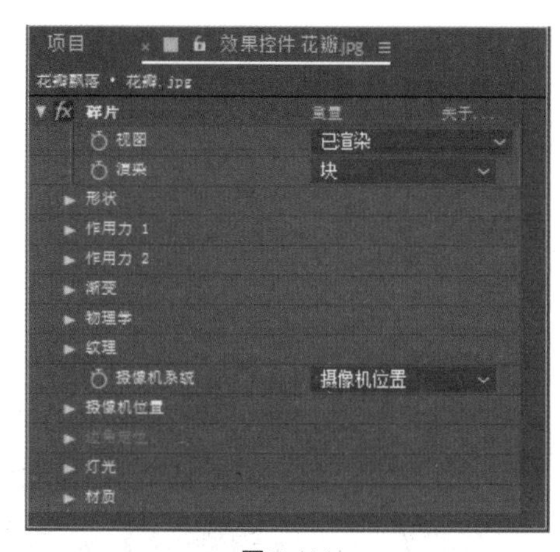

图 7-114

05 在“效果控件”面板中展开“形状”属性，然后设置“图案”属性为“自定义”，“自定义碎片图”为“2. 遮罩 .jpg”，选中“白色拼贴已修复”选项，最后设置“凸出深度”参数为 0，如图 7-115 所示。

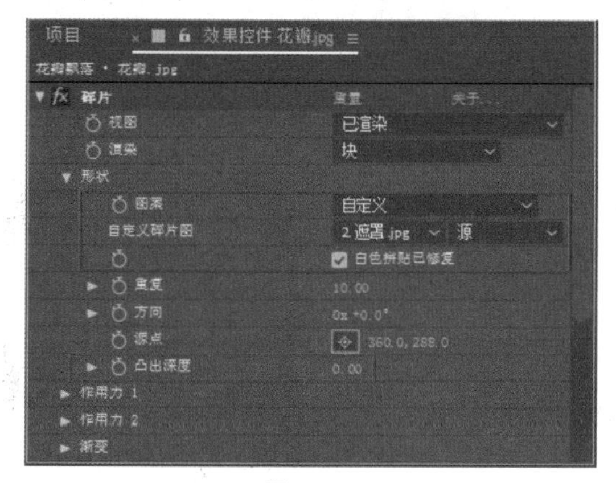

图 7-115

06 展开“作用力 1”属性，设置“半径”参数为 5，如图 7-116 所示。

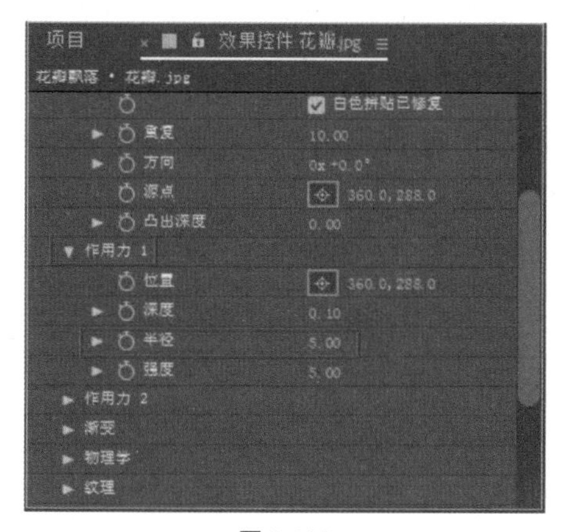

图 7-116

07 展开“物理学”属性，设置“旋转速度”参数为 0.1，“随机性”参数为 0.5，“大规模方差”参数为 12，“重力”参数为 1，如图 7-117 所示。

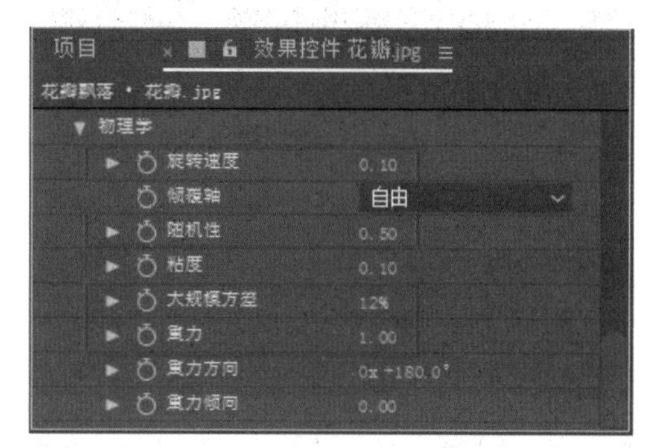

图 7-117

08 展开“摄像机位置”属性，设置“X 轴旋转”参数为 0×+20°，“Y 轴旋转”参数为 0×−86°，“Z 轴旋转”参数为 0×+26°，“X、Y 位置”参数为 500、1100，最后设置“焦距”参数为 50，如图 7-118 所示。

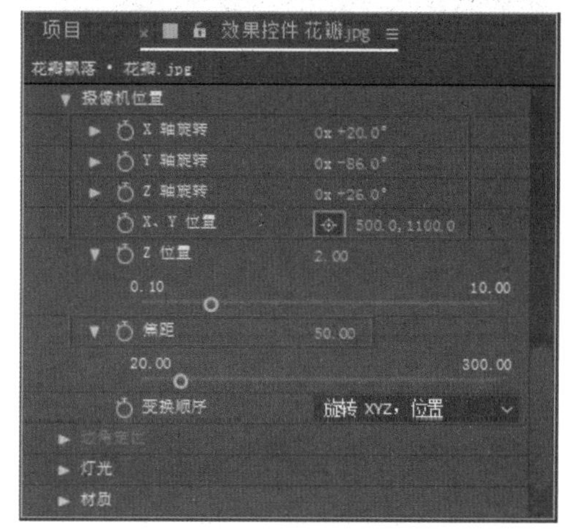

图 7-118

09 至此，本实例制作完毕，按空格键可以播放动画预览，最终效果如图 7-119 所示。

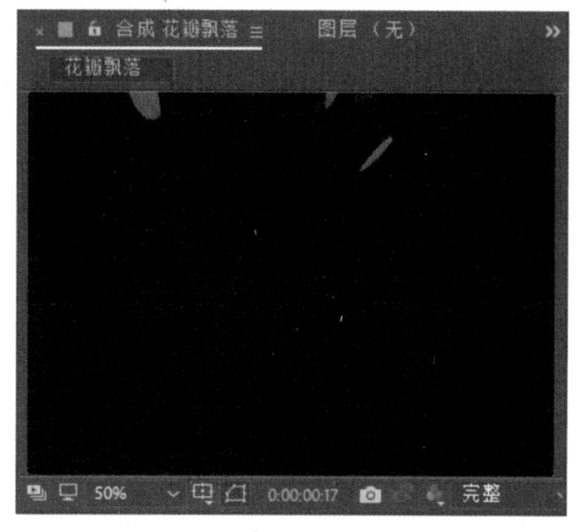

图 7-119

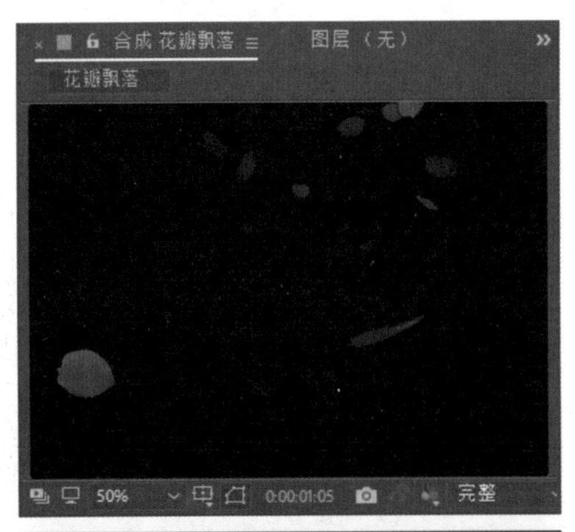

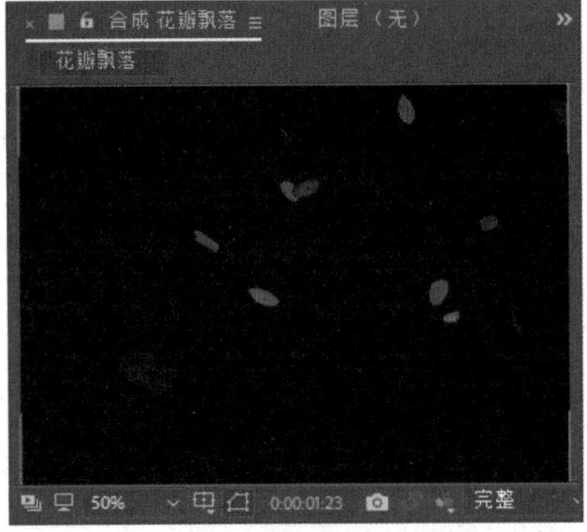

图 7-119（续）

7.7 其他常用效果

在之前的章节中，读者详细讲解了 After Effects CC 2018 中常用的几组效果，使用不同的效果能帮助用户在后期编辑时，创造出丰富、精彩的视觉特效。下面继续着重讲解几款实用性比较强的后期效果。

7.7.1 CINEWARE

CINEWARE 是 Cinema 4D 与 After Effects 软件之间全新的实时三维流程通道，CINEWARE 消除了软件之间的渲染隔阂，从而在一定程度上简化了工作流程，用户不仅可以直接导入本地的 Cinema 4D 场景到 After Effects 中作为资源，还可以利用 Cinema 4D 的多通工作流程作为层来使用。用户还将受益于缩短渲染时间，因为 CINEWARE 可直接使用 Cinema 4D Advanced Rendering 引擎进行渲染。

通过该功能，用户无须反复在外部渲染，而是直接在 After Effects 内部操作 Cinema 4D 工程文件并实时看到相应的变化。

7.7.2 贝塞尔曲线变形

贝塞尔曲线变形效果是在图像的边界上沿一条封闭的贝塞尔曲线变形图像，其面板参数和使用前后的效果如图 7-120 所示。

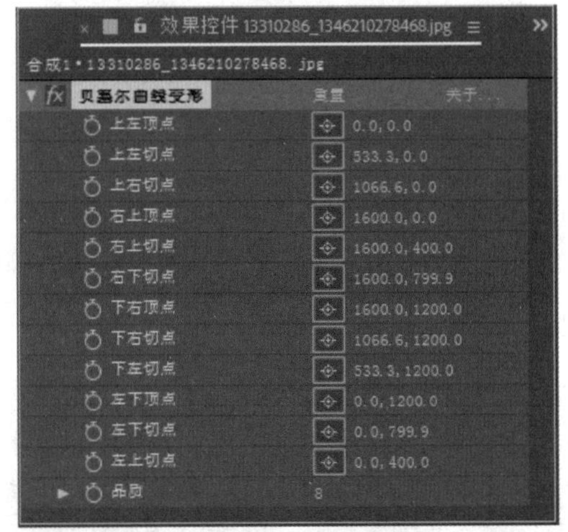

图 7-120

下面对贝塞尔曲线变形效果的主要属性参数进行详细介绍。

- ✦ 上左顶点：调节上面左侧的顶点位置。
- ✦ 上左 / 右切点：调节上面的左、右两个切点位置。
- ✦ 右上顶点：调节上面右侧的顶点位置。
- ✦ 右上 / 下切点：调节右侧上、下两个切点的位置。
- ✦ 下右顶点：调节下面右侧的顶点位置。
- ✦ 下右 / 左切点：调节下侧左、右两个切点的位置。
- ✦ 左下顶点：调节下面左侧的顶点位置。
- ✦ 左下 / 上切点：调节左侧上、下两个切点的位置。
- ✦ 品质：调节曲线的精细程度。

7.7.3 CC Bend It

CC Bend It（CC 弯曲）效果可以指定弯曲区域的始末位置，实现画面的弯曲效果，主要用于拉伸、收缩、倾斜和扭曲图像，其面板参数和使用前后的效果如图

7-121 所示。

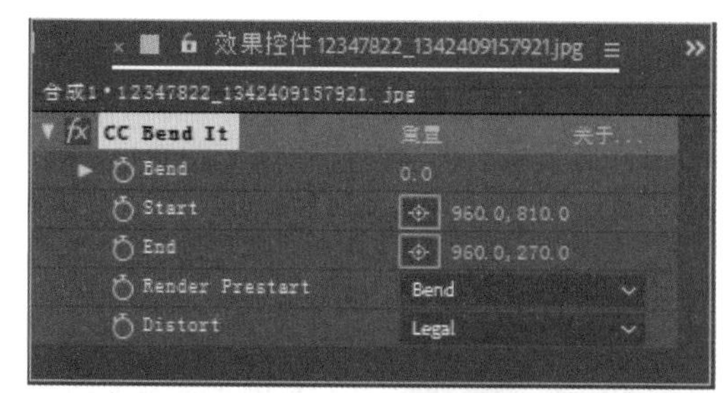

图 7-121

下面对 CC Bend It（CC 弯曲）效果的主要属性参数进行详细介绍。

✦ Bend（弯曲）：设置图像的弯曲程度。

✦ Start（开始）：设置弯曲起始点位置。

✦ End（结束）：设置弯曲结束点位置。

✦ Render Prestart（渲染前）：从右侧的下拉列表中可以选择一种渲染前的模式，控制图像的起始点状态。

✦ Distort（扭曲）：从右侧的下拉列表中可以选择一种渲染前的模式，控制图像的结束点状态。

7.7.4 CC Page Turn

CC Page Turn（CC 翻页）效果可以对图层进行翻页效果模拟，其面板参数和使用前后的效果如图 7-122 所示。

下面对 CC Page Turn（CC 翻页）效果的主要属性参数进行详细介绍。

✦ Controls（控制点）：从右侧的下拉列表中可以选择一个方向控制点。

✦ Fold Position（折叠位置）：设置书页卷起的程度。

✦ Fold Direction（折叠角度）：设置书页卷起的角度。

✦ Fold Radius（折叠半径）：设置书页折叠的半径。

✦ Light Direction（灯光方向）：设置折叠时的灯光方向。

✦ Render（渲染）：可以从右侧的下拉列表中选择一种方式来设置渲染部分。

✦ Back Opacity（背页不透明度）：设置书页卷起时，背面的不透明度。

✦ Paper Color（书页颜色）：设置书页的颜色。

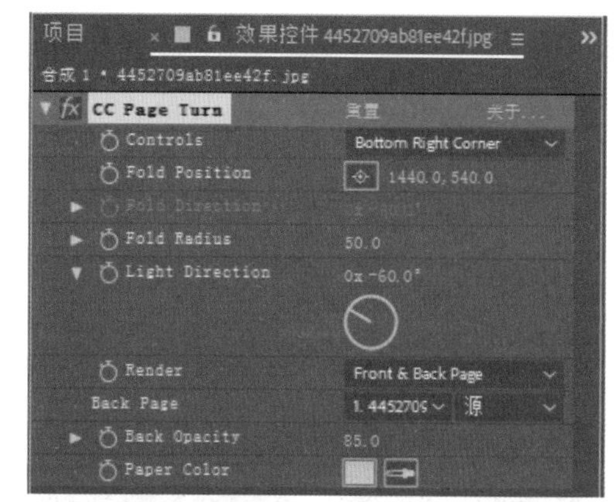

图 7-122

7.7.5 旋转扭曲

旋转扭曲效果可以在画面中指定一个旋转中心，通过控制旋转角度使画面产生旋转扭曲变形效果，其面板参数和使用前后的效果如图 7-123 所示。

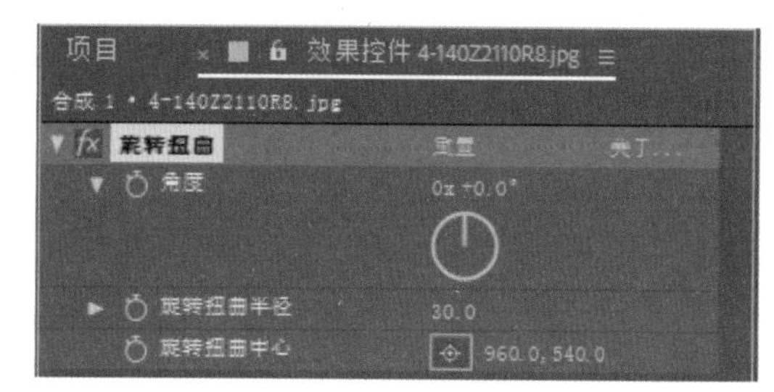

图 7-123

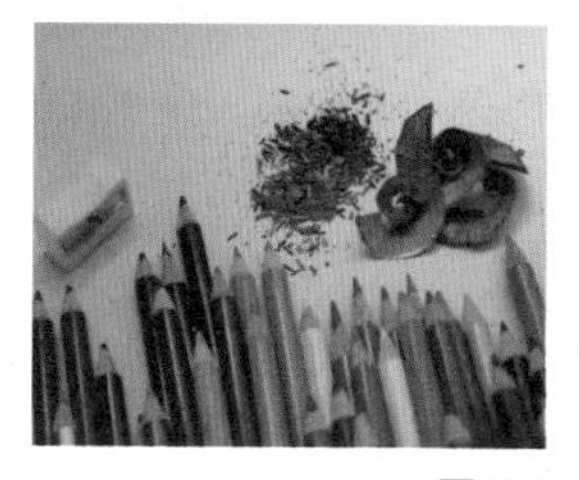

图 7-123（续）

下面对旋转扭曲效果的主要属性参数进行详细介绍。

✦ 角度：设置扭曲的角度。

✦ 旋转扭曲半径：设置扭曲的半径。

✦ 旋转扭曲中心：设置旋转扭曲的中心点位置。

7.7.6 液化

液化效果可以使用多种工具对画面的部分区域进行涂抹、扭曲、旋转，产生水波状的变形效果，其面板参数和使用前后的效果如图 7-124 所示。

图 7-124

下面对液化效果的主要属性参数进行详细介绍。

✦ 工具：选择任意一种工具对图像画面进行变形操作，每种工具的使用能对画面产生不同的效果。

✦ 视图选项：对视图进行设置。

✦ 扭曲网格：设置扭曲网格，可以对其设置关键帧。

✦ 扭曲网格位移：设置扭曲偏移的位置。

✦ 扭曲百分比：设置扭曲程度的百分比，数值越小，效果越接近原始图像。

7.7.7 四色渐变

四色渐变效果可以产生四色渐变结果。渐变效果由 4 个效果点定义，后者的位置和颜色均可使用“位置和颜色”控件设置动画。渐变效果由混合在一起的 4 个纯色圆形组成，每个圆形均使用一个效果点作为中心，其面板参数和使用前后的效果如图 7-125 所示。

下面对四色渐变效果的主要属性参数进行详细介绍。

✦ 点 1/2/3/4：设置控制点 1/2/3/4 的位置。

✦ 颜色 1/2/3/4：设置控制点 1/2/3/4 所对应的颜色。

✦ 混合：设置颜色过渡，值越高，颜色之间的过渡层次越多。

✦ 抖动：设置渐变中抖动（杂色）的数量。抖动可减少条纹，其仅影响可能出现条纹的区域。

✦ 不透明度：设置渐变的不透明度，以图层“不透明度”值的百分比形式显示。

✦ 混合模式：合并渐变效果和图层的混合模式。

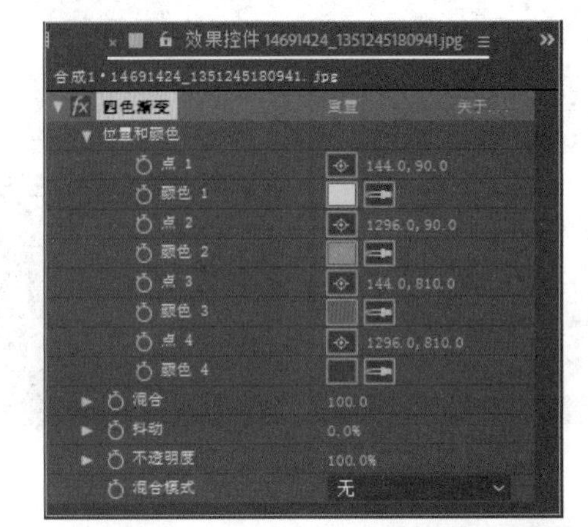

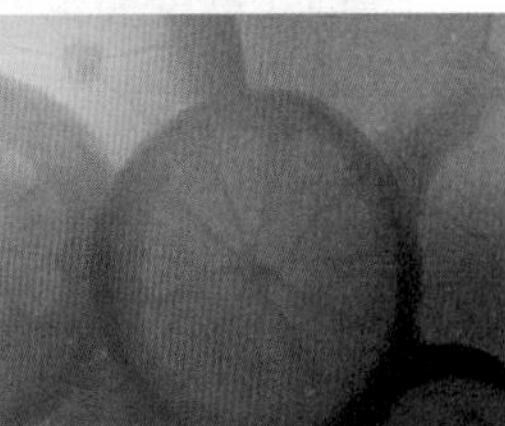

图 7-125

7.7.8 梯度渐变

梯度渐变效果可以在素材图像上创建线性或径向的颜色渐变效果，其面板参数和使用前后的效果如图 7-126 所示。

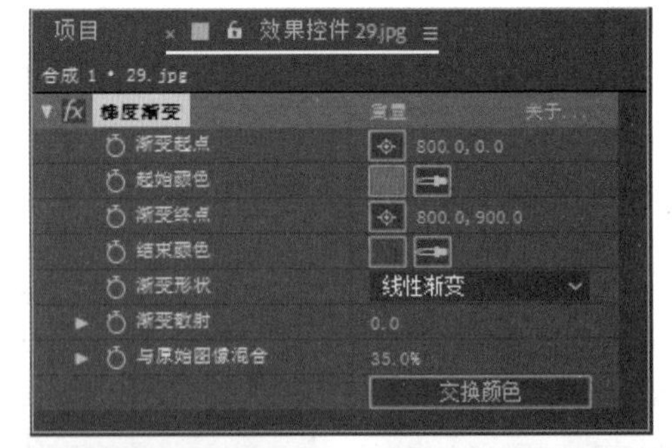

图 7-126

下面对梯度渐变效果的主要属性参数进行详细介绍。

✦ 渐变起点：设置渐变的起始位置。

✦ 起始颜色：设置起始渐变的颜色。

✦ 渐变终点：设置渐变的终点位置。

✦ 结束颜色：设置结束渐变的颜色。

✦ 渐变形状：指定渐变的类型，包括“线性渐变”和“径向渐变”两种。

✦ 渐变散射：可以将渐变颜色分散并消除光带条纹。

✦ 与原始图像混合：设置渐变效果与原始图像的混合比例。

✦ 交换颜色：单击该按钮可以将“起始颜色”与“结束颜色”互换。

7.7.9　油漆桶

油漆桶效果是使用纯色填充指定区域的非破坏性绘画效果，它与 Adobe Photoshop 的“油漆桶”工具类似。油漆桶效果可用于为卡通型轮廓的绘图着色，或替换图像中的颜色区域，其面板参数和使用前后的效果如图 7-127 所示。

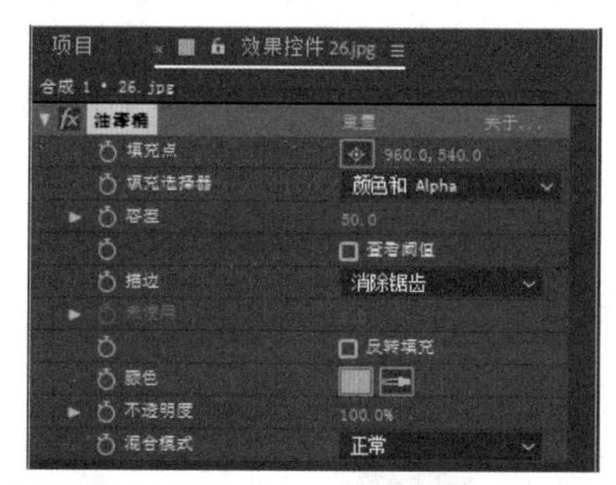

图 7-127

下面对油漆桶效果的主要属性参数进行详细介绍。

✦ 填充点：设置需要填充的位置。

✦ 填充选择器：设置填充的类型，包括“颜色和 Alpha”“直接颜色”“透明度”“不透明度”和“Alpha 通道”。

✦ 容差：设置颜色的容差数值，值越高，效果填充的范围越大。

✦ 查看阈值：显示匹配的像素，也就是说，这些像素在“填充点”像素颜色值的“容差”值以内。此选项对跟踪漏洞特别有用。如果存在小间隙，则颜色会溢出，并且填充区域不能填充。

✦ 描边：选择填充边缘的类型。

✦ 反转填充：选中该选项，将反转当前的填充区域。

✦ 颜色：设置填充的颜色。

✦ 不透明度：设置填充颜色的不透明度。

✦ 混合模式：设置填充颜色区域与原素材图像的混合模式。

7.7.10　马赛克

马赛克效果可以使画面产生马赛克效果，其面板参数和使用前后的效果如图 7-128 所示。

下面对马赛克效果的主要属性参数进行详细介绍。

✦ 水平块：设置马赛克水平宽度的数值。

✦ 垂直块：设置马赛克垂直高度的数值。

✦ 锐化颜色：选中该选项对马赛克边缘进行锐化。

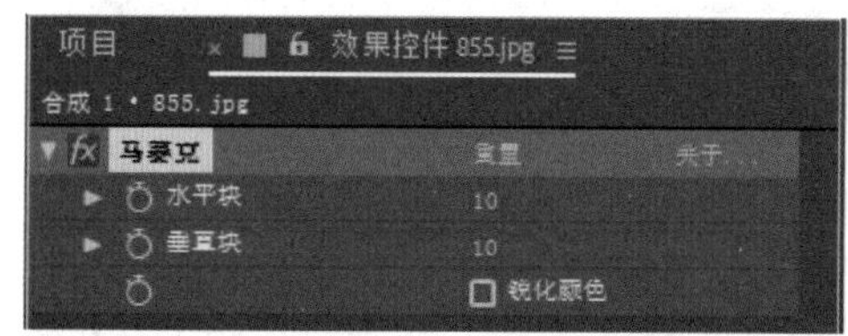

图 7-128

7.7.11　发光

发光效果经常用于图像中的文字和带有 Alpha 通道的图像，以产生发光或光晕效果，其面板参数和使用前后的效果如图 7-129 所示。

下面对发光效果的主要属性参数进行详细介绍。

✦ 发光基于：指定发光的作用通道，可以从右侧的下拉列表中选择“颜色通道”和“Alpha 通道”。

✦ 发光阈值：设置发光程度的数值，其参数会影响发光的覆盖面。

✦ 发光半径：设置发光面的半径。

✦ 发光强度：设置发光的强度。

✦ 合成原始项目：与原图像混合，可以选择“顶端”“后面”和“无”。

✦ 发光操作：设置与原始素材的混合模式。

✦ 发光颜色：设置发光的颜色类型。

✦ 颜色循环：设置色彩循环的数值。

✦ 色彩相位：设置光的颜色相位。

✦ A 和 B 中点：设置发光颜色 A 和 B 的中点比例。

✦ 颜色 A：选择颜色 A。

✦ 颜色 B：选择颜色 B。

✦ 发光维度：指定发光效果的作用方向，包括“水平和垂直”“水平”和“垂直”。

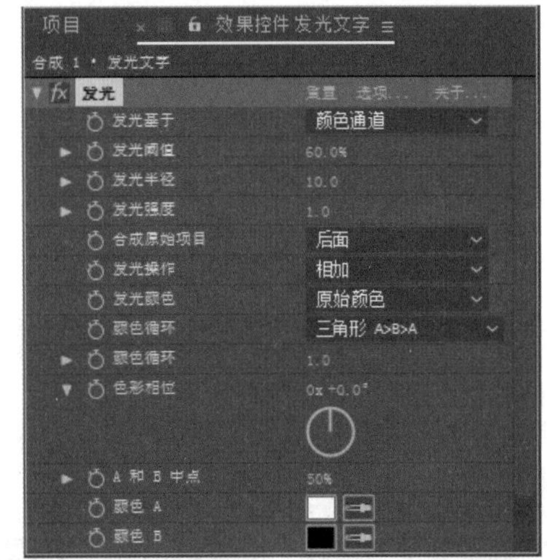

图 7-129

7.7.12 分形杂色

分形杂色效果可以使用柏林杂色创建用于自然景观的背景、置换图和纹理的灰度杂色，可以模拟云、火、蒸汽或流水等效果，其面板参数和使用前后的效果如图 7-130 所示。

下面对分形杂色效果的主要属性参数进行详细介绍。

✦ 分形类型：从右侧的下拉列表中可以指定分形的类型。

✦ 杂色类型：选择杂色的类型，包括“块”“线性”“柔和线性”和“样条”4 种类型。

✦ 反转：选中该选项对图像的颜色、黑白进行反转。

✦ 对比度：设置添加杂色的图像对比度。

✦ 亮度：调节杂色的亮度。

✦ 溢出：从右侧的下拉列表中选择溢出方式，包括“剪切”“柔和固定”“反绕”和“允许 HDR 结果”4 种溢出方式。

✦ 变换：设置杂色的旋转、缩放和偏移等属性。

✦ 复杂度：设置杂色图案的复杂程度。

✦ 子设置：设置杂色的子属性，如“子影响”“子缩放”和“子旋转”等。

✦ 演化：设置杂色的演化角度。

✦ 演化选项：对杂色变化的“循环演化”和“随机植入”等属性进行设置。

✦ 不透明度：设置杂色图像的不透明度。

✦ 混合模式：指定杂色图像与原始图像的混合模式。

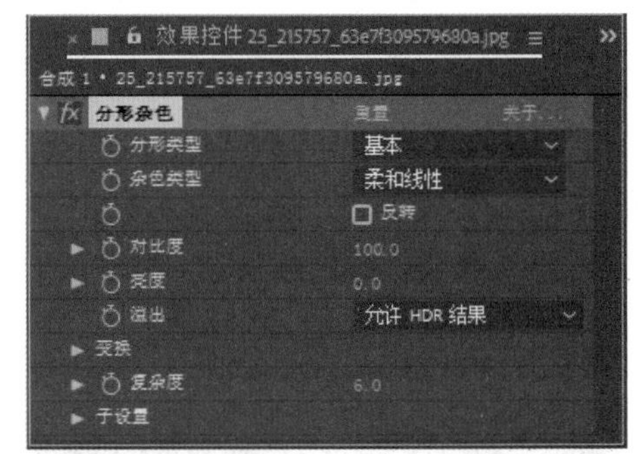

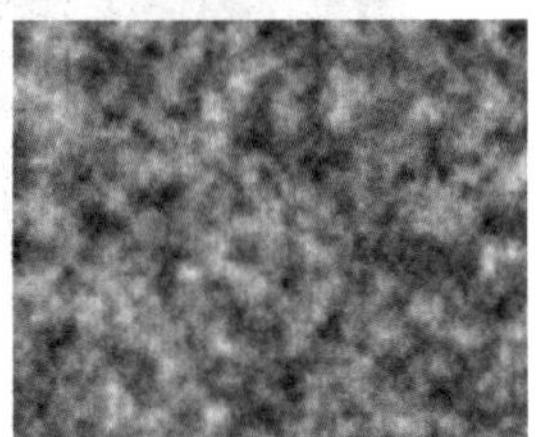

图 7-130

7.7.13 课堂练习——制作散射光线效果

本实例通过为纯色图层添加“分形杂色”“极坐标”和“径向模糊”等效果，制作散射光线效果，具体的制作方法如下。

视频文件：　视频 \ 第 7 章 \7.7.13 课堂练习——制作散射光线效果 .mp4

源 文 件：　源文件 \ 第 7 章 \7.7.13

01 启动 After Effects CC 2018 软件，进入其操作界面。执行“合成”|“新建合成”命令，创建一个预置为 PAL

D1/DV 的合成，设置“持续时间”为 3 秒，并设置好名称，单击“确定”按钮，如图 7-131 所示。

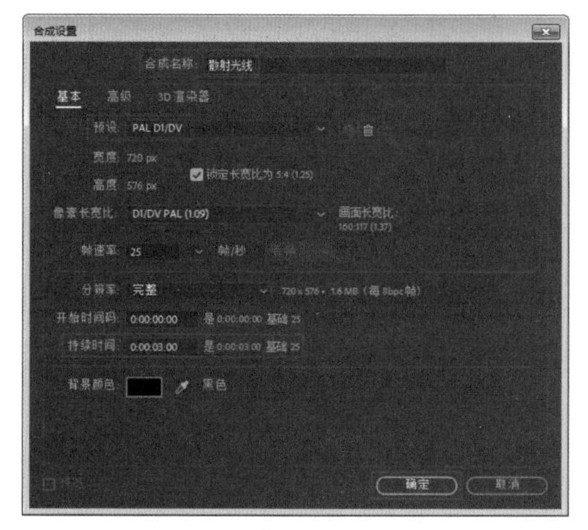

图 7-131

02 执行“图层”|“新建”|“纯色”命令，弹出“纯色设置”对话框，在该对话框中设置名称为“光”，颜色为黑色，单击“确定”按钮，如图 7-132 所示。

03 在“图层”面板中选择“光”图层，执行“效果”|“杂色和颗粒”|“分形杂色”命令，并在“效果控件”面板中设置“分形类型”为“动态”，“对比度”参数为 160，“亮度”参数为 −70，如图 7-133 所示。

04 继续在“效果控件”面板展开特效的“变换”属性，取消选中“统一缩放”选项，并设置“缩放宽度”参数为 5，“缩放高度”参数为 3000，“复杂度”参数为 10，如图 7-134 所示。

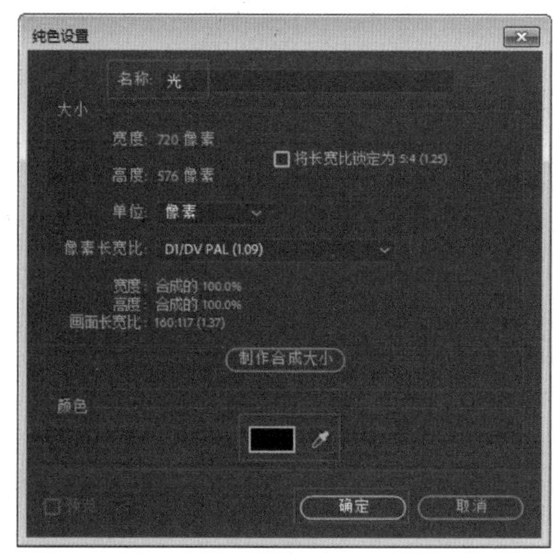

图 7-132

05 选择“光”图层，执行“效果”|“扭曲”|“极坐标”命令，并在“效果控件”面板设置“插值”参数为 100，“转换类型”属性为“矩形到极线”，如图 7-135 所示。操作完成后在“合成”窗口的对应预览效果如图 7-136 所示。

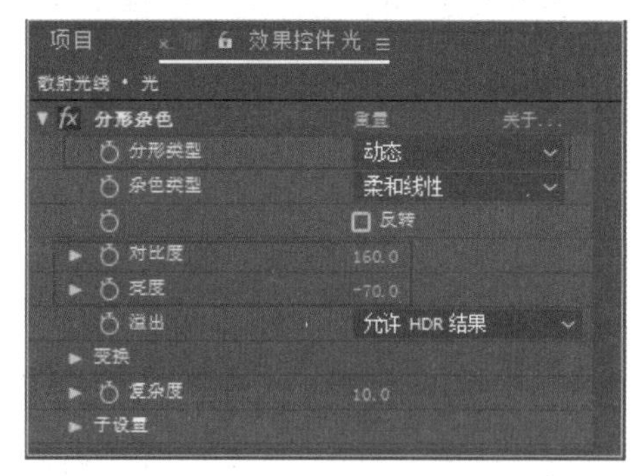

图 7-133

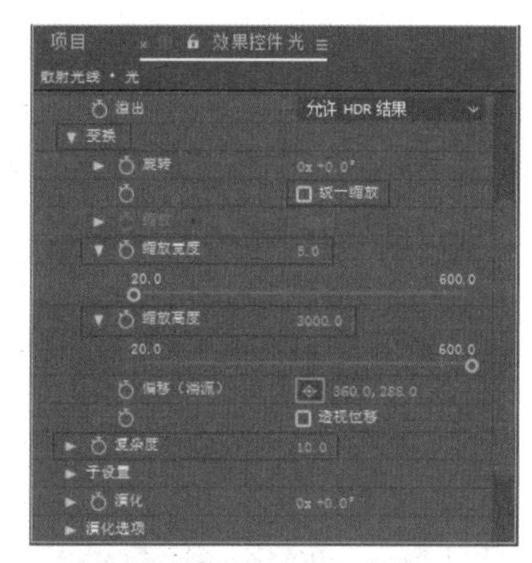

图 7-134

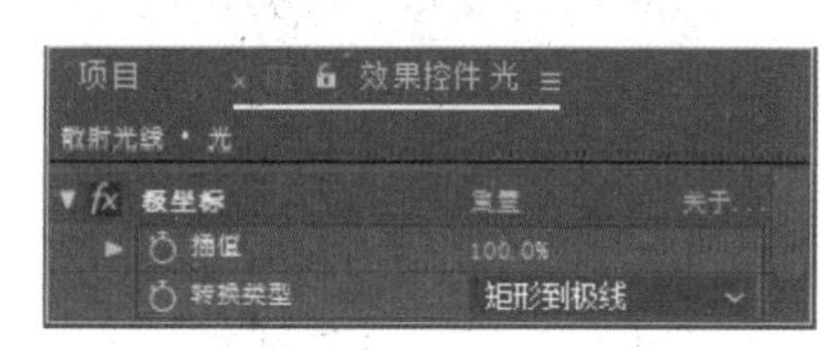

图 7-135

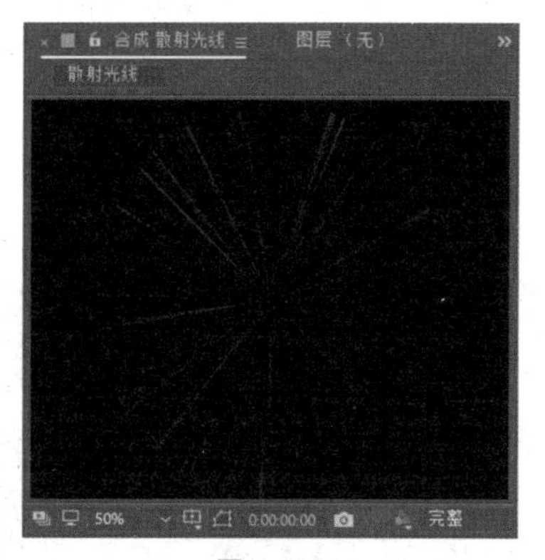

图 7-136

06 选择“光”图层，执行“效果”|“模糊和锐化”|“径向模糊”命令，并在“效果控件”面板中设置“数量”参数为 30，“类型”为“缩放”，如图 7-137 所示。

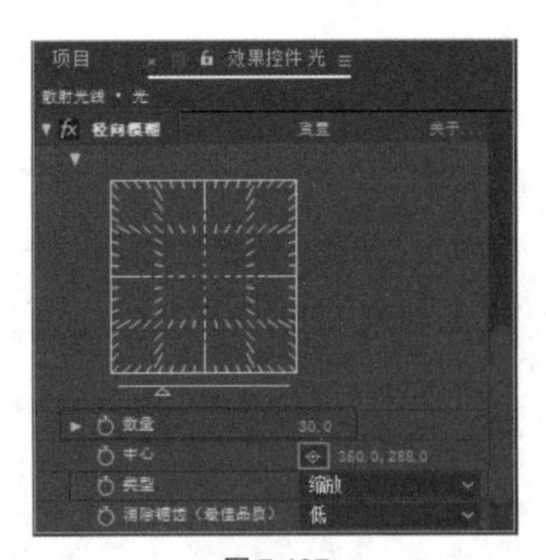

图 7-137

07 继续选择“光”图层，执行“效果”|“风格化”|“发光”命令，并在“效果控件”面板中设置“发光阈值”参数为3，“发光半径”参数为15，“发光强度”参数为3，最后设置“发光颜色”属性为“A和B颜色”，其中“颜色A”的RGB参数为249、235、78，“颜色B”的RGB参数为234、67、54，如图 7-138 所示。

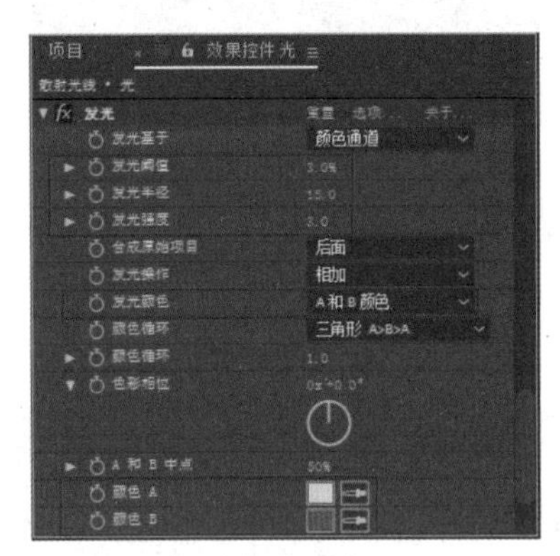

图 7-138

08 在“图层”面板中展开“光”图层的变换属性，在0:00:00:00 时间点位置单击“缩放”参数前的“时间变化秒表”按钮，为该属性设置一个关键帧，并设置“缩放”参数为160。然后在“图层”面板左上角修改时间点为0:00:03:00，在该时间点修改“缩放”参数为200，如图 7-139 所示。

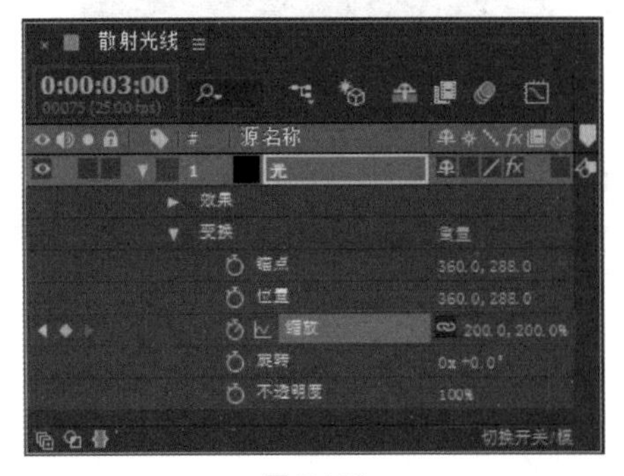

图 7-139

09 至此，本实例制作完毕，按空格键可以播放动画预览，最终效果如图 7-140 所示。

图 7-140

7.8 实战——三维炫彩花朵

本实例结合本章所学内容，介绍了“圆形”“残影”和“基本 3D”等几种特效的综合使用方法。通过对本实例的学习，读者可以掌握三维炫彩花朵效果的具体制作方法。

视频文件：　视频 \ 第 7 章 \7.8 实战——三维炫彩花朵 .mp4

源 文 件：　源文件 \ 第 7 章 \7.8

01 启动 After Effects CC 2018 软件，进入其操作界面。执行“合成”|“新建合成”命令，创建一个预置为 PAL D1/DV 的合成，设置“持续时间”为8秒，并设置好名称，单击“确定”按钮，如图 7-141 所示。

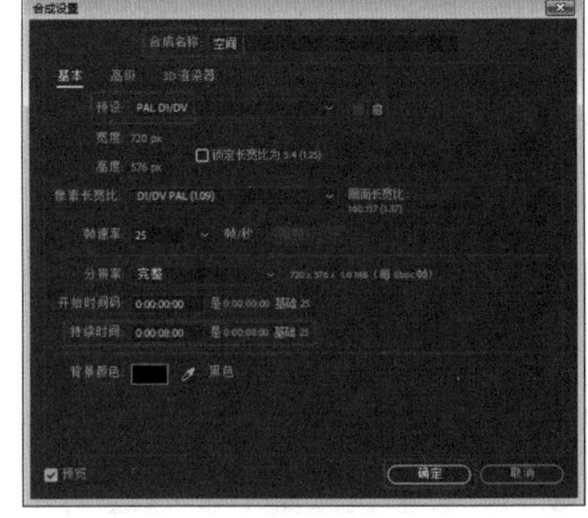

图 7-141

02 执行“文件”|“导入”|“文件”命令，弹出“导入文件”对话框，选择如图 7-142 所示的文件，单击“导入”按钮，将素材导入项目。

图 7-142

03 执行“图层”|“新建”|“纯色”命令，创建一个与合成大小一致的固态层，并将其命名为“光环”，如图 7-143 所示。

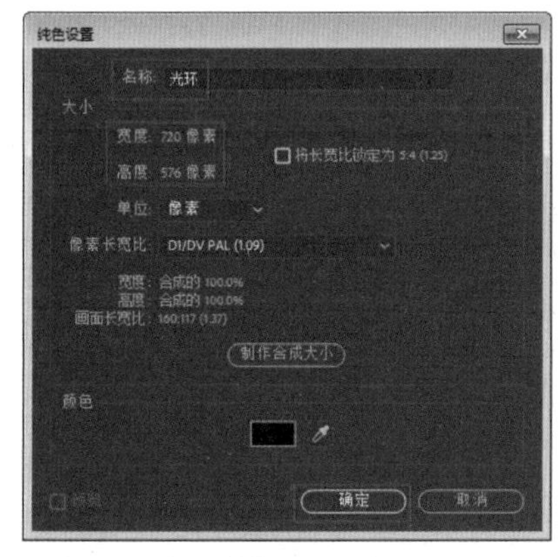

图 7-143

04 在“图层”面板中选择上述创建的“光环”图层，执行“效果”|“生成”|“圆形”命令，然后在“效果控件”面板中设置“半径”参数为 203，“边缘”为“厚度”，“厚度”参数为 6，“颜色”属性的 RGB 参数为 158、17、67，如图 7-144 所示。

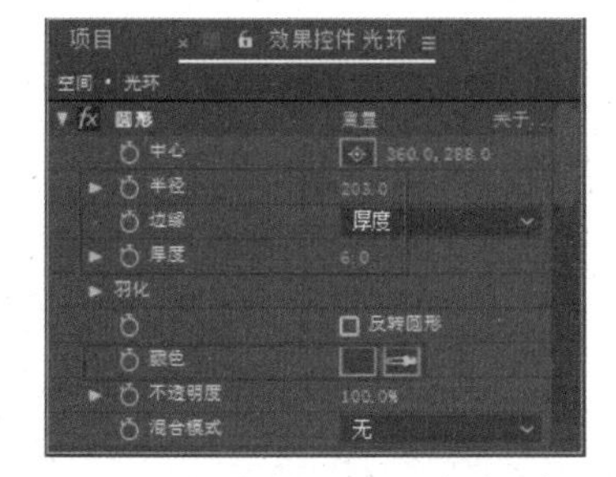

图 7-144

05 在“图层”面板中选择“光环”图层，执行“效果”|“过时”|“快速模糊（旧版）”命令，并在“效果控件”面板中设置“模糊度”参数为 3.5，如图 7-145 所示。操作完成后在“合成”窗口对应的预览效果如图 7-146 所示。

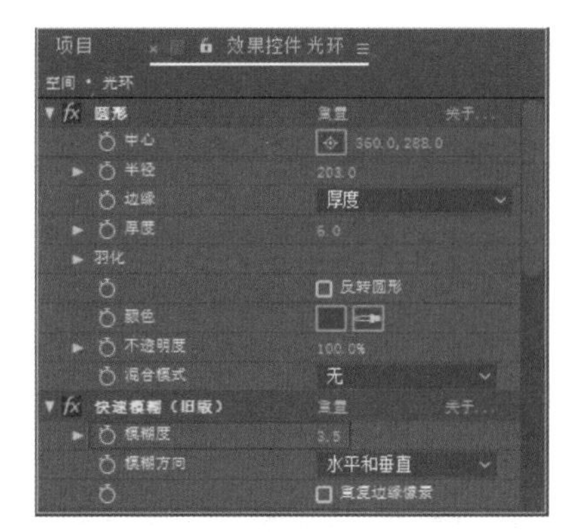

图 7-145

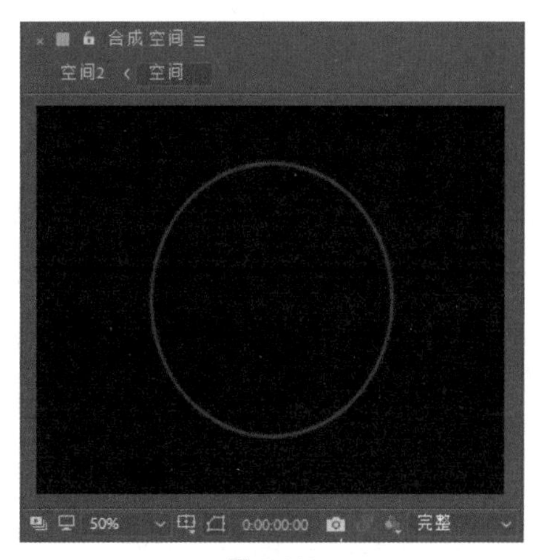

图 7-146

06 继续选择“光环”图层，执行“效果”|“风格化”|“发光”命令，并在“效果控件”面板中设置“发光阈值”参数为 10，“发光半径”参数为 20，“发光强度”参数为 1.5，“发光颜色”为“A 和 B 颜色”，“颜色 A”的 RGB 参数为 251、56、56，“颜色 B”的 RGB 参数为 23、39、252，如图 7-147 所示。操作完成后在“合成”窗口对应的预览效果如图 7-148 所示。

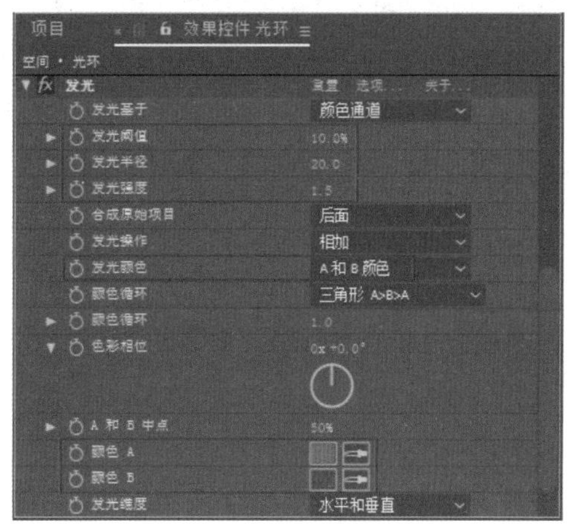

图 7-147

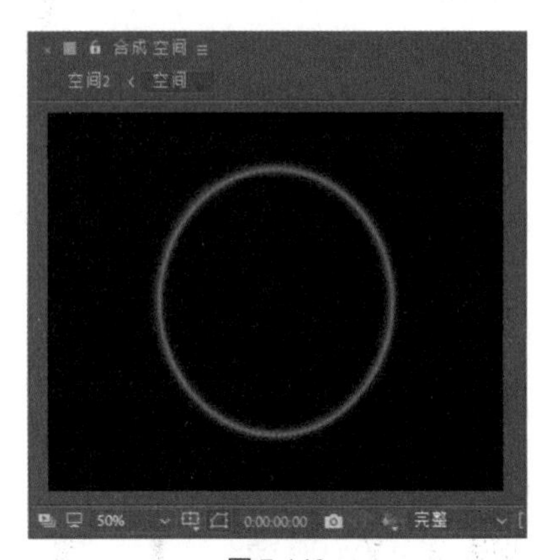

图 7-148

07 在“图层”面板中展开“光环”图层属性栏，在 0:00:00:00 时间点单击“位置”和“缩放”属性前的“时间变化秒表”按钮，设置关键帧动画，如图 7-149 所示。

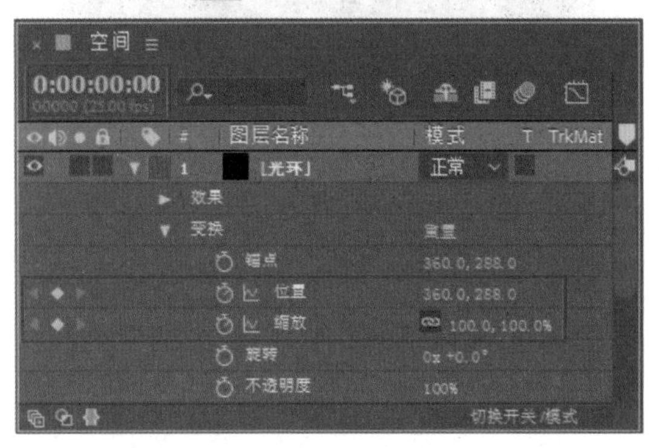

图 7-149

08 在“图层”面板左上角修改时间点为 0:00:03:00，接着在该时间点设置“位置”参数为 662、58，“缩放”参数为 20，如图 7-150 所示。

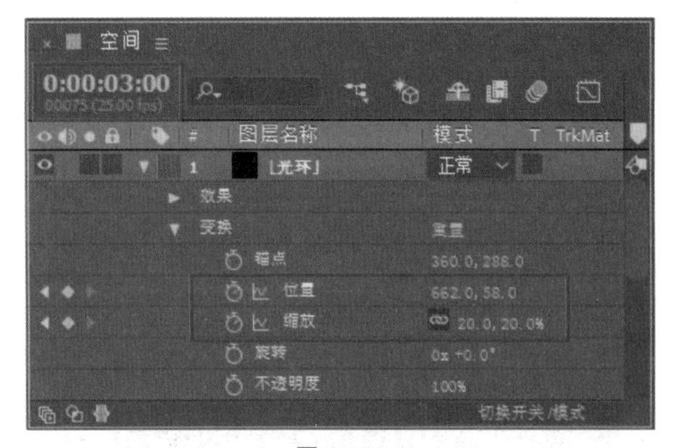

图 7-150

09 选择“光环”图层，按快捷键 Ctrl+D 复制出 5 个图层，接着在“图层”面板中同时选择所有图层，执行“动画”|“关键帧辅助”|“序列图层”命令，如图 7-151 所示。在弹出的“序列图层”对话框中按照图 7-152 所示进行设置，完成设置后单击“确定”按钮。

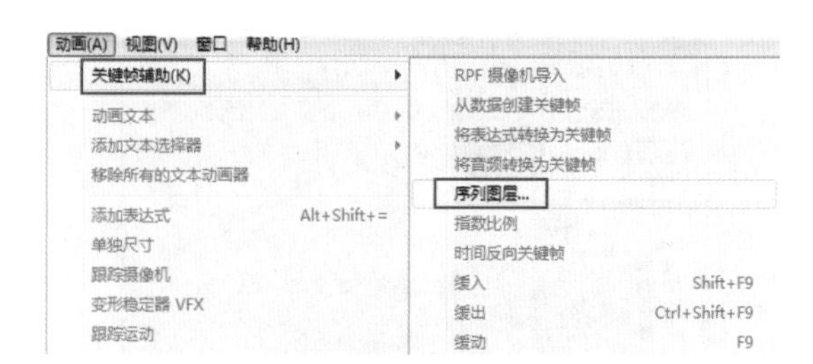

图 7-151

图 7-152

10 执行“图层”|“新建”|“调整图层”命令，创建一个调整层并置于顶层，如图 7-153 所示。

图 7-153

11 接着选择调整图层，执行“效果”|“过时”|“基本 3D”命令，然后在“图层”面板中展开其效果属性栏，在 0:00:00:00 时间点设置“旋转”参数为 0×+82°，“倾斜”参数为 0×+0°，并单击“倾斜”属性前的“时间变化秒表”按钮，设置关键帧动画，如图 7-154 所示。

图 7-154

12 在“图层”面板左上角修改时间点为 0:00:06:24，接着在该时间点设置“倾斜”参数为 7×+0°，如图 7-155 所示。操作完成后在“合成”窗口对应的预览效果如图 7-156 所示。

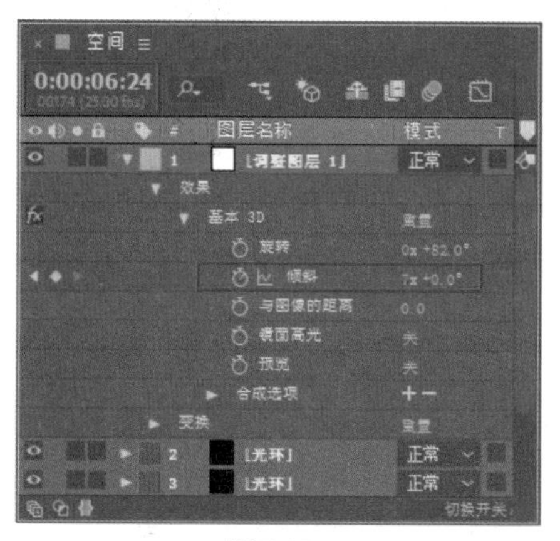

图 7-155

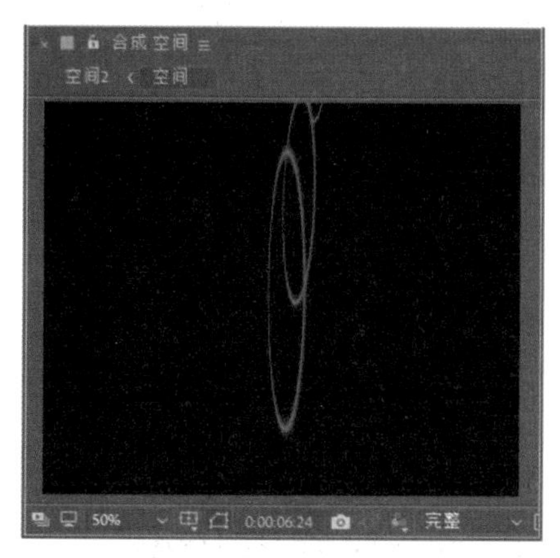

图 7-156

13 按快捷键 Ctrl+N 创建一个预置为 PAL D1/DV 的合成，设置“持续时间”为 8 秒，并设置好名称，单击“确定”按钮，如图 7-157 所示。

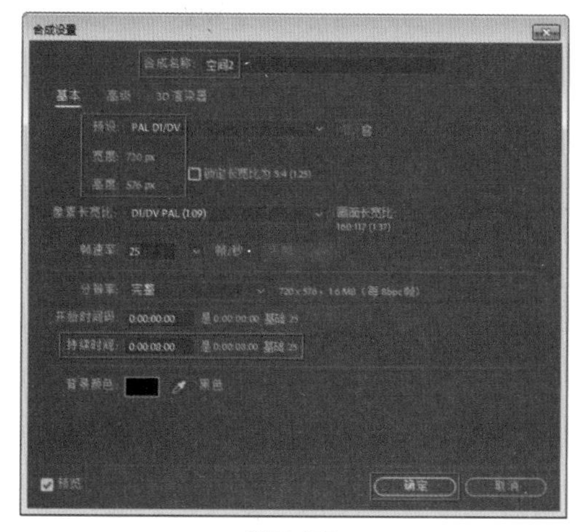

图 7-157

14 将“项目”窗口中的“空间”合成拖入“空间 2”合成中，接着选择“空间”图层，执行“效果”|“时间”|“残影”命令，并在“效果控件”面板中设置“残影数量”参数为 15，如图 7-158 所示。

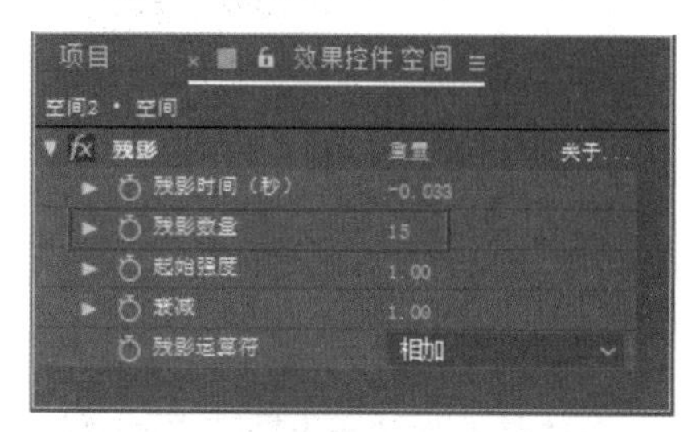

图 7-158

15 将“项目”窗口中的“背景.jpg”素材拖入“图层”面板，并置于底部，接着展开该图层的变换属性，设置“位置”参数为 388、288，“缩放”参数为 94，如图 7-159 所示。操作完成后在“合成”窗口对应的预览效果如图 7-160 所示。

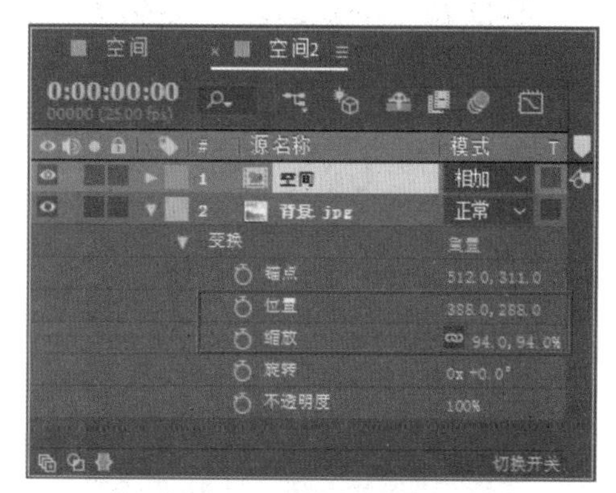

图 7-159

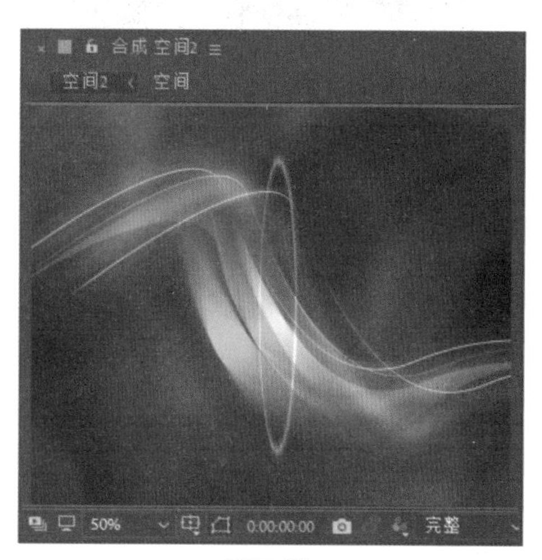

图 7-160

16 至此，本实例制作完毕，按空格键可以播放动画预览，最终效果如图 7-161 所示。

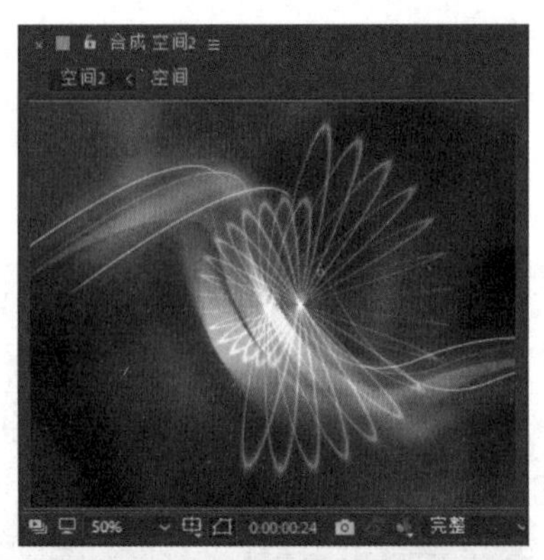

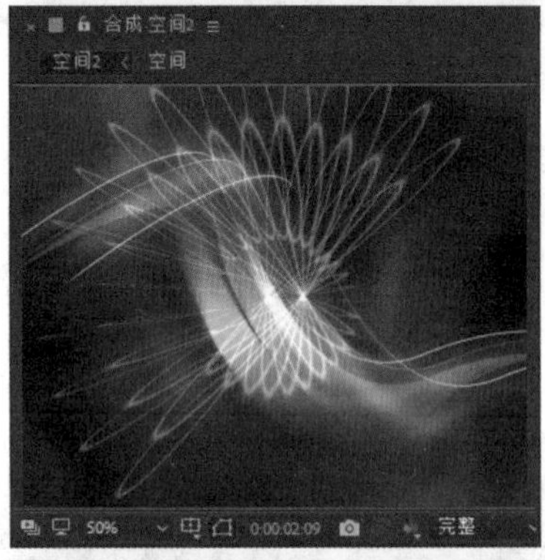

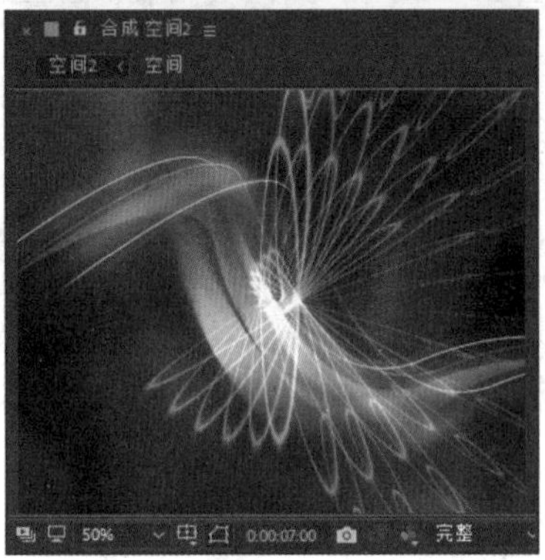

图 7-161

7.9 本章小结

本章主要为大家详细介绍了 After Effects CC 2018 中的“效果”菜单模块，通过对本章的学习，可以快速掌握在 After Effects CC 2018 软件中添加效果、使用效果以及怎样调节各种效果参数的方法。只有熟练掌握每种效果的应用方法和技巧，才能在影视特效项目制作中得心应手，并提高制作效率。

声音特效的应用

声音元素通常包括语言、音乐和音响三大类，在影视制作中，合理地加入一些声音可以起到辅助画面的作用，从而更好地表现主题。一段好听的旋律，在人们心中唤起的联想可能比一幅画面所唤起的联想更为丰富和生动。因为音乐更具抽象性，它给人的不是抽象的概念，而是富有理性的美感情绪，它可以使每位观众根据自己的体验、志趣和爱好去展开联想，通过联想而补充、丰富画面，使画面更加生动且更富表现力。

8.1 导入声音

在 After Effects CC 2018 中可以直接将声音素材导入软件，具体的操作方法为：执行“文件”|“导入”|“文件”命令，或按快捷键 I，在弹出的“导入文件”对话框中选择所要导入的声音文件，单击“导入”按钮，如图 8-1 所示，即可将选中的声音文件导入“项目”窗口，如图 8-2 所示。

图 8-1

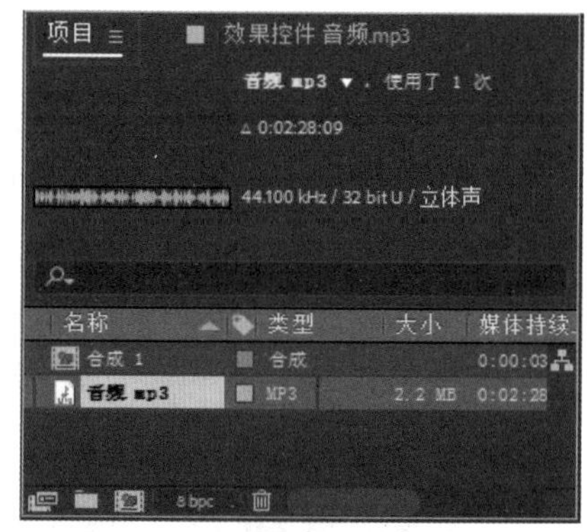

图 8-2

此外，还可以直接在“项目”窗口的空白处双击，再在弹出的“导入文件”对话框中选择需要导入的声音素材并进行导入。或者在计算机文件夹中选中需要导入的声音素材，直接拖入 After Effects CC 2018 软件的“项目”窗口。

技巧与提示：

用户将音频素材导入 After Effects，并进行播放预览时，如果碰到没有声音的情况，可以执行“编辑”|“首选项”|“音频硬件”命令，在弹出的“首选项”对话框中将“默认输出”选项设置成与计算机“音量合成器”一致的输出选项即可。

第 8 章素材文件

第 8 章视频文件

8.2 音频效果详解

在 After Effects CC 2018 软件的“效果和预设”面板中，包含了 10 种音频效果，使用不同的效果能够帮助用户在后期制作时营造不同的影片氛围，下面将对“音频”效果组中的各个音频效果进行详细讲解。

8.2.1 调制器

调制器效果通过调制（改变）声音的频率和振幅，将颤音和震音添加到音频中，其“效果控件”面板参数如图 8-3 所示。

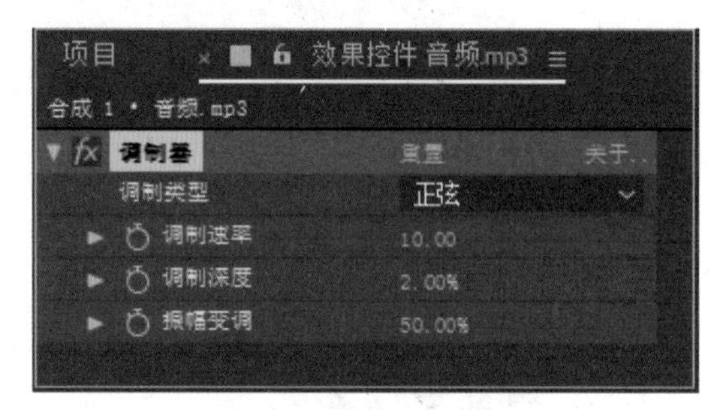

图 8-3

下面对调制器效果的主要属性参数进行详细讲解。

✦ 调制类型：从右侧的下拉列表中选择调制的类型，包括“正玄”和“三角形”。

✦ 调制速度：调制的速率，以“赫兹”为单位。

✦ 调制深度：设置调制的深度百分比。

✦ 振幅变调：设置振幅变调量的百分比。

8.2.2 倒放

倒放效果用于将声音素材反向播放，即从最后一帧开始播放至第一帧，在“时间线”窗口中帧的排列顺序保持不变，其“效果控件”面板参数如图 8-4 所示。

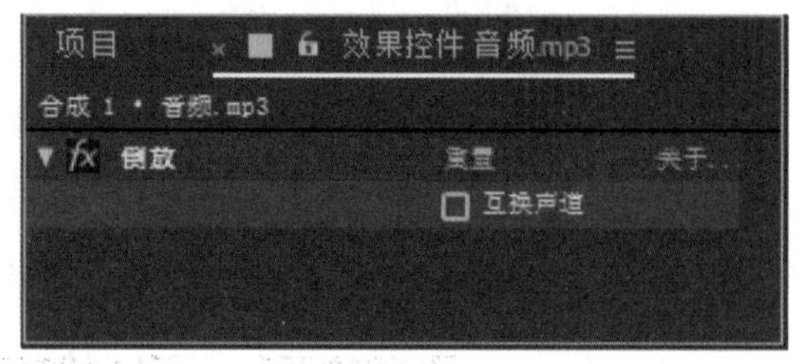

图 8-4

下面对倒放效果的主要属性参数进行详细介绍。

✦ 互换声道：选中该选项可以交换左右声道。

8.2.3 低音和高音

低音和高音效果可提高或削减音频的低频（低音）或高频（高音）。为增强控制，需使用参数均衡效果，其“效果控件”面板参数如图 8-5 所示。

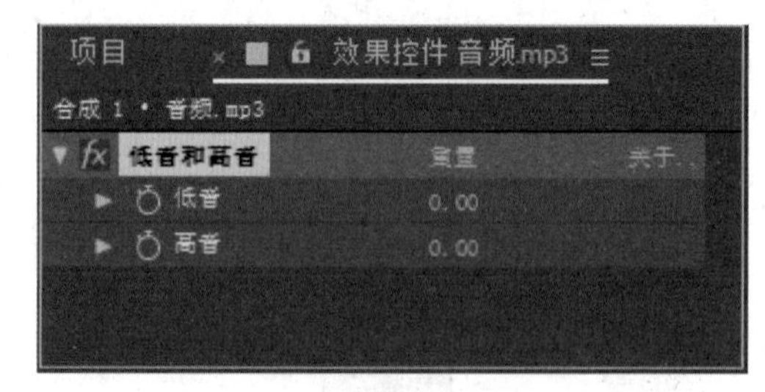

图 8-5

下面对低音和高音效果的主要属性参数进行详细介绍。

✦ 低音：提高或降低低音部分。

✦ 高音：提高或降低高音部分。

8.2.4 参数均衡

参数均衡效果可增强或减弱特定频率范围，用于增强音乐效果，如提升低频以调出低音，其“效果控件”面板参数如图 8-6 所示。

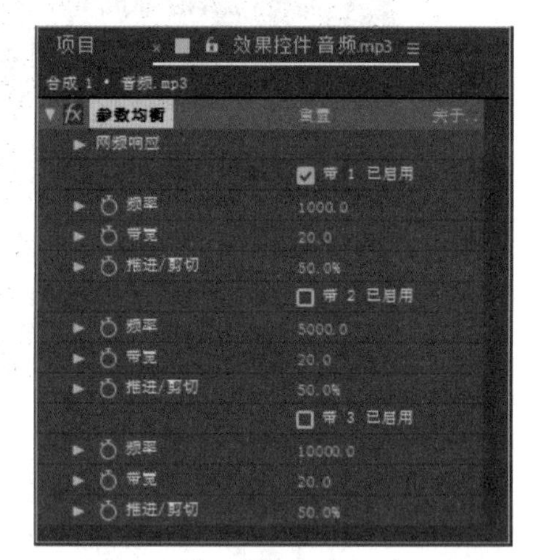

图 8-6

下面对参数均衡效果的主要属性参数进行详细介绍。

✦ 频率：频率响应曲线，水平方向表示频率范围，垂直方向表示增益值。

✦ 带宽：要修改的频带宽度。

✦ 推进 / 剪切：要提高或削减指定带内频率振幅的数量。正值表示提高；负值表示削减。

8.2.5　变调与和声

变调与和声效果包含两个独立的音频效果。变调是通过复制原始声音，然后再对原频率进行位移变化；和声是使单个语音或乐器听起来像合唱的效果，其“效果控件”面板参数如图 8-7 所示。

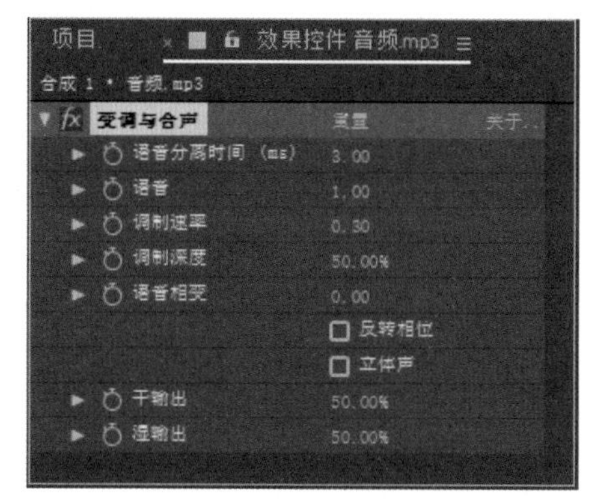

图 8-7

下面对变调与和声效果的主要属性参数进行详细介绍。

✦ 语音分离时间(ms)：分离各语音的时间，以“毫秒”为单位。每个语音都是原始声音的延迟版本，对于变调效果，使用 6 或更低的值；对于和声效果，使用更高的值。

✦ 语音：设置和声的数量。

✦ 调制速率：调制循环的速率，以“赫兹”为单位。

✦ 调制深度：调整调制的深度百分比。

✦ 语音相变：每个后续语音之间的调制相位差，以“度”为单位。360 除以语音数可获得最佳值。

✦ 干输出：不经过修饰的声音（即原音）输出。

✦ 湿输出：经过修饰的声音（即效果音）输出。

8.2.6　延迟

延迟效果可以将音频素材的声音在一定的时间后重复。常用于模拟声音从某表面（如墙壁）弹回的声音，其“效果控件”面板参数如图 8-8 所示。

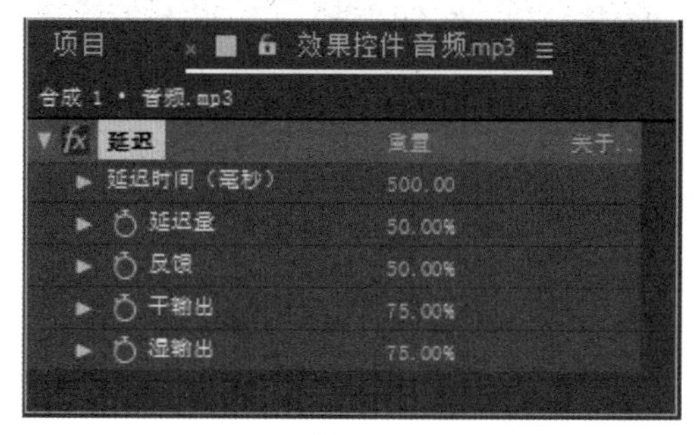

图 8-8

下面对延迟效果的主要属性参数进行详细介绍。

✦ 延迟时间（毫秒）：原始声音及其回音之间的时间，以“毫秒”为单位。

✦ 延迟量：延迟的数量百分比。

✦ 反馈：为创建后续回音反馈到延迟线的回音量。

✦ 干输出：不经过修饰的声音（即原音）输出。

✦ 湿输出：经过修饰的声音（即效果音）输出。

8.2.7　混响

混响效果是通过模拟从某表面随机反射的声音，来模拟开阔的室内效果或真实的室内效果，其“效果控件”面板参数如图 8-9 所示。

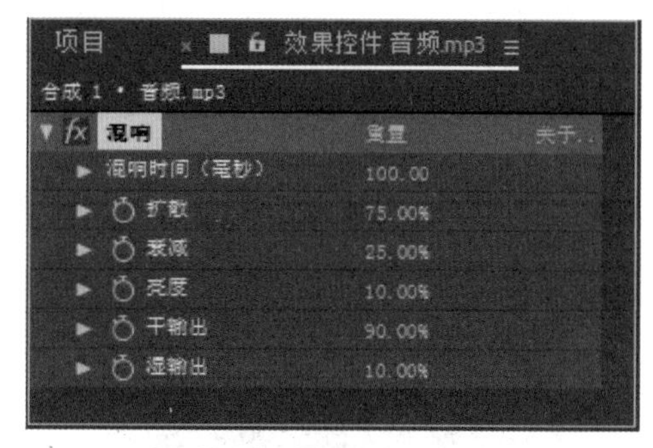

图 8-9

下面对混响效果的主要属性参数进行详细介绍。

✦ 混响时间（毫秒）：设置原始音频和混响音频之间的平均时间，以“毫秒”为单位。

✦ 扩散：设置扩散量，值越大则越有远离的效果。

✦ 衰减：设置效果消失过程的时间，值越大产生的空间效果越大。

✦ 亮度：指定留存的原始音频中的细节量，亮度值越大，模拟的室内反射声音效果越明显。

✦ 干输出：不经过修饰的声音（即原音）输出。

✦ 湿输出：经过修饰的声音（即效果音）输出。

8.2.8　立体声混合器

立体声混合器效果可混合音频的左右通道，并将完整的信号从一个通道平移到另一个通道，其“效果控件”面板参数如图 8-10 所示。

下面对立体声混合器效果的主要属性参数进行详细介绍。

✦ 左声道级别：设置左声道的音量大小。

✦ 右声道级别：设置右声道的音量大小。

✦ 向左平移：设置左声道的相位平移程度。

✦ 向右平移：设置右声道的相位平移程度。

✦ 反转相位：选中该选项反转左右声道的状态，以防止两种相同频率的音频互相掩盖。

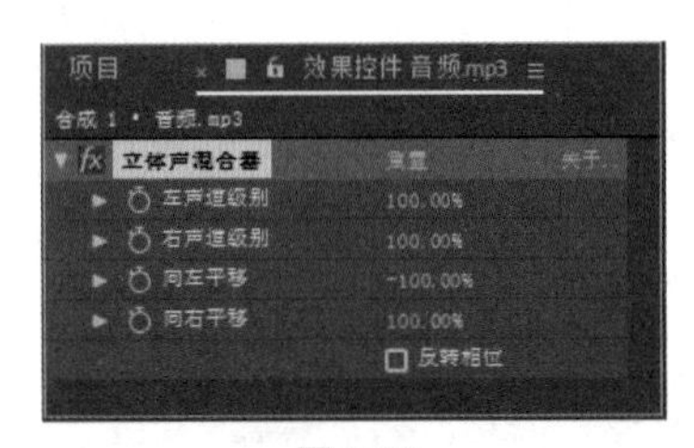

图 8-10

8.2.9 音调

音调效果可以模拟简单合音，如潜水艇低沉的隆隆声、背景电话铃声、汽笛或激光波声音。每个实例最多能增加 5 个音调来创建合音，其“效果控件”面板参数如图 8-11 所示。

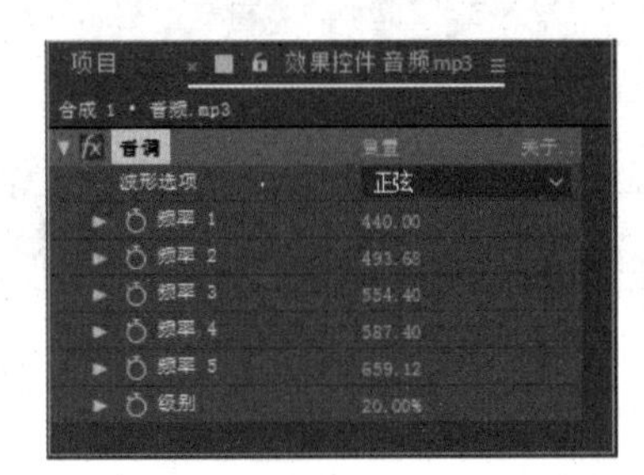

图 8-11

下面对音调效果的主要属性参数进行详细介绍。

✦ 波形选项：从右侧下拉列表中可以指定要使用的波形的类型。包括“正弦”“三角形”“锯子”和“正方形”4 种波形。正弦波可产生最纯的音调；方形波可产生最扭曲的音调；三角形波具有正弦波和方形波的元素，但更接近于正弦波；锯子波具有正弦波和方形波的元素，但更接近于方形波。

✦ 频率 1/2/3/4/5：分别设置 5 个音调的频率点，当频率点为 0 时则关闭该频率。

✦ 级别：调整此效果实例中所有音调的振幅。要避免剪切和爆音，如果预览时出现警告声，说明级别设置过高，请使用不超过以下范围的级别值：100 除以使用的频率数。例如，如果用完 5 个频率，则指定 20%。

8.2.10 高通 / 低通

高通 / 低通效果可以滤除高于或低于一个频率的声音，还可以单独输出高音和低音，其“效果控件”面板参数如图 8-12 所示。

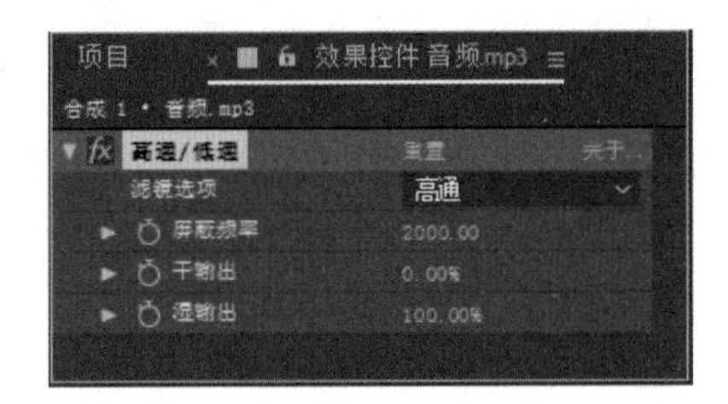

图 8-12

下面对高通 / 低通效果的主要属性参数进行详细介绍。

✦ 滤镜选项：设置滤镜的类型，从右侧的下拉列表中可以选择“高通”或者“低通”两种类型。

✦ 屏蔽频率：消除频率，屏蔽频率以下（高通）或以上（低通）的所有频率都将被移除。

✦ 干输出：不经过修饰的声音（即原音）输出。

✦ 湿输出：经过修饰的声音（即效果音）输出。

8.2.11 课堂练习——音频特效的扩展应用

本实例主要介绍了第三方插件 Form 和 Shine 特效在音频方面的具体应用，将特效融入音频之中，可以使画面特效随音频节奏变化。

视频文件：　视频 \ 第 8 章 \8.2.11 实战——音频特效的扩展应用 .mp4

源 文 件：　源文件 \ 第 8 章 \8.2.11

01 启动 After Effects CC 2018 软件，进入其操作界面。执行“合成”|“新建合成”命令，创建一个预置为 NTSC D1 的合成，设置“持续时间”为 30 秒，并设置好名称，单击“确定”按钮，如图 8-13 所示。

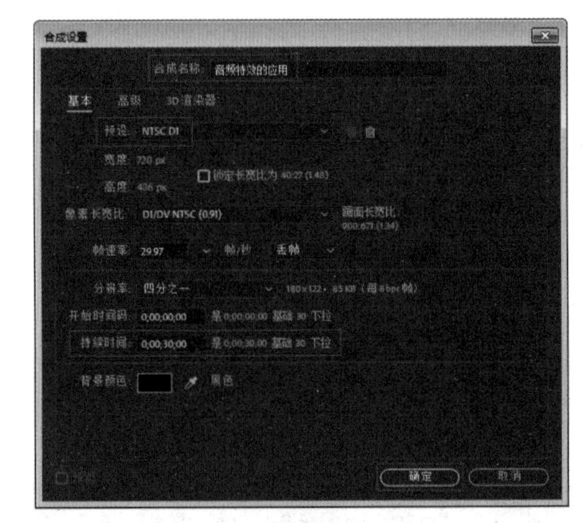

图 8-13

02 执行“文件”|“导入”|“文件”命令，弹出“导入文件”对话框，选择如图 8-14 所示的文件，单击“导入”按钮，将素材导入项目。

图 8-14

03 将“项目”窗口中的 Audio.wav 素材拖入“图层”面板，并在该面板中右击，在弹出的快捷菜单中选择“新建”|“纯色”命令，创建一个固态层，如图 8-15 所示。

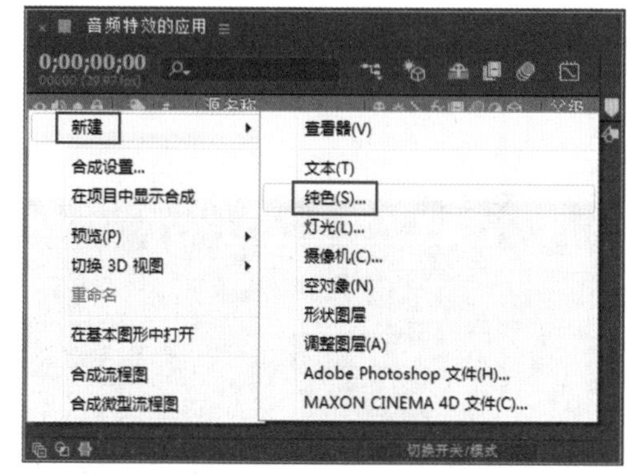

图 8-15

04 弹出“纯色设置”对话框，在其中设置名称为“固态层”，然后单击“确定”按钮，如图 8-16 所示。

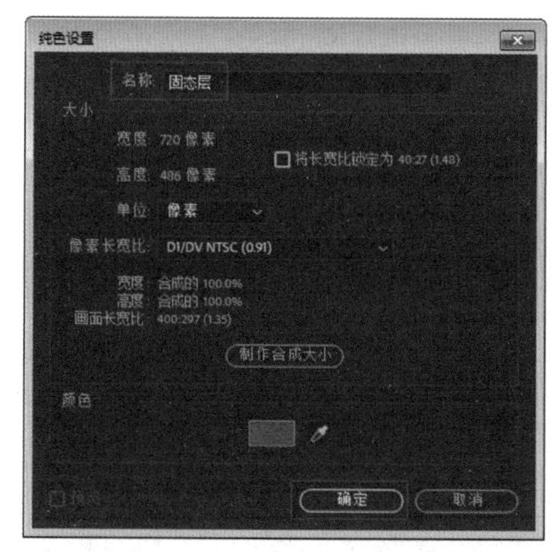

图 8-16

05 在“图层”面板中选择“固态层”图层，执行“效果”|Trapcode|Form 命令，并在“效果控件”面板设置 Base Form（基础形式）属性为 Sphere–Layered（球面图层），Size X（大小 X）参数为 400，Size Y（大小 Y）参数为 400，Size Z（大小 Z）参数为 100，Particles in X（X 中的粒子）参数为 200，Particles in Y（Y 中的粒子）参数为 200，最后设置 Sphere Layers（球面图层）参数为 2，如图 8-17 所示。操作完成后在“合成”窗口对应的预览效果如图 8-18 所示。

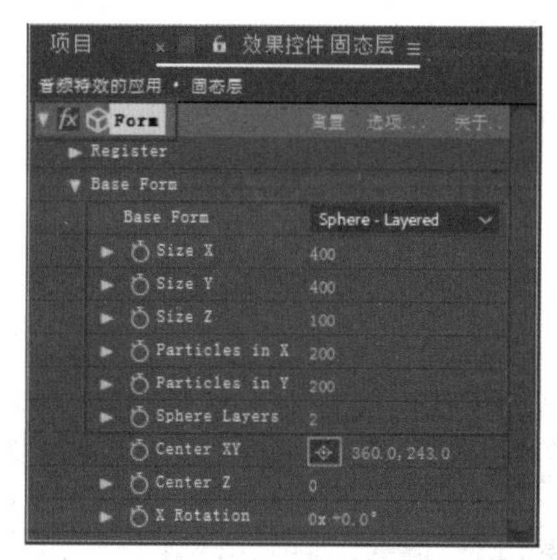

图 8-17

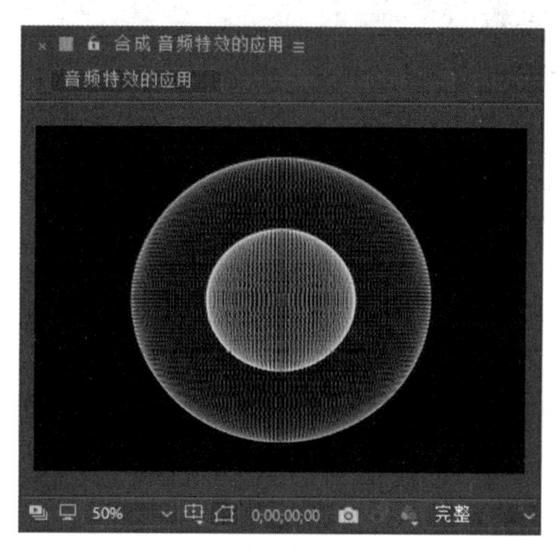

图 8-18

技巧与提示：

这里使用的 Form 效果是 Trapcode 公司发布的一款基于网格的三维粒子插件，需要用户自行安装。使用该插件可以制作液体、复杂的有机图案、复杂的化学结构和涡线动画等。此外，还可以用 Form 制作音频可视化效果，为音频加上惊人的视觉效果。

06 在“效果控件”面板展开 Quick Maps（快速贴图）属性，设置 Map Opac+Color over（图像的不透明度 + 颜色覆盖）属性为“Y 选项”，Map #1 to 为 Opacity（不透明度）选项，Map #1 over 为 Y 选项，如图 8-19 所示。操作完成后在“合成”窗口的对应预览效果如图 8-20 所示。

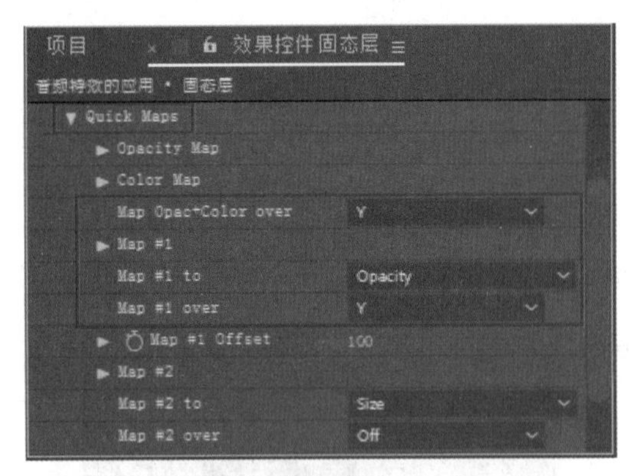

图 8-19

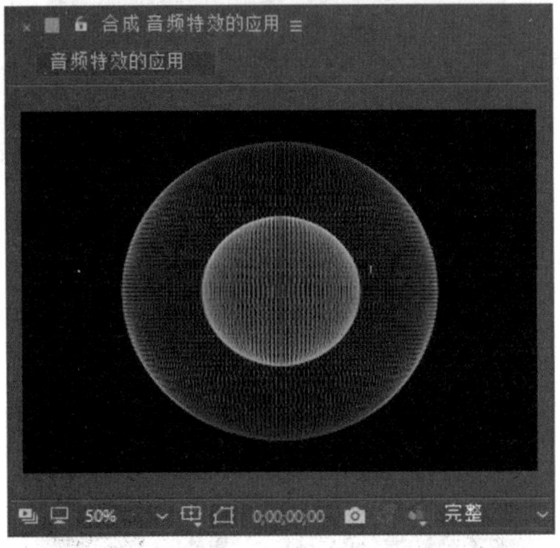

图 8-20

07 展开 Audio React（音频反应）属性，设置 Audio Layer（音频图层）为 2 Audio.wav，接着展开 Reactor 1（反应器 1）属性，设置 Strength（强度）参数为 200，Map To（贴图）为 Fractal（不规则的碎片）选项，Delay Direction（延迟的方向）为 X Outwards（X 向外）选项。最后展开 Reactor 2（反应器 2）属性，设置 Map To（贴图）为 Disperse（分散）选项，Delay Direction（延迟的方向）为 X Outwards（X 向外）选项，如图 8-21 所示。操作完成后在"合成"窗口的对应预览效果如图 8-22 所示。

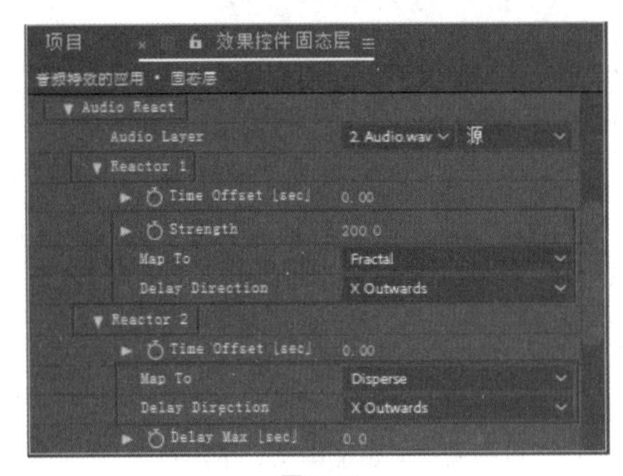

图 8-21

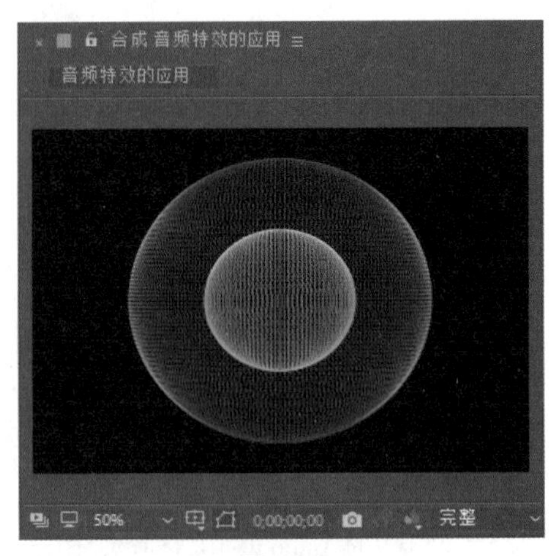

图 8-22

08 展开 Disperse and Twist（分散与捻度）属性，设置 Disperse（分散）参数为 10，然后展开 Fractal Field（分形领域）属性，设置 Displace（叠换）参数为 100，如图 8-23 所示。操作完成后在"合成"窗口的对应预览效果如图 8-24 所示。

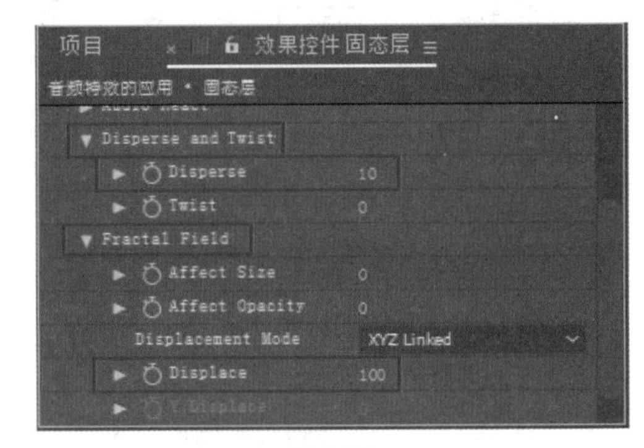

图 8-23

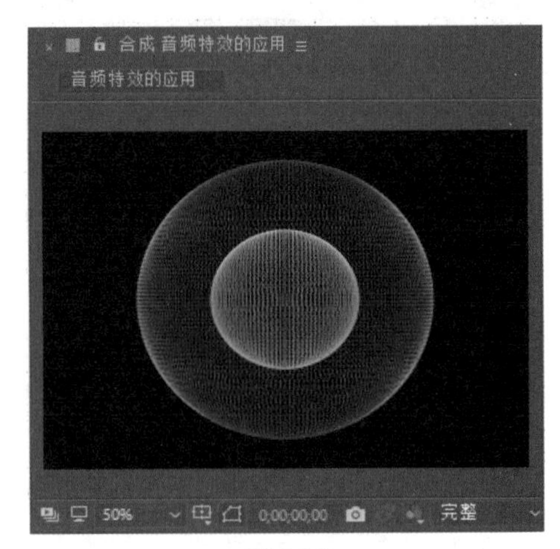

图 8-24

09 在"图层"面板中选择"固态层"图层，执行"效果"|Trapcode|Shine 命令，并在"效果控件"面板设置 Ray Length（光芒长度）参数为 1.3，Boost Light（提升亮度）

参数为 0.3，最后设置 Colorize（颜色模式）为 None（无）选项，Transfer Mode（混合模式）为 Normal（常规）选项，如图 8-25 所示。操作完成后在“合成”窗口的对应预览效果如图 8-26 所示。

图 8-25

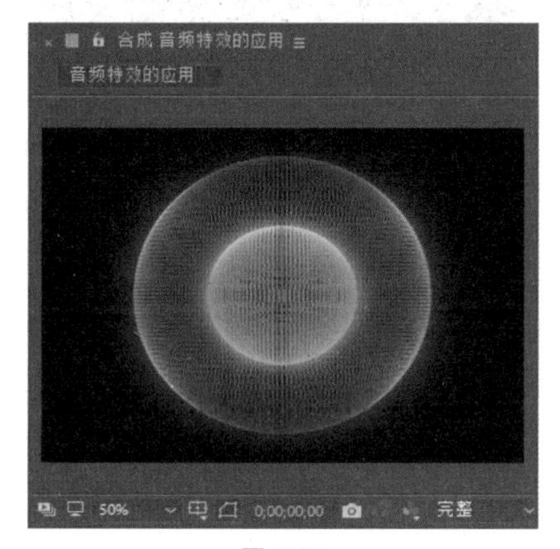

图 8-26

10 执行“图层”|“新建”|“摄像机”命令，在弹出的“摄像机设置”对话框中，保持默认设置并单击“确定”按钮完成摄像机的创建。接着在“图层”面板展开“摄像机 1”图层的变换属性，在其中设置“位置”参数为 609、1271、-614，如图 8-27 所示。

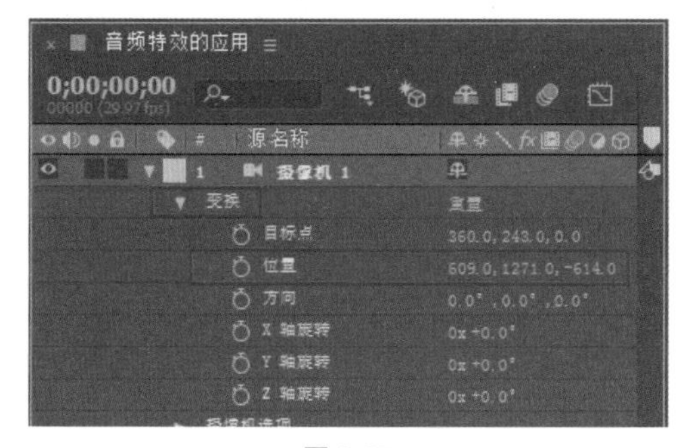

图 8-27

11 在“图层”面板选择 Audio.wav 图层，执行“效果”|“音频”|“延迟”命令，并在“效果控件”面板设置“延迟量”参数为 65，如图 8-28 所示。

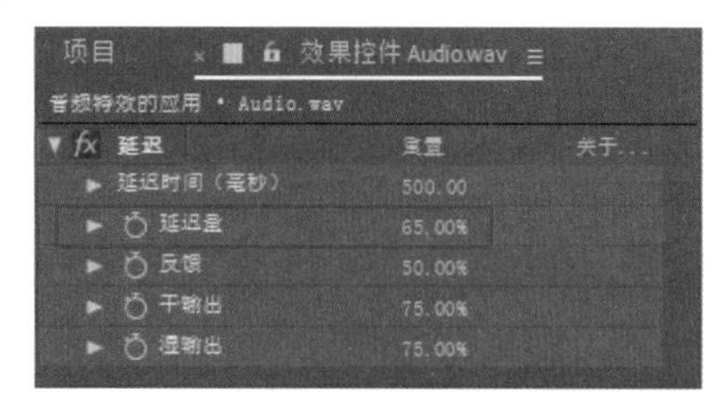

图 8-28

12 至此，本实例制作完毕。按空格键可以播放动画预览，图形会随着音乐的节奏而律动，最终效果如图 8-29 所示。

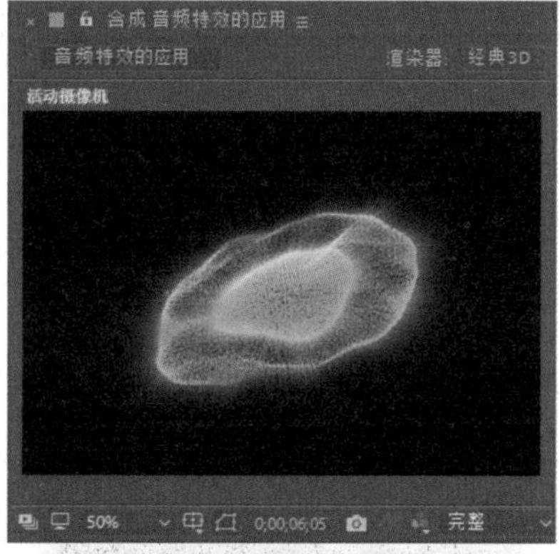

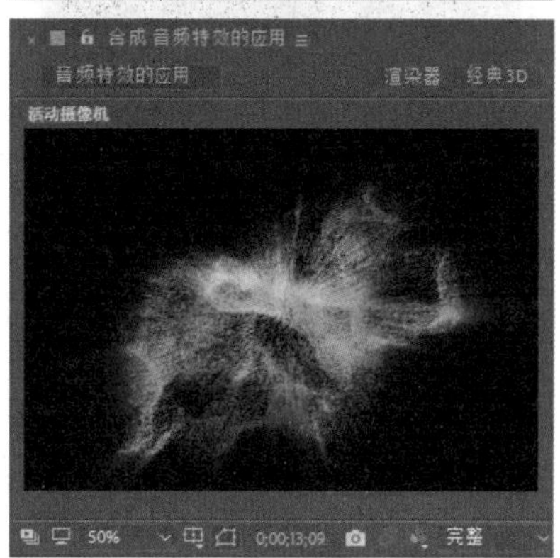

图 8-29

8.3 实战——图像与声音的结合

本实例将在画面中同时融入文字元素和 3D 图层元素，搭配音频元素进一步讲解图像与声音的结合应用，具体操作如下。

视频文件： 视频\第 8 章 8.3 实战——图像与声音的结合 .mp4

源 文 件： 源文件\第 8 章\8.3

01 启动 After Effects CC 2018 软件，进入其操作界面。执行“合成”|“新建合成”命令，创建一个预置为“自定义”的合成，并设置大小为768像素×422像素，设置“持续时间”为 31 秒，并设置好名称，单击“确定”按钮，如图 8-30 所示。

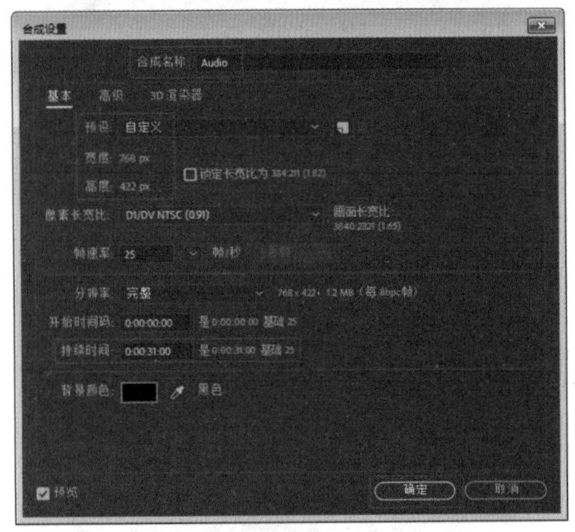

图 8-30

02 执行“图层”|“新建”|“文本”命令，然后在“合成”窗口输入文字，并在操作界面右侧的“字符”面板中设置“字体”为华文琥珀，设置文字大小为 71，文字颜色为白色，效果如图 8-31 所示。

图 8-31

03 按快捷键 Ctrl+N 再次创建一个自定义合成，设置大小为 768 像素 ×422 像素，设置“持续时间”为 36 秒，并设置好名称，单击“确定”按钮，如图 8-32 所示。

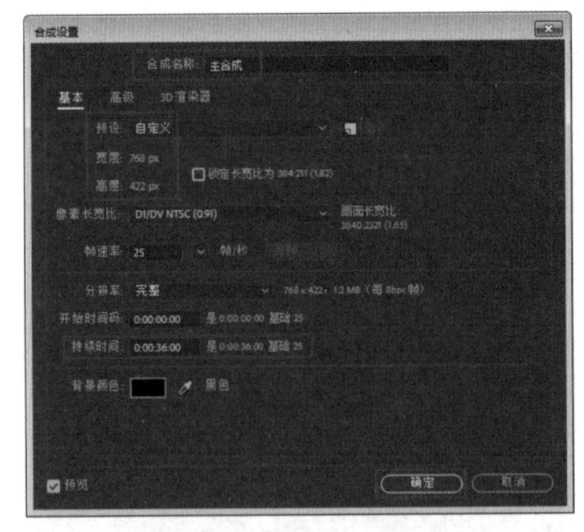

图 8-32

04 在“主合成”“图层”面板的空白处右击，然后在弹出的快捷菜单中选择“新建”|“纯色”命令，创建一个与合成大小一致的固态层，如图 8-33 所示。

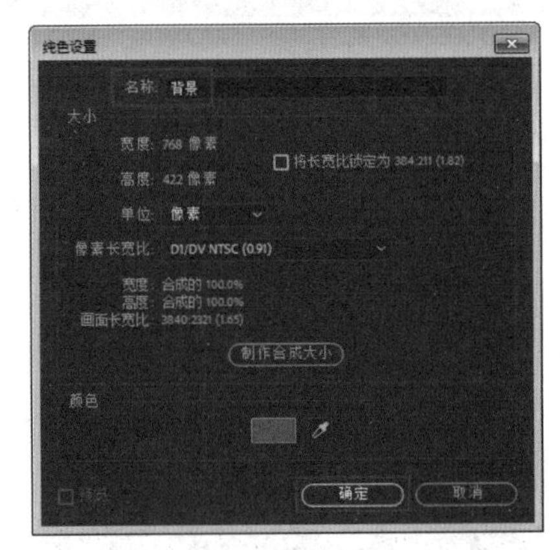

图 8-33

05 在“图层”面板中选择“背景”图层，执行“效果”|“生成”|“梯度渐变”命令，并在“效果控件”面板设置“渐变起点”参数为 384、–264，“起始颜色”的 RGB 参数为 0、45、87，“渐变终点”参数为 384、501，“结束颜色”为黑色，最后将“渐变形状”设置为“径向渐变”，如图 8-34 所示。操作完成后在“合成”窗口的对应预览效果如图 8-35 所示。

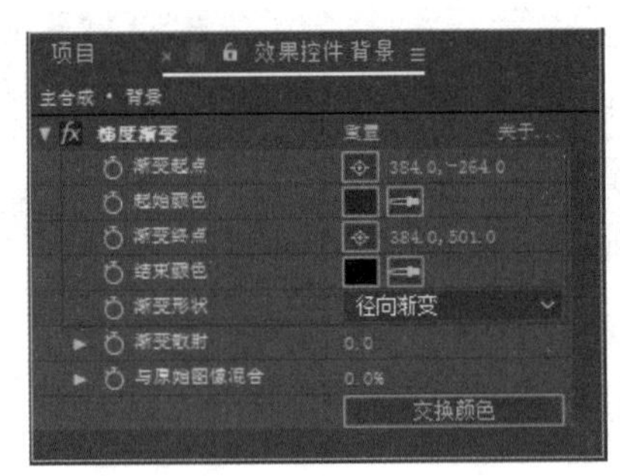

图 8-34

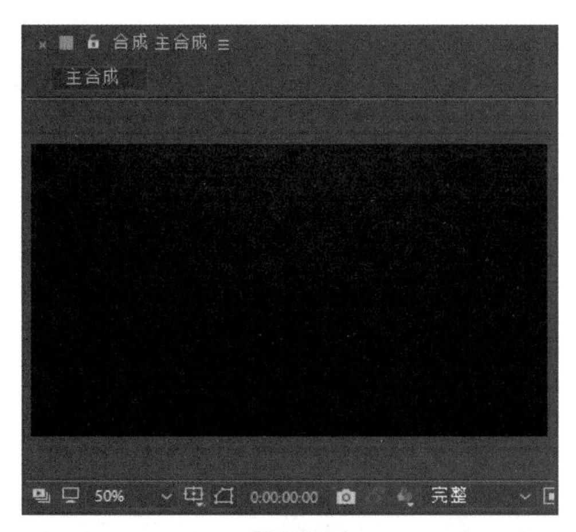

图 8-35

06 执行“文件”|“导入”|“文件”命令，弹出“导入文件”对话框，选择如图 8-36 所示的文件，单击“导入”按钮，将素材导入项目。

图 8-36

07 将“项目”窗口中的“音频 .wav”素材和 Audio 合成拖入“主合成”的“图层”面板，并单击 Audio 图层前的按钮关闭该图层显示，并按照图 8-37 所示进行图层摆放。

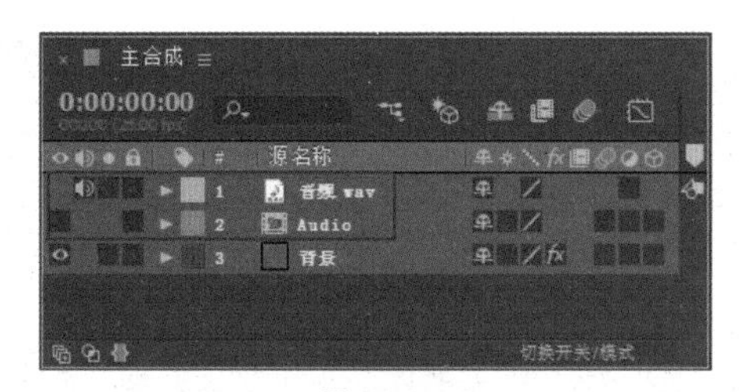

图 8-37

08 选择“背景”图层，执行“效果”|“生成”|“梯度渐变”命令，并在“效果控件”面板设置“渐变起点”参数为 391、–102，“起始颜色”的 RGB 参数为 65、103、179，“渐变终点”参数为 384、634，“结束颜色”为黑色，最后将“渐变形状”设为“径向渐变”，如图 8-38 所示。操作完成后在“合成”窗口的对应预览效果如图 8-39 所示。

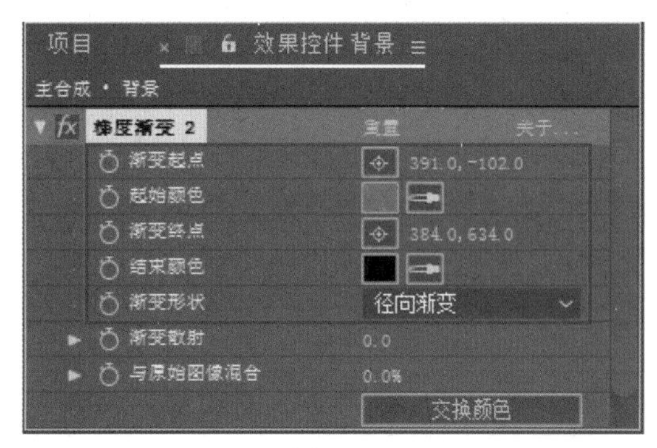

图 8-38

图 8-39

09 执行“图层”|“新建”|“摄像机”命令，在弹出的“摄像机设置”对话框中输入名称，并设置“预设”为“35 毫米”，如图 8-40 所示。

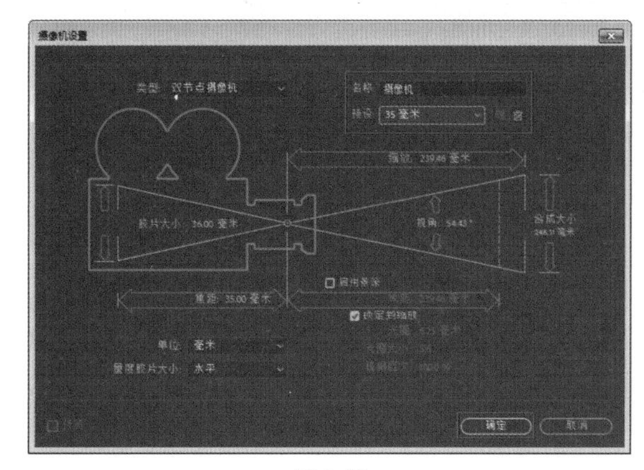

图 8-40

10 执行“图层”|“新建”|“纯色”命令，创建一个与合成大小一致的固态层，将其命名为 01，如图 8-41 所示。

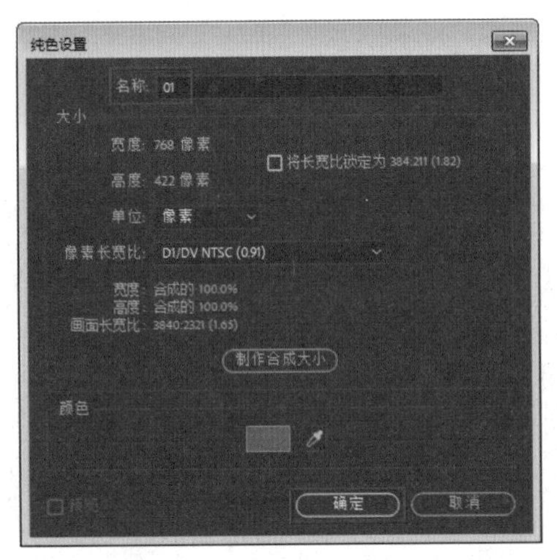

图 8-41

11 在“图层”面板中打开 01 图层的“运动模糊”开关 ，如图 8-42 所示。为该图层执行“效果”|Trapcode|Form 命令，并在 0:00:02:06 时间点位置按快捷键 Alt+] 切断图层，如图 8-43 所示。

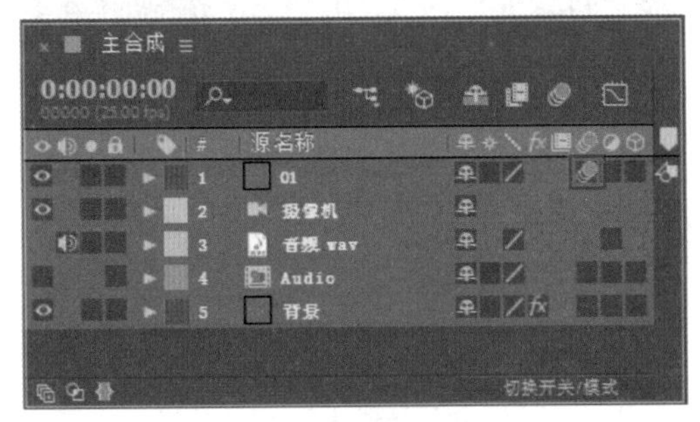

图 8-42

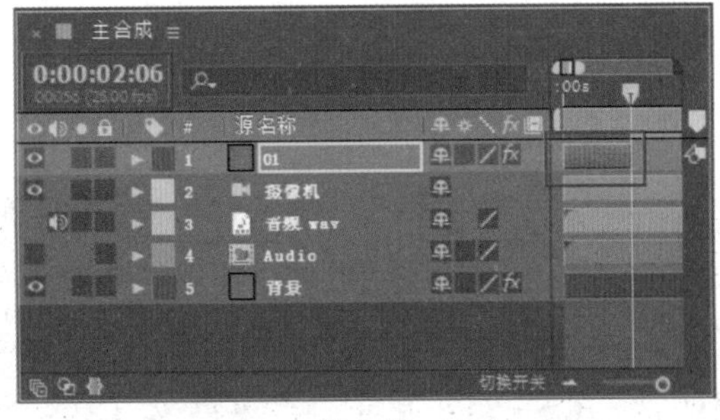

图 8-43

12 在“效果控件”面板展开 Base Form（基础形式）属性，设置 Size X（大小 X）参数为 340，Size Y（大小 Y）参数为 380，Size Z（大小 Z）参数为 760，Particles in X（X 中的粒子）参数为 180，Particles in Y（Y 中的粒子）参数为 1，Particles in Z（Z 中的粒子）参数为 180，Center XY（XY 的中心）参数为 385、178，Center Z（Z 的中心）参数为 –200，X Rotation（X 方向旋转）参数为 0×–9°，Y Rotation（Y 方向旋转）参数为 0×–20°，Z Rotation（Z 方向旋转）参数为 0×+19°，如图 8-44 所示。操作完成后在“合成”窗口的对应预览效果如图 8-45 所示。

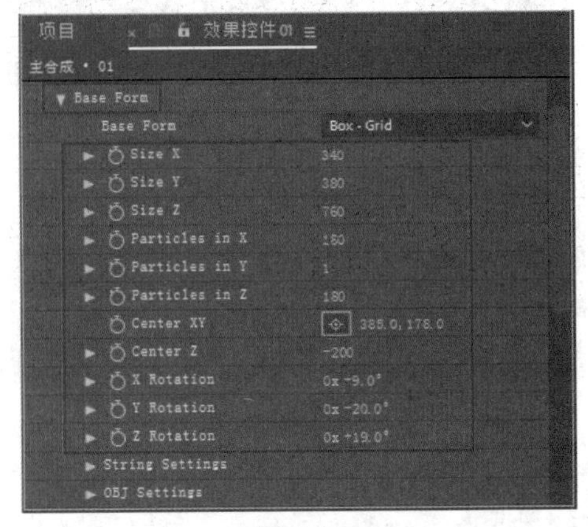

图 8-44

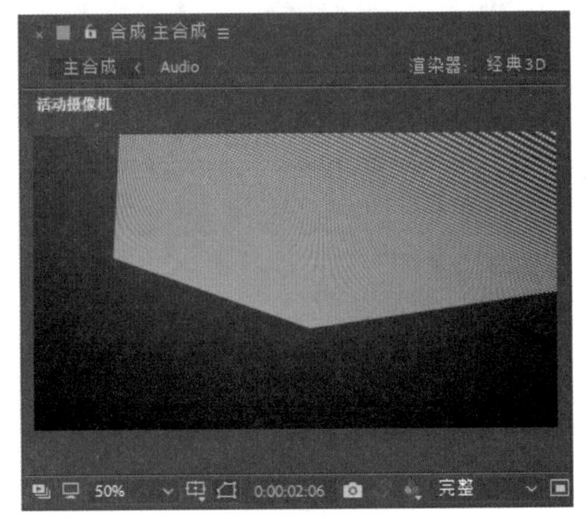

图 8-45

13 继续展开 Partucle（粒子）属性，设置 Size（大小）参数为 2，Color（颜色）的 RGB 参数为 60、5、183，如图 8-46 所示。操作完成后在“合成”窗口的对应预览效果如图 8-47 所示。

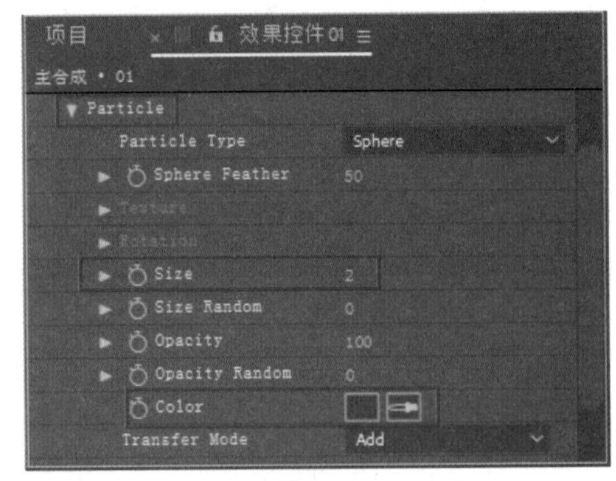

图 8-46

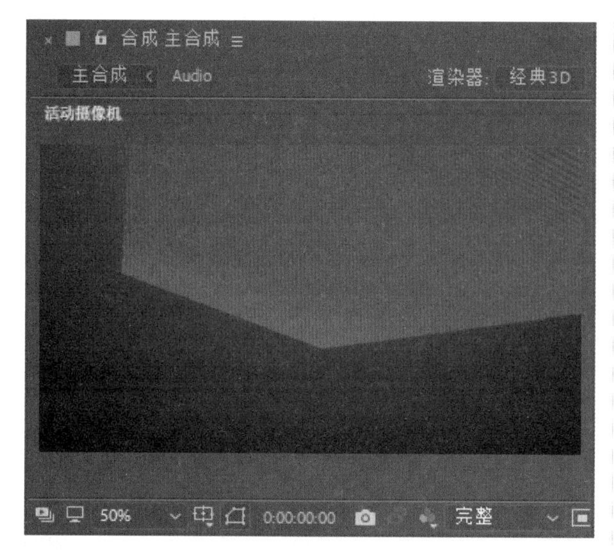

图 8-47

14 展开 Quick Maps（快速贴图）和 Audio React（音频反应）属性，按照图 8-48 和图 8-49 所示进行参数设置。

图 8-48

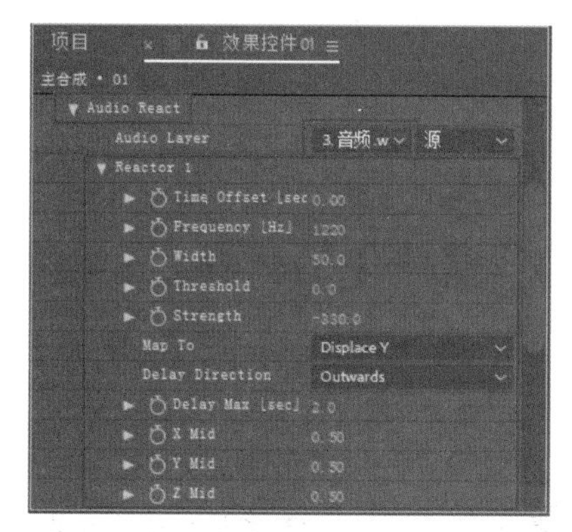

图 8-49

15 展开 World Transform（变换）属性，设置 X Rotation（X 方向旋转）参数为 0×26°，Y Rotation（Y 方向旋转）参数为 0×41°，Z Rotation（Z 方向旋转）参数为 0×0°，Scale（缩放）参数为 140，X Offset（X 偏移）参数为 30，Y Offset（Y 偏移）参数为 20，如图 8-50 所示。

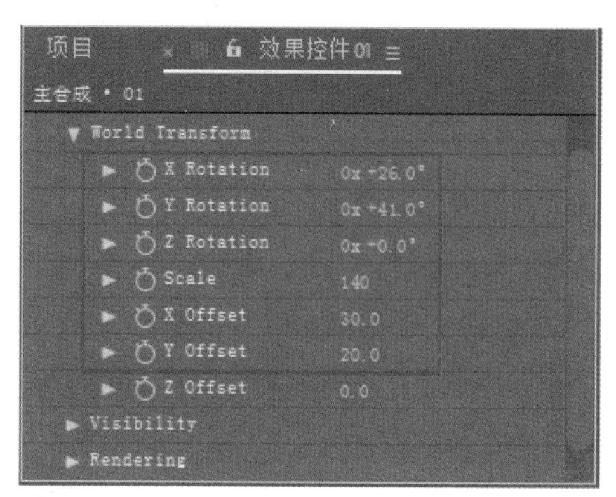

图 8-50

16 在“图层”面板中选择 Audio 图层，将其置于顶层，并单击该图层前的按钮显示图层，如图 8-51 所示。

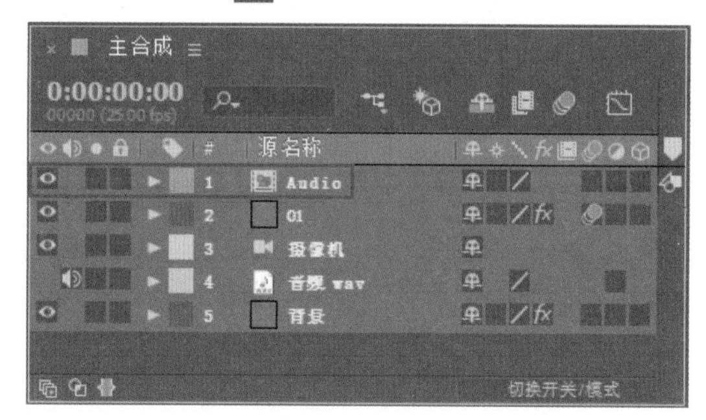

图 8-51

17 至此，本实例制作完毕。按空格键可以播放动画预览，最终效果如图 8-52 所示。

图 8-52

图 8-52（续）

8.4 本章小结

本章学习了影视制作中声音的导入方法，以及为声音添加各种音频效果，并详细介绍了音频效果组中的 10 种音频特效。通过扩展练习可以进一步掌握音频效果的具体应用方法。通过对本章的学习，可以为视频添加音乐，并为音乐增加各种音频效果，并且用户可以通过下载的其他效果插件，与音频素材结合使用，使画面和音频融为一体，以此来增强视频画面的表现力和感染力。

三维空间效果

在影视后期制作中，三维空间效果是经常用到的，三维空间中的合成对象为我们提供了更广阔的想象空间，同时也让影视特效制作更丰富多彩，从而制作出更多震撼、绚丽的效果。本章主要讲解在After Effects CC 2018中，三维图层、摄像机、灯光等功能的具体应用方法。

第9章素材文件

第9章视频文件

9.1　三维空间的概述

三维空间，又称为3D、三次元，在日常生活中可指长、宽、高3个维度所构成的空间。由一个方向确立的直线模式是一维空间，如图9-1所示，一维空间具有单向性，由X轴向两端无限延伸而确立。

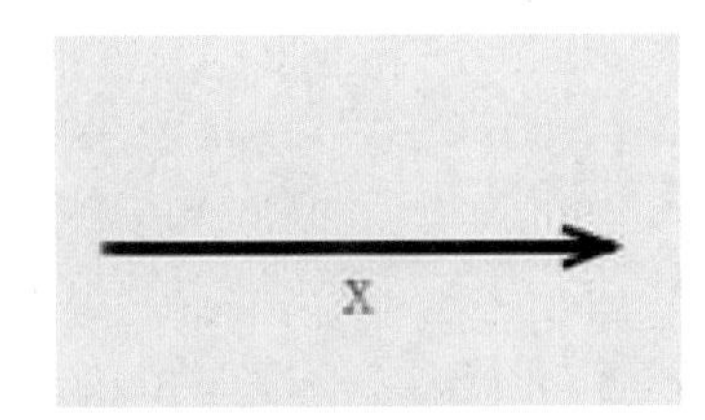

图9-1

由两个方向确立的平面模式是二维空间，如图9-2所示。二维空间具有双向性，由X、Y轴双向交错构成一个平面，由双向无限延伸而确立。

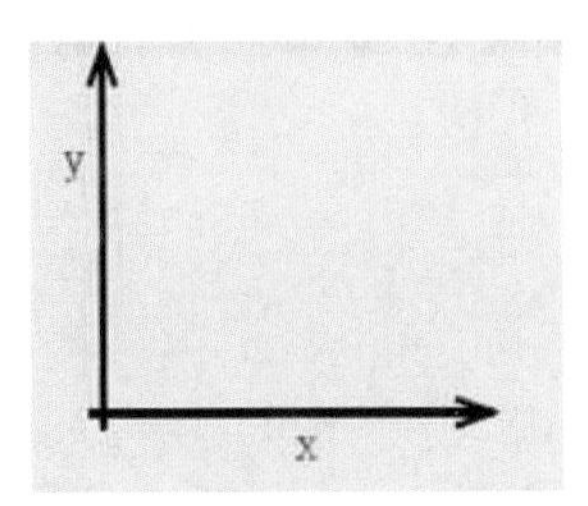

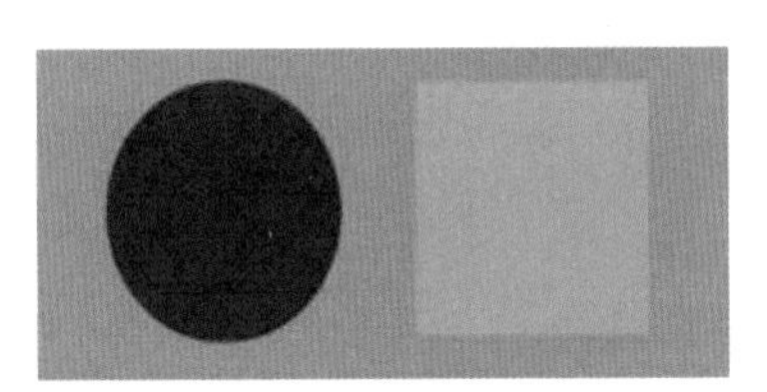

图9-2

三维空间呈立体性，具有三向性，三维空间的物体除了X、Y轴向之外，还有一个纵深的Z轴，如图9-3所示，这是三维空间与二维平面的区别之处，由三向无限延伸而确立。

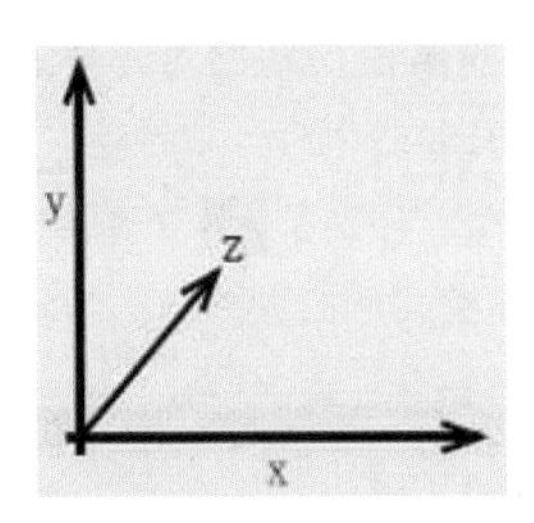

图9-3

9.2　三维空间与三维图层

在使用After Effects CC 2018将2D图层转换为3D图层后，会增加一个Z轴，每个图层还会增加一个“材质选项”属性，通过该属性可以调节三维图层与灯光的关系等。

After Effects提供的三维图层虽然不能像专业的三维软件那样具有建模功能，但是在After Effects的三维空间中，图层之间同样可以利用三维景深来产生遮挡效果，并且三维图层自身也具备了接收和投射阴影的功能，因此 After Effects 也可以通过摄像机的功能来制作各种透视、景深及运动模糊等效果。

9.2.1 三维图层

在 After Effects CC 2018 中，除了音频图层外，其他的图层都能转换为三维图层。在 3D 图层中，对图层应用的滤镜或遮罩都基于该图层的 2D 空间，例如对二维图层使用扭曲效果，图层发生了扭曲现象，但是在将该图层转换为 3D 图层后，会发现该图层仍然是二维的，对三维空间没有任何影响。

在 After Effects CC 2018 的三维坐标系中，最原始的坐标系统的起点是在左上角，X 轴从左至右不断增加，Y 轴从上到下不断增加，而 Z 轴从近到远不断增加，这与其他三维软件中的坐标系统有比较大的差别。

9.2.2 转换三维图层

要将二维图层转换为三维图层，可以直接在“图层”面板中对应的图层后单击“3D 图层”按钮（未单击前为状态），如图 9-4 所示。此外，还可以通过为对应 2D 图层执行“图层”|“3D 图层”命令来实现转换，如图 9-5 所示。

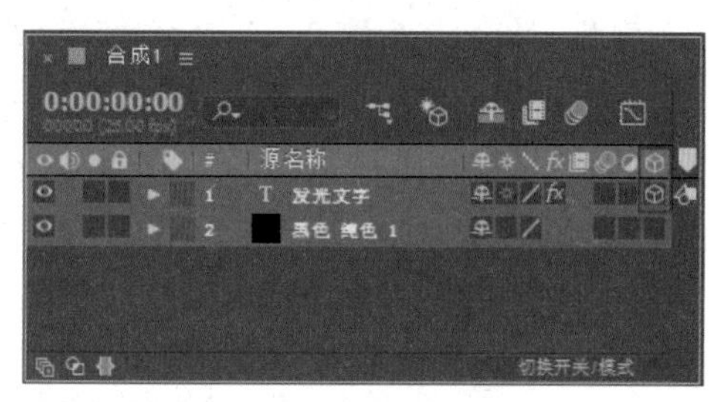

图 9-4

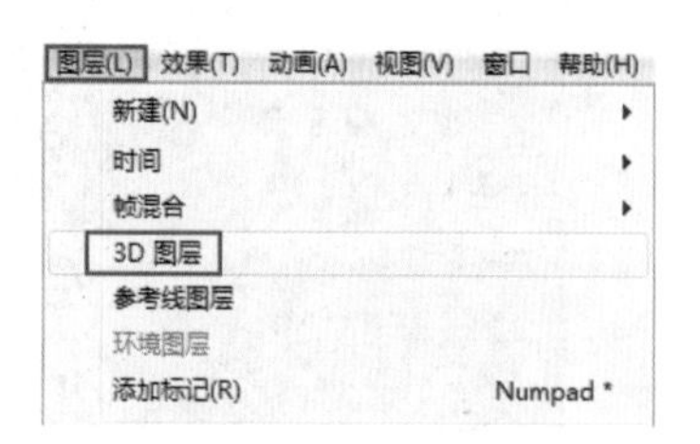

图 9-5

> **技巧与提示：**
>
> 将 2D 图层转换为 3D 图层的第 3 种方法为：在“图层”面板中选择对应的 2D 图层并右击，在弹出的快捷菜单中选择“3D 图层”命令。

将 2D 图层转换为 3D 图层后，3D 图层会增加一个 Z 轴属性和“材质选项”属性，如图 9-6 所示。而关闭了图层的 3D 图层开关后，增加的属性也会随之消失。

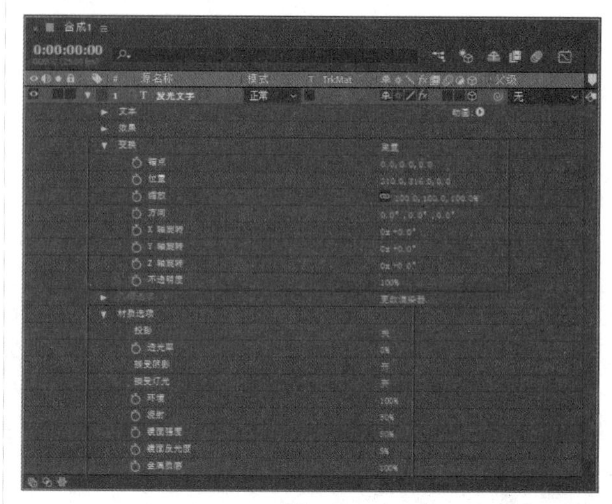

图 9-6

> **技巧与提示：**
>
> 如果将 3D 图层转换回 2D 图层，那么该图层对应的 3D 属性也会随之消失，并且所有涉及的 3D 参数、关键帧和表达式也都将被移除，而重新将 2D 图层转换为 3D 图层后，这些参数设置不能被找回，因此在将 3D 图层转换为 2D 图层时一定要特别谨慎。

9.2.3 三维坐标系统

在操作三维对象时，需要根据轴向对物体进行定位。在 After Effects CC 2018 的“工具”面板中，有 3 种定位三维对象坐标的模式，分别是本地轴模式、世界轴模式和视图轴模式，如图 9-7 所示。

图 9-7

本地轴模式

本地轴模式采用对象自身的表面作为对齐的依据，这对于当前选择对象与世界轴模式不一致时特别有用，用户可以通过调节本地轴模式的轴向来对齐世界轴模式。

世界轴模式

世界轴模式对齐于合成空间中的绝对坐标系，无论如何旋转 3D 图层，其坐标轴始终对齐于三维空间的三维坐标系，X 轴始终沿着水平方向延伸，Y 轴始终沿着垂直方向延伸，而 Z 轴则始终沿着纵深方向延伸。

视图轴模式

视图轴模式对齐于用户进行观察的视图轴向，例如在一个自定义视图中对一个三维图层进行了旋转操作，并且在后面还继续对该图层进行了各种变换操作，但是最终结果是它的轴向仍然垂直于对应的视图。

对于摄像机视图和自定义视图，由于它们同属于透视图，所以即使 Z 轴垂直于屏幕平面，还是可以观察到 Z 轴的；对于正交视图而言，由于它们没有透视关系，所以在这些视图中只能观察到 X 和 Y 两个轴向。

9.2.4　移动三维图层

在三维空间中移动三维图层、将对象放置于三维空间的指定位置，或是在三维空间中为图层制作空间位移动画时，就需要对三维图层进行移动操作，移动三维图层的主要方法有以下两种。

✦ 在“图层”面板中对三维图层的“位置”属性进行调整。

✦ 在“合成”窗口中使用“选择”工具直接在三维图层的轴向上移动三维图层。

9.2.5　旋转三维图层

在“图层”面板选中图层，按 R 键可以展开三维图层的旋转属性，此时可以观察到三维图层的可操作旋转参数包含 4 个，分别是方向和 X/Y/Z 轴旋转，而二维图层只有一个旋转属性，如图 9-8 所示。

图 9-8

在三维图层中，可以通过改变方向值或旋转值来实现三维图层的旋转，这两种旋转方法都是将图层的轴心点作为基点来旋转图层的，它们的区别主要在于制作动画过程中的处理方式不同。旋转三维图层的方法主要有以下两种。

✦ 在“图层”面板中直接对三维图层的方向或旋转属性进行调整。

✦ 在“合成”窗口中使用“旋转”工具，以方向或旋转的方式直接对三维图层进行旋转。

9.2.6　三维图层的材质属性

将二维图层转换为三维图层后，该图层除了会新增第 3 个维度属性外，还会增加一个“材质选项”属性，该属性主要用来设置三维图层如何影响灯光系统。

下面对“材质选项”属性下的参数进行详细讲解。

✦ 投影：该选项用来决定三维图层是否投射阴影，包括“关”“开”和“仅”这三个选项，其中“仅”选项表示三维图层只投射阴影。

✦ 透光率：设置物体接收光照后的透光程度，这个属性可以用来体现半透明物体在灯光下的照射情况，其效果主要体现在阴影上（物体的阴影会受到物体自身颜色的影响）。当透光率设置为 0% 时，物体的阴影颜色不受物体自身颜色的影响；当透光率设置为 100% 时，物体的阴影受物体自身颜色的影响最大。

✦ 接受阴影：设置物体是否接受其他物体的阴影投射效果，包括“开”和“关”两种模式。

✦ 接受灯光：设置物体是否接受灯光的影响。设为“开”模式时，表示物体接受灯光的影响，物体的受光面会受到灯光照射角度或强度的影响；设置为“关”模式时，表示物体表面不受灯光照射的影响，物体只显示自身的材质。

✦ 环境：设置物体受环境光影响的程度，该属性只有在三维空间中存在环境光时才会产生作用。

✦ 漫射：调整灯光漫反射的程度，主要用来突出物体颜色的亮度。

✦ 镜面强度：调整图层镜面反射的强度。

✦ 镜面反光度：设置图层镜面反射的区域，值越小，镜面反射的区域就越大。

✦ 金属质感：调节镜面反射光的颜色，值越接近 100%，效果就越接近物体的材质；值越接近 0%，效果就越接近灯光的颜色。

9.3　三维摄像机

通过创建三维摄像机图层，可以通过摄像机视图以任何距离和任何角度来观察三维图层的效果，就像在现实生活中使用摄像机进行拍摄一样方便。使用 After Effects CC 2018 的三维摄像机就不需要为了观看场景的转动效果而去旋转场景了，只需要让三维摄像机围绕场景进行拍摄即可。

技巧与提示：

为了匹配使用真实摄像机拍摄的影片素材，可以将 After Effects 的三维摄像机属性设置成真实摄像机的属性，通过对三维摄像机进行设置可以模拟出真实摄像机的景深模糊及推、拉、摇、移等效果。注意，三维摄像机仅对三维图层及二维图层中使用摄像机属性的滤镜起作用。

9.3.1 创建三维摄像机

创建三维摄像机的具体方法为：执行“图层”|“新建”|“摄像机”命令，或按快捷键 Ctrl+Alt+Shift+C 创建一台摄像机。After Effects 中的摄像机是以图层的方式引入合成中的，这样可以在同一个合成项目中对同一场景使用多台摄像机进行观察，如图 9-9 所示。

图 9-9

如果要使用多台摄像机进行多视角展示，可以在同一个合成中添加多个摄像机图层来完成。如果在场景中使用了多台摄像机，此时应该在“合成”窗口中将当前视图设置为“活动摄像机”视图。活动摄像机视图显示的是当前时间线图层堆栈中最上面的摄像机，在对合成进行最终渲染或对图层进行嵌套时，使用的就是活动摄像机视图。

9.3.2 三维摄像机的属性设置

执行“图层”|“新建”|“摄像机”命令时，会弹出如图 9-10 所示的“摄像机设置”对话框，在该对话框中可以设置摄像机观察三维空间的方式等属性。创建摄像机图层后，在“图层”面板中双击摄像机图层，或按快捷键 Ctrl+Alt+Shift+C 可以重新打开“摄像机设置”对话框，这样用户即可对已经创建的摄像机进行重新设置。

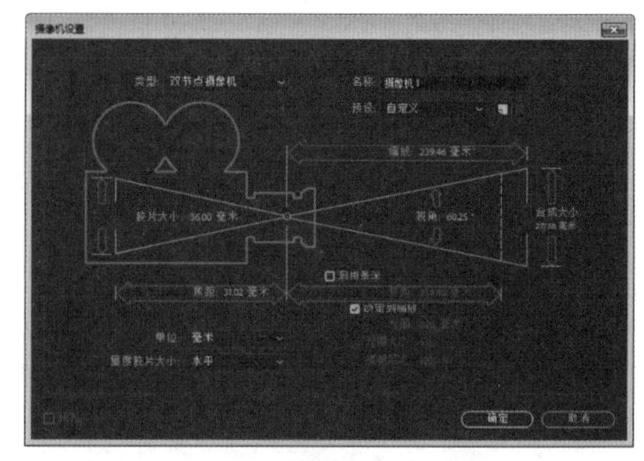

图 9-10

下面对“摄像机设置”对话框中的主要参数进行详细讲解。

✦ 名称：设置摄像机的名字。

✦ 预设：设置摄像机的镜头类型，其中包含 9 种常用的摄像机镜头，如 15mm 的广角镜头、35mm 的标准镜头和 200mm 的长焦镜头等。

✦ 单位：设定摄像机参数的单位，包括“像素”“英寸”和“毫米”3 个选项。

✦ 量度胶片大小：设置衡量胶片尺寸的方式，包括“水平”“垂直”和“对角”3 个选项。

✦ 缩放：设置摄像机镜头到焦平面，即被拍摄对象之间的距离。缩放值越大，摄像机的视野越小，对于新建的摄像机，其 Z 位置的值相当于缩放值的负数。

✦ 视角：设置摄像机的视角，可以理解为摄像机的实际拍摄范围，焦距、胶片大小及缩放 3 个参数共同决定了视角的数值。

✦ 胶片大小：设置影片的曝光尺寸，该选项与合成大小参数相关。

✦ 焦距：设置镜头与胶片的距离。在 After Effects CC 2018 中，摄像机的位置就是摄像机镜头的中央位置，修改焦距值会导致缩放值跟随变化，以匹配现实中的透视效果。

✦ 启用景深：控制是否启用景深效果。

技巧与提示：

根据几何学原理可知，调整焦距、缩放和视角中的任意一个参数，其他两个参数都会按比例改变，因为在一般情况下，同一台摄像机的胶片大小和合成大小这两个参数是不会改变的。

9.3.3　设置动感摄像机

在使用真实摄像机拍摄场景时，经常会使用到一些运动镜头来使画面产生动感，常见的镜头运动效果包含推、拉、摇和移 4 种。

推镜头

推镜头就是让画面中的对象变大，从而达到突出主体的目的，在 After Effects CC 2018 中实现推镜头的方法有以下两种。

✦ 通过改变摄像机的位置，即通过摄像机图层的 Z 位置属性来向前推摄像机，从而使视图中的主体变大。在开启景深效果时，使用这种模式会比较麻烦，因为当摄像机以固定视角往前移动时，摄像机的焦距是不会发生改变的，而当主体物体不在摄像机的焦距范围之内时，物体就会产生模糊效果。通过改变摄像机位置的方式可以创建主体进入焦点的效果，也可以产生突出主体的效果，使用这种方式来推镜头，可以使主体和背景的透视关系不发生变化。

✦ 保持摄像机的位置不变，改变缩放值来实现推镜头的目的。使用这种方法来推镜头，可以在推的过程中让主体和焦距的相对位置保持不变，并可以让镜头在运动的过程中保持主体的景深模糊效果不变。使用该方法推镜头有一个缺点，就是在整个推的过程中，画面的透视关系会发生变化。

拉镜头

拉镜头就是使摄像机画面中的物体变小，主要是为了体现主体所处的环境。拉镜头也有移动摄像机位置和摄像机变焦两种方法，其操作过程正好与推镜头相反。

摇镜头

摇镜头就是保持主体物体、摄像机的位置以及视角都不变，通过改变镜头拍摄的轴线方向来摇动画面。在 After Effects CC 2018 中，可以先定位好摄像机的位置，然后改变目标点来模拟摇镜头效果。

移镜头

移镜头能够较好地展示环境和人物，常用的拍摄手法有水平方向的横移、垂直方向的升降和沿弧线方向的环移等。在 After Effects CC 2018 中，移镜头可以使用“摄像机移动”工具来完成，移动起来非常方便。

9.4　灯光

在 After Effects CC 2018 中，结合三维图层的材质属性，可以让灯光影响三维图层的表面颜色，同时也可以为三维图层创建阴影效果。除了投射阴影属性之外，其他属性同样可以用来制作动画。After Effects CC 2018 中的灯光虽然可以像现实灯光一样投射阴影，却不能像现实中的灯光一样产生眩光或画面曝光过度的效果。

在三维灯光中，可以设置灯光的亮度和灯光颜色等，但是这些参数都不能产生实际拍摄中的曝光过度效果。要制作曝光过度的效果，可以使用颜色校正滤镜包中的“曝光度”滤镜来完成。

9.4.1　创建灯光

创建灯光的具体方法为：执行“图层”|“新建”|“灯光”命令，或按快捷键 Ctrl+Alt+Shift+L 来创建一盏灯光。这里创建的灯光也是以图层的方式引入到合成中的，所以可以在同一个合成场景中使用多个灯光图层，这样可以产生特殊的光照效果。

9.4.2　灯光设置

执行“图层”|“新建”|“灯光”命令，或按快捷键 Ctrl+Alt+Shift+L 创建灯光时，会弹出如图 9-11 所示的“灯光设置”对话框，在该对话框中可以设置灯光的类型、强度、角度和羽化等参数。

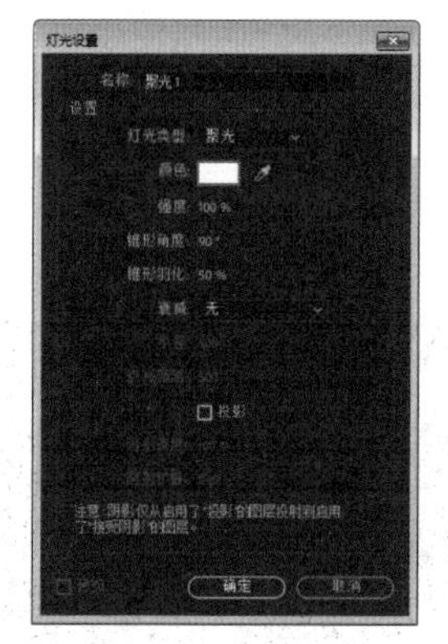

图 9-11

下面对“灯光设置”对话框中的主要参数进行详细讲解。

✦ 名称：设置灯光的名字。

✦ 灯光类型：设置灯光的类型，包括“平行”“聚光”“点”和“环境”4 种类型。

✦ 平行：类似太阳光，具有方向性，并且不受灯光距离的限制，也就是光照范围可以无穷大，场景中的任何被照射的物体都能产生均匀的光照效果，但是只能产生尖锐的投影，如图 9-12 所示。

✦ 聚光：可以产生类似舞台聚光灯的光照效果，从光源处产生一个圆锥形的照射范围，从而形成光照区和无光区，如图 9-13 所示。

图 9-12

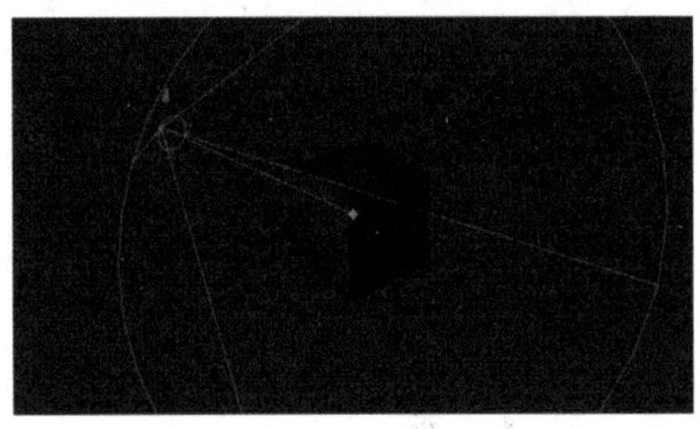

图 9-13

✦ 点：类似没有灯罩的灯泡的照射效果，其光线以 360° 的全角范围向四周照射，并且会随着光源和照射对象距离的增大而发生衰减现象。虽然点光源不能产生无光区，但是也可以产生柔和的阴影效果，如图 9-14 所示。

✦ 环境：环境光没有灯光发射点，也没有方向性，不能产生投影效果，不过可以调整整个画面的亮度，主要与三维图层材质属性中的环境光属性一起配合使用，以影响环境的主色调，如图 9-15 所示。

图 9-14

图 9-15

✦ 颜色：设置灯光的颜色。

✦ 强度：设置灯光的光照强度，数值越大，光照越强。

✦ 锥形角度：聚光灯特有的属性，主要用来设置聚光灯的光照范围。

✦ 锥形羽化：聚光灯特有的属性，与“锥形角度”参数一起配合使用，主要用来调节光照区与无光区边缘的柔和度。如果“锥形羽化”参数为 0，光照区和无光区之间将产生尖锐的边缘，没有任何过渡效果；反之，“锥形羽化”参数越大，边缘的过渡效果就越柔和。

✦ 投影：控制灯光是否投射阴影，该属性必须在三维图层的材质属性中开启了“投射阴影”选项才能起作用。

✦ 阴影深度：设置阴影的投射深度，也就是阴影的黑暗程度。

✦ 阴影扩散：设置阴影的扩散程度，值越高，阴影的边缘越柔和。

9.4.3 渲染灯光阴影

在 After Effects CC 2018 中，所有的合成渲染都是通过 Advanced 3D 渲染器来进行的。Advanced 3D 渲染器在渲染灯光阴影时，采用的是阴影贴图渲染方式。在一般情况下，系统会自动计算阴影的分辨率（根据不同合成的参数设置而定），但是在实际工作中，有时渲染出来的阴影效果并不能达到预期的要求，这时就可以通过自定义阴影的分辨率来提高阴影的渲染质量。

如果要设置阴影的分辨率，可以执行“合成”|“合成设置”命令，在弹出的“合成设置”对话框中单击 3D 渲染器，接着单击选项按钮，最后在弹出的“经典的 3D 渲染器选项”对话框中选择合适的阴影分辨率，如图 9-16 所示。

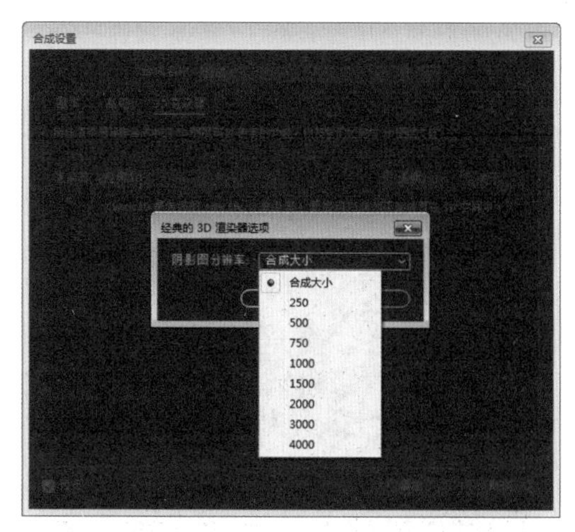

图 9-16

9.4.4　移动摄像机与灯光

在 After Effects CC 2018 的三维空间中，不仅可以利用摄像机的缩放属性推拉镜头，还可以利用摄像机的位置和目标点属性为摄像机制作位移动画。

位置和目标点

对于摄像机和灯光图层，可以通过调节它们的位置和目标点，来设置摄像机的拍摄内容以及灯光的照射方向和范围。在移动摄像机和灯光时，除了可以直接调节参数以及移动其坐标轴外，还可以通过直接拖动摄像机或灯光的图标来自由移动它们的位置。

灯光和摄像机的目标点主要起到定位摄像机和灯光方向的作用。在默认情况下，目标点的位置在合成的中央，可以使用与调节摄像机和灯光位置的方法来调节目标点的位置。

在使用“选择”工具移动摄像机或灯光的坐标轴时，摄像机的目标点也会跟随发生移动，如果只想让摄像机和灯光的位置属性发生改变，而保持目标点位置不变，这时可以使用“选择”工具选择相应坐标轴的同时，按住 Ctrl 键，即可对位置属性进行单独调整。还可以在按住 Ctrl 键的同时，直接使用“选择”工具移动摄像机和灯光，这样可以保持目标点的位置不变。

“摄像机移动”工具

在“工具”面板中有 4 种移动摄像机的工具，通过这些工具可以调整摄像机的视图，但是“摄像机移动”工具只在合成中存在三维图层和三维摄像机时才起作用，如图 9-17 所示。

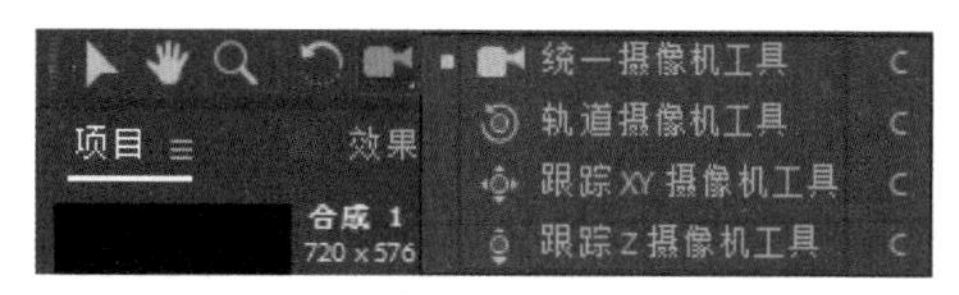

图 9-17

下面对“摄像机移动”工具进行详细讲解。

✦ 统一摄像机工具：选择该工具后，使用鼠标左键、中键和右键可以分别对摄像机进行旋转、平移和前进操作。

✦ 轨道摄像机工具：选择该工具后，可以以目标点为中心旋转摄像机。

✦ 跟踪 XY 摄像机工具：选择该工具后，可以在水平或垂直方向上平移摄像机。

✦ 跟踪 Z 摄像机工具：选择该工具后，可以在三维空间中的 Z 轴上平移摄像机，但是摄像机的视角不会发生改变。

自动定向

在二维图层中，使用图层的“自动定向”功能可以使图层在运动过程中始终保持运动的定向路径。在三维图层中使用自动定向功能，不仅可以使三维图层在运动过程中保持运动的定向路径，而且可以使三维图层在运动过程中始终朝向摄像机。

在三维图层中设置“自动定向”的具体方法为：选中需要进行自动定向设置的三维图层，执行“图层”|“变换”|“自动定向”命令（或按快捷键 Ctrl+Alt+O），然后在弹出的“自动方向”对话框中选中“定位于摄像机”选项，即可使三维图层在运动的过程中始终朝向摄像机，如图 9-18 所示。

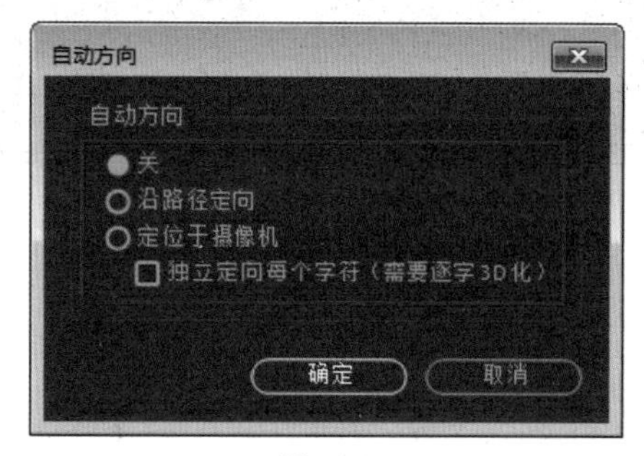

图 9-18

下面对“自动方向”对话框中的参数进行详细讲解。

✦ 关：不使用自动定向功能。

✦ 沿路径定向：设置三维图层自动定向于运动的路径。

✦ 定位于摄像机：设置三维图层自动定向于摄像机或灯光的目标点，不选中该项，摄像机则变成自由摄像机。

9.5 实战——制作空间感气泡方块

本实例主要介绍了 CC Burn Film（CC 胶片灼烧）特效和毛边特效的综合运用方法。通过对本实例的学习，读者可以掌握漂浮立方体 3D 模拟特效的制作方法。

9.5.1 制作立方体及泡沫效果

首先，需要创建一个正方形，将其转化为具有三维立体效果的正方体，并为其添加 After Effects CC 2018 内置“泡沫”特效，具体操作如下。

视频文件：　视频\第 9 章\9.5.1 实战——制作立方体及泡沫效果 .mp4
源 文 件：　源文件\第 9 章\9.5

01 启动 After Effects CC 2018 软件，进入其操作界面。执行“合成”|“新建合成”命令，创建一个预置为自定义的合成，设置大小为 200 像素 ×200 像素，设置“持续时间”为 5 秒，并设置好名称，单击“确定”按钮，如图 9-19 所示。

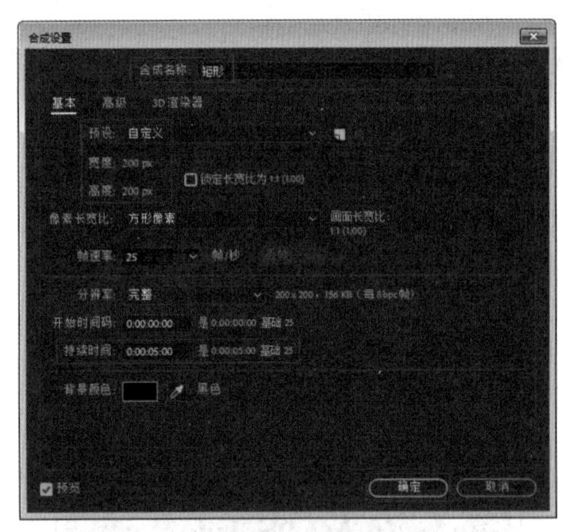

图 9-19

02 执行“图层”|“新建”|“纯色”命令（快捷键为 Ctrl+Y），创建一个与合成大小一致的固态层，并将其命名为“面”，颜色属性的 RGB 参数为 143、111、12，如图 9-20 所示。

03 在“图层”面板中选择“面”图层，执行“效果”|“生成”|“填充”命令，并在“效果控件”面板中设置“颜色”属性的 RGB 参数为 163、234、255，如图 9-21 所示。继续选择“面”图层，执行“效果”|“风格化”|CC Burn Film（CC 胶片灼烧）命令，接着展开效果属性，在 0:00:00:00 时间点单击 Burn（灼烧）属性前的“时间变化秒表”按钮设置关键帧动画，并设置 Burn 参数为 0，然后修改时间点为 0:00:05:00，在该时间点修改 Burn 参数为 77，如图 9-22 所示。

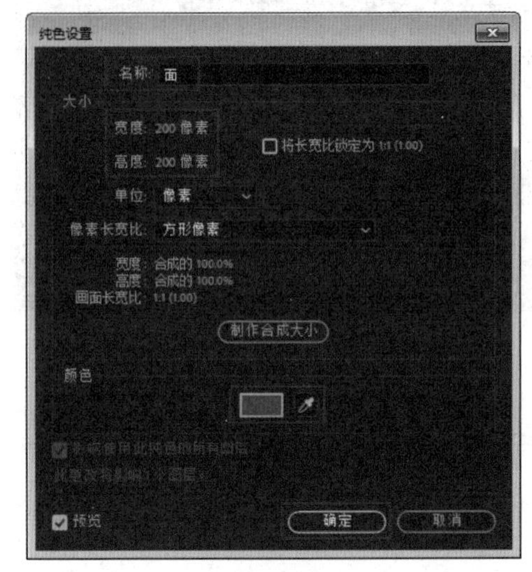

图 9-20

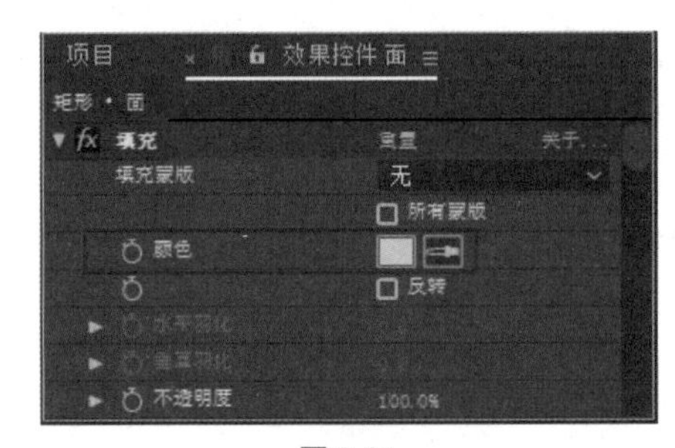

图 9-21

图 9-22

04 选择“面”图层，执行“效果”|“风格化”|“毛边”命令，并在“效果控件”面板中设置“边缘类型”为“刺状”，“边界”参数为 80.73，“边缘锐度”参数为 0.72，“分形影响”参数为 0.79，“比例”参数为 10，“偏移”参数为 101、100.5，“复杂度”参数为 1，“演化”参数为 0×–2°，如图 9-23 所示。

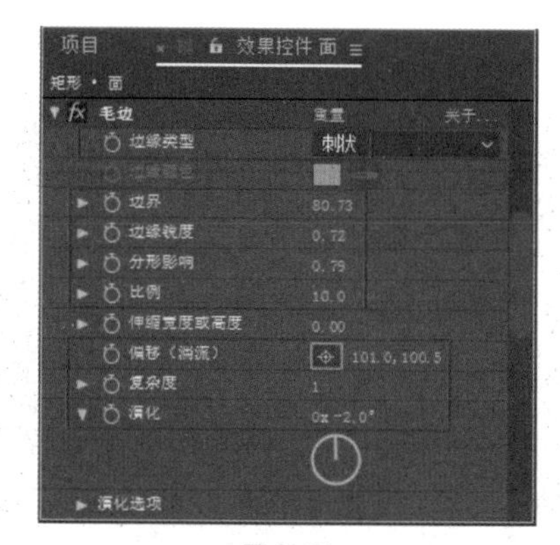

图 9-23

05 继续选择“面”图层，执行“效果”|“风格化”|“发光”命令，并在“效果控件”面板中设置“发光阈值”参数为 86.3，“发光半径”参数为 26，“颜色 A”的 RGB 参数为 17、159、176，如图 9-24 所示。

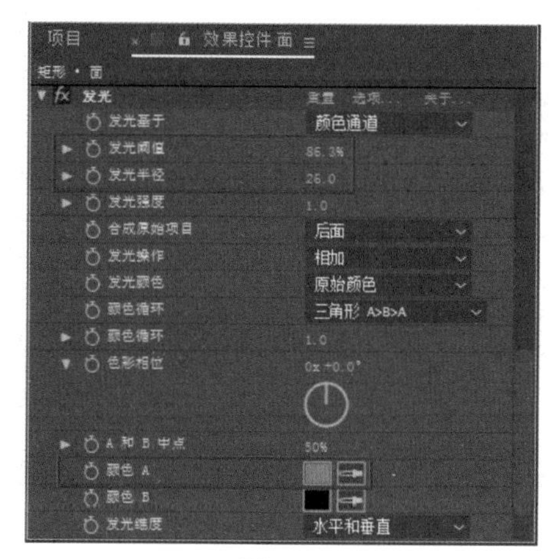

图 9-24

06 按快捷键 Ctrl+N 创建一个预置为自定义的合成，设置大小为1024 像素 ×576 像素，设置“持续时间”为 5 秒，并设置好名称，单击“确定”按钮，如图 9-25 所示。

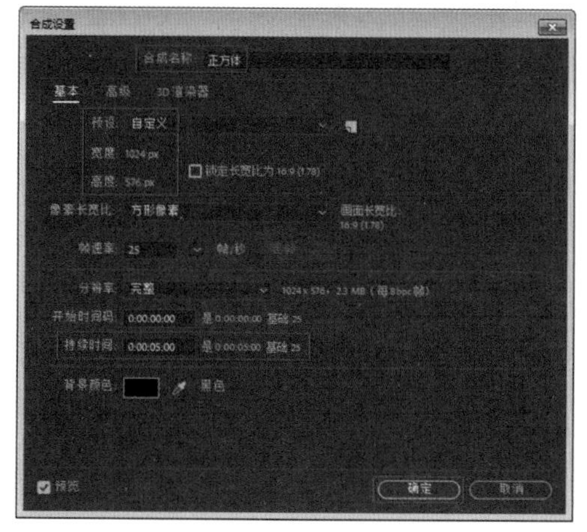

图 9-25

07 将“项目”窗口中的“矩形”合成拖入“正方体”合成的“图层”面板中，并打开“矩形”图层的“3D 图层”开关，接着执行“图层”|“新建”|“摄像机”命令，创建一个预设为“50 毫米”的摄像机图层，如图 9-26 所示。

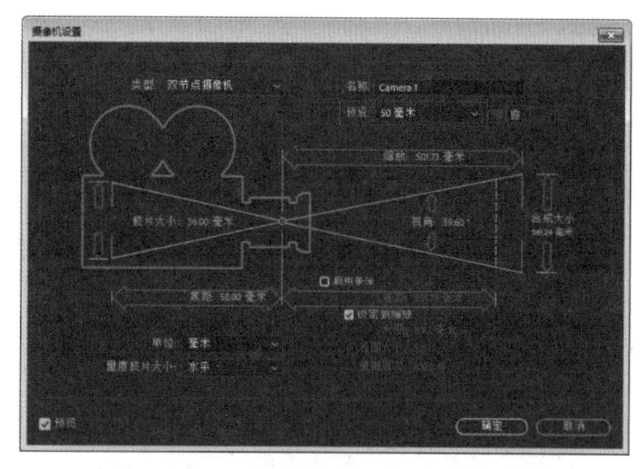

图 9-26

08 在“图层”面板中展开摄像机图层的变换属性，设置“目标点”参数为 574、251、1，“位置”参数为 1244.1、−267.7、−1085.3，如图 9-27 所示。

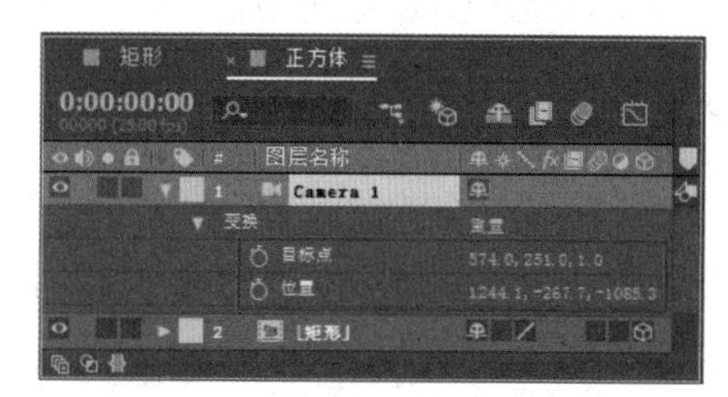

图 9-27

09 选择“矩形”图层，按 5 次快捷键 Ctrl+D 复制出 5 个图层，分别命名为“矩形下”“矩形左”“矩形右”“矩形后”和“矩形前”，并参照图 9-28 所示摆放图层。

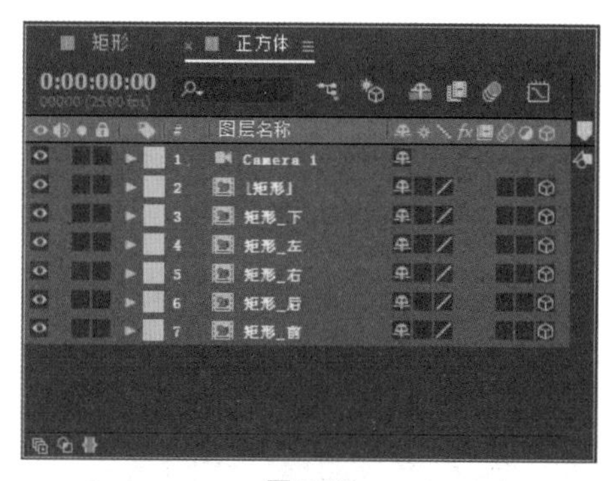

图 9-28

10 接着在“图层”面板中设置“矩形”图层的“位置”参数为 512、188、100，“方向”参数为 90、0、90；设置“矩形下”图层的“位置”参数为 512、387.8、100，“方向”参数为 90、0、90；设置“矩形左”图层的“位置”参数为 412、288、100，“方向”参数为 0、270、0；设置“矩形右”图层的“位置”参数为612、288、100，“方向”参数为0、270、0；设置“矩形后”图层的“位置”参数为512、288、199.8，“方向”参数为0、0、0；设置“矩形前”图层的“位置”参数为512、288、0，“方向”参数为0、0、0，具体参照图9-29所示。

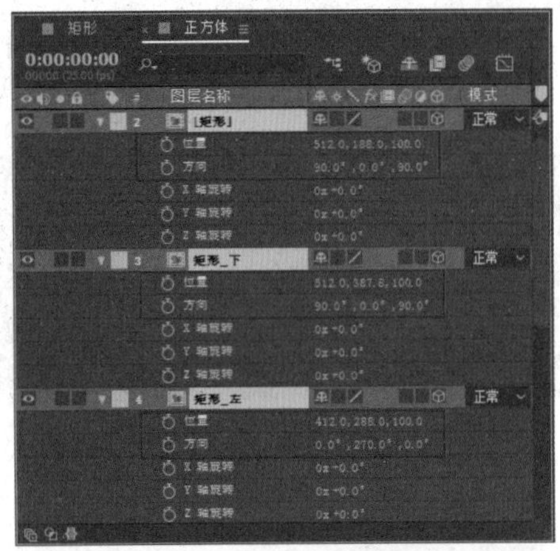

图 9-29

11 接着在“图层”面板中选择摄像机图层，展开其变换属性，按住Alt键同时单击“Z轴旋转”属性前的“时间变化秒表”按钮，打开该属性表达式框，并在其中输入time*100，如图9-30所示。

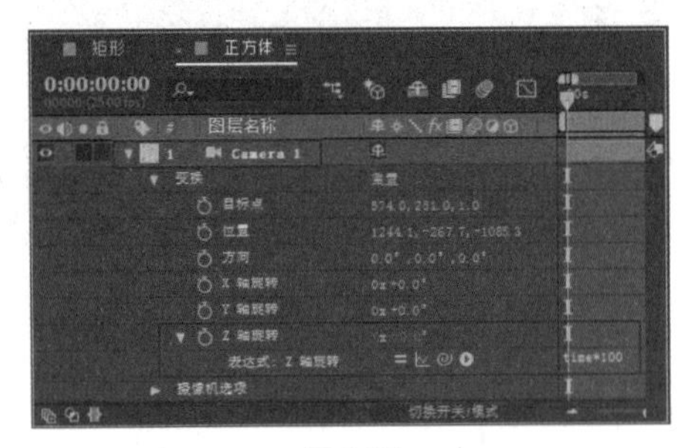

图 9-30

12 接着按C键切换“统一摄像机工具”，并在“合成”窗口中适当旋转立方体，效果参照图9-31所示。

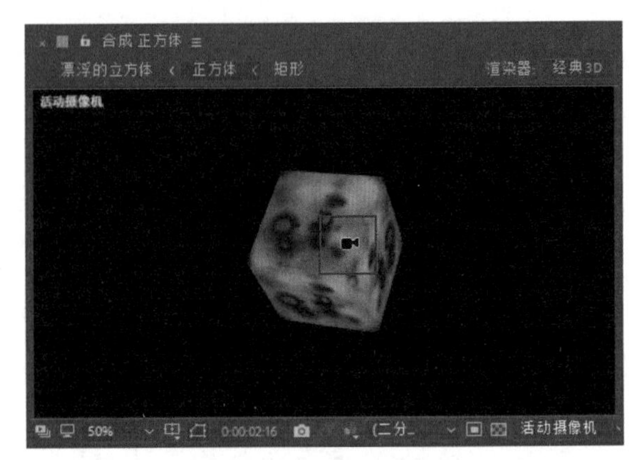

图 9-31

13 按快捷键Ctrl+N创建一个预置为自定义的合成，设置大小为1024像素×576像素，设置“持续时间”为10秒，并设置好名称，单击“确定”按钮，如图9-32所示。

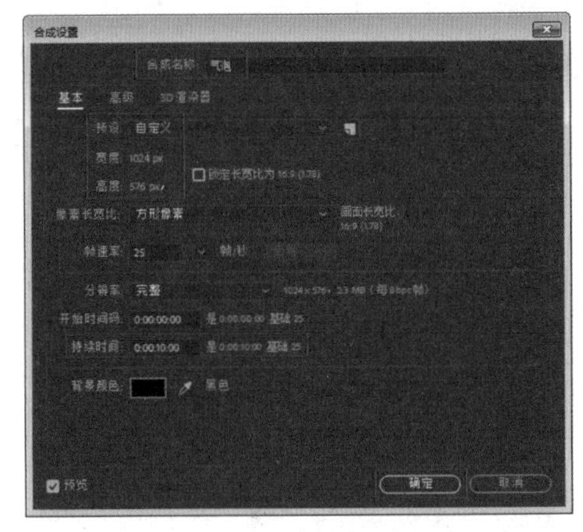

图 9-32

14 按快捷键Ctrl+Y创建一个与合成大小一致的固态层，并将其命名为Foam，“颜色”属性的RGB参数为143、111、12，如图9-33所示。

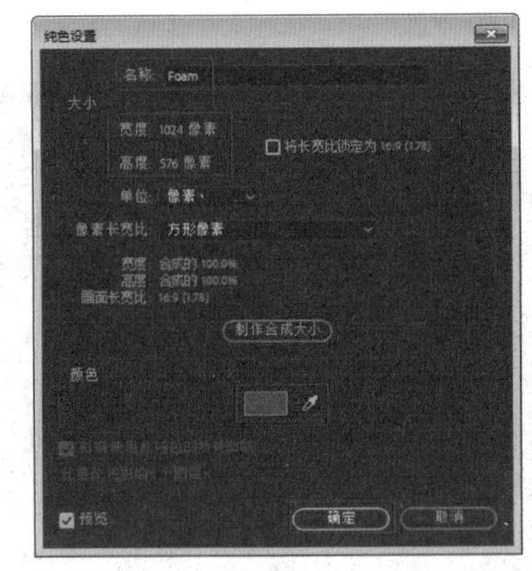

图 9-33

15 在“图层”面板中选择上述创建的Foam图层，执行

“效果”|“模拟”|“泡沫”命令，并在“效果控件”面板中参照图 9-34 所示进行参数设置。

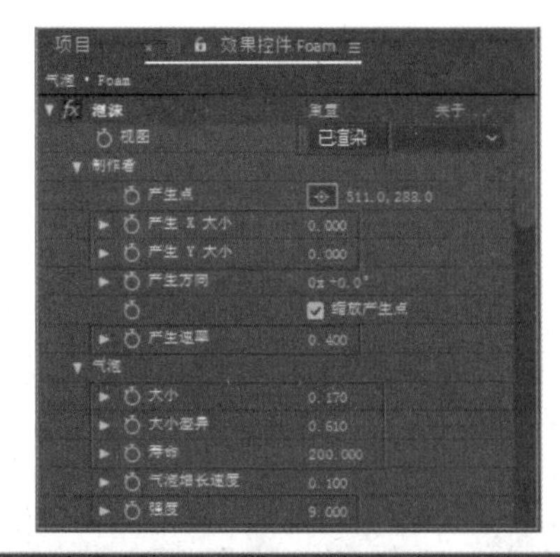

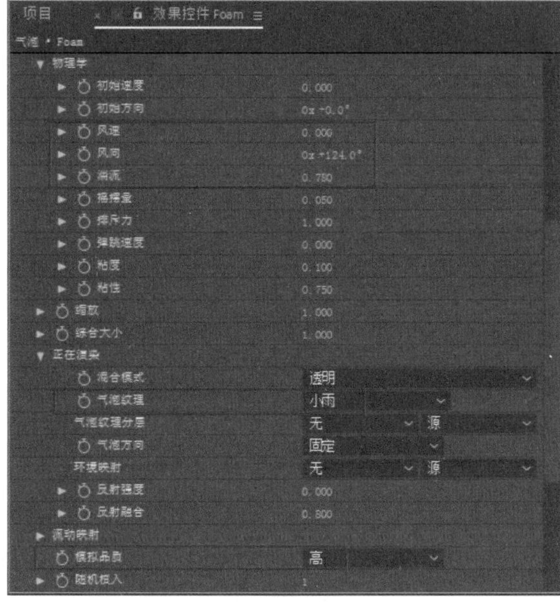

图 9-34

16 继续选择 Foam 图层，执行“效果”|“生成”|“填充”命令，并在“效果控件”面板中设置“颜色”属性的 RGB 参数为 129、215、255，如图 9-35 所示。

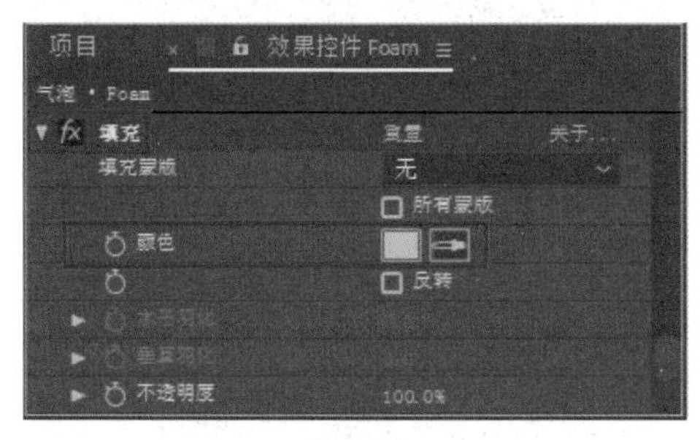

图 9-35

9.5.2　打造立方体漂浮 3D 效果

在创建好正方体后新建合成，同样制作出具有 3D 效果的背景，并添加环境灯光效果。具体的制作方法如下所示。

视频文件：　视频 \ 第 9 章 \9.5.2 实战——打造立方体漂浮 3D 效果 .mp4
源 文 件：　源文件 \ 第 9 章 \9.5

01 按快捷键 Ctrl+N 创建一个预置为自定义的合成，设置大小为 1024 像素 ×576 像素，设置“持续时间”为 6 秒，并设置好名称，单击“确定”按钮，如图 9-36 所示。

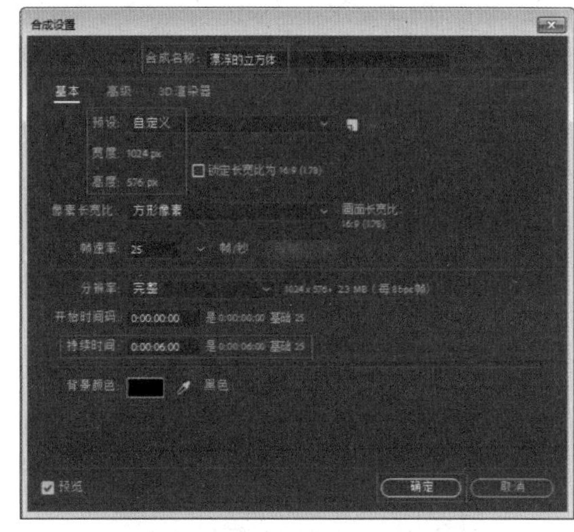

图 9-36

02 按快捷键 Ctrl+Y 创建一个与合成大小一致的固态层，并将其命名为“墙 1”，颜色属性的 RGB 参数为 143、111、12，如图 9-37 所示。

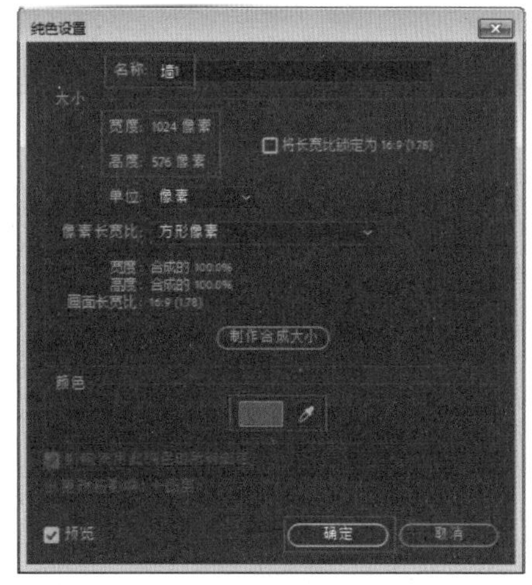

图 9-37

03 打开“墙 1”图层的“3D 图层”开关，执行“图层”|“新建”|“摄像机”命令，创建一个预设为“自定义”的摄像机图层，并在“摄像机设置”对话框中设置“缩放”参数为 447.05，“胶片大小”参数为 36，“视角”参数为 44，“焦距”参数为 44.55，如图 9-38 所示。

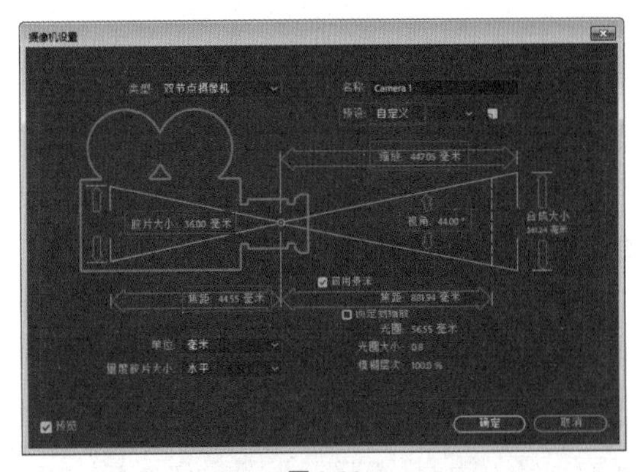

图 9-38

04 选择“墙 1”图层，执行“效果”|“颜色校正”|“曲线”命令，并在“效果控件”面板中分别调整红、绿、蓝通道曲线的状态，具体参照图 9-39 所示。

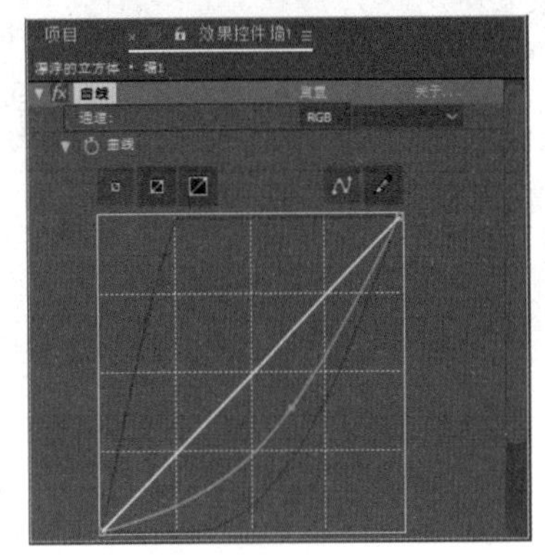

图 9-39

05 继续在“图层”面板中选择“墙 1”图层，按 4 次快捷键 Ctrl+D 复制出 4 个图层，并分别命名为“墙 2”“墙 3”“墙 4”和“墙 5”，如图 9-40 所示。

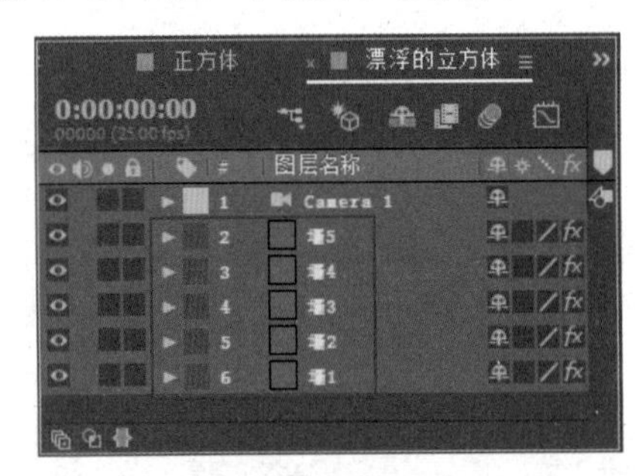

图 9-40

技巧与提示：

上述操作中，调节不同曲线可在“效果控件”面板中“通道”属性的右侧下拉列表中切换 RGB、红、绿、蓝、Alpha 选项，并对相应属性进行曲线调节。

06 在“图层”面板中设置“墙 1”图层的“位置”参数为 512、567、0，“方向”参数为 270、0、0；设置“墙 2”图层的“位置”参数为 512、3、0，“方向”参数为 270、0、0；设置“墙 3”图层的“位置”参数为 512、3、288，“方向”参数为 180、0、0；设置“墙 4”图层的“位置”参数为 0、3、76，“方向”参数为 0、90、180；设置“墙 5”图层的“位置”参数为 1024、3、76，“方向”参数为 0、90、180，具体参数设置如图 9-41 所示。

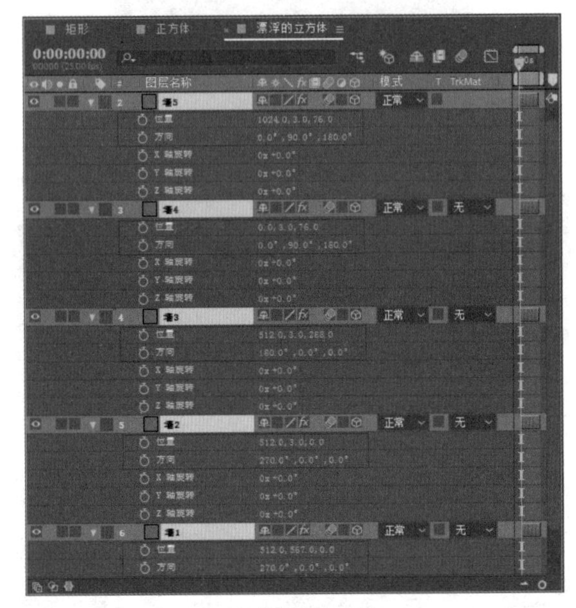

图 9-41

07 接着设置“墙 1”图层的“缩放”参数为 114.2、501.2、100，设置“墙 2”图层的“缩放”参数为 110.4、507.1、100，设置“墙 3”图层的“缩放”参数为 100、400.6、100，设置“墙 4”图层的“缩放”参数为 405.8、195.2、100，设置“墙 5”图层的“缩放”参数为 277.4、369、100，具体参数设置如图 9-42 所示。

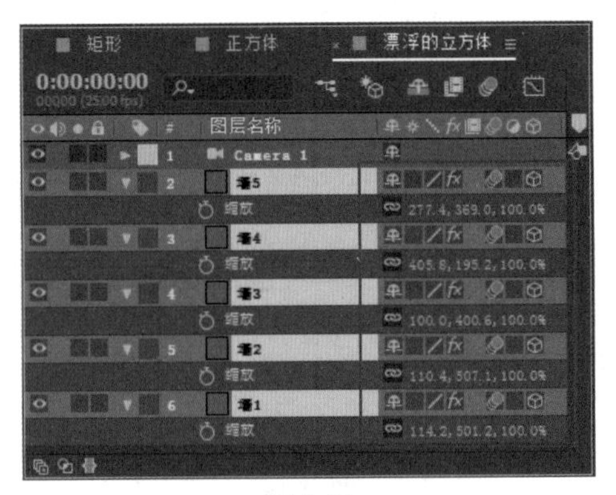

图 9-42

08 执行“图层”|“新建”|“灯光”命令，创建一个灯光层，将其命名为 Light1，并设置“灯光类型”为“点”，“强度”为 100，如图 9-43 所示。

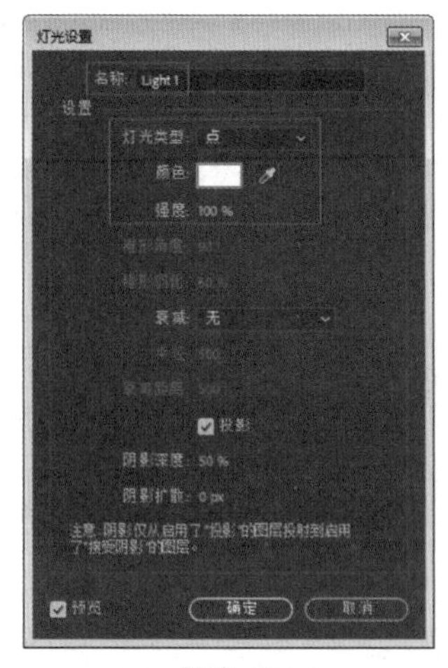

图 9-43

09 在“图层”面板中展开 Light1 图层的变换属性，设置其“位置”参数为 546.7、207.3、–131，如图 9-44 所示。

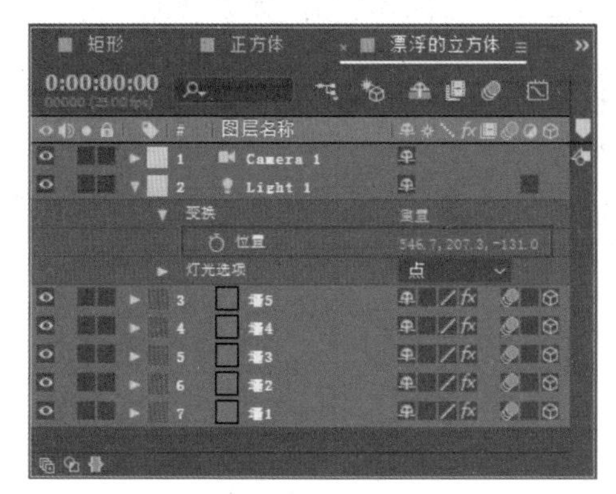

图 9-44

10 执行“图层”|“新建”|“灯光”命令，创建一个灯光层，将其命名为 Light2，并设置“灯光类型”为“聚光”，“强度”为 50，如图 9-45 所示。

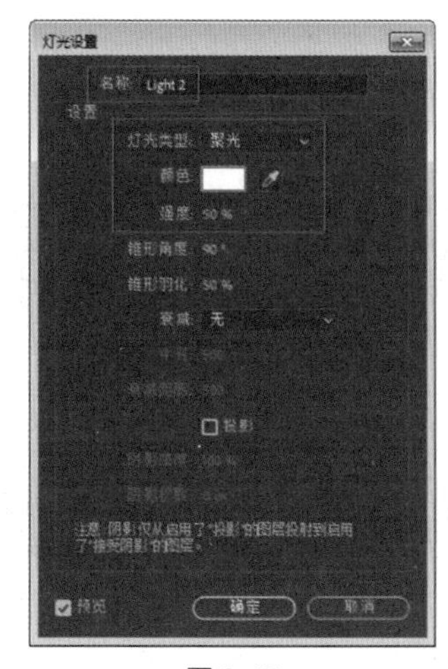

图 9-45

11 在“图层”面板中展开 Light2 图层的变换属性，设置其“目标点”参数为 533.5、119.6、40.4，“位置”参数为 576.1、76.9、–351.1，“方向”参数为 336、0、0，如图 9-46 所示。

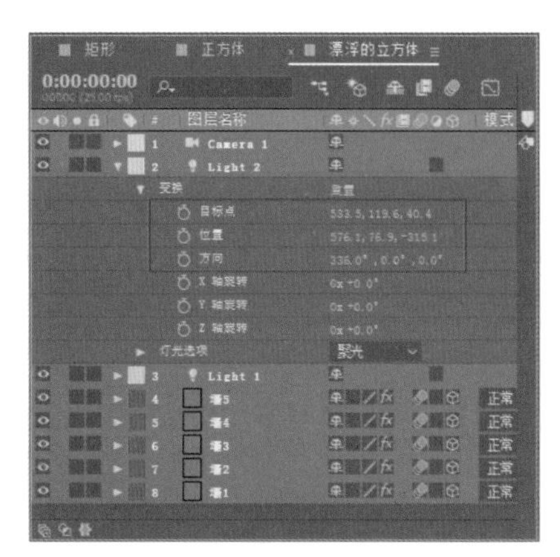

图 9-46

12 将“项目”窗口中的“气泡”和“正方体”合成分别拖入“图层”面板，并按照图 9-47 所示进行图层摆放。

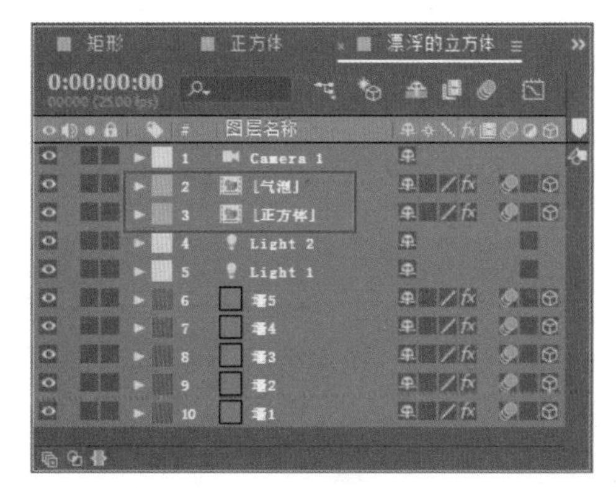

图 9-47

13 在“图层”面板中选择“气泡”图层，执行“效果”|“风格化”|“发光”命令，并在“效果控件”面板中设置“发光阈值”参数为 55.7，如图 9-48 所示。

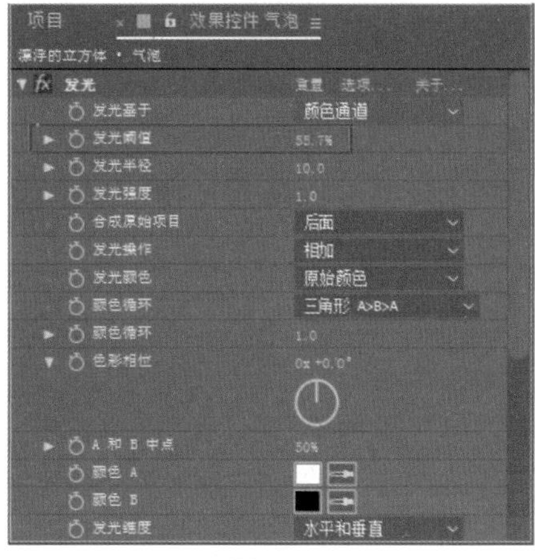

图 9-48

14 继续选择“气泡”图层，执行“效果”|“模拟”|CC Scatterize（CC 散射）命令，接着在 0:00:04:14 时间点单击 Scatter（散射）属性前的“时间变化秒表”按钮设置关键帧动画，并在该时间点设置 Scatter 参数为 0，在 0:00:05:04 时间点设置 Scatter 参数为 50，如图 9-49 所示。

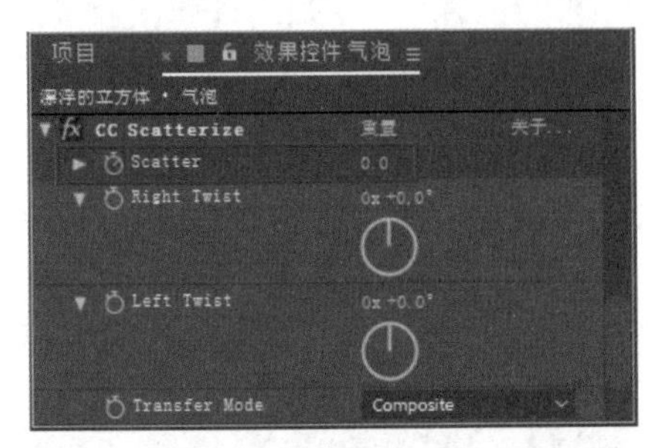

图 9-49

15 在“图层”面板中展开“气泡”图层的变换属性，在 0:00:01:02 时间点单击“不透明度”参数前的“时间变化秒表”按钮设置关键帧动画，并设置“不透明度”参数为 0，接着在 0:00:01:12 时间点设置“不透明度”参数为 100，在 0:00:05:04 时间点设置“不透明度”参数为 100，在 0:00:05:17 时间点设置“不透明度”参数为 0，如图 9-50 所示。

图 9-50

16 选择 Camera 1 图层，设置其“景深”为开，接着在 0:00:01:01 时间点设置“目标点”参数为 429.6、276.7、-1123.9，“位置”参数为 182.8、227.1、-2523.7，“缩放”参数为 1267.2，“焦距”参数为 2500，“光圈”参数为 160.3，并分别单击这些属性前的“时间变化秒表”按钮设置关键帧动画，如图 9-51 所示。

17 修改时间点为 0:00:01:20，在该时间点设置“目标点”参数为 512、288、0，“位置”参数为 512、288、-1422.2，“缩放”参数为 1422.2，“焦距”参数为 1256，“光圈”参数为 25.3，如图 9-52 所示。

图 9-51

图 9-52

技巧与提示：

上述步骤中的 代表的是缓入缓出关键帧，该关键帧能使动画运动变得平滑。具体操作为选中“时间线”窗口已设置好的 关键帧，按 F9 键可实现关键帧状态转变。

18 在“图层”面板中选择“正方体”图层，执行“效果”|“模糊和锐化”|CC Vector Blur（CC 矢量模糊）命令，并在“效果控件”面板中设置 Amount 参数为 40，Ridge Smoothness 参数为 30，Map Softness 参数为 13.9，如图 9-53 所示。

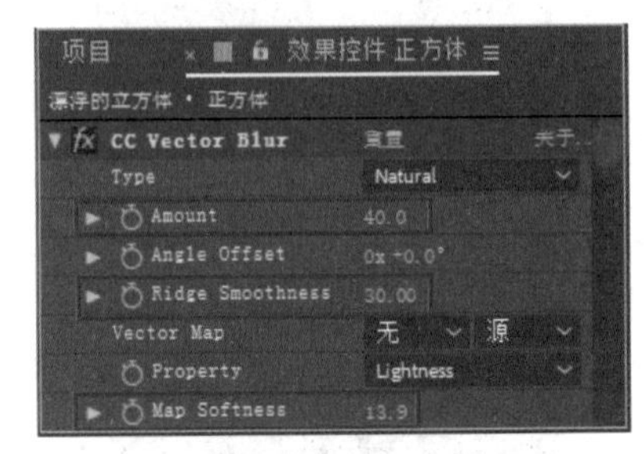

图 9-53

19 选择“正方体”图层，执行“效果”|“风格化”|“查找边缘”命令，并在“效果控件”面板中设置“与原始图像混合”参数为 68，如图 9-54 所示。

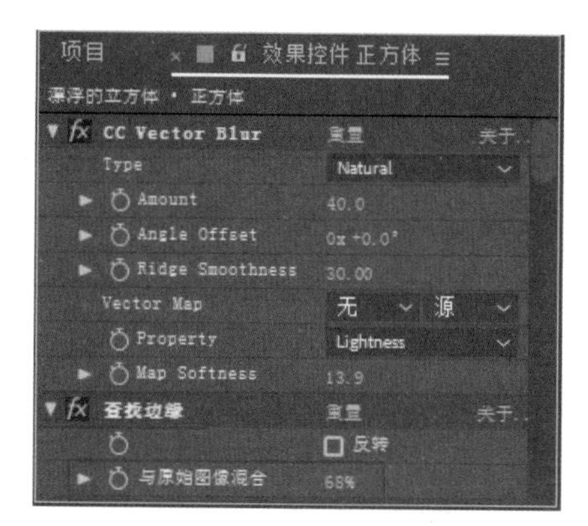

图 9-54

20 选择“正方体”图层，执行“效果”|“颜色校正”|“曲线”命令，并在“效果控件”面板中分别调整红、绿、蓝通道的曲线状态，具体参照图 9-55 所示。

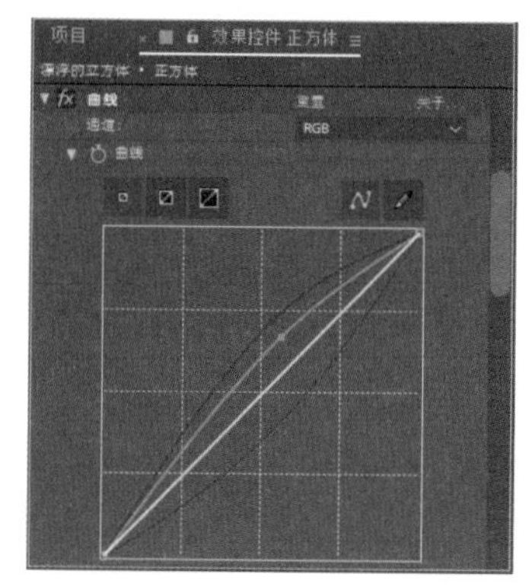

图 9-55

21 选择“正方体”图层，执行“效果”|“风格化”|“毛边”命令，并在“效果控件”面板中设置“边界”参数为 25.5，“边缘锐度”参数为 1.04，“分形影响”参数为 0.81，“偏移”参数为 529.3、341.6，“复杂度”参数为 1，“演化”参数为 0×+20°，选中“循环演化”选项，并设置“循环（旋转次数）”参数为 6，如图 9-56 所示。

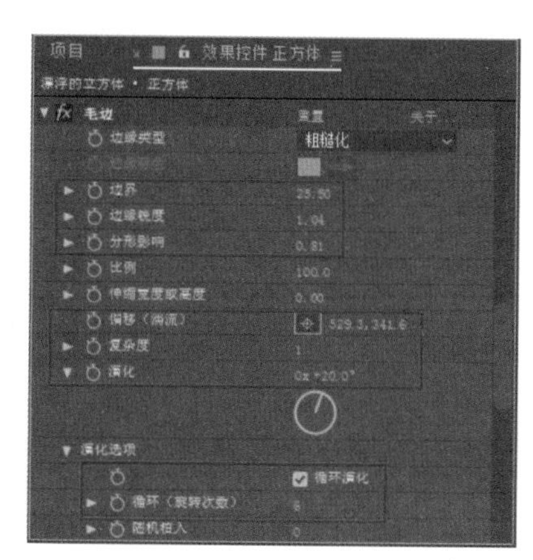

图 9-56

22 选择“正方体”图层，执行“效果”|“风格化”|“发光”命令，并在“效果控件”面板中设置“发光阈值”参数为 92.9，如图 9-57 所示。

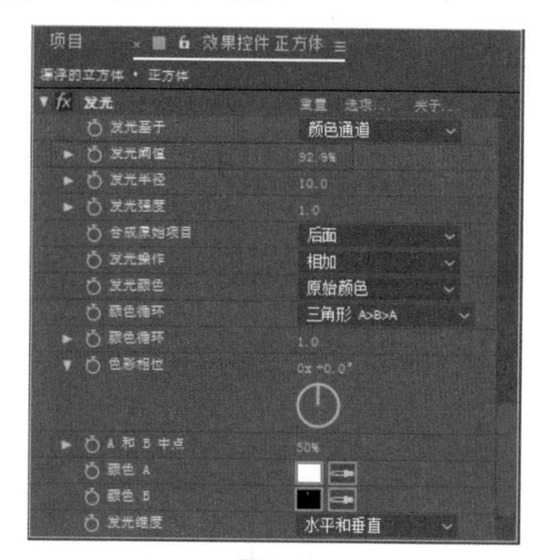

图 9-57

23 在“图层”面板中打开所有图层的“运动模糊”与“3D 图层”开关，如图 9-58 所示。

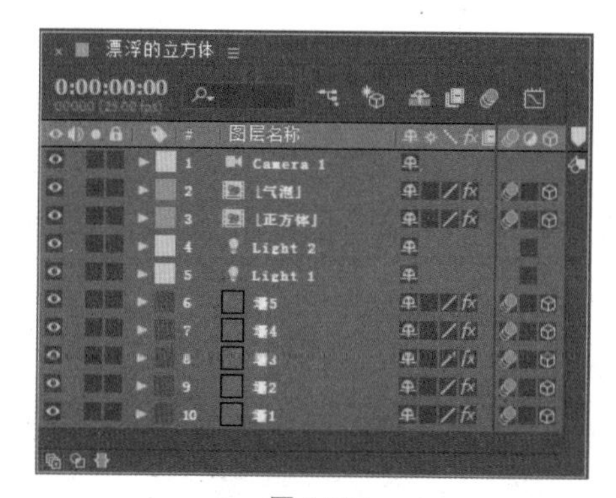

图 9-58

24 展开“正方体”图层的变换属性，设置其“位置”参数为 512、302、0，“缩放”参数为 58，如图 9-59 所示。

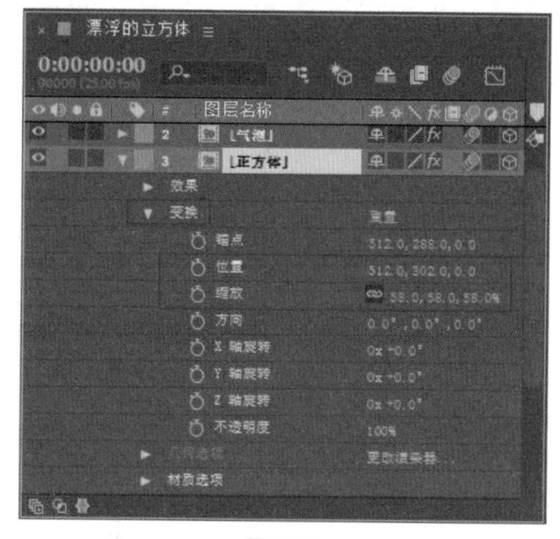

图 9-59

25 继续展开“正方体”图层的“材质选项”属性，设置其“投影”为“开”，“透光率”参数为47，如图9-60所示。

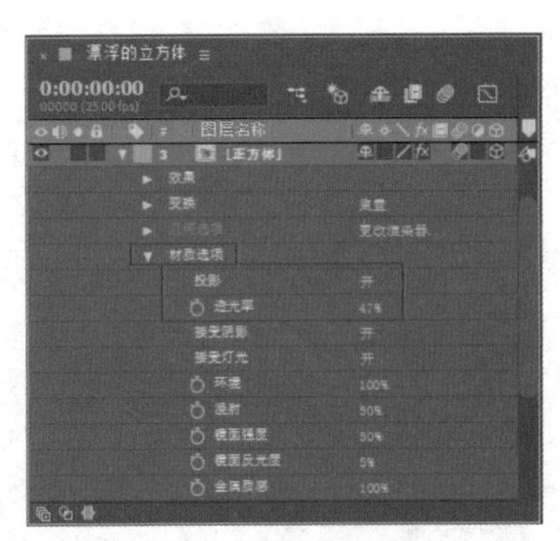

图9-60

> **技巧与提示：**
>
> 需要设置图层的“材质选项”属性必须打开该图层的“3D图层”开关。

26 至此，本实例制作完毕，按空格键可以播放动画预览，最终效果如图9-61所示。

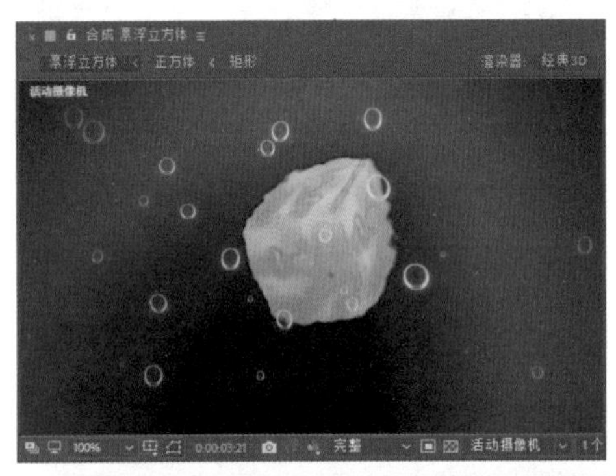

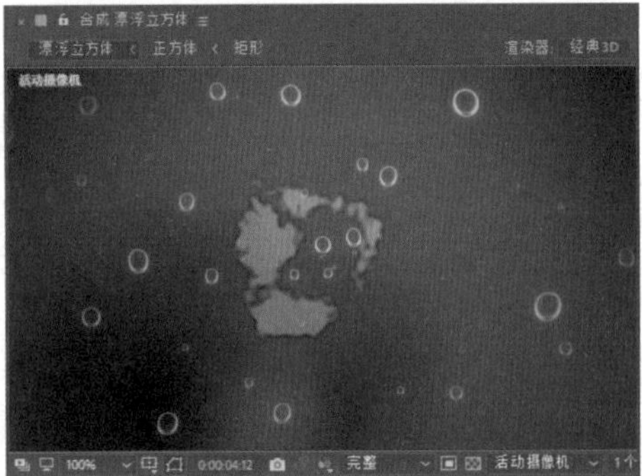

图9-61

9.6 本章小结

本章主要学习了After Effects CC 2018中三维空间效果的处理技术，其中包括三维图层和二维图层属性讲解、三维灯光与摄像机的应用等。After Effects的三维图层应用是其传统的二维图层效果的突破，同时也是平面视觉艺术的突破，所以需要熟练掌握三维图层处理技术，以制作出更为立体、逼真的影视效果。

第三方插件应用

After Effects CC 2018 作为一款强大的影视后期特效软件，能很好地与 Photoshop、Illustrator 和 Cinema 4D 等主流二维或三维软件兼容。After Effects 系列不仅自带上百种特效，还可以兼容第三方插件特效，帮助用户创造出更多软件本身不可能营造出来的特殊效果。本章将详细介绍几款最常用的 After Effects 第三方插件。

第 10 章素材文件

第 10 章视频文件

10.1 Trapcode 3D Stroke（3D 描边）插件

3D Stroke（3D 描边）是 Trapcode 公司开发的 After Effects 特效插件，它是一款描绘三维路径的特效插件，可以将图层中的蒙版路径转换为线条，在三维空间中可以自由地移动或旋转这些线条，并且可以为这些线条设置关键帧动画。

10.1.1 3D Stroke 插件使用技法

在“图层”面板中选择素材图层，执行“效果”|Trapcode|3D Stroke 命令，然后在“效果控件”面板中展开设置参数，如图 10-1 所示。

图 10-1

下面对 3D Stroke 效果的主要属性参数进行详细讲解。

✦ Path（路径）：指定绘制的蒙版作为描边路径。

✦ Presets（预设）：从右侧的下拉列表中可以选择任意一种系统内置的描边效果。

✦ Use All Paths（使用所有路径）：选中该选项，将图层中的所有蒙版作为描边路径。

✦ Stroke Sequentially（描边顺序）：选中该选项，将所有的蒙版按顺序进行描边。

✦ Color（颜色）：控制 3D Stroke 描边的颜色。

✦ Thickness（粗细）：控制描边线条的粗细。

✦ Feather（羽化）：设置描边路径边缘的羽化程度。

✦ Start（开始）：设置描边的开始位置。

✦ End（结束）：设置描边的结束位置。

✦ Offset（偏移）：设置描边位置的偏移程度。

✦ Loop（循环）：设置描边路径是否循环、连续。

✦ Taper（锥度）：设置描边线条两端的锥形程度。

✦ Enable（开启）：选中该选项可以开启锥度效果设置。

✦ Compress to fit（压缩适合）：设置锥度是否压缩至适合大小。

✦ Start Thickness（开始粗细）：设置描边线条开始位置的粗细。

✦ End Thickness（结束粗细）：设置描边线条结束位置的粗细。

✦ Taper Start（锥化开始）：设置描边线条锥化开始的位置。

✦ Taper End（锥化结束）：设置描边线条锥化结束的位置。

✦ Step Adjust Method（调整方式）：设置锥度效果的调整方式，包括 None（不做调整）和 Dynamic（动态调整）。

✦ Transform（变换）：调整描边线条的位移、旋转和弯曲等属性。

✦ Bend（弯曲）：设置描边线条的弯曲程度。

✦ Bend Axis（弯曲轴向）：控制描边线条弯曲的轴向。

✦ Bend Around Cen（围绕中心弯曲）：设置是否围绕中心位置进行弯曲。

✦ XY Position、Z Position（X、Y、Z 轴的位置）：设置描边线条的位置。

✦ X/Y/Z Rotation（X、Y、Z 轴的旋转）：设置描边线条的角度。

✦ Order（顺序）：设置描边线条位置和旋转的顺序。

✦ Repeater（重复）：调整描边线条的重复状态。

✦ Enable（开启）：选中该选项可以开启描边的重复设置。

✦ Symmetric Doubler（对称复制）：设置描边线条是否对称复制。

✦ Instances（重复）：设置描边线条的数量。

✦ Opacity（不透明度）：设置描边线条的不透明度。

✦ Scale（缩放）：设置描边线条的缩放效果。

✦ Factor（因数）：设置描边线条的伸展因数。

✦ X/Y/Z Displace（X/Y/Z 偏移）：设置 X/Y/Z 轴的偏移效果。

✦ X/Y/Z Rotation（X/Y/Z 旋转）：设置 X/Y/Z 轴的旋转数值。

✦ Advanced（高级）：调整线条的高光、暗调和透明度、对比度和色度等属性。

✦ Adjust Step（调节步幅）：调节描边步幅，数值越大，描边线条显示为圆点且间距越大。

✦ Exact Step Match（精确匹配）：选中该选项，将精确匹配描边步幅。

✦ Internal Opacity（内部的不透明度）：设置描边线条内部的不透明度。

✦ Low Alpha Sat Bo（Alpha 饱和度）：设置描边线条的 Alpha 饱和度。

✦ Low Alpha Hue Rotation（Alpha 色调旋转）：设置描边线条的 Alpha 色调旋转数值。

✦ Hi Alpha Bright B（Alpha 亮度）：设置描边线条的 Alpha 亮度。

✦ Animated Path（全局时间）：选中该选项开启全局时间。

✦ Path Time（路径时间）：设置描边路径的时间。

✦ Camera（摄像机）：调整摄像机视角的选项。

✦ Comp Camera（合成中的摄像机）：选中该选项，使用合成中的摄像机。

✦ View（视图）：从右侧的下拉列表中可以选择摄像机的显示视图。

✦ Z Clip Front（前面的剪切平面）：设置 Z 轴深度方向前面的剪切平面数值。

✦ Z Clip Back（后面的剪切平面）：设置 Z 轴深度方向后面的剪切平面数值。

✦ Start Fade（淡出）：设置剪切平面的淡入淡出数值。

✦ Auto Orient（自动定位）：设置是否开启摄像机的自动定位。

✦ XY Position、Z Position（X、Y、Z 轴的位置）：设置摄像机 X、Y、Z 轴位置。

✦ Zoom（缩放）：设置摄像机的缩放比例。

✦ X/Y/Z Rotation（X、Y、Z 轴的旋转）：设置摄像机 X、Y、Z 轴的角度。

✦ Motion Blur（运动模糊）：设置描边线条的运动模糊效果。

✦ Motion Blur（运动模糊）：设置运动模糊是否开启或使用合成中的运动模糊设置。

✦ Shutter Angle（快门的角度）：设置摄像机的快门角度。

✦ Shutter Phase（快门的相位）：设置摄像机快门的相位。

✦ Levels（平衡）：设置摄像机的平衡程度。

✦ Opacity（不透明度）：设置描边线条的不透明度。

✦ Transfer Mode（混合模式）：从右侧下拉列表中

可以选择描边线条与当前图层的混合模式。

10.1.2　课堂练习——3D Stroke 空间特效

本实例主要介绍了 3D Stroke 特效的具体使用方法，通过对本实例学习，读者可以掌握空间特效的模拟制作方法。

视频文件：　视频 \ 第 10 章 \10.1.2 课堂练习——3D Stroke 空间特效 .mp4

源 文 件：　源文件 \ 第 10 章 \10.1.2

01 启动 After Effects CC 2018 软件，进入其操作界面。执行“合成”|“新建合成”命令，创建一个预置为 PAL D1/DV 的合成，设置“持续时间”为 3 秒，并设置好名称，单击“确定”按钮，如图 10-2 所示。

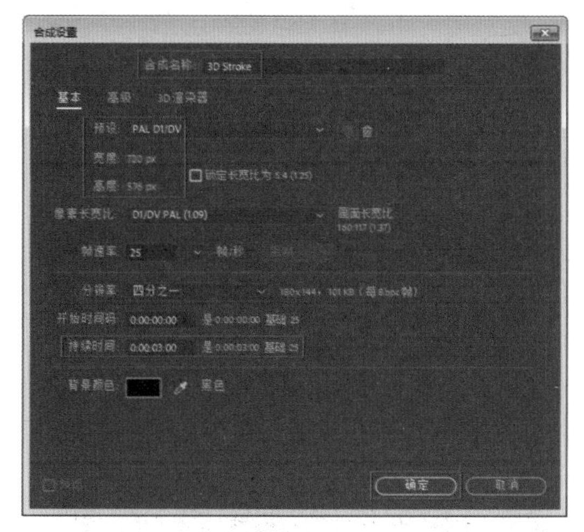

图 10-2

02 按快捷键 Ctrl+Y，在弹出的“纯色设置”对话框中创建一个与合成大小一致的固态层，并将其命名为 3D Stroke，设置颜色为黑色，单击“确定”按钮，如图 10-3 所示。

图 10-3

03 在“图层”面板中选择 3D Stroke 图层，使用“钢笔”工具在“合成”窗口绘制一个遮罩，如图 10-4 所示。

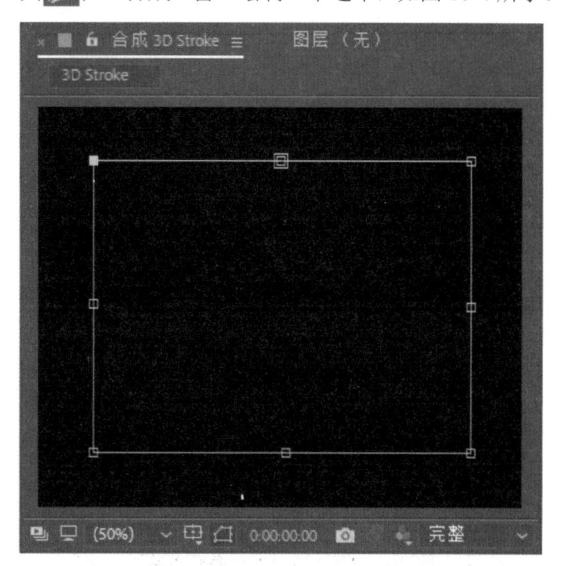

图 10-4

04 选择 3D Stroke 图层，执行“效果”|Trapcode|3D Stroke 命令，并在“效果控件”面板中设置 Color（颜色）为黄色，Thickness（厚度）参数为 2，如图 10-5 所示。

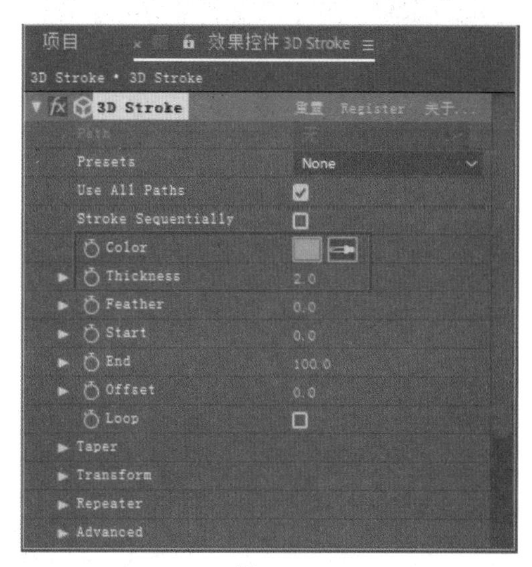

图 10-5

05 在“效果控件”面板展开 Repeater（重复）属性，然后选中 Enable（启用）选项，设置 Instances（重复量）参数为 8，Opacity（不透明度）参数为 50，X Displace（X 移动）参数为 50，Y Displace（Y 移动）参数为 40，Z Displace（Z 移动）参数为 0，X Rotation（X 方向旋转）为 0×+90°，Y Rotation（Y 方向旋转）为 0×+90°，如图 10-6 所示。操作完成后在“合成”窗口的对应预览效果如图 10-7 所示。

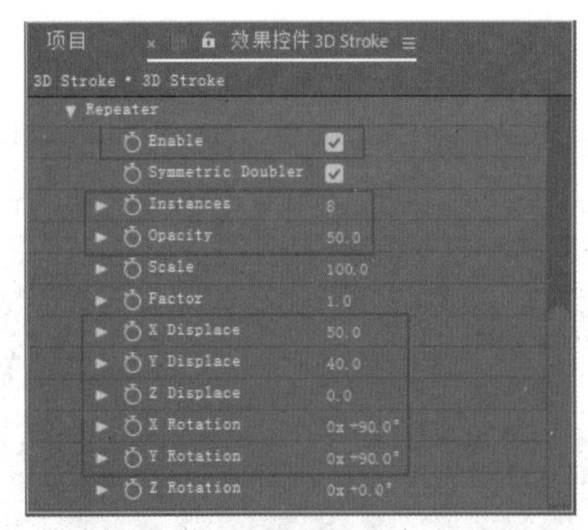

图 10-6

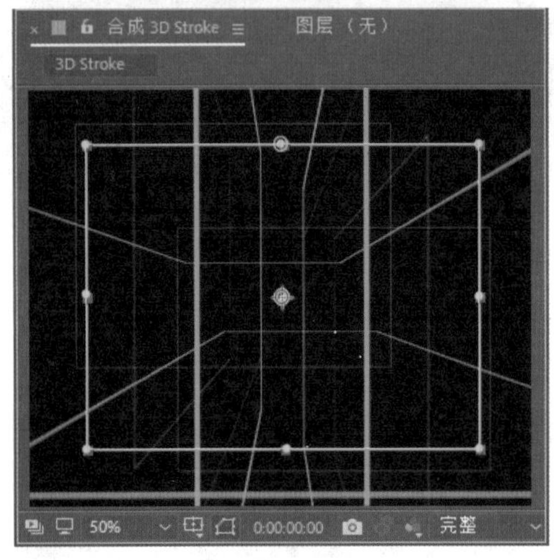

图 10-7

06 在“图层”面板中展开特效属性下的 Transform（变换）属性，在 0:00:00:00 时间点位置设置 Y Rotation（Y 方向旋转）为 0×+180°，并单击该参数前的“时间变化秒表”按钮，设置关键帧，如图 10-8 所示。

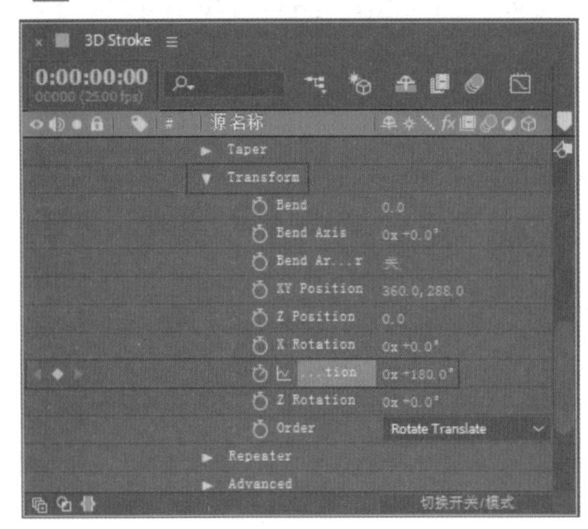

图 10-8

07 在该面板左上角修改时间点为 0:00:03:00，然后在该时间点修改 Y Rotation（Y 方向旋转）为 0×+0°，如图 10-9 所示。

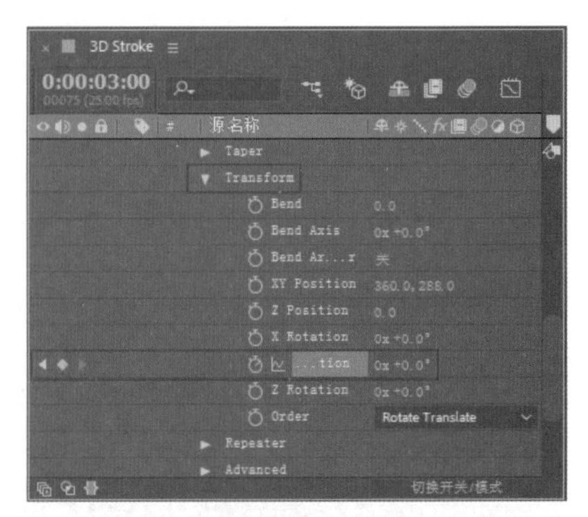

图 10-9

08 至此，本实例制作完毕，按空格键可以播放动画预览，最终效果如图 10-10 所示。

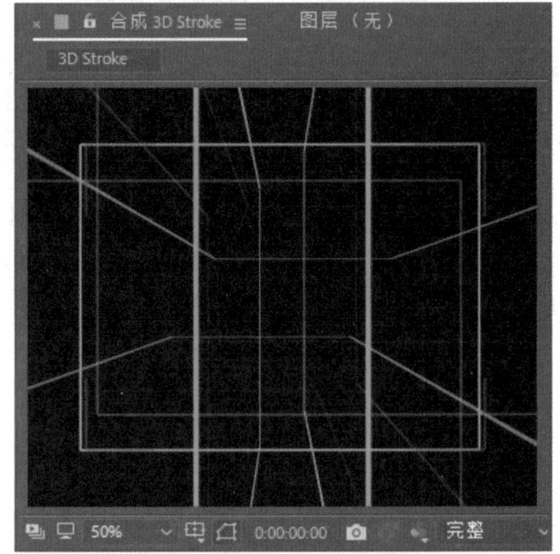

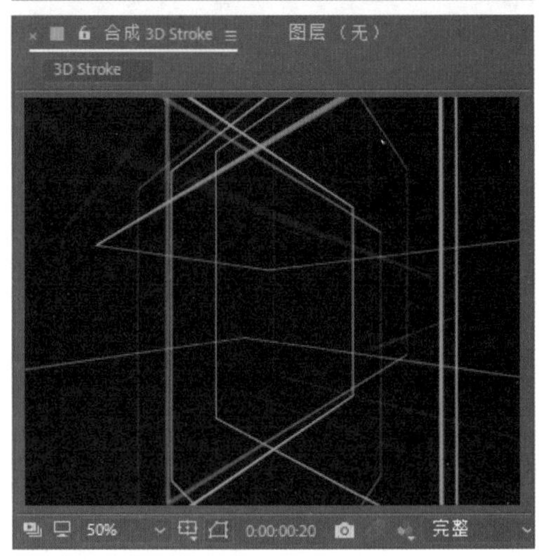

图 10-10

10.2　Trapcode Shine（扫光）插件

Shine（扫光）插件是 Trapcode 公司开发的 After Effects 插件，常用于制作文字、标志和物体的发光效果，其为制作片头和特效带来了极大的便利。

10.2.1　Shine 插件使用技法

在“图层”面板中选择素材图层，执行“效果”|Trapcode|Shine 命令，然后在“效果控件”面板展开设置参数，如图 10-11 所示。

图 10-11

下面对 Shine 效果的主要属性参数进行详细讲解。

✦ Pre-Process（预处理）：在应用 Shine 效果之前需要预设的功能属性。

✦ Threshold（阈值）：分离 Shine 的作用区域，阈值不同，光束效果也不同。

✦ Use Mask（使用遮罩）：选中该选项使用遮罩效果。

✦ Mask Feather（遮罩羽化）：设置遮罩的羽化程度。

✦ Source Point（光源点）：调整光效的发光点位置。

✦ Ray Length（光线发射长度）：设置光线的长度，数值越大，光线越长；数值越小，光线越短。

✦ Shimmer（微光）：主要用于设置光线发射数量、细节和相位等属性。

✦ Amout（数量）：设置微光发射的数量。

✦ Detail（细节）：设置微光的细节。

✦ Source Point affect（光束影响）：设置光束中心对微光是否产生影响。

✦ Radius（半径）：设置微光受光束中心影响的半径。

✦ Reduce flickering（减少闪烁）：减少微光发射时的闪烁频率。

✦ Phase（相位）：设置微光的相位。

✦ Use Loop（使用循环）：设置是否使用效果循环。

✦ Revolutions in Loop（循环中旋转）：设置微光效果循环中的旋转圈数。

✦ Boost Light（光线亮度）：设置光线发射时的亮度。

✦ Colorize（色彩化）：调整 Shine 光线色彩的参数，但是光线色彩的调整是比较复杂的，需要分别调整高光、中间调和阴影颜色，来共同决定光线的颜色。

✦ Colorize（颜色模式）：设置颜色的模式，在右侧的下拉列表中可以选择任意一种颜色模式。

✦ Base On（依据）：设置输入通道的模式，在右侧的下拉列表中共有 7 种模式，包括 Lightness（明度）、Luminance（亮度）、Alpha（通道）、Alpha Edges（通道边缘）、Red（红色）、Green（绿色）、Blue（蓝色）模式。

✦ Highlights（高光）：设置高光颜色。

✦ Mid High（中间高光）：设置中间高光的颜色。

✦ Midtones（中间色）：设置中间色。

✦ Mid Low（中间阴影）：设置中间阴影的颜色。

✦ Shadows（阴影）：设置阴影颜色。

✦ Edge Thickness（边缘厚度）：设置光线边缘的厚度。

✦ Source Opacity（源素材不透明度）：调节源素材的不透明度。

✦ Shine Opacity（光线不透明度）：调节光线的不透明度。

✦ Transfer Mode（混合模式）：设置 Shine 光线的混合模式。

10.2.2　课堂练习——制作云层透光效果

本实例详细讲解了如何运用 Shine 特效模拟出云层透光的效果，通过对本实例的学习，读者可以掌握 Shine 特效的具体使用方法。

视频文件：　视频 \ 第 10 章 \10.2.2 课堂练习——制作云层透光效果 .mp4
源 文 件：　源文件 \ 第 10 章 \10.2.2

01 启动 After Effects CC 2018 软件，进入其操作界面。执行“合成”|“新建合成”命令，创建一个预置为 PAL D1/DV 的合成，设置“持续时间”为 5 秒，并设置好名称，单击“确定”按钮，如图 10-12 所示。

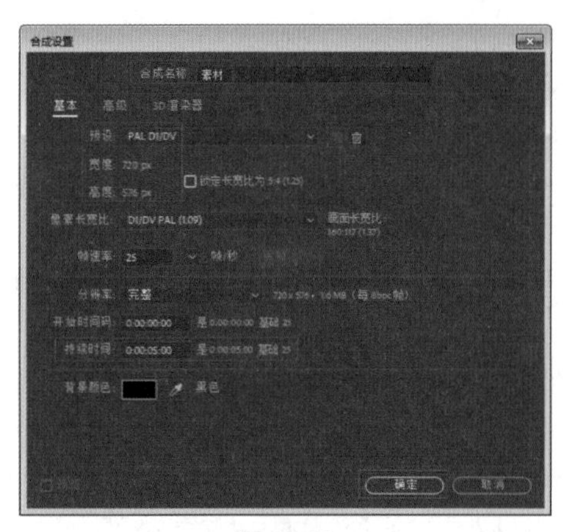

图 10-12

02 执行“文件”|“导入”|“文件”命令，在弹出的“导入文件”对话框中选择如图 10-13 所示的文件，单击“导入”按钮。

图 10-13

03 将“项目”窗口中的“素材 .psd”拖入“图层”面板，并为该图层执行“效果”|Trapcode|Shine 命令，并在“效果控件”面板展开 Colorize（色彩化）属性，设置 Colorize（颜色模式）为 None，Transfer Mode（混合模式）为 Add，如图 10-14 所示。操作完成后在“合成”窗口的对应预览效果如图 10-15 所示。

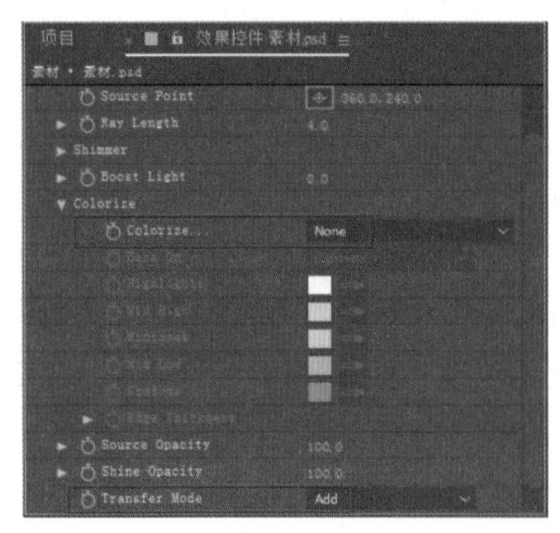

图 10-14

图 10-15

04 继续在“效果控件”面板展开 Pre-Process（预处理）属性，设置 Threshold（阈值）参数为 100，Source Point（光源点）参数为 474、10，如图 10-16 所示。操作完成后在“合成”窗口的对应预览效果如图 10-17 所示。

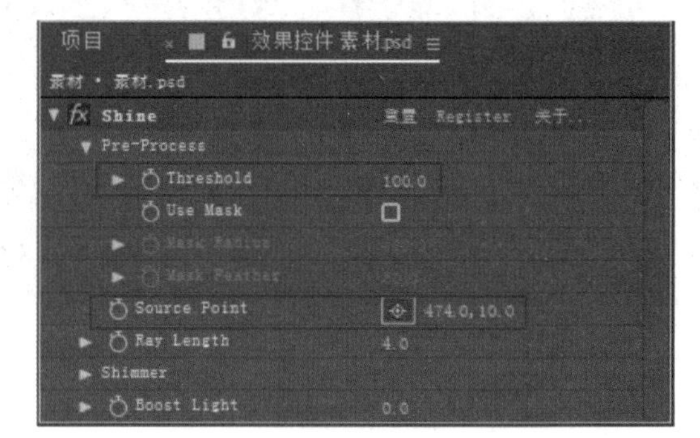

图 10-16

图 10-17

05 展开 Shimmer（微光）属性，设置 Amount（数量）参数为 300，Detail（细节）参数为 40，如图 10-18 所示。操作完成后在“合成”窗口的对应预览效果如图 10-19 所示。

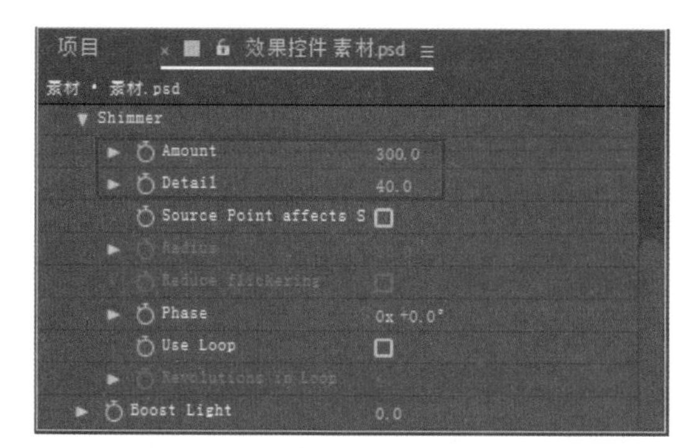

图 10-18

图 10-19

06 在“图层”面板中选择“素材.psd”图层，展开 Shine 效果下的 Pre–Process（预处理）属性，在 0:00:00:00 时间点位置设置 Threshold（阈值）参数为 255，Source Point（光源点）参数为 492、98，并分别单击这两个参数前的“时间变化秒表”按钮，设置关键帧，如图 10-20 所示。

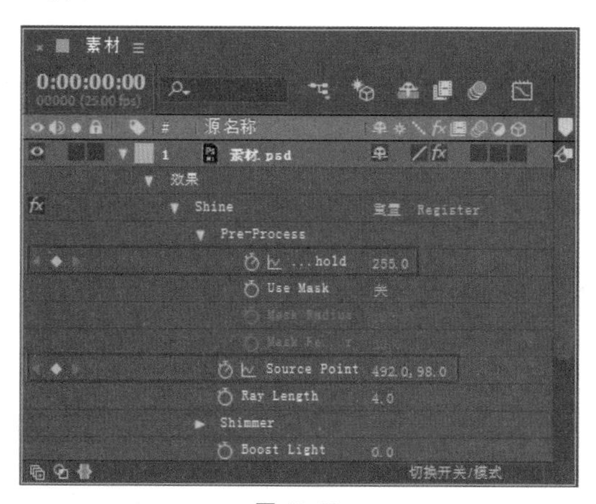

图 10-20

07 在该面板左上角修改时间点为 0:00:03:09，然后在该时间点设置 Threshold（阈值）参数为 100，Source Point（光源点）参数为 474、10，如图 10-21 所示。

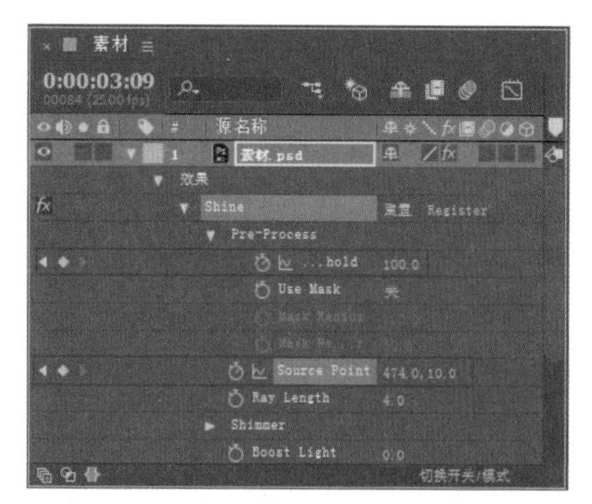

图 10-21

08 至此，本实例制作完毕，按空格键可以播放动画预览，最终效果如图 10-22 所示。

图 10-22

10.3　Trapcode Starglow 插件

Starglow（星光闪耀）插件是 Trapcode 公司为 After Effects 提供的星光效果插件，它是一个根据源图像的高亮部分建立星光闪耀的特效，类似于在拍摄时使用漫射镜头得到星光耀斑。使用该特效可以增强素材的环境感觉，它可以使用在实拍素材、三维渲染素材、After Effects 软件制作的素材上。

10.3.1 Starglow 插件使用技法

在“图层”面板中选择素材图层，执行“效果”|Trapcode|Starglow 命令，然后在“效果控件”面板展开设置参数，如图 10-23 所示。

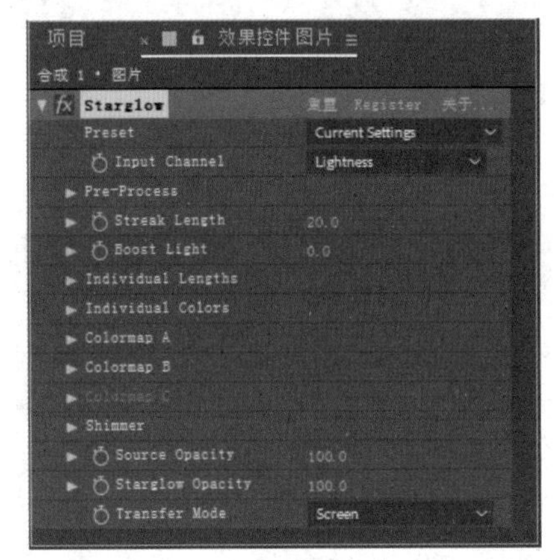

图 10-23

下面对 Starglow 效果的主要属性参数进行详细讲解。

✦ Preset（预设）：插件预设了 29 种各类镜头的耀斑特效，在右侧的下拉列表中可以选择任意一种效果。

✦ Input Channel（输入通道）：选择特效基于的通道，它包括 Lightness（明度）、Luminance（亮度）、Red（红色）、Green（绿色）、Blue（蓝色）、Alpha（通道）等类型。

✦ Pre-Process（预处理）：在应用 Starglow 效果之前需要设置的功能参数。

✦ Threshold（阈值）：定义产生星光特效的最小亮度值，值越小，画面上产生的星光闪耀特效就越多；值越大，产生星光闪耀的区域亮度要求就越高。

✦ Threshold Soft（区域柔化）：柔和高亮与低亮区域之间的边缘。

✦ Use Mask（使用遮罩）：选择该选项可以使用一个内置的圆形遮罩。

✦ Mask Radius（遮罩半径）：设置内置遮罩圆的半径。

✦ Mask Feather（遮罩羽化）：设置内置遮罩圆的边缘羽化。

✦ Mask position（遮罩位置）：设置内置遮罩圆的具体位置。

✦ Streak Length（光线长度）：调整整个星光的散射长度。

✦ Boost Light（星光亮度）：调整星光强度（亮度）。

✦ Individual Lengths（单独光线长度）：调整每个方向的光晕大小。

✦ Individual Colors（单独光线颜色）：设置每个方向的颜色贴图，最多有 A、B、C 3 种颜色贴图的选择。

✦ Shimmer（微光）：控制星光效果的细节部分。

✦ Amount（数量）：设置微光的数量。

✦ Detail（细节）：设置微光的细节。

✦ Phase（位置）：设置微光的当前相位，给这个参数加上关键帧，可以得到一个微光的动画。

✦ Use Loop（使用循环）：选择该选项可以强迫微光产生一个无缝的循环。

✦ Revolutions in Loop（循环旋转）：设置循环情况下，相位旋转的总体数目。

✦ Source Opacity（源素材透明度）：设置源素材的透明度。

✦ Starglow Opacity（星光效果的透明度）：设置星光效果的透明度。

✦ Transfer Mode（叠加模式）：设置星光闪耀特效和源素材的画面叠加方式。

10.3.2 课堂练习——绚丽旋转星星特效

本实例主要讲解了 Starglow 特效结合“无线电波”特效的具体应用方法，通过对本实例学习，读者可以掌握绚丽旋转星星的制作方法。

视频文件：　视频\第 10 章\10.3.2 课堂练习——绚丽旋转星星特效 .mp4
源 文 件：　源文件\第 10 章\10.3.2

01 启动 After Effects CC 2018 软件，进入其操作界面。执行“合成”|“新建合成”命令，创建一个预置为“自定义”的合成，设置大小为 720 像素 ×480 像素，设置“持续时间”为 10 秒，并设置好名称，单击“确定”按钮，如图 10-24 所示。

02 按快捷键 Ctrl+Y，在弹出的“纯色设置”对话框中创建一个与合成大小一致的固态层，并将其命名为“背景”，设置颜色为黑色，单击“确定”按钮，如图 10-25 所示。

03 在“图层”面板中选择“背景”图层，执行“效果”|“生成”|“无线电波”命令，并在“效果控件”面板设置“渲染品质”参数为 10，“边”为 1，“曲线大小”参数为 0.54，“曲线弯曲度”参数为 0.25，接着选中“星形”复选框，

并设置“星深度”为 –0.31，如图 10-26 所示。操作完成后在“合成”窗口的对应预览效果如图 10-27 所示。

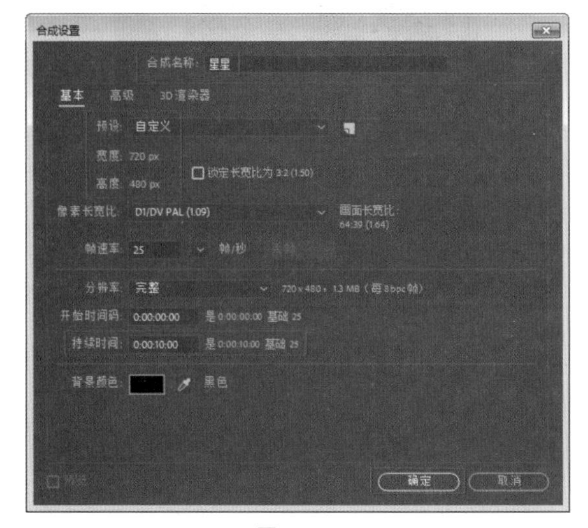

图 10-24

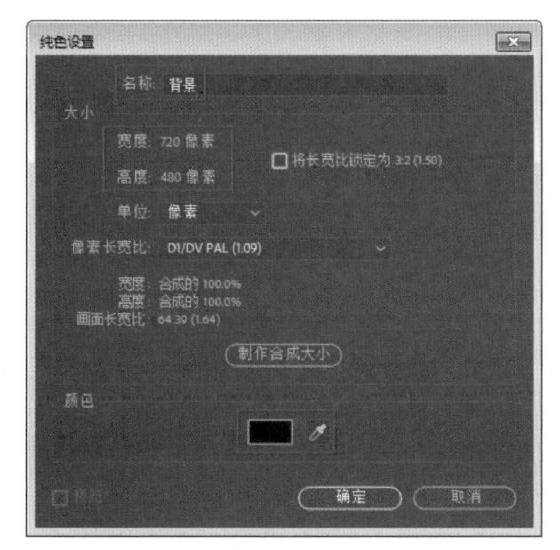

图 10-25

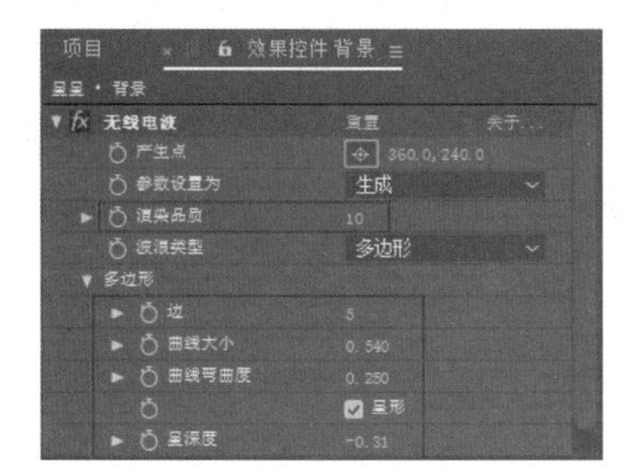

图 10-26

04 继续在“效果控件”面板展开“波动”属性，设置“旋转”参数为 40，“寿命（秒）”参数为 14.1。接着展开“描边”属性，设置颜色为白色，如图 10-28 所示。

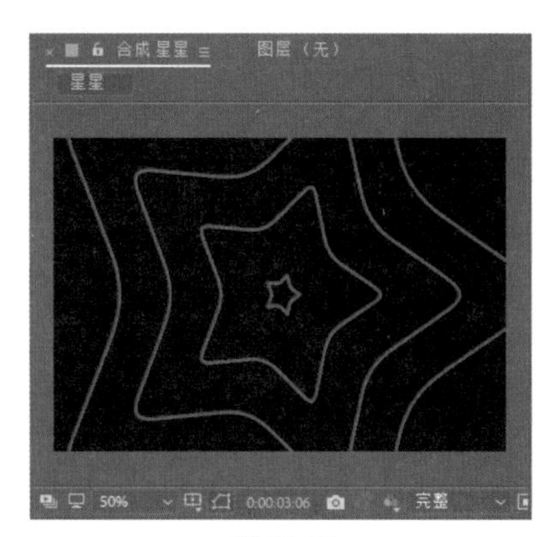

图 10-27

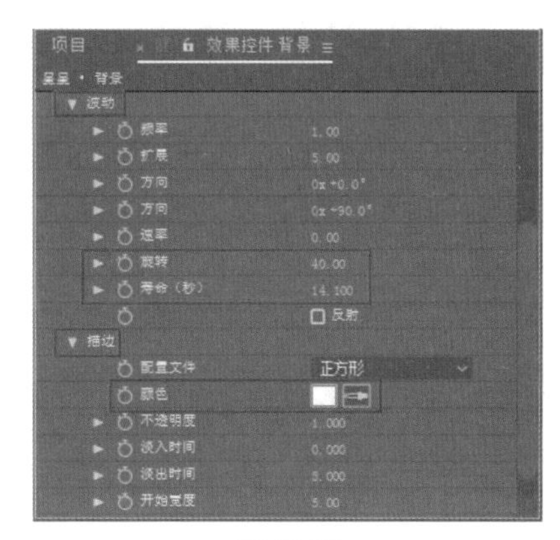

图 10-28

05 在“图层”面板中选择“背景”图层，执行“效果”|Trapcode|Starglow 命令，然后在“效果控件”面板设置 Preset（预设）为 Romantic，Streak Length（光线长度）参数为 100，Boost Light（星光亮度）参数为 20，最后设置 Transfer Mode（叠加模式）参数为 Hard Light，如图 10-29 所示。

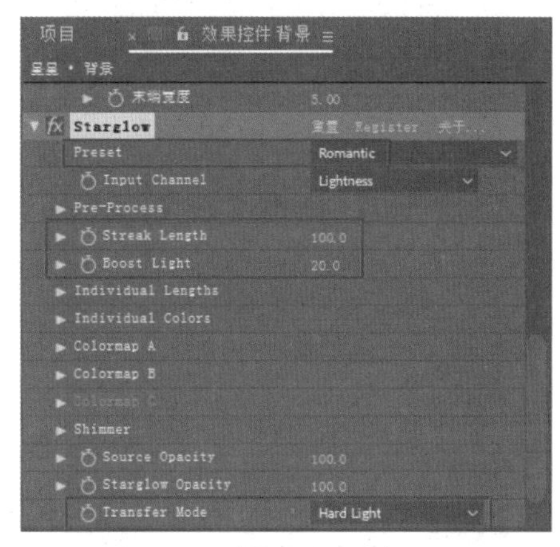

图 10-29

06 在“图层”面板中选择“背景”图层，执行“效果”|Trapcode|Starglow 命令，然后在“效果控件”面板设置相应参数。

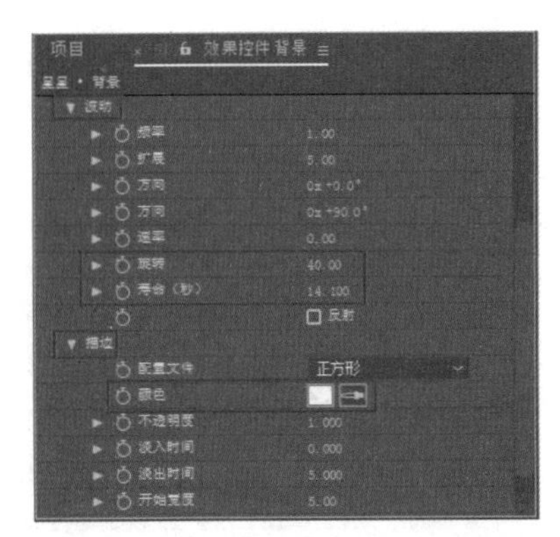

图 10-30

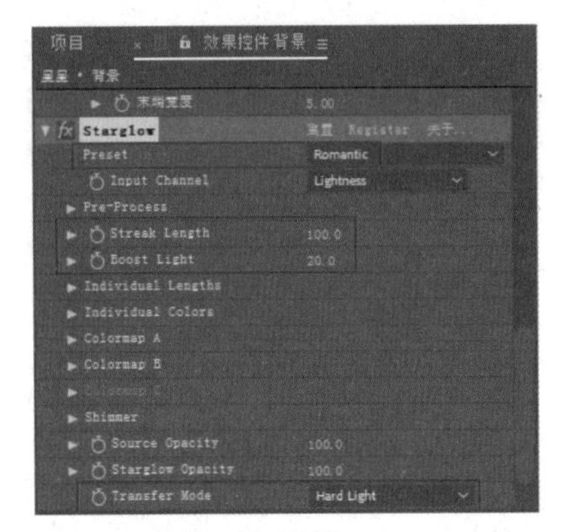

图 10-31

07 至此，本实例制作完毕，按空格键可以播放动画预览，最终效果如图 10-32 所示。

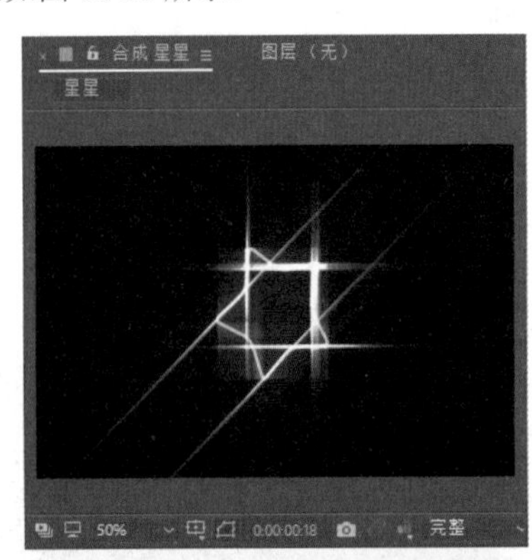

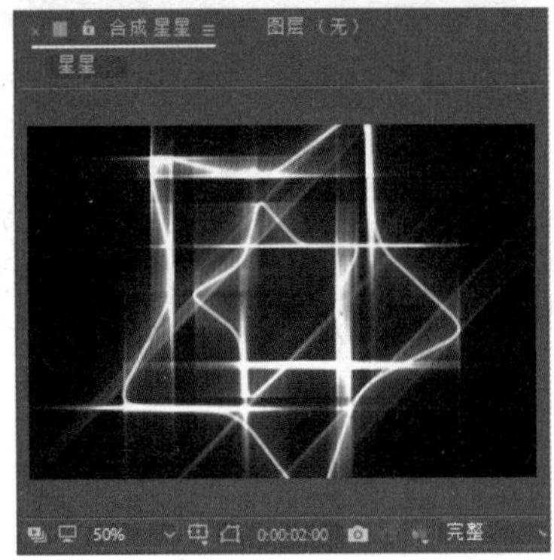

图 10-32

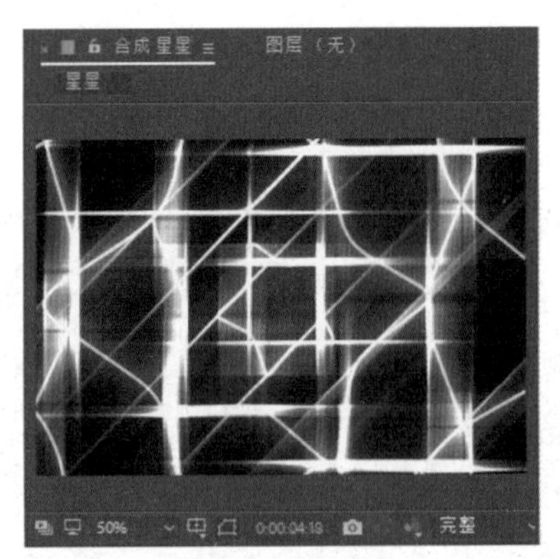

图 10-32（续）

10.4 Trapcode Particular（粒子）插件

Particular（粒子）插件是一个功能非常强大的三维粒子滤镜，通过该滤镜可以模拟出真实世界中的烟雾、爆炸等效果。Particular 滤镜可以与三维图层发生作用而制作出粒子反弹效果，或从灯光以及图层中发射粒子，还可以使用图层作为粒子样本进行发射。

10.4.1 Particular 插件使用技法

在“图层”面板中选择素材图层，执行“效果”|Trapcode|Particular 命令，然后在“效果控件”面板展开设置参数，如图 10-33 所示。

图 10-33

下面对 Particular 效果的主要属性参数进行详细讲解。

✦ Register（注册）：注册 Form 插件。

✦ Emitter（发射）：设置粒子产生的位置、粒子的初速度和粒子的初始发射方向等。

✦ Particles/Sec（每秒发射的粒子数）：该选项可以通过调整数值来控制每秒发射的粒子数。

✦ Emitter Type（发射类型）：设置粒子发射的类型，主要包括 Point（点）、Box（立方体）、Sphere（球体）、Grid（栅格）、Light（灯光）、Layer（图层）和 Layer Grid（图层栅格）7 种。

✦ Position XY、Position Z（粒子的位置）：如果为该选项设置关键帧，可以创建拖尾效果。

✦ Direction Spread（扩散）：控制粒子的扩散程度，数值越大，向四周扩散出来的粒子就越多；数值越小，向四周扩散出来的粒子就越少。

✦ X、Y、Z Rotation（X、Y、Z 轴向旋转）：通过调整它们的数值，用来控制发射器方向的旋转。

✦ Velocity（速率）：控制发射的速度。

✦ Velocity Random（随机速度）：控制速度的随机值。

✦ Velocity from motion（运动速率）：粒子运动的速度。

✦ Emitter Size X、Y、Z（发射器在 X、Y、Z 轴的大小）：只有当 Emitter Type（发射类型）设置为 Box（盒子）、Sphere（球体）、Grid（网格）和 Light（灯光）时，才能设置发射器在 X 轴、Y 轴、Z 轴的大小；而对于 Layer（图层）和 Layer Grid（层发射器）发射器，只能调节 Z 轴方向发射器的大小。

✦ Particle（粒子）：该选项组中的参数主要用来设置粒子的外观，如粒子的大小、不透明度以及颜色属性等。

✦ Life[sec]（生命值）：该参数通过数值调整可以控制粒子的生命期，以“秒”来计算。

✦ Life Random（生命期的随机性）：用来控制粒子生命期的随机性。

✦ Particle Type（粒子类型）：在其下拉列表中有 11 种类型，分别为 Sphere（球形）、Glow Sphere（发光球形）、Star（星形）、Cloudlet（云层形）、Streaklet（烟雾形）、Sprite（雪花）、Sprite Colorize（颜色雪花）、Sprite Fill（雪花填充）以及 3 种自定义类型。

✦ Size（大小）：控制粒子的大小。

✦ Size Random（大小随机值）：控制粒子大小的随机属性。

✦ Size Over life（粒子死亡后的大小）：控制粒子死亡后的大小。

✦ Opacity（不透明度）：控制粒子的不透明度。

✦ Opacity Random（随机不透明度）：控制粒子随机的不透明度。

✦ Opacity over life（粒子死亡后的不透明度）：控制粒子死亡后的不透明度。

✦ Set Color（设置颜色）：设置粒子的颜色。

✦ AtBirth（出生）：设置粒子刚生成时的颜色，并在整个生命期内有效。

✦ OverLife（生命周期）：设置粒子的颜色在生命期内的变化。

✦ Random from Gradient（随机）：选择随机颜色。

✦ Transfer Mode（合成模式）：设置粒子的叠加模式，在右侧的下拉列表中包含 6 种模式可供选择。

✦ Shading（着色）：设置粒子与合成灯光的相互作用，类似三维图层的材质属性。

✦ Physics（物理性）：设置粒子在发射以后的运动情况，包括粒子的重力、紊乱程度，以及设置粒子与同一合成中的其他图层产生的碰撞效果。

✦ Physics Model（物理模式）：包含两个模式，Air（空气）模式用于创建粒子穿过空气时的运动效果，主要设置空气的阻力、扰动等参数。Bounce（弹跳）模式用于实现粒子的弹跳。

✦ Gravity（重力）：粒子以自然方式降落。

✦ Physics Time Factor（物理时间因数）：调节粒子运动的速度。

✦ Aux System（辅助系统）：设置辅助粒子系统的相关参数，这个子粒子发射系统可以从主粒子系统的粒子中产生新的粒子。

✦ Emit（发射）：当 Emit 选择为 Off（关闭）时，Aux System（辅助系统）中的参数无效。只有选择 From Main Particles（来自主要粒子）或 At collision Event（碰撞事件）时，AuxSystem（辅助系统）中的参数才有效，也就是才能发射 Aux 粒子。

✦ Physics/Collision（粒子碰撞事件）：设置粒子碰撞事件的参数。

✦ Life[sec]（粒子生命期）：控制粒子的生命期。

✦ Type（类型）：控制 Aux 粒子的类型。

✦ Velocity（速率）：初始化 Aux 粒子的速度。

✦ Size（大小）：设置粒子的大小。

✦ Size over life（粒子死亡后的大小）：设置粒子死亡后的大小。

✦ Opacity/Opacity over life（透明度及衰减）：设置粒子的透明度。

✦ Color over life（颜色衰减）：控制粒子颜色的变化。

✦ Color From Main：使 Aux 与主系统粒子颜色相同。

✦ Gravity（重力）：粒子以自然方式降落。

✦ Transfer Mode（叠加模式）：设置叠加模式。

✦ World Transform（坐标空间变换）：设置视角的

旋转和位移状态。

✦ Visibility（可视性）：设置粒子的可视性。

✦ Rendering（渲染）：设置渲染方式、摄像机景深以及运动模糊等效果。

✦ Render Mode（渲染模式）：设置渲染的方式，包含 Full Render（完全渲染）和 Motion Preview（预览）两种方式。

✦ Depth of Field（景深）：设置摄像机景深。

✦ Transfer Mode（叠加模式）：设置叠加模式。

✦ Motion Blur（运动模糊）：使粒子的运动更平滑，模拟真实摄像机效果。

✦ Shutter Angle（快门角度）、Shutter Phase（快门相位）：这两个选项只有在 Motion Blur（运动模糊）为 On（打开）时才有效。

✦ Opacity Boost（提高透明度）：当粒子透明度降低时，利用该选项提高。

10.4.2 课堂练习——火焰转场特效

本实例主要介绍了 Particular 特效的具体使用方法，通过对本实例学习，读者可以掌握 Particular 特效在模拟火焰特效方面的具体应用方法。

视频文件： 视频\第 10 章\10.4.2 课堂练习——火焰转场特效 .mp4

源 文 件： 源文件\第 10 章\10.4.2

01 启动 After Effects CC 2018 软件，进入其操作界面。执行“合成”|“新建合成”命令，创建一个预置为“自定义”的合成，设置大小为 640 像素 ×640 像素，设置“持续时间”为 5 秒，并设置好名称，单击“确定”按钮，如图 10-34 所示。

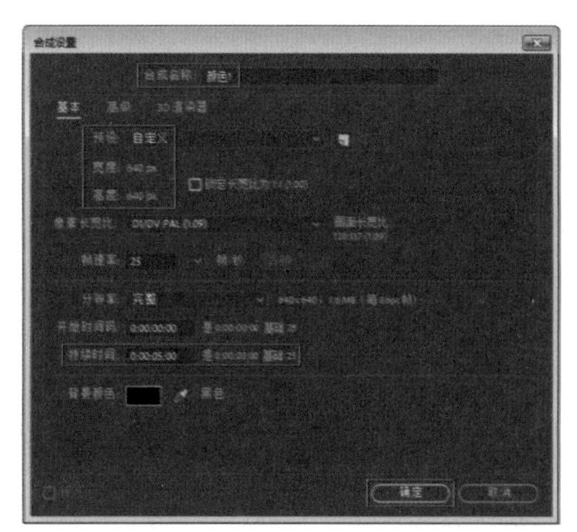

图 10-34

02 按快捷键 Ctrl+Y，在弹出的“纯色设置”对话框中创建一个与合成大小一致的固态层，并将其命名为“颜色”，设置颜色为黑色，单击“确定”按钮，如图 10-35 所示。

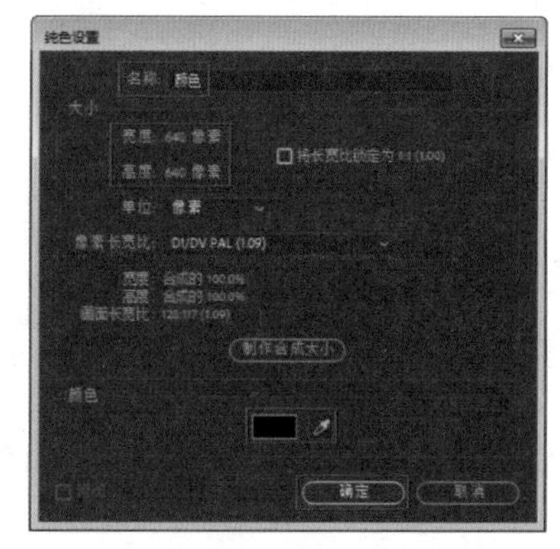

图 10-35

03 在“图层”面板中选择“颜色”图层，执行“效果”|“生成”|“梯度渐变”命令，然后在“效果控件”面板设置“渐变起点”参数为 0、0，“渐变终点”参数为 640、0，如图 10-36 所示。

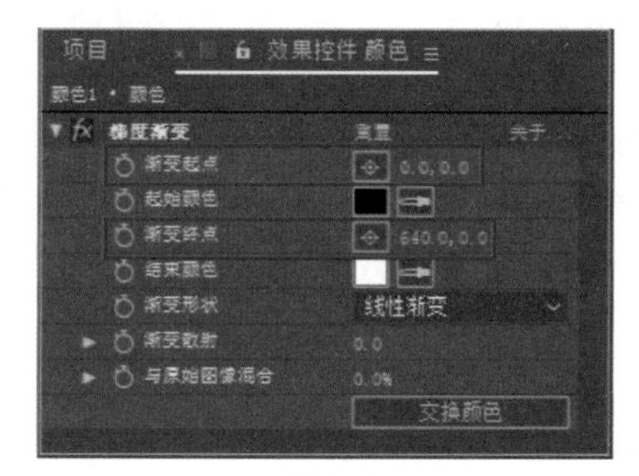

图 10-36

04 继续选择“颜色”图层，执行“效果”|“扭曲”|“极坐标”命令，并在“效果控件”面板中设置“插值”参数为 99，“转换类型”为“矩形到极线”，如图 10-37 所示。

图 10-37

05 选择“颜色”图层，执行“效果”|“颜色校正”|“色光”命令，然后在“效果控件”面板展开“输出循环”属性，将“使用预设调板”设置为金色 1，如图 10-38 所示。操作完成后在“合成”窗口的预览效果如图 10-39 所示。

06 在“图层”面板中选择“颜色”图层，在 0:00:00:00 时间点位置设置其“缩放”参数为 1、1，“旋转”参数为 0×+0°，并单击这两个参数前的“时间变化秒表”按钮，设置关键帧，如图 10-40 所示。

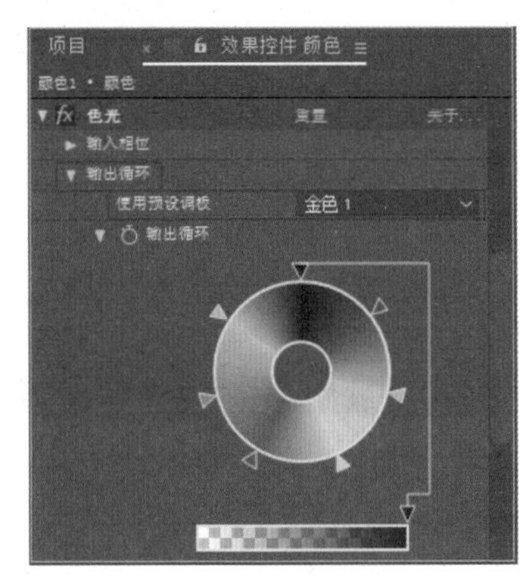

图 10-38

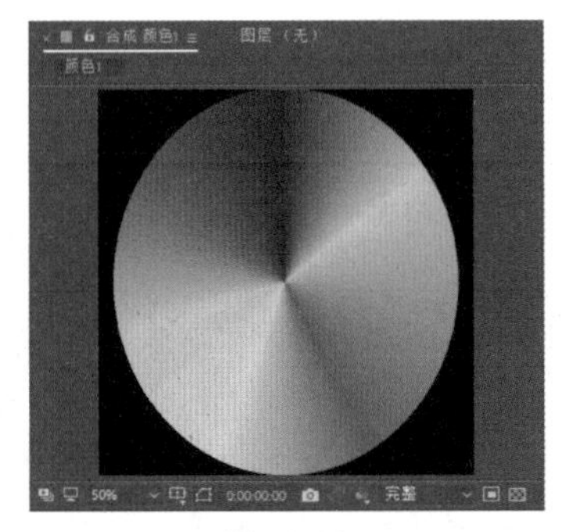

图 10-39

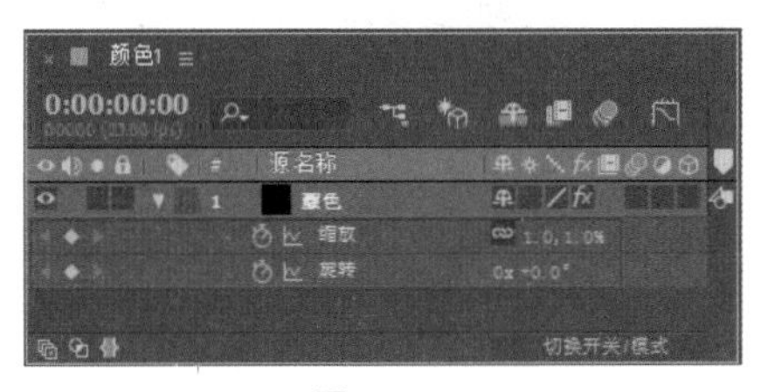

图 10-40

07 接着在 0:00:01:11 时间点位置设置“缩放”参数为 150、150，在 0:00:02:12 时间点位置设置“旋转”参数为 1×+0°，如图 10-41 所示。

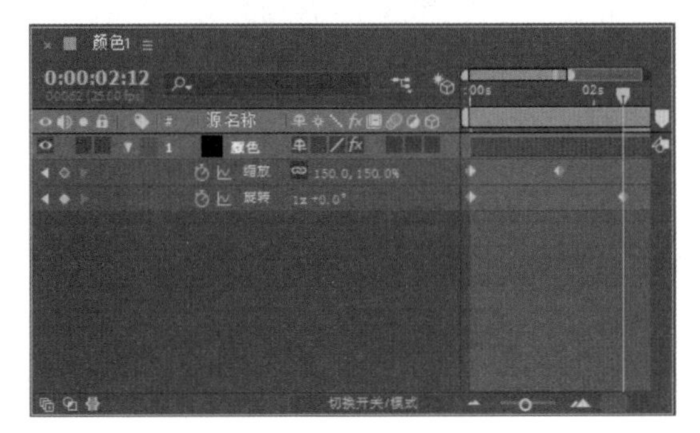

图 10-41

08 按快捷键 Ctrl+N 创建一个新合成，设置其名称为“颜色 2”，参数设置与“颜色 1”合成一致。创建完成后将“项目”窗口中的“颜色 1”合成拖入“颜色 2”的“图层”面板，接着在 0:00:01:12 时间点位置用“椭圆”工具在“颜色 1”图层上绘制一个小圆点，并单击“蒙版路径”参数前的“时间变化秒表”按钮，最后选中蒙版中的“反转”复选框，如图 10-42 所示。操作完成后在“合成”窗口的对应预览效果如图 10-43 所示。

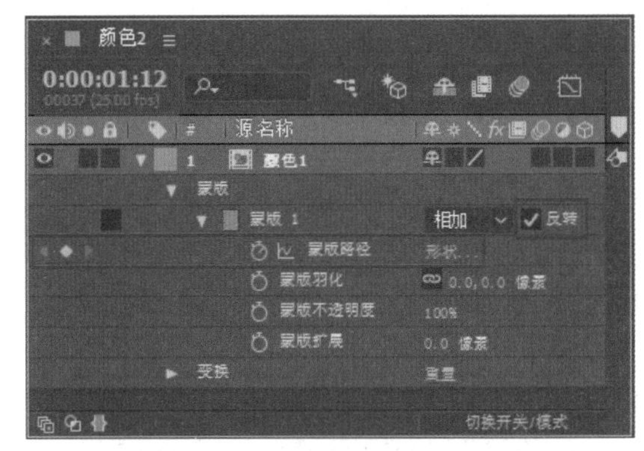

图 10-42

图 10-43

09 在该面板左上角修改时间点为 0:00:03:00，然后在“合成”窗口双击蒙版进行放大，使“合成”窗口不显示“颜色 1”图层的内容，蒙版形状如图 10-44 所示。

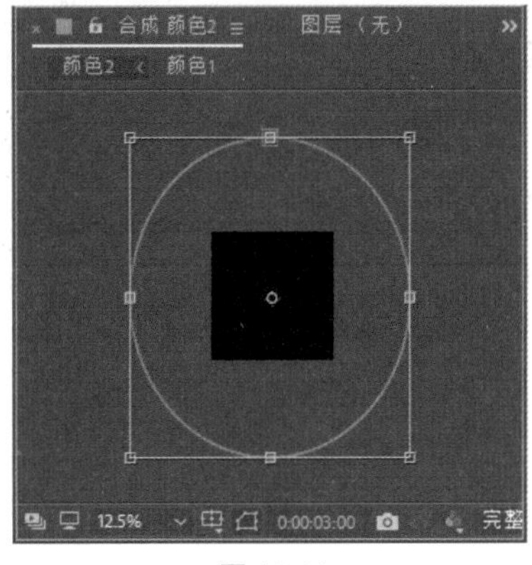

图 10-44

10 再次按快捷键 Ctrl+N 创建一个新合成，设置其名称为“火焰”，并设置其持续时间为 3 秒。创建完成后将“项目”窗口中的“颜色 2”合成拖入“火焰”的“图层”面板，并开启该图层的“3D 图层”开关，如图 10-45 所示。

图 10-45

11 按快捷键 Ctrl+Y 创建一个与合成大小一致的固态层，并将其命名为“粒子”，如图 10-46 所示。

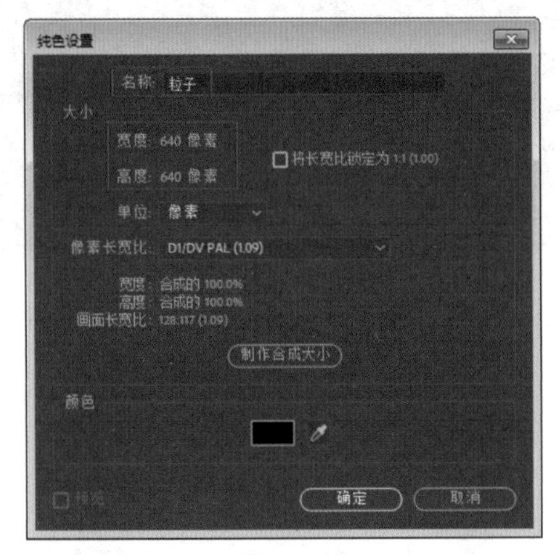

图 10-46

12 选择上述创建的“粒子”图层，执行“效果”|Trapcode|Particular 命令，然后在“效果控件”面板展开 Emitter（发射）属性，设置 Emitter Type 为 Layer Grid，并按照图 10-47 所示进行参数设置。

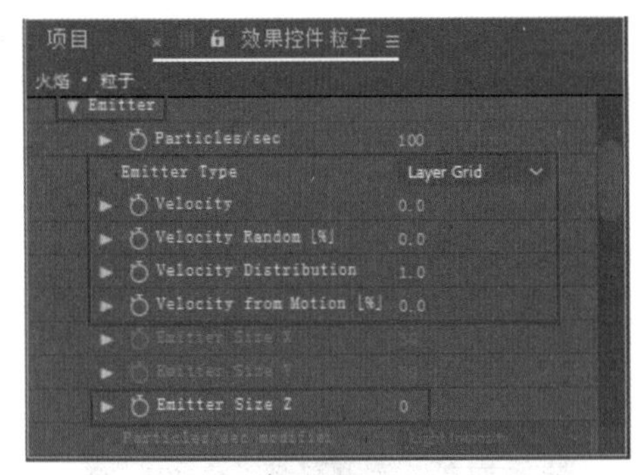

图 10-47

13 继续在“效果控件”面板展开 Particle（粒子）属性，设置 Life[sec]（生命值）参数为 6，Size（大小）参数为 1.5，Opacity（不透明度）参数为 20，最后设置 ransfer Mode（合成模式）为 Add（相加），如图 10-48 所示。

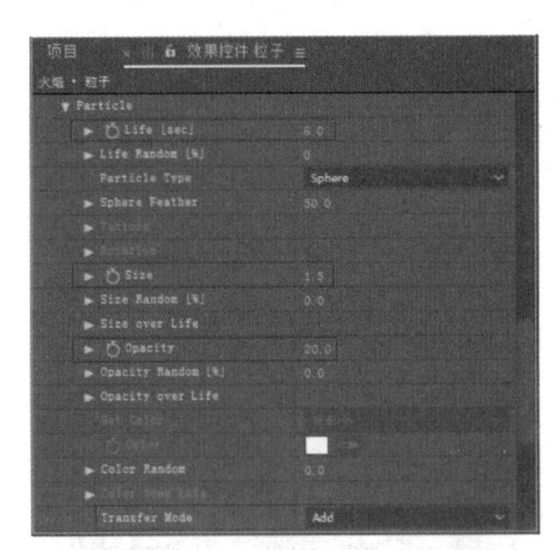

图 10-48

14 接着展开 Physics（物理性）下的 Air 属性，按照图 10-49 所示对 Turbulence Field（紊乱场）属性进行参数设置。

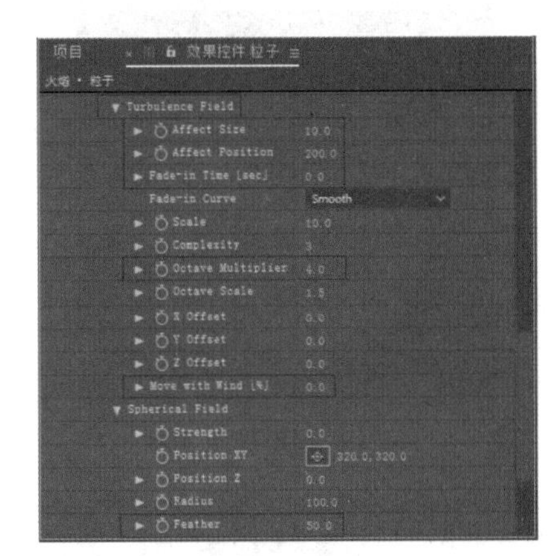

图 10-49

15 在“图层”面板中选择“粒子”图层，展开其 Emitter（发射）属性，在 0:00:00:00 时间点设置 Particular/Sec（每秒发射的粒子数）参数为 100，并单击该参数前的“时间变化秒表”按钮，设置关键帧，如图 10-50 所示。

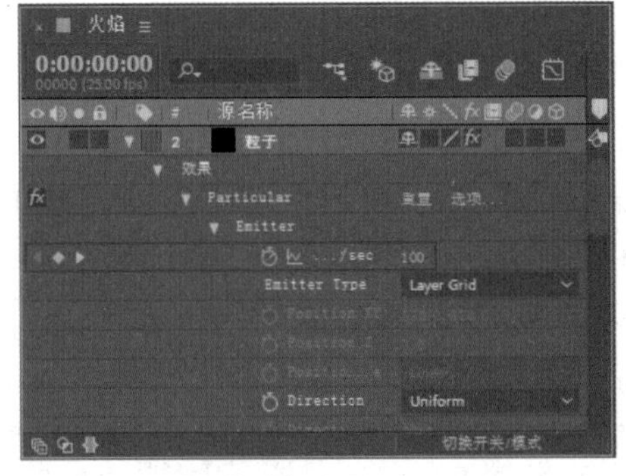

图 10-50

16 在该面板左上角修改时间点为 0:00:00:08，然后在该时间点设置 Particular/Sec（每秒发射的粒子数）参数为 0，如图 10-51 所示。

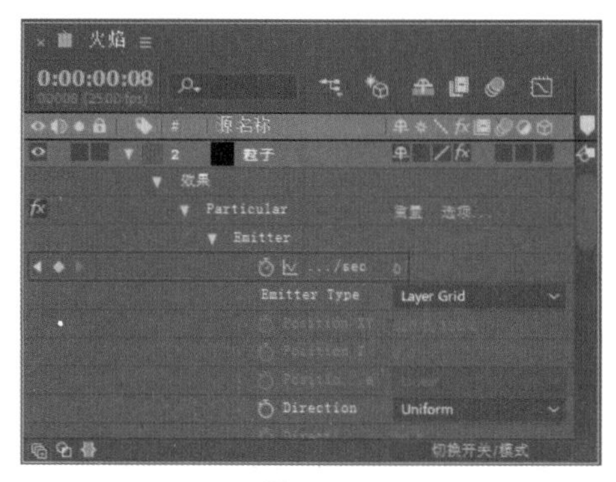

图 10-51

17 至此，本实例制作完毕，按空格键可以播放动画预览，最终效果如图 10-52 所示。

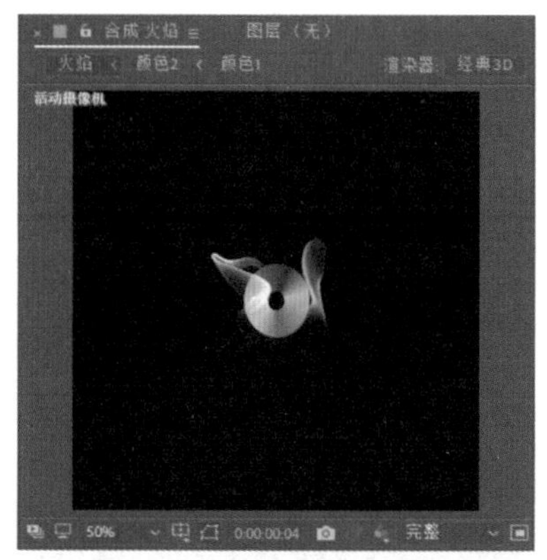

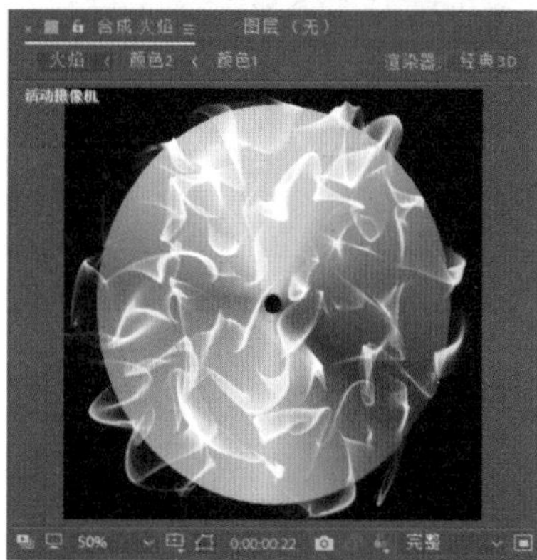

图 10-52

10.5　实战——心形光效制作

结合本章所学内容，本实例详细讲解了第三方插件与 After Effects 蒙版技术结合应用的具体方法，通过对本实例学习，读者可以掌握应用插件制作心形动态光效的方法。

视频文件：　视频 \ 第 10 章 \10.5 实战——心形光效制作 .mp4

源 文 件：　源文件 \ 第 10 章 \10.5

01 启动 After Effects CC 2018 软件，进入其操作界面。执行“合成”|“新建合成”命令，创建一个预置为 PAL D1/DV 的合成，设置“持续时间”为 5 秒，并设置好名称，单击“确定”按钮，如图 10-53 所示。

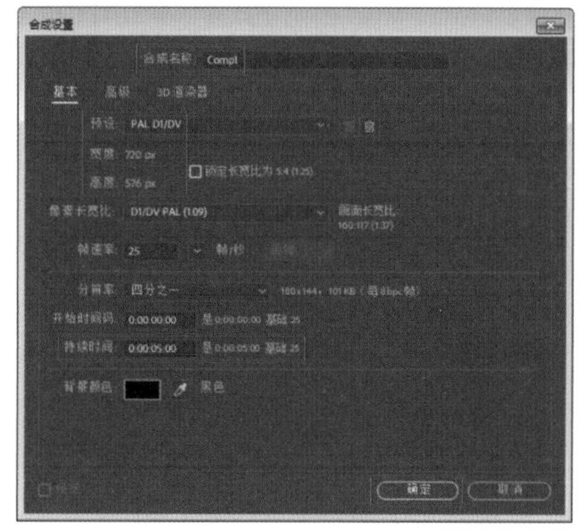

图 10-53

02 按快捷键 Ctrl+Y，在弹出的“纯色设置”对话框中创建一个与合成大小一致的固态层，并将其命名为 Black，设置颜色为黑色，单击“确定”按钮，如图 10-54 所示。

图 10-54

03 在“图层”面板中选择 Black 图层，执行“效果”|Trapcode|Particular 命令，使用“钢笔”工具在“合成”窗口绘制一个遮罩，形状如图 10-55 所示。

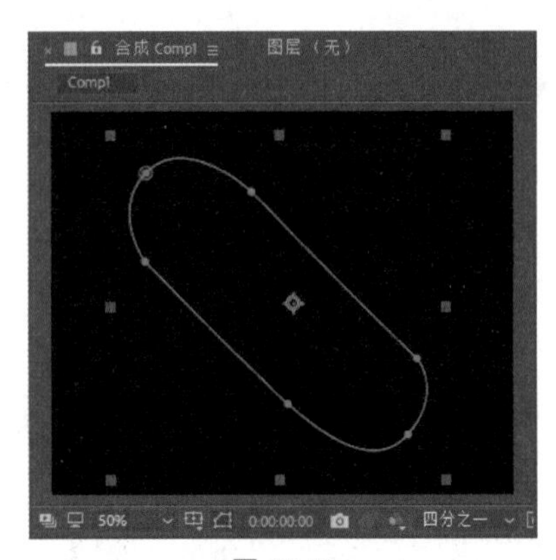

图 10-55

04 继续选择 Black 图层，执行“效果”|“生成”|“勾画”命令，然后在“效果控件”面板设置“描边”为“蒙版/路径”，“片段”参数为 1，“长度”参数为 0.6，“随机植入”参数为 5，如图 10-56 所示。

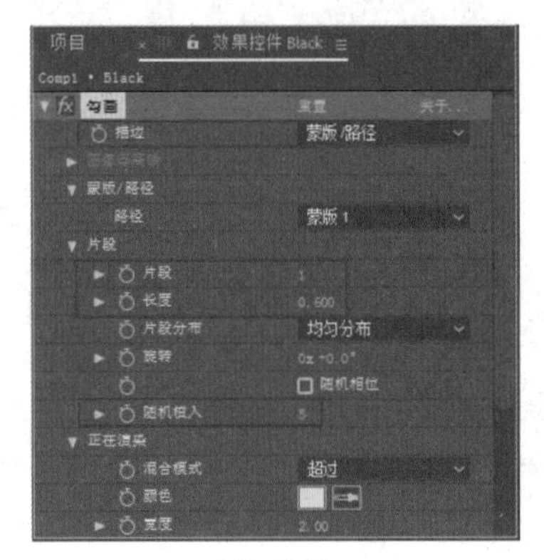

图 10-56

05 在“图层”面板展开“勾画”属性，然后在 0:00:00:00 时间点位置设置“片段”属性栏中的“旋转”参数为 0×+0°，并单击该参数前的“时间变化秒表”按钮，设置关键帧，如图 10-57 所示。

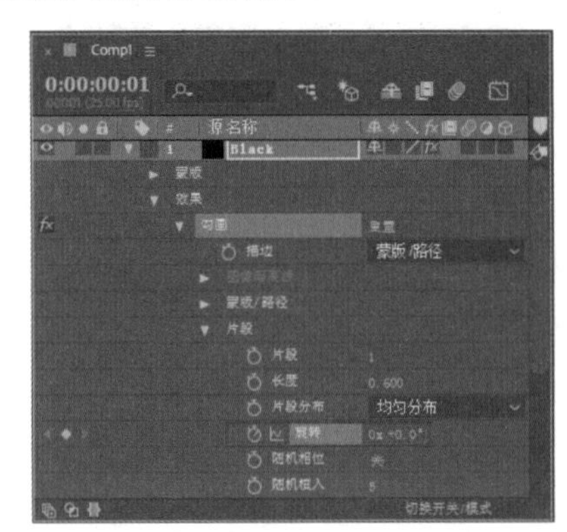

图 10-57

06 在该面板左上角修改时间点为 0:00:05:00，然后在该时间点设置“旋转”参数为 -4×+0°，如图 10-58 所示。

图 10-58

07 选择 Black 图层，执行“效果”|Trapcode|Starglow 命令，然后在“效果控件”面板设置 Preset（预设）为 White Star，Input Channel（输入通道）为 Luminance（亮度），Streak Length（光线长度）参数为 20，Boost Light（星光亮度）参数为 2，如图 10-59 所示。

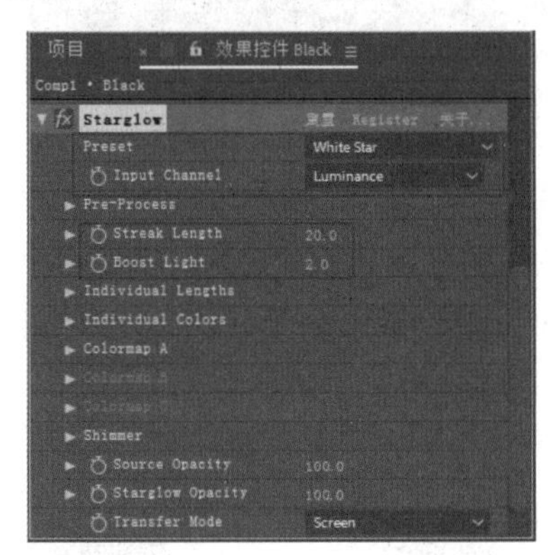

图 10-59

08 在“图层”面板中选择 Black 图层，按快捷键 Ctrl+D 复制层，并将复制出来的层重命名为 Black2，选中该层，然后在“效果控件”面板设置勾画特效中的“长度”参数为 0.02，设置 Starglow 特效中的 Boost Light（星光亮度）参数为 0，如图 10-60 所示。

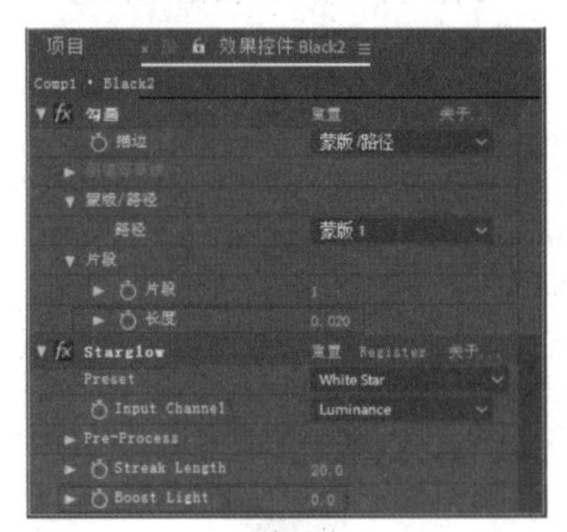

图 10-60

09 按快捷键 Ctrl+N 创建一个预置为“自定义”的合成，

设置大小为720像素×480像素，设置“持续时间”为5秒，并设置好名称，单击“确定”按钮，如图10-61所示。

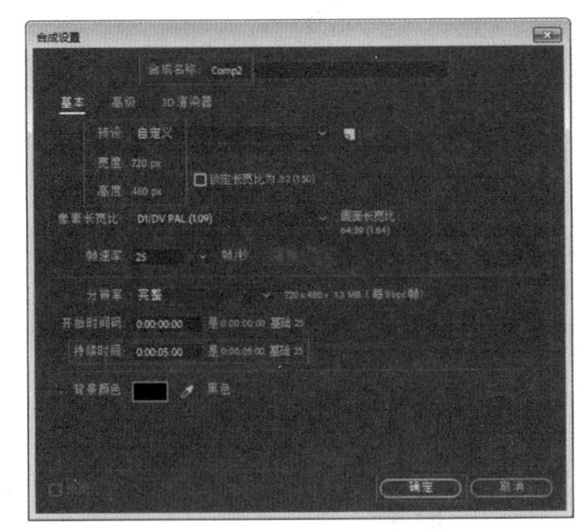

图 10-61

10 将“项目”窗口中的Comp1合成拖入Comp2合成中，并设置Comp1图层的模式为“叠加”，然后按快捷键Ctrl+D复制层，并展开复制层的变换属性，设置其“旋转”参数为0×+100°，如图10-62所示。

图 10-62

11 执行“文件”|“导入”|“文件”命令，在弹出的“导入文件”对话框中选择如图10-63所示的文件，单击“导入”按钮。

图 10-63

12 再次按快捷键Ctrl+N创建一个预置为“自定义”的合成，设置大小为720像素×480像素，“持续时间”为5秒，并设置好名称。然后将“项目”窗口中的Comp2和“背景.jpg”素材先后拖入“图层”面板，并设置“背景.jpg”图层的“缩放”参数为115，图层的模式为“叠加”，如图10-64所示。

图 10-64

13 至此，本实例制作完毕，按空格键可以播放动画预览，最终效果如图10-65所示。

图 10-65

10.6 本章小结

本章主要讲解了 After Effects CC 2018 常用的几款第三方插件的使用方法，分别是 3D Stroke（3D 描边）、Shine（扫光）、Starglow（星光闪耀）和 Particular（粒子）效果。其中 3D Stroke 是一款描绘三维路径的特效插件，可以将图层中的蒙版路径转换为线条，在三维空间中自由地移动或旋转，并且可以为这些线条设置各种关键帧动画，主要用于制作类似于动态轨迹、动态光效等动画效果；Shine 插件可以为文字或图层添加光线，常用于制作文字、标志和物体发光的效果；Starglow 插件应用在粒子特效上非常漂亮，可以渲染出宇宙星光、演唱会气氛光效等；Particular 作为一款强大的粒子插件，能帮助用户在 After Effects 中营造出各种绚丽夺目的粒子效果。熟练掌握这几款插件，对于制作优质动画效果具有很好的辅助作用，不仅可以丰富画面效果，也能大幅提高一些复杂特效的制作效率。

图 11-1

第 11 章

综合实例——MG风格游轮动画

MG 动画是英文 Motion Graphics 的简称，直译过来就是“动态图形动画”。动态图形指的是“随时间流动而改变形态的图形”，简单来说，动态图形可以解释为会动的图形设计，是影像艺术的一种。

动态图形融合了平面设计、动画设计和电影语言，它的表现形式丰富多样，具有极强的包容性，可以和各种表现形式以及艺术风格混搭。动态图形的主要应用领域集中于节目包装、电影电视片头、商业广告、MV、现场舞台屏幕、互动装置等。本章将通过实例讲解如何利用 After Effects CC 2018 制作 MG 风格动画，具体效果如图 11-1 所示。

第 11 章素材文件

第 11 章视频文件

11.1 绘制轮船元件

在前期想好创意后，就需要着手创建 MG 动画元件了，用户可以选择在 Adobe Illustrator 矢量图形处理软件中进行动画元件的绘制。

此外，After Effects 的内置绘图工具同样能够帮助用户快速分层绘制动画元件，一定程度上能帮助用户节省二次导入的时间，分层创立元件的好处在于方便后期在 After Effects 中进行帧动画的调节。接下来，将具体讲解如何在 After Effects CC 2018 中分层绘制动画元件。

11.1.1 船底部的绘制

视频文件：　视频 \ 第 11 章 \11.1.1 船底部的绘制 .mp4

源 文 件：　源文件 \ 第 11 章 \11.1.1

01 启动 After Effects CC 2018 软件，执行“合成”|“新建合成”命令，在弹出的“合成设置”对话框中创建一个预设为“自定义”的合成，设置大小为 800 像素 ×600 像素，设置“像素长宽比”为方形像素，设置帧速率为 25 帧 / 秒，持续时间为 2 秒，并设置名称为“船”，如图 11-2 所示。

02 在“图层”面板的空白处右击，在弹出的快捷菜单中选择“新建”|“形状图层”命令，如图 11-3 所示。

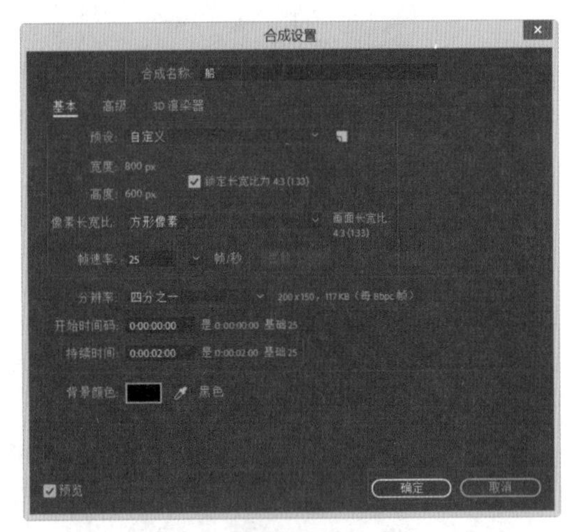

图 11-2

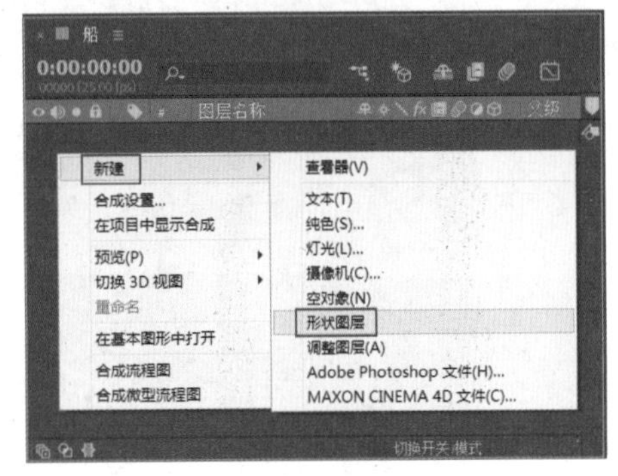

图 11-3

03 在“图层”面板中选择上述创建的形状图层并右击，在弹出的快捷菜单中选择“重命名”命令，修改形状图层的名称为“船底部 a”，如图 11-4 所示。

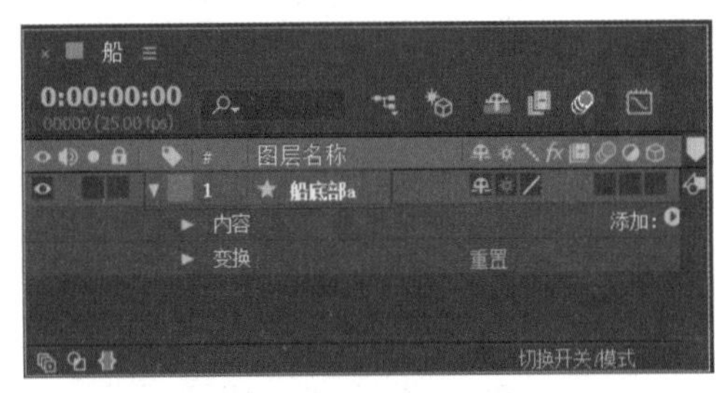

图 11-4

04 选择“船底部 a”图层，接着在“工具”面板选择“钢笔”工具，并设置填充颜色的 RGB 参数为 51、70、84（这里和之后绘制的图形描边属性统一设置为“无”，之后不做提示），然后移动光标至“合成”窗口，绘制一个如图 11-5 所示的形状。

技巧与提示：

用“钢笔”工具绘制直线时，可在单击下一锚点时按住 Shift 键，确保绘制的线条不发生偏移。

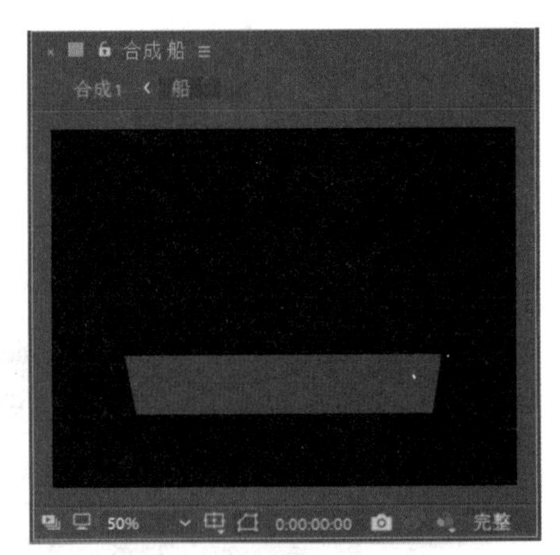

图 11-5

05 执行“图层”|“新建”|“形状图层”命令，再次创建一个形状图层，并修改其名称为“船底部 b”，如图 11-6 所示。

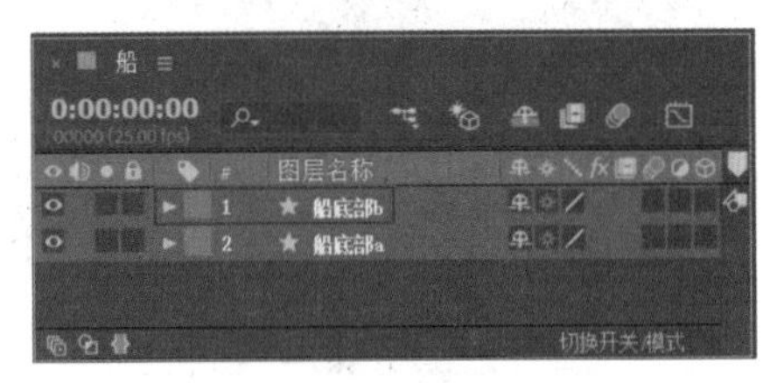

图 11-6

06 选择“船底部 b”图层，接着在“工具”面板选择“矩形”工具，移动光标至“合成”窗口，并设置填充颜色的 RGB 参数为 45、63、77，在“船底部 a”形状上方绘制一个长条矩形，如图 11-7 所示。

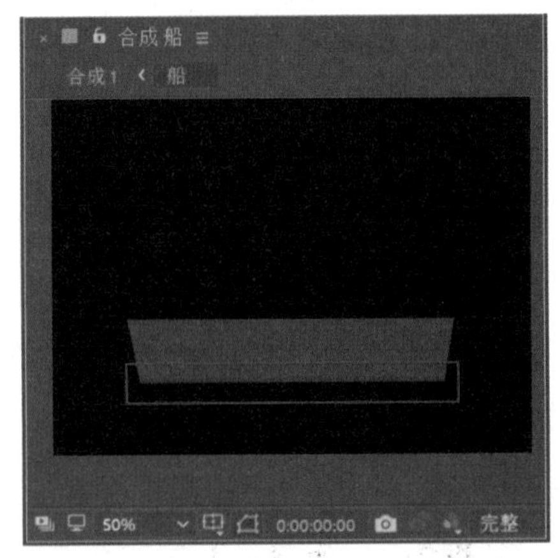

图 11-7

07 执行“图层”|“新建”|“形状图层”命令，创建新的形状图层，并修改其名称为“船底部 c”，如图 11-8 所示。

08 选择“船底部 c”图层，用“矩形”工具在“合成”窗口绘制一个如图 11-9 所示的矩形（矩形颜色的 RGB 参数为 45、63、77）。

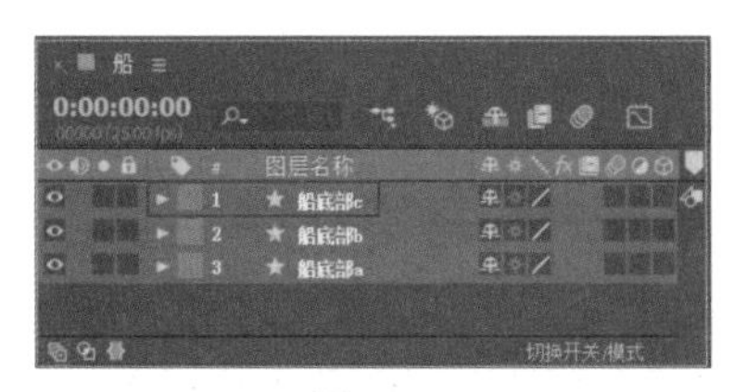

图 11-8

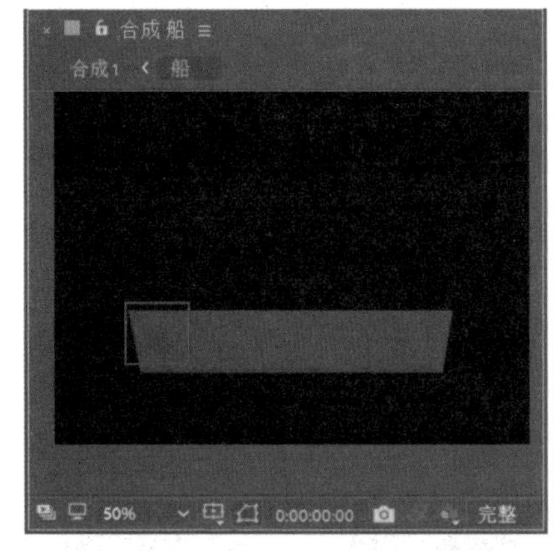

图 11-9

09 执行“图层”|“新建”|“形状图层”命令，创建新的形状图层，并修改其名称为“船底部 d”，如图 11-10 所示。

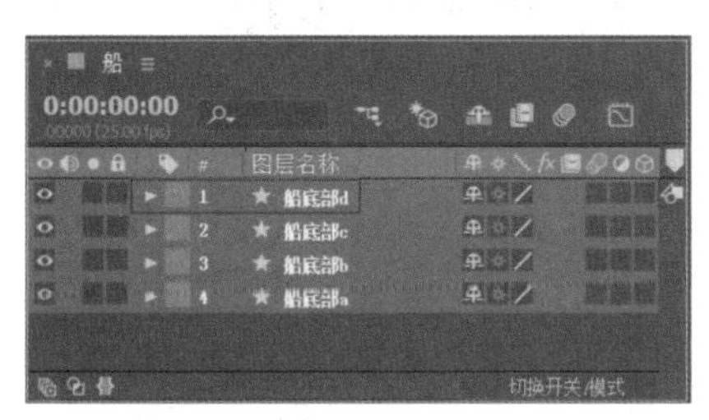

图 11-10

10 选择“船底部 d”图层，用“钢笔”工具在“合成”窗口绘制一个如图 11-11 所示的形状（矩形颜色的 RGB 参数为 45、63、77）。

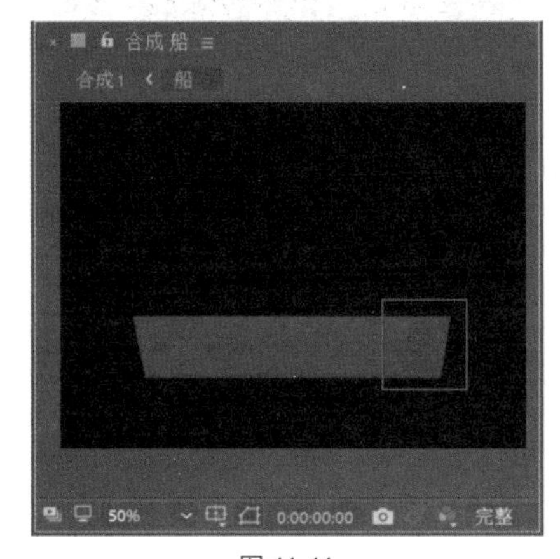

图 11-11

11 执行“图层”|“新建”|“形状图层”命令，创建新的形状图层，并修改其名称为“船底部 e”，如图 11-12 所示。

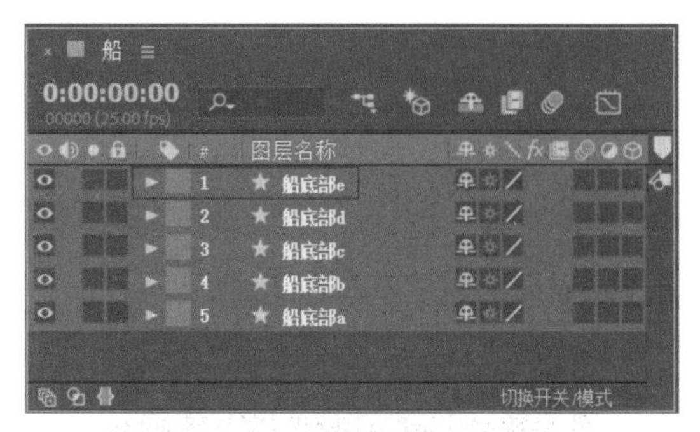

图 11-12

12 选择“船底部 e”图层，用“矩形”工具在“合成”窗口绘制一个如图 11-13 所示的长条形状（矩形颜色的 RGB 参数为 132、150、160）。

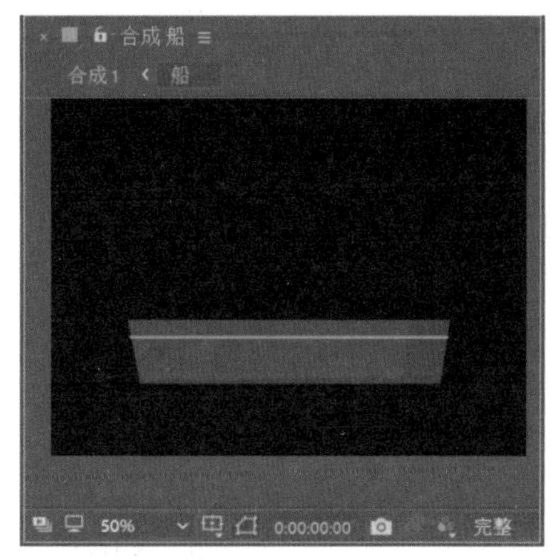

图 11-13

11.1.2　船身的绘制

视频文件：　视频 \ 第 11 章 \11.1.2 船身的绘制 .mp4

源 文 件：　源文件 \ 第 11 章 \11.1.2

01 执行“图层”|“新建”|“形状图层”命令，创建形状图层，并修改其名称为“船身 a”，如图 11-14 所示。

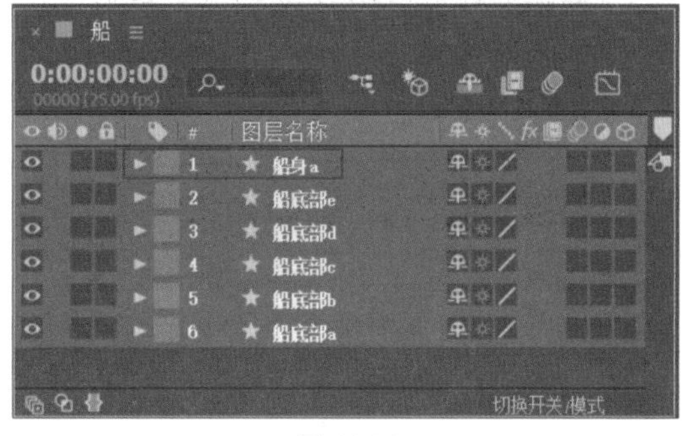

图 11-14

02 选择“船身 a”图层，用“矩形”工具■在“合成”窗口绘制一个如图 11-15 所示的长条矩形（矩形颜色的 RGB 参数为 252、246、232）。

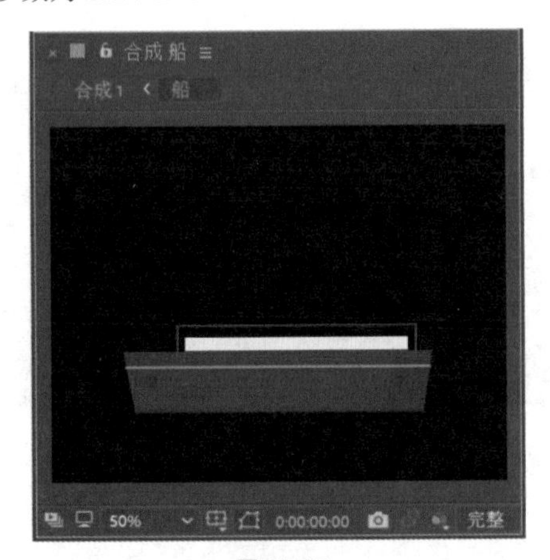

图 11-15

03 执行“图层”|“新建”|“形状图层”命令，创建形状图层，并修改其名称为“船身 b”，如图 11-16 所示。

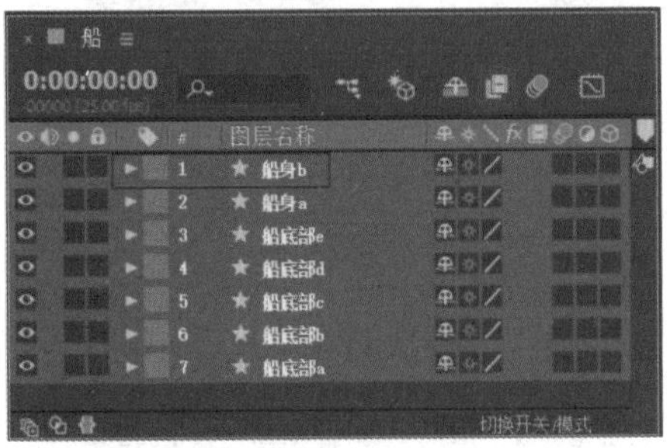

图 11-16

04 选择“船身 b”图层，用“矩形”工具■在“合成”窗口绘制一个如图 11-17 所示的长条矩形（矩形颜色的 RGB 参数为 240、233、224）。

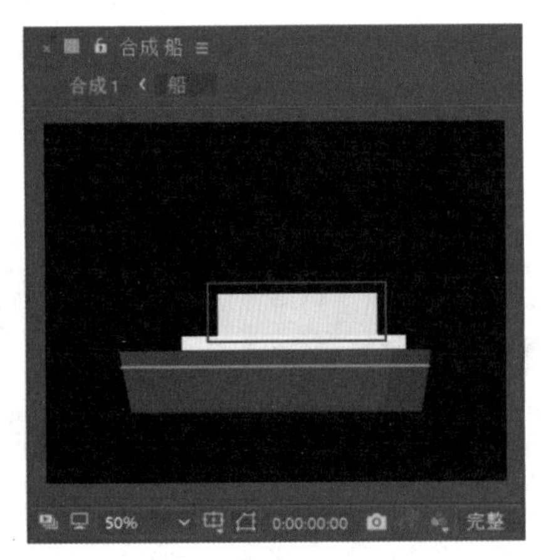

图 11-17

05 执行“图层”|“新建”|“形状图层”命令，创建形状图层，并修改其名称为“船身 c”，如图 11-18 所示。

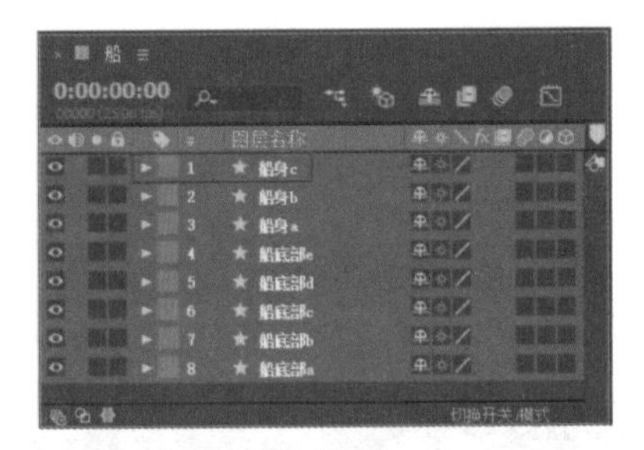

图 11-18

06 选择“船身 c”图层，用“矩形”工具■在“合成”窗口绘制一个如图 11-19 所示的长条矩形（矩形颜色的 RGB 参数为 240、233、224）。

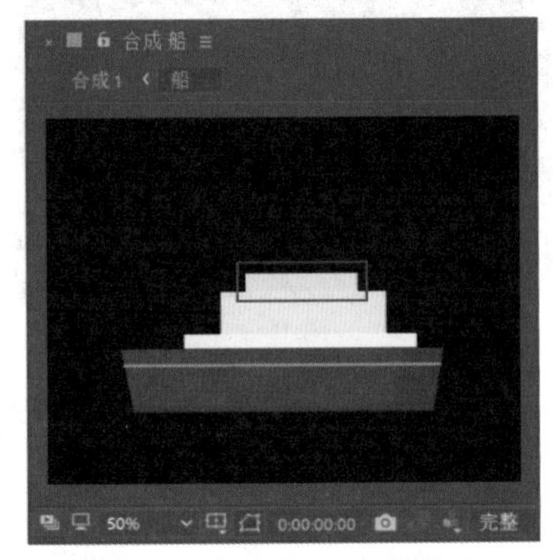

图 11-19

07 用上述同样的方法继续创建新的形状图层，并修改名称为“阴影 a”，然后在“图层”面板中选择“阴影 a”图层，用“矩形”工具■在“合成”窗口绘制一个如图 11-20 所示的矩形作为阴影（矩形颜色的 RGB 参数为 196、192、183）。

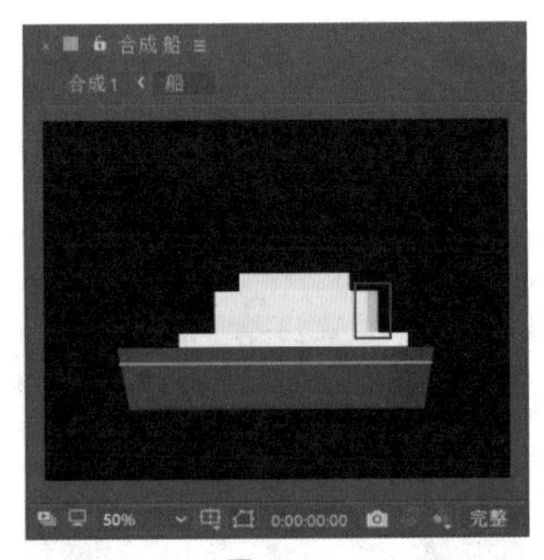

图 11-20

08 创建形状图层，并修改名称为“阴影 b”，然后在“图层”面板中选择“阴影 b”图层，用“矩形”工具■在“合成”窗口绘制一个如图 11-21 所示的矩形（矩形颜色的 RGB 参数为 196、192、183）。

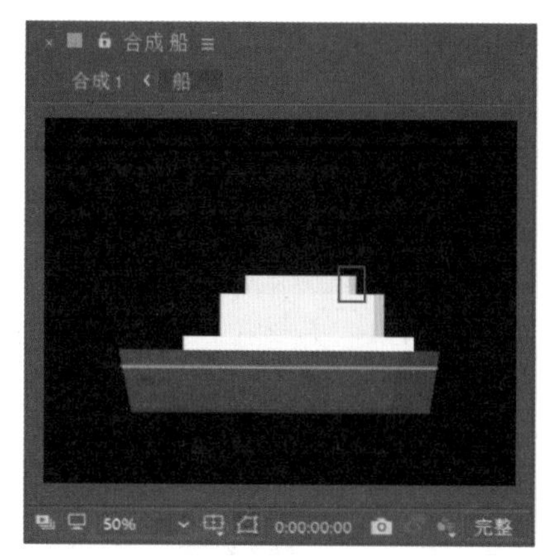

图 11-21

09 创建形状图层，并修改名称为“分层线 a”，然后在“图层”面板中选择“分层线 a”图层，用“矩形”工具■在“合成”窗口绘制一个细长矩形并放置在“船身 a”与“船身 b”之间（矩形颜色的 RGB 参数为 196、192、183），使船身分层效果更加明显，如图 11-22 所示。

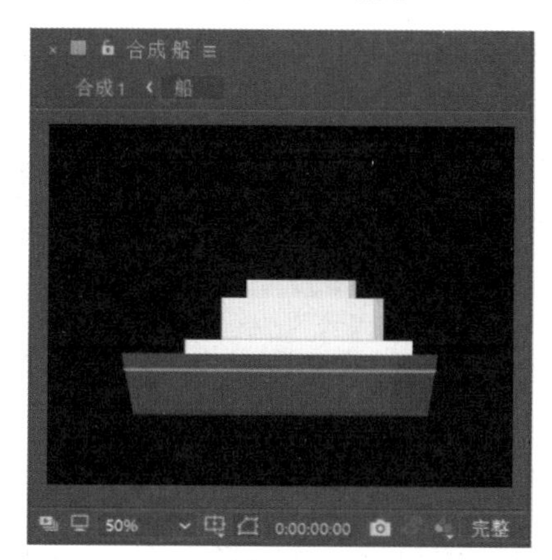

图 11-22

10 用上述步骤同样的方法创建一个名为“分层线 b”的形状图层，并相应地在“船身 b”和“船身 c”之间绘制一个分层矩形，如图 11-23 所示。

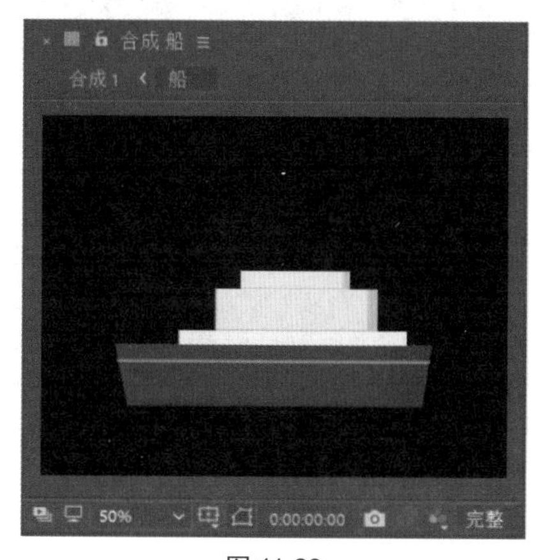

图 11-23

11 创建形状图层，并修改名称为“烟囱”，然后在“图层”面板中选择“烟囱”图层，用“矩形”工具■在“合成”窗口绘制一个如图 11-24 所示的矩形（矩形颜色的 RGB 参数为 237、167、59）。

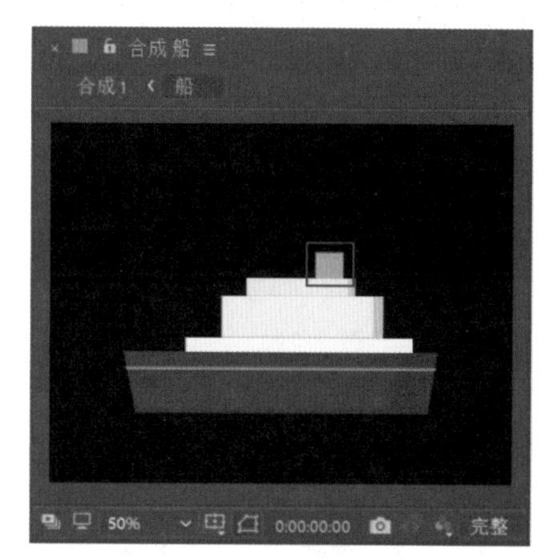

图 11-24

12 再次创建两个形状图层，分别命名为“烟囱阴影 a”和“烟囱阴影 b”，并先后用“矩形”工具■在“烟囱”上方绘制如图 11-25 所示的阴影和分层线（矩形颜色的 RGB 参数为 212、144、48）。

图 11-25

11.1.3　整体装饰绘制

视频文件：　视频 \ 第 11 章 \11.1.3 整体装饰绘制 .mp4

源 文 件：　源文件 \ 第 11 章 \11.1.3

01 创建形状图层，并修改名称为“烟囱线 a”，然后在“图层”面板中选择“烟囱线 a”图层，用“矩形”工具■在“合成”窗口绘制一个如图 11-26 所示的细长矩形（矩形颜色的 RGB 参数为 254、245、228）。

02 在“图层”面板中选择“烟囱线 a”图层，按快捷键 Ctrl+D 复制层，并将复制出的层命名为“烟囱线 b”，将“烟囱线 b”图层对应的白色矩形移至“烟囱线 a”矩形的上方，如图 11-27 所示。

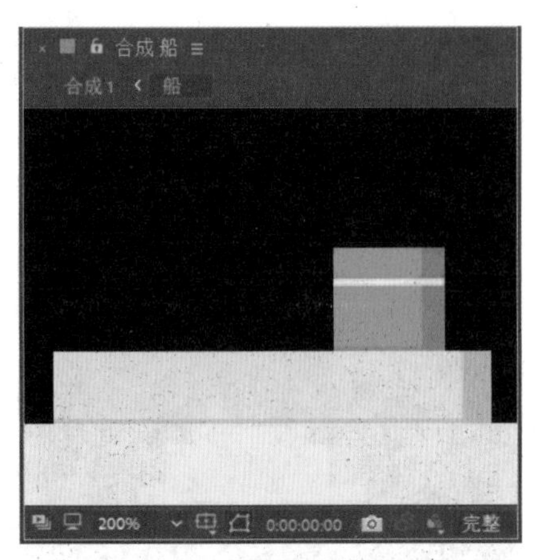

图 11-26

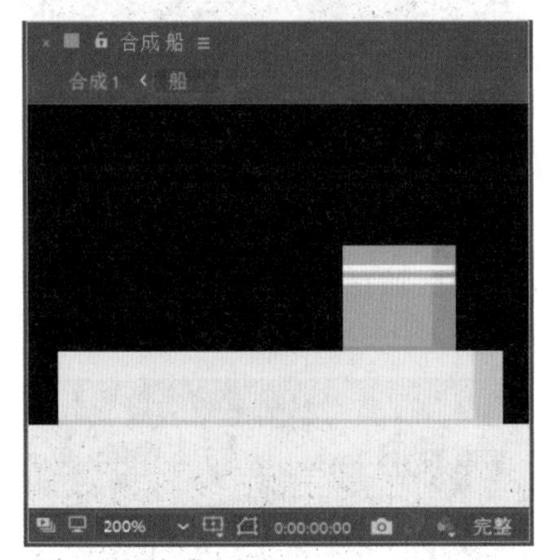

图 11-27

03 创建形状图层，并修改名称为“窗户 A 排”，然后在“图层”面板中选择“窗户 A 排”图层，用“矩形”工具在“合成”窗口绘制一个如图 11-28 所示的矩形（矩形颜色的 RGB 参数为 81、93、119）作为窗户。

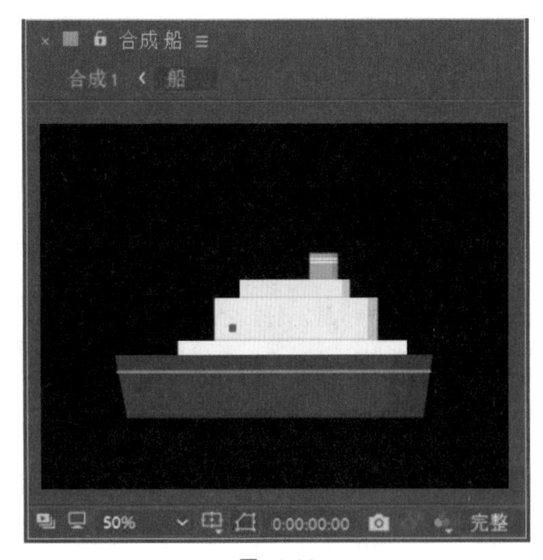

图 11-28

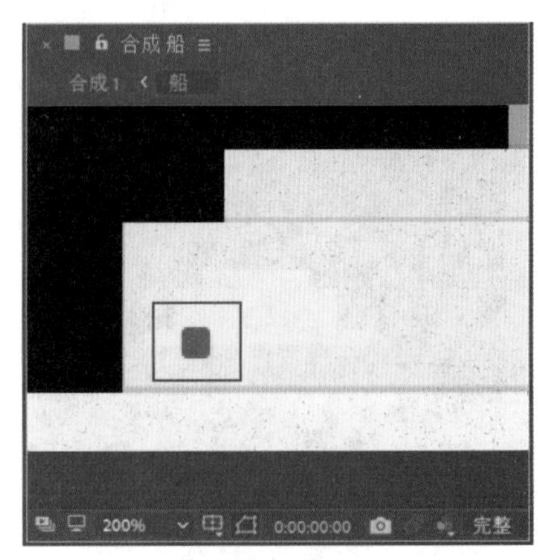

图 11-28（续）

04 在“图层”面板中选择“窗户 A 排”图层，按 8 次快捷键 Ctrl+D 复制层，操作完成后在“窗户 A 排”图层上方新增 8 个同属性的图层，如图 11-29 所示。然后分别单击这些图层，按左、右方向键调整图层位置，最后使复制出来的窗户图层摆放至如图 11-30 所示的位置。

图 11-29

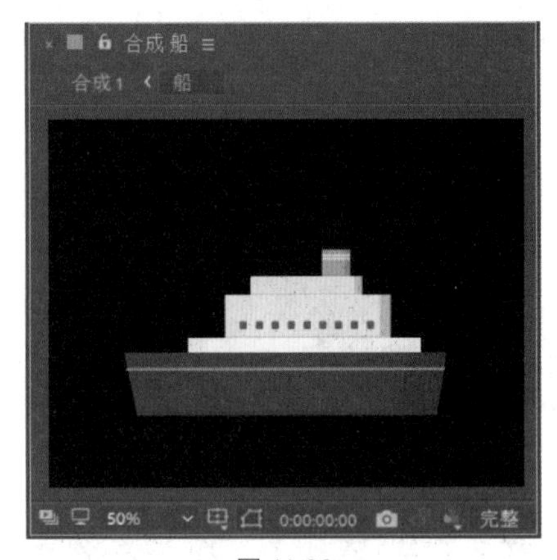

图 11-30

05 在“图层”面板中选择“窗户 A 排 9”图层，按快捷键 Ctrl+D 复制层，并将复制出的层命名为“窗户 B 排”，如图 11-31 所示。接着选择该图层，在“工具”面板修改“填充”颜色（修改颜色的 RGB 参数为 97、111、134），并移动摆放至如图 11-32 所示的位置。

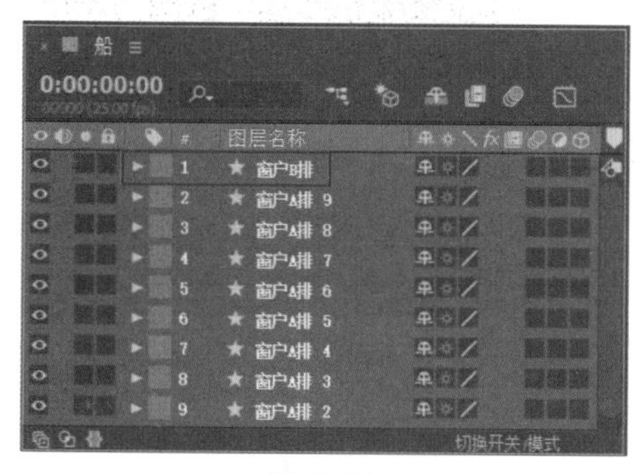

图 11-31

图 11-32

06 在“图层”面板中选择“窗户 B 排”图层，按 7 次快捷键 Ctrl+D 复制层，操作完成后在“窗户 B 排”图层上方新增 7 个同属性图层，如图 11-33 所示。分别单击这些图层，按左、右方向键调整图层位置，最后使复制出来的窗户图层摆放至如图 11-34 所示的位置。

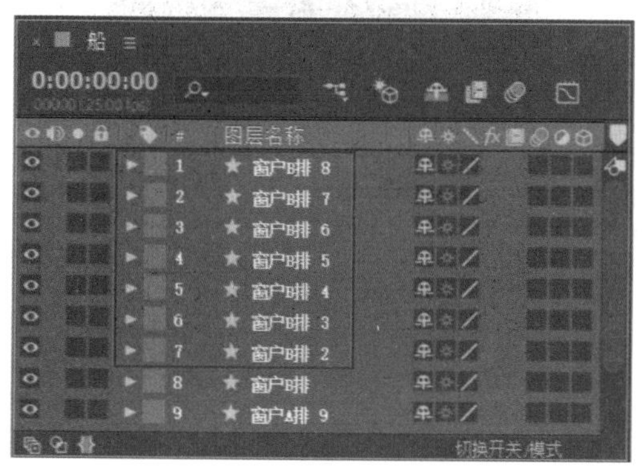

图 11-33

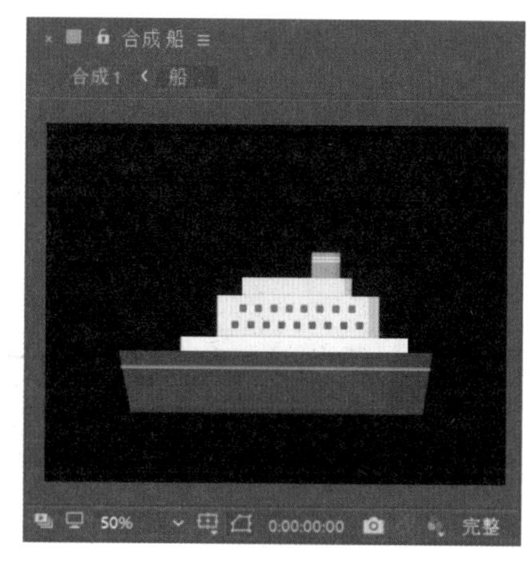

图 11-34

07 在“图层”面板中选择“窗户 B 排 8”图层，按快捷键 Ctrl+D 复制层，并将复制出的层命名为“窗户 C 排”，如图 11-35 所示。接着选择该图层并在“工具”面板修改“填充”颜色（修改颜色的 RGB 参数为 122、138、161），并移动摆放至如图 11-36 所示的位置。

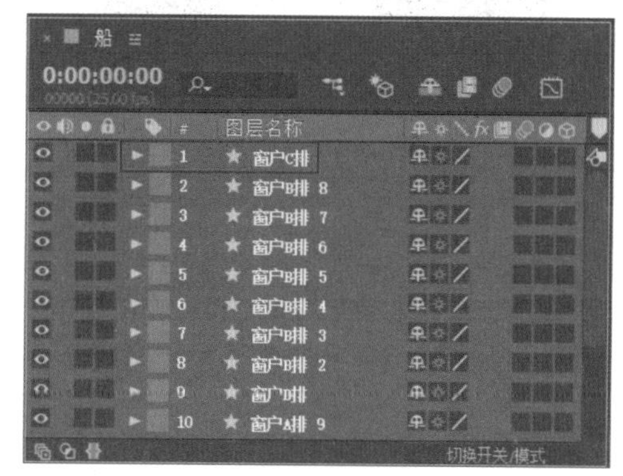

图 11-35

图 11-36

08 在“图层”面板中选择“窗户 C 排”图层，按 6 次快捷键 Ctrl+D 复制层，操作完成后在“窗户 C 排”图层上方新增 6 个同属性图层，如图 11-37 所示。然后分别单击这些图层，按左、右方向键调整图层位置，最后使复制出来的窗户图层摆放至如图 11-38 所示的位置。

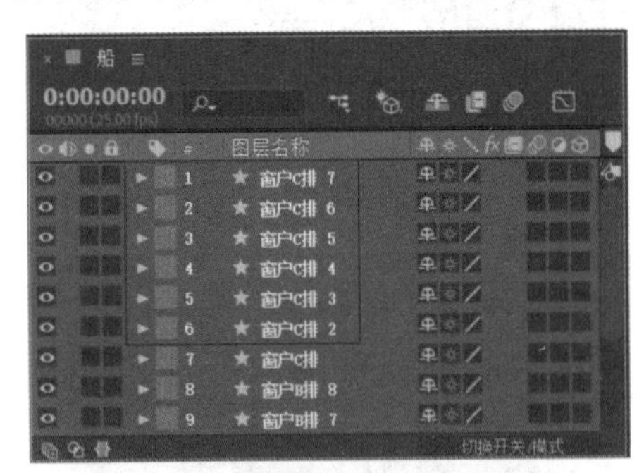

图 11-37

图 11-38

09 创建形状图层，并修改名称为“船头”，然后在“图层”面板中选择“船头”图层，用“钢笔”工具在“合成”窗口绘制一个如图 11-39 所示的形状（颜色的 RGB 参数为 130、151、161）。

图 11-39

10 创建形状图层，并修改名称为“船尾”，然后在“图层”面板中选择“船尾”图层，用“矩形”工具在“合成”窗口绘制一个如图 11-40 所示的矩形（矩形颜色的 RGB 参数为 130、151、161）。

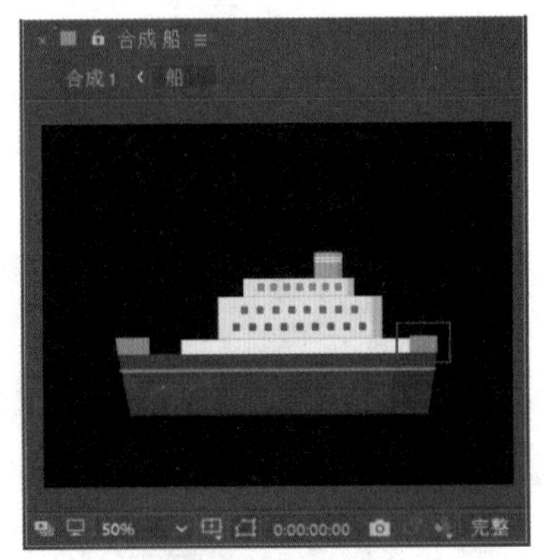

图 11-40

11 创建形状图层，并修改名称为“围栏横”，然后在“图层”面板中选择“围栏横”图层，用“矩形”工具在“合成”窗口绘制一个如图 11-41 所示的长条矩形（矩形颜色的 RGB 参数为 130、151、161）。

图 11-41

12 创建形状图层，并修改名称为“围栏竖”，然后在“图层”面板中选择“围栏竖”图层，用“矩形”工具在“合成”窗口绘制一个如图 11-42 所示的长条矩形（矩形颜色的 RGB 参数为 130、151、161）。

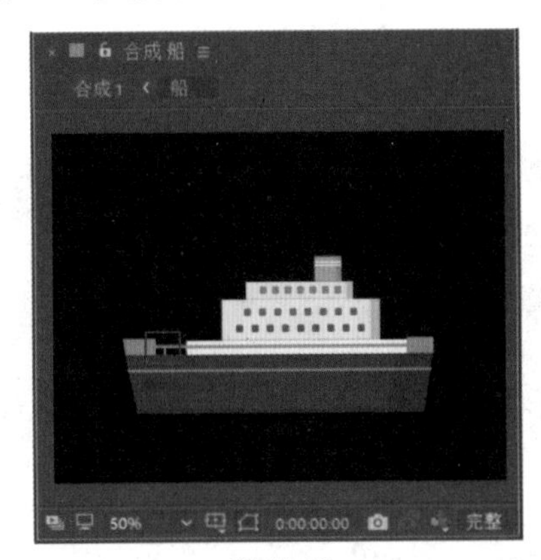

图 11-42

13 在“图层”面板中选择“围栏竖”图层，按快捷键

Ctrl+D 根据实际需求复制层，并逐一选择层进行位置调整，最终摆放效果如图 11-43 所示。

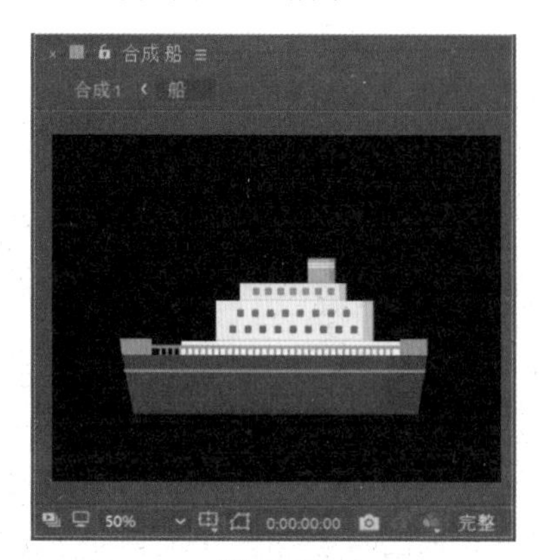

图 11-43

14 再次创建两个形状图层，分别命名为“船头阴影”和“船尾阴影”，并先后用“矩形”工具在“船头”和“船尾”部分添加阴影层（阴影颜色的 RGB 参数为 113、132、138），如图 11-44 所示。

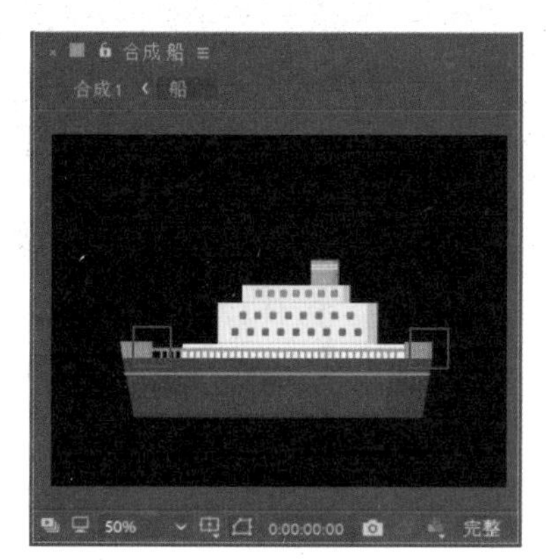

图 11-44

15 创建形状图层，并修改名称为“上围栏横”，然后在“图层”面板中选择“上围栏横”图层，用“矩形”工具在“合成”窗口绘制一个如图 11-45 所示的长条矩形（矩形颜色的 RGB 参数为 138、153、160）。

图 11-45

16 创建形状图层，并修改名称为“上围栏竖”，然后在“图层”面板中选择“上围栏竖”图层，用“矩形”工具在“合成”窗口绘制一个如图 11-46 所示的长条矩形（矩形颜色的 RGB 参数为 130、151、161）。

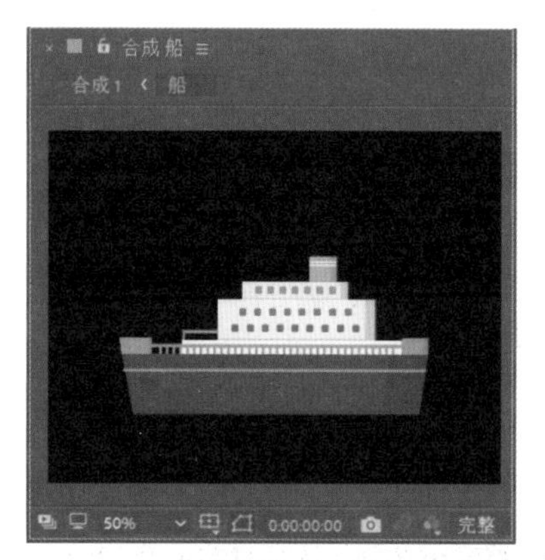

图 11-46

17 在“图层”面板中选择“上围栏竖”图层，按快捷键 Ctrl+D 根据实际需求复制层，并逐一选择层进行位置调整，最终摆放效果如图 11-47 所示。

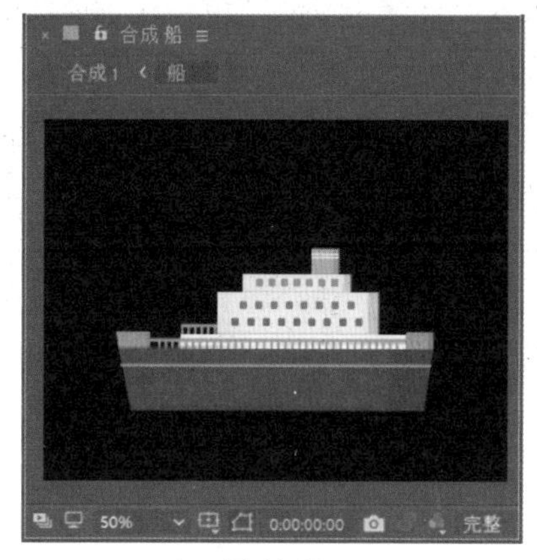

图 11-47

18 至此，轮船的动画元件就全部绘制完成了，最终效果如图 11-48 所示。

图 11-48

11.2 天空背景元件的创建

轮船整体绘制完成后，还需要再创建一个天空背景来加强画面的整体性。下面将具体讲解天空背景各个元件的分层创建方法。

视频文件：　视频\第 11 章\11.2 天空背景元件的创建.mp4

源 文 件：　源文件\第 11 章\11.2

01 按快捷键 Ctrl+N，在弹出的“合成设置”对话框中创建一个预设为“自定义”的合成，设置大小为 800 像素 ×600 像素，设置“像素长宽比”为“方形像素”，“帧速率”为 25 帧 / 秒，持续时间为 2 秒，并设置名称为 Final，如图 11-49 所示。

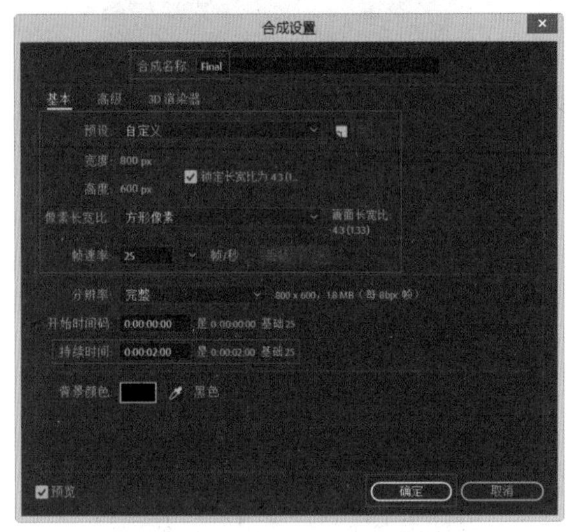

图 11-49

02 执行“图层”|“新建”|“纯色”命令，在弹出的“纯色设置”对话框中创建一个与合成大小一致的固态层，并设置其名称为“背景”，最后设置其颜色的 RGB 参数为 136、192、120，单击“确定”按钮，如图 11-50 所示。

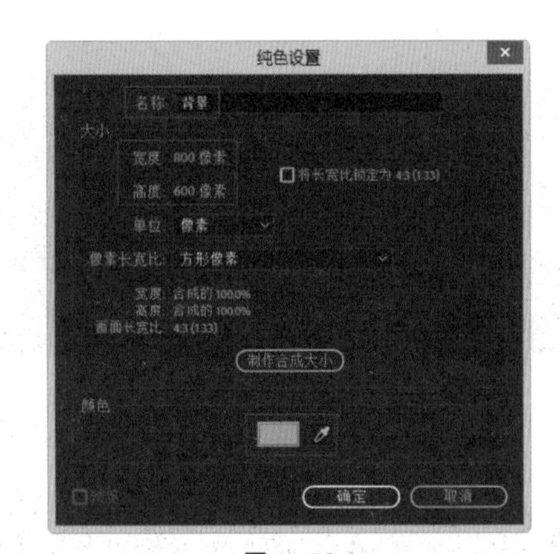

图 11-50

03 将“项目”窗口中的“船”合成拖入 Final“图层”面板中，并放置于“背景”图层上方，在“合成”窗口的预览效果如图 11-51 所示。

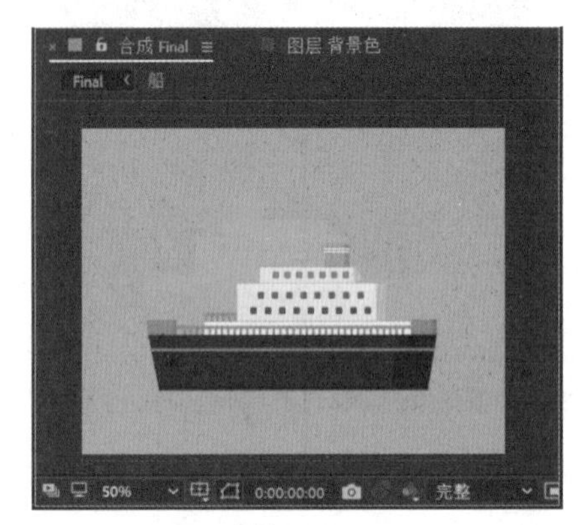

图 11-51

04 执行“图层”|“新建”|“形状图层”命令，创建形状图层，并修改其名称为“云朵 a”，如图 11-52 所示。

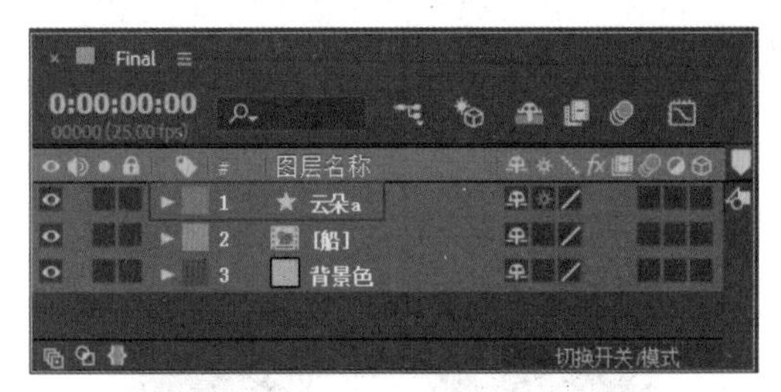

图 11-52

05 在“图层”面板中选择“云朵 a”图层，用“椭圆”工具在“合成”窗口绘制 3 个圆形（圆形颜色的 RGB 参数为 183、224、226），使 3 个圆形拼凑成一个整体，如图 11-53 所示。在“图层”面板的内容组成如图 11-54 所示。

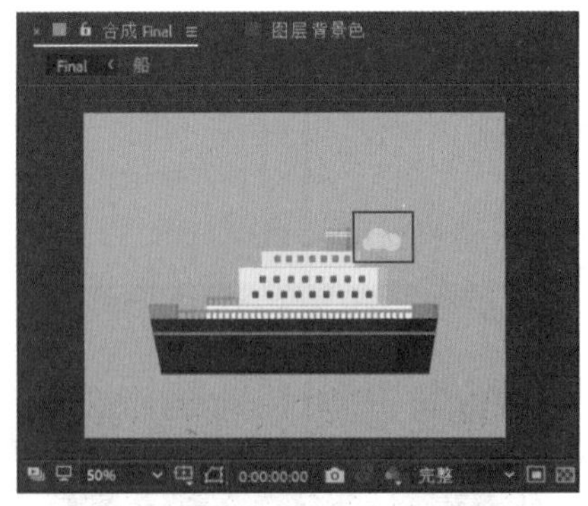

图 11-53

技巧与提示：

这里用“椭圆”工具在同一图层内绘制云朵，必须始终保持该图层在选中状态，否则绘制的圆形会新建一层成为蒙版层。

图 11-54

06 创建形状图层，并修改名称为“云朵 b”，然后在“图层”面板中选择“云朵 b”图层，用上述同样的方法，使用“椭圆”工具绘制另一朵云（圆形颜色的 RGB 参数为 245、238、232），如图 11-55 所示。在“图层”面板的内容组成如图 11-56 所示。

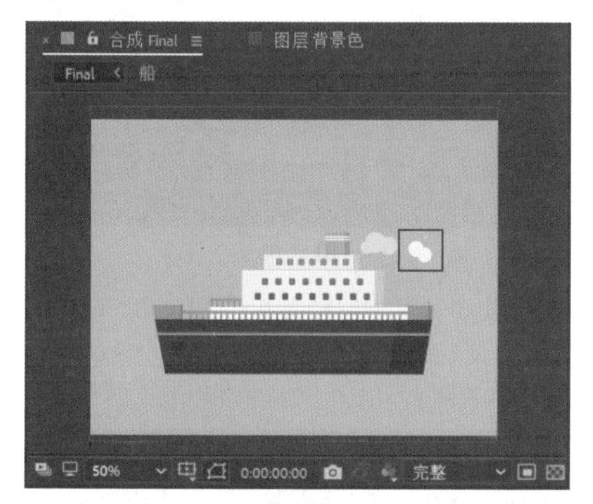

图 11-55

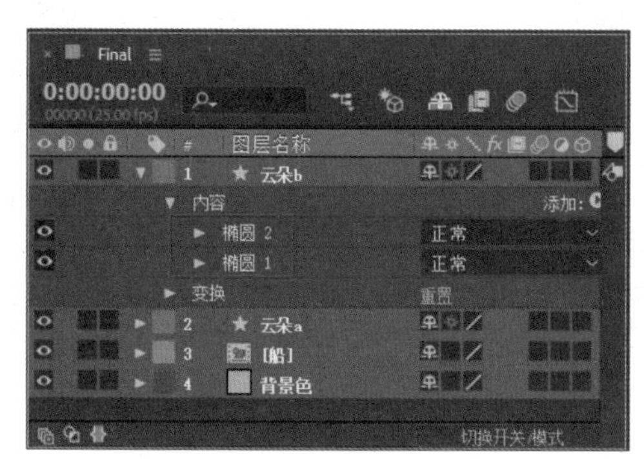

图 11-56

07 重复上述同样的操作，再次创建另外 6 个形状图层，分别命名为“云朵 c”~“云朵 h”，并分别单击不同的图层，用“椭圆”工具在“合成”窗口的不同位置绘制余下的 6 朵云，效果参照图 11-57 所示。“图层”面板的内容组成如图 11-58 所示。

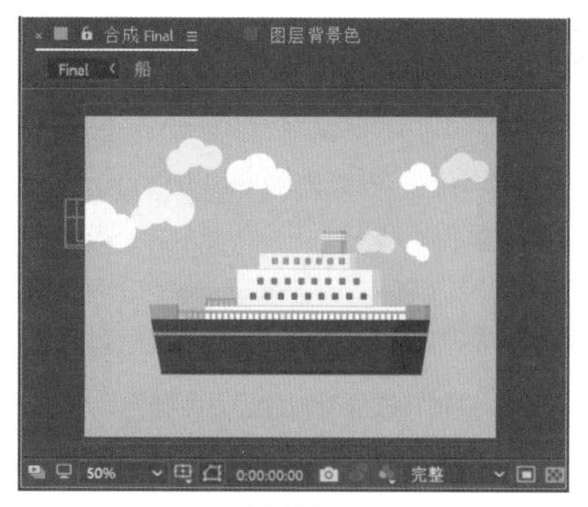

图 11-57

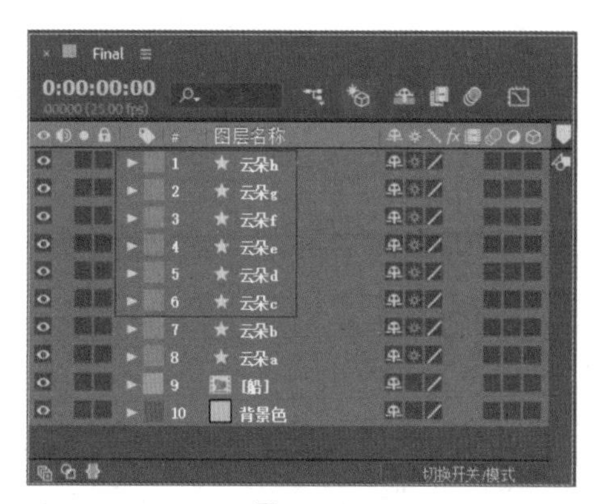

图 11-58

08 执行“图层”|“新建”|“形状图层”命令，创建一个形状图层并置于顶层，修改其名称为“太阳 a”。然后在“图层”面板中选择“太阳 a”图层，用“星形”工具在“合成”窗口绘制一个五角星（星形颜色的 RGB 参数为 249、202、120）。在“图层”面板中选择“太阳 a”图层，展开其“多边星形路径 1”属性，按照图 11-59 所示进行参数设置。操作完成后在“合成”窗口的对应预览效果如图 11-60 所示。

图 11-59

图 11-60

09 再次创建一个形状图层并置于“太阳 a”图层上方，修改其名称为“太阳 b”，如图 11-61 所示。在“图层”面板中选择“太阳 b”图层，然后用“椭圆”工具在“太阳 a”图层上方绘制一个圆形（圆形颜色的 RGB 参数为 241、145、81），如图 11-62 所示。

图 11-61

图 11-62

11.3 制作关键帧动画

所有的动画元件创建好后，就需要为部分图层（元件组成）设置不同的关键帧了，使其真正地“动”起来。下面将详细讲解在 After Effects CC 2018 中制作关键帧动画的具体操作方法。

视频文件：　视频 \ 第 11 章 \11.3 制作关键帧动画 .mp4

源 文 件：　源文件 \ 第 11 章 \11.3

01 执行“图层”|“新建”|“形状图层”命令，创建一个形状图层并放置于“船”图层的下方，修改其名称为“海浪 a”，如图 11-63 所示。

图 11-63

02 在“图层”面板中选择“海浪 a”图层，用“矩形”工具在“合成”窗口绘制一个矩形并置于船身下方（矩形颜色的 RGB 参数为 52、111、169），效果如图 11-64 所示。

图 11-64

03 选择“海浪 a”图层，执行“效果”|“扭曲”|“波形变形”命令，然后在“效果控件”面板设置“波形高度”参数为 5，“方向”为 0×+82°，“波形速度”参数为 2，“相位”为 0×+96°，最后设置“消除锯齿”属性为高，如图 11-65 所示。操作完成后在“合成”窗口的对应预览效果如图 11-66 所示。

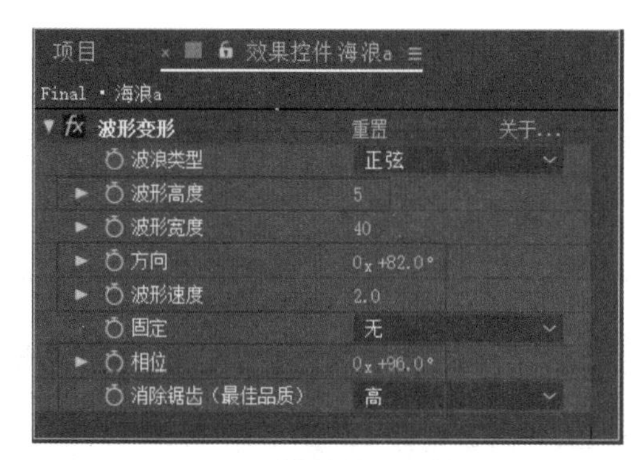

图 11-65

图 11-66

04 在“图层”面板中选择“海浪 a”图层，按快捷键 Ctrl+D 复制层，然后将复制出的层命名为“海浪 b”，并放置于“船”图层的上方，单击“工具”面板“填充”选项，修改其颜色的 RGB 参数为 62、132、187。进入其“效果控件”面板，设置“波形高度”参数为 4，“方向”为 0×+95°，“相位”为 0×+200°，如图 11-67 所示。

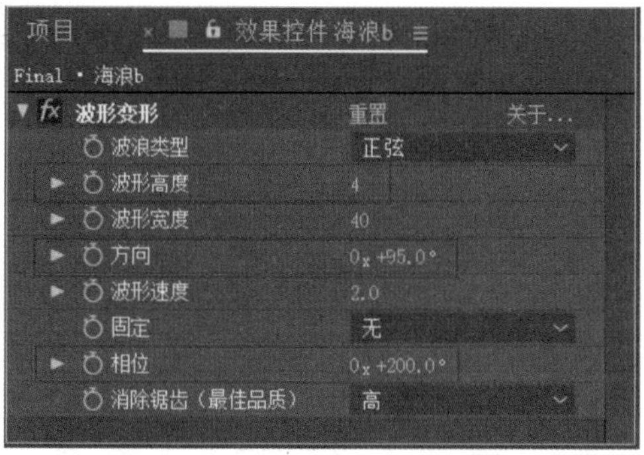

图 11-67

05 在“合成”窗口中选择“海浪 b”图层，将其适当向下移动，使海浪产生前后的层次感，效果如图 11-68 所示。

图 11-68

06 在“图层”面板中选择“海浪 b”图层，按快捷键 Ctrl+D 复制层，然后将复制出的层命名为“海浪 c”，并放置于“海浪 b”图层的上方，单击“工具”面板“填充”选项修改其颜色的 RGB 参数为 98、150、190。进入其“效果控件”面板，设置“波形高度”参数为 7，“方向”为 0×+90°，“相位”为 0×+113°，如图 11-69 所示。在“合成”窗口将该层波浪向下适当位移，营造出层次感，效果如图 11-70 所示。

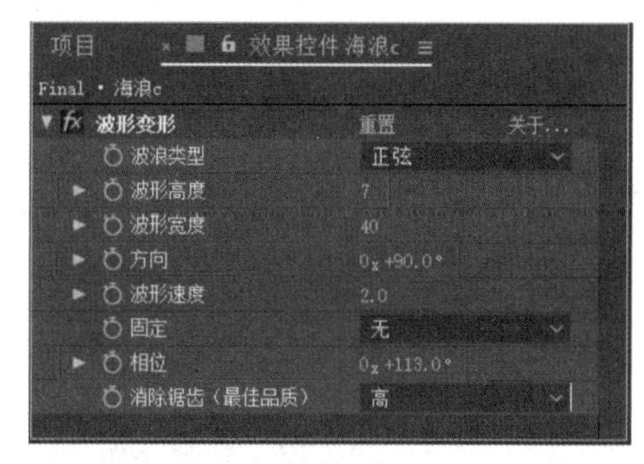

图 11-69

图 11-70

07 在“海浪 c”图层上方再次创建一个形状图层，并命名为“遮挡”。选择该图层，用“矩形”工具在“合成”窗口绘制一个长条矩形，并置于“海浪 c”图层上方（矩形颜色的 RGB 参数为 98、150、190），用于遮挡波浪下方露出的部分，效果如图 11-71 所示。

图 11-71

08 在“图层”面板中，同时选择“云朵 a”~“云朵 h”这 8 个图层，然后按 P 键统一展开这些图层的“位置”属性。接着在 0:00:00:00 时间点位置单击这 8 个图层“位置”属性前的“时间变化秒表”按钮，统一设置位置关键帧，并按照图 11-72 所示进行“位置”参数的设置。

图 11-72

技巧与提示：

当图层为全选状态时，对任意一个图层进行参数设置，会同时影响到被选中的其他图层。

09 在“图层”面板左上角修改时间点为 0:00:02:00，然后在“云朵 a”~“云朵 h”这 8 个图层的全选状态下，单击“位置”属性前的“在当前时间添加或移除关键帧”按钮，统一设置关键帧，如图 11-73 所示。

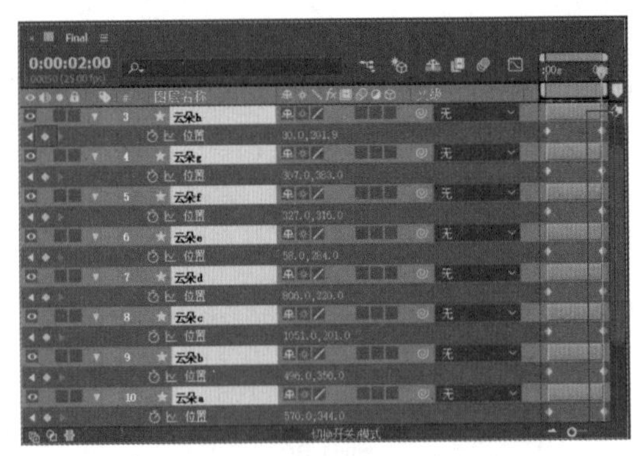

图 11-73

10 在“图层”面板左上角修改时间点为 0:00:01:00，并在该时间点按照图 11-74 所示对“云朵 a”~“云朵 h”这 8 个图层的“位置”参数进行单独设置。

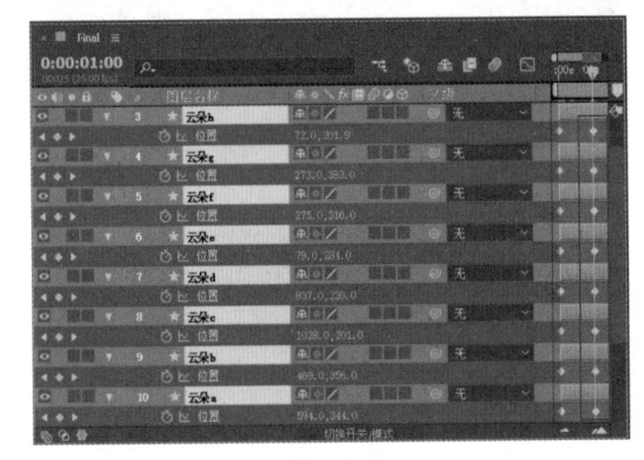

图 11-74

技巧与提示：

这里对于云朵动画的制作还可以通过选择图层，并对应地在“合成”窗口进行有选择的位移调整，可以根据实际情况进行操作。

11 在“图层”面板中选择“太阳 a”图层，按 R 键展开其“旋转”属性，然后在 0:00:00:00 时间点单击“旋转”属性前的“时间变化秒表”按钮，设置关键帧，同时设置“旋转”参数为 2×+0°，如图 11-75 所示。

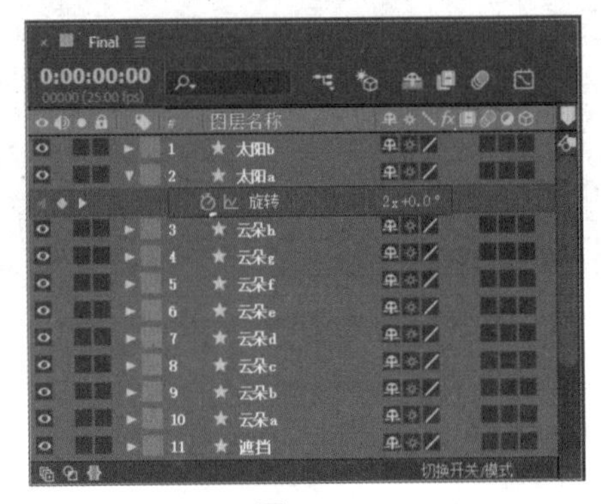

图 11-75

12 在“图层”面板左上角修改时间点为 0:00:01:00，在该时间点设置“旋转”参数为 0×+0°，接着在 0:00:02:00 时间点设置“旋转”参数为 2×+0°，如图 11-76 所示。

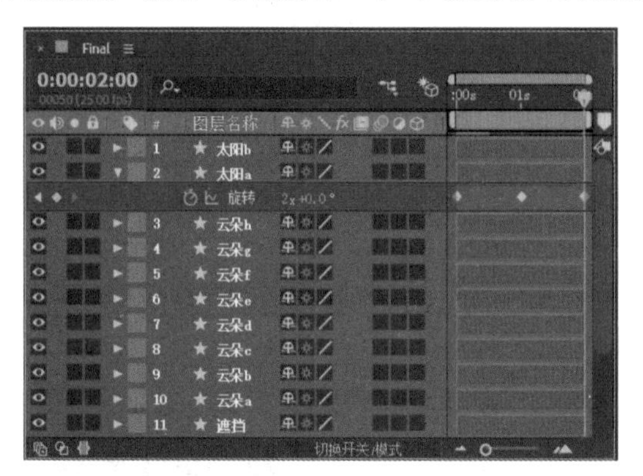

图 11-76

13 在“图层”面板中选择“太阳 b”图层，按 S 键展开其“缩放”属性，然后在 0:00:00:00 时间点单击“缩放”属性前的“时间变化秒表”按钮，设置关键帧，同时设置“缩放”参数为 100，如图 11-77 所示。

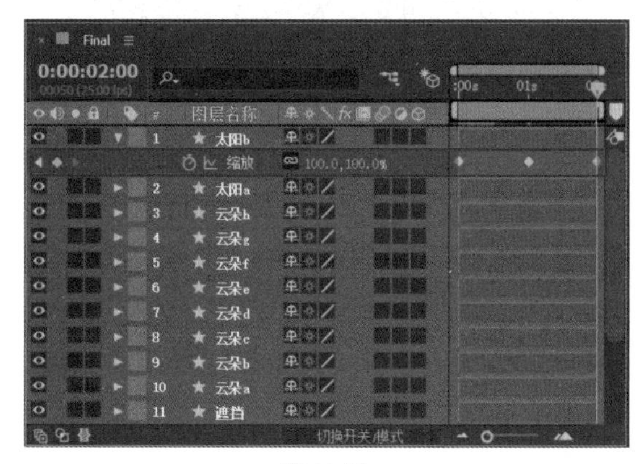

图 11-77

14 在“图层”面板左上角修改时间点为 0:00:01:00，在该时间点设置“缩放”参数为 80，接着在 0:00:02:00 时间点设置“缩放”参数为 100，如图 11-78 所示。

图 11-78

11.4　将动画制成 GIF 动图

针对持续时间较短的动画，导出成视频格式文件是不合适的。因此需要导出为 GIF 动态图像文件格式，使其以合适的速率进行循环播放。接下来，将详细讲解如何将 After Effects CC 2018 中制作的短时动画导出为 GIF 动图。

视频文件：　视频 \ 第 11 章 \11.4 将动画制成 GIF 动图 .mp4
源 文 件：　源文件 \ 第 11 章 \11.4

01 在 After Effects CC 2018 中完成动画的制作后，为 Final 合成执行“文件”|“导出”|“添加到渲染队列”命令，如图 11-79 所示。

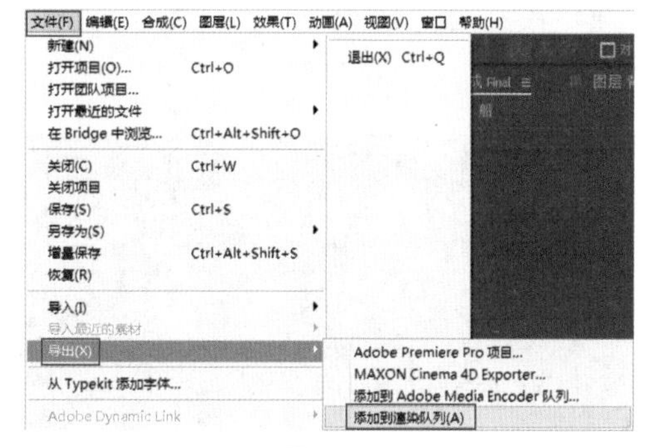

图 11-79

02 进入“渲染队列”窗口，单击“输出模块”属性后的“无损”选项，如图 11-80 所示。

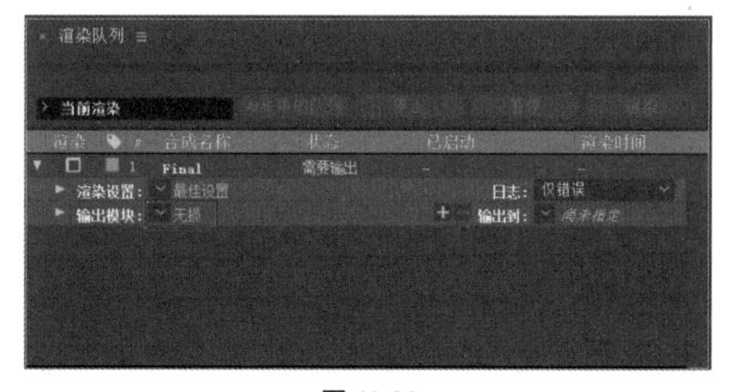

图 11-80

03 在弹出的“输出模块设置”对话框中，展开“格式”选项右侧的下拉列表，选择“PNG 序列”选项，并单击“确定”按钮，如图 11-81 所示。

04 在“渲染队列”窗口中单击“输出到”属性后的“尚未指定”选项，如图 11-82 所示。

05 在弹出的“将影片输出到”对话框中设置存储位置及名称，并单击“保存”按钮，如图 11-83 所示。

06 设置完成后，回到“渲染队列”窗口，单击窗口右上角的“渲染”按钮，如图 11-84 所示。

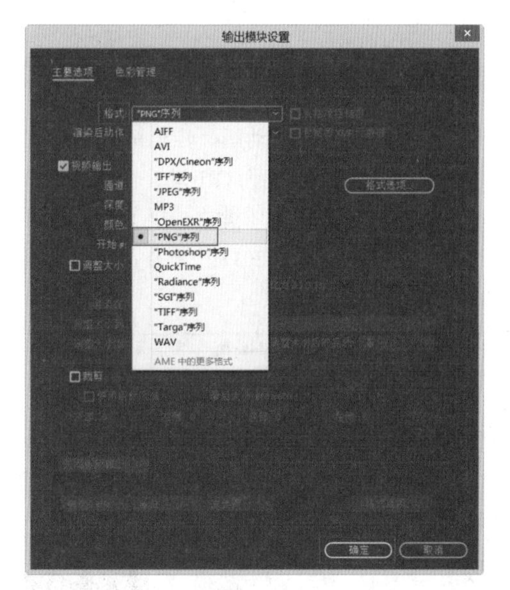

图 11-81

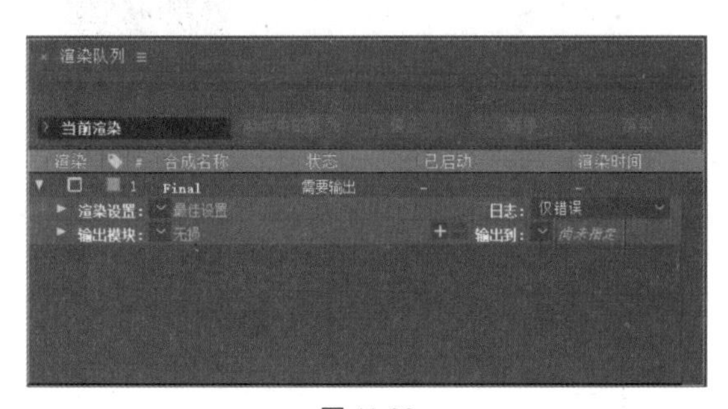

图 11-82

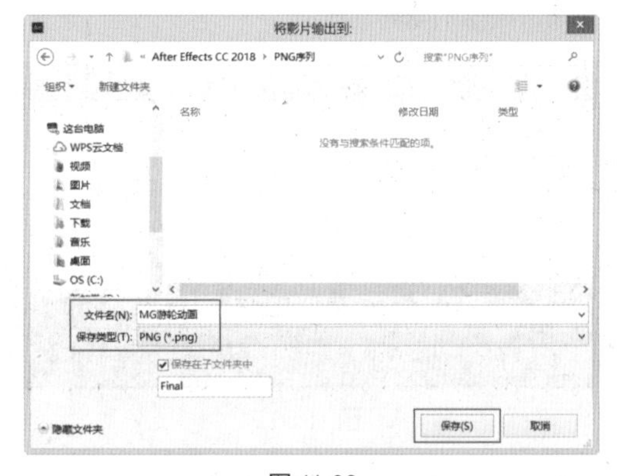

图 11-83

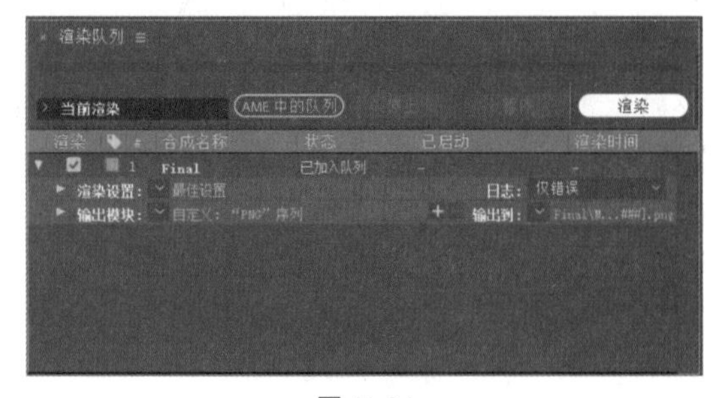

图 11-84

07 渲染完成后，关闭 After Effects CC 208 软件，双击桌面图标启动 Photoshop 软件，如图 11-85 所示。

图 11-85

08 进入 Photoshop 操作界面，执行“文件”|“脚本”|“将文件载入堆栈”命令，如图 11-86 所示。

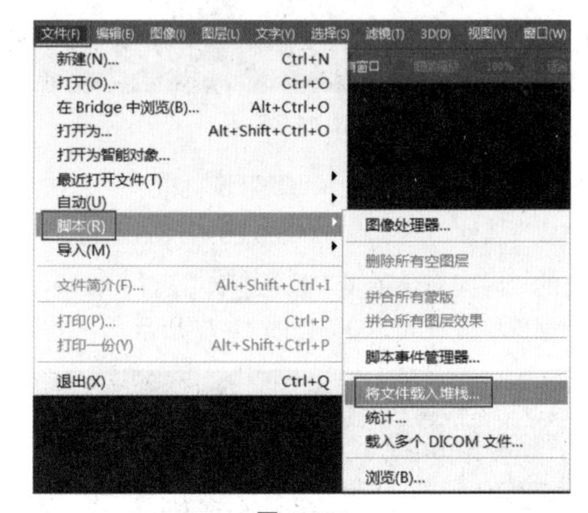

图 11-86

> **技巧与提示：**
>
> 上述使用的为 Adobe Photoshop CC 2015 版本。

09 在“载入图层”对话框中，设置以文件夹方式载入，并单击“浏览”按钮，如图 11-87 所示。

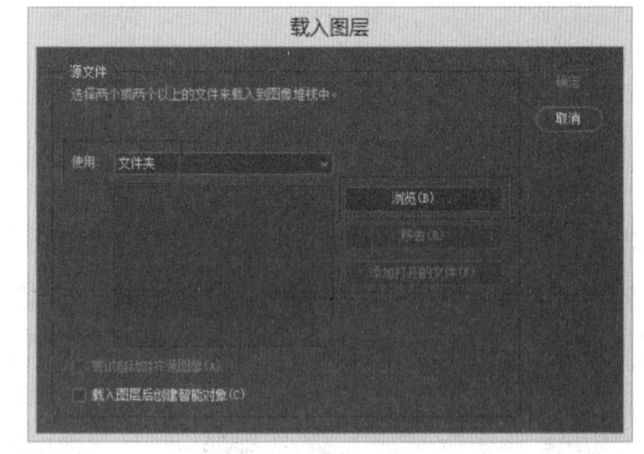

图 11-87

10 在弹出的“选择文件夹”对话框中找到上述保存的 PNG 序列文件夹，单击“确定”按钮，如图 11-88 所示。完成文件的载入后，单击“载入图层”对话框右上角的“确定”按钮，如图 11-89 所示。

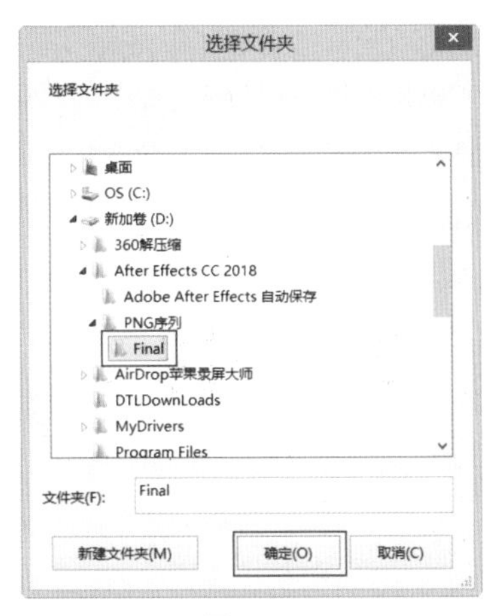

图 11-88

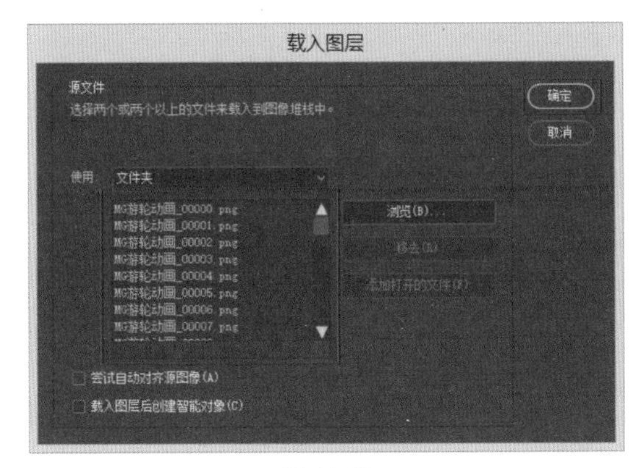

图 11-89

11 将 PNG 序列导入 Photoshop“图层”面板后，执行“窗口”|“时间轴”命令，打开“时间轴”窗口，并单击该窗口中的“创建帧动画”按钮，如图 11-90 所示。

图 11-90

12 创建帧动画后，单击“时间轴”窗口右上角的▤按钮，在弹出的快捷菜单中选择“从图层建立帧”选项，如图 11-91 所示。操作完成后在“时间轴”窗口将自动组合序列生成动画，如图 11-92 所示。

13 单击“时间轴”窗口右上角的▤按钮，在弹出的快捷菜单中选择“选择全部帧”选项，如图 11-93 所示。

图 11-91

图 11-92

14 由于此时“时间轴”窗口中的帧动画是反向的，因此再次单击“时间轴”窗口右上角的▤按钮，在弹出的快捷菜单中选择“反向帧”选项，如图 11-94 所示。

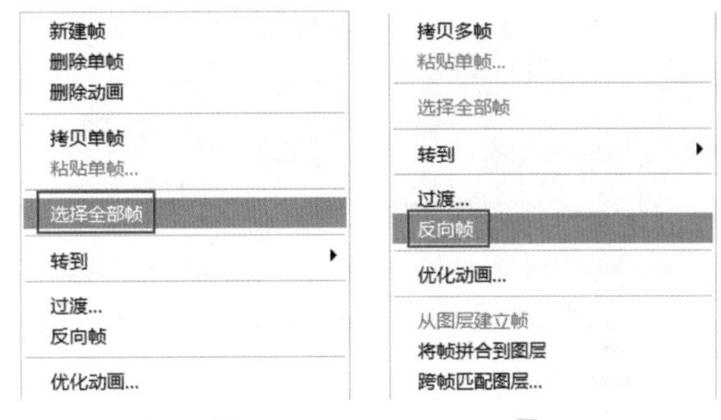

图 11-93　　　　图 11-94

15 上述操作后，帧动画就已制作完成，执行“文件”|“导出”|“存储为 Web 所用格式（旧版）”命令，如图 11-95 所示。

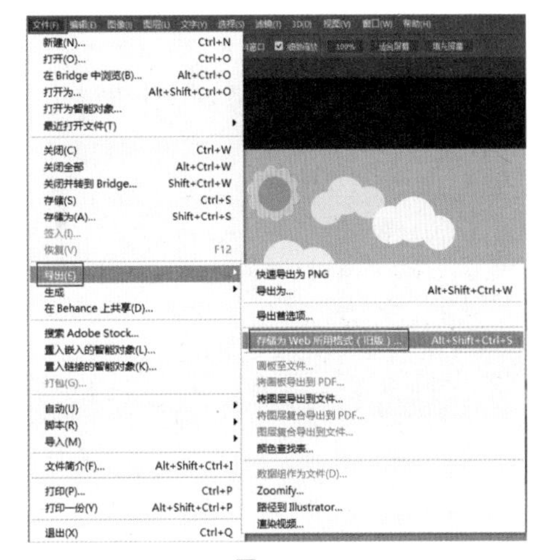

图 11-95

16 在弹出的“存储为 Web 所用格式”面板中，将“预设”设置为GIF和“GIF64无仿色”，设置动画属性中的“循环选项”为“永久”，最后单击“存储”按钮，如图11-96所示。

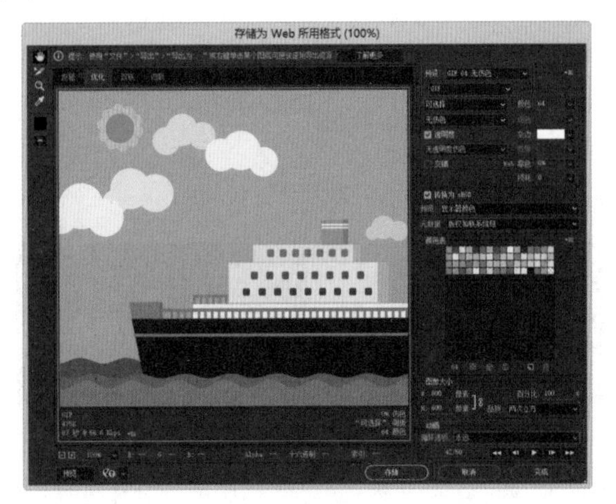

图 11-96

17 在弹出的“将优化结果存储为”对话框中设置名称及存储位置，单击“保存”按钮即可输出GIF动图至指定文件夹，如图11-97所示。

图 11-97

18 至此，游轮动画就已全部制作完成，可在指定的文件夹中找到GIF动图并进行预览，如图11-98所示。

图 11-98

第12章 综合实例——天气展示动态UI界面

随着当今智能手机时代的发展，After Effects软件强大的功能已不仅局限于制作影视后期特效上。由于其具备出色的制作动效GIF的能力，所以被广泛应用到动态UI界面效果的制作中。

UI即User Interface的简称，意为“用户界面”，泛指用户的操作界面，包括移动APP、网页及智能穿戴设备等。好的UI界面不仅能使软件变得个性、有品位，带给用户极佳的视觉体验，同时，还能令软件的操作变得更加舒适、简单、有趣，使用户在使用软件时不再感觉烦琐和枯燥。

接下来，将通过实例讲解如何利用After Effects CC 2018制作一个灵动的天气展示UI界面，其效果如图12-1所示。

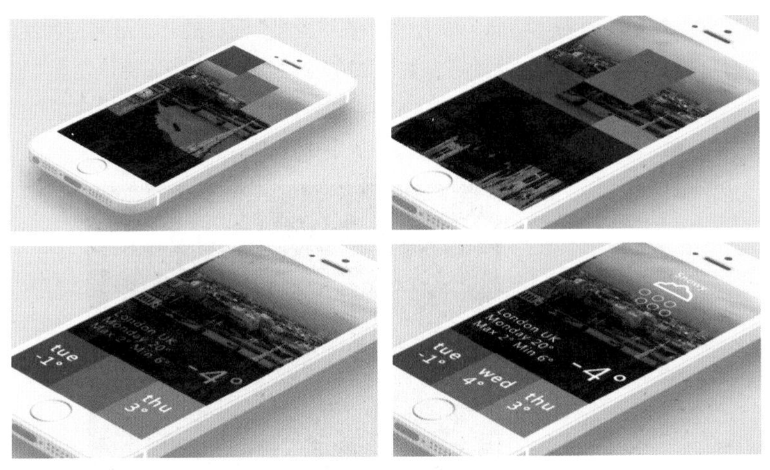

图 12-1

12.1 制作动态矩形图标

UI是基于静态页面来进行设计的，通过跳转的动态效果来实现页面切换。在设计过程中，要明确UI界面的核心元素——动效的制作。在具体制作前需要安装两款脚本插件，分别是Ease and wizz（关键帧缓入缓出脚本）和Repostion Anchor Point（重置中心点脚本），前者方便制作运动曲线，后者方便设置锚点位置。灵活、合理地使用各类脚本插件，有助于我们高效率地制作出各种丰富的动态效果。

接下来，将具体讲解如何在After Effects CC 2018中制作动态矩形图标。

12.1.1 绘制图标

视频文件： 视频\第12章\12.1.1 绘制图标.mp4

源 文 件： 源文件\第12章\12.1.1

01 启动After Effects CC 2018软件，执行“合成”|“新建合成”命令，在弹出的“合成设置”对话框中创建一个预设为“自定义”的合成，设置大小为640像素×1136像素，设置“像素长宽比”为方形像素，设置帧速率为29帧/秒，持续时间为6秒，并设置名称为“界面”，如图12-2所示。

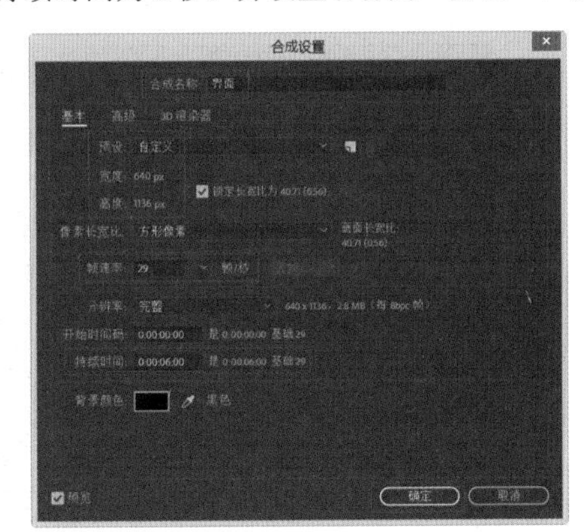

图 12-2

第12章素材文件

第12章视频文件

02 进入操作界面，执行“文件”|“导入”|“文件”命令，在弹出的“导入文件”对话框中选择图 12-3 所示的文件，单击“导入”按钮。

图 12-3

03 将“项目”窗口中的 BG.jpg 图层拖入“图层”面板，接着展开其变换属性，设置“位置”参数为 764、568，“缩放”参数为 97，如图 12-4 所示。在“合成”窗口的对应预览效果如图 12-5 所示。

图 12-4

图 12-5

04 执行“图层”|“新建”|“形状图层”命令，创建一个形状图层并置于顶层，接着选择该形状图层，在“工具”面板选择“矩形”工具，移动光标至“合成”窗口绘制一个无描边的深蓝色矩形（矩形颜色的 RGB 参数为 49、66、96），然后在“图层”面板展开矩形路径属性，设置“大小”参数为 220、292，展开变换属性，设置“位置”参数为 323、572，如图 12-6 所示。设置完成后在“合成”窗口的对应预览效果如图 12-7 所示。

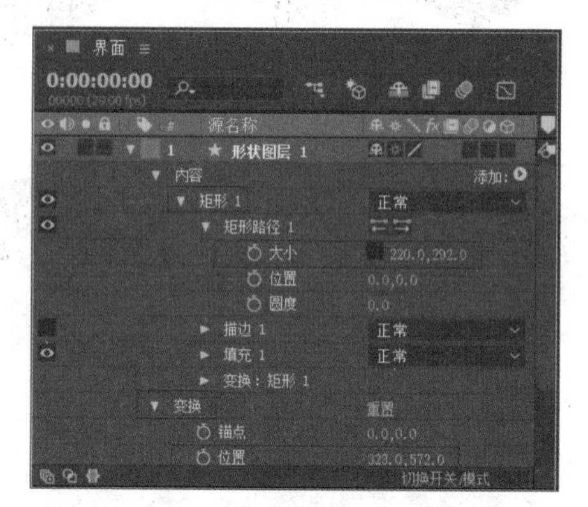

图 12-6

图 12-7

05 接着，在“图层”面板中选择“形状图层 1”，按快捷键 Ctrl+D 复制图层，然后展开新复制的“形状图层 2”的变换属性，设置“位置”参数为 551、572，如图 12-8 所示。同时调整矩形颜色的 RGB 参数为 62、98、142，设置完成后在“合成”窗口的对应预览效果如图 12-9 所示。

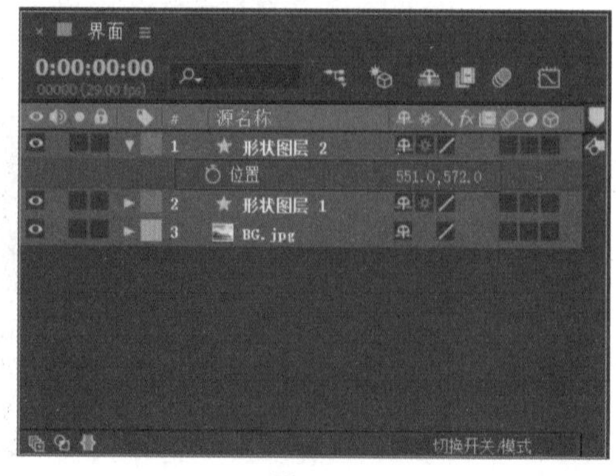

图 12-8

图 12-9

06 在“图层”面板中选择“形状图层 2”，按快捷键 Ctrl+D 复制图层，展开新复制的“形状图层 3”的变换属性，设置“位置”参数为 764、572，如图 12-10 所示。同时调整矩形颜色的 RGB 参数为 87、131、185，设置完成后在“合成”窗口的对应预览效果如图 12-11 所示。

图 12-10

图 12-11

07 执行“图层”|“新建”|“形状图层”命令，创建新的形状图层，接着选择该图层，使用“矩形”工具在“合成”窗口绘制一个黑色矩形，并在“图层”面板中设置“大小”参数为 670、300，“位置”参数为 310、531，“不透明度”参数为 70，如图 12-12 所示。设置完成后在“合成”窗口的对应预览效果如图 12-13 所示。

图 12-12

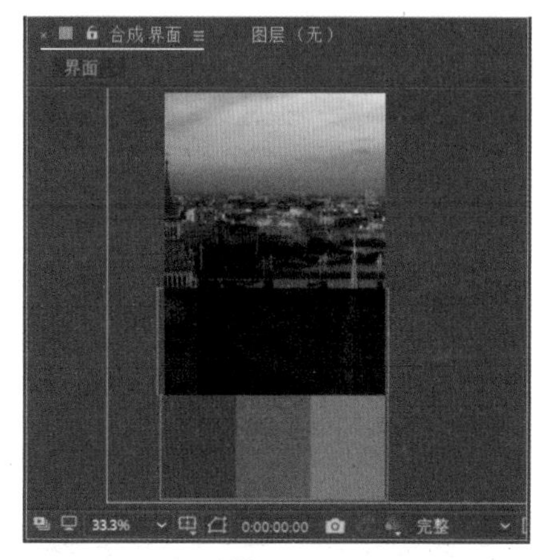

图 12-13

12.1.2　制作关键帧动画

视频文件：　视频 \ 第 12 章 \12.1.2 制作关键帧动画 .mp4

源 文 件：　源文件 \ 第 12 章 \12.1.2

01 安装好 Repostion Anchor Point（重置中心点）脚本后，在“窗口”菜单中选择脚本，如图 12-14 所示，弹出 RepostionAnchorPoint 属性面板，如图 12-15 所示。

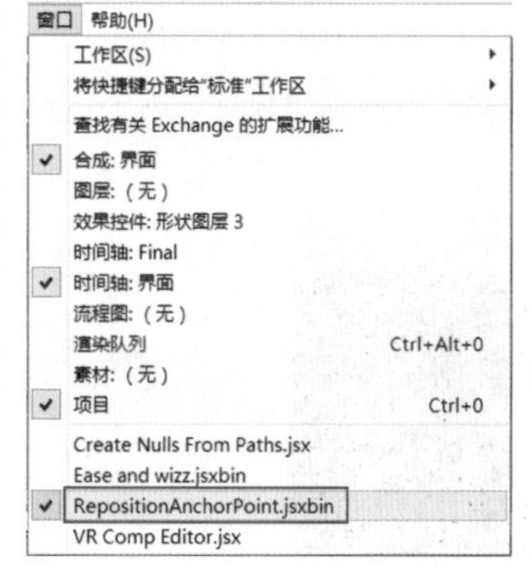

图 12-14

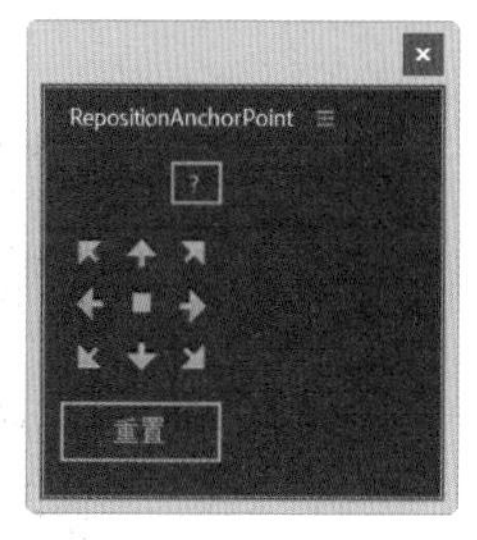

图 12-15

02 在“图层”面板中选择“形状图层 1”，然后在 Repostion Anchor Point 属性面板中单击↑按钮，接着单击“重置”按钮，如图 12-16 所示。操作完成后，“形状图层 1”对应的矩形中心点将被重新定位到顶部，如图 12-17 所示。

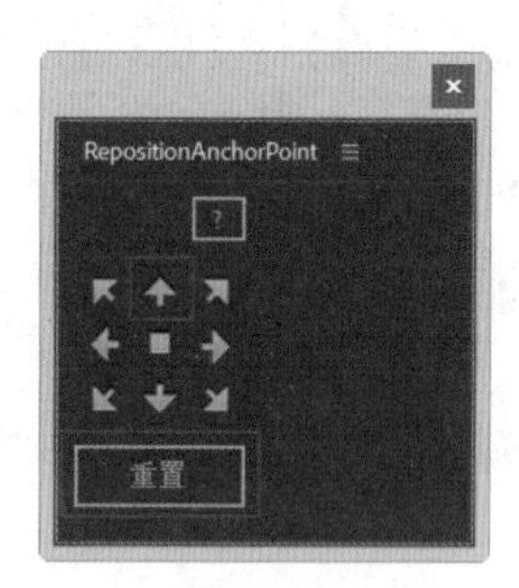

图 12-16

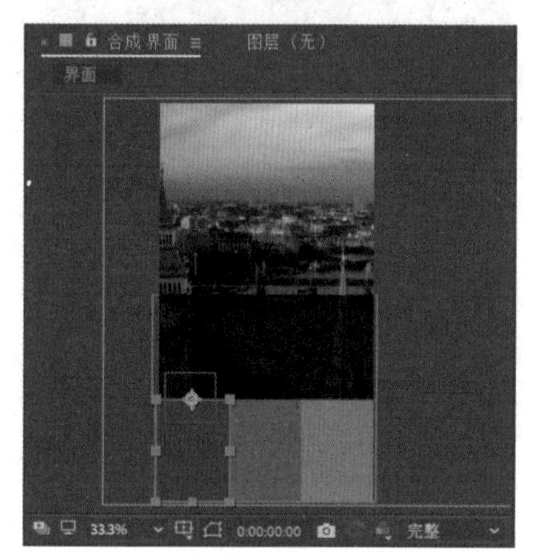

图 12-17

技巧与提示：

在 Repostion Anchor Point 属性面板中选择定位点后必须单击“重置”按钮才会生效。

03 在“图层”面板中选择“形状图层 2”，然后在 Repostion Anchor Point 属性面板中单击↓按钮，接着单击“重置”按钮，如图 12-18 所示。操作完成后，“形状图层 2”对应的矩形中心点将被重新定位到底部，如图 12-19 所示。

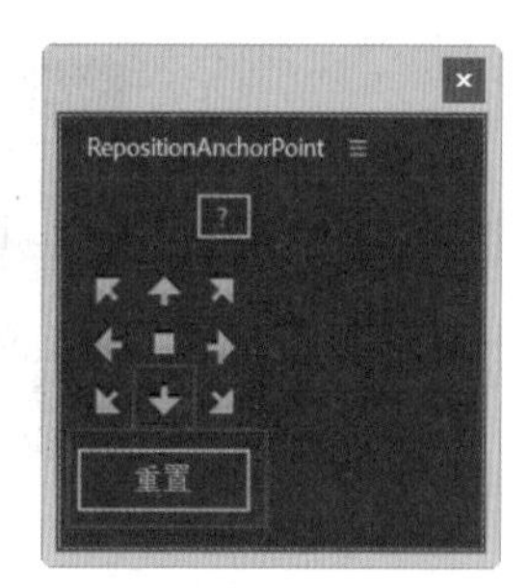

图 12-18

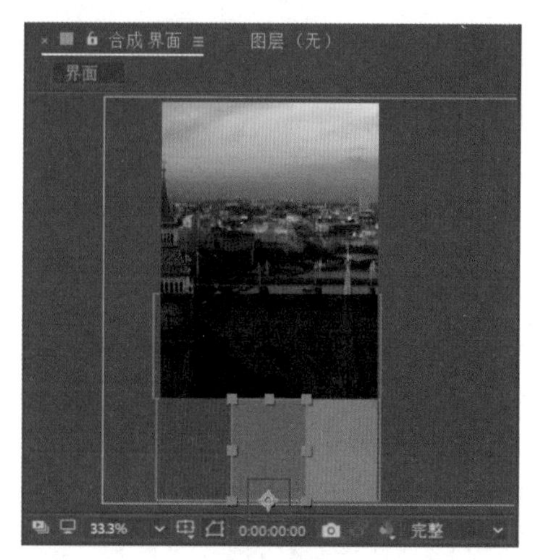

图 12-19

04 用上述同样的方法，利用 Repostion Anchor Point 插件将“形状图层 3”的中心点定位到顶部，如图 12-20 所示，将“形状图层 4”的中心点定位到底部，如图 12-21 所示。

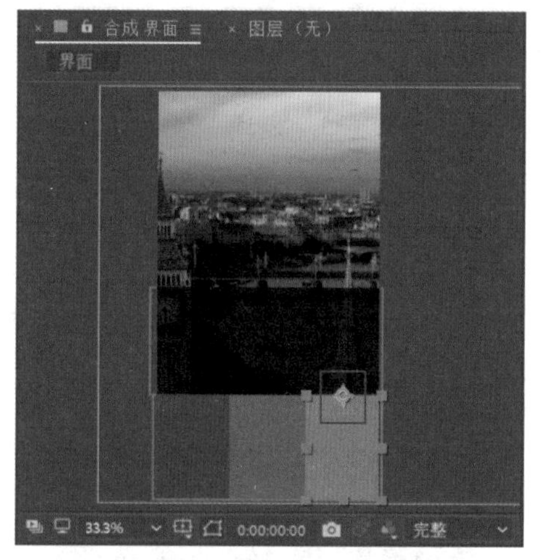

图 12-20

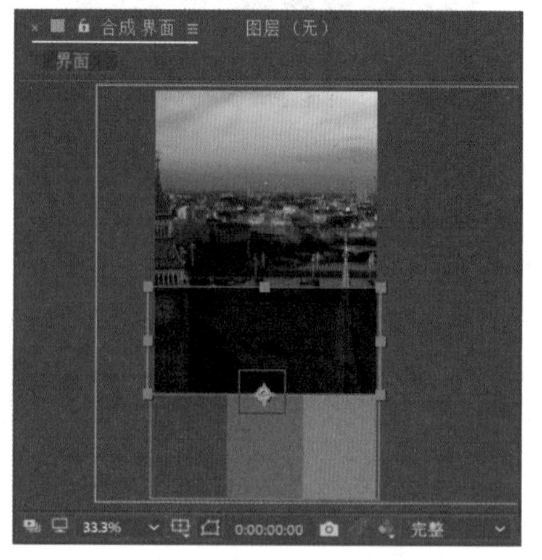

图 12-21

05 在“图层”面板中选择“形状图层 1”，按 P 键展开其“位置”属性，然后按快捷键 Shift+S 展开其“缩放”属性。接着在 0:00:00:00 时间点单击这两个属性前的“时间变化秒表”按钮，然后在该时间点设置“位置”参数为 99、–2.8，“缩放”参数为 100、66，如图 12-22 所示。

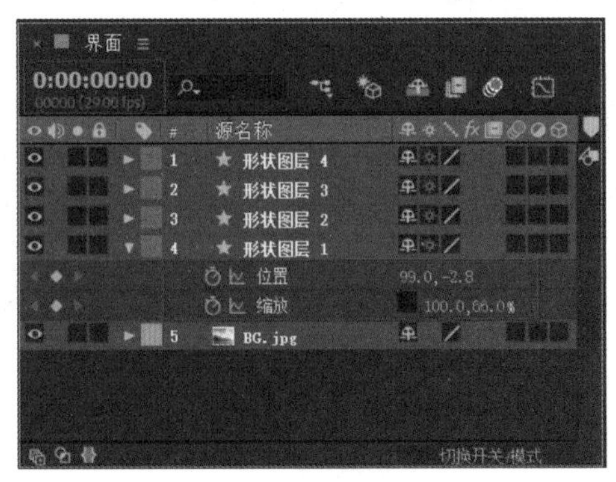

图 12-22

06 在“图层”面板左上角修改时间点为 0:00:01:08，在该时间点设置“位置”参数为 99、848，“缩放”参数为 100、100，如图 12-23 所示。

图 12-23

技巧与提示：

实际操作时，可以以之前定位的中心点为位置参照，面板参数仅供参考，请以实际操作中营造出的动态效果数值为准。

07 选择“形状图层 2”，展开其“位置”及“缩放”属性，在 0:00:00:00 时间点单击“缩放”属性前的“时间变化秒表”按钮，然后在该时间点设置“缩放”参数为 100、69，如图 12-24 所示。

08 在“图层”面板左上角修改时间点为 0:00:00:08，然后在该时间点单击“位置”属性前的“时间变化秒表”按钮，然后在该时间点设置“位置”参数为 318、336，如图 12-25 所示。

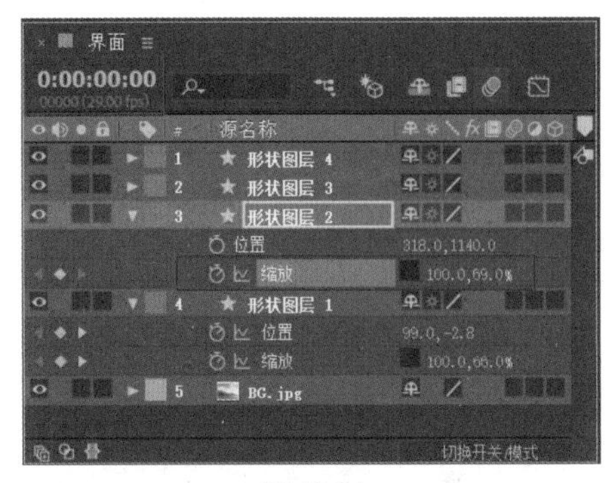

图 12-24

图 12-25

09 分别在 0:00:00:11 时间点设置“缩放”参数为 100、100，在 0:00:01:20 时间点设置“位置”参数为 318、1140，如图 12-26 所示。操作完成后在“合成”窗口的对应预览效果如图 12-27 所示。

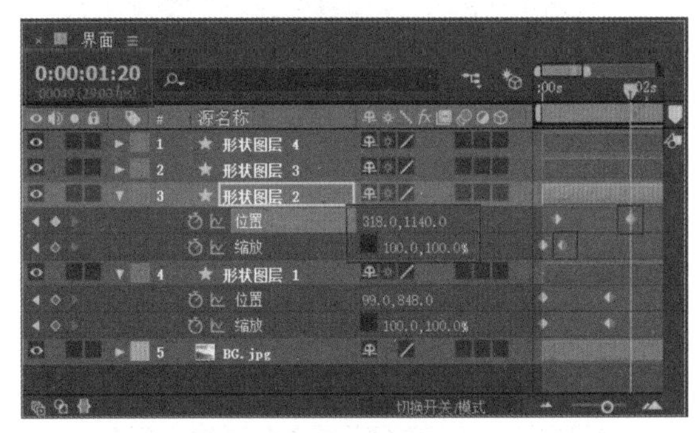

图 12-26

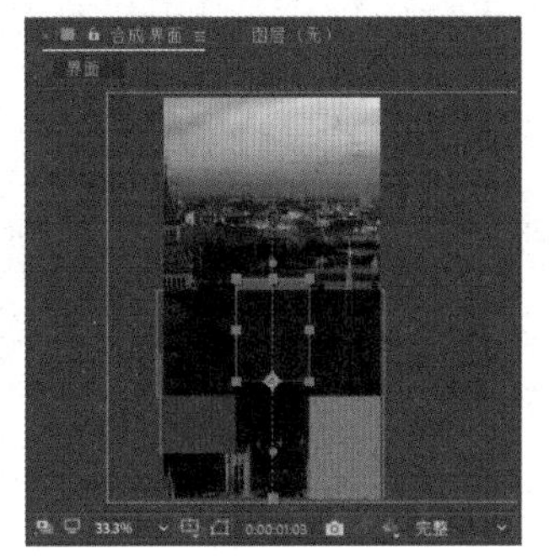

图 12-27

10 在“图层”面板中选择“形状图层 3”，展开其“位置”及“缩放”属性，在 0:00:00:00 时间点单击这两个属性前的“时间变化秒表”按钮，然后在该时间点设置“位置”参数为 537、209，“缩放”参数为 100、64，如图 12-28 所示。

图 12-28

11 修改时间点为 0:00:01:08，然后在该时间点设置“位置”参数为 537、848，“缩放”参数为 100、100，如图 12-29 所示。

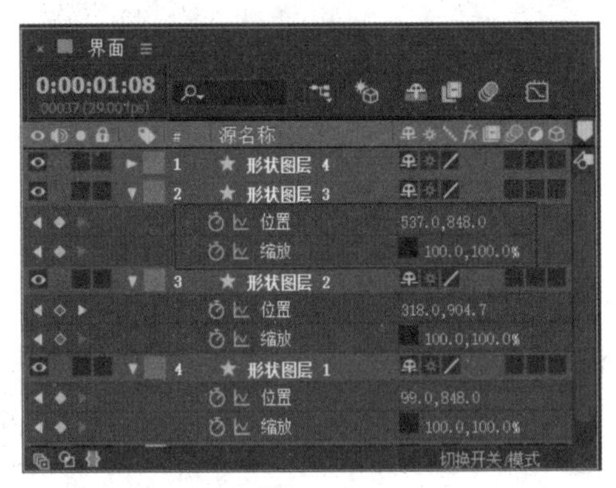

图 12-29

12 选择“形状图层 4”并按 P 键展开其“位置”属性，在 0:00:00:00 时间点单击“位置”属性前的“时间变化秒表”按钮，然后在该时间点设置“位置”参数为 314、1132，如图 12-30 所示。

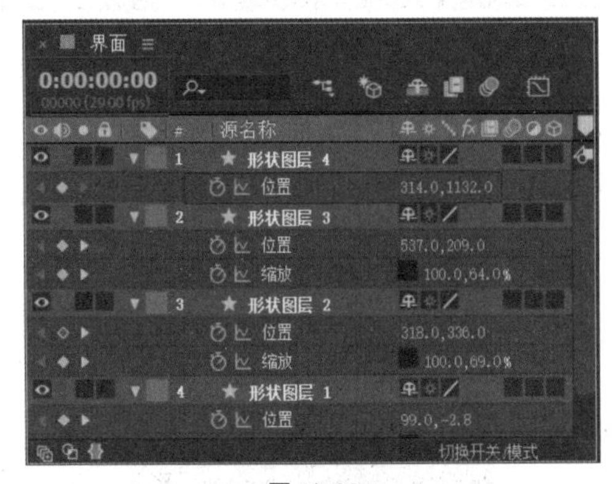

图 12-30

13 分别在 0:00:00:17 时间点设置其“位置”参数为 314、896，在 0:00:02:00 时间点设置“位置”参数为 314、848，如图 12-31 所示。

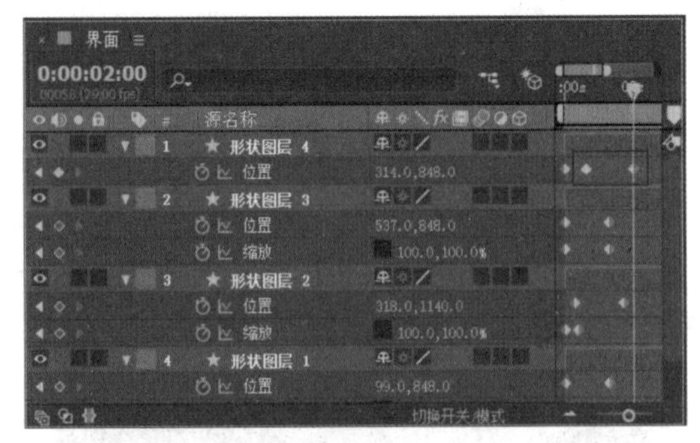

图 12-31

14 关键帧动画设置完成后，在“合成”窗口可以预览到关键帧动画生成的路径效果，如图 12-32 所示。

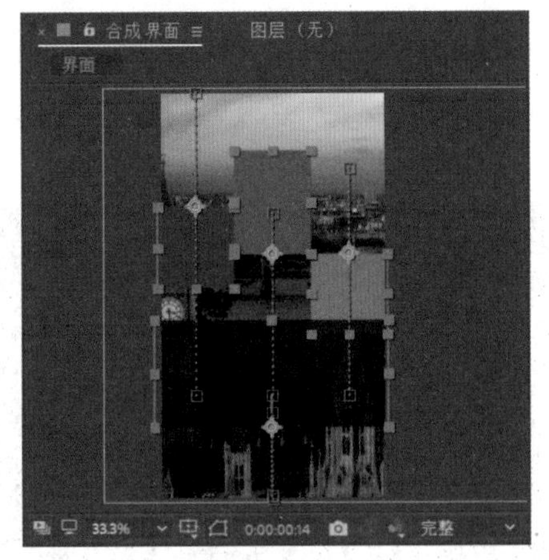

图 12-32

15 此时，播放预览效果会发现动态感比较生硬，接下来需要使用 Ease and wizz（关键帧缓入缓出）脚本插件来使动画效果更平滑且具有弹性效果。在“窗口”菜单中选择 Ease and wizz 脚本，如图 12-33 所示。

图 12-33

16 在“时间线”窗口框选“形状图层 1”~“形状图层 4”的所有关键帧，如图 12-34 所示。接着在 Ease and wizz

属性面板中按照图 12-35 所示进行属性设置，然后单击“Apply 应用”按钮，可使关键帧动画产生缓入缓出效果。

图 12-34

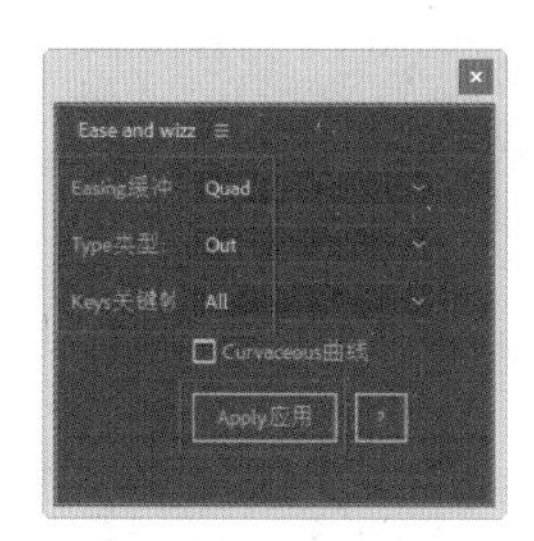

图 12-35

12.2　创建文字动画

动态矩形图标制作完成后，还需要在图标上方加上文字，并制作出相应的文字动画效果。下面将详细讲解在动态图标上方创建文字动画的具体操作过程。

视频文件：　视视频 \ 第 12 章 \12.2 创建文字动画 .mp4
源 文 件：　源文件 \ 第 12 章 \12.2

01 在“工具”面板选择“文字”工具 T，然后在“合成”窗口分别输入如图 12-36 所示的文字，文字图层摆放参照图 12-37 所示。

图 12-36

图 12-37

> **技巧与提示：**
>
> 底排文字大小统一设置为加粗 62 像素，上排文字分别为不加粗 45 像素和 129 像素，所有字符间距设置为 76，字体为微软雅黑，Regular 样式。

02 在“图层”面板中选择 tue –1° 文字图层，按 S 键展开其“缩放”属性，然后按快捷键 Shift+T 展开其“不透明度”属性，接着在 0:00:01:04 时间点单击这两个属性前的“时间变化秒表”按钮，在该时间点设置“缩放”参数为 0、0，“不透明度”参数为 0，如图 12-38 所示。

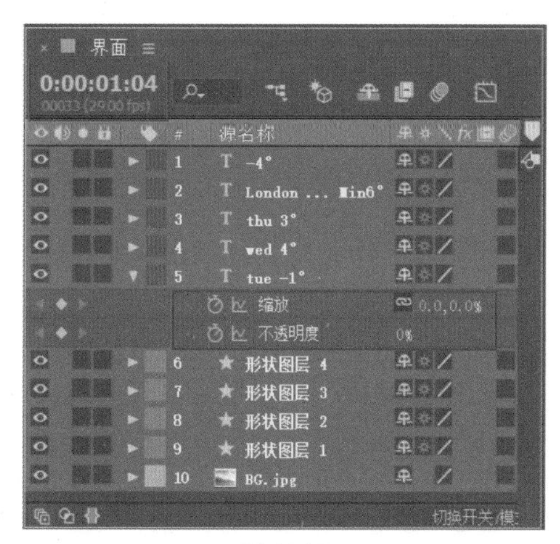

图 12-38

03 在“图层”面板左上角修改时间点为 0:00:01:13，在该时间点设置“缩放”参数为 100、100，“不透明度”参数为 100，如图 12-39 所示。

04 在“图层”面板中选择 wed 4° 文字图层，展开其“缩放”及“不透明度”属性，在 0:00:01:20 时间点单击这两个属性前的“时间变化秒表”按钮，然后在该时间点设置“缩放”参数为 0、0，“不透明度”参数为 0，如图 12-40 所示。

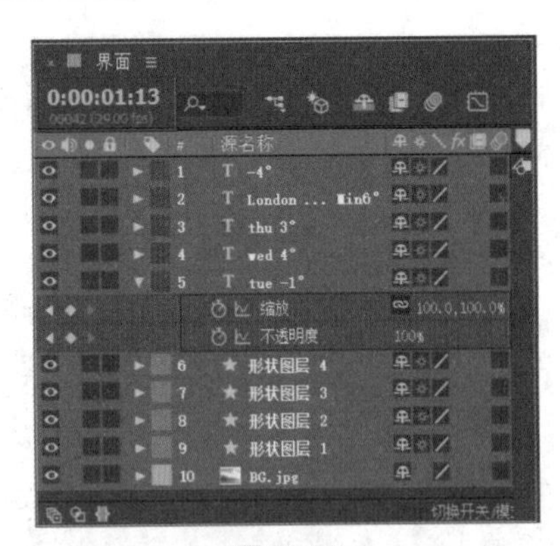

图 12-39

图 12-40

05 在“图层”面板左上角修改时间点为0:00:02:01，在该时间点设置“缩放”参数为100、100，“不透明度”参数为100，如图12-41所示。

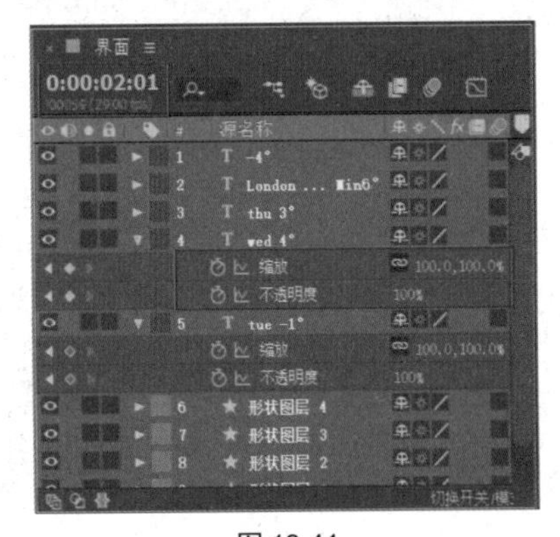

图 12-41

06 在“图层”面板中选择thu 3°文字图层，展开其“缩放”及“不透明度”属性，在0:00:01:04时间点单击这两个属性前的“时间变化秒表”按钮，然后在该时间点设置“缩放”参数为0、0，“不透明度”参数为0，如图12-42所示。

07 在“图层”面板左上角修改时间点为0:00:01:13，在该时间点设置“缩放”参数为100、100，“不透明度”参数为100，如图12-43所示。

图 12-42

图 12-43

08 在“图层”面板中选择London…文字图层，按P键展开其“位置”属性，然后按快捷键Shift+T展开其“不透明度”属性，接着在0:00:00:00时间点单击“位置”属性前的“时间变化秒表”按钮，在该时间点设置“位置”参数为36、765，如图12-44所示。使文字在不改变X轴参数的前提下，向下位移一段距离。

图 12-44

09 在“图层”面板左上角修改时间点为0:00:01:11，然后在该时间点单击“不透明度”属性前的“时间变化秒表”按钮，设置关键帧，并设置“不透明度”参数为0，如图12-45所示。

图 12-45

10 接着，分别在 0:00:02:00 时间点设置“位置”参数为 36、668，在 0:00:02:13 时间点设置“不透明度”参数为 100，如图 12-46 所示。

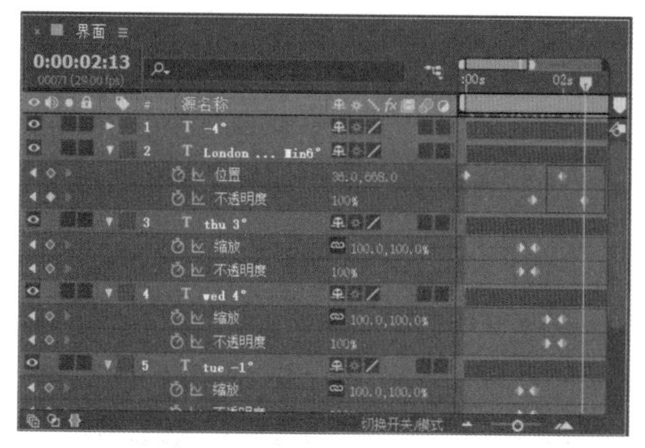

图 12-46

11 在“图层”面板中选择 –4° 文字图层，展开其“位置”及“不透明度”属性，在 0:00:00:00 时间点单击“位置”属性前的“时间变化秒表”按钮，然后在该时间点设置“位置”参数为 414、768，如图 12-47 所示。

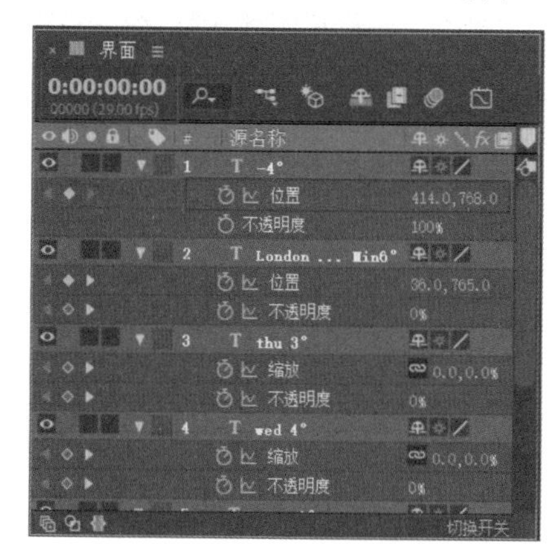

图 12-47

12 在“图层”面板左上角修改时间点为 0:00:01:11，然后在该时间点单击“不透明度”属性前的“时间变化秒表”按钮，设置关键帧，并设置“不透明度”参数为 0，如图 12-48 所示。

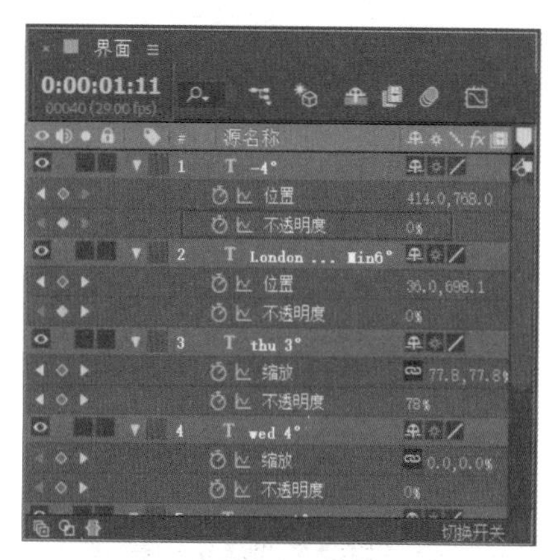

图 12-48

13 在 0:00:02:13 时间点设置“位置”参数为 414、746，“不透明度”参数为 100，如图 12-49 所示。

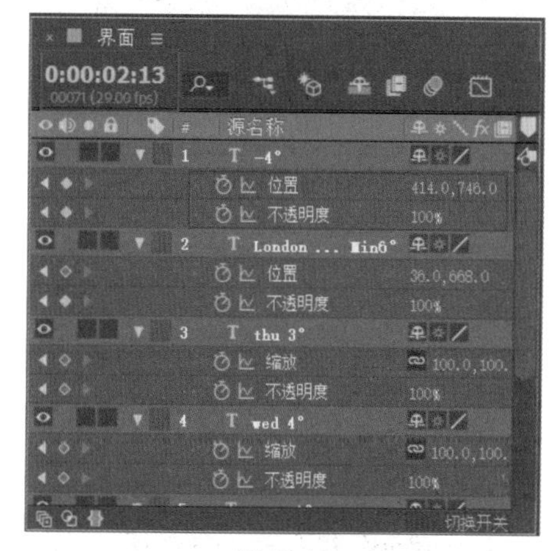

图 12-49

14 在“时间线”窗口选择所有文字图层的关键帧，如图 12-50 所示。接着在 Ease and wizz 属性面板中按照图 12-51 所示进行属性设置，最后单击“Apply 应用”按钮，使关键帧动画产生缓入缓出效果。

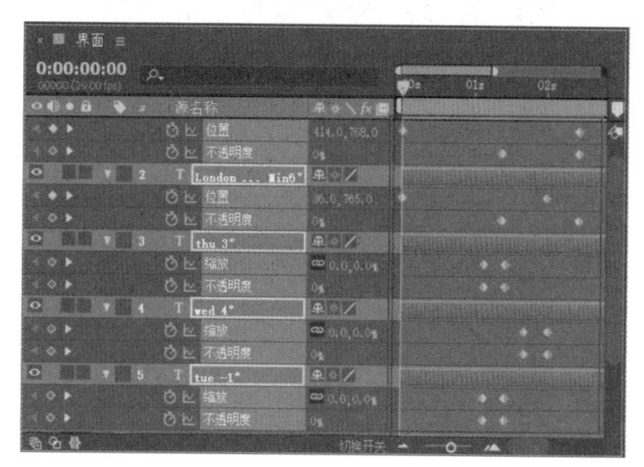

图 12-50

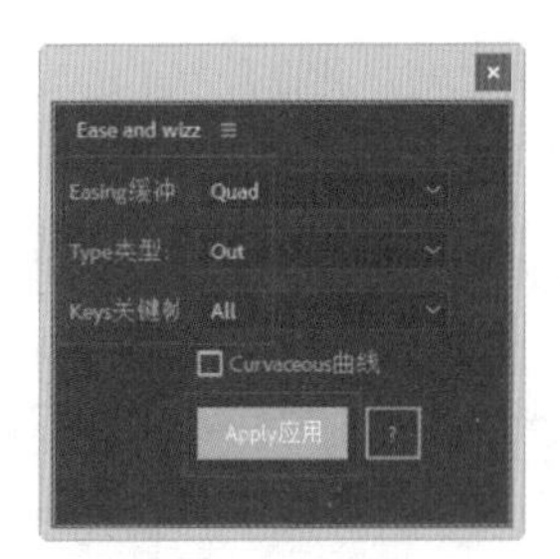

图 12-51

15 在“合成”窗口预览动画效果，可以看到文字随着动态图标背景产生淡入滑出的效果，如图 12-52 所示。

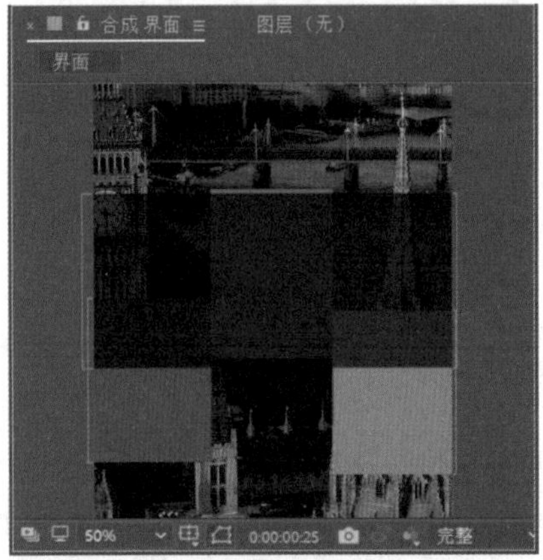

图 12-52

12.3 天气图标动画

作为一款天气展示 UI 界面，天气图标是界面中不可或缺的元素之一，它能代表各种天气现象及状况，形象的天气图标能直观、形象地告诉用户天气的状况。

接下来，将详细讲解制作动效天气图标的具体方法。

视频文件：　视频 \ 第 12 章 \12.3 天气图标动画 .mp4

源 文 件：　源文件 \ 第 12 章 \12.3

01 在“工具”面板中选择“钢笔”工具，在“合成”窗口绘制一个无填充、白色描边（描边宽度为 21 像素）的云层形状，然后在“图层”面板中选择上述操作生成的形状图层，将其重命名为“云朵”。展开“云朵”图层的内容属性，参考图 12-53 所示参数将比例缩放到合适大小，并且将云朵摆放到顶部中心位置。设置完成后的效果如图 12-54 所示。

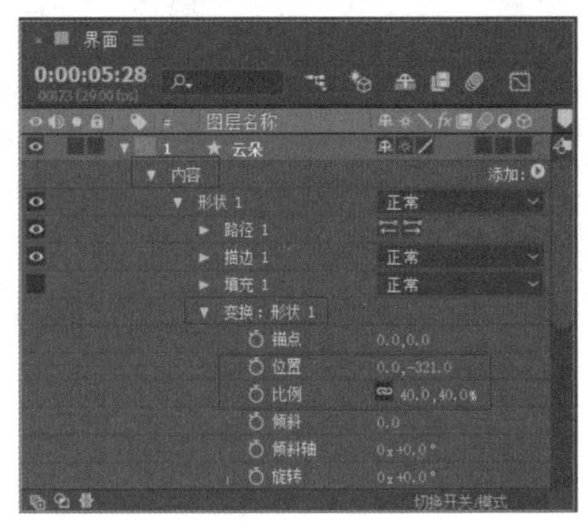

图 12-53

图 12-54

02 使用“椭圆”工具，在“合成”窗口绘制一个无填充、白色描边（描边宽度为 10 像素）的正圆形，然后在“图层”面板中选择上述操作生成的形状图层，将其重命名为“圆形”，展开“圆形”图层的内容属性，参考如图 12-55 所示的参数将比例和位置调整到合适状态。设置完成后的效果如图 12-56 所示。

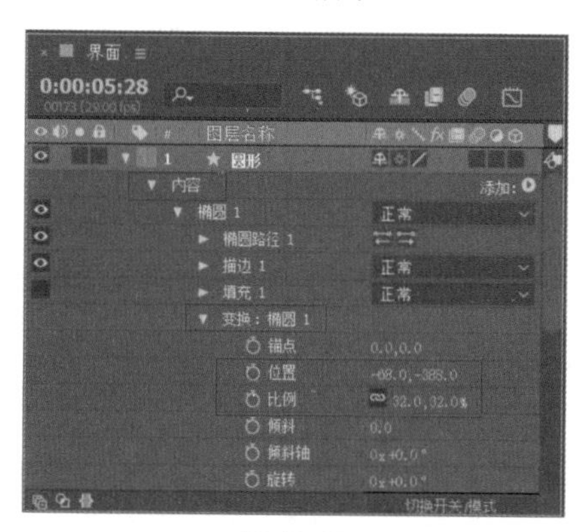

图 12-55

图 12-56

03 选择“圆形”图层，按 5 次快捷键 Ctrl+D 复制图层，并分别将复制的圆形排列开，效果如图 12-57 所示。

图 12-57

04 选择“云朵”图层，展开其“缩放”和“不透明度”属性，接着在 0:00:02:08 时间点单击“不透明度”属性前的“时间变化秒表”按钮，设置关键帧，并设置“不透明度”参数为 0，如图 12-58 所示。

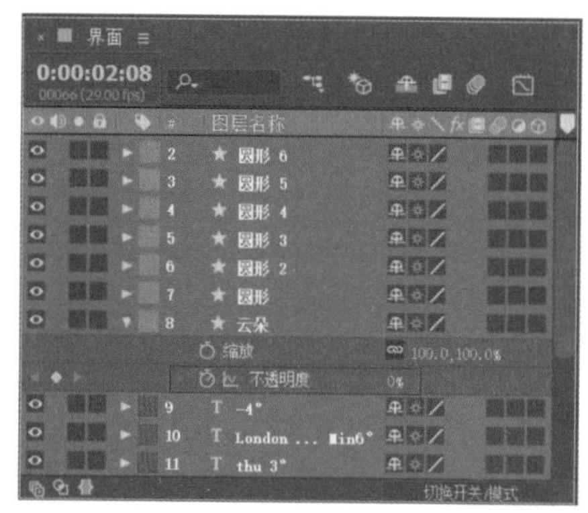

图 12-58

05 在“图层”面板左上角修改时间点为 0:00:02:18，然后在该时间点单击“缩放”属性前的“时间变化秒表”按钮，并设置“缩放”参数为 58、58，“不透明度”参数为 100，如图 12-59 所示。

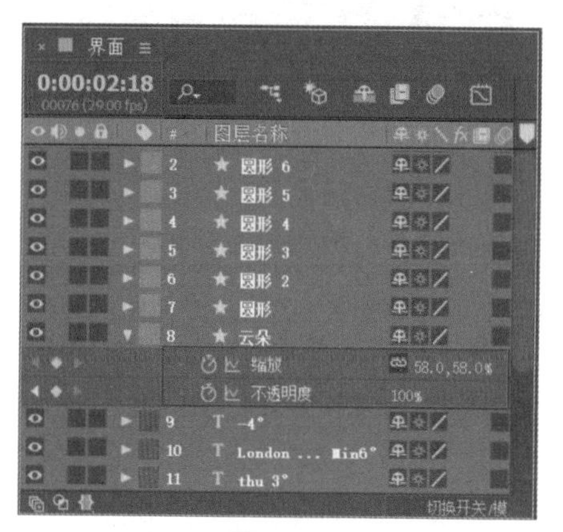

图 12-59

06 最后在 0:00:03:00 时间点设置“缩放”参数为 100、100，如图 12-60 所示。

图 12-60

07 接着，在“图层”面板中选择上排的 3 个圆形图层，即“圆形”“圆形 2”和“圆形 3”图层，按快捷键 Ctrl+Shift+C 创建预合成，如图 12-61 所示。

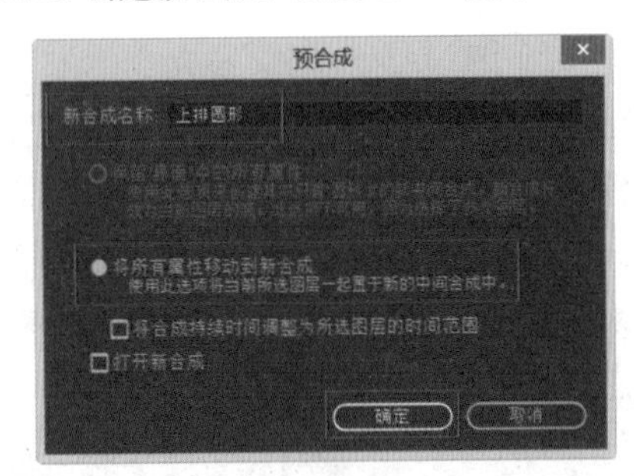

图 12-61

08 继续选择第 2 排的 3 个圆形图层，即“圆形 4”“圆形 5”和“圆形 6”图层，按快捷键 Ctrl+Shift+C 创建预合成，如图 12-62 所示。

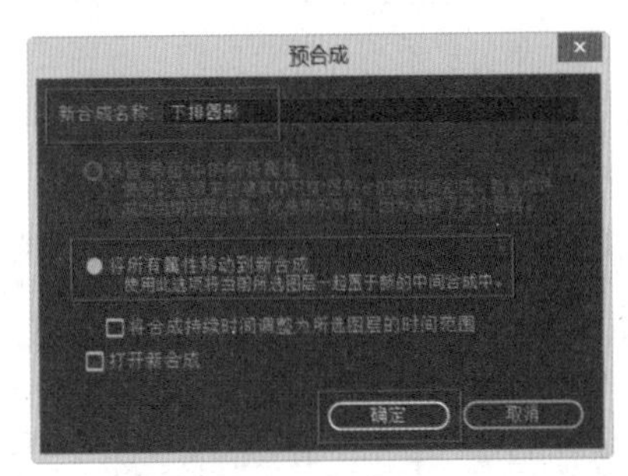

图 12-62

09 在“图层”面板中选择“上排圆形”图层，展开其“位置”和“不透明度”属性，接着在 0:00:03:03 时间点单击“位置”属性前的“时间变化秒表”按钮，设置关键帧，并设置“位置”参数为 320、568，如图 12-63 所示。

图 12-63

10 在“图层”面板左上角修改时间点为 0:00:03:05，然后在该时间点单击“不透明度”属性前的“时间变化秒表”按钮，并设置“不透明度”参数为 0，如图 12-64 所示。

图 12-64

11 分别在 0:00:03:08 时间点设置“不透明度”参数为 100，在 0:00:03:10 时间点设置“位置”参数为 372、568，在 0:00:03:19 时间点设置“位置”参数为 320、568，如图 12-65 所示。

图 12-65

12 在“图层”面板中选择“下排圆形”图层，展开其“位置”和“不透明度”属性，接着在 0:00:03:06 时间点单击“位置”属性前的“时间变化秒表”按钮，设置关键帧，并设置“位置”参数为 343、568，如图 12-66 所示。

图 12-66

13 在“图层”面板左上角修改时间点为 0:00:03:08，然后在该时间点单击“不透明度”属性前的“时间变化秒表”按钮，并设置“不透明度”参数为 0，如图 12-67 所示。

图 12-67

14 分别在 0:00:03:11 时间点设置“不透明度”参数为 100，在 0:00:03:13 时间点设置“位置”参数为 381、568，在 0:00:03:22 时间点设置“位置”参数为 343、568，如图 12-68 所示。

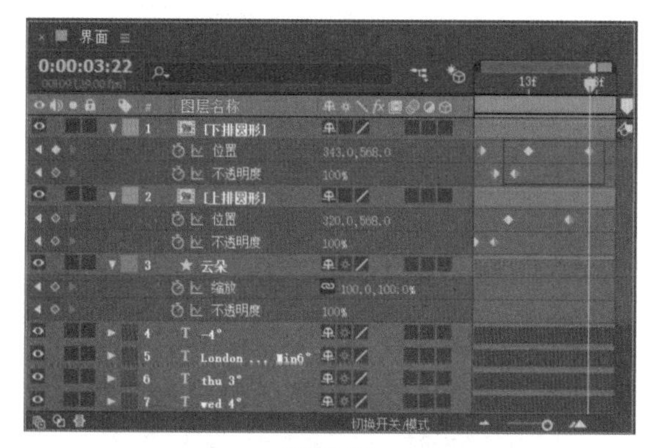

图 12-68

15 使用“文字”工具在“合成”窗口输入文字 Snowy，然后在“字符”面板中设置字体为微软雅黑，Regular 样式，设置大小为 39 像素，字符间距为 76，如图 12-69 所示。将文字放至“云朵”图层上方，效果如图 12-70 所示。

16 选择 Snowy 图层，按 T 键展开其“不透明度”属性，在 0:00:03:01 时间点单击“不透明度”属性前的“时间变化秒表”按钮，并设置“不透明度”参数为 0，如图 12-71 所示。

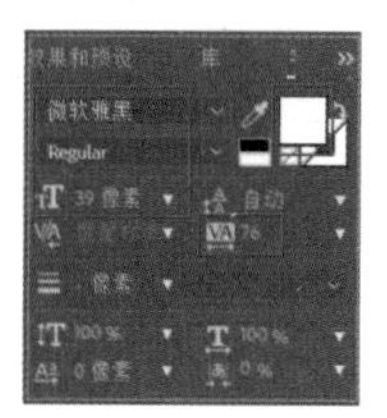

图 12-69

图 12-70

图 12-71

17 在“图层”面板左上角修改时间点为 0:00:03:06，然后在该时间点设置“不透明度”参数为 100，如图 12-72 所示。

图 12-72

18 在“时间线”窗口选择所有天气图标的关键帧，如图 12-73 所示。在 Ease and wizz 属性面板中按照图 12-74 所示进行属性设置，然后单击“Apply 应用”按钮，使关键帧动画产生缓入缓出效果。

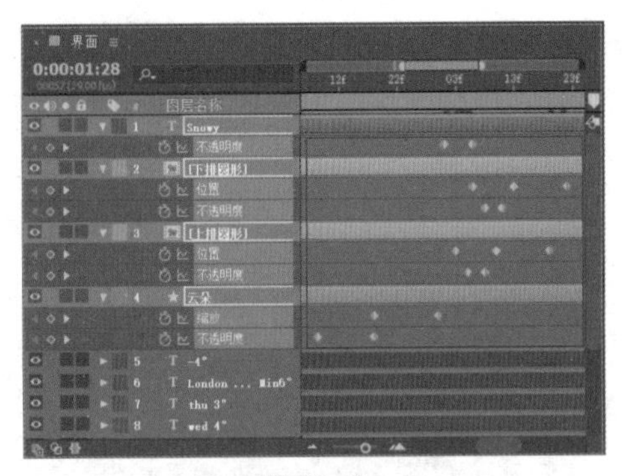

图 12-73

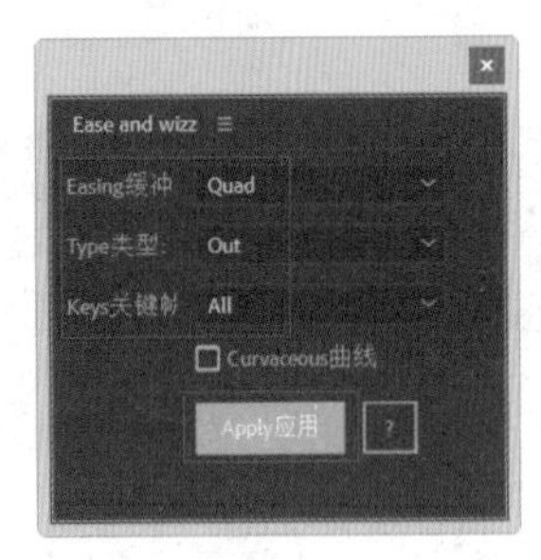

图 12-74

19 选择 Snowy 图层，然后使用“椭圆”工具在文字上方绘制一个椭圆形遮罩，接着展开蒙版属性，在 0:00:03:06 时间点单击“蒙版路径”属性前的“时间变化秒表”按钮，设置一个关键帧，如图 12-75 所示。

图 12-75

20 在 00:00:03:01 时间点将椭圆形蒙版拖至文字的最左端，使文字消失，如图 12-76 所示。

图 12-76

21 至此，天气图标动画制作完成了，在“合成”窗口预览动画效果，如图 12-77 所示。

图 12-77

12.4 合成画面

完成上述操作后，天气展示 UI 展示界面基本上就已经制作完成了。接下来，可以创建一个新合成，将界面和手机图片元素结合在一起，使效果更直观。

视频文件：　视频 \ 第 12 章 \12.4 合成画面 .mp4

源 文 件：　源文件 \ 第 12 章 \12.4

01 按快捷键 Ctrl+N 创建一个预设为“自定义”的合成，设置大小为 1200 像素 ×720 像素，设置“像素长宽比”为方形像素，设置帧速率为 29 帧 / 秒，持续时间为 6 秒，并设置名称为 Final，如图 12-78 所示。

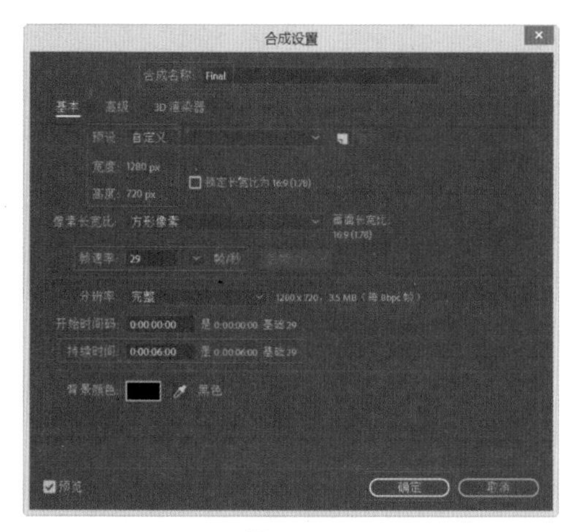

图 12-78

02 将“项目”窗口中的“手机 .png”素材拖入 Final 合成，展开其变换属性，设置“位置”参数为 602、360，“缩放”参数为 61、49，如图 12-79 所示。

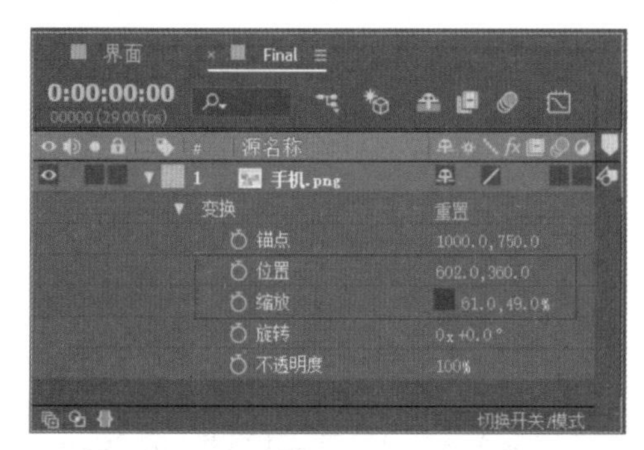

图 12-79

03 调整变换属性后，在“合成”窗口的预览效果如图 12-80 所示。

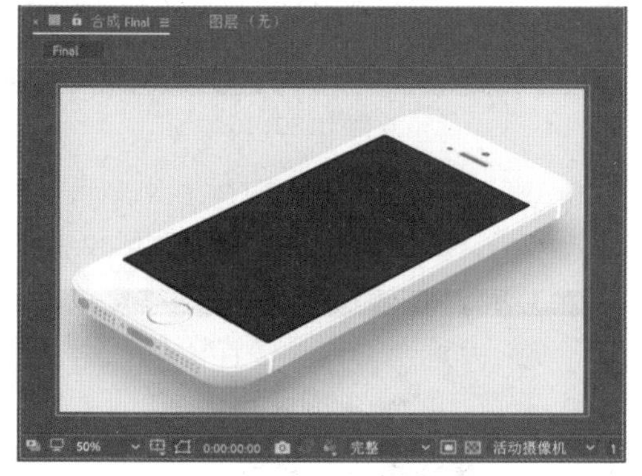

图 12-80

04 将“项目”窗口中的“界面”合成拖入 Final 合成中，放置在顶层，摆放效果如图 12-81 所示。

05 在“图层”面板中选择“界面”图层，执行“效果”|“扭曲”|“边角定位”命令，并在“效果控件”面板参照图 12-82 所示进行参数设置。

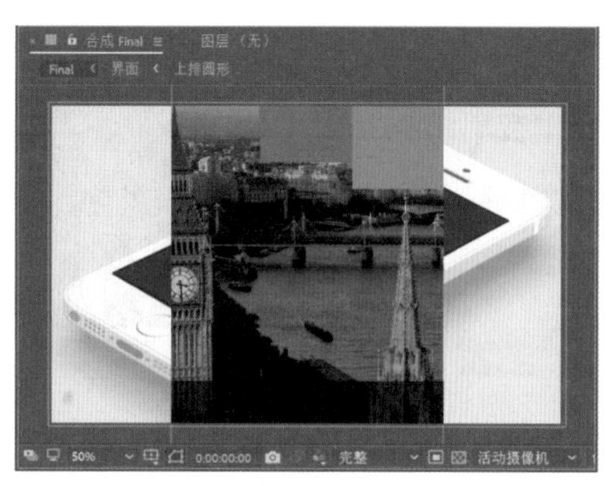

图 12-81

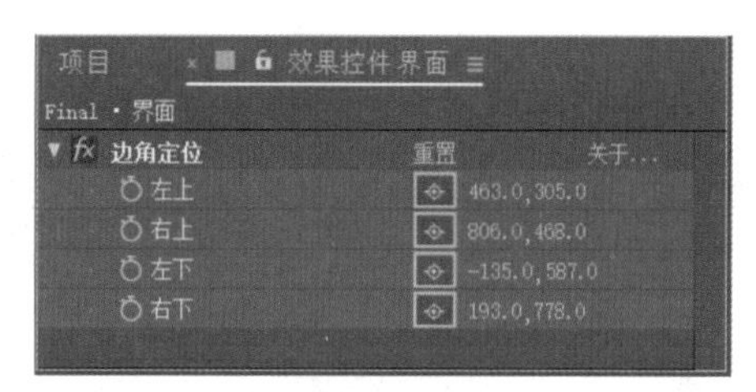

图 12-82

06 上述操作后，“界面”图层被完美地放入了手机背景中，效果如图 12-83 所示。

图 12-83

12.5 输出视频与 GIF

在所有的动态效果及合成制作完成后，可以选择输出成视频文件，也可以将视频文件转化成动态 GIF 图，方便随时查看。接下来将具体讲解如何导出视频文件与 GIF 文件。

视频文件：　视频 \ 第 12 章 \12.5 输出视频与 GIF.mp4

源 文 件：　源文件 \ 第 12 章 \12.5

01 在 Final 合成状态下，执行“文件”|“导出”|“添加到渲染队列”命令，如图 12-84 所示。

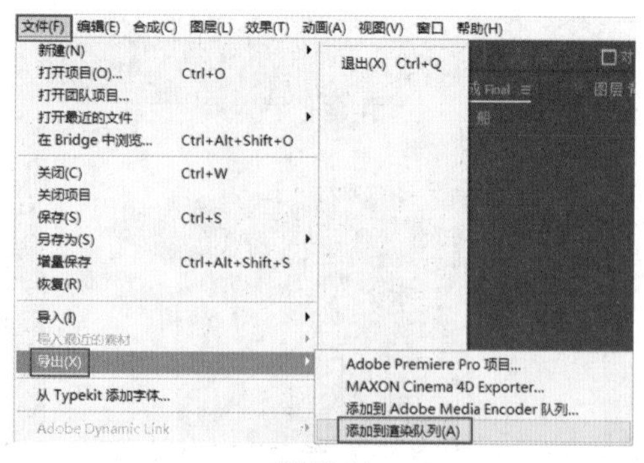

图 12-84

02 进入"渲染队列"窗口，单击"输出模块"属性后的"无损"选项，如图 12-85 所示。

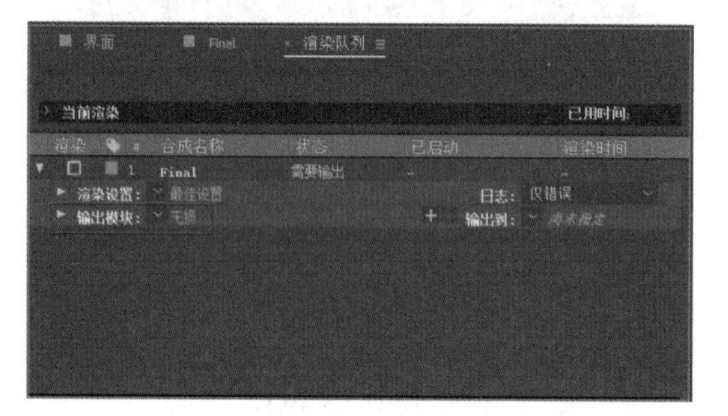

图 12-85

03 弹出的"输出模块设置"对话框中，展开"格式"选项右侧的下拉列表，选择 QuickTime 选项，并单击"确定"按钮，如图 12-86 所示。

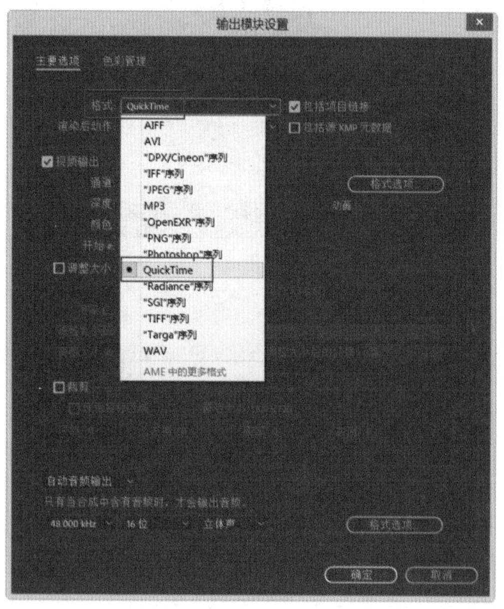

图 12-86

04 在"渲染队列"窗口中单击"输出到"属性后的"尚未指定"选项，如图 12-87 所示。

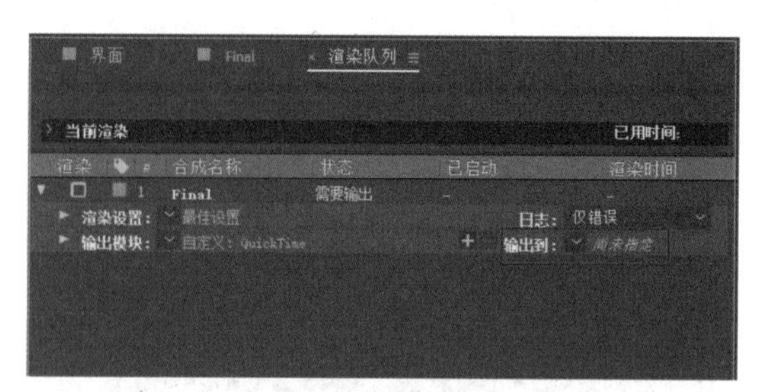

图 12-87

05 在弹出的"将影片输出到"对话框中设置存储位置及名称，并单击"保存"按钮，如图 12-88 所示。

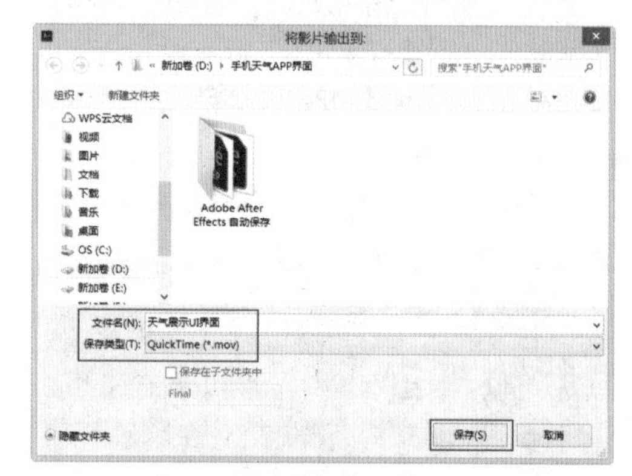

图 12-88

06 设置完成后，回到"渲染队列"窗口，单击窗口右上角的"渲染"按钮，如图 12-89 所示。

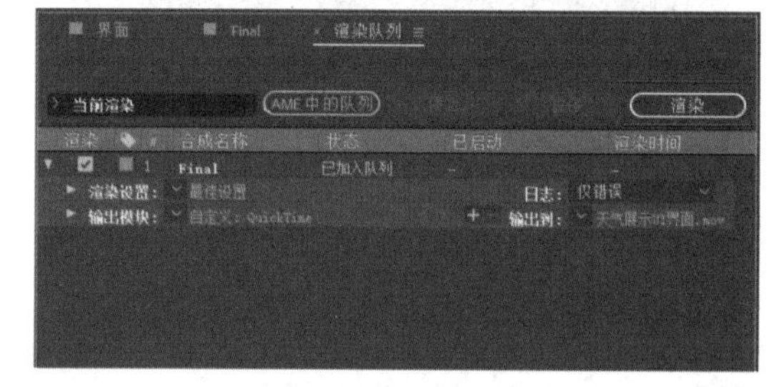

图 12-89

07 渲染完成后，关闭 After Effects CC 208 软件，将导出的 mov 文件拖入 Photoshop 软件中打开，如图 12-90 所示。

图 12-90

08 执行“文件”|“导出”|“存储为 Web 所用格式（旧版）”命令，如图 12-91 所示。

图 12-91

09 在弹出的“存储为 Web 所用格式”面板中，将“预设”设置为 GIF 和“GIF128 无仿色”，设置动画属性中的“循环选项”为“永久”，最后单击“存储”按钮，如图 12-92 所示。

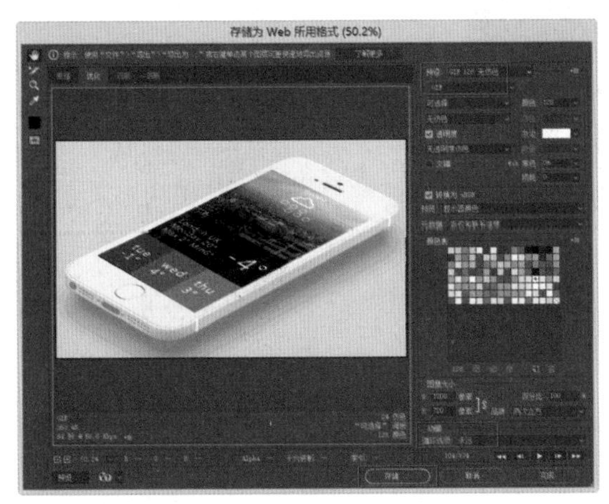

图 12-92

10 在弹出的“将优化结果存储为”对话框中设置名称及存储位置，单击“保存”按钮即可输出 GIF 动图至指定文件夹，如图 12-93 所示。

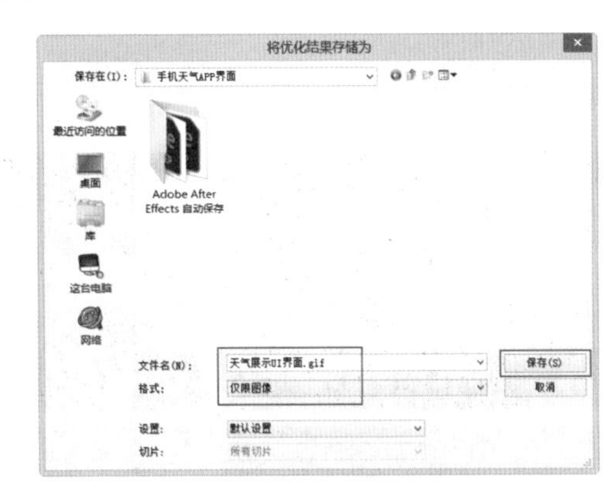

图 12-93

11 至此，天气展示动态 UI 界面已全部制作完成，可在相应文件夹中找到 GIF 动图进行预览，如图 12-94 所示。

图 12-94

第 13 章

综合实例——自媒体视频片头

随着电影、电视的发展，片头的种类越来越多，所涉及的方面也越发广泛。除了最初的电影片头外，现今还有自媒体视频片头、广告片头、电视栏目包装片头、电视节目宣传片头等。

如今，各种企业网站在打开时都会跳出网站片头，它们大多用 Flash 或 After Effects 等后期软件来制作，用此方式来体现公司或者集团的形象，很多企业会在公司网站片头上写上自己公司的宗旨或者以一段大气的视频来展示自己公司最独特的一面。电视栏目片头时长通常在 15~30 秒，是一档电视节目性质、内容的高度体现和总结，现代电视栏目的片头讲究内容表达、艺术表现和技术含量。

第 13 章素材文件

第 13 章视频文件

本章将详细讲解如何利用第三方插件 Optical Flares 打造一段七彩炫光效果的开场视频，其效果如图 13-1 所示。

图 13-1

13.1 创建炫光文字合成

本章打造的炫光文字，主要是利用第三方插件 Optical Flares（光学耀斑）制作完成的，该插件拥有强大的光晕预设库，能有效帮助用户设计出炫彩夺目的视频效果。本节将具体讲解如何为文字生成轮廓图层，并用七彩效果灯光包围文字轮廓图层。

13.1.1 生成文字轮廓

视频文件： 视频 \ 第 13 章 \13.1.1 生成文字轮廓 .mp4

源 文 件： 源文件 \ 第 13 章 \13.1.1

01 启动 After Effects CC 2018 软件，进入其操作界面。执行“合成”|“新建合成”命令，创建一个预设为 HDV/HDTV 720 25 的合成，设置“持续时间”为 15 秒，并设置名称为“炫光文字”，单击“确定”按钮，如图 13-2 所示。

02 进入操作界面，在“工具”面板中选择“文字”工具 T，移动光标至“合成”窗口单击输入文字“第十放映室”，并在“字符”面板中设置该文字的“字体”

为“华文楷体”，文字大小为 160 像素，最后设置文字为白色并加粗，摆放至画面中心位置，操作完成后在“合成”窗口的对应预览效果如图 13-3 所示。

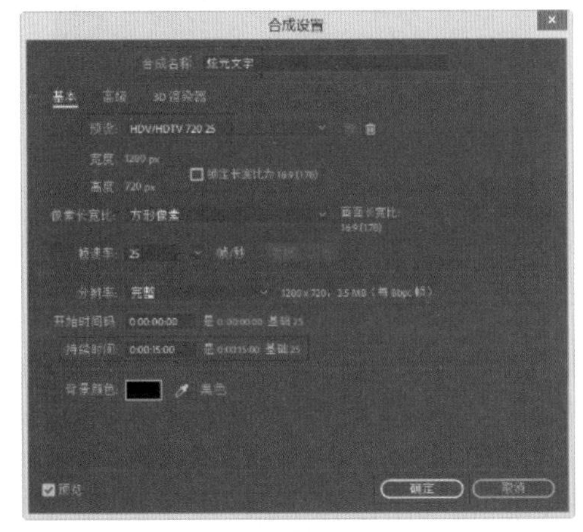

图 13-2

图 13-3

03 在“图层”面板中选择上述创建的文字图层并右击，在弹出的快捷菜单中选择“重命名”选项，将该图层的名称改为“文字”，如图 13-4 所示。

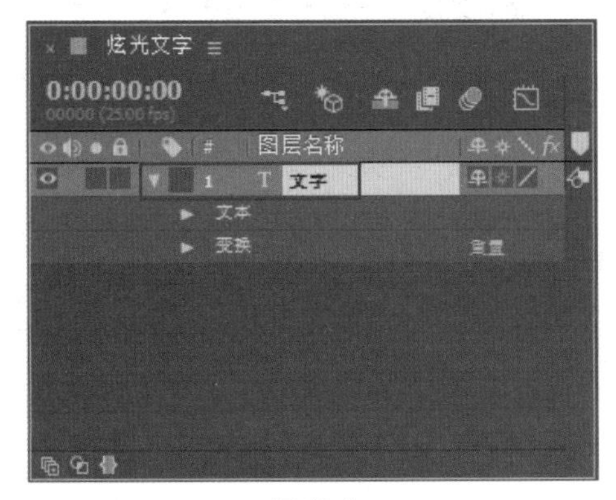

图 13-4

04 选择“文字”图层，执行“图层”|“从文本创建蒙版”命令，执行该命令后，会在“文字”图层的上方形成一个轮廓图层，如图 13-5 所示。

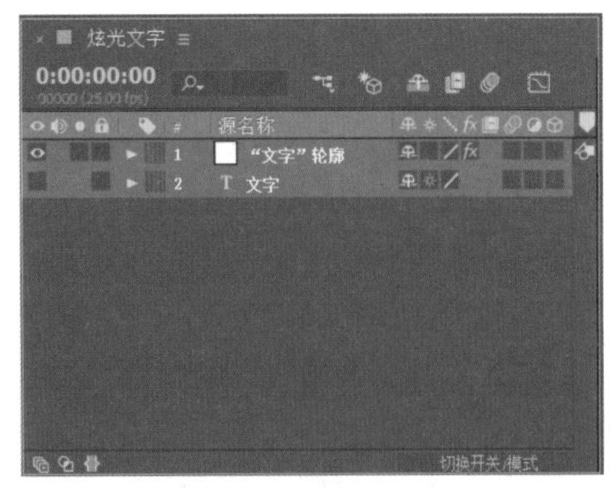

图 13-5

技巧与提示：

当创建的文字图层名称过长时，可以对图层名称进行适当修改和简化，方便在之后的操作中，对图层进行查看和修改。此外，执行“从文本创建蒙版” 命令后，文字图层会自动隐藏。

05 选择“文字轮廓”图层，执行“效果”|“生成”|“描边”命令，并在“效果控件”面板中选中“所有蒙版”选项，取消选中“顺序描边”选项，设置“画笔大小”参数为 2.5， “绘画样式”为“显示原始图像”选项，如图 13-6 所示。操作完成后在“合成”窗口的对应预览效果如图 13-7 所示。

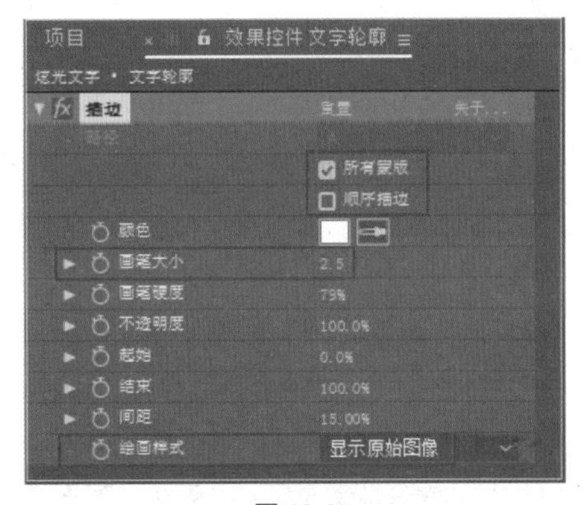

图 13-6

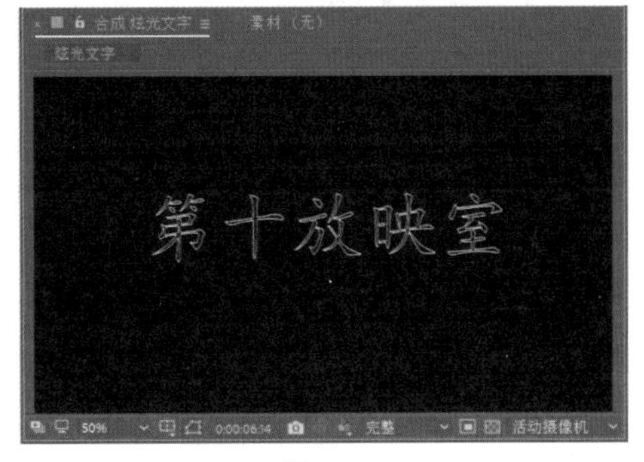

图 13-7

06 在“图层”面板中选择“文字轮廓”图层，展开其“描边”属性，在0:00:00:00时间点位置单击“结束”属性前的“时间变化秒表”按钮，为“结束”属性设置一个关键帧，并设置其参数为0，如图13-8所示。

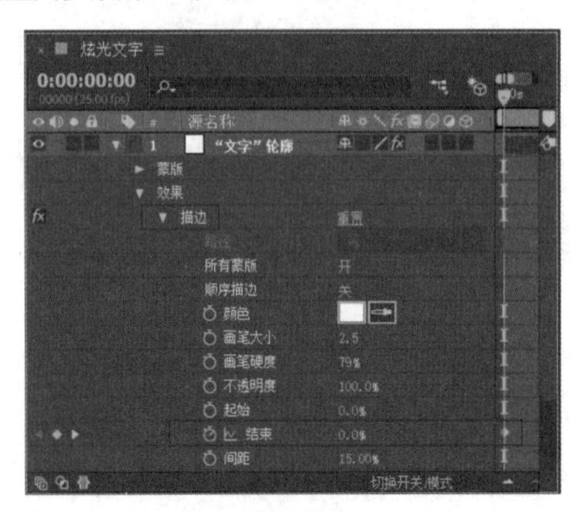

图13-8

07 在“图层”面板左上角修改时间点为0:00:05:00，然后在该时间点设置“结束”参数为100，如图13-9所示。

图13-9

08 执行“图层”|“新建”|“空对象”命令（快捷键为Ctrl+Alt+ Shift +Y），创建一个控制层，如图13-10所示。

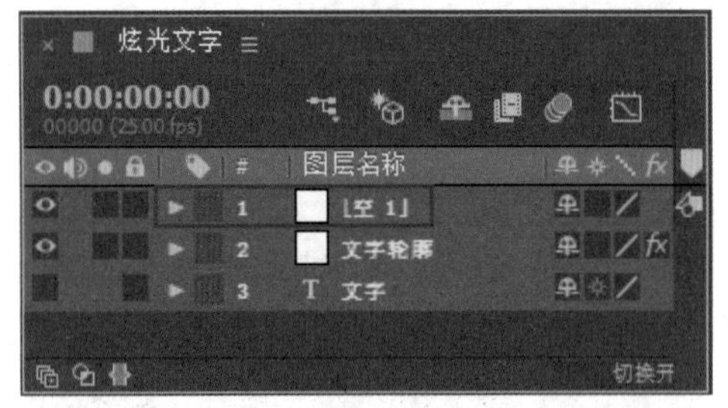

图13-10

09 在“图层”面板中选择“文字轮廓”图层，展开其“蒙版”属性，接着展开文字“第”的属性，单击选择其“蒙版路径”属性，按快捷键Ctrl+C复制该文字的路径，如图13-11所示。

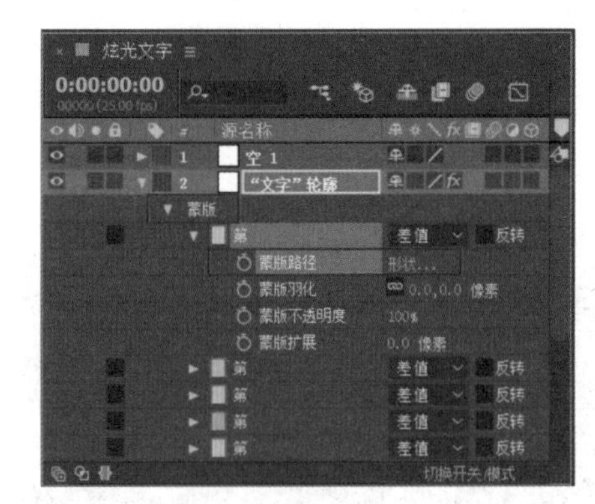

图13-11

10 在“图层”面板中选择“空1”图层，按P键展开其“位置”属性，然后单击选中“位置”属性，在0:00:00:00时间点位置按快捷键Ctrl+V，将上述步骤中复制的文字蒙版路径粘贴，如图13-12所示。

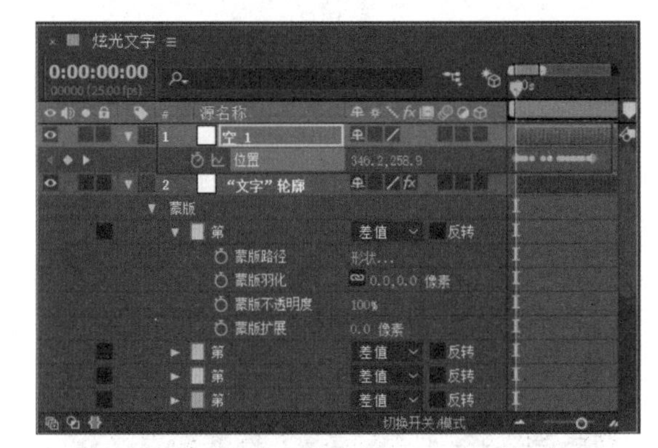

图13-12

11 在“图层”面板左上角修改时间点为0:00:05:00，然后在“时间线”窗口单击选择末尾的关键帧，并将该关键帧向右拖至时间线位置，如图13-13所示。

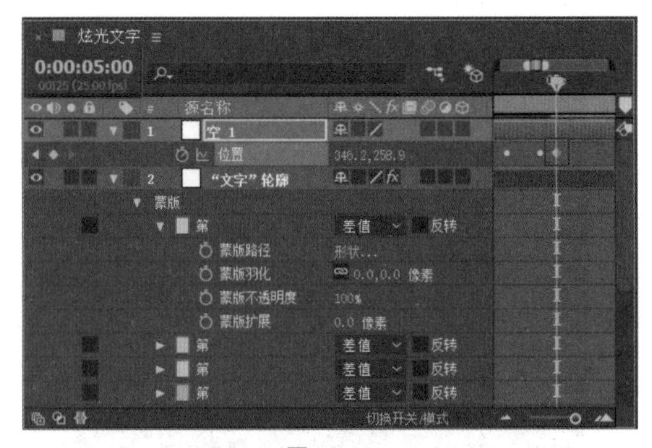

图13-13

技巧与提示：

当“时间线”窗口中的关键帧变成蓝色时，表示该关键帧为选中状态。

13.1.2　Optical Flares 插件应用

视频文件：　视频 \ 第 13 章 \13.1.2 Optical Flares 插件应用 .mp4
源 文 件：　源文件 \ 第 13 章 \13.1.2

01 回到0:00:00:00时间点位置，执行“图层”|“新建”|“纯色”命令（快捷键为 Ctrl+Y），创建一个与合成大小一致的固态层，并将其命名为“炫光”，设置其颜色为白色，单击“确定”按钮，如图 13-14 所示。

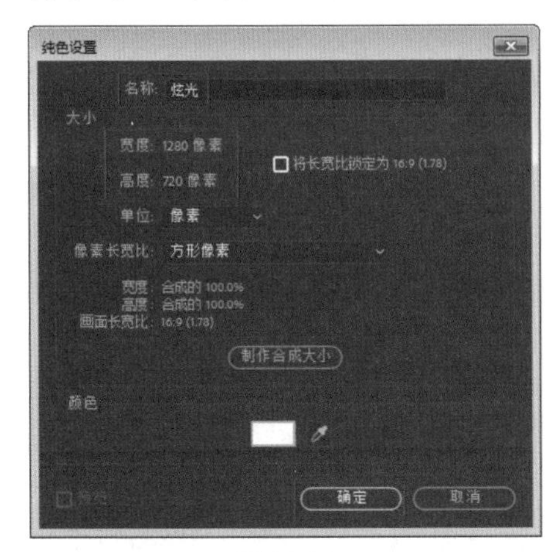

图 13-14

02 在“图层”面板中选择“炫光”图层，执行“效果”|Video Copilot|Optical Flares（光学耀斑）命令，执行该命令后在“合成”窗口的默认显示效果如图 13-15 所示。

图 13-15

> **技巧与提示：**
>
> 这里使用的 Optical Flares（光学耀斑）效果，是由 Video Copilot 出品的一款灯光插件，需要用户自行安装。Optical Flares（光学耀斑）插件拥有强大的预设库，可调节的参数属性非常多，并且能很好地单独控制各项属性。Optical Flares（光学耀斑）的三维空间属性，可以与三维灯光、摄像机跟踪、Particular 插件等相结合，从而帮助用户打造多种酷炫的视频特效。

03 进入 Optical Flares 的“效果控件”面板，单击面板上方的“选项”文字，如图 13-16 所示。操作完成后将弹出如图 13-17 所示的“光学耀斑 操作界面”对话框。

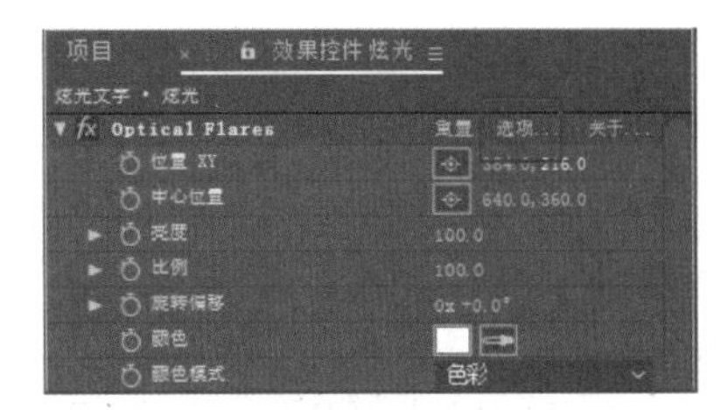

图 13-16

图 13-17

04 在操作界面中单击“堆栈”面板右上角的 ▶ 按钮，在弹出的菜单中选择“全部清除”命令，如图 13-18 所示，并在弹出的对话框中单击“是”按钮。

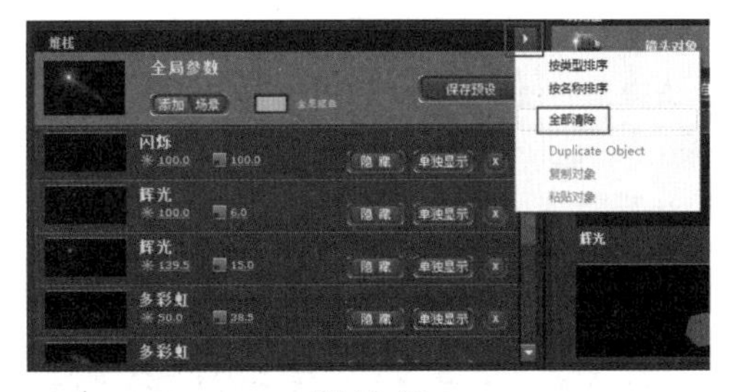

图 13-18

05 在浏览器面板中分别单击“辉光”和“条纹”基本光晕选项，如图 13-19 所示。

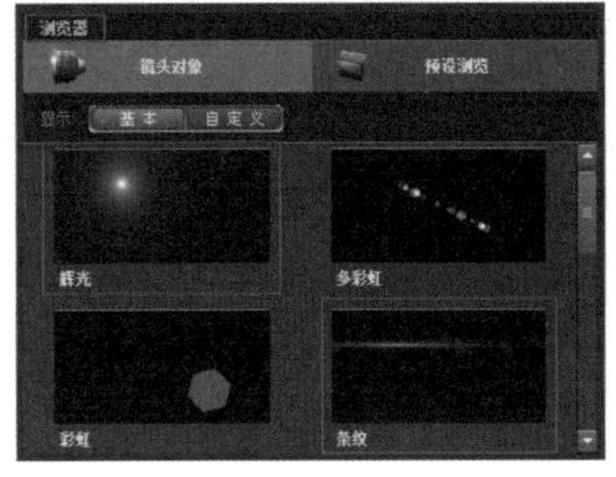

图 13-19

06 上述操作后，选择的基本光晕会被自动放置到"堆栈"面板中，设置"辉光"的半径为2.5，"条纹"的半径为1.5，如图13-20所示。

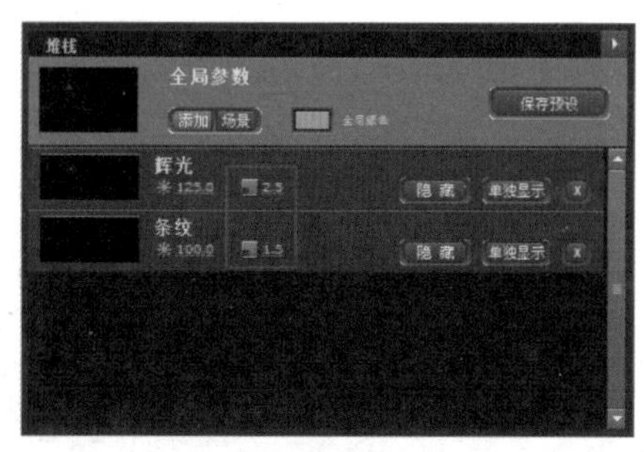

图 13-20

07 继续在"堆栈"面板中单击"全局颜色"前的色块，在弹出的"颜色"对话框中设置颜色的RGB参数为72、215、176，设置完成后单击"好"按钮，如图13-21所示。

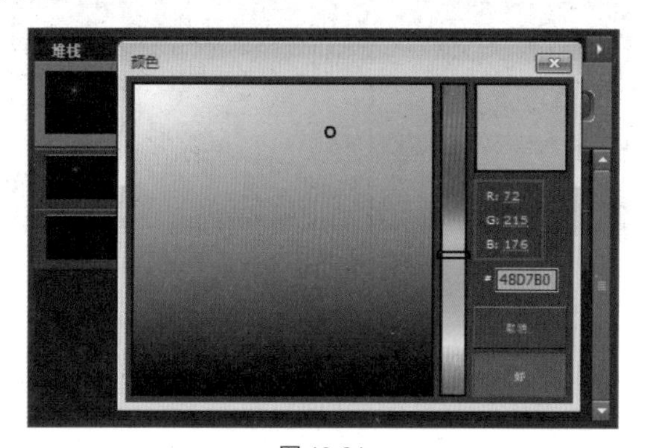

图 13-21

08 单击操作界面右上角的"好"按钮保存设置，并返回After Effects CC 2018操作界面。在"图层"面板中设置"炫光"图层的叠加模式为"相加"，如图13-22所示。

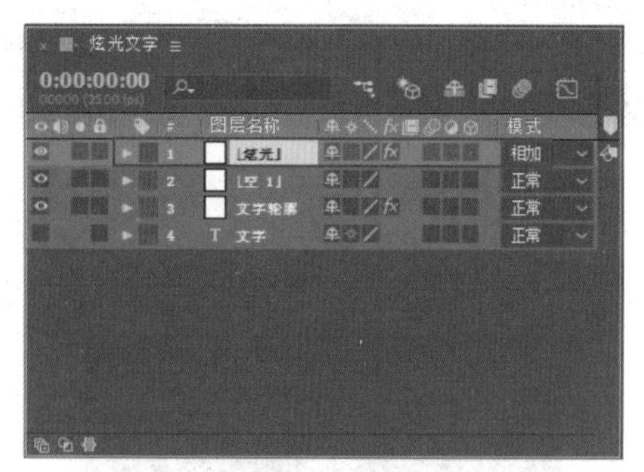

图 13-22

09 继续选择"炫光"图层，展开该图层的Optical Flares（光学耀斑）属性，按住Alt键的同时单击"位置XY"属性前的"时间变化秒表"按钮，激活该属性的表达式关联器，如图13-23所示。

图 13-23

10 在"图层"面板中选择"空1"图层，按P键展开其"位置"属性，鼠标左键长按"炫光"图层中"XY位置"属性下的"表达式关联器"按钮，将其拖曳关联到"空1"图层的"位置"属性上方，如图13-24所示。

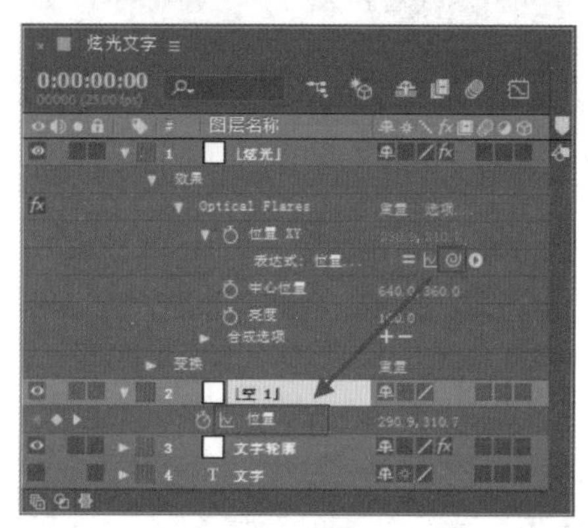

图 13-24

11 选择"炫光"图层，进入其"效果控件"面板，接着展开"配置模式"属性，设置"来源类型"为3D，如图13-25所示。

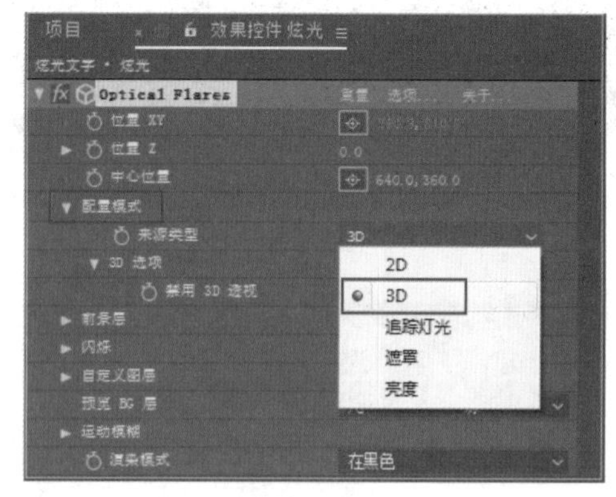

图 13-25

12 在"图层"面板中选择"炫光"图层，按住Alt键的同时单击"位置Z"属性前的"时间变化秒表"按钮，激活该属性的表达式关联器，如图13-26所示。

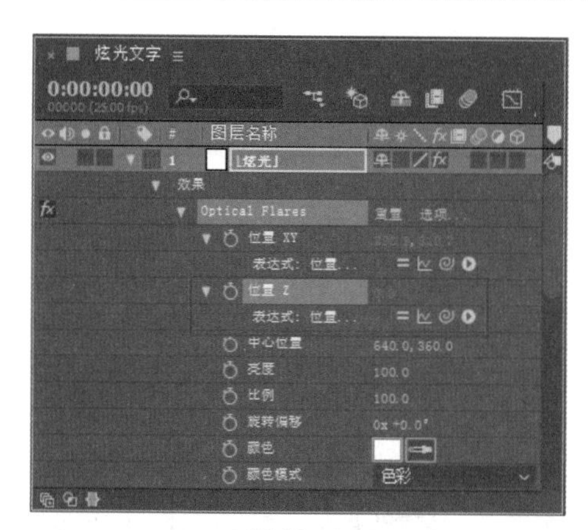

图 13-26

13 激活“空 1”图层的“3D 图层”按钮，接着用鼠标左键长按“炫光”图层中“Z 位置”属性下的“表达式关联器”按钮，将其拖曳关联到“空 1”图层的“位置”属性的 Z 轴数值上方，如图 13-27 所示。

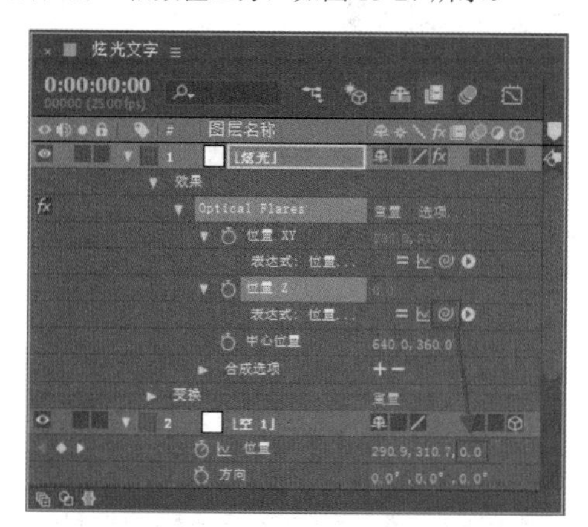

图 13-27

技巧与提示：

图层需激活 3D 属性才可以生成 Z 轴，并进行操作设置。

14 上述操作完成后，在“时间线”窗口会自动生成已经链接完成的参数表达式，如图 13-28 所示。

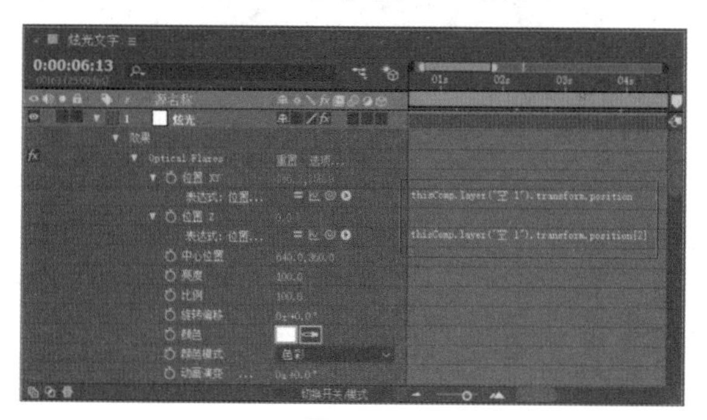

图 13-28

15 在“图层”面板中选择“炫光”图层，按 T 键展开其“不透明度”属性，在 0:00:00:00 时间点单击“不透明度”属性前的“时间变化秒表”按钮，设置关键帧，并设置“不透明度”参数为 0，如图 13-29 所示。

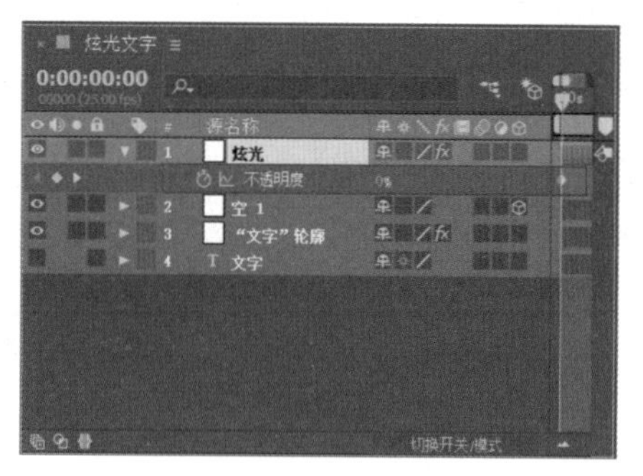

图 13-29

16 在“图层”面板左上角修改时间点为 0:00:00:13，然后在该时间点设置“不透明度”参数为 100，如图 13-30 所示。

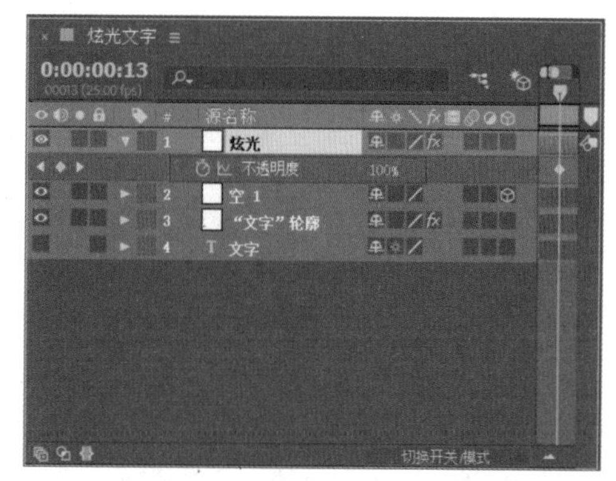

图 13-30

17 在“图层”面板左上角修改时间点为 0:00:04:17，然后在该时间点单击“不透明度”属性前的“在当前时间添加或移除关键帧”按钮，插入一个关键帧，如图 13-31 所示。

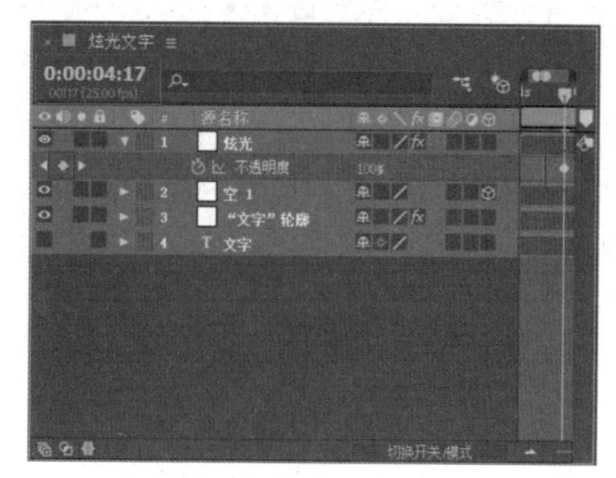

图 13-31

18 在“图层”面板左上角修改时间点为 0:00:05:00，然后在该时间点设置“不透明度”参数为0，如图13-32所示。

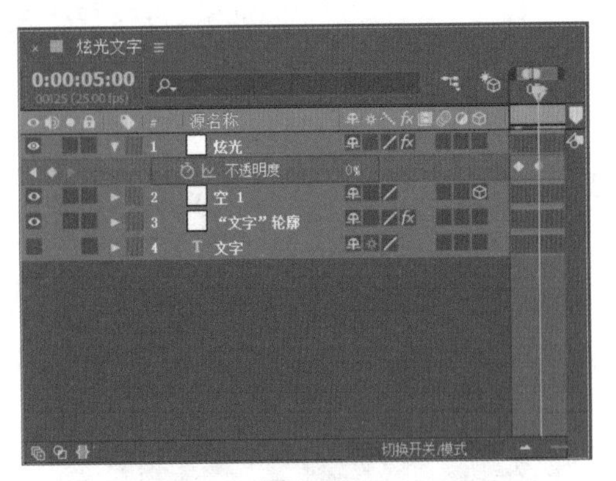

图 13-32

19 选择“炫光”图层，进去其“效果控件”面板，展开“闪烁”属性，设置“速度”参数为39，“数量”参数为27，如图13-33所示。操作完成后在“合成”窗口的预览效果如图13-34所示，光斑会围绕文字轮廓进行描边闪烁。

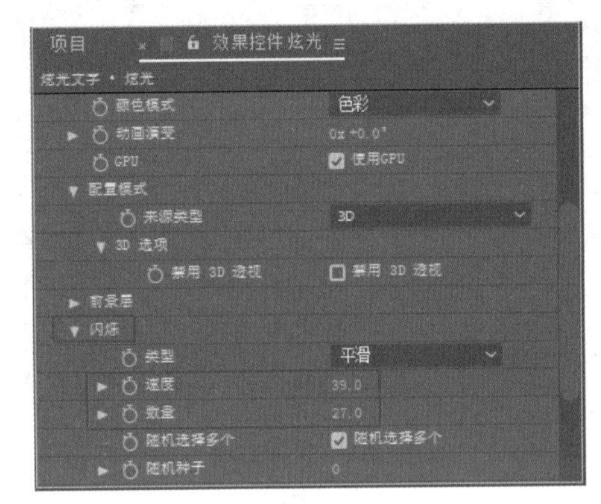

图 13-33

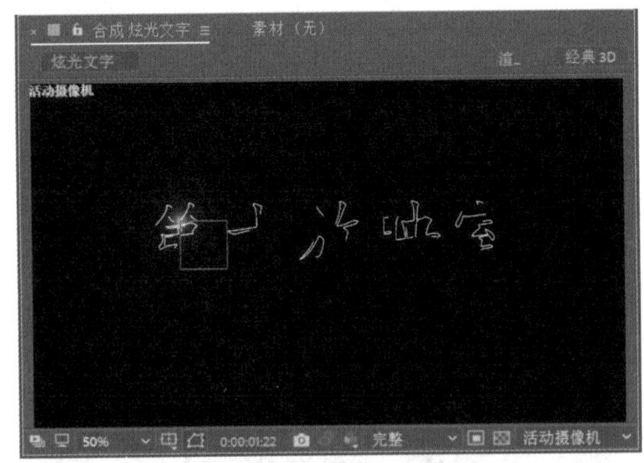

图 13-34

13.2 修改轮廓层特效

上面介绍了如何为文字创建轮廓层，并为单个轮廓添加点光。只要创建了第一个点光效果，之后的文字轮廓点光可以通过复制、重新链接表达式的方式来调整，省去了二次创建的麻烦。下面，将讲解如何在第一个点光文字的基础上快速制作之后的轮廓点光。

视频文件： 视频\第13章\13.2 修改轮廓层特效 .mp4

源 文 件： 源文件\第13章\13.2

01 第一个文字轮廓炫光效果制作完成后，按快捷键Ctrl+Alt+Shift+Y创建一个新的控制层，并将该图层置于“图层”面板的顶层，如图13-35所示。

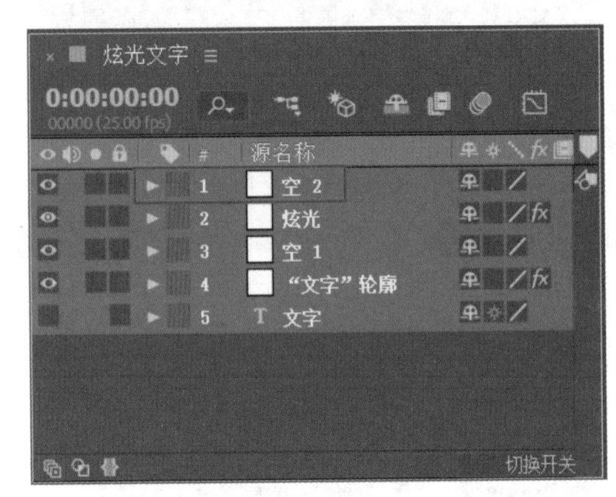

图 13-35

02 在“图层”面板中选择“文字轮廓”图层，展开其“蒙版”属性，接着展开第2个文字“十”的属性，单击选择“蒙版路径”属性，按快捷键Ctrl+C复制该字母的路径，如图13-36所示。

图 13-36

03 在“图层”面板中选择“空2”图层，按P键展开其“位置”属性，然后单击“位置”属性，在0:00:00:00时间点位置按快捷键Ctrl+V，将上述步骤中复制的文字蒙版路径粘贴，如图13-37所示。

04 在“图层”面板左上角修改时间点为0:00:05:00，然后在“时间线”窗口单击选择末尾的关键帧，并将该关键帧向右拖至时间线位置，如图 13-38 所示。

图 13-37

图 13-38

技巧与提示：

上述粘贴蒙版路径的操作必须保证当前时间点处于 0:00:00:00 时间点位置，因为关键帧是默认以当前时间线位置为首帧粘贴位置。

05 在“图层”面板中选择“炫光”图层，按快捷键 Ctrl+D 复制图层，然后将复制出来的“炫光”图层放置到“空 2”图层上方，并将其命名为“炫光 2”，方便之后的归类操作，如图 13-39 所示。

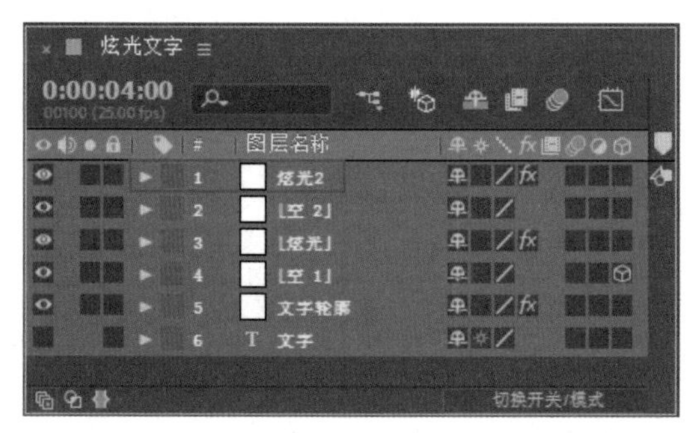

图 13-39

06 在“图层”面板中展开“炫光 2”图层的 Optical Flares（光学耀斑）属性，然后展开其中的“位置 XY”和“位置 Z”的表达式关联器属性，如图 13-40 所示。

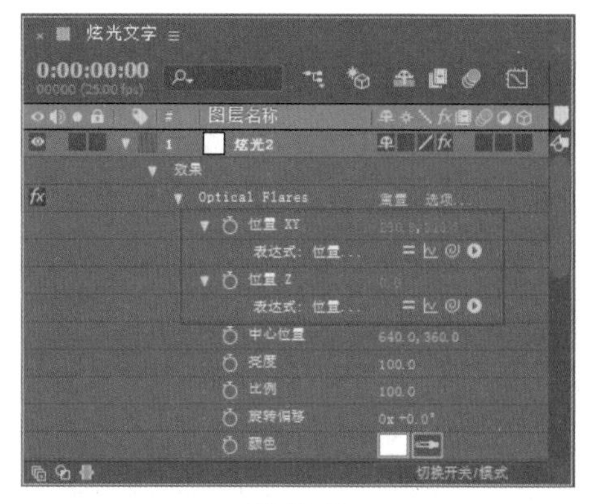

图 13-40

07 在“图层”面板中选择“空 2”图层，按 P 键展开其“位置”属性，并激活其“3D 图层”属性生成 Z 轴，如图 13-41 所示。

图 13-41

08 用鼠标左键长按“炫光 2”图层中“XY 位置”属性下的“表达式关联器”按钮，将其拖曳关联到“空 2”图层的“位置”属性上方，如图 13-42 所示。

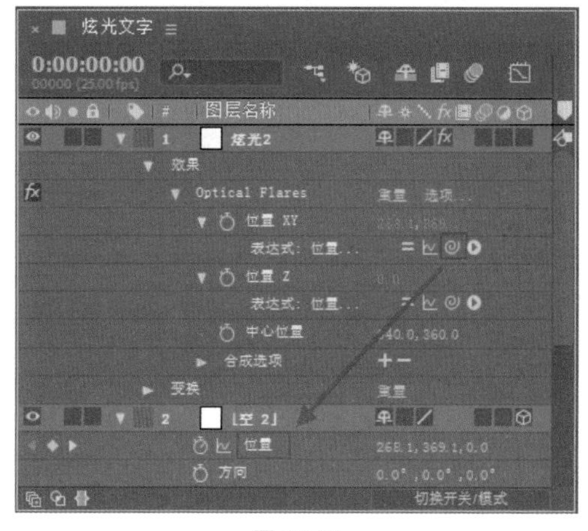

图 13-42

09 用鼠标左键长按“炫光2”图层中“位置Z”属性下的“表达式关联器”按钮，将其拖曳关联到“空2”图层的“位置”属性的Z轴数值上方，如图13-43所示。

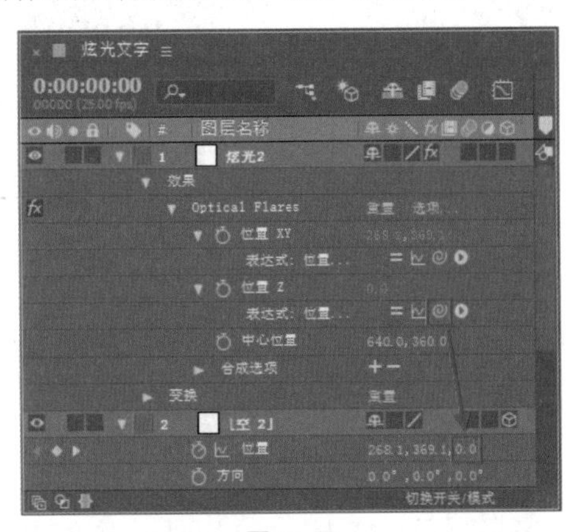

图 13-43

10 在“图层”面板中选择“炫光2”图层，进入其“效果控件”面板，单击如图13-44所示的“选项”文字。

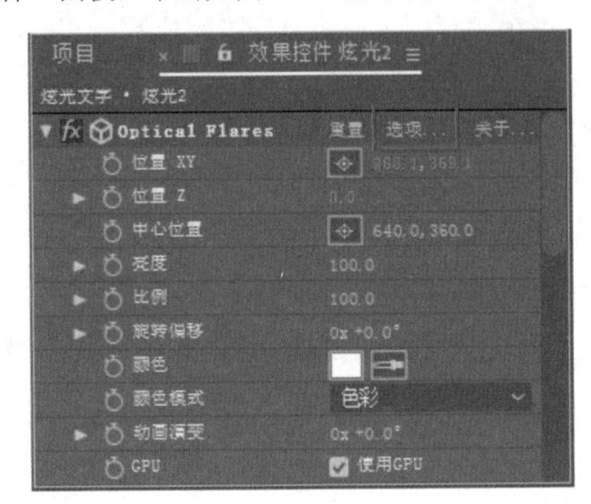

图 13-44

11 进入Optical Flares（光学耀斑）操作界面，在“堆栈”面板中单击“全局颜色”前的色块，在弹出的“颜色”对话框中设置颜色的RGB参数为215、72、193，设置完成后单击“好”按钮，如图13-45所示。

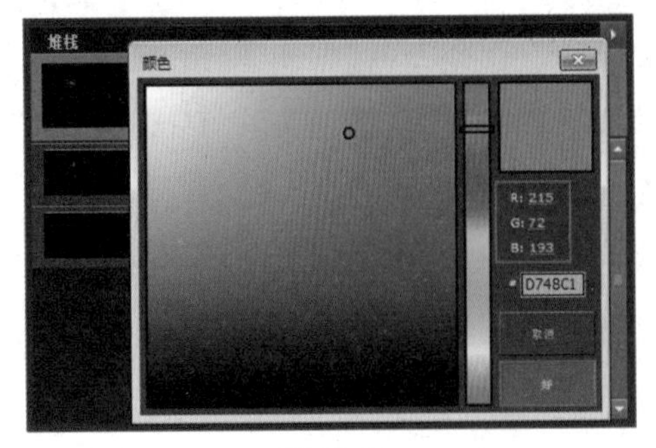

图 13-45

12 完成颜色的更改后，单击操作界面右上角的“好”按钮保存设置，并返回After Effects CC 2018操作界面。可以在“合成”面板中观察到设置的第2个文字轮廓炫光路径已经生成，效果如图13-46所示。

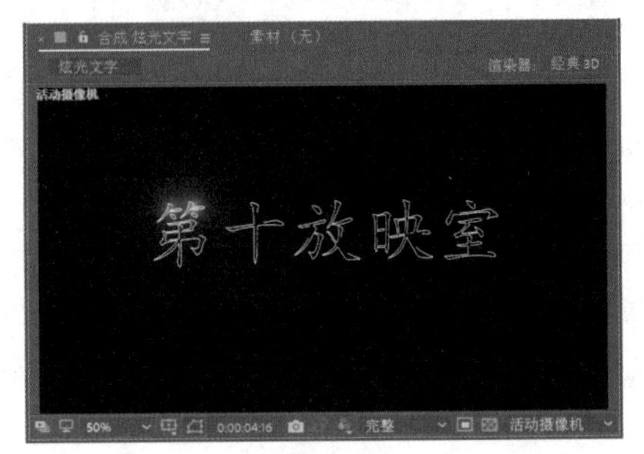

图 13-46

技巧与提示：

更改每一个文字轮廓层的Optical Flares效果颜色只需打开其操作界面修改“全局颜色”即可，颜色可以根据需要自行调整设置，设置完成后记得单击“好”按钮。

13 用同样的方法设置第3个轮廓文字“放”，执行“图层”|“新建”|“空对象”命令，创建一个新的文字控制层，并将该图层置于“图层”面板的顶层，如图13-47所示。

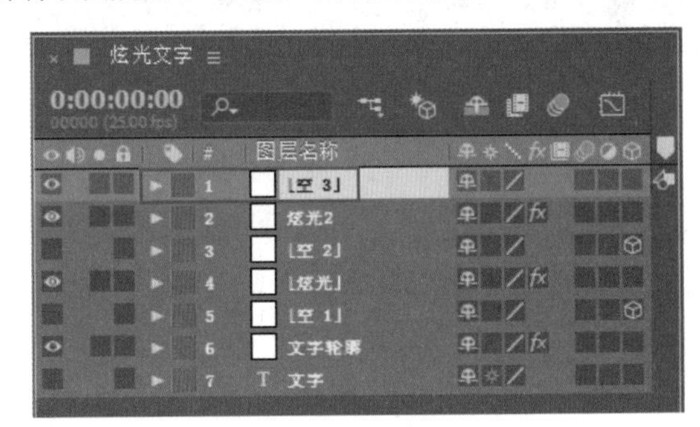

图 13-47

14 在“图层”面板中选择“炫光2”图层，按快捷键Ctrl+D复制图层，并将复制出来的图层放置到“空3”图层上方，并修改其名称为“炫光3”，如图13-48所示。

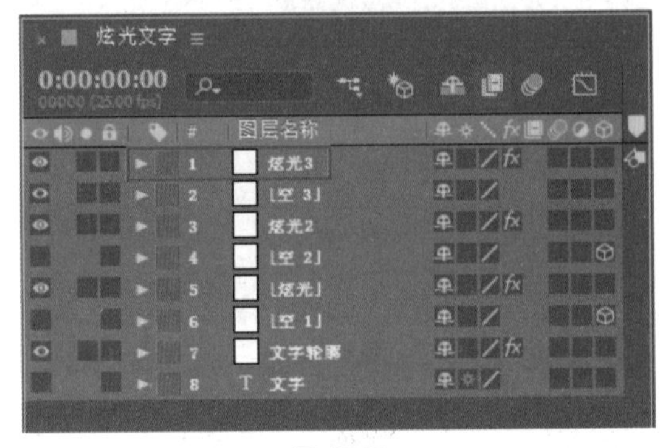

图 13-48

15 在“图层”面板中选择“文字轮廓”图层，展开第 3 个文字的蒙版属性，单击选择其“蒙版路径”属性，按快捷键 Ctrl+C 复制该文字的路径，如图 13-49 所示。

图 13-49

16 在“图层”面板中选择“空 3”图层，按 P 键展开其“位置”属性，然后单击“位置”属性，在 0:00:00:00 时间点位置按快捷键 Ctrl+V，将上述步骤中复制的字母蒙版路径粘贴，如图 13-50 所示。

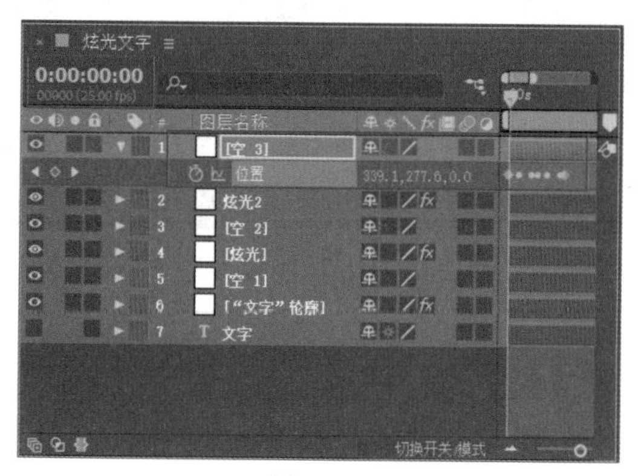

图 13-50

17 在“图层”面板左上角修改时间点为 0:00:05:00，然后在“时间线”窗口单击选择末尾的关键帧，并将该关键帧向右拖至时间线位置，如图 13-51 所示。

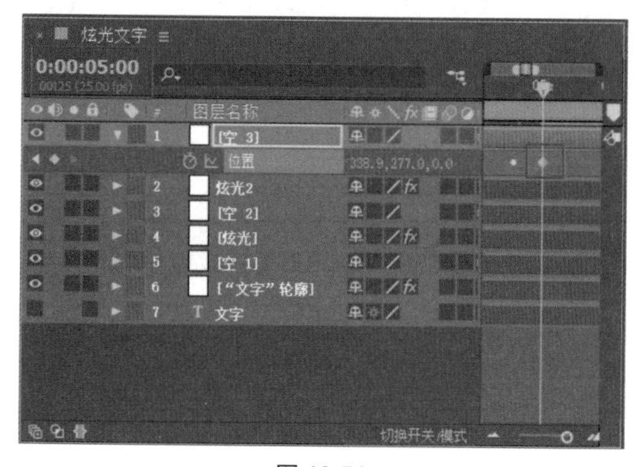

图 13-51

18 选择“炫光 2”图层，按快捷键 Ctrl+D 复制图层，然后将复制出来的图层拖至“空 3”图层上方，并将其命名为“炫光 3”，如图 13-52 所示。

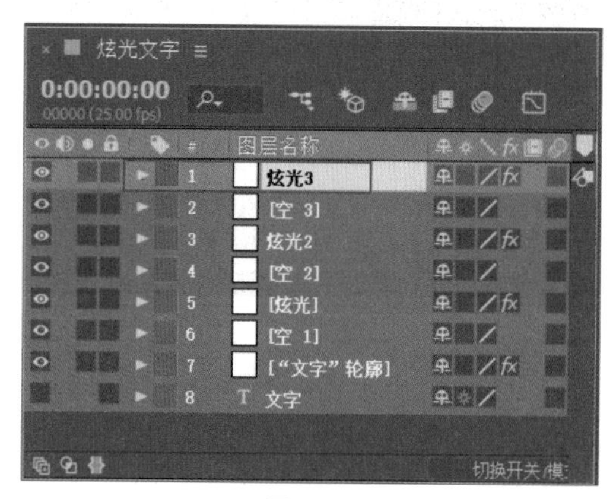

图 13-52

19 在“图层”面板中展开“炫光 3”图层的 Optical Flares（光学耀斑）属性，展开其中的“位置 XY”和“位置 Z”的表达式关联器属性，同时激活其对应的“空 3”图层的 3D 模式，将表达式重新关联，如图 13-53 所示。

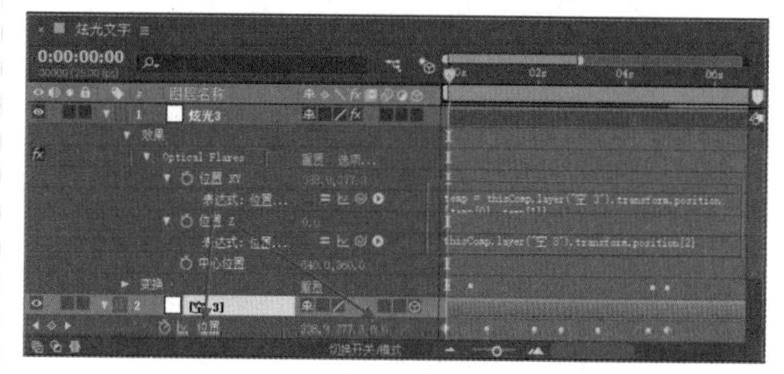

图 13-53

20 在“图层”面板中选择“炫光 3”图层，进入其“效果控件”面板，单击如图 13-54 所示的“选项”文字。

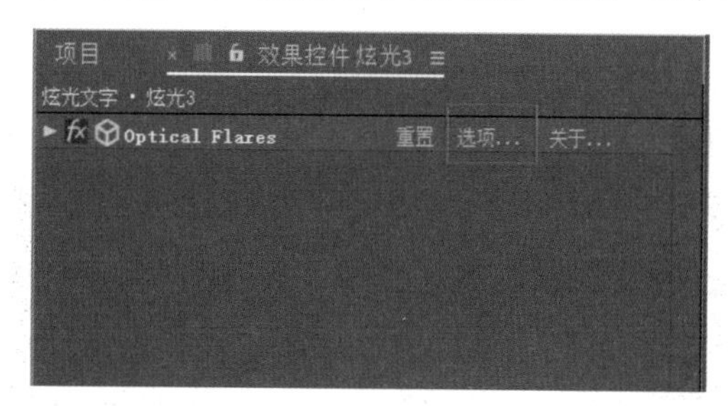

图 13-54

21 进入 Optical Flares（光学耀斑）操作界面，在“堆栈”面板中单击“全局颜色”前的色块，在弹出的“颜色”对话框中设置颜色的 RGB 参数为 215、176、22，设置完成后单击“好”按钮，如图 13-55 所示。完成颜色的更改后，单击操作界面右上角的“好”按钮完成保存设置，并返回 After Effects CC 2018 操作界面。

图 13-55

22 至此，第 3 个文字轮廓的炫光效果也制作完成了。之后用同样的方法，为剩下的文字轮廓逐一设置炫光效果，如图 13-56 所示，并设置不同的颜色，最终效果如图 13-57 所示。

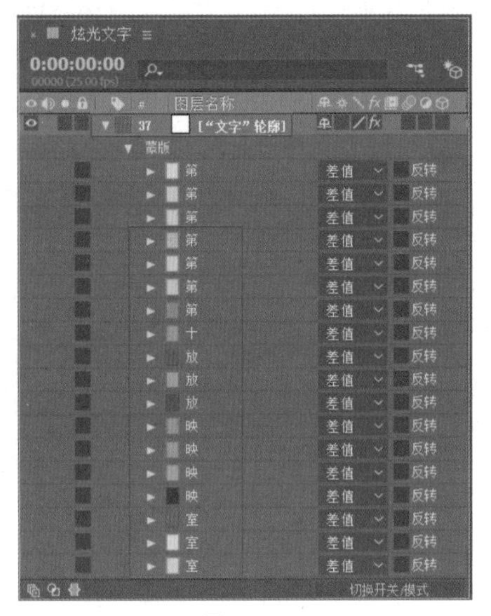

图 13-56

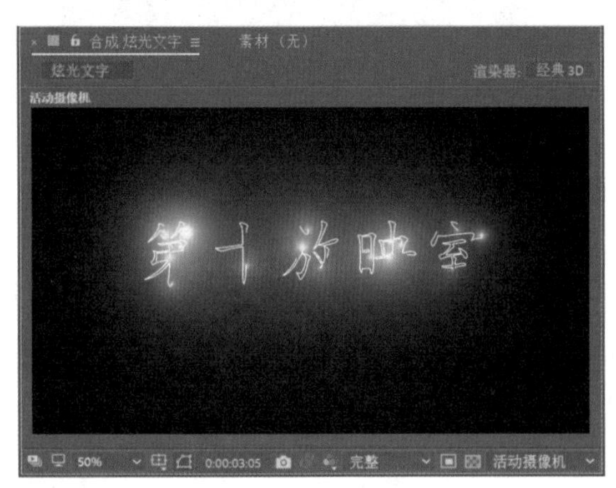

图 13-57

23 为所有的文字轮廓层添加炫光效果后，在“图层”面板中选择“文字轮廓”图层，激活其 3D 图层，如图 13-58 所示。

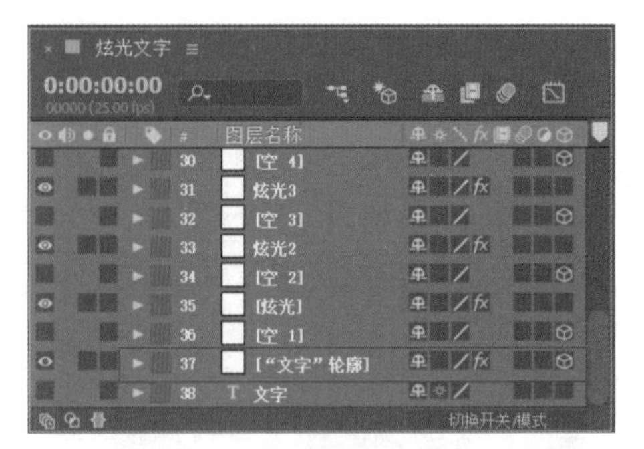

图 13-58

24 执行“图层”|“新建”|“摄像机”命令，创建一个默认预设 50 毫米的摄像机，如图 13-59 所示。

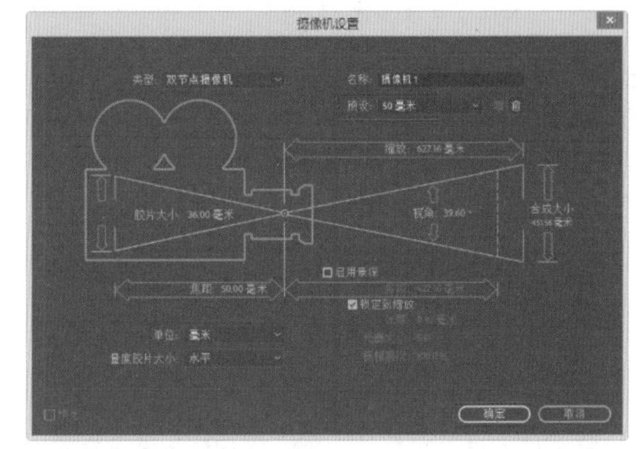

图 13-59

25 选择上述创建的摄像机图层，按 P 键展开其“位置”属性，在 0:00:00:00 时间点单击“位置”属性前的“时间变化秒表”按钮，为当前默认位置参数设置一个关键帧，如图 13-60 所示。

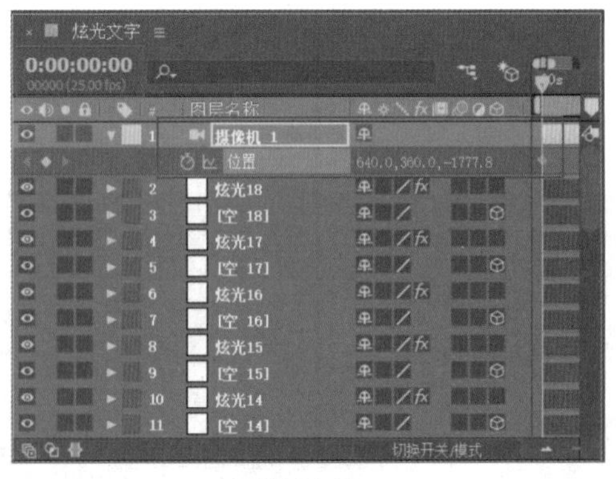

图 13-60

26 在“图层”面板左上角修改时间点为 0:00:05:00，然后单击选中上述创建的关键帧，将其移至时间线位置，如图 13-61 所示。

图 13-61

27 将时间线拖回 0:00:00:00 时间点位置，按 C 键切换至“统一摄像机工具”，将“合成”窗口中的炫光文字整体向右旋转调整到合适位置，如图 13-62 所示。旋转完成后，在“图层”面板的 0:00:00:00 时间点位置会自动添加一个关键帧，如图 13-63 所示。

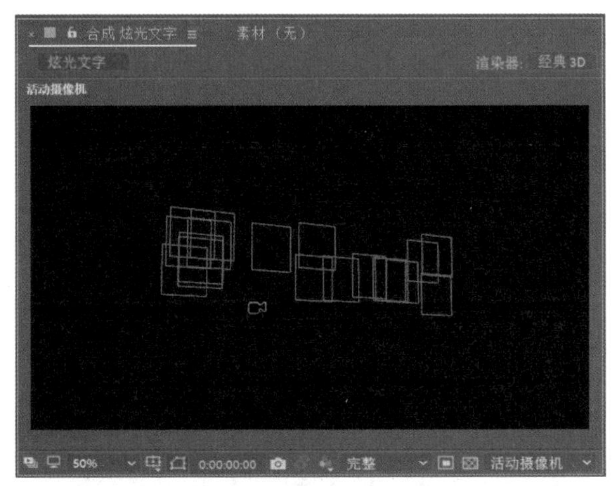

图 13-62

图 13-63

28 在“图层”面板中选择“文字轮廓”图层，按快捷键 Ctrl+D 复制一层，如图 13-64 所示。

29 选中位于下层的“文字轮廓”图层，进入其“效果控件”面板，选择该图层的“描边”特效，如图 13-65 所示。按 Delete 键将该效果删除。

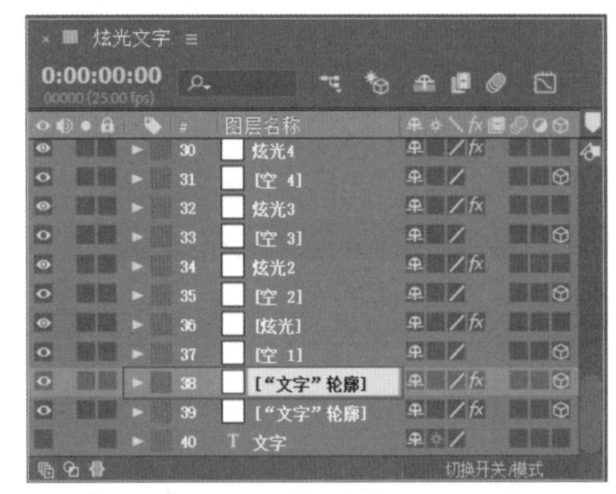

图 13-64

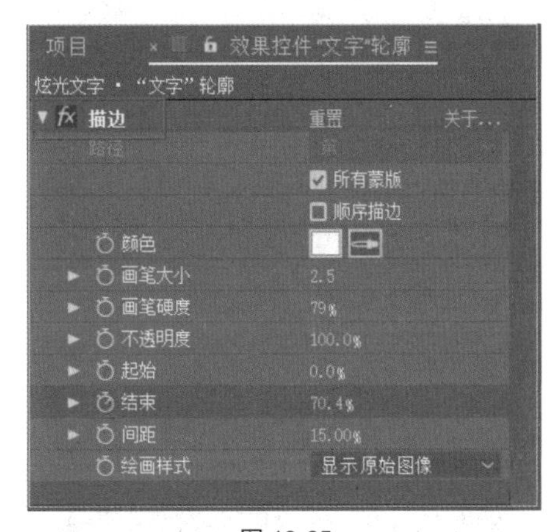

图 13-65

30 在“图层”面板展开位于下层的“文字轮廓”图层，按 T 键展开其“不透明度”属性，在 0:00:04:10 时间点单击“不透明度”属性前的“时间变化秒表”按钮，并设置“不透明度”参数为 0，如图 13-66 所示。

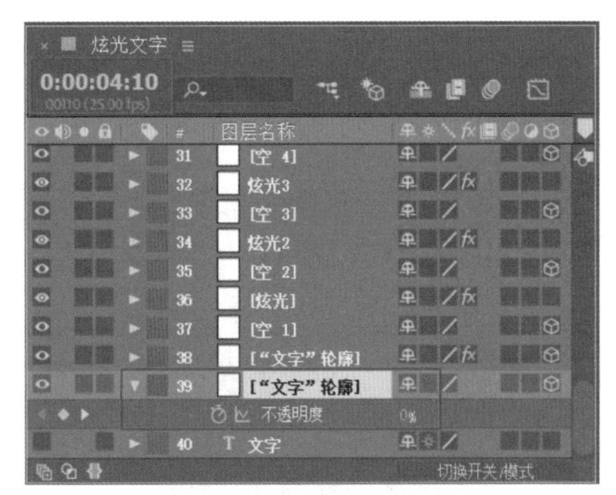

图 13-66

31 接着修改时间点为 0:00:05:00，在该时间点设置“不透明度”参数为 100，如图 13-67 所示。

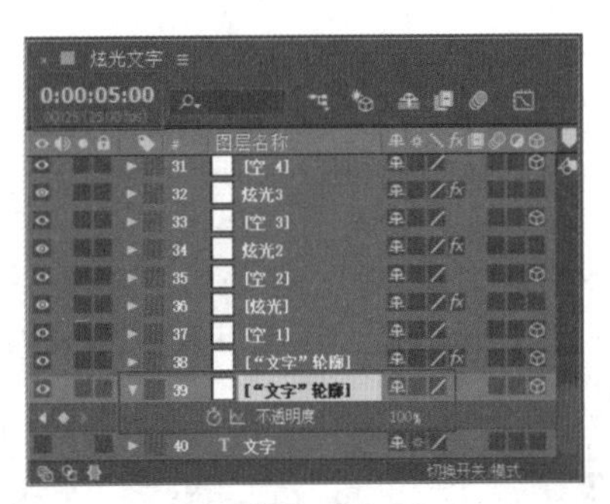

图 13-67

32 操作完成后，在“合成”窗口预览文字动画效果，会发现在炫光播放完成后，文字描边效果会渐隐，并转化为实体文字，如图 13-68 所示。

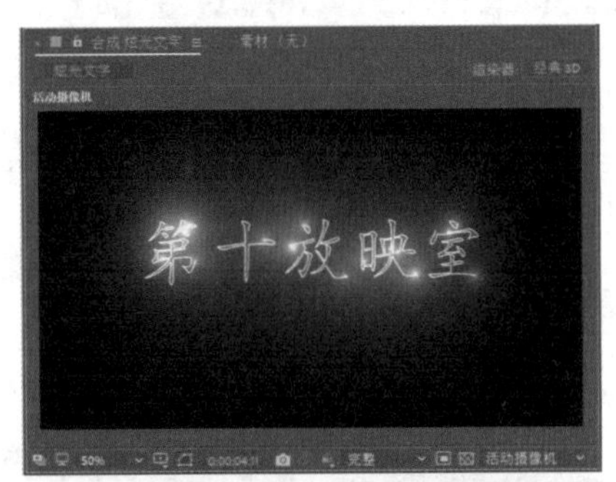

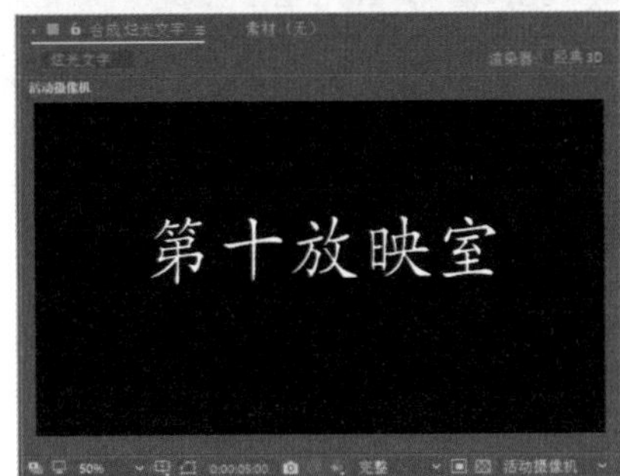

图 13-68

33 按快捷键 Ctrl+Y 创建一个与合成大小一致的蓝色（RGB 参数为 35、41、58）固态层，并修改其名称为“背景”，如图 13-69 所示。

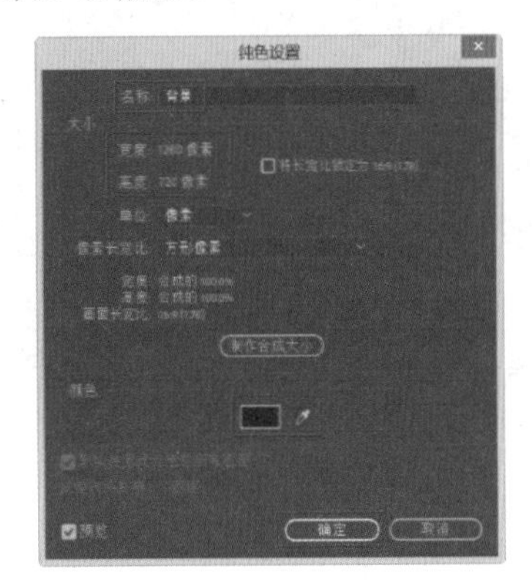

图 13-69

34 将上述创建的“背景”图层摆放到“图层”面板的最底层，在“合成”窗口对应的预览效果如图 13-70 所示。

图 13-70

13.3 制作扫光效果文字

主要标题制作完成后，还需要在其下方添加一个副标题，使画面不至于太单调。为了和主标题的七彩炫光效果有所区别，可以将文字制作成从左向右渐显的扫光效果文字。

视频文件：　视频 \ 第 13 章 \13.3 制作扫光效果文字 .mp4

源 文 件：　源文件 \ 第 13 章 \13.3

01 按快捷键 Ctrl+N 创建一个预设为 HDV/HDTV 720 25 的合成，设置“持续时间”为 15 秒，并设置名称为“扫光文字”，如图 13-71 所示。

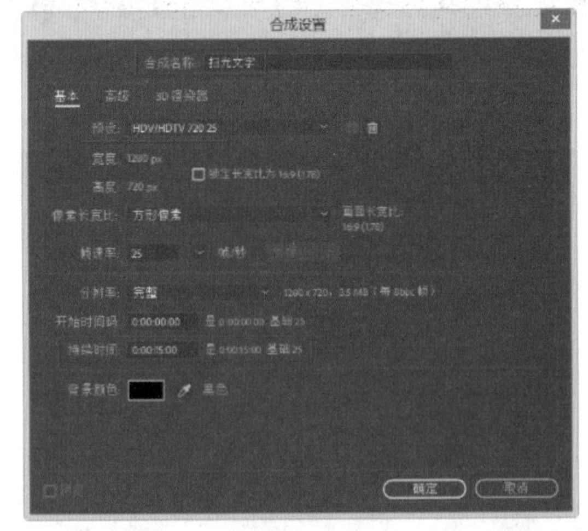

图 13-71

02 将“项目”窗口中的“炫光文字”合成拖入“扫光文字”合成的“图层”面板。接着，使用“文字”工具 T 在“合成”窗口的“炫光文字”正下方输入如图 13-72 所示的文字（字体为“微软雅黑”，大小为 50 像素，白色）。

图 13-72

03 在“图层”面板中将上述创建的文字图层改名为“下排文字”，如图 13-73 所示。

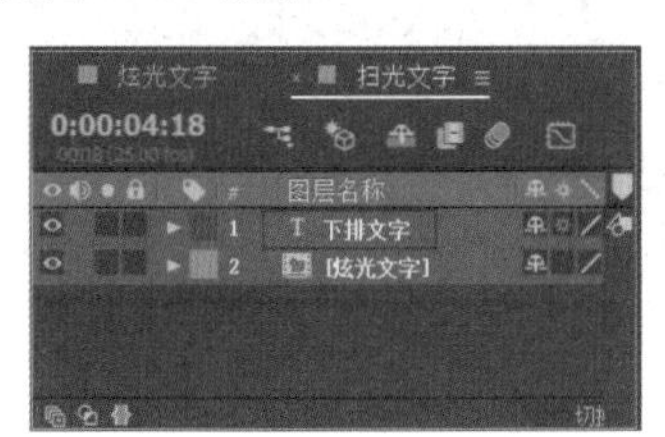

图 13-73

04 选择“下排文字”图层，执行“效果”|“模糊和锐化”|CC Radial Fast Blur（快速放射模糊）命令，设置该效果后的默认效果如图 13-74 所示，文字产生了模糊效果。

图 13-74

05 在“图层”面板中选择“下排文字”图层，展开其 CC Radial Fast Blur 效果属性，在 0:00:05:10 时间点单击 Center（中心）和 Amount（数量）属性前的“时间变化秒表”按钮，设置关键帧。在该时间点设置 Center（中心）参数为 200、360，Amount（数量）参数为 36，如图 13-75 所示。

06 修改时间点为 0:00:08:20，在该时间点设置 Center（中心）参数为 1084、360，Amount（数量）参数为 0，如图 13-76 所示。

图 13-75

图 13-76

07 继续选择“下排文字”图层，使用“矩形”工具在“合成”窗口绘制一个矩形框放置在文字前端，如图 13-77 所示。

图 13-77

08 在“下排文字”图层中会生成对应蒙版，展开该蒙版属性，在 0:00:05:10 时间点单击“蒙版扩展”属性前的“时间变化秒表”按钮，设置关键帧，此时“蒙版扩展”的默认数值为 0，如图 13-78 所示。

09 在“图层”面板左上角修改时间点为 0:00:07:15，在该时间点设置“蒙版扩展”参数为 800，如图 13-79 所示。设置完成后，在“合成”窗口的“下排文字”将产生文字扫光擦除的效果，如图 13-80 所示。

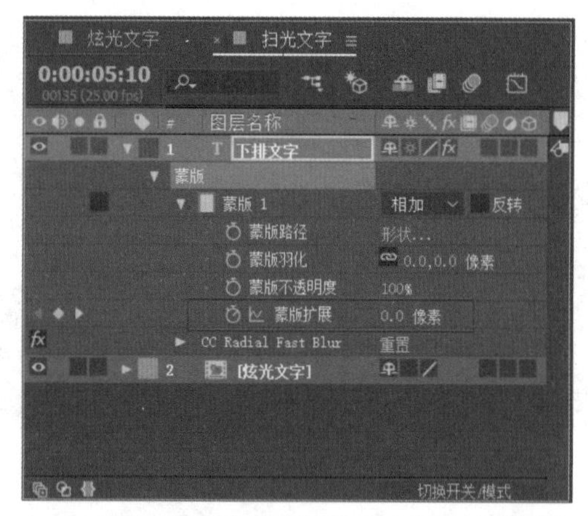

图 13-78

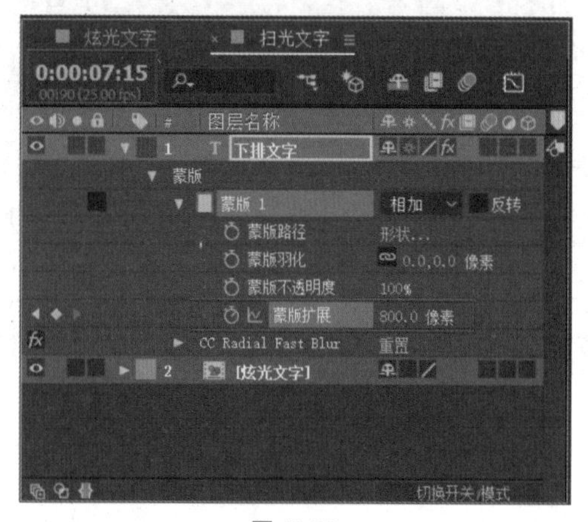

图 13-79

图 13-80

13.4 合成与输出

文字的特效打造完成后，作为一个完整的片头，还需要再创建一个总合成，为文字添加转场过渡及背景音乐。接下来，本节将详细讲解如何创建总合成，并将其输出。

13.4.1 创建总合成

视频文件： 视频 \ 第 13 章 \13.4.1 创建总合成 .mp4

源 文 件： 源文件 \ 第 13 章 \13.4.1

01 按快捷键 Ctrl+N 创建一个预设为 HDV/HDTV 720 25 的合成，设置“持续时间”为 15 秒，并设置名称为“总合成”，如图 13-81 所示。

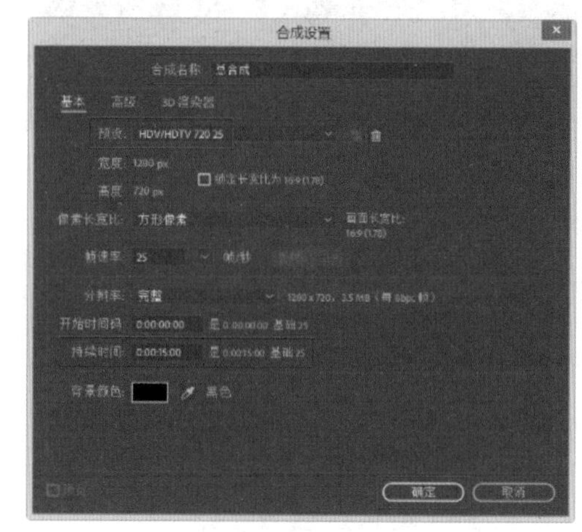

图 13-81

02 执行“文件”|“导入”|“文件”命令，在弹出的“导入文件”对话框中选择如图 13-82 所示的文件，单击“导入”按钮。

图 13-82

03 文件导入完成后，将“项目”窗口中的“放映机 .mp4”素材拖入“总合成”的“图层”面板。选择“放映机 .mp4”合成，按 S 键展开其“缩放”属性，设置其“缩放”参数为 68、68，如图 13-83 所示。设置完成后在“合成”窗口对应的预览效果如图 13-84 所示。

图 13-83

图 13-84

04 接着，修改时间点为 0:00:04:00，选择“放映机 .mp4”图层，按快捷键 Alt+] 将其截断，如图 13-85 所示。

图 13-85

05 选择“放映机 .mp4”图层，展开其变换属性，在 0:00:01:10 时间点单击“位置”和“缩放”属性前的“时间变化秒表”按钮，并在该时间点设置“位置”参数为 640、360，“缩放”参数为 68、68，如图 13-86 所示。

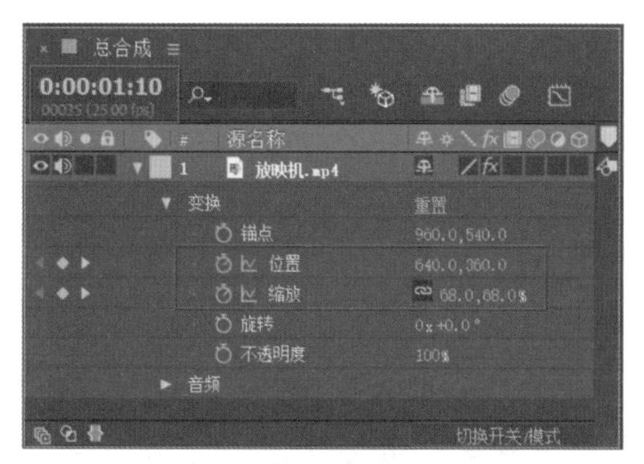

图 13-86

06 在“图层”面板左上角修改时间点为 0:00:04:00，在该时间点设置“位置”参数为 55、557，“缩放”参数为 171、171，如图 13-87 所示。使“放映机 .mp4”图层中的绿幕部分产生逐渐放大至满屏的效果，如图 13-88 所示。

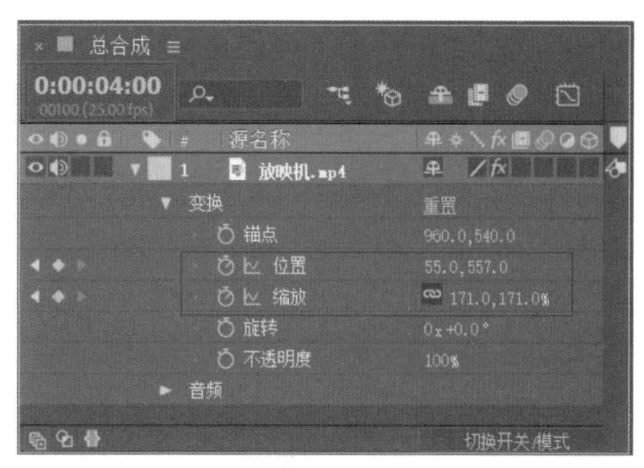

图 13-87

图 13-88

07 选择“放映机 .mp4”图层，执行“效果”|“抠像”|Keylight（1.2）命令，并在“效果控件”面板使用 Screen Colour 属性后的“吸管”工具将“放映机 .mp4”图层中的绿幕抠除，如图 13-89 所示。操作完成后的效果如图 13-90 所示。

图 13-89

图 13-90

08 按快捷键 Ctrl+Y 创建一个与合成大小一致的深蓝色固态层，并将其命名为“深蓝背景”，如图 13-91 所示（蓝色与之前的文字背景层颜色一致，RGB 参数为 35、41、58）。

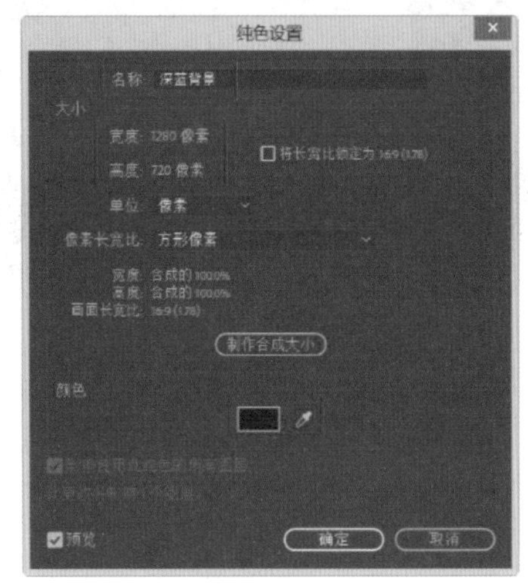

图 13-91

09 将上述创建的“深蓝背景”图层放置在“放映机 .mp4”图层下方，并在 0:00:04:23 时间点按快捷键 Alt+] 将“深蓝背景”图层截断，如图 13-92 所示。

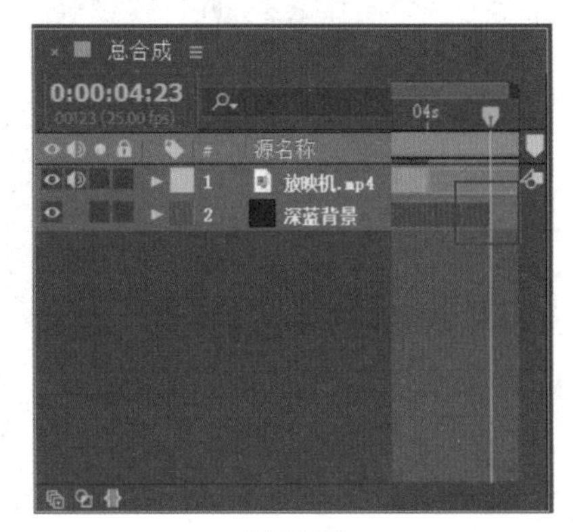

图 13-92

10 上述操作完成后，“放映机 .mp4”图层原来被抠除的绿幕部分替换成了“深蓝背景”图层，如图 13-93 所示。

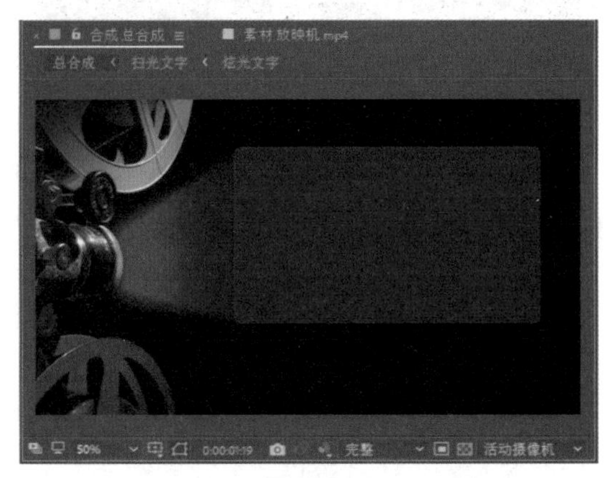

图 13-93

11 将“项目”窗口中的“扫光文字”合成拖入“总合成”的“图层”面板，并放置在底层，如图 13-94 所示。

图 13-94

12 在“图层”面板左上角修改时间点为 0:00:04:23，然后将“扫光文字”图层向后拖至时间线位置，如图 13-95 所示。

图 13-95

13 修改时间点为 0:00:15:00，在该时间点按快捷键 Alt+] 将“扫光文字”图层截断，如图 13-96 所示。

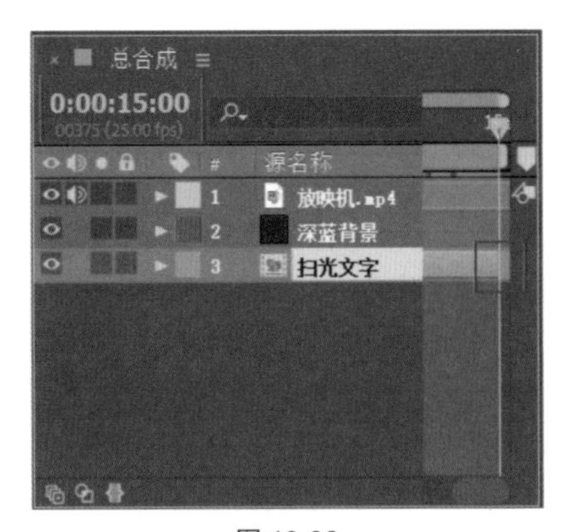

图 13-96

14 选择“扫光文字”图层，按 T 键展开其“不透明度”属性，在 0:00:14:00 时间点单击“不透明度”属性前的“时间变化秒表”按钮，设置关键帧，并设置“不透明度”参数为 100，如图 13-97 所示。

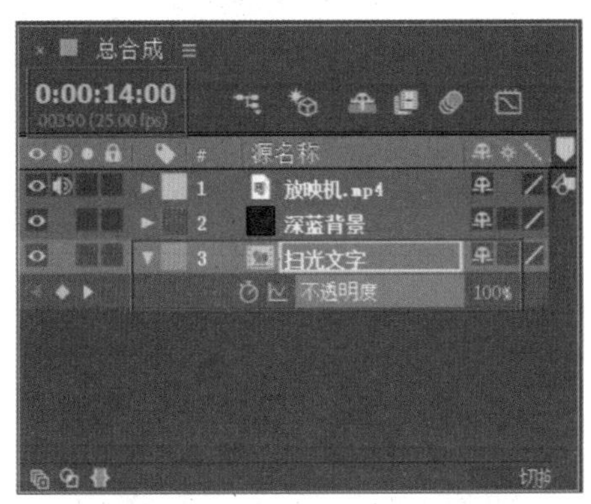

图 13-97

15 修改时间点为 0:00:14:20，在该时间点设置“不透明度”参数为 0，如图 13-98 所示。

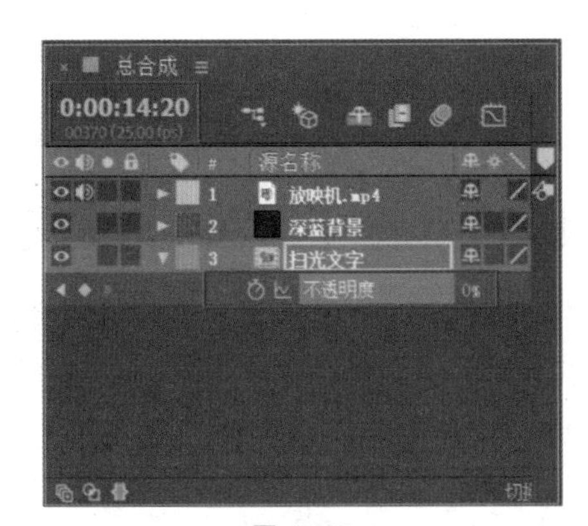

图 13-98

16 将“项目”窗口中的“音乐 .mp3”素材拖入“图层”面板，并将该图层向后拖至 0:00:04:01 时间点位置，如图 13-99 所示。

17 在“图层”面板左上角修改时间点为 0:00:15:00，选择“音乐 .mp3”图层，按快捷键 Alt+] 将图层截断，如图 13-100 所示。

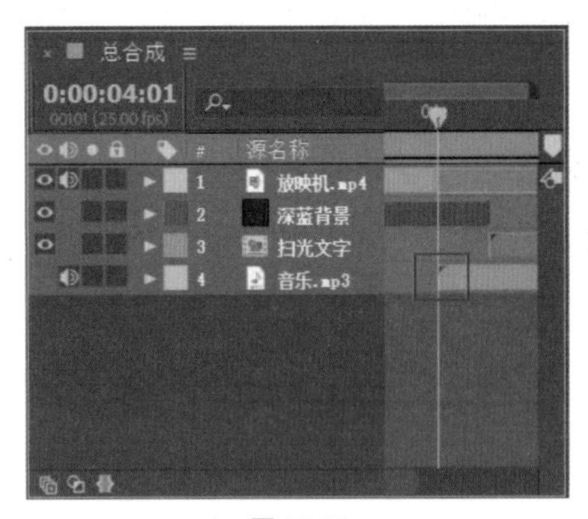

图 13-99

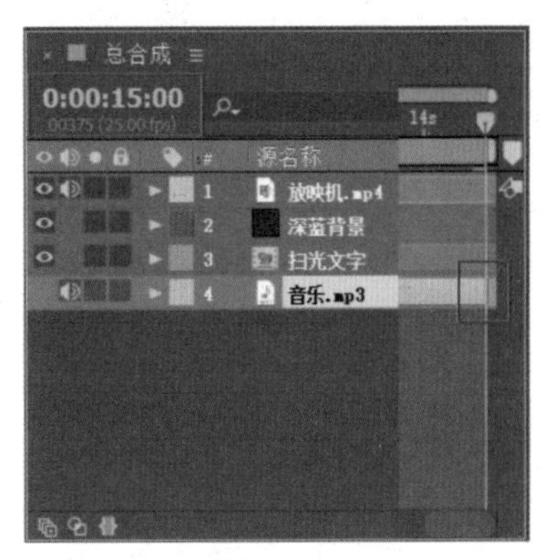

图 13-100

13.4.2 输出视频

视频文件：　视频 \ 第 13 章 \13.4.2 输出视频 .mp4

源 文 件：　源文件 \ 第 13 章 \13.4.2

01 在“总合成”的合成状态下，执行“文件”|“导出”|“添加到渲染队列”命令，如图 13-101 所示。

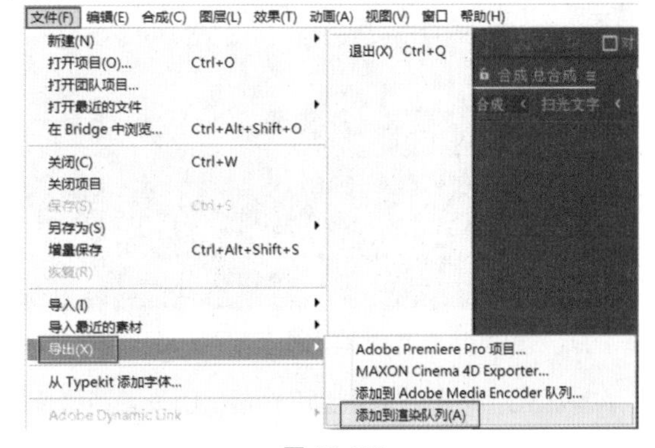

图 13-101

02 进入“渲染队列”窗口，单击“输出模块”属性后的“无损”选项，如图 13-102 所示。

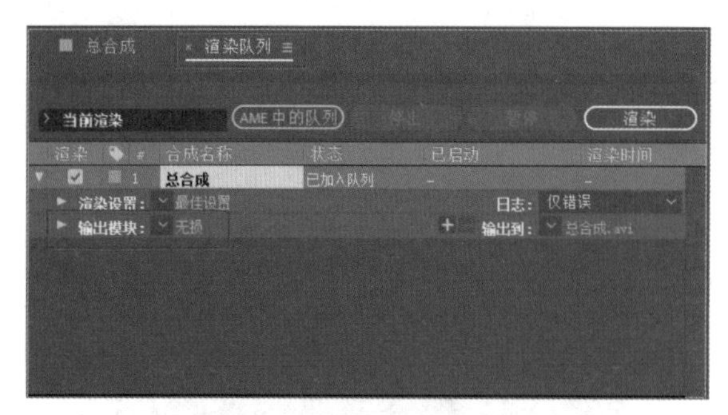

图 13-102

03 在弹出的“输出模块设置”对话框中，展开“格式”选项右侧的下拉列表，选择QuickTime选项，并单击“确定”按钮，如图13-103所示。

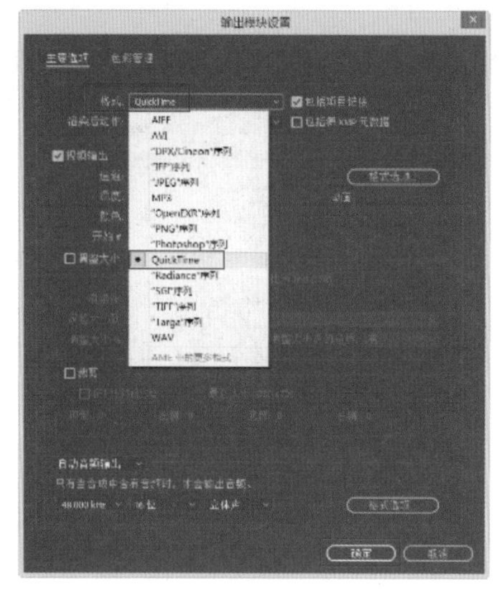

图 13-103

04 在“渲染队列”窗口中单击“输出到”属性后的文字选项，如图13-104所示。

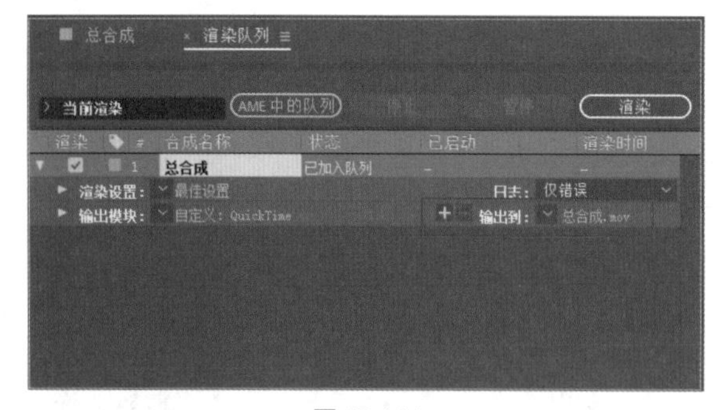

图 13-104

05 在弹出的“将影片输出到”对话框中设置存储位置及名称，并单击“保存”按钮，如图13-105所示。

06 设置完成后，回到“渲染队列”窗口，单击窗口右上角的“渲染”按钮，如图13-106所示。

图 13-105

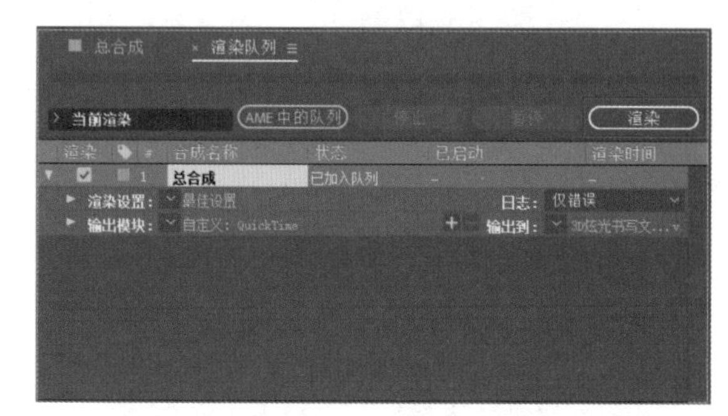

图 13-106

07 至此，本实例全部制作完成，等待影片输出完成，可以在存储的文件夹中找到影片并播放预览，效果如图13-107所示。

图 13-107

第 14 章

综合实例——机械手臂粒子特效

粒子特效在影视栏目包装及广告制作中的应用极其广泛，它对视觉场景的表现力起着至关重要的作用。在很多电影、电视剧片头中，都会出现物体散成飞沙粉尘的特效。

Particular 是针对 Adobe After Effects 软件推出的炫酷粒子插件，其功能十分强大，能够提供上百种预设效果给用户随意使用，让用户创造出更有创意的效果，凸显自己的创作风格，让作品更加完美。

本章将通过实例讲解如何利用 Particular 插件在 After Effects CC 2018 制作酷炫机械粒子特效的方法，其效果如图 14-1 所示。

第 14 章素材文件

第 14 章视频文件

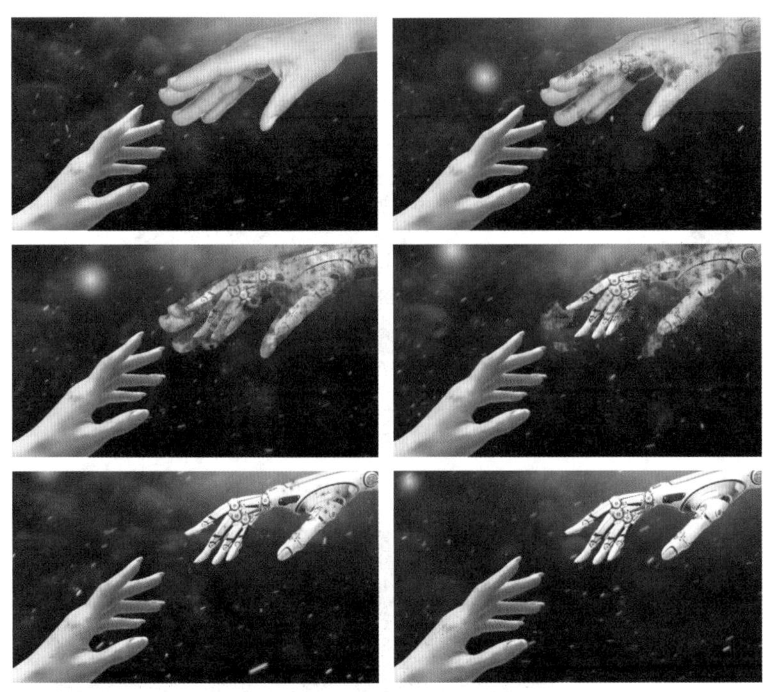

图 14-1

14.1 导入素材

使用 After Effects 处理视频效果，首先就是要将素材导入软件。使用 After Effects 处理视频的时候，需要先把视频导入进来，也就是所谓的素材。接下来，将具体讲解如何在 After Effects CC 2018 中导入并调整素材的方法。

视频文件：　视频 \ 第 14 章 \14.1 导入素材文件 .mp4

源 文 件：　源文件 \ 第 14 章 \14.1

01 启动 After Effects CC 2018 软件，进入操作界面，执行“文件”|“导入”|“文件”命令，在弹出的“导入文件”对话框中选择 BGM.MP3、“背景 .MOV”和“手 .PNG”文件，单击“导入”按钮，如图 14-2 所示。

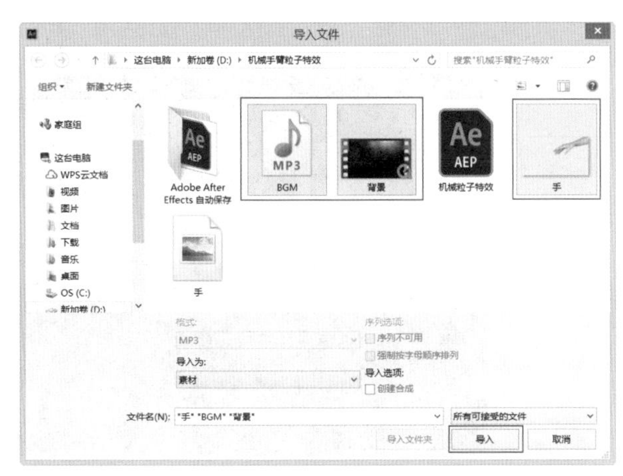

图 14-2

02 再次执行“文件”|“导入”|“文件”命令，在弹出的“导入文件”对话框中选择“手.PSD”文件，单击“导入”按钮，如图 14-3 所示。

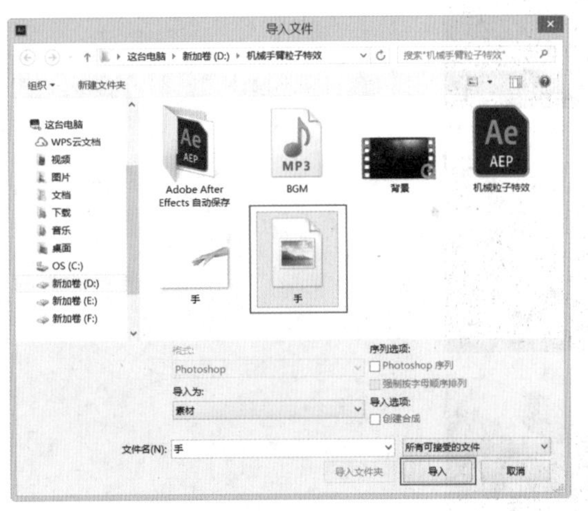

图 14-3

03 导入 PSD 文件时，在弹出的对话框中设置导入种类为“合成 – 保持图层大小”，设置图层为“可编辑的图层样式”，设置完成后单击“确定”按钮，如图 14-4 所示。

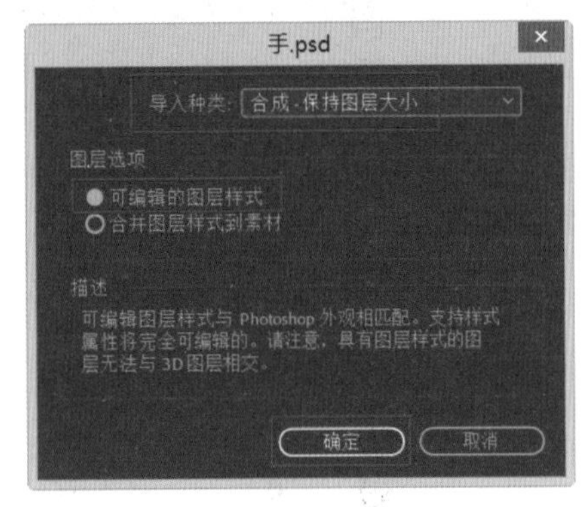

图 14-4

04 上述操作后，导入的 PSD 文件会在“项目”窗口生成一个同名合成，双击该合成，如图 14-5 所示。

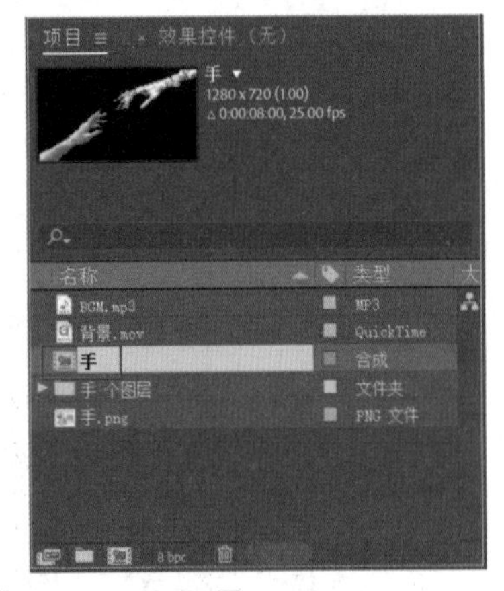

图 14-5

05 双击“手”合成，打开其“图层”面板，可以看到其中的“右上手”和“左下手”两个图层，如图 14-6 所示。在“合成”窗口的预览效果如图 14-7 所示。

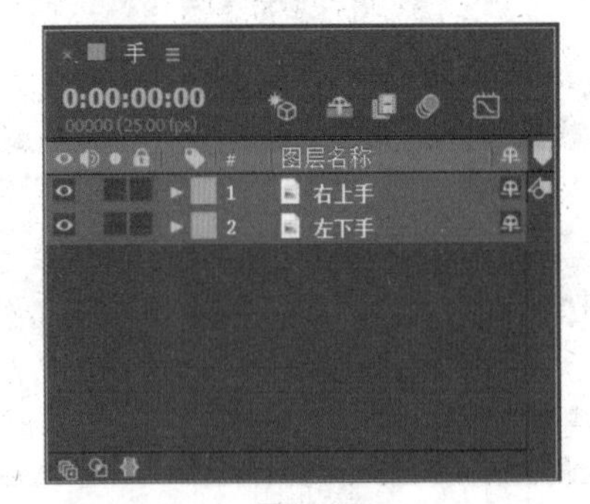

图 14-6

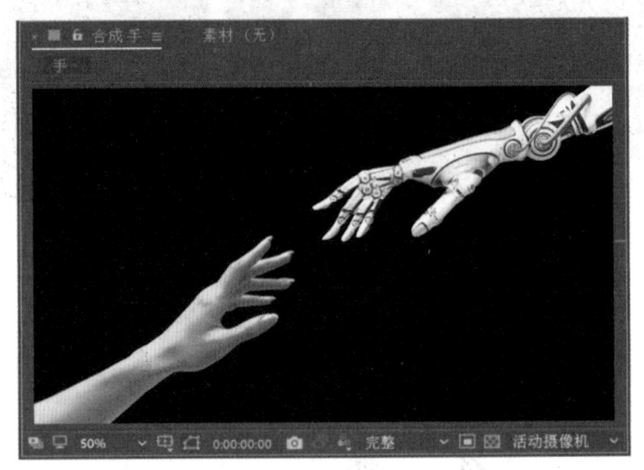

图 14-7

技巧与提示：

“手”合成预设为 HDV/HDTV 720 25，大小为 1280 像素 ×720 像素，帧速率为 25 帧 / 秒，持续时间为 8 秒。

06 将“项目”窗口中的“背景.mov”素材拖入“图层”面板，并放置于底层。展开“背景.mov”图层的变换属性，设置其“缩放”参数为 70、70，如图 14-8 所示。设置完成后在“合成”窗口的对应预览效果如图 14-9 所示。

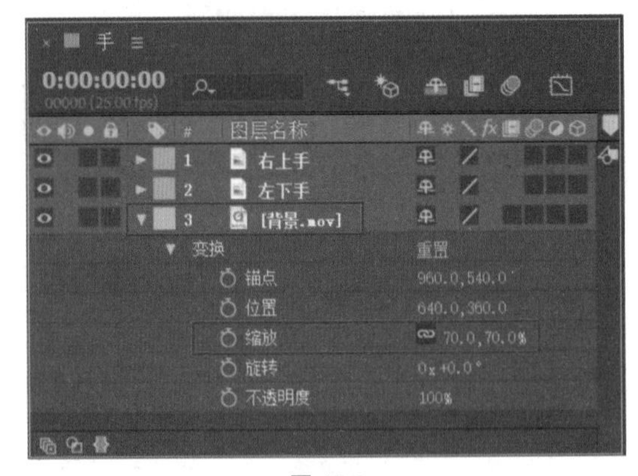

图 14-8

图 14-9

07 将“项目”窗口中的“手 .png”素材拖入“图层”面板，并放置在顶层。展开其变换属性，设置“位置”参数为 604、391，“缩放”参数为 113、113，如图 14-10 所示。通过调整“位置”及“缩放”参数使图层与“右上手”图层大致契合在一起，效果如图 14-11 所示。

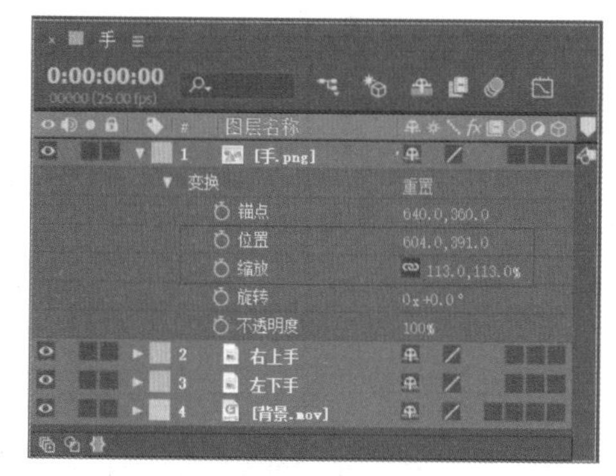

图 14-10

图 14-11

14.2　灼烧效果制作

完成上述操作后，即可着手在素材之上添加特效了。接下来，将具体讲解如何在素材图层上添加皮肤的灼烧效果。

14.2.1　制作杂色层

视频文件：　视频 \ 第 14 章 \14.2.1 制作杂色层 .mp4

源 文 件：　源文件 \ 第 14 章 \14.2.1

01 执行“图层”|“新建”|“纯色”命令（快捷键 Ctrl+Y），创建一个与合成大小一致的白色固态层，并将其命名为“杂色”，如图 14-12 所示。

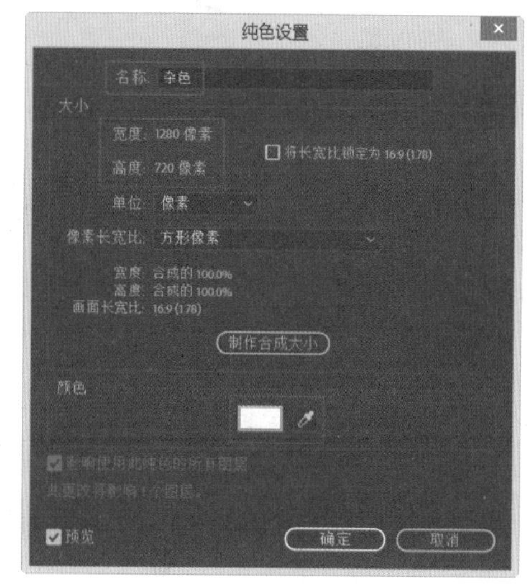

图 14-12

02 选择上述创建的“杂色”图层，执行“效果”|“杂色和颗粒”|“湍流杂色”命令，并在“效果控件”面板中设置“对比度”为 390，“复杂度”为 4.4，展开“变换”属性调整“缩放”为 80，如图 14-13 所示。

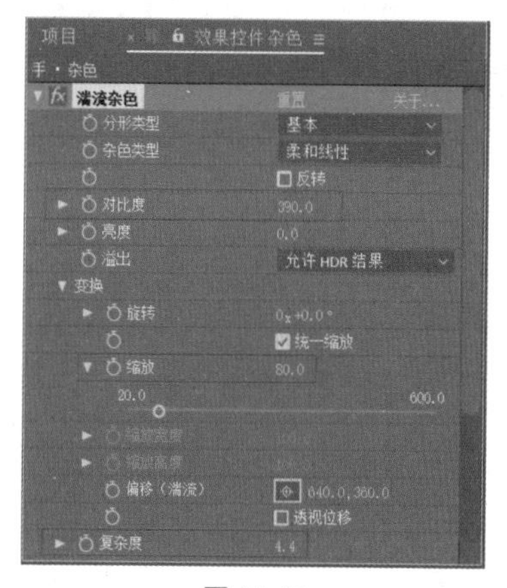

图 14-13

03 在“效果控件”面板调整参数后的效果对比如图 14-14 所示。

04 在“图层”面板中选择“杂色”图层，按快捷键 Ctrl+Shift+C 创建预合成，在弹出的“预合成”对话框中参照图 14-15 所示进行设置，方便之后根据实际效果随时调整。

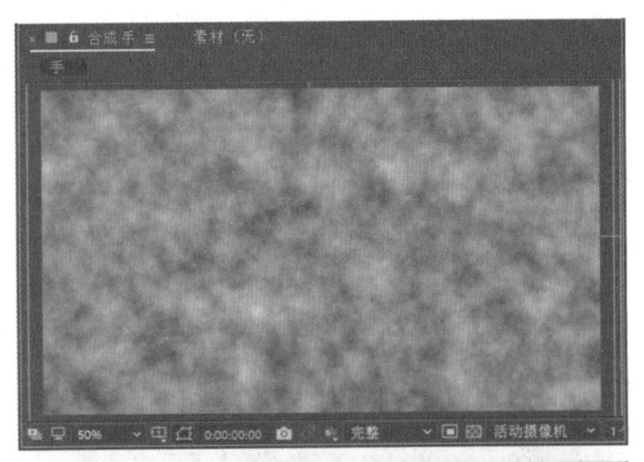

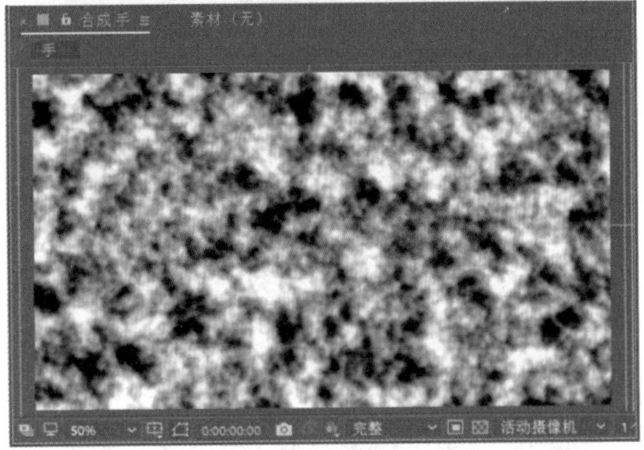

图 14-14

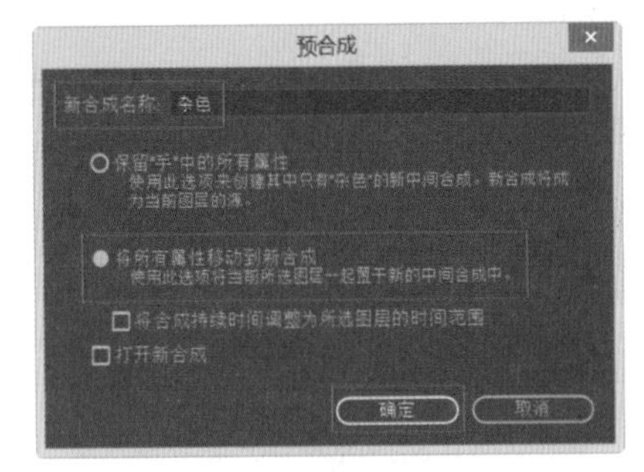

图 14-15

05 选择上述操作生成的预合成“杂色”图层，执行“效果”|“通道”|“设置遮罩”命令，并在“效果控件”面板中将“用于遮罩”设置为“明亮度”，如图 14-16 所示。

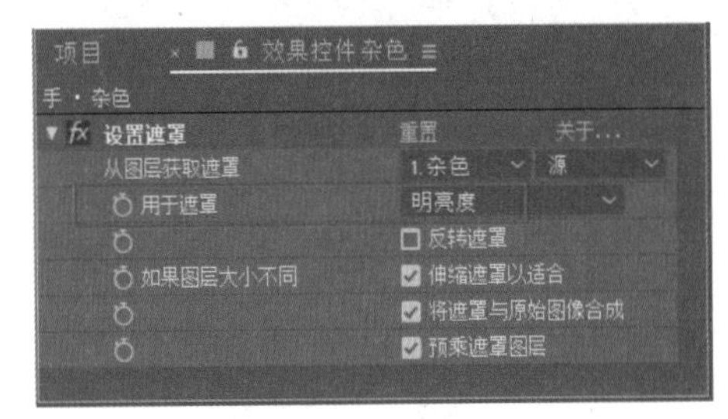

图 14-16

06 设置遮罩参数后，在“合成”窗口的“杂色”图层的黑色部分消失，只留下白色部分，效果如图 14-17 所示。

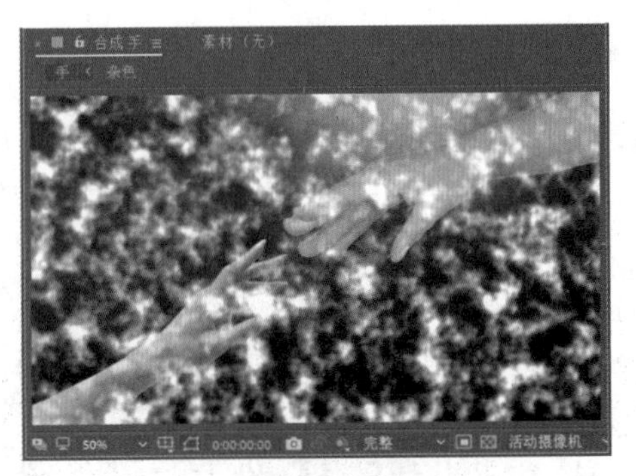

图 14-17

07 在“图层”面板中双击“杂色”图层，进入其预合成面板，如图 14-18 所示。

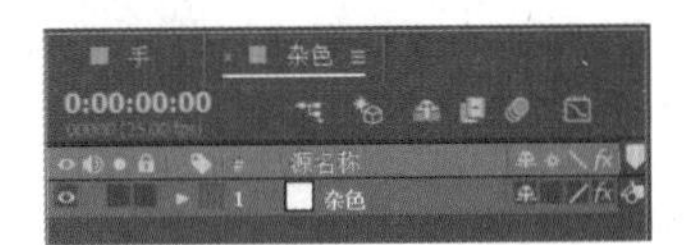

图 14-18

08 选择“杂色”图层，展开其“湍流杂色”效果属性，在 0:00:00:00 时间点单击“亮度”属性前的“时间变化秒表”按钮，设置关键帧，调整“亮度”参数为 –149，如图 14-19 所示。使“合成”窗口中的杂色效果层变为黑色，如图 14-20 所示。

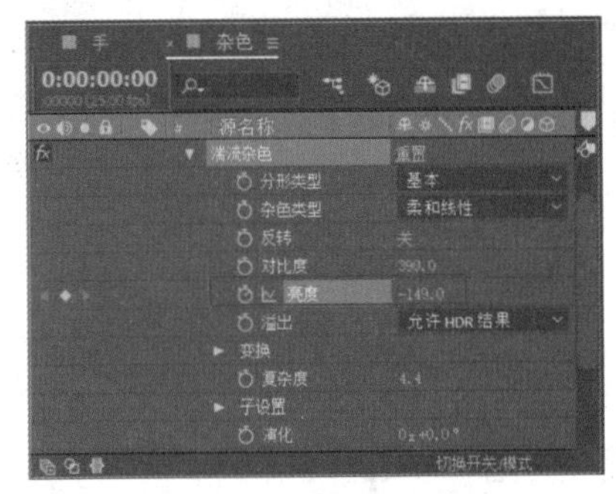

图 14-19

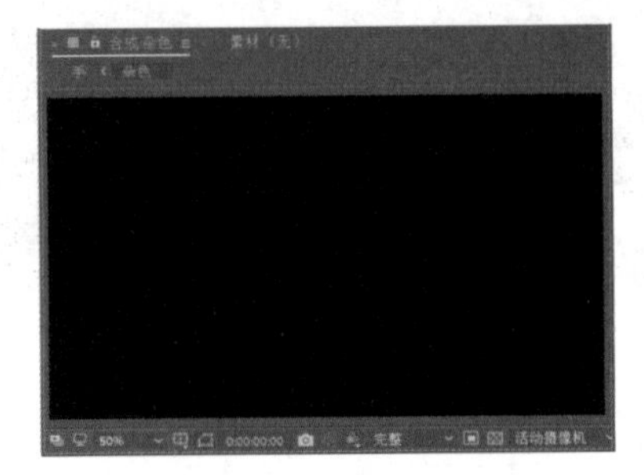

图 14-20

09 修改时间点为 0:00:02:00，在该时间点调整“亮度”参数为 130，如图 14-21 所示。使“合成”窗口中的杂色效果层变为白色，从而产生过渡效果，如图 14-22 所示。

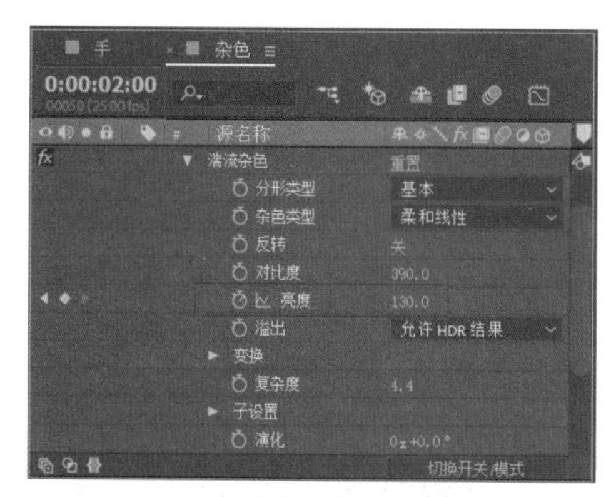

图 14-21

图 14-22

10 回到“手”合成面板，将“手 .png”图层的 TrkMat 设置为“Alpha 反转遮罩（杂色）”选项，如图 14-23 所示。设置反转遮罩后在“合成”窗口预览效果如图 14-24 所示。

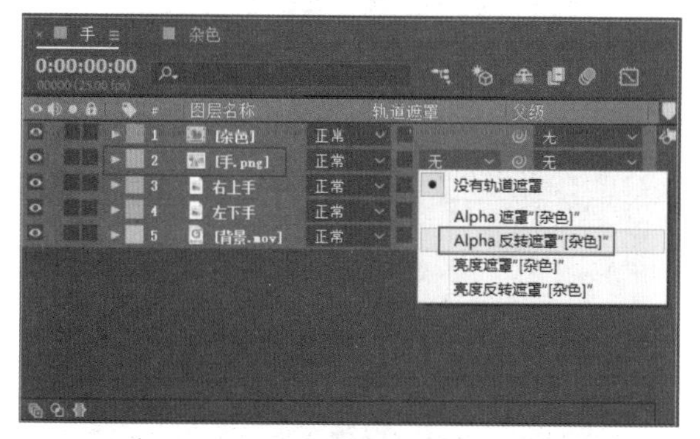

图 14-23

图 14-24

11 选择“杂色”图层，按快捷键 Ctrl+D 复制出两个新图层，并分别命名为“杂色 2”和“杂色 3”，并激活图层前的“隐藏”和“独奏”按钮，如图 14-25 所示。此时，在“合成”窗口的预览效果如图 14-26 所示。

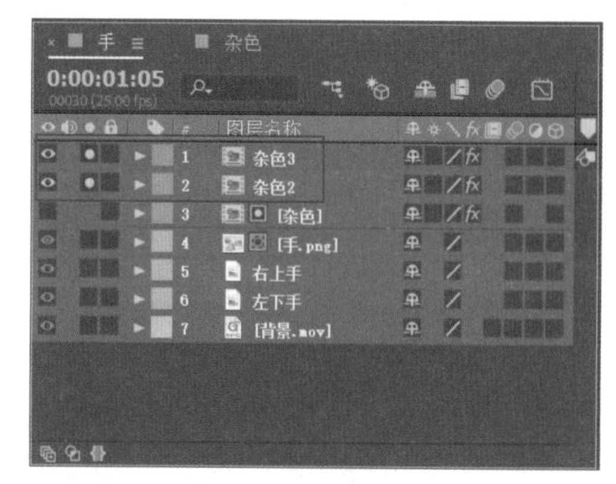

图 14-25

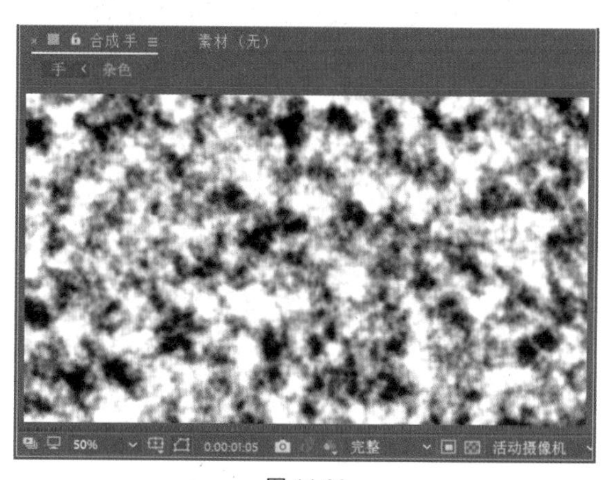

图 14-26

12 选择“杂色 3”图层，执行“效果”|“遮罩”|“简单阻塞工具”命令，并在“效果控件”面板中设置“阻塞遮罩”参数为 3.5，如图 14-27 所示。

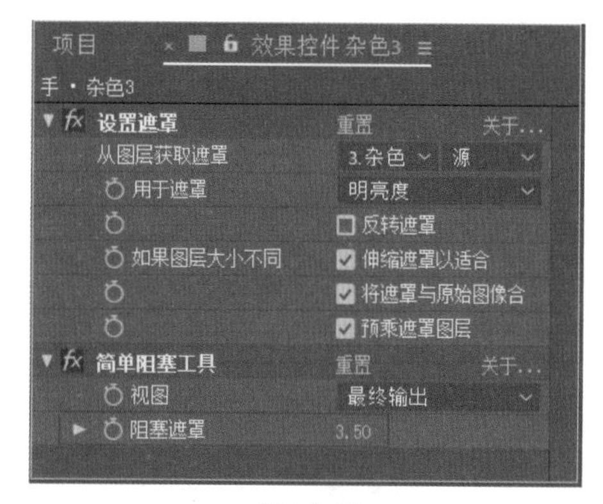

图 14-27

13 将“杂色 2”图层的 TrkMat 设置为“Alpha 反转遮罩（杂色 3）”选项，如图 14-28 所示。

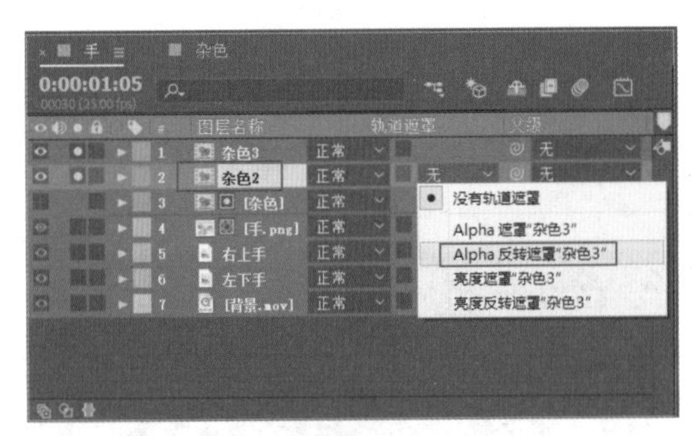

图 14-28

14 设置反转遮罩前后的对比效果如图 14-29 所示。

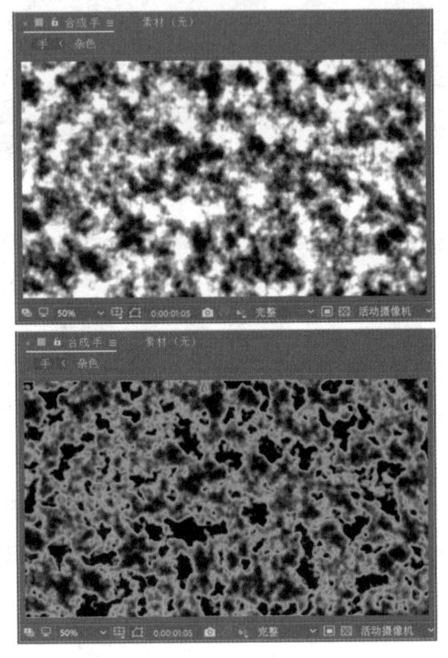

图 14-29

14.2.2 创建边缘层

视频文件：视频\第 14 章\14.2.2 创建边缘层 .mp4

源 文 件：源文件\第 14 章\14.2.2

01 在“图层”面板中选择“杂色 2”和“杂色 3”图层，按快捷键 Ctrl+Shift+C 创建预合成，在弹出的“预合成”对话框中参照图 14-30 所示进行设置。

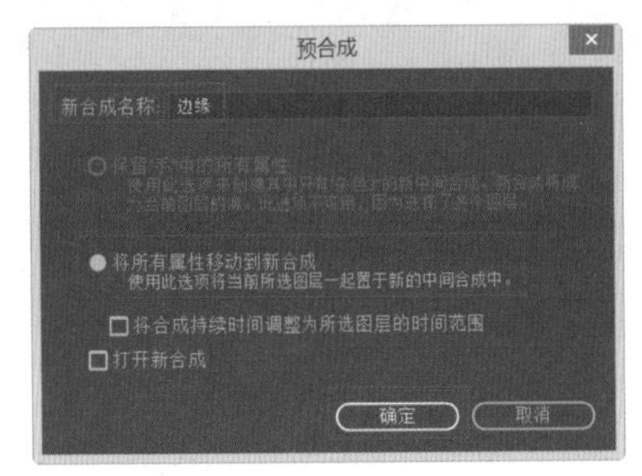

图 14-30

02 将“边缘”图层前的“独奏”按钮关闭，使“合成”窗口中的底层图层显示出来，效果如图 14-31 所示。

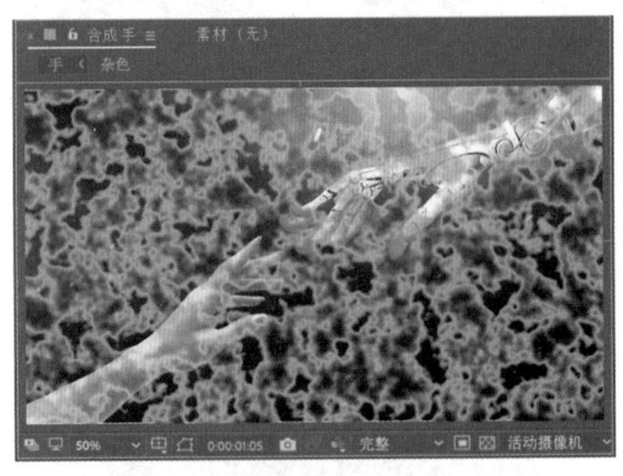

图 14-31

03 选择“边缘”图层，执行“效果”|“颜色校正”|“色调”命令，并在“效果控件”面板设置“将黑色映射到”颜色的 RGB 参数为 26、3、3，“将白色映射到”颜色的 RGB 参数为 239、115、47，如图 14-32 所示。设置完成后，在“合成”窗口的对应预览效果如图 14-33 所示。

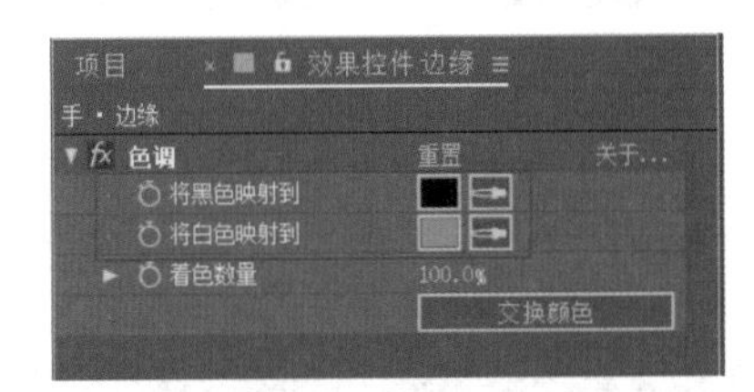

图 14-32

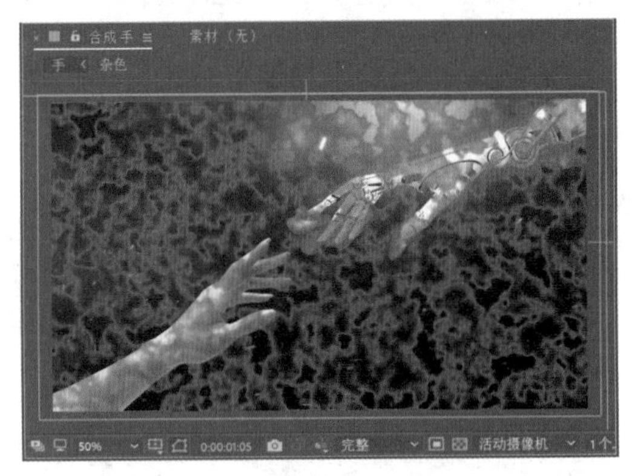

图 14-33

04 在“图层”面板中将“边缘”图层的图层模式设置为“叠加”，如图 14-34 所示，使“合成”窗口中的素材产生灼烧的效果，如图 14-35 所示。

05 接下来需要给“边缘”图层添加一个遮罩。在“图层”面板中选择“手 .png”图层，按快捷键 Ctrl+D 复制图层，并将其命名为“手 2.png”，放置到“边缘”图层上方，如图 14-36 所示。

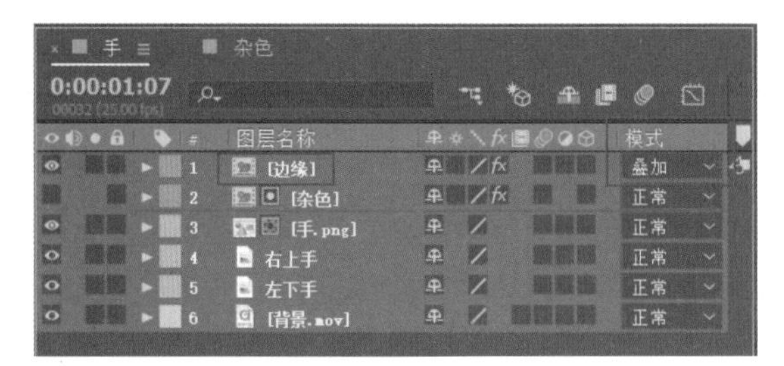

图 14-34

图 14-35

图 14-36

06 选择“边缘”图层，将该图层的 TrkMat 设置为“Alpha 遮罩‘手 2.png’”选项，如图 14-37 所示。

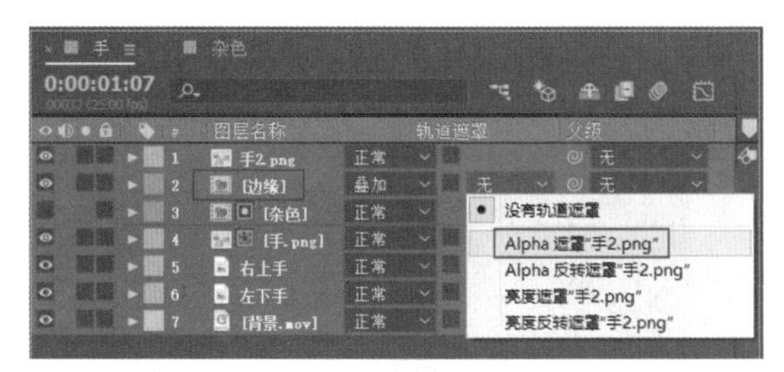

图 14-37

07 为“边缘”图层设置遮罩后将只在“右上手”图层局部产生效果，如图 14-38 所示。

08 在“图层”面板中同时选择“手 2.png”和“边缘”图层，按快捷键 Ctrl+Shift+C 创建预合成，在弹出的“预合成”对话框中参照图 14-39 所示进行设置。

图 14-38

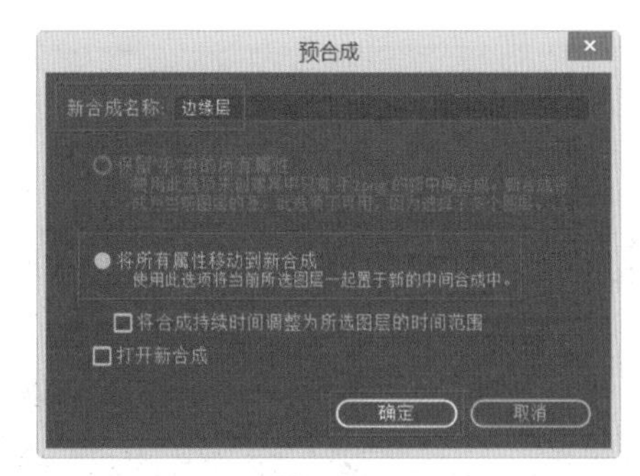

图 14-39

09 选择上述操作生成的“边缘层”图层，将其图层模式设置为“叠加”，如图 14-40 所示。

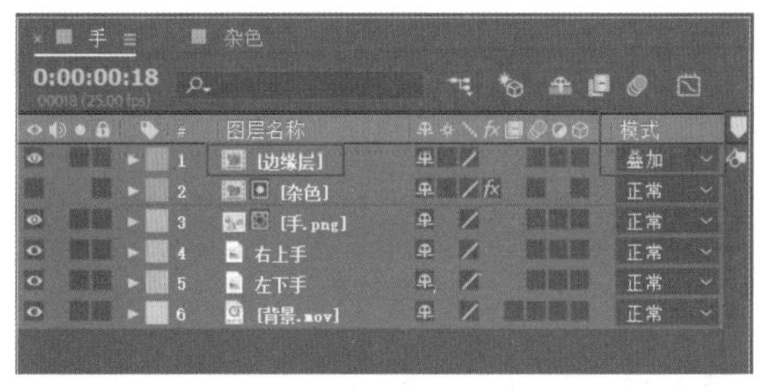

图 14-40

10 选择“边缘层”图层，按快捷键 Ctrl+D 复制图层，并将复制出的图层命名为“边缘层 2”，放置到顶层，如图 14-41 所示。

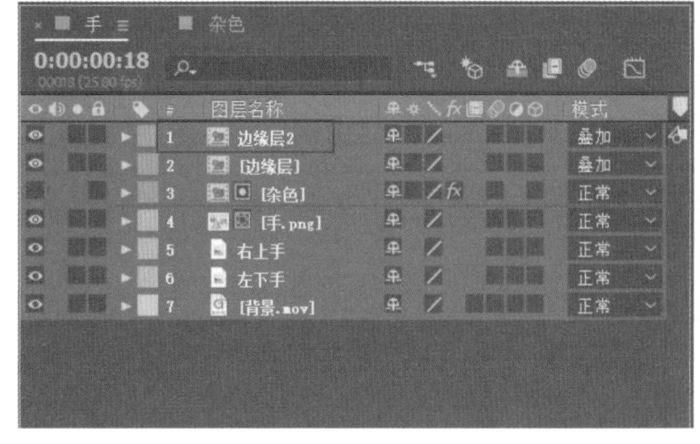

图 14-41

11 选择“边缘层 2”图层，执行“效果”|“遮罩”|“简单阻塞工具”命令，并在“效果控件”面板设置“阻塞遮罩”参数为 1，如图 14-42 所示。在“图层”面板中将“边缘层 2”的图层模式设置为“相加”，操作完成后在“合成”窗口的预览效果如图 14-43 所示。

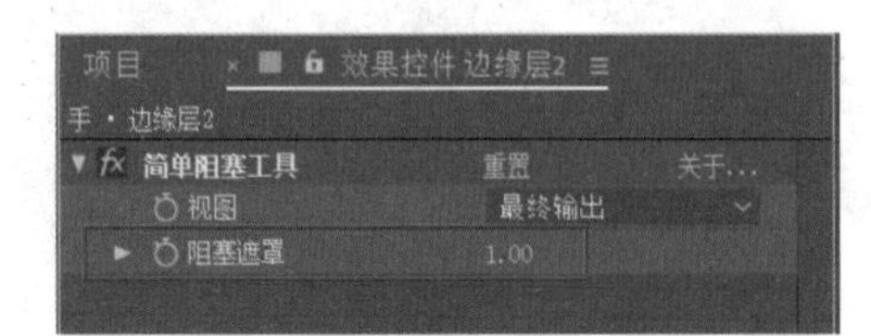

图 14-42

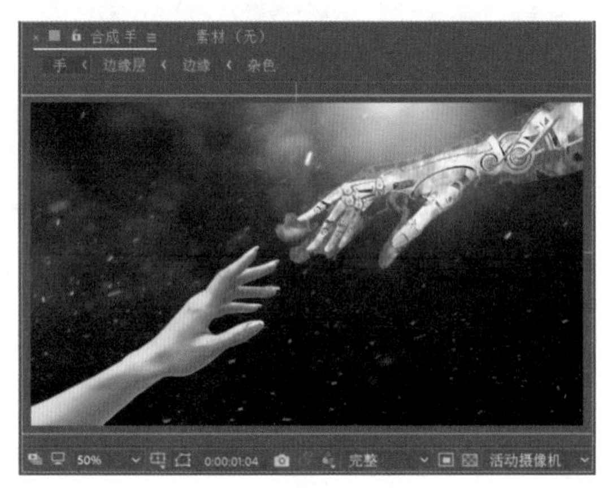

图 14-43

12 在“图层”面板中选择“边缘层”图层，按快捷键 Ctrl+D 复制图层，将复制出的图层重命名为“发射层”，并放置到顶层，如图 14-44 所示。

图 14-44

14.3 粒子特效的制作

手部皮肤的灼烧效果制作出来后，为了让效果更逼真，也让整体感觉更唯美，还需要在灼烧的皮肤上添加一些粒子飞散的效果，下面将具体讲解如何利用 Particular 插件打造粒子飞散的特殊效果。

14.3.1 制作粒子发散效果

视频文件： 视频 \ 第 14 章 \14.3.1 制作粒子发散效果 .mp4

源 文 件： 源文件 \ 第 14 章 \14.3.1

01 执行“图层”|“新建”|“纯色”命令，创建一个与合成大小一致的白色固态层，并命名为“固态层”，如图 14-45 所示。

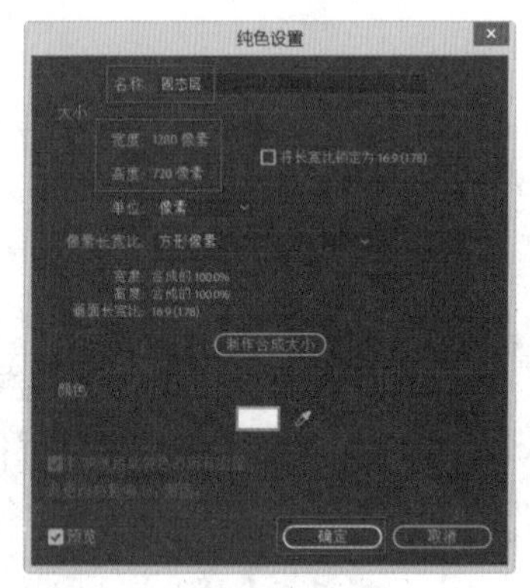

图 14-45

02 选择上述创建的白色固态层，执行“效果”|Trapcode|Particular 命令，执行完命令后在“合成”窗口的默认效果如图 14-46 所示。

图 14-46

03 在“效果控件”面板展开 Emitter（发射器）属性，将 Emitter Type（发射器类型）设置为 Layer（图层），如图 14-47 所示。

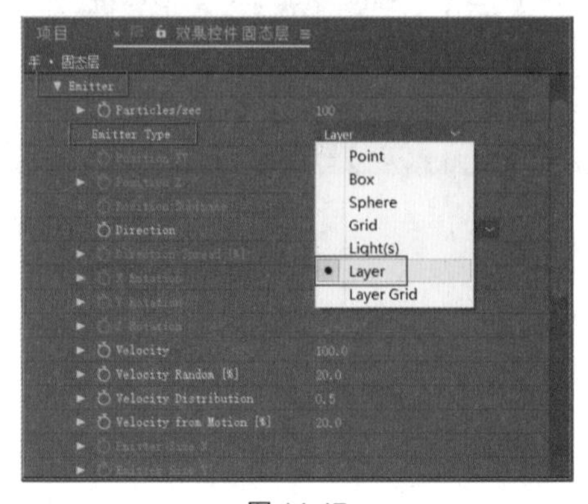

图 14-47

04 在“图层”面板中选择“发射层”图层，激活其 3D 图层，如图 14-48 所示。

图 14-48

05 在固态层的“效果控件”面板中展开 Layer Emitter（发射图层）属性，设置 Layer（图层）为“3. 发射层”，Layer Sampling（网格发射）为 Particle Birth Time（粒子出生时）选项，如图 14-49 所示。

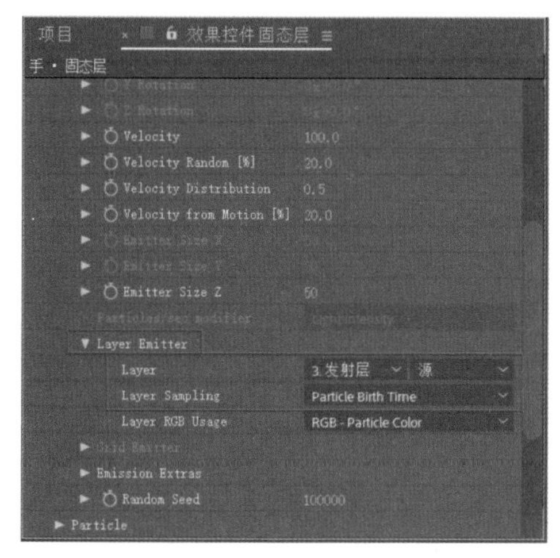

图 14-49

06 上述操作后，在固态层上方会新增一个如图 14-50 所示的图层。

图 14-50

07 继续在“效果控件”面板中设置 Emitter（发射器）属性下的 Particles/sec（粒子 / 秒）参数为 19210，如图 14-51 所示。

图 14-51

08 设置 Particles/sec（粒子 / 秒）参数后，在“右上手”图层周围将产生发射的粒子，效果如图 14-52 所示。

图 14-52

09 此时，粒子呈现出的仍然是静态效果，需要为其添加风向效果。在“效果控件”面板展开 Physics（物理学）属性，展开其中的 Air（空气）属性，设置 Wind X（风向 X）参数为 615，Wind Y（风向 Y）参数为 –101，如图 14-53 所示。

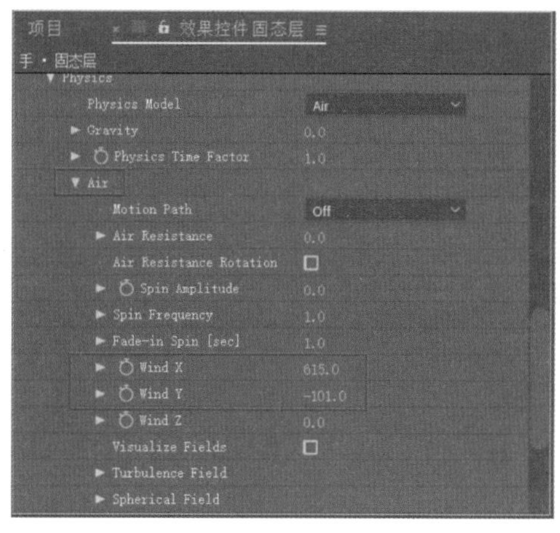

图 14-53

10 展开 Turbulence Field（扰乱场）属性，设置 Affect Position（影响位置）参数为 230，如图 14-54 所示。设置完成后，在“合成”窗口的对应预览效果如图 14-55 所示，可以发现粒子产生了向画面右侧飞散的效果。

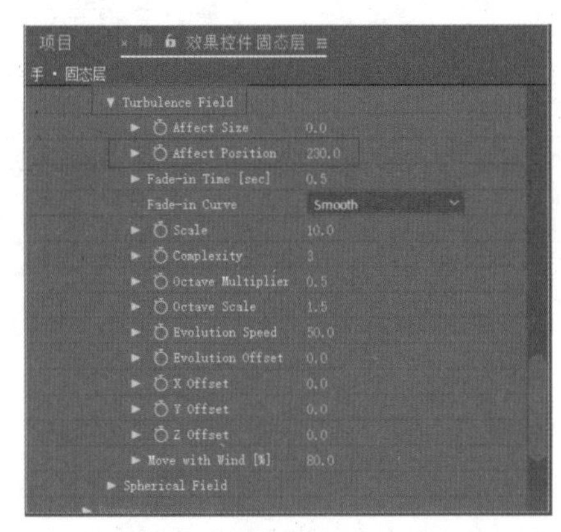

图 14-54

图 14-55

11 在“效果控件”面板中展开 Particle（粒子）属性，设置 Size（大小）参数为 3，设置 Size Random（随机尺寸）% 参数为 69，Opacity Random（不透明随机）% 设置为 25，最后将 Transfer Mode（合成方式）设置为“Add（相加）”，如图 14-56 所示。

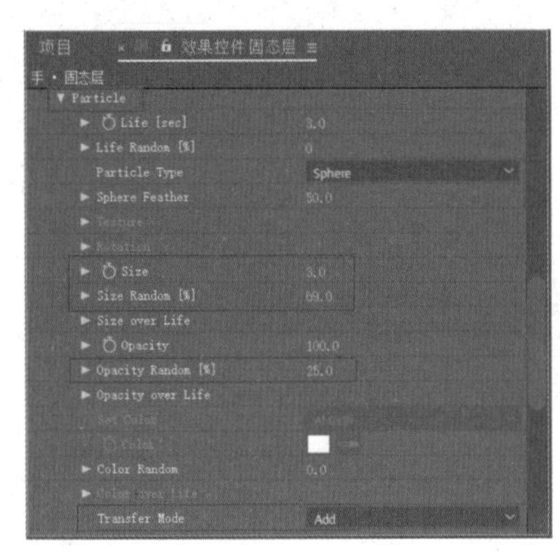

图 14-56

12 在“图层”面板中选择“固态层”，执行“效果”|“风格化”|“发光”命令，使粒子更亮一些，默认效果如图 14-57 所示。

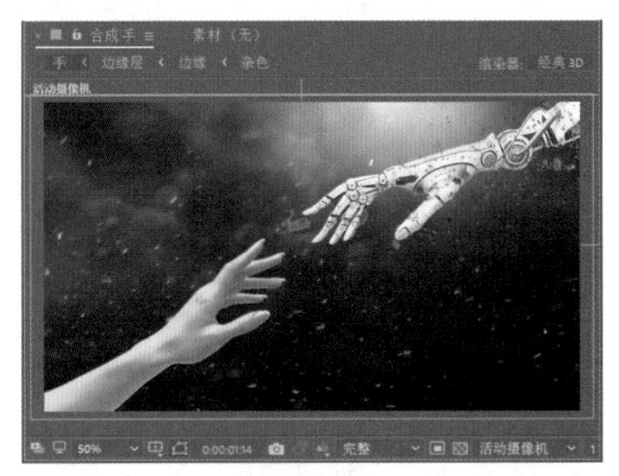

图 14-57

13 在“图层”面板中选择“固态层”，按快捷键 Ctrl+D 复制出“固态层 2”并置于其上层，如图 14-58 所示。

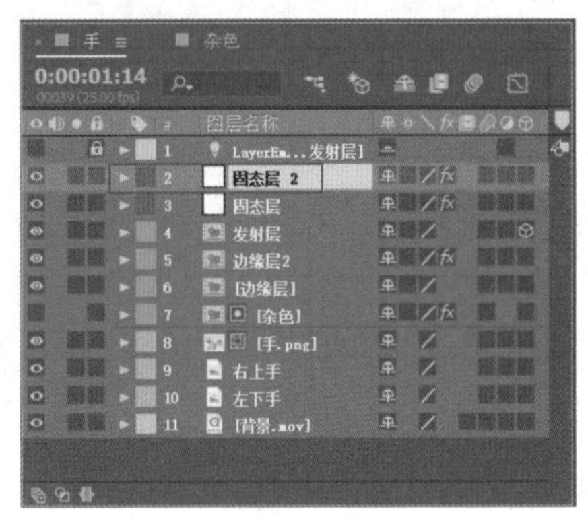

图 14-58

14 单击“固态层 2”激活其“效果控件”面板，展开 Particular 特效中的 Emitter（发射器）属性，将其中 Layer Emitter（发射图层）下的 Random Seed（随机种子）参数调整至 99200，如图 14-59 所示。

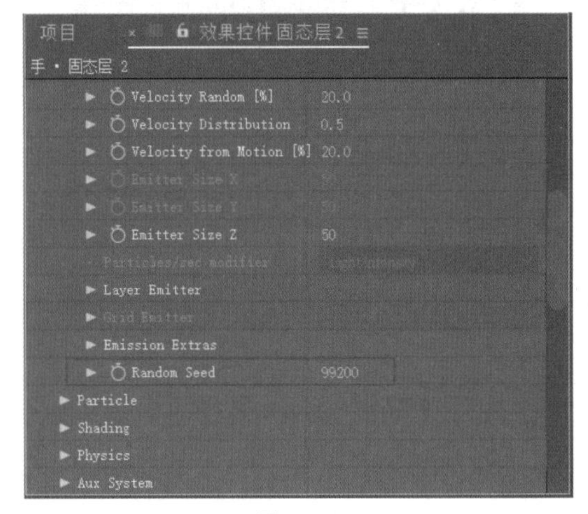

图 14-59

15 将 Particles/sec（粒子 / 秒）参数减至 14960，如图 14-60 所示。

图 14-60

16 选择“固态层 2”图层，执行“效果”|“风格化”|“发光”命令，使粒子更明亮，效果如图 14-61 所示。

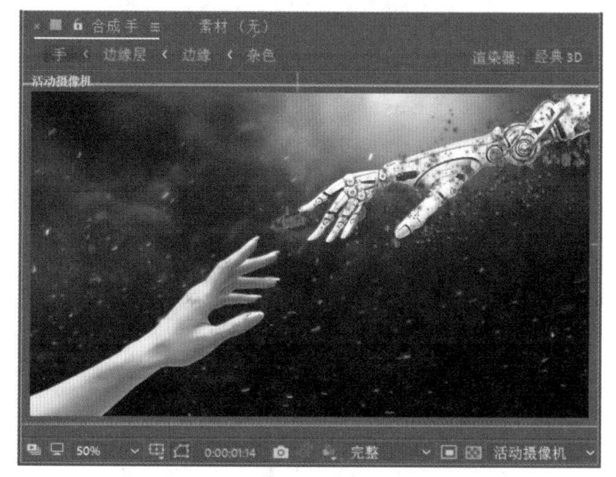

图 14-61

17 接下来可以将这一层粒子的颜色做一点调整，展开 Emitter（发射器）中的 Layer Emitter（发射图层）属性，将 Layer RGB Usage（使用 RGB 图层）设置为 None（无），将颜色重置，如图 14-62 所示。此时，在“合成”窗口中的该层粒子将呈现白色，效果如图 14-63 所示。

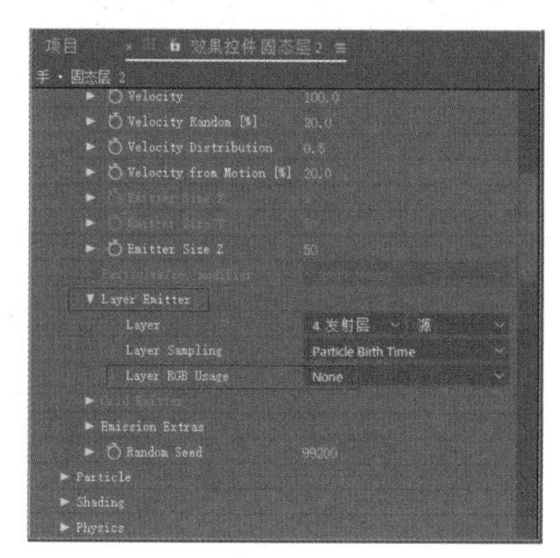

图 14-62

图 14-63

18 展开 Particle（粒子）属性，单击 Color（颜色）属性后的色块，修改颜色的 RGB 参数为 90、87、87，使其变成灰色，然后设置 Size（大小）参数为 2，如图 14-64 所示，修改粒子颜色后的效果如图 14-65 所示。

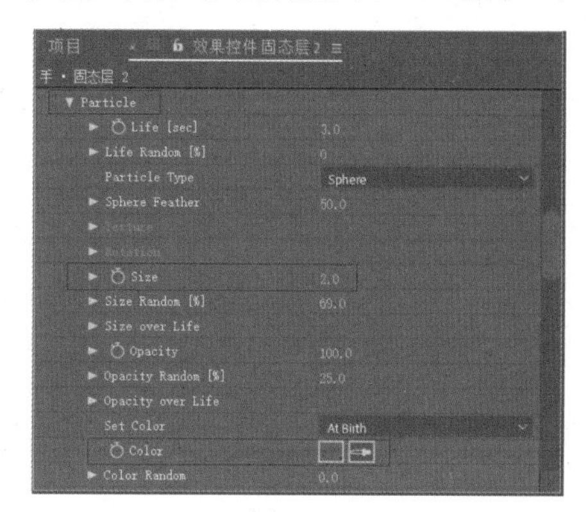

图 14-64

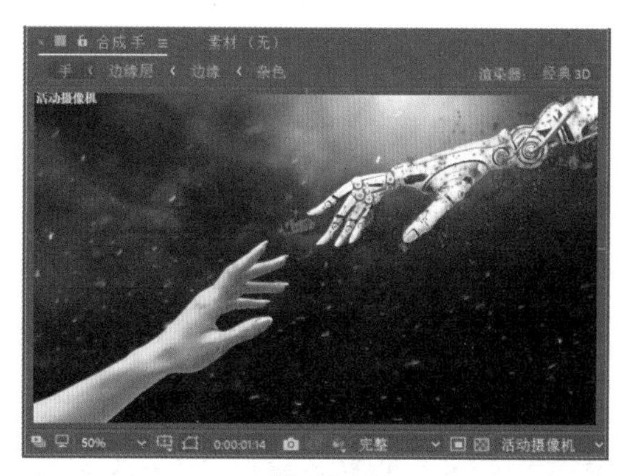

图 14-65

14.3.2　调整优化效果

视频文件：　视频 \ 第 14 章 \14.3.2 调整优化效果 .mp4

源 文 件：　源文件 \ 第 14 章 \14.3.2

01 接下来为粒子层增加一层烟雾效果。在“图层”面板中选择“固态层”，按快捷键 Ctrl+D 复制一层置于其上方，如图 14-66 所示。

图 14-66

02 单击“固态层 3”激活其“效果控件”面板，在其中展开 Particle（粒子）属性，设置 Particle Type（粒子类型）为 Cloudlet（薄云），如图 14-67 所示。

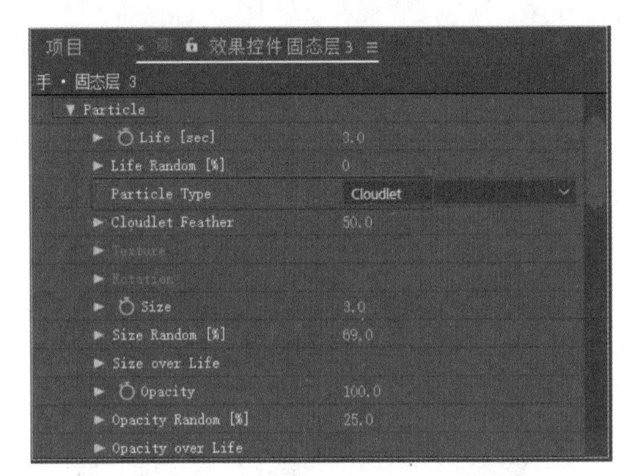

图 14-67

03 在“效果控件”面板中设置 Size（大小）参数为 20，Opacity（透明度）参数为 1.5，Opacity Random（不透明随机）% 参数为 75，如图 14-68 所示。设置完成后在“合成”窗口的对应预览效果如图 14-69 所示。

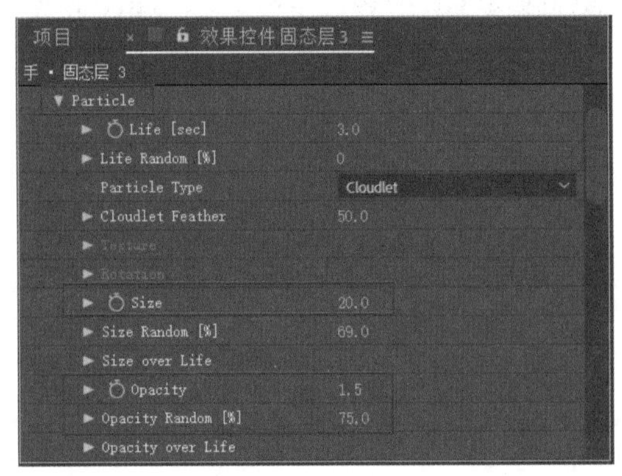

图 14-68

04 展开 Size over Life（生命期粒子尺寸）和 Opacity over Life（生命期不透明）属性，参照图 14-70 所示进行调整，使烟雾层效果更细腻。

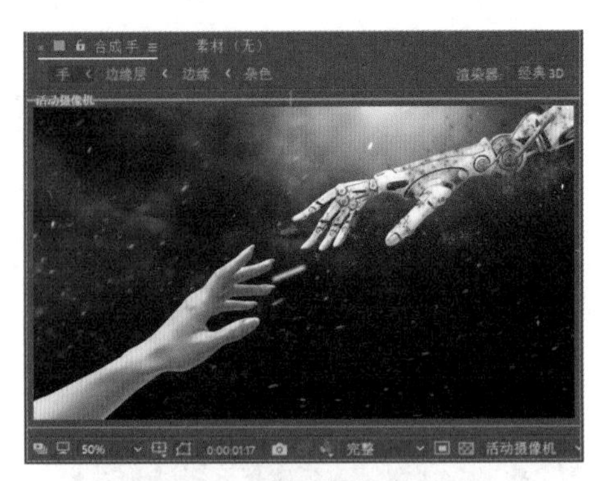

图 14-69

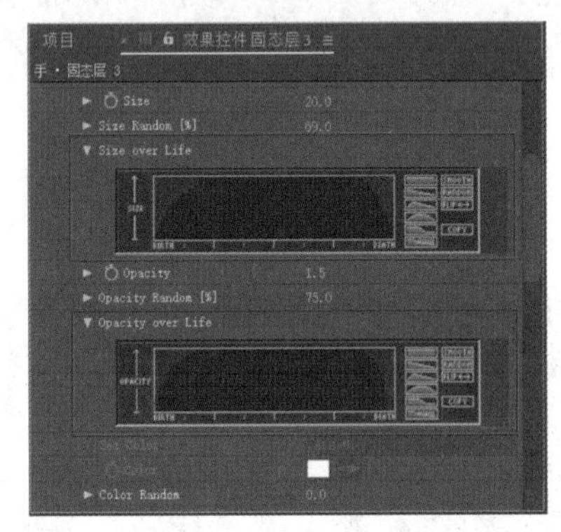

图 14-70

05 选择“固态层 3”图层，执行“效果”|“模糊和锐化”|CC Vector Blur（CC 矢量模糊）命令，并在“效果控件”面板设置 Type（类型）为 Perpendicular（垂直），Amount（数量）为 15，如图 14-71 所示。

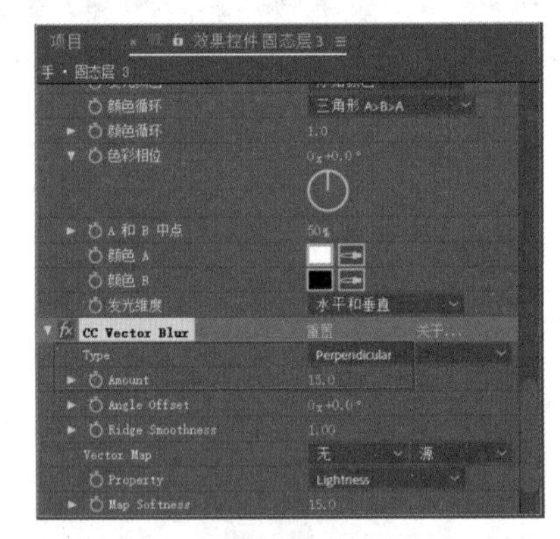

图 14-71

技巧与提示：

上述设置操作中设置 Size over Life（生命期粒子尺寸）和 Opacity over Life（生命期不透明）属性只需要单击拖曳两端，即可将多余部分抹除，这里需要注意的是，抹除后不可以撤销。若要更改设置，只需重新填满方框即可。

06 在“图层”面板中双击“杂色”图层，进入“杂色”合成的“图层”面板，如图 14-72 所示。

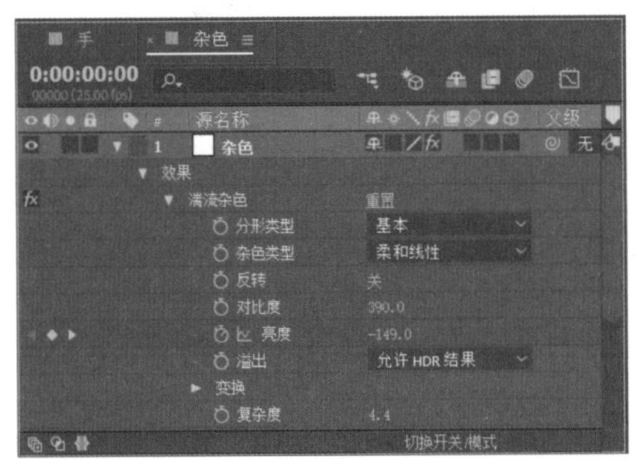

图 14-72

07 展开之前设置了关键帧动画的“亮度”属性，在“时间线”窗口单击第二个关键帧，向后拖至 0:00:02:23 位置，将演化效果适当延长，如图 14-73 所示。

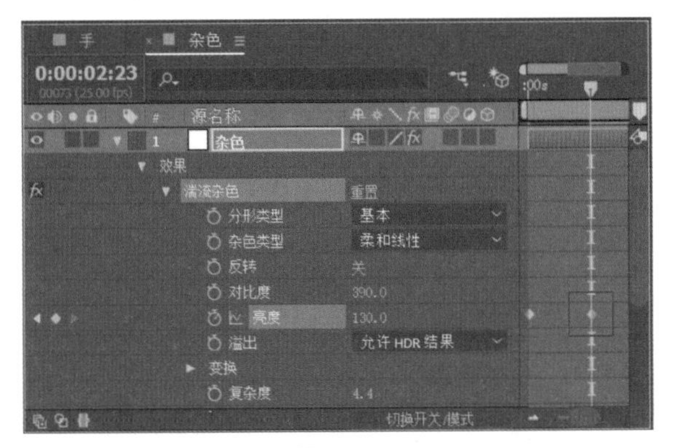

图 14-73

08 在 0:00:00:00 时间点单击“演化”属性前的“时间变化秒表”按钮，设置关键帧动画，并在该时间点设置“演化”参数为 0×+0°，如图 14-74 所示。

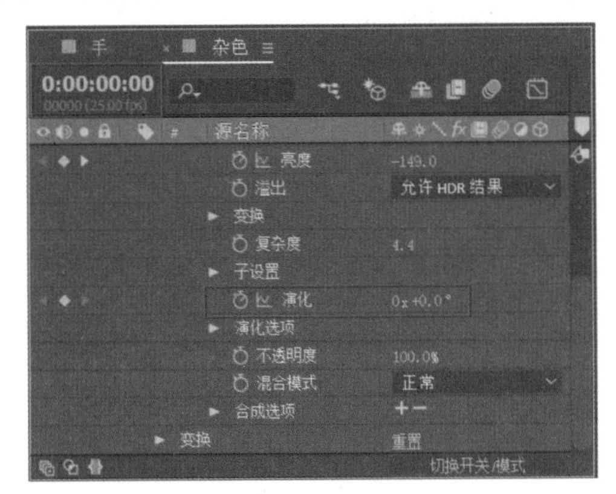

图 14-74

09 在“图层”面板左上角修改时间点为 0:00:02:23，在该时间点修改“演化”参数为 0×+88°，如图 14-75 所示。

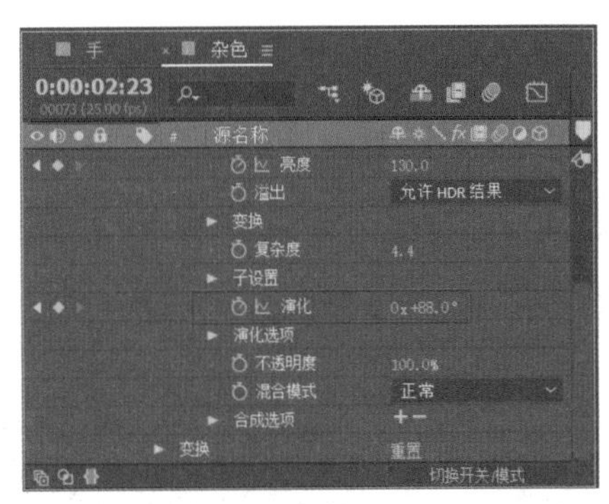

图 14-75

10 为“演化”属性设置关键帧动画后，在“合成”窗口的“杂色”层将产生丰富变化，效果如图 14-76 所示。

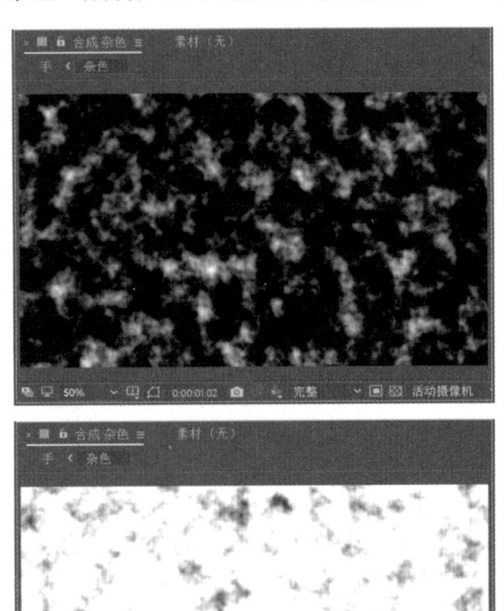

图 14-76

11 返回“手”合成的“图层”面板，将 3 个固态层的“运动模糊”属性激活，如图 14-77 所示。

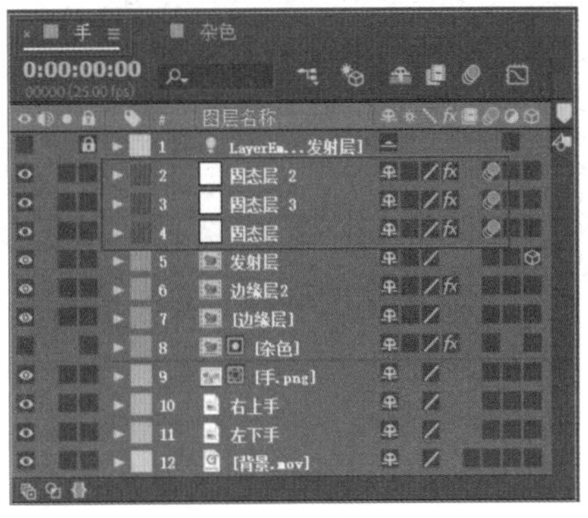

图 14-77

12 至此，“右上手”局部的灼烧特效大致完成，效果如图 14-78 所示。

图 14-78

14.4 合成与输出

完成了“手”合成的特效工作后可以创建一个总合成，将“手”合成拖入，并为其添加背景音乐，调节整体颜色，完善整体效果。

本节将详细讲解创建总合成与输出影片的具体操作方法。

14.4.1 创建总合成

视频文件：　视频 \ 第 14 章 \14.4.1 创建总合成 .mp4

源 文 件：　源文件 \ 第 14 章 \14.4.1

01 按快捷键 Ctrl+N 创建一个新合成，将其“预设”设置为 HD/HDTV 720 25，设置“持续时间”为 8 秒，并设置名称为 Final，如图 14-79 所示。

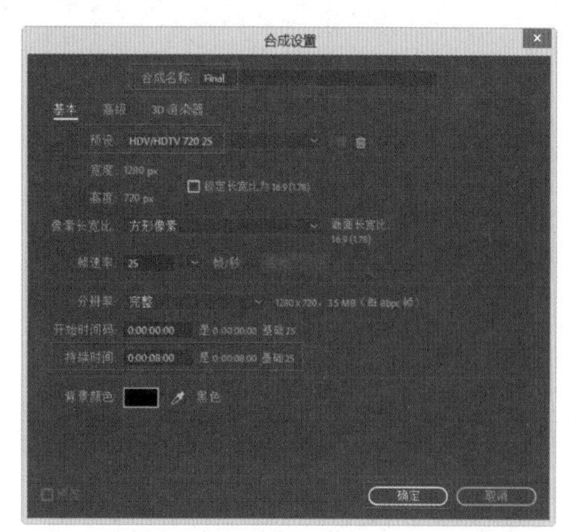

图 14-79

02 将“项目”窗口中的“手”合成拖入 Final 合成中，如图 14-80 所示。

图 14-80

03 选择“手”图层，执行“效果”|“生成”|“镜头光晕”命令，接着在“图层”面板展开“手”图层的“镜头光晕”特效属性，设置“与原始图像图像混合”参数为 23。接着在 0:00:00:00 时间点单击“光晕中心”和“光晕亮度”属性前的“时间变化秒表”按钮，设置关键帧动画，并在该时间点设置“光晕中心”参数为 474、362，“光晕亮度”参数为 30，如图 14-81 所示。设置完成后在“合成”窗口的对应预览效果如图 14-82 所示。

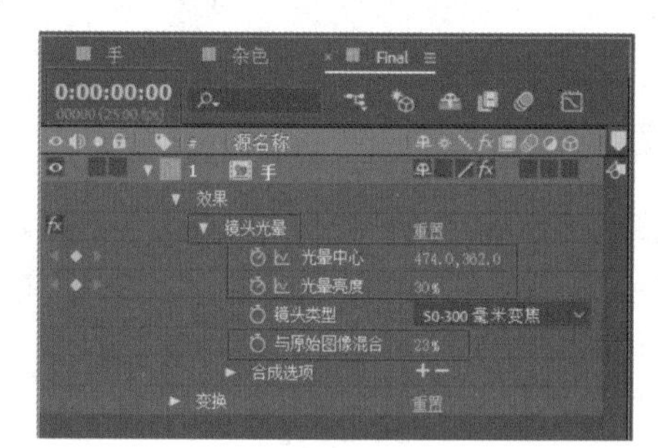

图 14-81

图 14-82

04 在“图层”面板左上角修改时间点为 0:00:02:10，在该时间点设置“光晕中心”参数为 301、94，接着在 0:00:07:23 时间点设置“光晕中心”参数为 153、336，如图 14-83 所示。设置完成后在“合成”窗口的对应预览效果如图 14-84 所示。

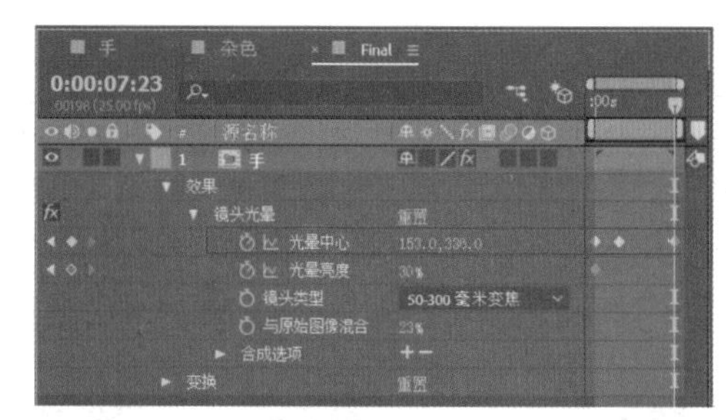

图 14-83

图 14-84

05 在“图层”面板左上角修改时间点为 0:00:01:23，在该时间点设置“光晕亮度”参数为 60，接着在 0:00:05:11 时间点设置“光晕亮度”参数为 0，如图 14-85 所示。设置关键帧后可以使光晕产生淡入淡出效果，在“合成”窗口的对应预览效果如图 14-86 所示。

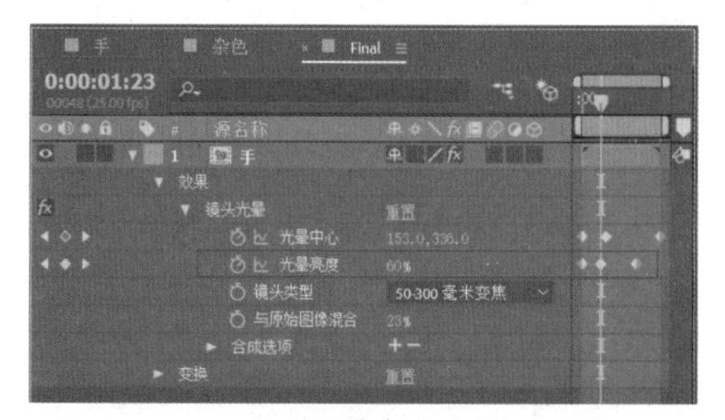

图 14-85

图 14-86

06 选择“手”图层，执行“效果”|“颜色校正”|“自然饱和度”命令，并在“效果控件”面板中设置“自然饱和度”参数为 9，“饱和度”参数为 –20，如图 14-87 所示。操作完成后在“合成”窗口对应的预览效果如图 14-88 所示。

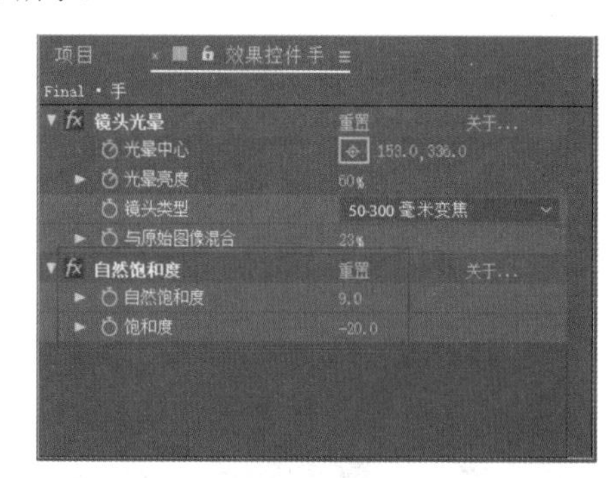

图 14-87

图 14-88

07 在“图层”面板中选择“手”图层，按 S 键展开其“缩放”属性，在 0:00:01:06 时间点单击“缩放”属性前的“时间变化秒表”按钮，并设置“缩放”参数为 100、100，如图 14-89 所示。

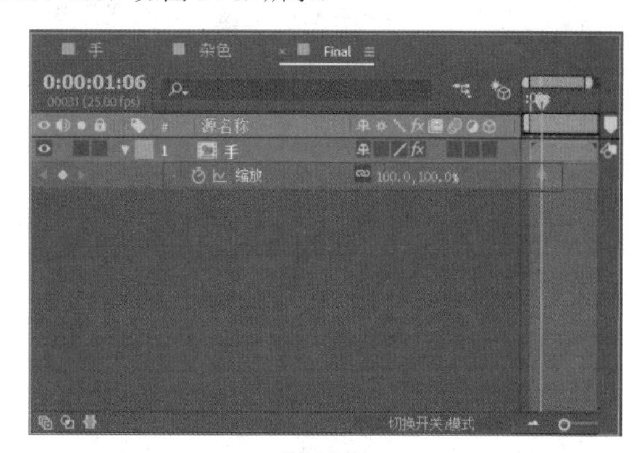

图 14-89

08 在“图层”面板左上角修改时间点为 0:00:07:16，然后在该时间点设置“缩放”参数为 117、117，如图 14-90 所示，使画面产生整体放大的效果。

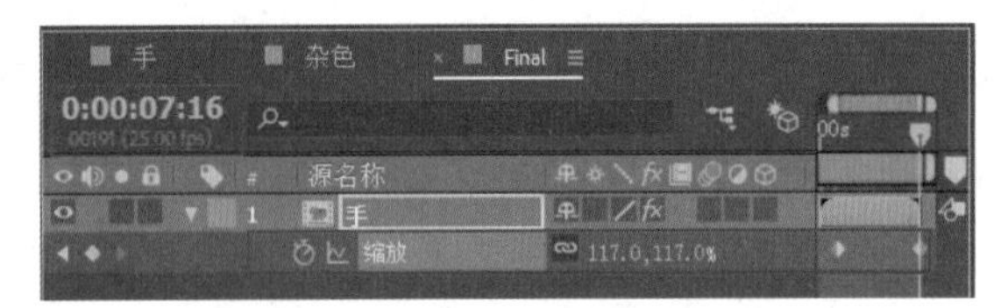

图 14-90

09 执行“图层”|“新建”|“纯色”命令，创建一个与合成大小一致的黑色固态层，并将其命名为“黑条”，如图 14-91 所示。

图 14-91

10 选择上述创建的“黑条”图层，在“合成”窗口将其移至画面顶部，如图 14-92 所示。

图 14-92

11 在“图层”面板中，选择“黑条”图层，按快捷键 Ctrl+D 复制出一层，如图 14-93 所示。将复制出的“黑条”图层移至画面底部，如图 14-94 所示。

图 14-93

图 14-94

14.4.2 添加背景音乐并输出视频

视频文件：　视频 \ 第 14 章 \14.4.2 添加背景音乐并输出视频 .mp4

源 文 件：　源文件 \ 第 14 章 \14.4.2

01 在“项目”窗口中双击 BGM.MP3 素材，激活其“素材”窗口，如图 14-95 所示。

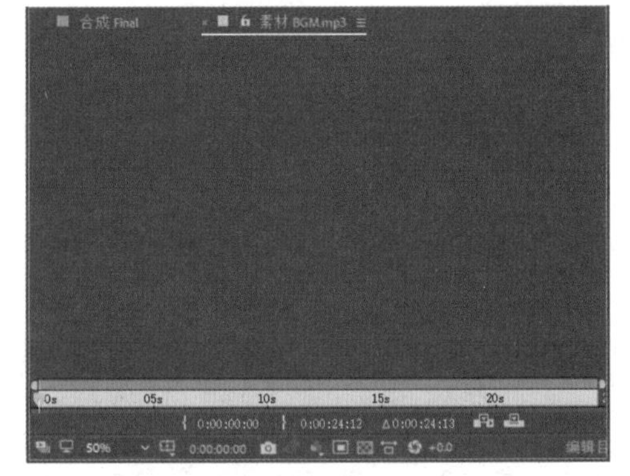

图 14-95

02 在 0:00:06:00 时间点单击 { 按钮设置入点，如图 14-96 所示。

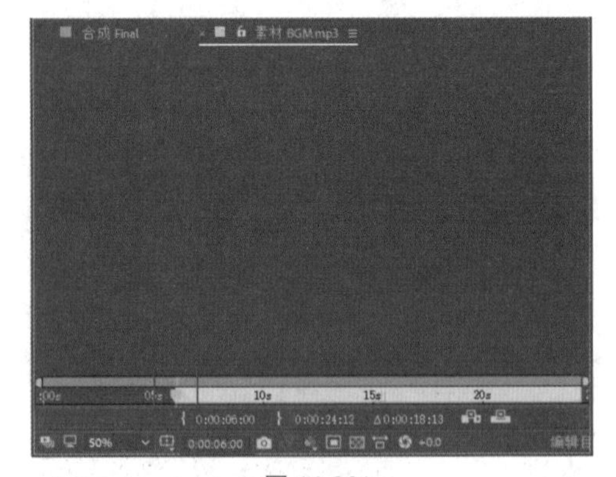

图 14-96

03 在 0:00:14:00 时间点单击 } 按钮设置出点，如图 14-97 所示。

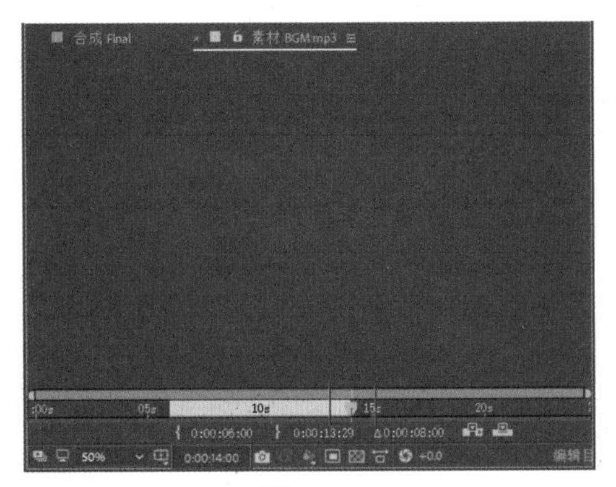

图 14-97

04 截取声音片段后，单击“素材”窗口中的“叠加编辑”按钮，将截取片段插入 Final 合成中，如图 14-98 所示。

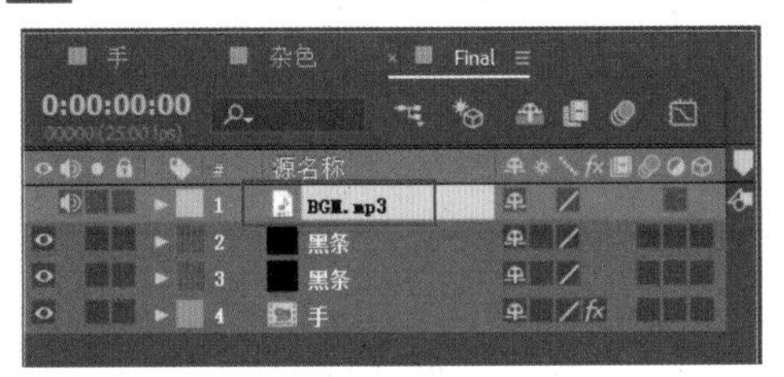

图 14-98

05 在 Final 合成状态下，执行“文件”|“导出”|“添加到渲染队列”命令，如图 14-99 所示。

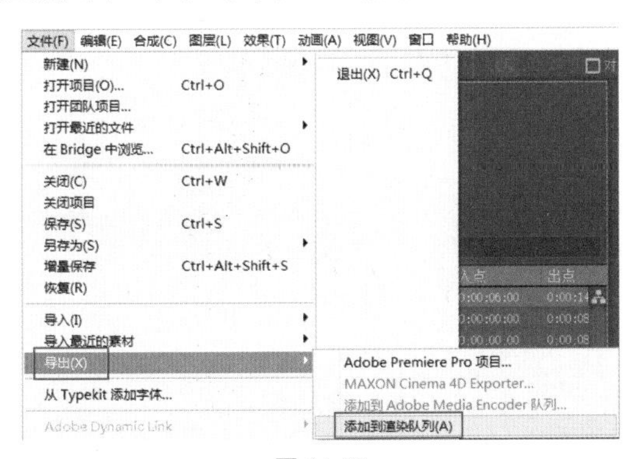

图 14-99

06 进入“渲染队列”窗口，单击“输出模块”属性后的“无损”选项，如图 14-100 所示。

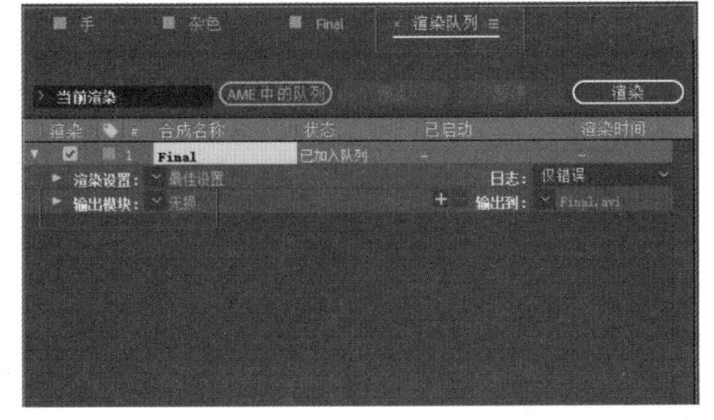

图 14-100

07 在弹出的“输出模块设置”对话框中，展开“格式”选项右侧的下拉列表，选择 QuickTime 选项，并单击“确定”按钮，如图 14-101 所示。

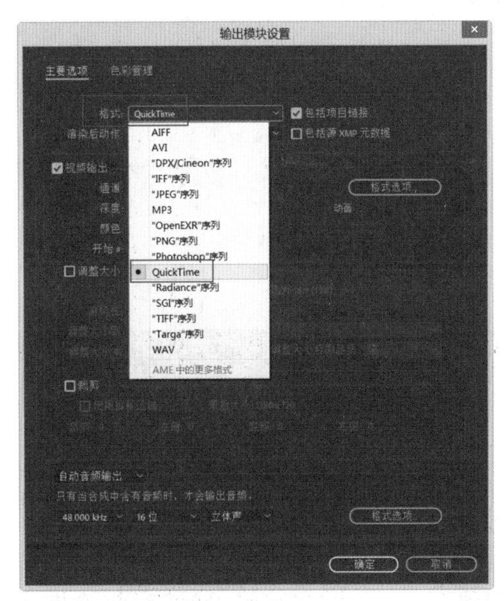

图 14-101

08 在“渲染队列”窗口中单击“输出到”属性后的文字选项，如图 14-102 所示。

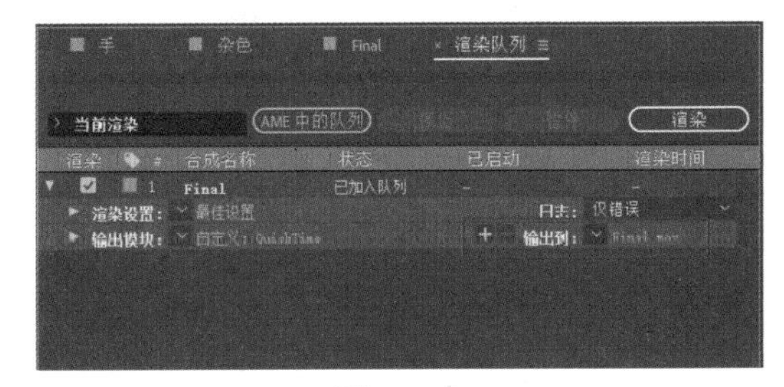

图 14-102

09 在弹出的“将影片输出到”对话框中设置存储位置及名称，并单击“保存”按钮，如图 14-103 所示。

图 14-103

10 设置完成后，回到“渲染队列”窗口，单击窗口右上角的“渲染”按钮，如图 14-104 所示。

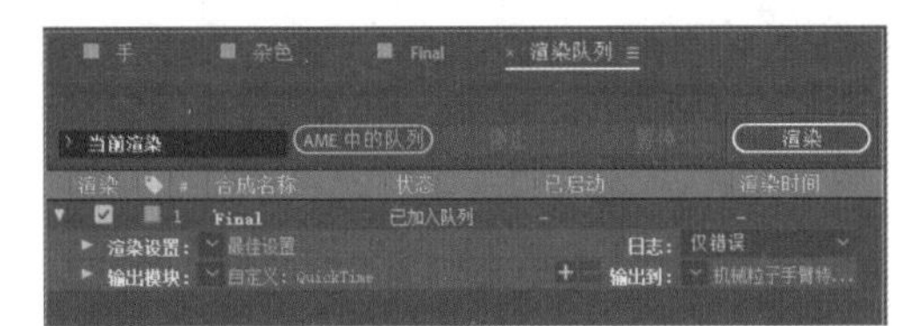

图 14-104

11 至此，本案例全部制作完成，等待影片输出完成，可以在存储的文件夹中找到影片进行播放预览，效果如图 14-105 所示。

图 14-105

图 14-105（续）

技巧与提示：

可以根据实际需要选择输出格式，或将已输出的 Mov 视频导入 Premiere 等剪辑软件进行格式转换。